案例
CASE

练习 3-3 通过“贝赛尔工具”绘制京剧脸谱 P042

在线视频：第3章\练习3-3\通过“贝赛尔工具”绘制京剧脸谱.mp4

练习 3-4 创建自定义笔触 P044

在线视频：第3章\练习3-4\创建自定义笔触.mp4

练习 3-6 绘制彩虹 P046

在线视频：第3章\练习3-6\绘制彩虹.mp4

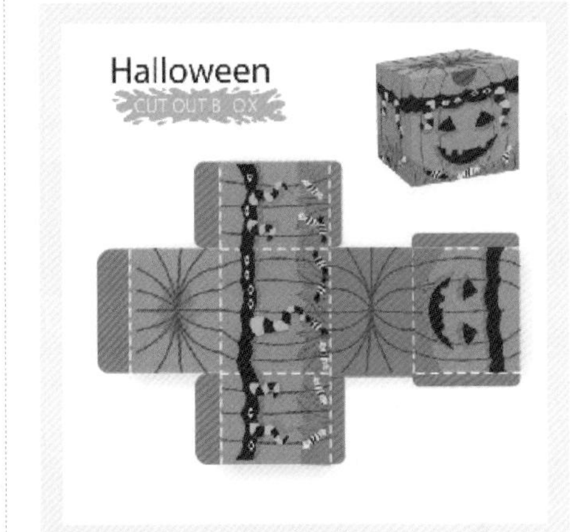

练习 3-7 绘制产品设计图 P048

在线视频：第3章\练习3-7\绘制产品设计图.mp4

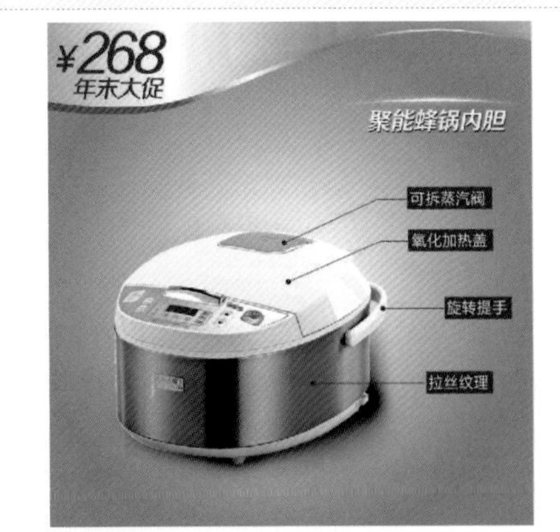

练习 3-8 用标注绘制说明图 P050

在线视频：第3章\练习3-8\用标注绘制说明图.mp4

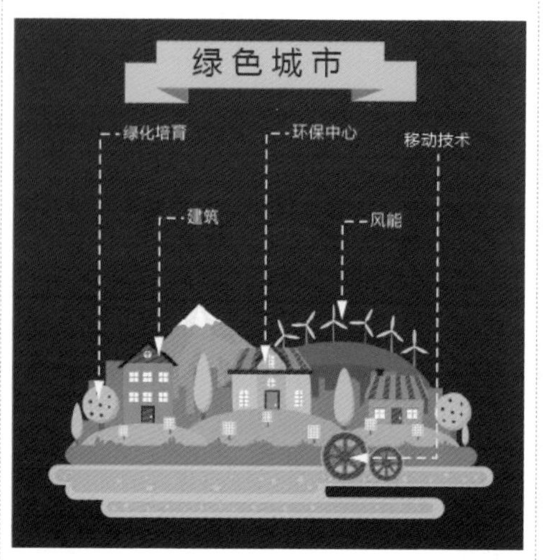

练习 3-9 用标注绘制概要图 P050

在线视频：第3章\练习3-9\用标注绘制概要图.mp4

练习 4-1 用矩形绘制图标 P054

在线视频：第4章\练习4-1\用矩形绘制图标.mp4

练习 4-2 用矩形绘制平板电脑 P054

在线视频：第4章\练习4-2\用矩形绘制平板电脑.mp4

练习 4-7 绘制T恤图标 P061

在线视频：第4章\练习4-7\用星形绘制T恤图标.mp4

January

SUN	MON	TUE	WED	THU	FRI	SAT
				1	2	3
4	5	6	7	8	9	10
11	12	13	14	15	16	17
18	19	20	21	22	23	24
25	26	27	28	29	30	31

练习 4-8 用图纸绘制日历 P063

在线视频：第4章\练习4-8\用图纸绘制日历.mp4

练习 4-9 绘制心形贺卡 P064

在线视频：第4章\练习4-9\用基本形状绘制心形贺卡.mp4

练习 4-10 用几何图形绘制趣味插画 P066

在线视频：第4章\练习4-10\用几何图形绘制趣味插画.mp4

练习 5-1 选择多个不相连对象 P070

在线视频：第5章\练习5-1\选择多个不相连的对象.mp4

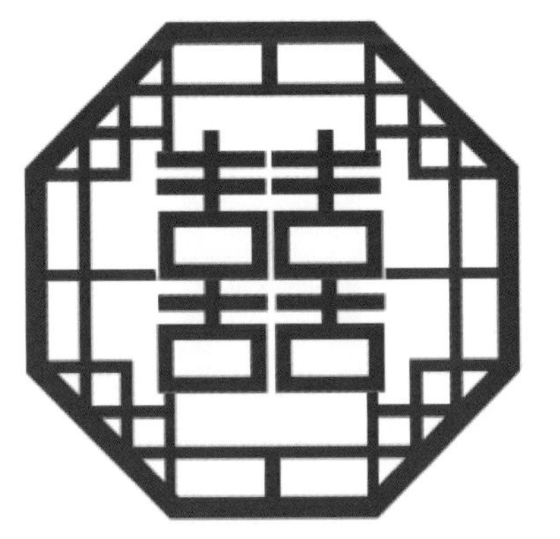

练习 5-3 使用“合并”制作剪纸窗花 P074

在线视频：第5章\练习5-3\使用“合并”制作剪纸窗花.mp4

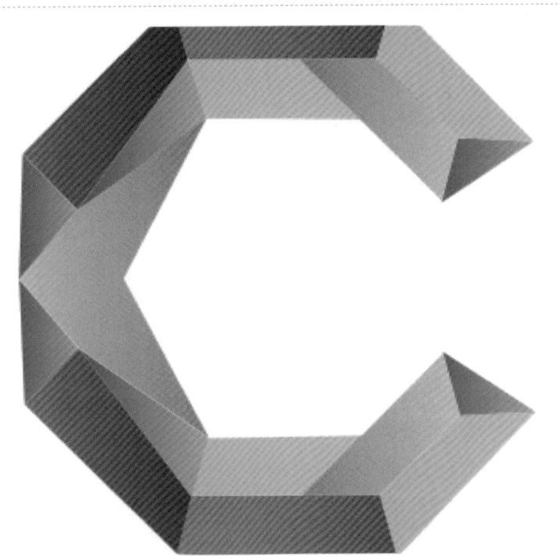

练习 5-5 使用“镜像”制作Logo P077

在线视频：第5章\练习5-5\使用“镜像”制作Logo.mp4

练习 5-6 使用“大小”制作淘宝图片 P078

在线视频：第5章\练习5-6\使用“大小”制作淘宝图片.mp4

练习 5-7 使用“倾斜”制作天使翅膀 P078

在线视频：第5章\练习5-7\使用“倾斜”制作天使翅膀.mp4

练习 5-8 制作复古信封 P082

在线视频：第5章\练习5-8\制作复古信封.mp4

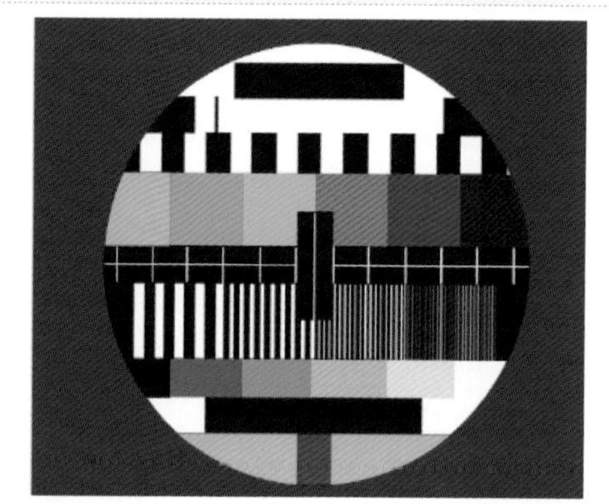

练习 6-1 绘制电视标版 P086

在线视频：第6章\练习6-1\绘制电视标版mp4

练习 6-3 填充卡通插画 P091

在线视频：第6章\练习6-3\填充卡通插画.mp4

练习 7-2 绘制马路 P110

在线视频：第7章\练习7-2\绘制马路.mp4

练习 7-3 绘制胡子大叔 P111

在线视频：第7章\练习7-3\绘制胡子大叔.mp4

练习 7-5 绘制促销海报 P113

在线视频：第7章\练习7-5\绘制促销海报.mp4

I'm A SUPERHERO

练习 7-8 绘制蝙蝠侠 P118

在线视频：第7章\练习7-8\绘制蝙蝠侠.mp4

练习 7-9 绘制雨伞 P119

在线视频：第7章\练习7-9\绘制雨伞.mp4

练习 7-11 绘制礼品券 P126

在线视频：第7章\练习7-11\绘制礼品券.mp4

练习 8-5 制作旋转背景 P143

在线视频：第8章\练习8-5\制作旋转背景.mp4

练习 8-6 清除花朵阴影 P147

在线视频：第8章\练习8-6\清除花朵阴影.mp4

练习 8-7 制作立体文字效果 P149

在线视频：第8章\练习8-7\制作立体文字效果.mp4

练习 8-9 制作气泡效果 P153

在线视频：第8章\练习8-9\制作气泡效果.mp4

练习 9-1 绘制舞会封面 P164

在线视频：第9章\练习9-1\绘制舞会封面.mp4

练习 9-2 绘制诗歌卡片 P165

在线视频：第9章\练习9-2\绘制诗歌卡片.mp4

练习 9-3 绘制圣诞卡片 P168

在线视频：第9章\练习9-3\绘制圣诞卡片.mp4

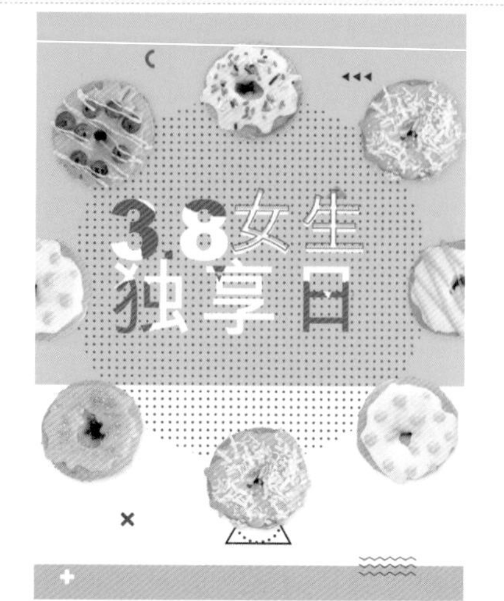

练习 9-4 绘制节日海报 P171

在线视频：第9章\练习9-4\绘制节日海报.mp4

练习 9-5 浮雕文字设计 P172

在线视频：第9章\练习9-5\浮雕文字设计.mp4

练习 9-6 组合文字设计 P173

在线视频：第9章\练习9-6\组合文字设计.mp4

练习 9-7 绘制店员胸针 P175

在线视频：第9章\练习9-7\绘制店员胸针.mp4

练习 10-3 制作粉笔字 P197

在线视频：第10章\练习10-3\制作粉笔字.mp4

练习 11-1 绘制遥控器 P212

在线视频：第11章\练习11-1\绘制遥控器.mp4

练习 11-2 绘制便签本 P213

在线视频：第11章\练习11-2\绘制便签本.mp4

练习11-4 绘制日历 P217

在线视频：第11章\练习11-4\绘制日历.mp4

13.1 标志设计 P235

在线视频：第13章\13.1标志设计.mp4

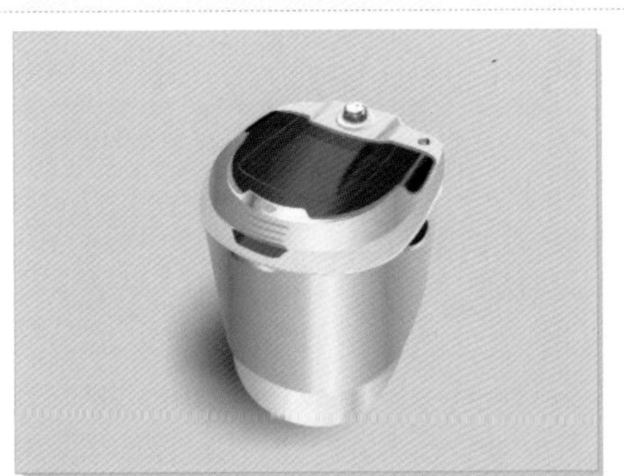

13.2 实物设计 P238

在线视频：第13章\13.2实物设计.mp4

13.3 卡片设计 P241

在线视频：第13章\13.3卡片设计.mp4

13.4 UI设计 P246

在线视频：第13章\13.4 UI设计.mp4

13.5 DM单设计 P251

在线视频：第13章\13.5 DM单设计.mp4

13.6 海报设计 P255

在线视频：第13章\13.6 海报设计.mp4

13.7 包装设计 P260

在线视频：第13章\13.7 包装设计.mp4

13.8 书籍装帧设计 P267

在线视频：第13章\13.8 书籍装帧设计.mp4

零基础学
CorelDRAW X6

全视频教学版

麓山文化◎编著

人民邮电出版社
北京

图书在版编目（CIP）数据

零基础学CorelDRAW X6 ： 全视频教学版 / 麓山文化编著. -- 北京 ： 人民邮电出版社, 2019.6
ISBN 978-7-115-50892-8

Ⅰ. ①零… Ⅱ. ①麓… Ⅲ. ①图形软件 Ⅳ. ①TP391.41

中国版本图书馆CIP数据核字(2019)第037926号

内 容 提 要

CorelDRAW X6 是 Corel 公司出品的专业图形设计和矢量绘图软件，具有功能强大、效果精细、兼容性好等特点，被广泛应用于平面设计、插画绘制、包装装潢等领域。本书根据初学者的学习需求与认知特点梳理和构建了内容体系，循序渐进地讲解了 CorelDRAW X6 的核心功能和应用技法，可满足“零基础”读者的学习需求。全书共 13 章内容，第 1、2 章讲解了 CorelDRAW X6 的入门与基础操作，第 3、4 章讲解了直线、曲线和几何图形的绘制，第 5 章讲解了对象的操作，第 6～8 章分别讲解了图形的填充、对象和特殊效果的编辑，第 9 章讲解了文本的编辑与处理，第 10～12 章讲解了位图的操作、应用表格以及如何管理和打印文件，第 13 章解析了 8 个综合性商业设计实例。

本书提供丰富的资源，包括书中所有实例的素材文件和效果源文件，以及所有实例的在线教学视频，帮助读者提高学习效率。

本书内容全面、知识丰富，非常适合作为初、中级读者的入门及提高参考书。同时，本书也可作为培训班及各大、中专院校的参考教材。

◆ 编　　著　麓山文化
责任编辑　张丹阳
责任印制　马振武

◆ 人民邮电出版社出版发行　　北京市丰台区成寿寺路 11 号
邮编　100164　　电子邮件　315@ptpress.com.cn
网址　http://www.ptpress.com.cn
北京捷迅佳彩印刷有限公司印刷

◆ 开本：700×1000　1/16
印张：17
字数：408 千字　　　　2019 年 6 月第 1 版
印数：1－2 500 册　　　2019 年 6 月北京第 1 次印刷

定价：69.00 元

读者服务热线：(010)81055410　印装质量热线：(010)81055316
反盗版热线：(010)81055315
广告经营许可证：京东工商广登字 20170147 号

前言 FOREWORD

关于 CorelDRAW X6

CorelDRAW X6 是经典的矢量绘图软件之一，可以帮助设计人员、艺术工作者和专业技术人员提高创造能力。作为一款强大的绘图软件，CorelDRAW X6 为设计者提供了一整套的绘图工具。另外，在图形的精确定位、变形控制、色彩配置及文字处理等方面，CorelDRAW X6 都提供了相比其他图形软件更完备的工具盒命令，为设计者带来了极大的便利。

本书内容

本书是一本全面介绍 CorelDRAW X6 基本功能及实际运用的书，完全针对零基础读者而开发，是读者快速而全面掌握 CorelDRAW X6 操作的必备参考书。本书从 CorelDRAW X6 的基本操作入手，结合多个可操作性实例，全面而深入地讲解了 CorelDRAW X6 的矢量绘图、标志设计、字体设计及平面设计等方面的知识。向读者展示了如何运用 CorelDRAW X6 制作出精美的平面设计作品，让读者可以学以致用。

本书特色

为了使读者可以轻松自学并深入了解如何使用 CorelDRAW X6 软件对图形进行设计，本书在版面结构的设计上尽量做到简单明了，如下图所示。

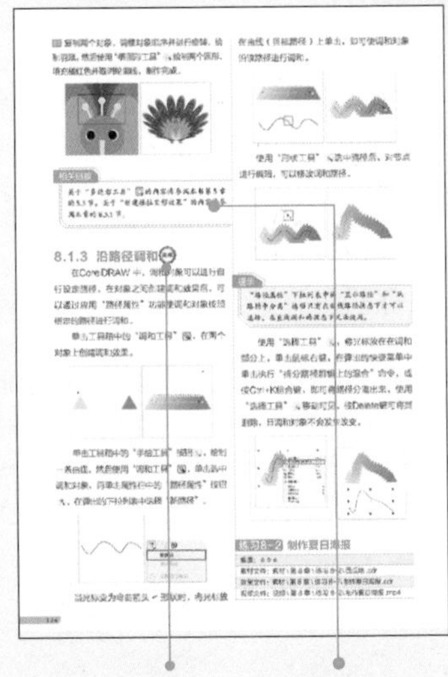

8.1.3 沿路径调和

练习8-2 制作夏日海报

假面舞会

9.1.2 段落文本

练习9-2 绘制诗歌卡片

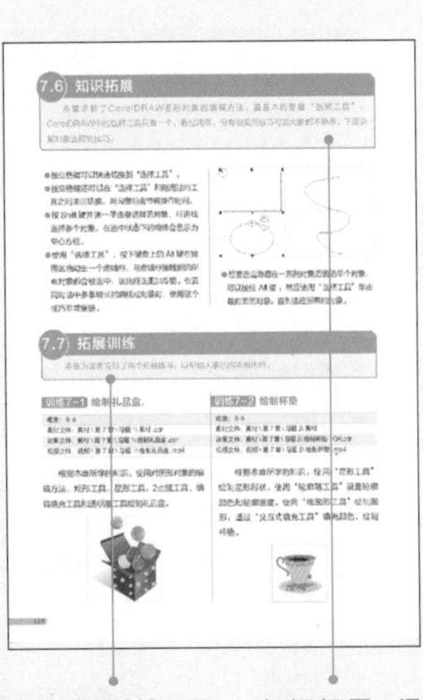

7.6 知识拓展

7.7 拓展训练

重点：带有重点的为重点内容，是实际应用中使用极为频繁的命令，需重点掌握。

相关链接：第一次介绍陌生命令时，会给出该命令在本书中的对应章节，供读者翻阅。

提示和技巧：提醒用户在操作过程中需要注意的事项。告知用户在操作时的简便方法，或者另外一种操作方式。

练习：通过实际动手操作，学习软件功能，掌握各种工具、面板和命令的使用方法。

拓展训练：通过课后训练，读者能巩固本章所学到的知识。

知识拓展：通过知识拓展补充书本中没有涉及的知识点。

麓山文化

2019 年 4 月

资源与支持

RESOURCES AND SUPPORT

本书由数艺社出品，“数艺社”社区平台（www.shuyishe.com）为您提供后续服务。

配套资源

书中所有案例的源文件和素材文件。读者可扫描下方二维码获取资源下载方式。

配套在线教学视频。读者可随时随地进行，提高学习效率。

资源获取请扫码

“数艺社”社区平台，为艺术设计从业者提供专业的教育产品。

与我们联系

我们的联系邮箱是 szys@ptpress.com.cn。如果您对本书有任何疑问或建议，请您发邮件给我们，并请在邮件标题中注明本书书名以及 ISBN，以便我们更高效地做出反馈。

如果您有兴趣出版图书、录制教学课程，或者参与技术审校等工作，可以发邮件给我们；有意出版图书的作者也可以到“数艺社”社区平台在线投稿（直接访问 www.shuyishe.com 即可），如果学校、培训机构或企业，想批量购买本书或数艺社出版的其他图书，也可以发邮件给我们。

如果您在网上发现有针对数艺社出品图书的各种形式的盗版行为，包括对图书全部或部分内容的非授权传播，请您将怀疑有侵权行为的链接通过邮件发给我们。您的这一举动是对作者权益的保护，也是我们持续为您提供有价值的内容的动力之源。

关于数艺社

人民邮电出版社有限公司旗下品牌“数艺社”，专注于专业艺术设计类图书出版，为艺术设计从业者提供专业的图书、U 书、课程等教育产品。领域涉及平面、三维、影视、摄影与后期等数字艺术门类；字体设计、品牌设计、色彩设计等设计理论与应用门类；UI 设计、电商设计、新媒体设计、游戏设计、交互设计、原型设计等互联网设计门类；环艺设计手绘、插画设计手绘、工业设计手绘等设计手绘门类。更多服务请访问“数艺社”社区平台 www.shuyishe.com。我们将提供及时、准确、专业的学习服务。

目录
CONTENTS

第 1 章　CorelDRAW X6 极速入门

第 2 章　CorelDRAW X6 基础操作

第 3 章　直线及曲线的绘制

第4章 几何图形的绘制

第5章 对象操作

第6章 图形的填充

第 7 章 对象的编辑

第 8 章 特殊效果的编辑

第 9 章 文本编辑与处理

第 10 章 位图操作

第 11 章 应用表格

第 12 章 管理和打印文件

第 13 章 综合案例

第 1 章

CorelDRAW X6 极速入门

CorelDRAW作为一款功能强大的图形设计软件，在页面设计、商标设计、图标制作、模型绘作、网页动画制作、排版等领域中均有不俗表现。用户可以利用该软件的智慧型绘图工具轻松进行创作，软件的优化减少了操作步骤，降低了难度，大大提高了用户的工作效率。随着设计领域近年来的高速发展，CorelDRAW公司通过对技术的不断提升，已将软件版本更新至CorelDRAW X6。

本章重点

CorelDRAW X6的安装与卸载

CorelDRAW X6的启动与退出

CorelDRAW X6新增功能

1.1 CorelDRAW X6简介

CorelDRAW X6相比之前的版本新增了很多功能和特性，能够让用户更加灵活地表达自己的设计风格，更轻松地进行徽标标志、广告LOGO、插图描画、排版等设计工作。同时该版本还支持多核处理和64位系统，使其拥有更多的功能和稳定高效的性能，是当今艺术设计工作者的必备软件。

1.2 CorelDRAW X6的安装与卸载

在正式进入CorelDRAW的学习之前，我们首先要安装好CorelDRAW X6。为了避免日后可能会出现的问题，符合设计行业的要求，建议用户购买正版的CorelDRAW X6。下面就来详细讲解CorelDRAW X6的安装与卸载方法。

练习1-1 安装CorelDRAW X6

难度：☆☆

素材文件：无

效果文件：无

在线视频：第 1 章 \ 练习 1-1\ 安装 CorelDRAW X6.mp4

01 将光标放在“我的电脑”上，单击鼠标右键，在弹出的快捷菜单中选择“属性”，在弹出的系统面板中查看“系统类型”为 32 位或 64 位，以此选择安装 CorelDRAW X6 的版本。

02 双击安装程序进入 CorelDRAW X6 的安装对话框，等待程序初始化完毕后，单击“我接受”按钮。

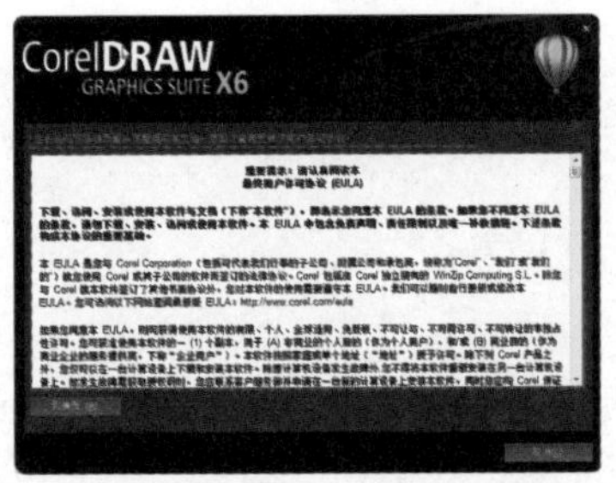

03 接受许可协议后，进入产品注册界面。无须更改用户名选项，若已经购买了 CorelDRAW X6 的正式产品，可以勾选“我有序列号或订阅代码”选项，然后手动输入序列号即可；若无序列号或订阅代码，可以选择“我没有序列号，我想试用产品”选项。选择完相应选项后，单击“下一步”按钮。

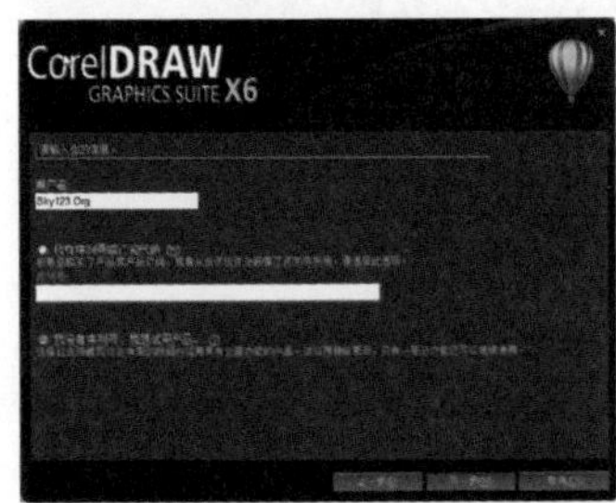

04 进入安装选项界面后，可以选择“典型安装”或“自定义安装”两种方式，选择好安装方式后，软件会自动进行安装，安装完成后单击“完成”按钮，即可退出安装界面。

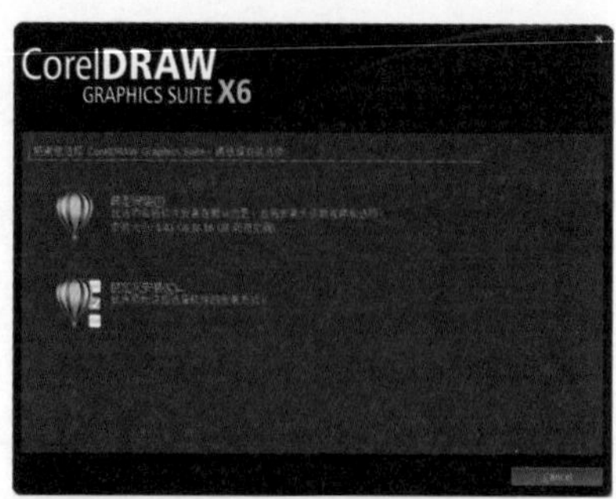

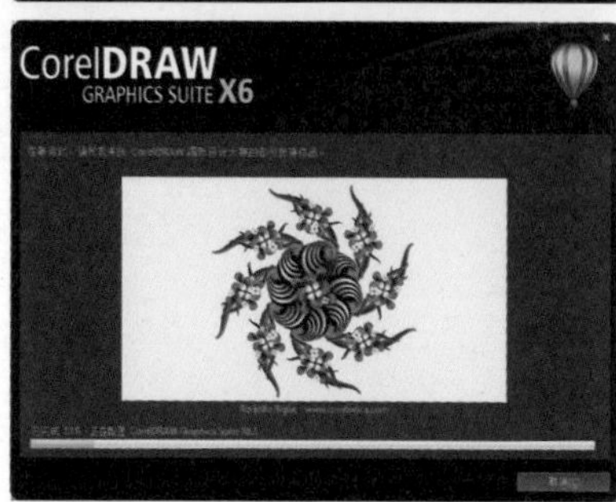

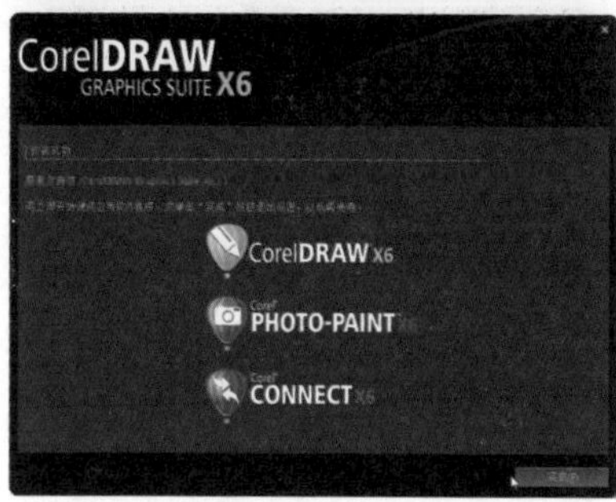

05 单击桌面上的快捷图标，启用 CorelDRAW X6。启动画面如下图所示。

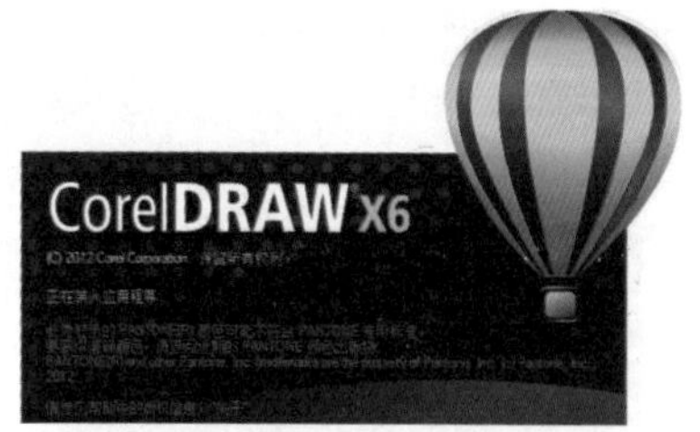

练习1-2 卸载CorelDRAW X6

难度：☆☆

素材文件：无

效果文件：无

在线视频：第 1 章 \ 练习 1-2\ 卸载 CorelDRAW X6.mp4

01 执行“开始”→“控制面板”命令，打开“控制面板”对话框，单击“卸载程序”选项。

02 在弹出的“卸载或更改程序”对话框中选择 CorelDRAW X6 的安装程序，单击右键，打开卸载程序。

03 弹出卸载对话框后，单击“删除”选项。再单击右下角的“移除”按钮，即可进行卸载。

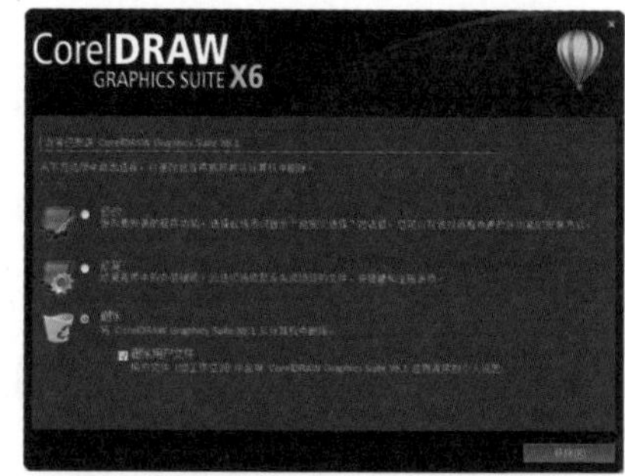

04 等待卸载程序运行完成后，单击“完成”按钮即可完成卸载。

1.3 CorelDRAW X6的启动与退出

确认安装无误后，我们来学习启动和关闭CorelDRAW X6软件。

启动软件

通常情况下，我们可以采取以下两种方式启动CorelDRAW X6。

第1种：执行“开始”→“所有程序”→“CorelDRAW Graphics Suite X6”命令。

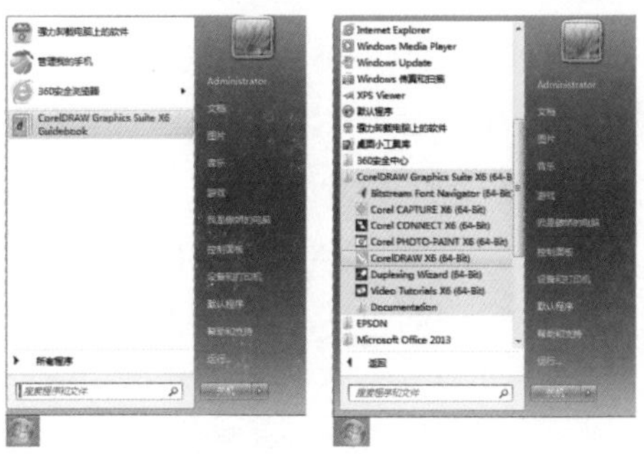

第2种：双击桌面上的CorelDRAW X6快捷图标。启动CorelDRAW X6后会弹出“快速入门”对话框，在该对话框中可以快速打开最近用过的文档或新建空白文档，还能够访问图库，查看软件新增功能及更新等。

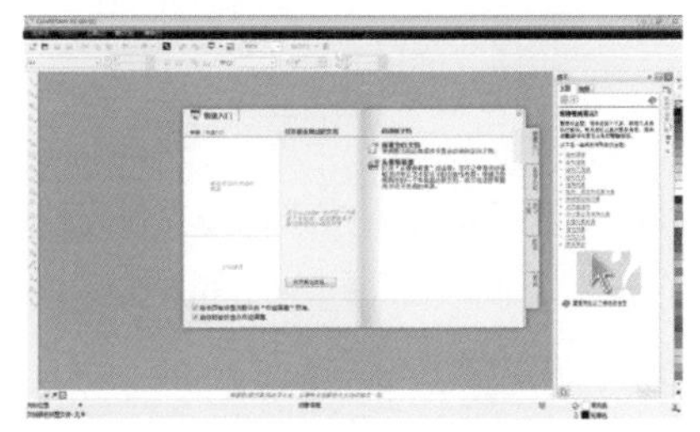

退出软件

通常情况下，我们可以采用以下两种方式退出CorleDRAW X6。

第1种：单击标题栏最右侧的“关闭”按钮。

第2种：执行“文件”→“退出”菜单命令。

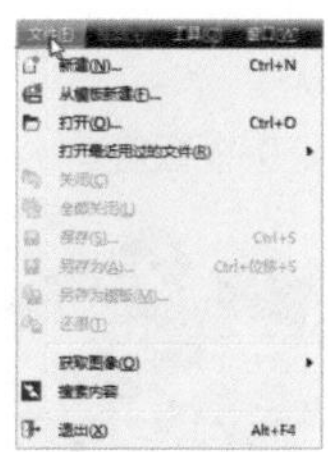

1.4 CorelDRAW X6新增功能

CorelDRAW X6相较于之前的版本在功能上有了很多突破和创新，此版本展示了各种新增功能、设计工具和模板，足以满足用户更多的创造性需求。它引入了强大的新版式引擎、多功能颜色和谐及样式工具，同时拥有通过 64 位和多核支持改进的性能和完整的自助设计网站工具，任何设计项目都可以通过这些丰富的功能得以增强。秉承其作为全球主流专业图像设计软件的传统，CorelDRAW X6版本仍然包含对超过 100 种常用文件格式的兼容性支持。

以下是CorelDRAW Graphics Suite X6的主要新增功能及特性。

1. Corel CONNECT 中的新增搜索功能

使用 Corel CONNECT 中的全新搜索工具栏，用户可以立即从网站上提取图像。只需在搜索框中输入网址，Corel CONNECT 即能立刻从网站上搜集以 HTML <img> 标记定义的所有图像，从而快速轻松地利用在线资源中的内容。

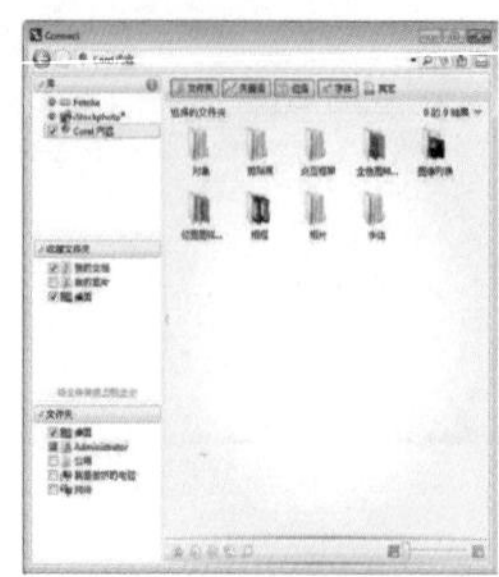

同时，还可以输入搜索词或文件夹路径，让 Corel CONNECT 搜索计算机、网络或其他在线资源中的内容。

2. 在线内容

经过优化的Corel CONNECT使用户能够轻松快速访问所有 CorelDRAW Graphics Suite X6 内容。该 Suite 的内容库包括。

- 10,000 余个高画质剪贴画图像。
- 多个专业级别的 OpenType 字体系列 。
- 200 余个即用型相框。
- 一个填充图案集。
- 2,000 余张照片。
- 数百个专业设计的模板等。

3. 支持最新的计算机处理器

CorelDRAW Graphics Suite X6 已经通过优化，可支持最新的多核处理器。新增的支持能够让用户在 Suite 后台执行资源密集型任务的同时继续开展工作。快速灵敏的性能意味着能缩短用户在导出文件、打印多个文档或复制、粘贴大型对象时的等待时间。

4. 支持 Adobe CS5 和 Microsoft Publisher 2010 文件格式

对Adobe Illustrator CS5、Microsoft Publisher 2010 和 Adobe Photoshop CS5 的增强导入与导出支持，以及对 Adobe Acro bat X 的导入支持，可确保用户能够与同事和客户交换文件。

5. 新增上下文相关对象属性泊坞窗

在 CorelDRAW X6 中，重新设计的“对象属性”泊坞窗仅显示对象相关的格式选项和属性，帮助用户更加快速地优化设计。

6. OpenType 支持

重新设计的文本引擎使用户能够更好地利用高级OpenType印刷功能，如上下文和样式替代、分数、连字、序号、装饰、小型大写字母、花饰等。OpenType字体基于Unicode，非常适合在跨平台设计工作中使用。此外，经过扩充的字符集能够提供出色的语言支持。

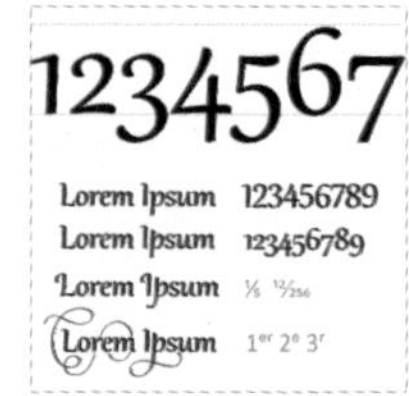

7. 复杂脚本支持

新增的复杂脚本支持内置于全新设计的文本引擎中，可以确保亚洲和中东语言所使用字形的正确排版。

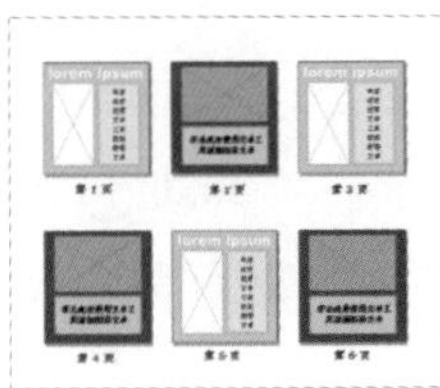

8. 改进后的主图层

新增的和改进的奇数页、偶数页和全部页面主图层使用户能够更轻松地为多页文档创建特定于页面的设计。

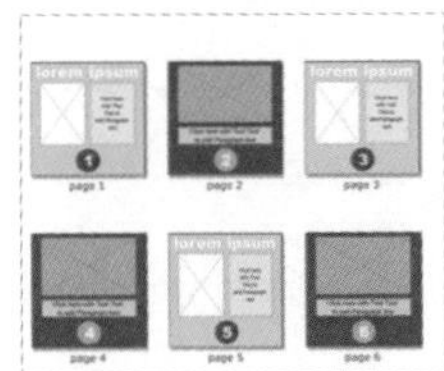

9. 页面编码

新增的“插入页码”命令可以帮助用户在文档所有页面上、从特定页面开始或以特定数字开始即时添加页码，页码可以用字母、阿拉伯数字或罗马数字表示。此外，当在文档中添加或删除页时，页码将自动更新。用户也可以在现有的美术字或段落文本中插入页码。

10. 交互式图框

新增的“空图框精确剪裁和文本框”功能可以使用户能够向图框精确剪裁对象填入占位符图形和文本框,从而帮助用户更轻松地在最终确定各内容组件之前预览设计。

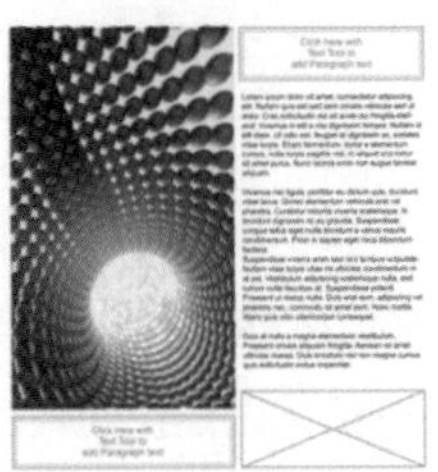

11. 占位符文本

新增的“插入占位符文本”命令使用户能够通过右键单击任何文本框并立即向此文本框填入占位符文本，从而帮助用户更轻松地在最终确定文档内容之前评估文档的外观。

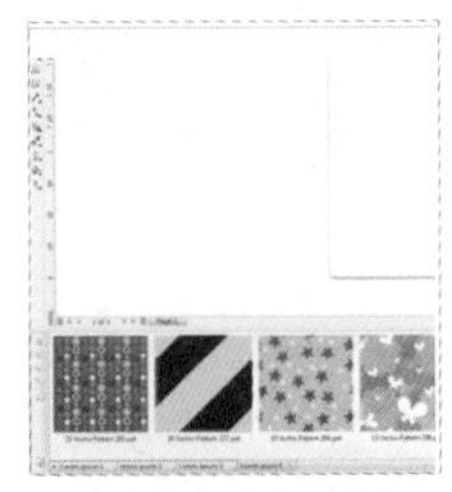

12. Corel CONNECT 中的多个托盘

现在，Corel CONNECT使用户能够同时使用多个托盘，从而让用户能够更灵活地组织多个项目的资产。

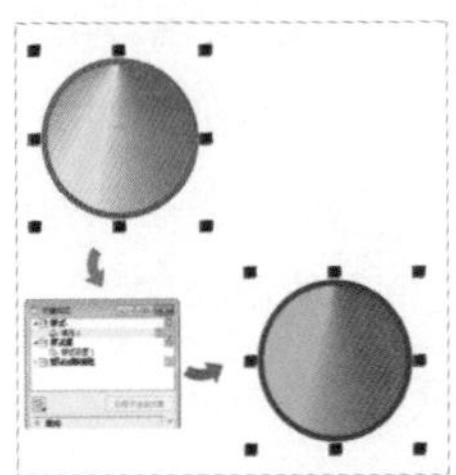

13. 新增样式引擎和泊坞窗

新增的“样式”泊坞窗简化了轮廓、填充、字符和段落样式的创建，并引入了“样式集”。样式集是一组样式，只要编辑一次，就能将更改立即应用于整个项目。

14. 新增颜色资源

新增的“颜色样式泊坞窗”使用户能够将文档中使用的颜色添加为资源，从而更轻松地将颜色更改实施到整个项目中。

15. 新增颜色和谐

新增的“颜色和谐”功能使用户能够对文档的颜色资源分组，以便快速轻松地生成不同颜色方案的迭代设计。

16. 图框精确裁剪

使用新增的“图框精确剪裁”功能，可以创建包含占位符图形和文本框的图框精确剪裁对象。

17. 新增绘图工具

新增的“涂抹”“转动”“吸引”“排斥”工具为优化矢量对象提供了新的创造性选项。

1.5 矢量图与位图

在CorelDRAW中，我们可以进行编辑的图像包括矢量图和位图两种，二者可以在特定情况下相互转换，但是转换后的对象与原图会有一定偏差。

1.5.1 矢量图

矢量图也称为“矢量形状”或“矢量对象”，在数学上定义为一系列由线连接的点。矢量文件中的图形元素称为对象。每个对象都是一个自成一体的实体，它具有颜色、形状、轮廓、大小和屏幕位置等属性，可以自由地进行轮廓填充和色彩修饰。

矢量图只能靠软件生成，其中保存的是线条和图块的信息，所以矢量图形文件与分辨率和图像大小无关，文件所占内存空间非常小，在进行任意缩放和修改时都不会丢失细节或影响其清晰度。调整矢量图形的大小后，将矢量图形打印到任何尺寸的介质上、在PDF文件中保存矢量图形或将矢量图形导入基于矢量图形的应用程序中，矢量图形都将保持清晰的边缘，并可以按最高分辨率显示到输出设备上。打开一个矢量图形文件，将其放大到150%显示，图像上不会出现锯齿；继续放大，同样也没有锯齿出现。

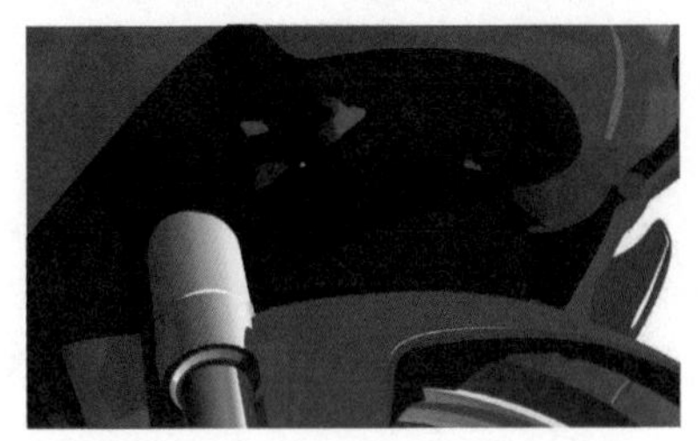

1.5.2 位图

位图也称为“点阵图像”或“栅格图像”，由多个像素组成。每个像素都具有特定的位置和颜色值，在编辑位图图像时，只能针对图像像素进行编辑，无法直接编辑形状或填充颜色。将位图放大后，图像会变得模糊，并可以观察到有很多像素小方块。打开一张位图，将其放大到200%显示,可以观察到图像已经开始模糊；继续放大，马赛克现象会变得非常严重。

1.6 知识拓展

启动CorelDRAW X6时，若弹出提示框“CorelDRAW X6 已停止工作”，首先确定一点，是不是其他软件都是类似情况。如果只是该软件有问题，那么有可能是该软件版本和系统不兼容（例如，32位系统不兼容64位软件，64位系统兼容32位软件）。

选择该软件图标，单击鼠标右键，选择“属性”选项，打开“兼容性”面板，勾选“以兼容模式运行这个程序”复选框，选择Windows7版本，单击“应用”按钮。也有可能是和“.net”组件冲突，如果不行，下载对应版本安装。

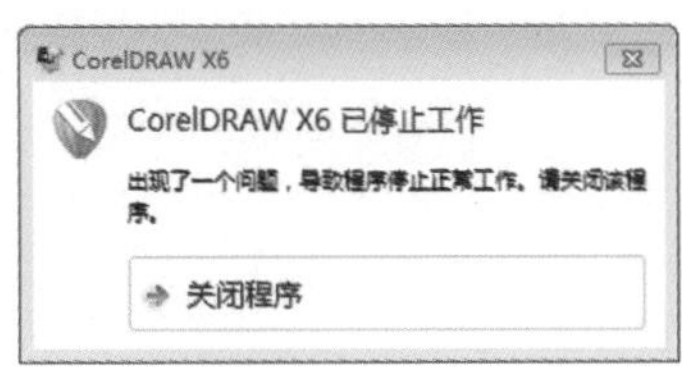

第 2 章

CorelDRAW X6 基础操作

CorelDRAW X6作为一款应用广泛的矢量软件，其工作界面布局十分人性化，可以通过简单而灵活的操作帮助用户提高工作效率。本章主要讲解CorelDRAW X6的基础操作，包括工作界面的介绍、文件的管理、视图设置等，通过本章的学习读者可以快速掌握这些知识点，为后面的学习打下坚实的基础。

本章重点

常用工具栏 | 泊坞窗 | 在文档中导入其他文件

设置页面 | 重命名页面 | 设置辅助线

设置缩放比例 | 设置视图的显示模式

2.1 CorelDRAW X6欢迎屏幕

启动CorelDRAW X6软件后，默认情况下会弹出欢迎屏幕。欢迎屏幕为用户提供了全面的软件功能介绍，用户可以轻松访问应用程序资源，快速开展工作。可以打开现有文档或新建文档，或从预先设计的布局启动新文档。此外还可以查看新增功能及其详细说明，访问学习工具，快速获得指导，如视频教程、设计专家见解等。

CorelDRAW X6的欢迎屏幕包括快速入门、新增功能、学习工具、图库、更新5个模块。

1. 快速入门

启动CorelDRAW X6软件，在此界面中单击“快速入门”，可在“打开最近用过的文档”标题下方，浏览最近使用过的文档及文档信息，或打开其他文档。在右侧的“启动新文档”面板中可以根据需求新建空白文档或从模板新建文档——使用专业艺术家设计的创造性布局来启动新文档，或仅将这些布局作为设计的灵感来源。

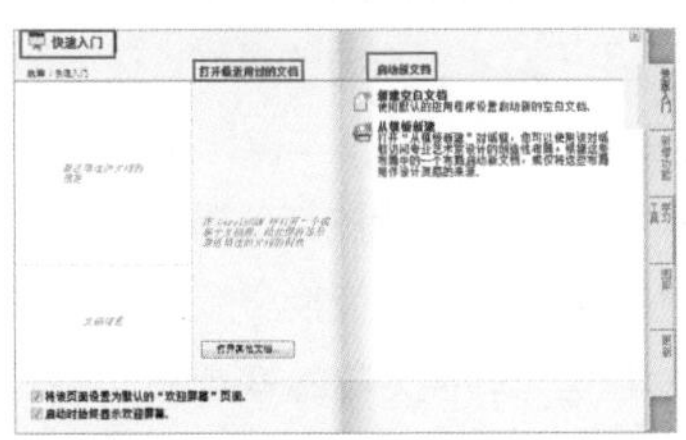

2. 新增功能

CorelDRAW X6的新增功能可以让用户更快捷、高效地开展工作。用户可利用搜索功能快速获取所需内容，且能够访问强大的内容库，获得丰富的灵感来源；重新设计的文本引擎和图层页面能使用户轻松创建布局；新增的样式引擎及颜色资源等可以帮助用户使设计尽显个人风格和创意。

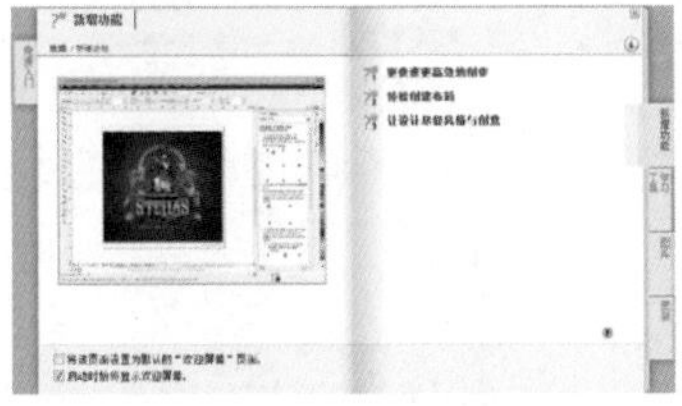

3. 学习工具

CorelDRAW X6中内置了很多学习内容，用户可以通过视频教程、指导手册等学习软件操作，充分利用软件的强大功能，同时能够获得专业性的提示和技巧，了解如何以视觉方式有效地表达个人见解。此外还可以访问更多在线资源，查看最新的教程资源等。

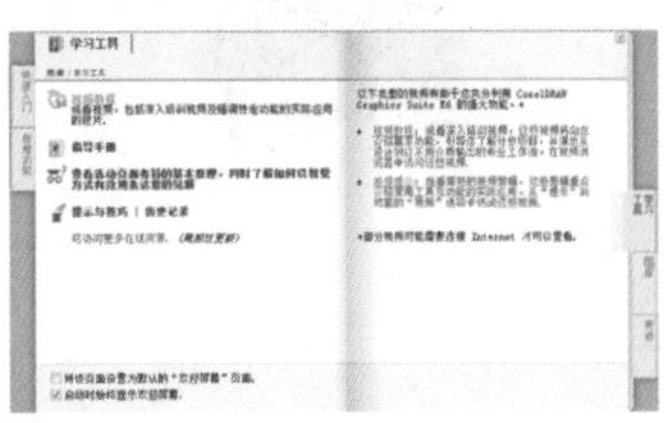

4. 图库

CorelDRAW X6为用户提供了非常多的创意灵感来源，在“图库”模块中用户可以查看和使用CorelDRAW Graphics Suite创建的富有创意的项目。

5. 更新

用户可以通过“更新”模块接收有关产品更新、新教程和其他内容的消息。默认情况下，有产品更新或新教程时会自动通知用户。此外，应用程序会自动下载新产品更新并询问用户是否安装。同时，用户也可以随时更改更新设置。

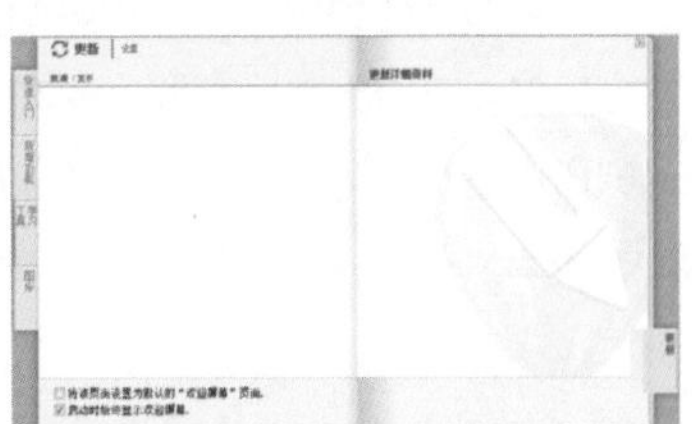

2.2 CorelDRAW X6操作界面

在默认情况下，CorelDRAW X6的界面组成元素包含标题栏、菜单栏、常用工具栏、属性栏、工具箱、页面、工作区、标尺、导航器、状态栏、调色板、泊坞窗、视图导航器、滚动条和用户登录。

2.2.1 标题栏

标题栏位于界面的最上方，标注软件名称CorelDRAW X6和当前编辑文档的名称。标题显示蓝色为激活状态。

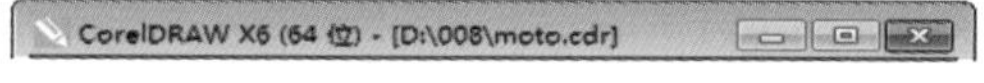

2.2.2 菜单栏

菜单栏包含了CorelDRAW X6中常用的各种菜单命令，其中包括“文件”“编辑”“视图”“布局”“排列”“效果”“位图”“文本”“表格”“工具”“窗口”和“帮助”12组菜单。

- **文件：** 可以对文本进行基本的操作，选择相应菜单命令可以执行新建、打开、保存和关闭文档等操作，也可以进行导入、导出或执行打印设置等操作。
- **编辑：** 用于对象的编辑操作，选择相应的菜单命令可以进行步骤的撤销与重做，也可以进行对象的剪切、复制、粘贴、删除和符号制作操作，还可以插入条码、新对象及查看对象属性。

- **视图：** 用于进行文档的视图操作。选择相应的菜单命令可以对文档视图模式进行切换、调整视图预览模式和界面显示操作。
- **布局：** 用于文本编排时的操作，在该菜单下可以执行页面和页码的基本操作。
- **排列：** 用于对象编辑的辅助操作，在该菜单下可以进行对象的形状变换、顺序排放、组合、锁定、造型、转换为曲线等操作。
- **效果：** 用于图像的效果编辑，在该菜单下可以进行位图的颜色调整、变换、校正，矢量图的材质效果加载。

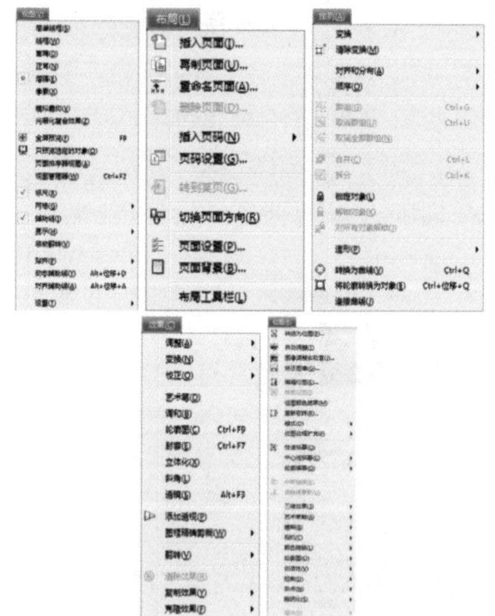

- **位图**：可以进行位图的编辑和调整，也可以为位图添加特殊效果。
- **文本**：用于文本的编辑与设置，在该菜单下可以进行文本的段落设置、路径设置和查询操作。
- **表格**：用于文本中表格的创建与设置，在该菜单栏下可以进行表格的创建与编辑，也可以进行文本与表格的转换操作。
- **工具**：用于打开样式管理器进行对象的批量处理。
- **窗口**：用于调整窗口文档视图和切换编辑窗口，在该菜单下可以进行文档窗口的添加、排放和关闭。所有打开的文档都在菜单最下方显示，正在编辑的文档前方显示对勾，单击选择即可进行快速切换编辑。
- **帮助**：用于新手入门学习和查看 CorelDRAW X6 软件的信息，以及进行账户设置。

2.2.3 常用工具栏

“常用工具栏”包含CorelDRAW X6软件的常用基本工具图标，用户可以直接单击使用，十分便捷。

常用工具栏选项介绍。

- **新建**：创建一个新文档。
- **打开**：打开已有的 cdr 文档。
- **保存**：保存已编辑过的内容。
- **打印**：将当前文档打印输出。
- **剪切**：剪切选中的对象。
- **复制**：复制选中的对象。
- **粘贴**：从剪切板中粘贴对象。
- **撤销**：取消上一步的操作。
- **重做**：重新执行撤销的步骤。
- **搜索内容**：使用 Corel CONNECT X6 泊坞窗搜索字体、图片等链接。
- **导入**：将文件导入正在编辑的文档。
- **导出**：将编辑好的文件另存为其他格式进行输出。
- **应用程序启动器**：快速启动 Corel 的其他应用程序。
- **欢迎屏幕**：快速开启“欢迎屏幕”面板。
- **缩放级别**：输入数值来指定当前视图的缩放比例。
- **贴齐**：在下拉选项中选择页面中对象的贴齐方式。
- **选项**：快速开启“选项”对话框进行相关设置。

2.2.4 属性栏

单击使用“工具箱”中的工具时，属性栏上就会显示该工具的属性设置。属性栏在默认情况下为页面属性设置，若单击“矩形工具”则会切换为矩形属性设置。

2.2.5 工具箱

“工具箱”包含了编辑文档的常用基本工具，以工具的用途进行分类排列，按鼠标左键单击工具右下角的箭头即可打开隐藏工具组，单击可以选择需要更换的工具，也可以按键盘上的快捷键快速选择工具。

练习2-1 隐藏/显示工具箱

难度：☆

素材文件：无

效果文件：无

在线视频：第 2 章 \ 练习 2-1\ 隐藏 / 显示工具箱 .mp4

01 启动 CorelDRAW X6 软件，单击“常用工具栏”中的“新建”按钮，新建一个空白文档。执行“窗口”→“工具栏”命令，将光标放在“工具箱”前面的对勾上，单击鼠标左键，此时界面左侧的“工具箱”面板被隐藏。

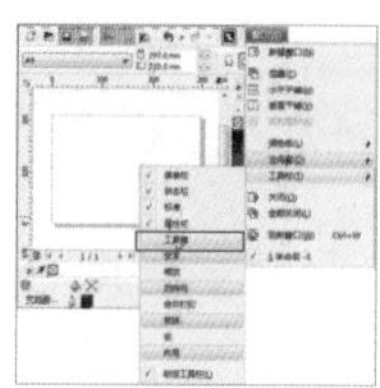

02 再次执行“窗口”→“工具栏”→“工具箱”命令，界面左侧显示“工具箱”。

2.2.6 标尺

“标尺”在精确制图和缩放对象时起到辅助作用。默认情况下，原点坐标位于页面左下角，在标尺交叉处拖曳可以移动原点的位置，回到默认原点要双击标尺交叉点。

2.2.7 页面

“页面”指工作区中的矩形区域，该区域的内容在输出时会被显示。在同时编辑多个文档时，可以自定页面大小和方向，也可以建立多个页面进行操作。

2.2.8 导航器

“导航器”可以进行视图和页面的定位引导，也可以执行跳页和视图移动定位等操作，为编辑文档提供便捷。

2.2.9 状态栏

“状态栏”可以显示当前光标所在位置、文档信息和用户登录状态。

2.2.10 调色板

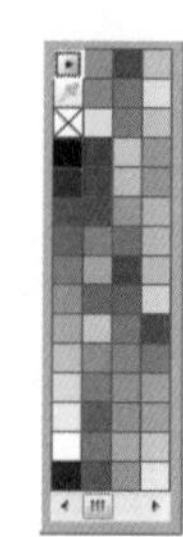

“调色板”能够帮助用户进行快速颜色填充，将光标放在色样上，单击鼠标左键可以为对象填充颜色，单击鼠标右键可以填充轮廓线颜色。用户可以根据相应的菜单栏进行调色板颜色的重置和调色板的载入操作。

2.2.11 泊坞窗

“泊坞窗”主要用来放置管理器和选项面板，可以通过单击图标来切换对应的选项面板，能够帮助用户轻松地对图层和对象进行管理。执行“窗口”→“泊坞窗”菜单命令可以添加相应的泊坞窗。同时打开多个“泊坞窗”时，“泊坞窗”会呈竖排依次排列，单击选择即可打开泊坞窗。单击右上角的折叠按钮，可以折叠/展开“泊坞窗”。

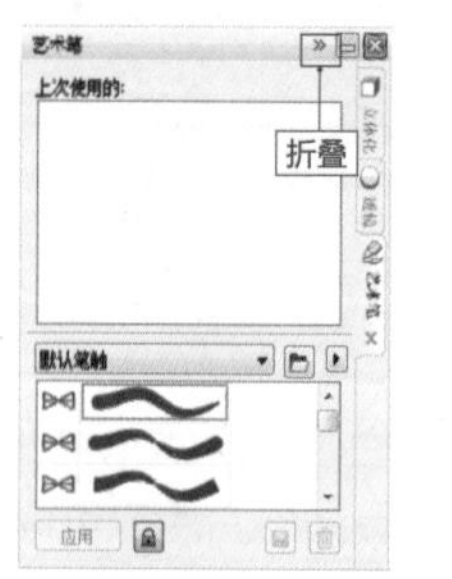

提示

最初启动 CorelDRAW X6 时不会自动显示泊坞窗，需要执行“窗口”→“泊坞窗”命令调出泊坞窗。

2.3 管理图形文件

CorelDRAW是一款专业的矢量图形软件，为了更好地利用它的强大功能，首先需要熟悉文档的打开、导入、关闭、保存等基础操作技巧。

2.3.1 创建与设置新文档

启动CorelDRAW X6后，编辑界面呈深灰色。此时，我们可以新建一个用于编辑的文档。

1. 新建文档

新建文档的方法共有3种。

- **第 1 种：** 在“快速入门”对话框中单击“启动新文档”下的“新建空白文档”或“从模板新建”选项。

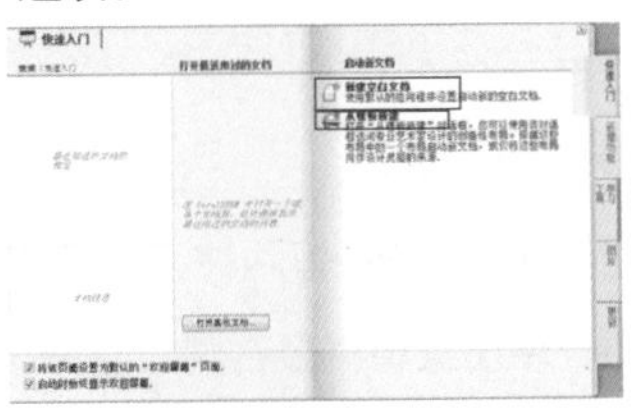

- **第 2 种：** 执行“文件”→“新建”菜单命令或直接按快捷键 Ctrl+N。

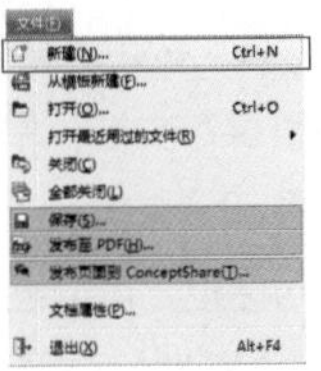

- **第 3 种：** 在常用工具栏上单击“新建”按钮。

2. 设置新文档

在“常用工具栏”上单击“新建”按钮，打开“创建新文档”对话框，可在该对话框中详细设置文档的相关参数。

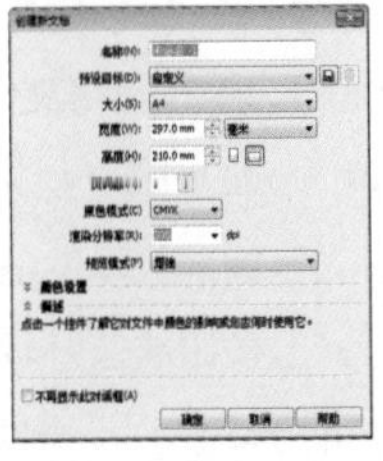

参数介绍如下。

- **名称：** 自定义文档的名称。
- **预设目标：** 从预设目标列表中选择文档预设目标，如 Web、RGB 或 CMYK。
- **大小：** 选择文档的页面大小。
- **宽度：** 设置文档的宽度，右侧可选择文档的测量单位。
- **高度：** 设置文档的高度，右侧可选择文档的方向。
- **页码数：** 选择文档的页数。
- **原色模式：** 选择一种文档原色模式。默认颜色模式会影响一些效果中颜色的混合方式，如填充、混合和透明。
- **渲染分辨率：** 设置可能将被光栅化的效果的分辨率，如透明、阴影和倾斜效果。
- **预览模式：** 可以让用户选择与最后输出的文档最相似的预览模式进行预览。
- **颜色设置：** 选择文档的颜色、灰度预置文件和匹配类型。

练习2-2 改变页面背景颜色

难度：☆

素材文件：无

效果文件：无

在线视频：第 2 章 \ 练习 2-2\ 改变页面背景颜色 .mp4

01 启动 CorelDRAW X6 软件，在常用工具栏上单击“新建”按钮或按快捷键 Ctrl+N，新建空白文档。

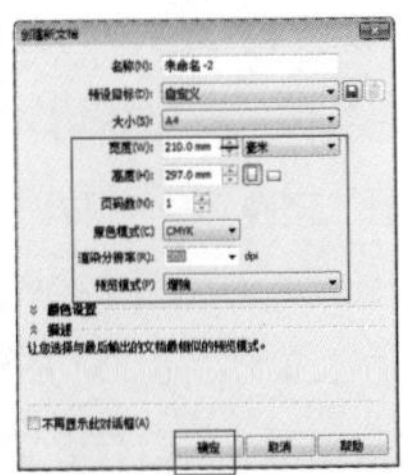

02 执行“工具”→“选项”命令或按快捷键 Ctrl+J，打开“选项”对话框，在左侧列表中单击“文档”前

面的⊞按钮，展开下拉列表，选择“背景”选项。

03 在右侧“背景”面板中，单击“纯色”单选按钮，单击后面的 按钮展开颜色列表，选择颜色。

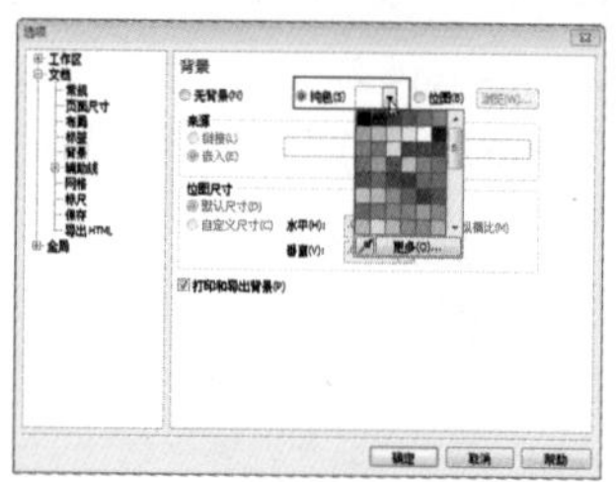

04 选择完成后，单击“确定”按钮，完成页面背景颜色的更改。

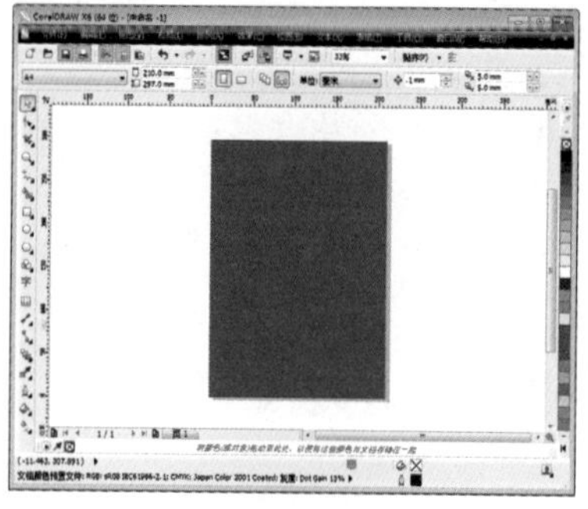

2.3.2 打开与关闭文档

在CorelDRAW X6中，打开和关闭文档的方法有以下几种。

1. 打开文档

我们可以采用5种方法来打开计算机中储存的CorelDRAW文档，以继续进行编辑。

- **第 1 种：** 执行“文件”→“打开”菜单命令，在弹出的“打开绘图”对话框中选择要打开的文档（标准格式为 .cdr）。在“打开绘图”对话框中勾选“预览”选项，可以查看文件的缩略图效果，在对话框右下角会显示文件的保存版本等详细信息。
- **第 2 种：** 在常用工具栏中单击“打开”图标，即可弹出“打开绘图”对话框。
- **第 3 种：** 在“快速入门”对话框中单击“最近使用过的文档”，选择需要的文档打开。
- **第 4 种：** 直接在目标文件夹中找到要打开的CorelDRAW 文档，双击鼠标左键将其打开。
- **第 5 种：** 在文件夹中找到要打开的CorelDRAW 文件，然后按住鼠标左键将其拖曳至 CorelDRAW 操作界面中的灰色区域，即可将其打开。

提示

使用拖曳方法打开文档时，应避免将文档拖曳至非灰色区域（如任务栏、菜单栏），否则系统将会弹出错误提示框，提示用户运用此方法无法打开文件。

2. 关闭文档

关闭文档的方法共有两种。

- **第 1 种：** 单击菜单栏最右侧的按钮可以快速关闭文档。在关闭文档时，未被编辑过的文档可以直接关闭；编辑过的文档在关闭时会弹出提示对话框，询问用户是否保存；在提示对话框中，单击“是”按钮时会弹出“保存绘图”的对话框，设置保存文档；单击“否”按钮时不保存文档并关闭该文档，单击“取消”按钮时会关闭提示对话框，可以继续编辑文档。
- **第 2 种：** 执行“文件”→“关闭”菜单命令可以关闭当前编辑的文档；执行“文件”→“全部关闭”菜单命令可以关闭打开的所有文档，如果关闭的文档都被编辑过，在关闭时会依次弹出提醒是否保存的对话框。

2.3.3 在文档中导入其他文件

在编辑文档时，有时会需要将其他文件导入文档中进行编辑，如.jpg、.ai和.bmp格式的素材文件，可以采用以下3种方法将文件导入文档中。

- **第 1 种：** 执行“文件”→“导入”菜单命令，在弹出的“导入”对话框中选择需要导入的文件，单击“导入”按钮准备好导入，待光标变为直角形状时单击鼠标左键即可进行导入。

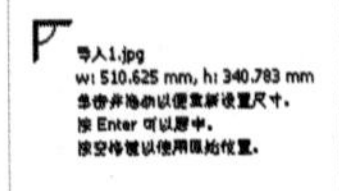

●**第 2 种：**在常用工具栏上单击“导入”按钮，也可以打开“导入”对话框。

●**第 3 种：**在文件夹中选中要导入的文件，然后按住鼠标左键将其拖曳到编辑的文档中。采用这种方法导入的文件将会按原比例大小进行显示。

2.3.4 保存与导出文档

编辑完成后的文档可以保存或导出为不同格式，方便用户导入其他软件中进行编辑。

1. 保存文档

保存文档的方法共有3种。

●**第 1 种：**执行“文件”→“保存”命令进行保存，弹出“保存绘图”对话框后，设置保存路径，在“文件名”后的文本框中输入文档名称，选择“保存类型”，单击“保存”按钮进行保存。只有第一次进行保存时才会打开“保存绘图”对话框，之后会直接覆盖保存。

提示

除了利用“保存”命令保存文档外，还可以利用“另存为”及“另存为模板”命令来保存文档，“另存为”命令是将保存的文档重新生成一个新文档并保留原文件的属性；“另存为模板”命令是将文档保存为模板。

●**第 2 种：**在“常用工具栏”中单击“保存”按钮，即可进行快速保存。

●**第 3 种：**按 Ctrl+S 快捷键进行快速保存。

2. 导出文档

导出文档的方法共有两种。

●**第 1 种：**执行“文件”→“导出”菜单命令，弹出“导出”对话框，然后选择保存路径，在“文件名”后面的文本框中输入名称，然后设置文件的保存类型（如 AI、BMP、GIF、JPG），最后单击“导出”按钮。当选择的“保存类型”为 JPG 时，将弹出“导出到 JPEG”对话框，然后设置“颜色模式”（CMYK、RGB、灰度），再设置“质量”调整图片输出显示效果（一般情况下选择“高”），其他选项保持默认即可。

●**第 2 种：**在“常用工具栏”上单击“导出”按钮，打开“导出”对话框即可进行操作。

提示

可以选择两种导出方式，第 1 种为默认导出方式，即导出页面内编辑的内容；第 2 种在导出时勾选“只是选定的”复选框，导出的内容为选中的对象。

练习2-3 在导入前裁剪/重新取样要导入的文件

难度：☆

素材文件：素材\第 2 章\练习 2-3\插画 .jpg

效果文件：无

在线视频：第 2 章\练习 2-3\在导入前“裁剪 / 重新取样”要导入的文件 .mp4

01 启动CorelDRAW X6软件，执行“文件”→“导入”命令，打开“导入”对话框，选择素材，导入“素材\第2章\练习2-3\插画.jpg”位图文件，单击“导入”按钮旁的下拉列表，设置导入类型为“裁剪并装入”。

02 在弹出的“裁剪图像”对话框中精确设置要裁剪的区域，也可以直接拖曳裁剪框确定裁剪区域，完成后单击“确定”按钮准备导入。

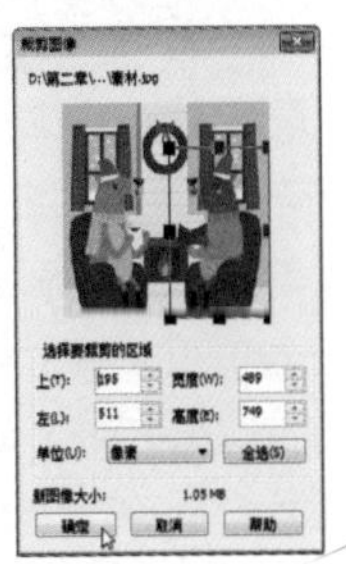

03 当光标变为直角 ⌈ 形状时，单击鼠标左键即可导入位图。

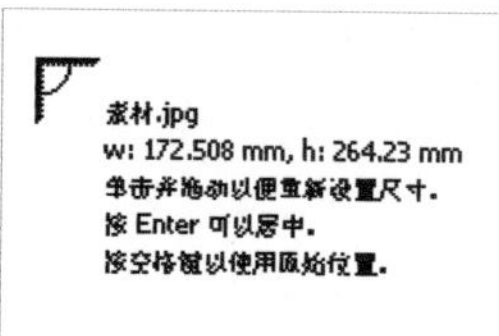

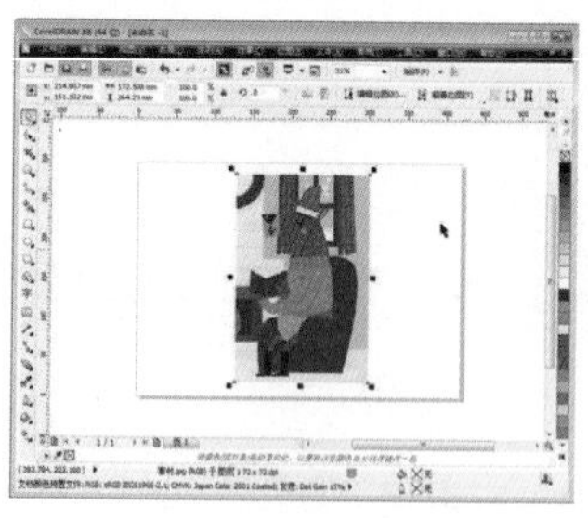

2.4 页面设置与管理

在CorelDRAW X6中，可以对页面的尺寸进行设置，也可以根据需求添加和切换页面，掌握其中的方法有利于我们更方便快捷地进行工作。

2.4.1 设置页面

1. 设置页面尺寸

我们不仅可以在新建文档时进行页面尺寸设置，还可以在编辑过程中重新进行设置，共有两种设置方法。

- **第 1 种：**执行"布局"→"页面设置"菜单命令，打开"选项"对话框。在该对话框中可以对页面尺寸及分辨率大小进行重新设置。在"页面尺寸"面板中有一个"只将大小应用到当前页面"选项，如果勾选该选项，那么修改后的尺寸就只会对当前页面生效，不会影响到其他页面。

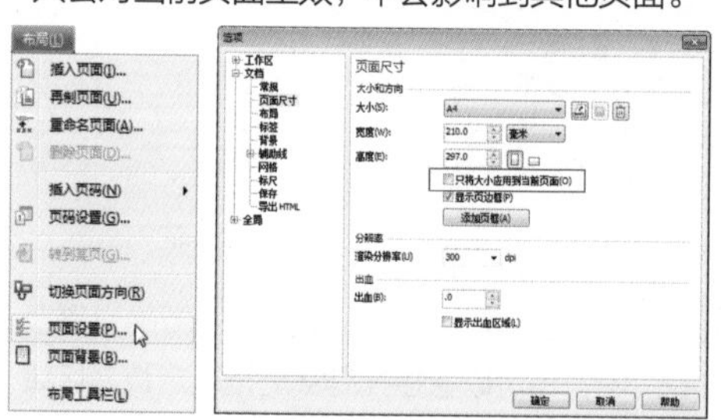

- **第 2 种：**单击页面或其他空白处，可以切换到页面的设置属性栏。在属性栏中可以对页面的尺寸、方向及应用方式进行调整。调整相关数值之后，单击"当前页"按钮，可以将设置仅用于当前页；单击"所有页面"按钮可以将设置应用于所有页面。

2. 布局

在菜单栏中执行"布局"→"页面设置"菜单命令，打开"选项"对话框，然后单击右侧的"布局"选项，可以展开该选项的设置面板。

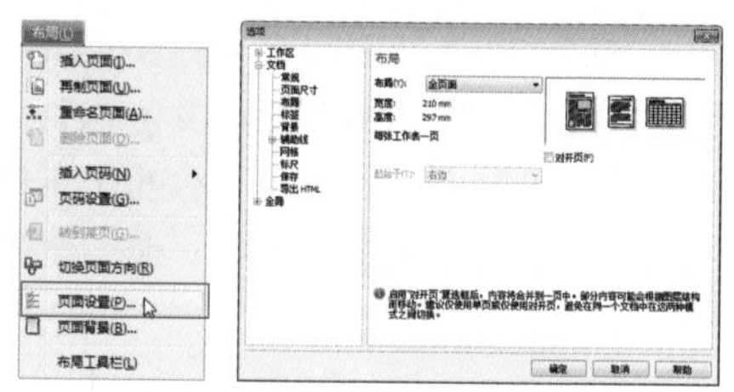

- **布局：**单击该选项，可以在打开的列表中选择页面样式。
- **对开页：**勾选该选项的复选框，可以将页面设置为对开页。
- **起始于：**单击该选项，在打开的列表中可以选择对开页样式起始于"左边"或者"右边"。

3. 背景

执行"布局"→"页面设置"菜单命令，打开"选项"对话框，单击右侧的"背景"选项，可以展开该选项的设置页面。

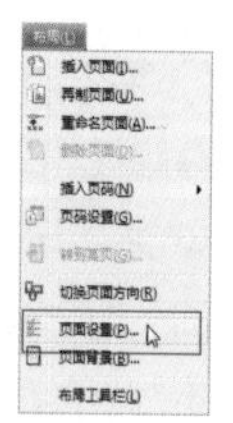
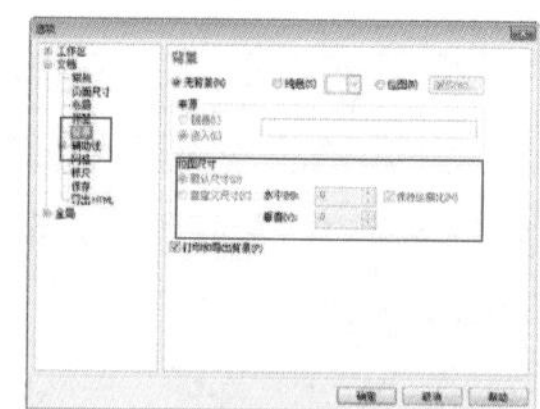

- **无背景：** 勾选该选项后，单击“确定”按钮，即可将页面的背景设置为无背景。
- **纯色：** 勾选该选项后，可在右侧的颜色挑选器中选择一种颜色作为页面的背景颜色（默认为白色）。
- **位图：** 勾选该选项后，可以单击右侧的“浏览”按钮 浏览(W)... ，打开“导入”对话框，即可导入一张位图作为页面背景。
- **默认尺寸：** 将导入的位图以系统默认的尺寸设置为页面背景。
- **自定义尺寸：** 勾选该选项后，可以在“水平”和“垂直”的数值框中输入数值，自定义位图的尺寸。
- **保持纵横比：** 勾选该选项的复选框，可以防止导入的图片因尺寸的改变出现扭曲变形的选项。

2.4.2 插入页面

执行“布局”→“插入页面”菜单命令，即可打开“插入页面”对话框。

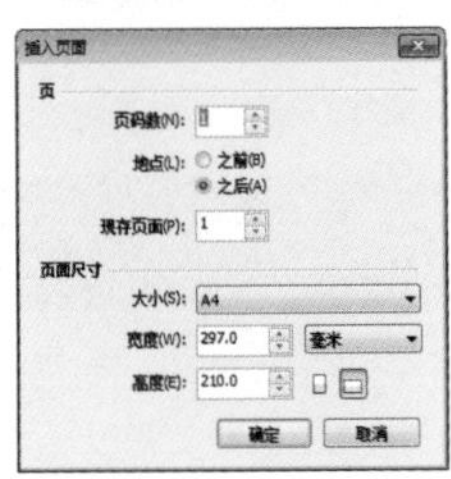

- **页码数：** 设置插入页面的数量。
- **之前：** 将页面插入所在页面的前面一页。
- **之后：** 将页面插入所在页面的后面一页。
- **现存页面：** 在该选项中设置好页面后，所插入的页面将在该页面之后或之前。
- **大小：** 设置将要插入的页面大小。
- **宽度：** 设置插入页面的宽度。
- **高度：** 设置插入页面的高度。
- **单位：** 设置插入页面的“高度”和“宽度”的度量单位。

2.4.3 定位页面

1. 切换页面

若需要切换到其他页面进行编辑，可以单击页面导航器上的页面标签进行快速切换，或者单击 ◀ 和 ▶ 按钮进行跳页操作。单击 ⏮ 和 ⏭ 按钮，可以切换到起始页或结束页。

2. 转到某页

执行“布局”→“转到某页”菜单命令，即可打开“转到某页”对话框，在该对话框中设置页码数后，单击“确定”按钮 确定 ，即可将当前页面切换到设置的页面。

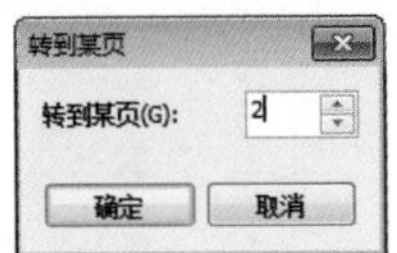

2.4.4 重命名页面

选中需要重命名的页面标签，单击鼠标右键，在弹出的快捷菜单中选择“重命名页面”命令，在弹出的对话框中输入页名，单击“确定”按钮即可重命名页面。

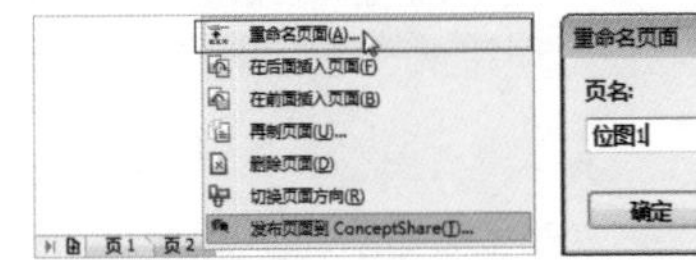

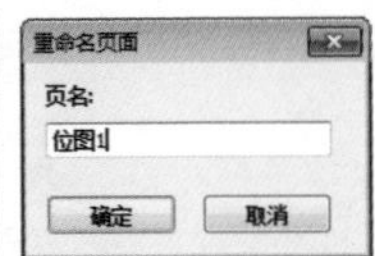

2.4.5 切换页面方向

CorelDRAW X6可以根据用户需要切换页面方向，添加到绘图的所有页面都会默认使用当前的页面方向，但可以随时更改各个页面的方向，共有3种更改页面方向的方法。

- **第1种：** 在“属性栏”中单击横向按钮 或纵向按钮 ，可以快速切换页面方向。

- **第2种：** 执行“布局”→“切换页面方向”命令，即可将当前页面的方向进行切换。

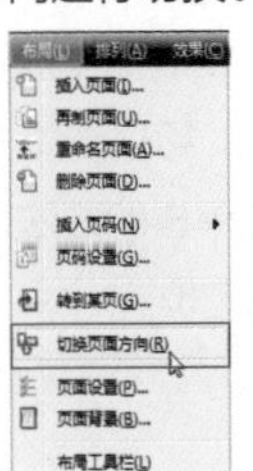

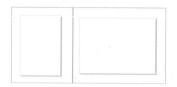

● **第 3 种**：双击文档页面的灰色投影部分，或执行“布局”→“页面设置”命令，在弹出的“页面尺寸”对话框中单击纵向按钮或横向按钮，改变页面方向。

练习2-4 删除页面

难度：☆
素材文件：无
效果文件：无
在线视频：第 2 章 \ 练习 2-4\ 删除页面 .mp4

01 执行“布局”→“删除页面”命令，打开“删除页面”对话框，在“删除页面”选项后的数值框中设置要删除的页面的页码，勾选“通到页面”复选框。

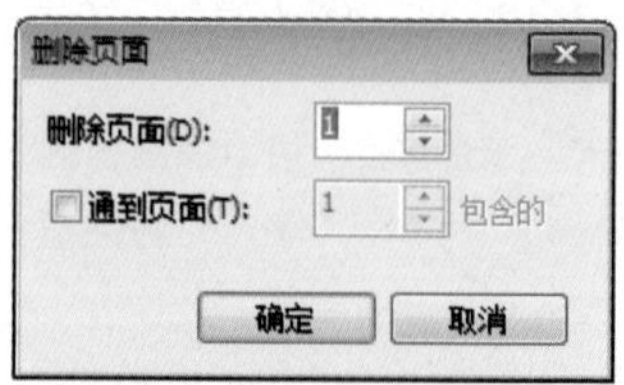

02 在后面的数值框中设置好页码，则可将“删除页面”到“通到页面”间的所有页面删除，完成后单击“确定”按钮。

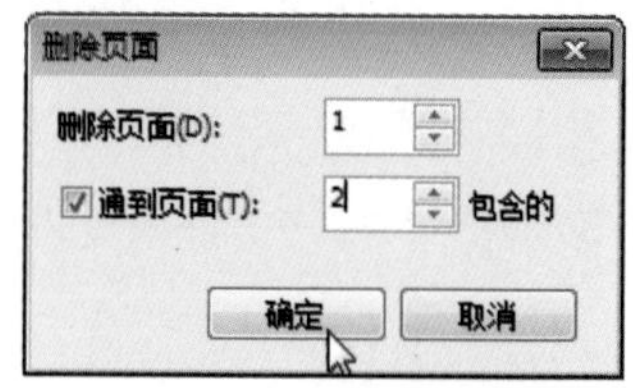

03 此时查看编辑界面，所选页面都已被删除。

2.5 绘图辅助设计

CorelDRAW X6中包含了许多实用的工具，可以辅助我们进行精确绘图。掌握它们的使用方法对于设计工作的展开非常重要。

2.5.1 设置辅助线

辅助线是可以帮助用户进行精确定位的虚线。辅助线可以位于绘图窗口的任何地方，不会在文件输出时显示，按住鼠标左键拖曳可以添加或移动平行辅助线、垂直辅助线和倾斜辅助线。设置辅助线的方法共有以下两种。

● **第 1 种**：将光标移动到水平或垂直标尺上，然后按住鼠标左键拖曳放置辅助线。如果要设置倾斜辅助线，可以选中垂直或水平辅助线，然后使用逐渐单击的方法进行角度旋转，此方法可用于大概定位。

● **第 2 种**：执行“视图”→“设置”命令进行辅助线设置。

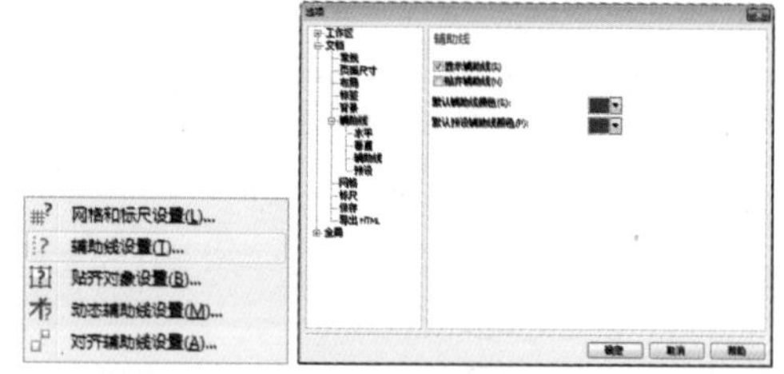

辅助线可以设置为3种形态。

● **水平辅助线**：在“选项”对话框选择“辅助线”→“水平”选项，设置数值之后即可单击“添加”“移动”“删除”或“清除”按钮进行操作。

● **垂直辅助线**：在“选项”对话框选择“辅助线”→“垂直”选项，设置数值之后即可单击“添加”“移动”“删除”或“清除”按钮进行操作。

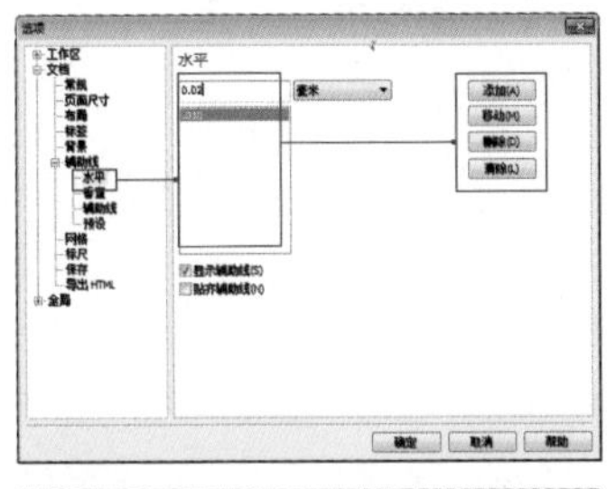

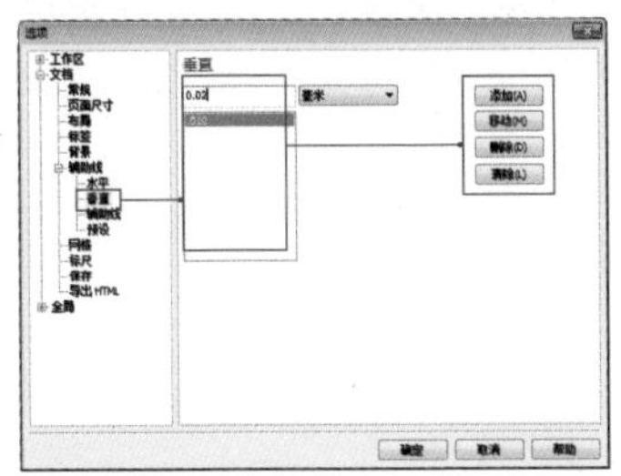

● **倾斜辅助线：** 在“选项”对话框选择“辅助线”→“辅助线”选项，设置好旋转角度后单击“添加”“移动”“删除”或“清除”按钮进行操作。“2 点”选项表示 x、y 轴上的亮点，可以分别输入数值精确定位。“角度和 1 点”选项表示某一点与某角度，可以精确设定角度。

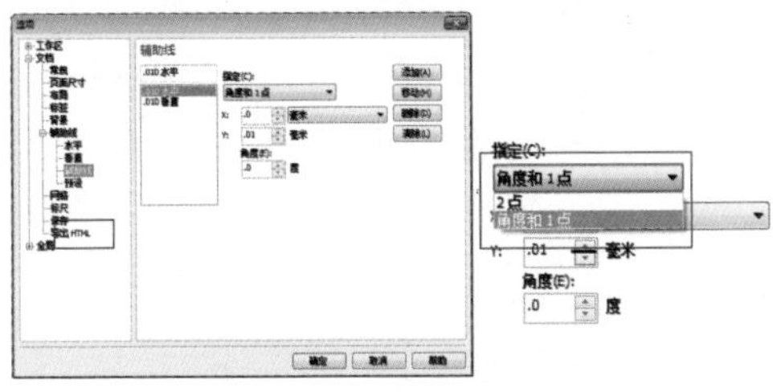

● **辅助线的预设：** 在“选项”对话框中选择“辅助线”→“预设”选项，可以勾选“Corel 预设”或“用户定义预设”进行设置，根据需要勾选“一厘米页边距”“出血区域”“页边框”“可打印区域”“三栏通信”“基本网格”和“左上网格”进行预设。选择“用户定义预设”可以进行自定义设置。

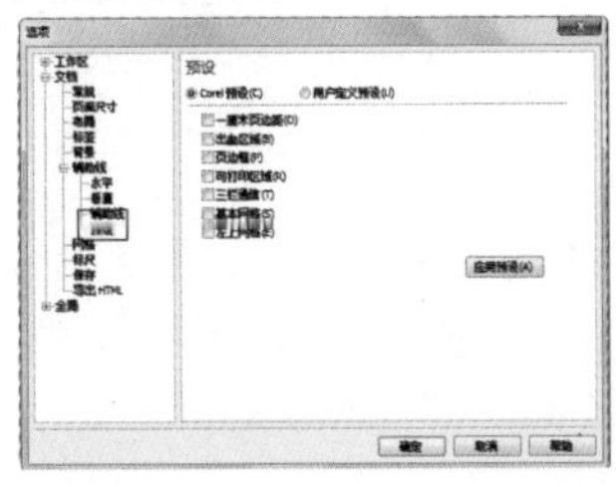

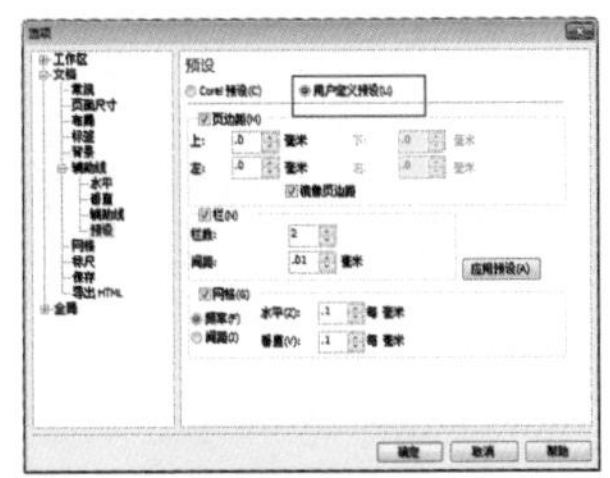

2.5.2 设置贴齐

移动或绘制对象时，我们可以将它与绘图中的另一个对象贴齐，也可以将一个对象与目标对象中的多个贴齐点贴齐。当移动指针接近贴齐点时，贴齐点将突出显示，表示该贴齐点是指针要贴齐的目标。

单击“视图”→“设置”→“贴齐对象设置”，在“选项”对话框的“贴齐对象”页面上，根据需要启用“模式”区域中的一个或多个复选框。如果要启用所有贴齐模式，可以单击“选择全部”；要禁用所有贴齐模式而不关闭贴齐，则单击“全部取消”。在“贴齐半径”框中输入数值来设置指针周围的贴齐半径区域。

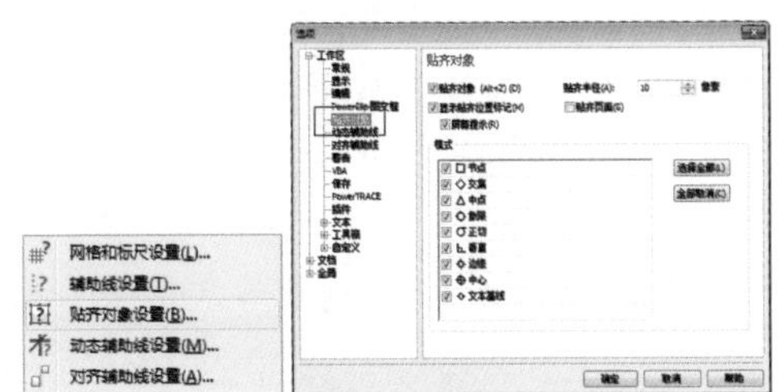

2.5.3 设置标尺

“标尺”可以帮助我们精确地绘制、缩放和对齐对象，我们可以根据需要来自定义标尺的设置。

单击“视图”→“设置”→“网格和标尺设置”，在左侧列表单击“标尺”选项，在“单位”区域，从“水平”列表框中可以选择一种测量单位。如果希望对垂直标尺使用不同的测量单位，请禁用“水平和垂直标尺使用相同的单位”复选框，然后在“垂直”列表框中选择一种测量单位。同时在“原始”区域的

“水平”和“垂直”框中输入数值，在“记号划分”框中输入数值。

标尺选项介绍。

●**单位：**设置标尺的单位。

●**原始：**在下面的“水平”和“垂直”文本框内输入数值可以确定原点的位置。

●**记号划分：**输入数值可以设置标尺的刻度记号，范围最大为 20，最小为 2。

●**编辑缩放比例：**单击“编辑缩放比例”按钮，弹出“绘图比例”对话框，在“典型比例”的下拉列表中可以选择不同的比例。

2.5.4 设置网格

在CorelDRAW X6中共有3种网格：文档网格、基线网格和像素网格。文档网格是一组可在绘图窗口显示的交叉线条，可以辅助准确对齐和放置对象。基线网格辅助线在绘图页面间运行，且遵循横格笔记本图样。

1. 设置文档网格

单击“视图”→“设置”→“网格和标尺设置”，在“文档网格”区域的“水平”和“垂直”框中输入数值，设置网格的间距。勾选“贴齐网格”复选框，可以设置对象与文档网格贴齐。勾选“显示网格”复选框，显示网格。可以启用下方的“将网格显示为线”或“将网格显示为点”，更改网格的显示方式。

2. 基线网格

单击“视图”→“设置”→“网格和标尺设置”，在“基线网格”区域的“间距”框中输入数值，设置网格的间距。在“顶部距离”框中输入数值，若将此值设为零，即可使基线网格的第一行与绘图页面的上边缘重叠。打开“颜色”挑选器，可为网格设置一种颜色。勾选“贴齐网格”复选框，可以设置对象与文档网格贴齐。勾选“显示网格”复选框，显示网格。

3. 像素网格

在标尺上，按住鼠标左键拖曳滑块，可调节间距。打开“颜色”挑选器，单击选择一种颜色。向右移动“不透明度”滑块可以增加网格的不透明度。勾选“显示网格”复选框，能够以800%或更高倍数放大显示像素网格。勾选“贴齐网格”复选框，可以设置对象与像素网格贴齐。

练习2-5 辅助线使用技巧

难度：☆
素材文件：素材 \ 第 2 章 \ 练习 2-5\ 矢量广告 .cdr
效果文件：无
在线视频：第 2 章 \ 练习 2-5\ 辅助线使用技巧 .mp4

01 启动 CorelDRAW X6 软件，单击常用工具栏中的“打开”按钮，打开“素材 \ 第 2 章 \ 练习 2-5\ 矢量广告 .cdr”文件。将光标移至标尺上，单击鼠标左键不松开，即可拖曳出辅助线，当辅助线被选中时，会变成红色的虚线。

02 将光标放置在创建的辅助线上，当光标变为 ↔ 形状时，拖曳鼠标可移动辅助线；将光标放在辅助线上，单击鼠标左键并拖曳至适当位置后，单击鼠标右键，可复制辅助线，此辅助线可打印出来。

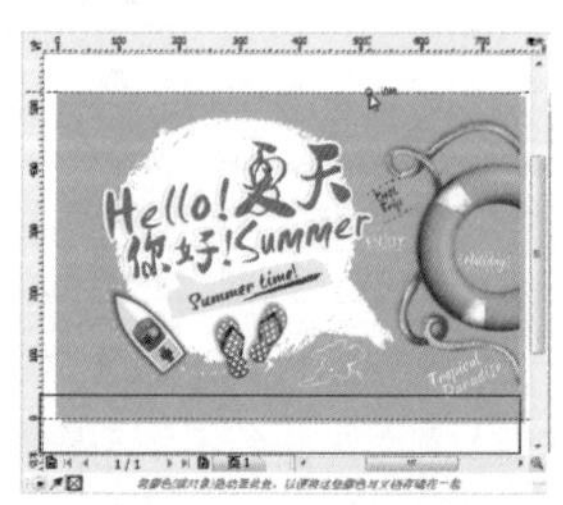

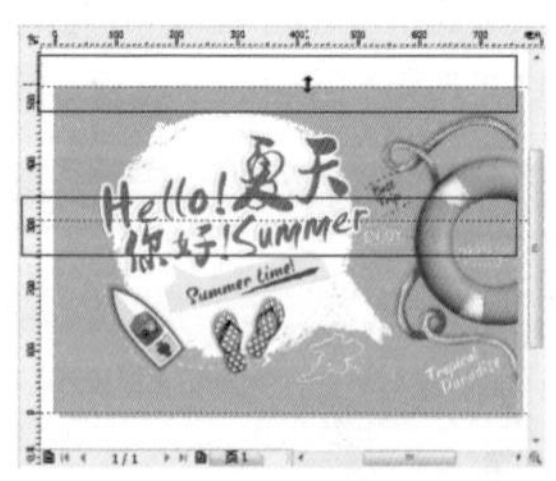

03 选中辅助线，再次单击，此时辅助线出现双向箭头，将光标放在任一双向箭头上，当光标为 ↻ 形状时，拖曳鼠标可旋转辅助线。

04 选择需要锁定的辅助线，执行“排列”→“锁定对象”命令可进行锁定，在右击的快捷菜单中选择“锁定对象”和“解锁对象”命令也可进行操作。

05 单击选中辅助线，再单击鼠标右键，在弹出的快捷菜单中选择“隐藏对象”命令，即可隐藏辅助线；若需要隐藏所有的辅助线，可执行“视图”→“辅助线”命令，隐藏所有辅助线。

06 执行“视图”→“贴齐辅助线”菜单命令后可移动对象进行吸附贴靠，使编辑对象精确贴靠在辅助线上。

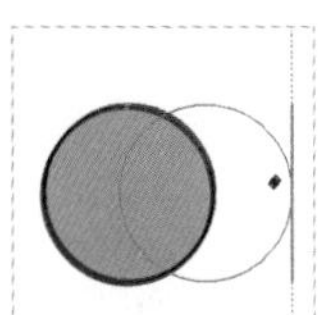

2.6 视图显示控制

在CorelDRAW X6中编辑文档时，经常需要将视图页面进行各种调整来适应我们的工作需要。

2.6.1 设置缩放比例

可以选择预设或自定义的缩放比例，让图形上的距离与实际距离成比例。

1. 设置预设缩放比例

单击“视图”→“设置”→“网格和标尺设置”，在文档类别列表中单击“标尺”，单击“编辑缩放比例”按钮，从“典型比例”列表框中选择一种绘图比例。

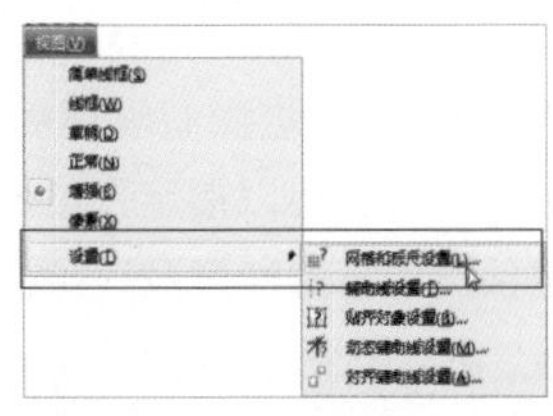

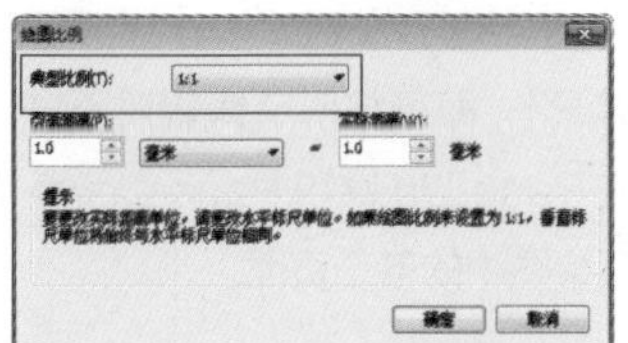

2. 设置自定义缩放比例

单击“视图”→“设置”→“网格和标尺设置”，在“文档”类别列表中单击“标尺”选项。单击“编辑缩放比例”按钮，从“典型比例”列表框中选择“自定义”选项，进行所需比例的设置。

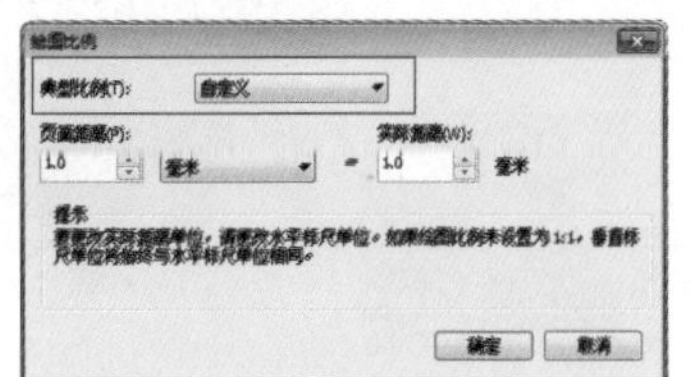

提示

双击"缩放工具"可以使所有编辑内容都显示在工作区内。

2.6.2 设置视图的显示模式

可以通过"视图"菜单下的命令来切换文档的视图显示模式。

视图菜单命令介绍如下。

- **简单线框：** 单击该命令可以将编辑界面中的对象显示为轮廓线框。在这种视图模式下矢量图形将隐藏填充、立体模型、轮廓图、阴影及中间调和形状，只显示轮廓线，位图颜色将显示为单色。使用此模式可以快速预览位图的基本元素（下图为矢量图和位图不同的视图效果）。

- **线框：** 线框和简单线框相似，区别在于，位图是以单色进行显示。
- **草稿：** 单击该命令可以将编辑界面的对象显示为低分辨率突显，使打开文件和编辑文件的速度变快。使用此模式可以消除某些细节，使我们能够关注图像中的颜色均衡问题。矢量图边线粗糙，填色与效果以基图显示；位图则会出现明显马赛克。

- **正常：** 单击该命令可以将编辑界面中的对象以原本分辨率正常显示。

- **增强：** 单击该命令可以将编辑界面中的对象显示为最佳效果。在这种情况下，位图会以高分辨率显示，矢量图的边缘会被平滑处理。

- **像素：** 单击该命令可以将编辑界面中的对象显示为像素格效果，放大对象比例可以看见每个像素格。

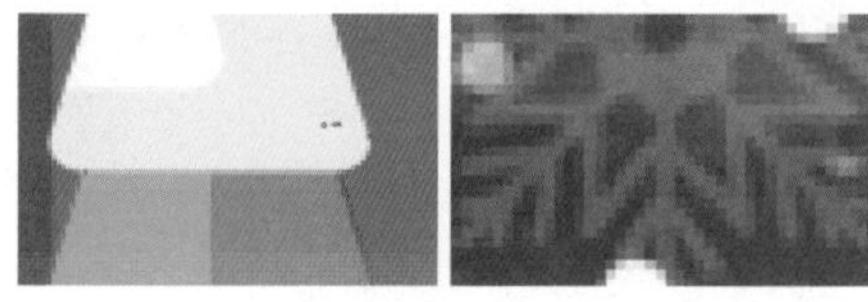

- **模拟叠印：** 模拟重叠对象设置为叠印的区域颜色，位图以高分辨率显示，矢量图形的边缘变光滑。
- **光栅化符合效果：** 将图像分割成小像素块，可以和光栅插件配合使用来更换图片颜色。

2.6.3 设置预览显示的方法

预览显示可以帮助我们观察编辑后的图形，预览图像之前，可以指定预览模式。预览模式会影响预览显示的速度及在绘图窗口中显示的细节量，可以设置3种预览显示。

- **全屏预览：** 执行"视图"→"全屏预览"或按快捷键 F9，即可将所有编辑对象进行全屏预览。按 Page Up 键和 Page Down 键可以预览多页绘图中的各个页面。

● **只预览被选定对象**：选择要进行预览的图形，执行“视图”→“只预览选定的对象”。此时未被选中的对象将被隐藏。

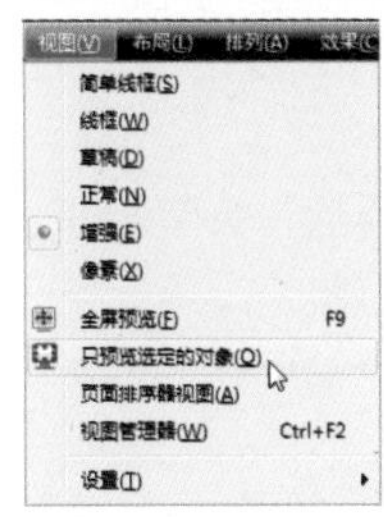

● **页面排序器视图**：执行“视图”→“页面排序器视图”，可将文档内编辑的所有页面以平铺手法进行预览，方便在书籍、画册编排时进行查看和调整。

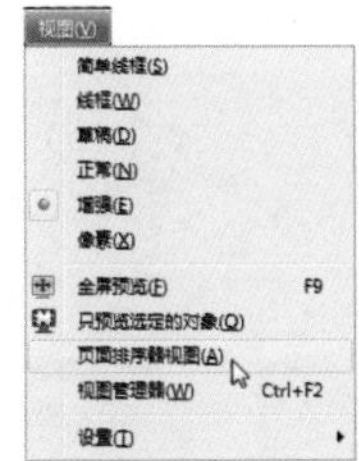

练习2-6 “视图管理器”显示图像

难度：☆
素材文件：素材 \ 第 2 章 \ 练习 2-6\ 松枝节日贺卡 .cdr
效果文件：无
在线视频：第 2 章 \ 练习 2-6\ 视图管理器显示图像 .mp4

01 启动 CorelDRAW X6 软件，打开“素材 \ 第 2 章 \ 练习 2-6\ 松枝节日贺卡 .cdr”文件。执行“视图”→“视图管理器”命令，打开“视图管理器”对话框。

02 在“视图管理器”面板中单击“缩放一次”按钮或按 F2 键，然后将光标放在图形上，单击鼠标左键可以放大一次绘图区域。

03 将光标放在图形上单击鼠标右键可缩小一次绘图区域；如果在多次操作中一直按住 F2 键，再按住鼠标左键或右键在绘图区域拉出一个区域，可以对该区域进行放大或缩小的操作。

04 单击“放大”按钮将文件进行放大，再单击“添加当前视图”按钮，将当前视图样式添加至“视图管理器”中，选中该视图样式单击鼠标左键即可修改名称。

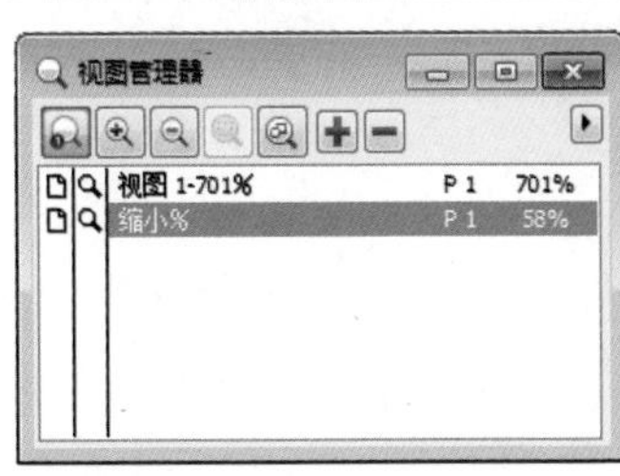

05 选中保存的视图样式，单击“删除当前视图”按钮，可以删除视图样式，或者单击“查看弹出式菜单”按钮，在快捷菜单中选择“删除”选项，也可删除视图样式。

00 在“视图管理器”对话框中，单击视图样式前的图标，灰色表示禁用状态，只显示缩放级别不切换页面；单击图标，灰色表示禁用状态，只显示页面不显示缩放级别。

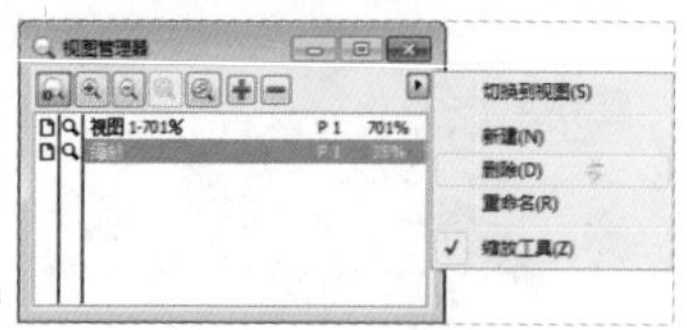

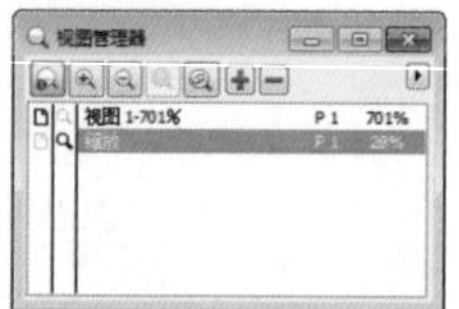

2.7 知识拓展

如果碰到文件损坏、无法打开的情况，首先查看备份文件，CorelDRAW文件系统会自动备份，每10分钟自动备份一次，文件名以“文件名_自动备份”命名。想要打开文件，只需重新命名，去掉后面的“_自动备份”即可。系统不稳定时，建议自动备份文件，不要关掉该功能。

若还是无法打开，一般损坏的文件可以用Illustrator打开，可能会出现有些偏差的情况，使用Illustrator软件打开文件后，保存为EPS文件，再使用CorelDRAW打开即可。

2.8 拓展训练

本章为读者安排了拓展练习，以帮助大家巩固本章内容。

训练2-1 为插画添加花元素

难度：☆☆
素材文件：素材 \ 第 2 章 \ 习题 1\ 素材
效果文件：素材 \ 第 2 章 \ 习题 1\ 为插画添加花元素 .cdr
在线视频：第 2 章 \ 习题 1\ 为插画添加花元素 .mp4

根据本章所学的知识，通过“导入”命令，导入素材文件，再使用“选择工具”对素材图像进行调整，为插画添加花元素。

第 3 章

直线及曲线的绘制

CorelDRAW提供了大量的绘图工具，在绘制不规则对象时最主要的工具就是直线及曲线工具。本章主要介绍了使用手绘工具与贝赛尔工具创建各种不规则图形的基本绘制方法，通过实例读者可以对CorelDRAW的绘制工具有一个全面的了解与掌握。

本章重点

基本绘制方法｜线条的设置｜曲线绘制方法

绘制卡通画 ｜贝赛尔的修饰｜通过贝赛尔绘制京剧脸谱

3.1 手绘工具

"手绘工具"具有较强的自由性，就像用笔在纸上作画一样，按住鼠标移动可进行随意涂鸦，并且在绘制过程中可以对毛躁边缘进行自动修复，使绘制更流畅自然。

3.1.1 基本绘制方法 重点

● **直线线段绘制：** 选择"手绘工具"，单击鼠标左键，进行移动，在结尾端点再次单击鼠标左键形成一条线段。

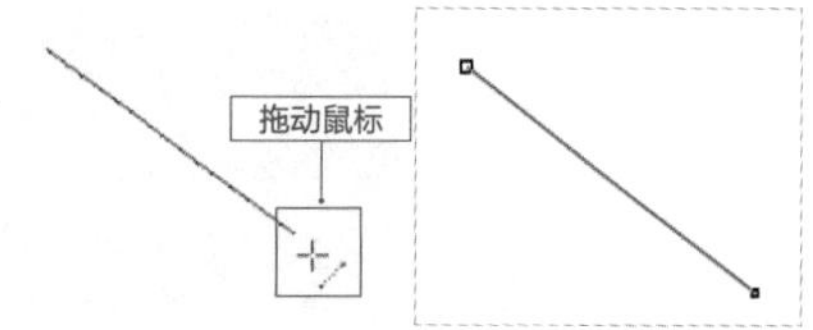

● **连续绘制线段：** 选择"手绘工具"，绘制一条直线线段，移动光标到线段转折点双击鼠标左键可以继续绘制连续线段。当起始点和结束点重合时可以形成一个面，以此类推可以绘制各种连续线段。

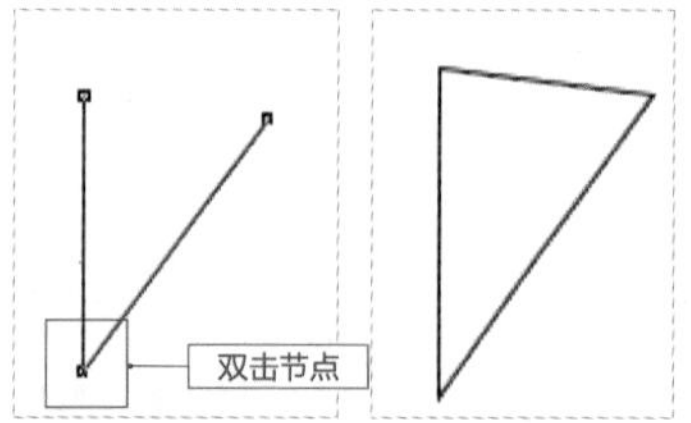

● **曲线绘制：** 选择"手绘工具"，按住鼠标左键不放进行拖动，绘制形状，松开鼠标形成曲线。

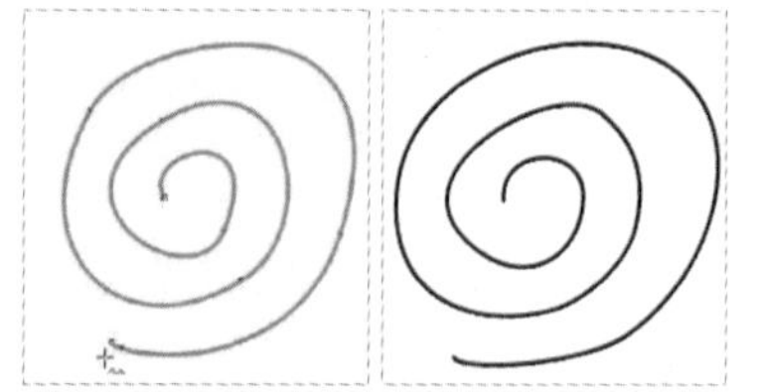

提示

绘制线段的过程中，可以在属性栏上的"手绘平滑"中设置数值，数值越大，线条越平滑。

练习3-1 通过"手绘"制作随笔涂鸦

难度：☆☆

素材文件：素材 \ 第 3 章 \ 练习 3-1\ 素材 .png

效果文件：素材 \ 第 3 章 \ 练习 3-1\ 通过"手绘"制作随笔涂鸦 .cdr

在线视频：第 3 章 \ 练习 3-1\ 通过"手绘"制作随笔涂鸦 .mp4

01 新建空白文档，设置文档名称为"愤怒的小鸟"。选择"手绘工具"，绘制出小鸟的形状，并设置"轮廓宽度"为 3mm，填充颜色为（C:0，M:100，Y:100，K：0）。

02 选择"手绘工具"，绘制小鸟肚子部分，选中所绘制的肚子形状，执行"效果"→"放置在容器中"命令，将肚子部分置于小鸟身体上。

03 继续绘制眼球的形状，设置"轮廓宽度"为 1mm，填充形状颜色为白色；绘制眼珠形状，填充形状颜色为黑色。绘制出小鸟嘴巴形状，设置"轮廓宽度"为 1mm，填充形状颜色为（C:0，M:0，Y:100，K:0）。

04 选择“手绘工具”，用连续绘制方式画出眉毛和尾巴，填充形状颜色为黑色。

05 选中尾巴形状，单击鼠标右键，执行“顺序”→“置于此对象后”命令，将尾巴形状置于后层，拖动鼠标全选所绘制的小鸟，按快捷键 Ctrl+G 进行群组。

06 导入随书资源中的“素材\第 3 章\练习 3-1\素材 .png”文件。单击右键，执行“顺序”→“置于此对象后”命令，将背景图片置于小鸟后面，调整大小，最终效果如下图所示。

技巧

在使用“手绘工具”时，按住鼠标左键进行拖曳，绘制图像，如果出错，可以在没松开鼠标左键前按住 Shift 键往回拖动鼠标，当绘制的线条变为红色时，松开鼠标进行擦除。

3.1.2 线条的设置 重点

“手绘工具”的属性栏如下图。

- **起始箭头：** 用于设置线条起始箭头符号，在下拉样式面板中可以进行选择。起始箭头只改变起始端点的箭头样式。

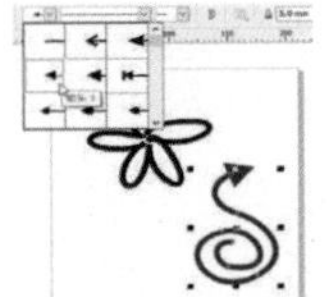

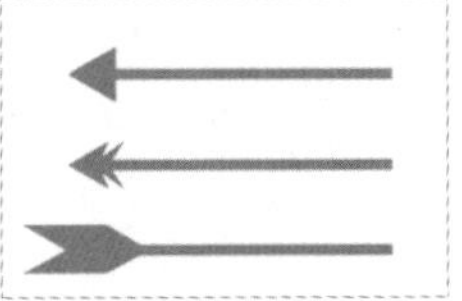

- **线条样式：** 设置要绘制的线条样式，可以在下拉线条样式面板中进行选择。

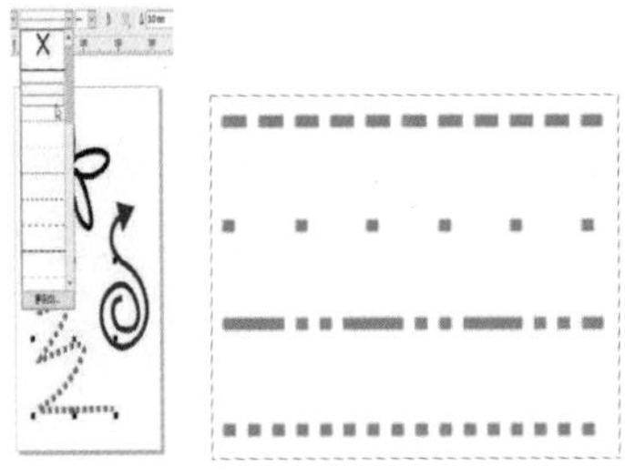

- **终止箭头：** 设置线条结尾箭头符号，可以在下拉箭头样式里进行选择。

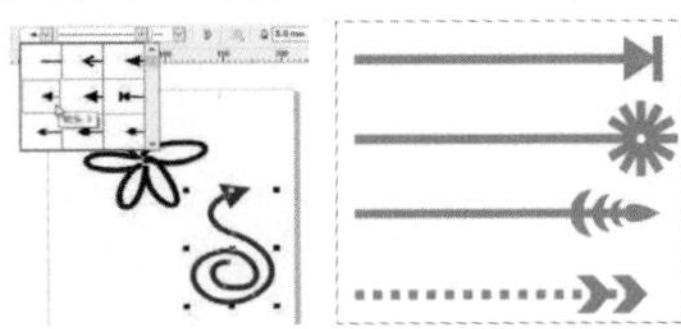

- **闭合曲线：** 选中未闭合的线段，单击“闭合曲线”按钮，可以使线段形成面。

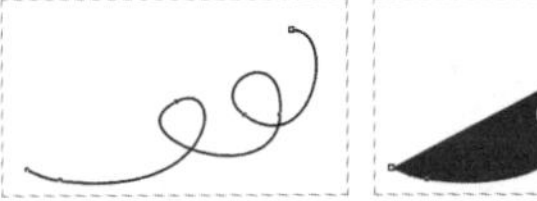

- **轮廓宽度：** 在“轮廓宽度”中输入数值可以设置线条粗细。

- **手绘平滑：** 通过“手绘平滑”可以设置所绘制线条的平滑程度，数值越大，平滑程度越大。
- **边框：** 激活“边框”按钮可隐藏边框。默认情况下会显示边框，可根据绘图情况来设置“显示”或“隐藏”边框。

3.2 贝赛尔工具

贝赛尔工具可以帮助我们创建更为精确的直线和流畅的曲线，是绘图软件中较为重要的工具之一。通过改变节点和控制其位置可以改变曲线弯度，并且在绘制完成后，可以通过节点进行修改。

3.2.1 直线绘制方法

选择“贝塞尔工具”将光标移动到空白处，单击鼠标左键确认起始节点，然后再次移动光标，单击鼠标左键确定下一个节点，此时两点之间出现一条直线。

与手绘工具不同，“贝赛尔工具”只需要继续移动光标，单击鼠标左键创建节点就可以进行连续绘制。按空格键或者单击“选择工具”可以停止绘制，首尾两个节点相接可以形成一个面，可以对其进行编辑与填充。

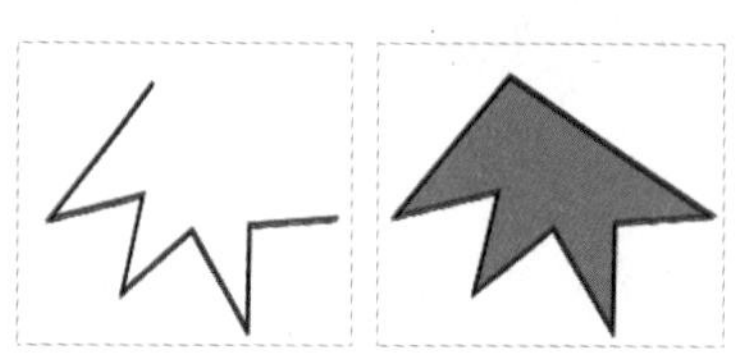

3.2.2 曲线绘制方法 重点

贝赛尔曲线是由可编辑节点连接的直线或曲线，每个节点都有两个控制点，允许修改线条的形状。

在曲线段上每选中一个节点都会显示其相邻节点的一条或两条方向线，方向线以方向点为结束，方向线的长短和方向点的位置决定曲线线段的大小和弧度，移动方向线可改变曲线形状。

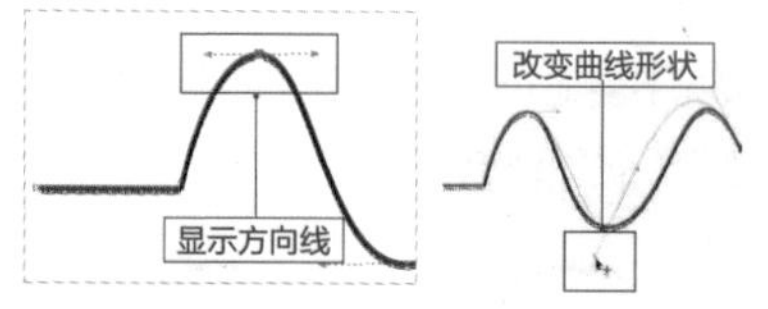

贝赛尔曲线分为“对称曲线”与“尖突曲线”两种。

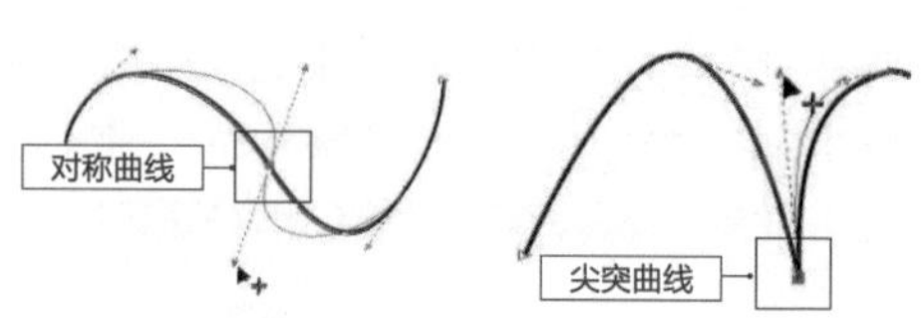

贝赛尔曲线的呈现形式可以是闭合或非闭合状态，利用“贝赛尔工具”绘制矢量图案，单独绘制的线段和图案都以图层的形式存在，以线稿显示时可以看出曲线的痕迹。

练习3-2 绘制卡通画 难点

难度：☆☆

素材文件：无

效果文件：素材\第3章\练习3-2\绘制卡通画.cdr

在线视频：第3章\练习3-2\绘制卡通画.mp4

01 新建空白文档，设置文档名称为“卡通插画”，设置“宽度”为240mm，“高度”为180mm。

02 选择“矩形工具”，绘制一个矩形，然后选择“交互式填充工具”，并在属性栏上设置“填充类型”为“线性”，两个节点填充颜色为（C:100，M:89，Y:21，K: 0）和（C:49，M:7，Y:5，K: 0）。拖动渐变填充滑块进行调节。

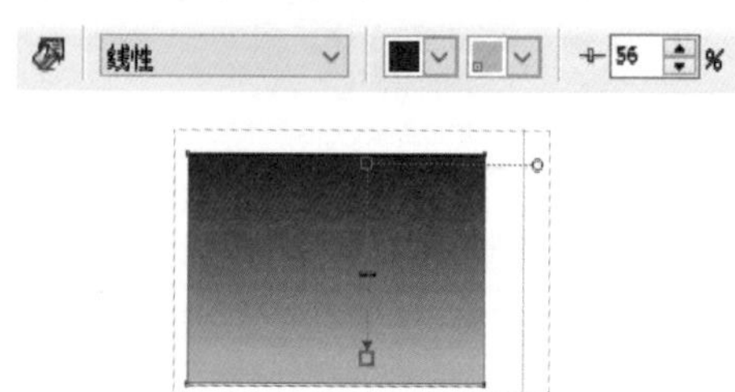

03 使用“贝赛尔工具”绘制山峦的形状，填充颜色为（C:82，M:78，Y:76，K: 58），然后去掉轮廓。选中山峦形状复制一份，设置在山峦后方，填充颜色为（C:40，M:40，Y:0，K: 60）。

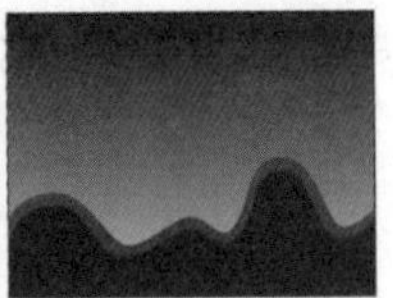

04 继续使用“贝赛尔工具”绘制远处山峰形状，设置渐变节点填充颜色为（C:62，M:36，Y:0，K:0）和（C:20，M:0，Y:20，K: 0），拖动渐变填充的滑块进行调节，去掉轮廓。执行“顺序”→“置于此对象后”命令，将远处山峰形状置于后方。

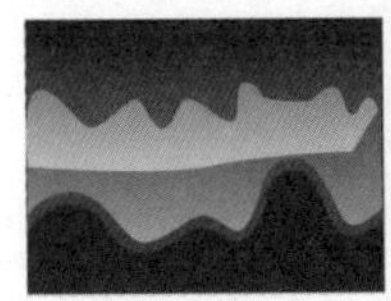
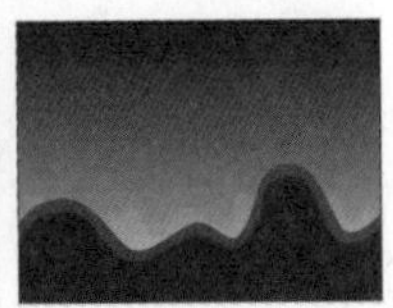

05 选择“椭圆工具”，在画面右上方位置绘制月亮，填充为白色，选中月亮，选择“阴影工具”，在“预设列表”设置阴影模式为“大型辉光”，设置“阴影颜色”为白色，为月亮添加外发光效果。选择“椭圆工具”，绘制月亮表面斑点，填充颜色为（C:0，M:0，Y:0，K: 10）。

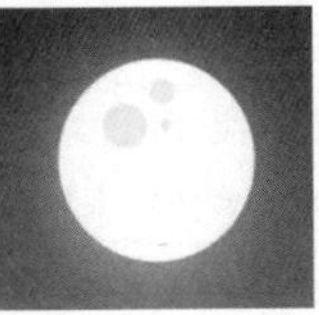

06 选择“椭圆工具”，绘制多个星光形状，调整大小及分布，并按快捷键 Ctrl+G 进行群组。选中群组对象，选择“透明度工具”，在属性中设置透明度类型为“标准”，数值为 38。使用“贝赛尔工具”绘制山峰树木的形状，完成插画的绘制。

3.2.3 贝赛尔的设置

双击“贝赛尔工具”，打开“选项”面板，可在“手绘/贝赛尔工具”选项组中进行设置。

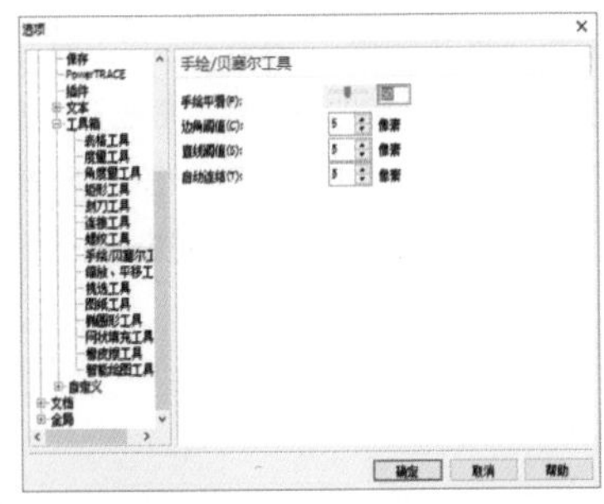

“手绘/贝赛尔工具”选项介绍如下。

- **手绘平滑：**设置自动平滑程度和范围。
- **边角阈值：**设置边角平滑范围。
- **直线阈值：**设置调节时线条的平滑范围。
- **自动连结：**设置节点之间自动吸附的连结范围。

3.2.4 贝塞尔的修饰 重点

在使用“贝赛尔工具”进行绘制时无法一次性得到需要的图案，通过“形状工具”和属性栏，可以对绘制的贝赛尔线条进行修改，如下图所示。

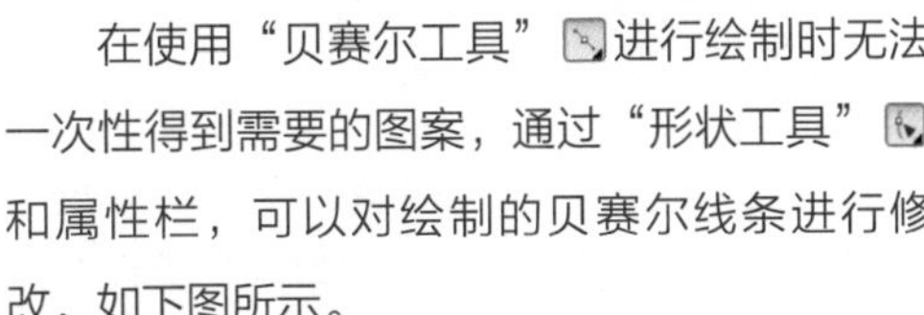

- **曲线转直线：**单击“形状工具”，然后选中对象，将光标放在要变为直线的那条曲线上，单击鼠标左键，出现小黑点为选中。在属性栏上单击“转换为线条”，该线条变为直线。选中曲线单击右键，在下拉菜单中执行“到直线”命令也可完成该操作。

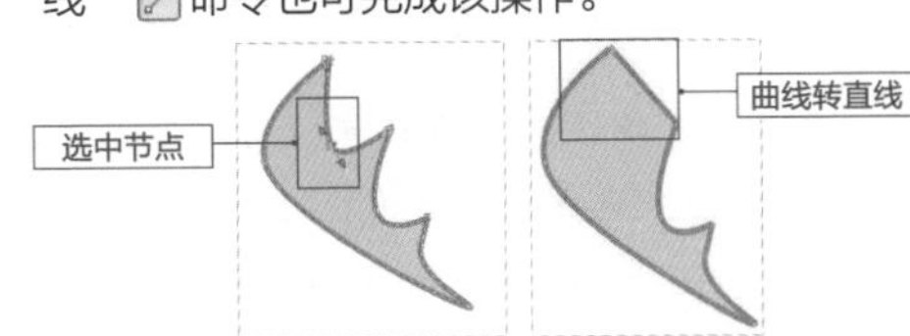

- **直线转曲线：**选中要变为曲线的直线，在属性栏上单击“转换为曲线”按钮即可转换为曲线，将光标移动到转换的曲线上，当光标变为形状时，拖曳鼠标可以调节曲线。

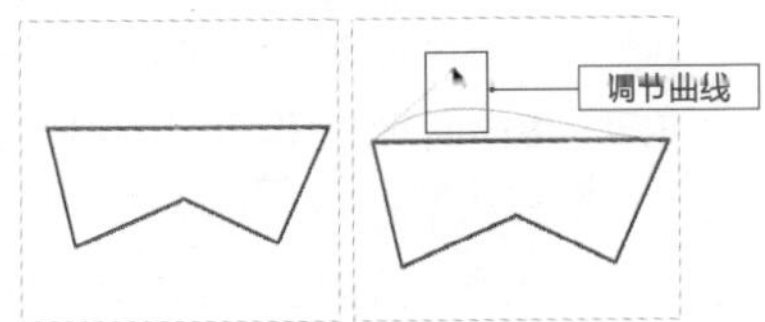

● **对称节点转尖突节点：** 单击“形状工具”，将光标放在节点上，单击鼠标左键将其选中，单击属性栏上的“尖突节点”按钮转换为尖突节点，拖动控制点，可以对曲线进行调整。

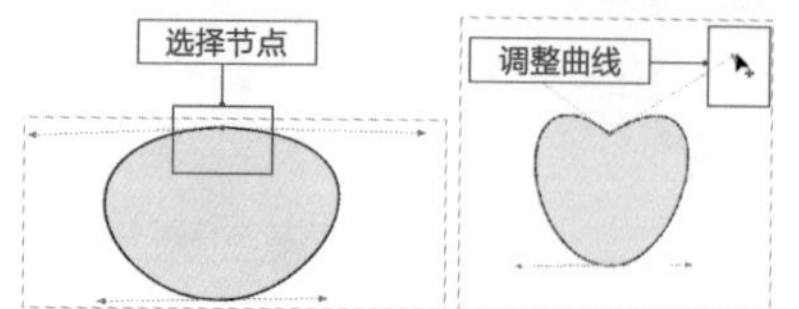

● **尖突节点转对称节点：** 单击“形状工具”，将光标放在节点上，单击鼠标左键将其选中，单击属性栏上的“对称节点”按钮转换为对称节点，拖动控制点，可以同时调整两端的曲线。

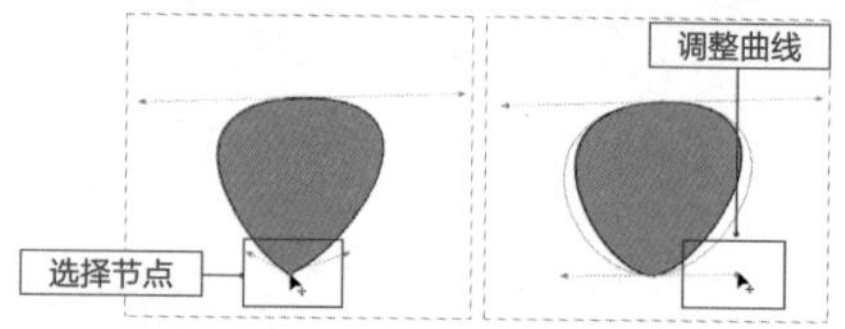

● **闭合曲线：** 使用“贝赛尔工具”绘制曲线时，没有闭合的起点和终点不会形成封闭的路径。

● **断开节点：** 在编辑好的路径中，单击“断开曲线”，可以将路径分为单独线段。

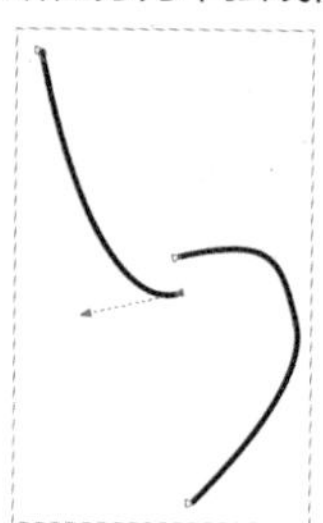

● **选取节点：** 单击“形状工具”，可以自由地对线段进行多选、单选和节选等操作。

● **添加/删除节点：** 在绘制过程中，为了使线段更加细致，可以通过“添加节点”和“删除节点”进行编辑。

● **反转曲线方向：** 选中线条，单击属性栏上的“反转方向”按钮可以更改起始和结束的位置，反转方向。

● **提取子路径：** 一个复杂的封闭图形路径包含多个子路径，最外面的轮廓属于“主路径”，其余在“主路径”内部的所有路径都是“子路径”。

● **反射节点：** 反射节点的用途在于在镜像作用下选取双方同一个点，按相反的方向进行相同的编辑。

● **节点的对齐：** 选择“节点对齐”命令可以使节点进行平行或垂直对齐

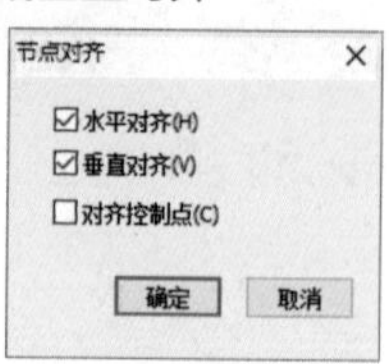

练习3-3 通过“贝赛尔工具”绘制京剧脸谱

难度：☆☆

素材文件：素材\第3章\练习3-3\边框.png

效果文件：素材\第3章\练习3-3\通过“贝赛尔工具”绘制京剧脸谱.cdr

在线视频：第3章\练习3-3\通过“贝赛尔工具”绘制京剧脸谱.mp4

01 新建空白文档，设置文档名称为“京剧脸谱”，页面大小为A4。

02 选择“贝赛尔工具”按钮，绘制脸谱外轮廓，使用“形状工具”对节点进行调节和修改。单击“填充工具”，选择“渐变填充”，在弹出的对话框中设置“类型”为“辐射”，“从”颜色设置为（C:20，M:95，Y:100，K: 0）、“到”颜色设置为（C:0，M:75，Y:82，K: 0），单击“确定”完成填充，并去掉轮廓线。

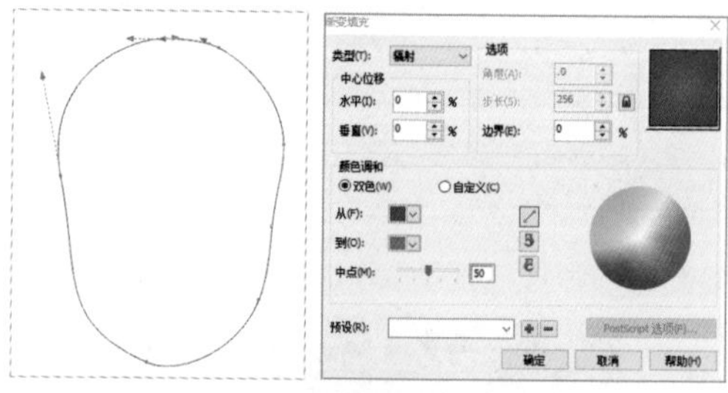

03 使用“贝赛尔工具”绘制左边眉眼的底部轮廓。选中绘制好的形状进行复制，单击属性栏上的

“水平镜像”，进行镜像变换，放置在右边眉眼位置，如下图所示。

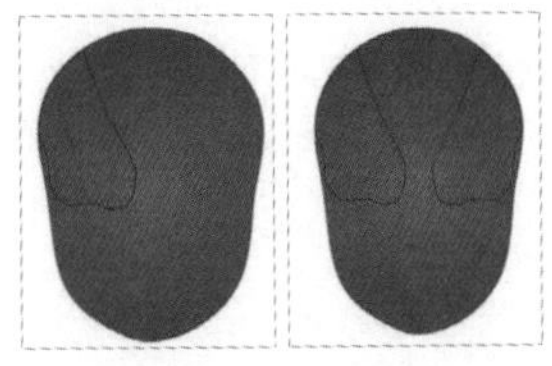

04 使用“贝赛尔工具”，用同样的方法绘制出脸谱中眉眼、额头、鼻嘴的底部区域，并填充颜色为白色。

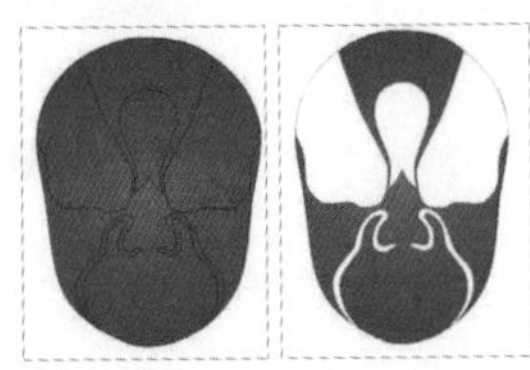

05 使用“贝赛尔工具”，进一步绘制脸部纹理，眉眼、鼻嘴部分填充颜色为黑色，额头区域填充颜色为（C:0，M:0，Y:100，K：0）。使用“贝赛尔工具”，绘制额头纹理图案，填充颜色为（C:0，M:75，Y:82，K:0）。

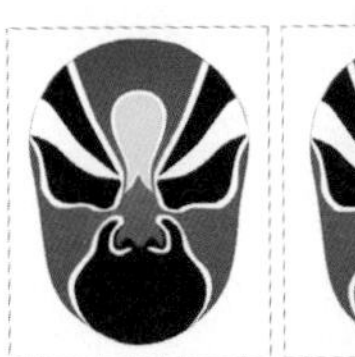

06 使用“贝赛尔工具”，绘制眼睛外轮廓。单击“填充工具”，选择“渐变填充”，打开对话框，设置“类型”为“辐射”，“从”颜色设置为（C:0，M:18，Y:18，K：51），“到”颜色设置为（C:0，M:3，Y:3，K：9），单击“确定”完成填充，并去掉轮廓线。选择“椭圆形工具”，绘制眼球形状，填充为黑色，继续绘制眼球瞳孔，填充为白色。

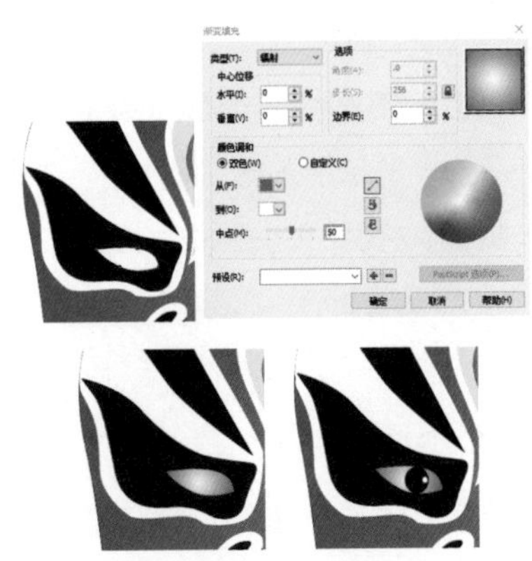

07 选中所绘制的眼睛形状进行群组，然后复制一份，单击“水平镜像”，进行镜像变换，放置在右眼位置。使用“贝赛尔工具”，绘制下巴轮廓，填充颜色为白色，绘制嘴唇轮廓，填充颜色为（C:20，M:0，Y:0，K：20），绘制嘴唇线，设置“轮廓宽度”为 0.2mm。

08 导入“素材\第3章\练习3-4\边框.png”文件，将脸谱置于素材中间位置并调整大小。单击“椭圆工具”，绘制出4个同等大小的正圆形，设置“轮廓宽度”为 0.75mm，单击“文本工具”，输入“京剧脸谱”文字，放置在圆形框内。单击“形状工具”，将文字间距拉到合适位置，并将文字和圆形框进行群组，移动到脸谱正下方位置。

3.3 艺术笔工具

“艺术笔工具”可以用来快速创建系统提供的图案或者笔触效果。绘制对象为封闭路径，可以单击进行填充编辑。艺术笔类型分为“预设”“笔刷”“喷涂”“书法”和“压力”5种，单击属性栏可选择更改后面的参数选项。

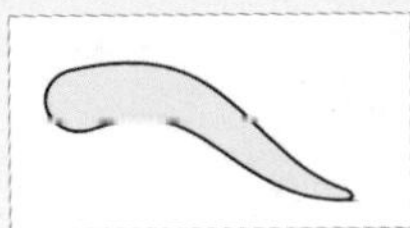

3.3.1 预设

“预设”是指使用预设的矢量图形来绘制曲线。在“艺术笔工具”属性栏上单击“预设”按钮，将属性变为预设属性。

3.3.2 笔刷

“笔刷”是指绘制与笔刷笔触相似的曲线，利用“笔刷”可以绘制出仿真效果的笔触。在“艺术笔工具”的属性栏上单击“笔刷”按钮，将属性栏变为笔刷属性。

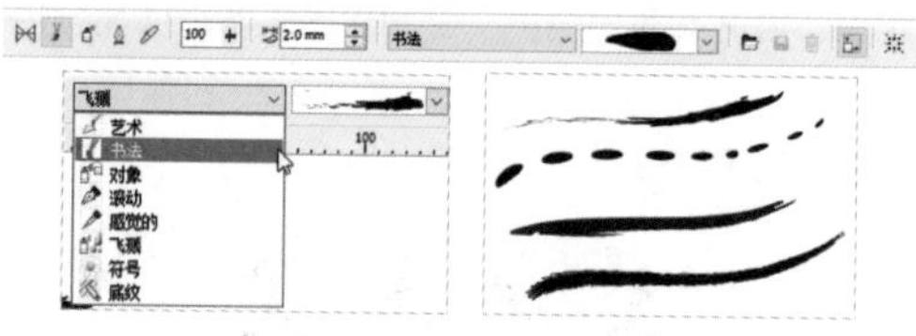

3.3.3 喷涂

“喷涂”是指通过喷涂一组预设图案进行绘制。在“艺术笔工具”属性栏上单击“喷涂”按钮，将属性变为喷涂属性。

3.3.4 书法

“书法”是指通过笔锋角度变化绘制与书法笔笔触相似的效果。在“艺术笔工具”属性栏上单击“书法”按钮，将属性变为书法属性。

练习3-4 创建自定义笔触 难点

难度：☆☆
素材文件：素材\第3章\练习3-4\背景.cdr
效果文件：素材\第3章\练习3-4\创建自定义笔触.cdr
在线视频：第3章\练习3-4\创建自定义笔触.mp4

01 新建空白文档，设置文档名称为“中国风海报”，页面大小为A4。

02 选择“贝赛尔工具”按钮，绘制出要成为自定义笔触的形状，填充颜色为黑色，去掉轮廓线。

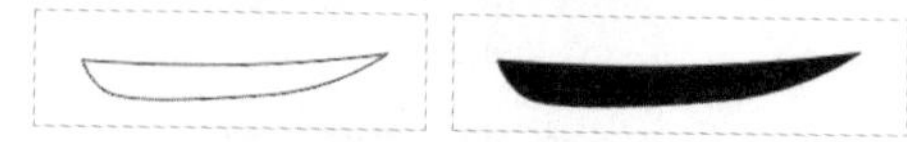

03 按住鼠标左键，绘制出“禅”字的部首。

04 选中所绘制的对象，在工具箱中选择“画笔工具”，在属性栏上单击“笔刷”按钮，然后单击“保存艺术笔触”，在“另存为”对话框中的“文件名”中输入“书法笔触”，单击保存。

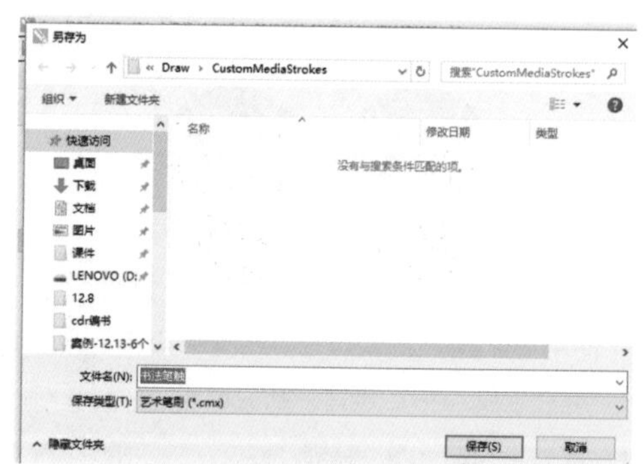

05 在“类别”的下拉列表中选择“自定义”，在“笔刷笔触”中可以看到刚才所自定义的笔触。

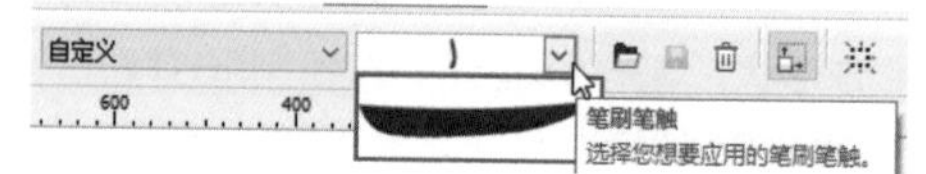

06 选择“画笔工具”，在“笔触宽度”中设置宽度为18mm，按住鼠标左键进行拖动，绘制出“禅”字的部首，填充颜色为黑色。

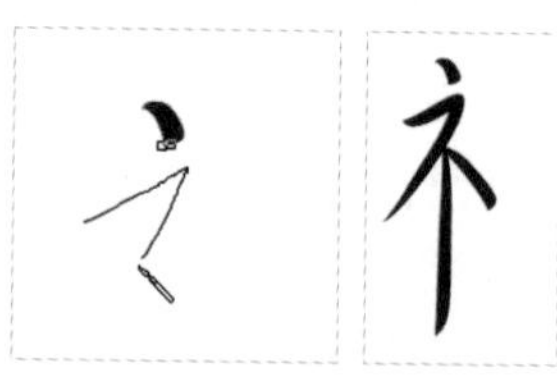

07 选择“画笔工具”，继续绘制出“禅”字的结构形状。绘制完成后，可使用“形状工具”调整控制点，从而对形状进行修改，使文字笔画更加自然顺畅。

08 把绘制的“禅”字结构形状全部选中，按快捷键 CTRL+G 进行群组，打开“素材\第 3 章\练习 3-5\背景.cdr”文件，把“禅”字放在海报中间，调整位置，最终完成绘制。

3.4 钢笔工具

“钢笔工具”和“贝赛尔工具”类似，也是通过节点的连接绘制直线和曲线，在绘制之后通过“形状工具”进行修饰。

选择“钢笔工具”，将光标移动到空白处，单击鼠标左键确认起始节点，然后移动光标，再次单击鼠标左键确定下一个节点，双击可结束线段编辑，此时两点之间形成一条线段。

绘制的过程中，我们可以预览到绘制拉伸的状态，方便进行移动修改。当起始点和结束点重合时可以形成闭合路径进行填充。

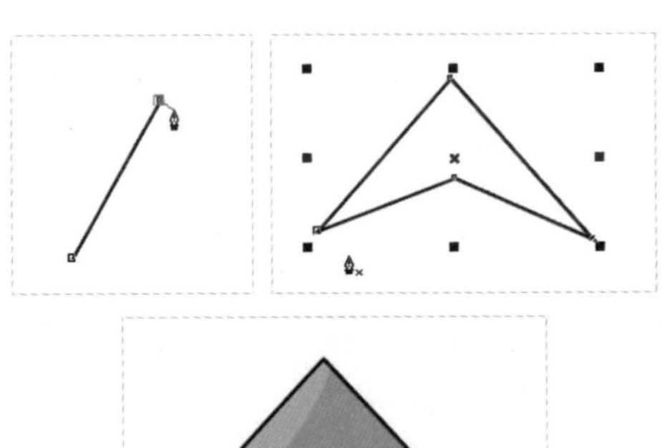

练习3-5 绘制剪影人物头像 难点

难度：☆☆

素材文件：素材\第 3 章\练习 3-5\藤蔓.cdr

效果文件：素材\第 3 章\练习 3-5\绘制剪影人物头像.cdr

在线视频：第 3 章\练习 3-5\绘制剪影人物头像.mp4

01 新建空白文档，设置文档名称为“剪影头像”，大小为 A4。

02 选择“钢笔工具”绘制头像轮廓，从头部开始绘制，单击鼠标左键确认起始点，移动鼠标到需要变为曲线的位置中间，单击鼠标左键不放，拖出可进行调节的控制点，当曲线呈现理想曲度时，松开鼠标左键，移动鼠标单击可确认下一节点，双击可结束节点。

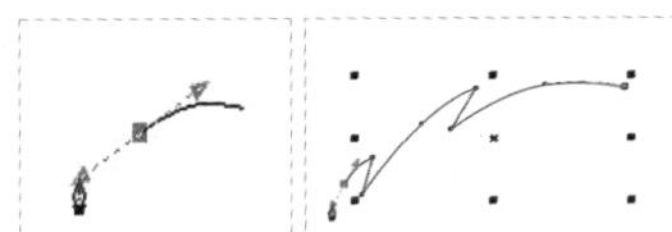

03 选择“钢笔工具”，单击节点，可连接线段继续绘制，用同样的方法绘制出人物头像轮廓，把最后的节点与起始节点进行重合，可以闭合路径。选择“形状工具”对轮廓进行修改和调整，直至完成人物头像的轮廓形状。

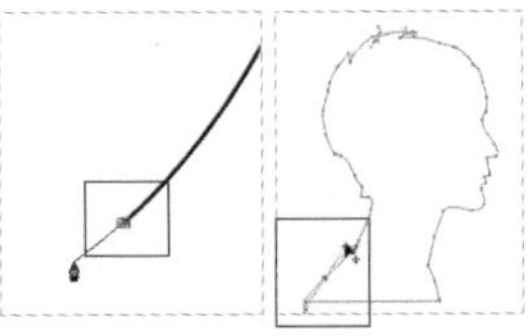

04 选中轮廓，填充颜色为（C:0，M:0，Y:0，K:100）。导入“素材\第 3 章\练习 3-6\藤蔓.cdr”文件，把剪影头像置于藤蔓素材上方位置，最终完成绘制。

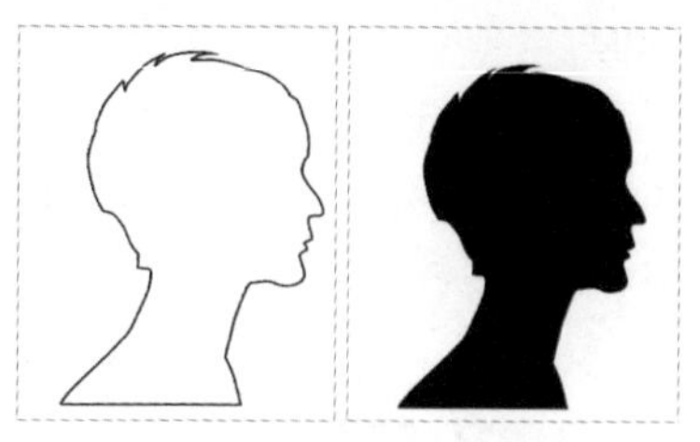

3.5 2点线工具

“2点线工具”在绘图中非常常用，可以方便、快捷地绘制出直线线段。

3.5.1 绘制方法

选择“2点线工具”，单击鼠标左键确认起始节点，按住鼠标左键拖动至合适的角度及位置后松开，形成线段。

3.5.2 设置绘制类型

在工具属性栏中单击“垂直2点线”按钮，绘制另外一条线，将光标移到之前绘制的直线上，按下鼠标左键向外拖动，此时可以看到绘制出的钱段与之前的直线相垂直。拖动到要结束线条的地方松开鼠标。

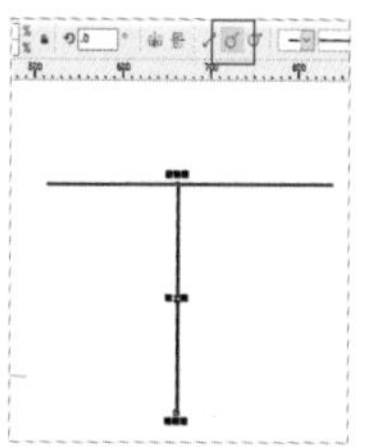

选择“椭圆形工具”绘制正圆，单击属性栏上的“相切的2点线”，把光标放在圆形上单击鼠标左键拖动，绘制出与圆形相切的直线。

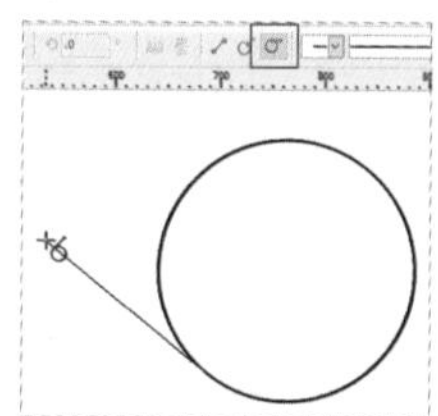

3.6 B样条工具

“B样条工具”是通过创建控制点来轻松创建连续平滑的曲线。选择“B样条工具”，单击鼠标左键确定起点，并在需要改变方向的位置单击再拖动，可以看到一条曲线轨道，并且带有3个控制点，双击可结束曲线编辑。

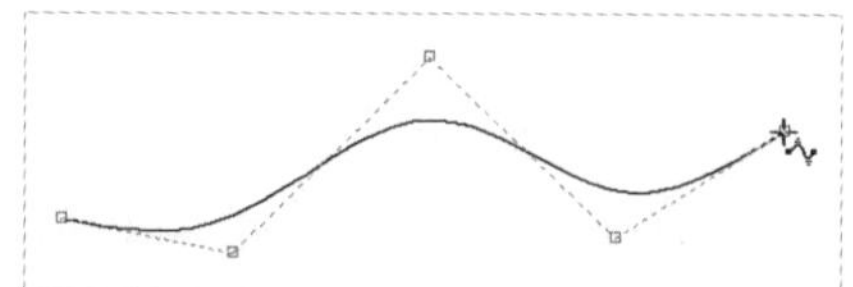

练习3-6 绘制彩虹 难点

难度：☆☆

素材文件：素材\第3章\练习3-6\背景.cdr

效果文件：素材\第3章\练习3-6\绘制彩虹.cdr

在线视频：第3章\练习3-6\绘制彩虹.mp4

01 新建空白文档，设置文档名称为“彩虹”。

02 选择“B样条工具”，绘制出单条彩虹轮廓，绘制完成后，可以选择“形状工具”进行修改和调整。

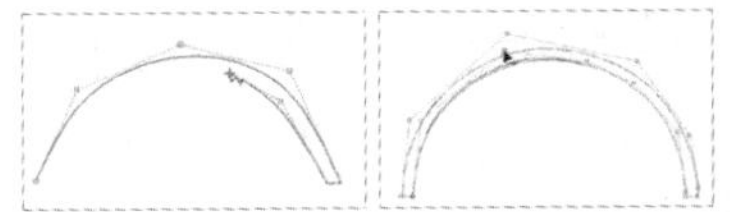

03 选中绘制好的单条彩虹轮廓，复制一份进行等比例缩小，放置在彩虹内侧，如此类推，把复制好的单条彩虹轮廓分别放置在合适的位置，组成一个完整的彩虹形状。

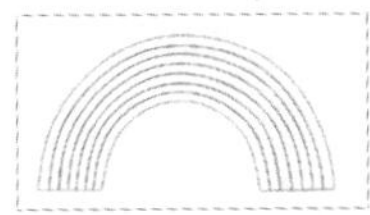

04 选中单条彩虹形状，从外往内分别填充颜色为（C:0，M:60，Y:80，K:0）、（C:0，M:0，Y:60，K:0）、（C:40，M:0，Y:100，K:0）、（C:60，M:0，Y:60，K:20）、（C:100，M:0，Y:0，K:0）、（C:40，M:40，Y:0，K:60）、（C:20，M:80，Y:0，K:20）。填充完成后，按快捷键 CTRL+G 进行群组。

05 导入“素材\第3章\练习3-7\绘制彩虹.cdr”文件，选中彩虹，单击右键，执行“顺序”→“置于此对象前”，把彩虹放置在背景上方。选择“文字工具”，输入文字“2018”，放置在彩虹内侧下方，把英文“New Year brings New Hope”放置在“2018”下方。

3.7 3点曲线工具

“3点曲线工具”可以准确地确定曲线的弧度和方向，重复排列可以制作流线造型的花纹。

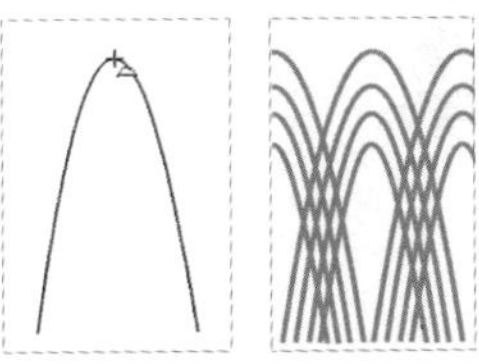

3.8 折线工具

“折线工具”用于方便快捷地创建复杂几何图形和折线。

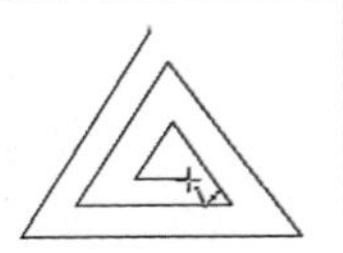

3.9 度量工具

"度量工具"包括"平行度量工具"、"水平或垂直度量工具"、"角度量工具"、"线段度量工具"、"3点标注工具"。使用"度量工具"可以快速、精确地测量出对象水平方向、垂直方向的距离，也可以测量倾斜的角度。

3.9.1 平行度量工具

选择"平行度量工具"，单击鼠标左键按住不放，绘制一条平行线段，到线段结束点移动鼠标拉出标注点，再次单击鼠标左键，为对象测量出两个节点间的实际距离，并添加标注。

3.9.2 水平或垂直度量工具

选择"水平或垂直度量工具"，单击鼠标左键按住不放，绘制出水平或垂直线段，到线段结束点移动鼠标拉出标注点，再次单击鼠标左键，为对象测量出水平或垂直角度上两个节点间的实际距离。

选中标注中的文字，可以更换字号大小。

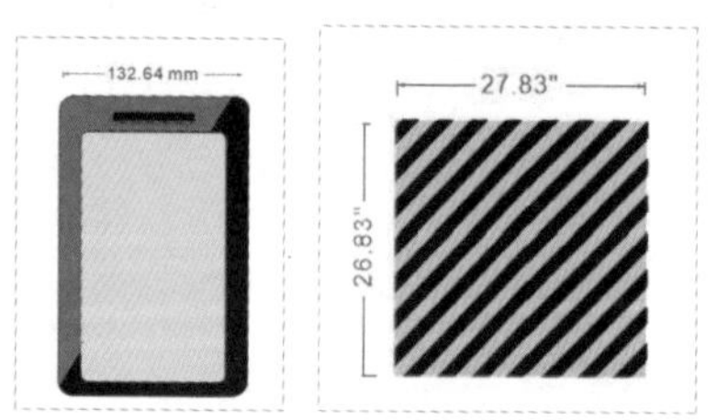

练习3-7 绘制产品设计图

难度：☆☆
素材文件：素材\第3章\练习3-7\素材.cdr、元素.cdr
效果文件：素材\第3章\练习3-7\绘制产品设计图.cdr
在线视频：第3章\练习3-7\绘制产品设计图.mp4

01 新建空白文档，设置文档名称为"产品设计图"，页面大小为A4。

02 选择"水平或垂直度量工具"，绘制出标注240.59mm的水平线段和标注66.09mm的垂直线段，选择"矩形工具"，沿着水平和垂直位置绘制出矩形，设置"轮廓宽度"为0.2mm。

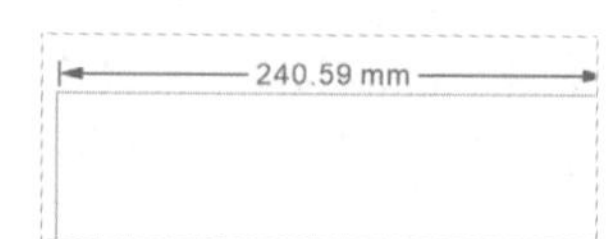

03 选择"水平或垂直度量工具"，在矩形左下方位置绘制出标注18.04mm的水平线段，选择矩形工具，绘制出盒子的折边，设置"轮廓宽度"为0.2mm。

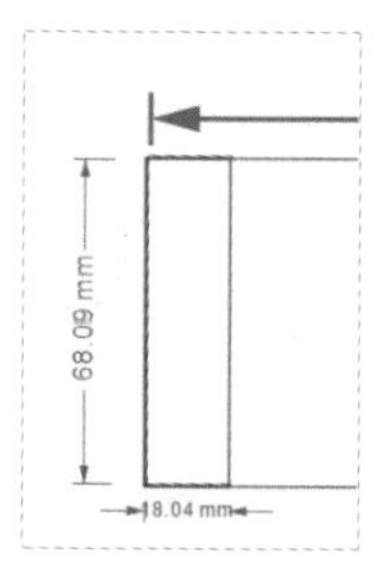

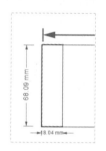

04 选择"水平或垂直度量工具"，用同样的方式绘制出各种尺寸的矩形，并组合成盒子展开图的结构。

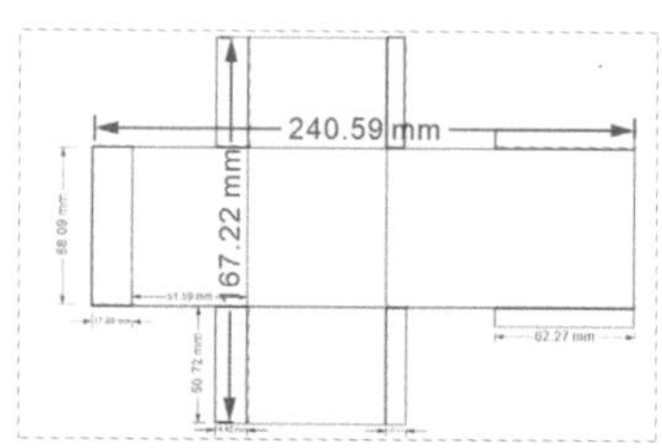

05 把所绘制的矩形全部选中，拉出标注。填充纸盒颜色为（C:0，M:53，Y:95，K:0），填充纸盒折边颜色为（C:6，M:62，Y:100，K:0），全选矩形，去掉轮廓线。

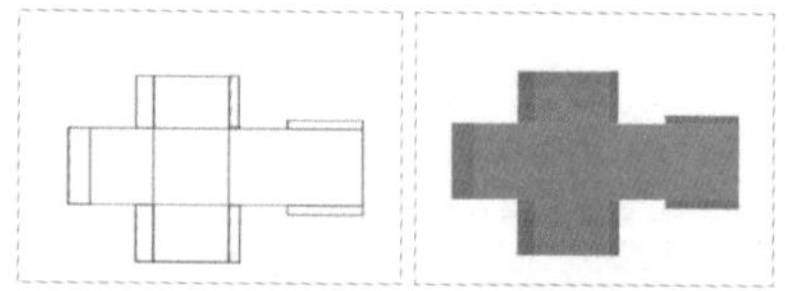

06 选择"形状工具"，单击节点把边角调节成平滑形状。选中平行和垂直的两个矩形，单击"合

并”，选择“阴影工具”，在“预设列表”中选择投影类型为“平面右下”，设置“透明度”为50，羽化程度为10，为纸盒展开图添加投影效果。

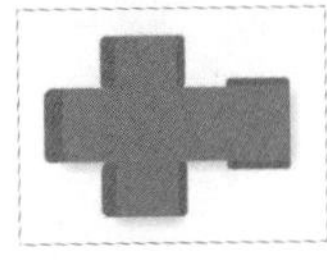

07 选择“矩形工具”，绘制一个矩形放在右边位置，填充颜色为（C:87，M:31，Y:100，K:0）。

08 选择“2点线工具”，绘制出盒子的折线，设置“轮廓”为1mm，填充白色，在“线条样式”中选择间距较大的齿线样式。

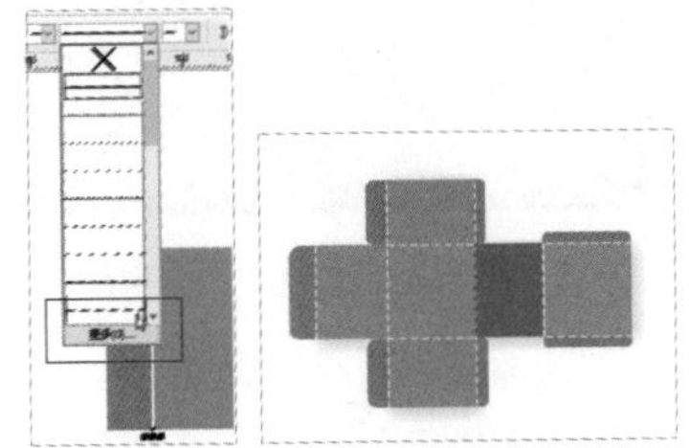

09 使用“贝赛尔工具”，绘制出图案阴影部分，填充颜色为（C:6，M:62，Y:100，K:0），导入“素材\第3章\练习3-8\元素.cdr”中的素材，分别放置在盒子合适位置，按住组合键Ctrl+G进行群组。

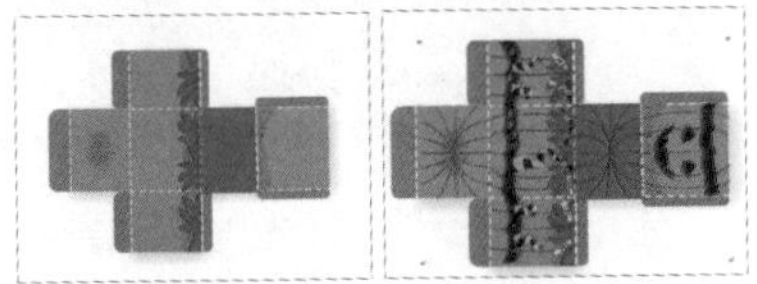

10 导入“素材\第3章\练习3-8\素材.cdr”中的背景素材，执行“顺序”→“置于此对象后”，把背景图片放置在盒子展开图后方。选择“矩形工具”绘制一个矩形，填充颜色为（C:11，M:9，Y:9，K:0），放置在最后，形成边框效果。

3.9.3 角度量工具

“角度量工具”用于准确地测量对象的角度。

选择“角度量工具”，在度量角的顶点单击鼠标左键不放，沿着边线进行拖动，移动鼠标拉出标注点，在结束位置双击鼠标左键确定测量角度。

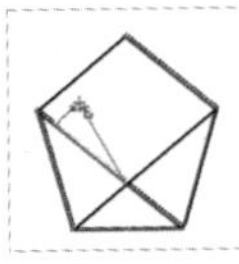

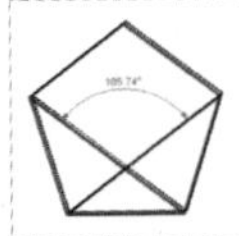

3.9.4 线段度量工具

“线段度量工具”用于对两个节点间线段距离的自动捕捉测量，可用于度量单一对象或连续线段。

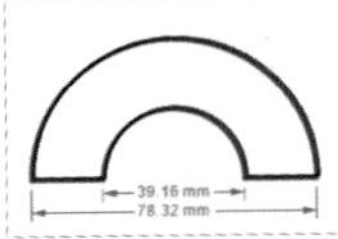

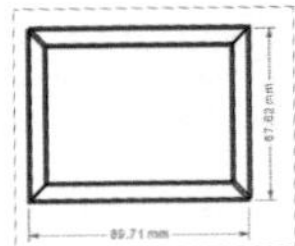

选择“线段度量工具”，按住鼠标左键不放，框选全部对象范围，松开鼠标移动拉出标注。

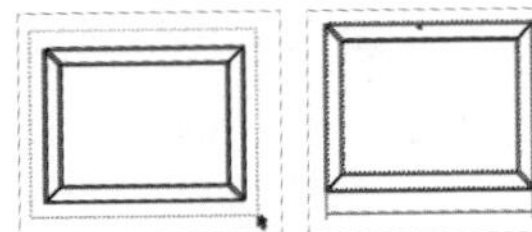

3.9.5 3点标注工具

“3点标注工具”用于快速为对象添加折线标注文字。

选择“3点标注工具”，在需要被标注的位置按住鼠标左键拖出一条线段或折线，双击确定标注点并写上文字。

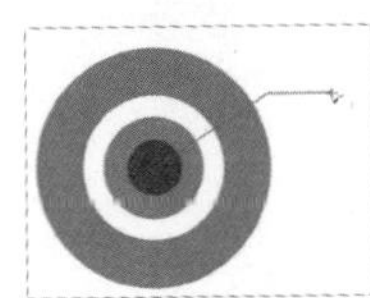

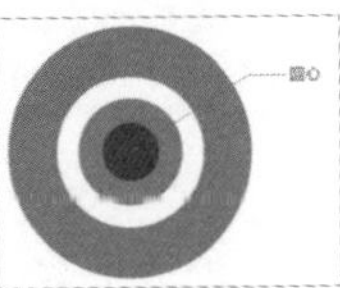

练习3-8 用标注绘制说明图

难度：☆☆

素材文件：素材\第 3 章\练习 3-8\产品背景 .png、电饭煲产品 .png

效果文件：素材\第 3 章\练习 3-8\绘制说明图 .cdr

在线视频：第 3 章\练习 3-8\用标注绘制说明图 .mp4

01 新建空白文档，设置文档名称为“说明图”，导入文件“素材\第 3 章\练习 3-9\产品背景 .png、电饭煲产品 .png”，把电饭煲产品置于背景图偏左位置，选择“3 点标注工具”，在电饭煲盖位置拖出折线标注点，并使用“文字工具”输入文字“可拆蒸汽阀”，设置“轮廓”为 1mm，填充字体和线条颜色为（C:59，M:82，Y:100，K:43）。

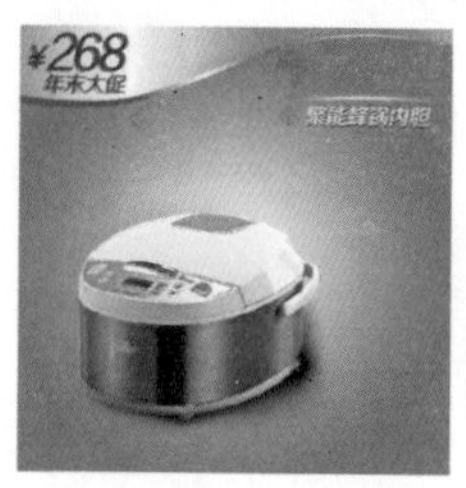

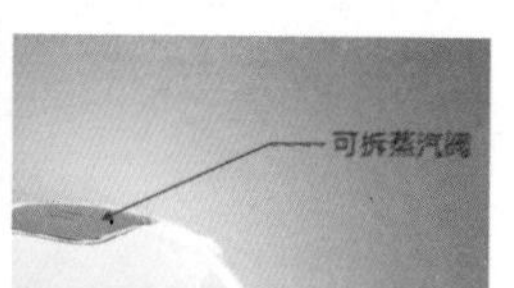

02 选中线条，在起始箭头样式里选择“箭头 54”样式，选择“3 点标注工具”，继续在电饭煲各个相应位置用“文字工具”标注出文字“氧化加热器”“旋转提手”“拉丝纹理”。

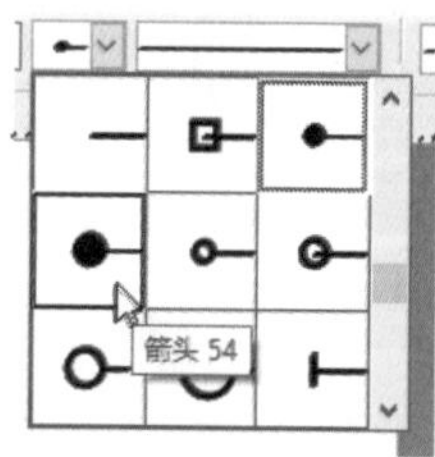

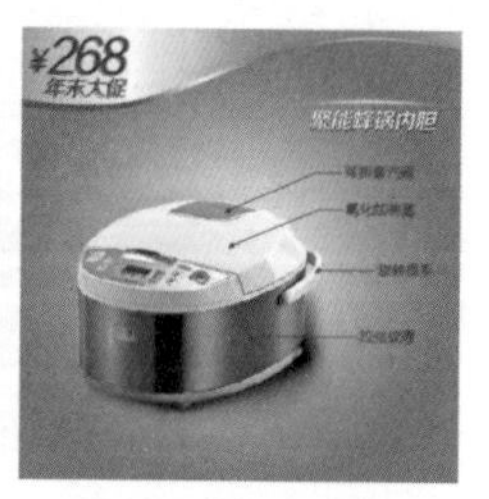

03 选择“矩形工具”，绘制出矩形，填充颜色为（C:59，M:82，Y:100，K:43），分别放置在文字后方，按住Shift键选中所有文字，填充为白色，完成最终效果。

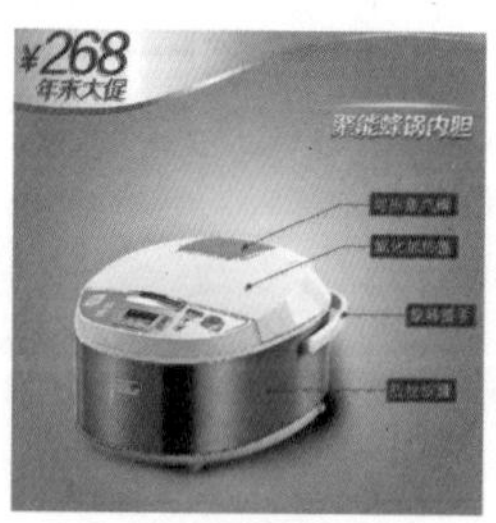

练习3-9 用标注绘制概要图

难度：☆☆

素材文件：素材\第 3 章\练习 3-9\绿色城市 .png

效果文件：素材\第 3 章\练习 3-9\绘制概要图 .cdr

在线视频：第 3 章\练习 3-9\用标注绘制概要图 .mp4

01 新建空白文档，设置文档名称为“概要图”，页面大小为 A4。

02 导入文件“素材\第 3 章\练习 3-10\绿色城市 .png”，选择“3 点标注工具”，在素材左上方位置拖出折线标注点，使用“文字工具”输入文字“绿化培育”，字号设置为 24，设置“轮廓”为 1mm，填充字体和线条颜色为白色，选中标注，在“线条样式”中选择间距较大的齿线样式。

03 选择“3 点标注工具”，用同样的方法标注出相应的信息概要。然后选择“矩形工具”，绘制三个矩形组成标题图形，填充颜色为（C:33，M:0，Y:89，K:0）。

04 选择“贝赛尔工具”，绘制出标题图形阴影部分，填充颜色为（C:64，M:40，Y:100，K:0），全选绘制图形，去掉轮廓线，按快捷键CTRL+G 进行群组。选择“文字工具”，输入文字“绿色城市”，填充颜色为（C:93，M:67，Y:73，K:38），完成最终效果。

3.10 知识拓展

在CorelDRAW X6中用户可以根据喜好定制自己的操作界面。

自定义界面的方法很简单，只需按下 Alt 键（移动）或是 Ctrl+Alt 组合键（复制）不放，将菜单中的项目、命令拖放到属性栏或另外的菜单中的相应位置，就可以自己编辑工具条中的工具位置及数量了。

用户可以在“工具”菜单中的“自定义”对话框中进行相关设置，来进一步自定义菜单、工具箱、工具栏及状态栏等界面。

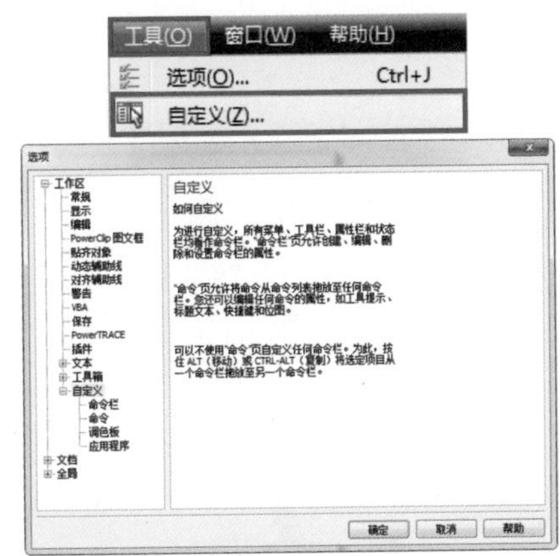

3.11 拓展训练

本章为读者安排了两个拓展练习，以帮助大家巩固本章内容。

训练3-1 绘制吊牌

难度：☆☆

素材文件：素材\第 3 章\习题 1\素材

效果文件：素材\第 3 章\习题 1\绘制吊牌 .cdr

在线视频：第 3 章\习题 1\绘制吊牌 .mp4

根据本章所学的知识，使用贝塞尔工具，以及直线和曲线的绘制方法，绘制吊牌。

训练3-2 制作鸡蛋杯

难度：☆☆

素材文件：素材\第 3 章\习题 2\鸡蛋杯 .cdr

效果文件：素材\第 3 章\习题 2\制作鸡蛋杯 .cdr

在线视频：第 3 章\习题 2\制作鸡蛋杯 .mp4

根据本章所学的知识，使用贝塞尔工具，制作鸡蛋杯。

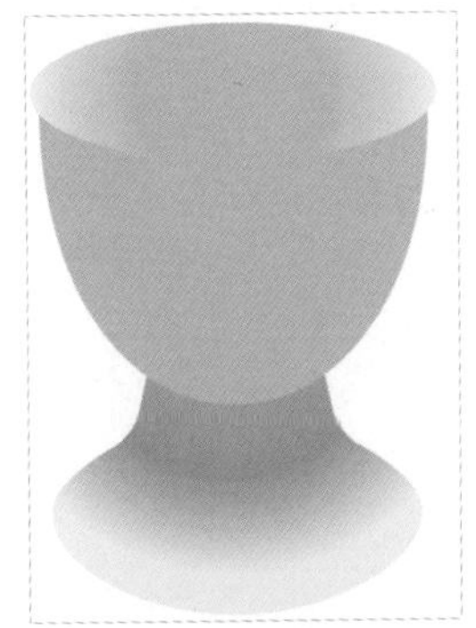

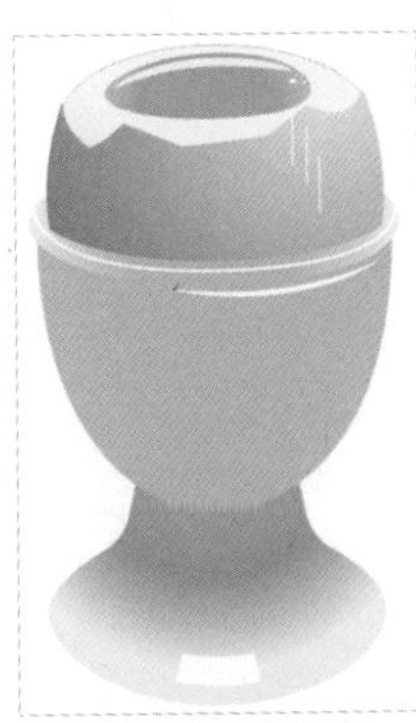

第 4 章

几何图形的绘制

在我们绘制的图形对象中，有很大一部分是由几何图形组成的，其中矩形、椭圆和多边形是各种复杂图形的最基本组成部分。为此，CorelDRAW X6在其工具箱中提供了一些用于绘制几何图形的工具，用户可以使用这些工具绘制所需要的几何图形。

本章重点

矩形工具和3点矩形工具的运用

椭圆形工具和3点椭圆形工具的运用

4.1 矩形和3点矩形工具

矩形和3点矩形工具能帮助我们快速绘制出规则矩形和平行四边形，通过边角的设置可以制作出圆角矩形、扇形角矩形及倒棱角矩形。

4.1.1 矩形工具 重点

选择“矩形工具”，在画面空白处单击，按住鼠标左键并拖曳鼠标，绘制矩形。

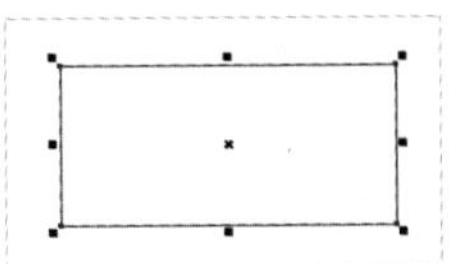

提示

按住 Ctrl 键即可绘制正方形；按住 Shift 键的同时拖曳鼠标，即可绘制出以中心点为基准的矩形；按住 Ctrl+Shift 键可绘制以起始点为中心点的正方形。

在“矩形工具”的属性栏中可修改矩形尺寸。边角的设置可以制作出圆角矩形、扇形角矩形及倒棱形角矩形。

- **圆角**：单击该按钮，输入圆角半径值即可将矩形的转角变成圆角。

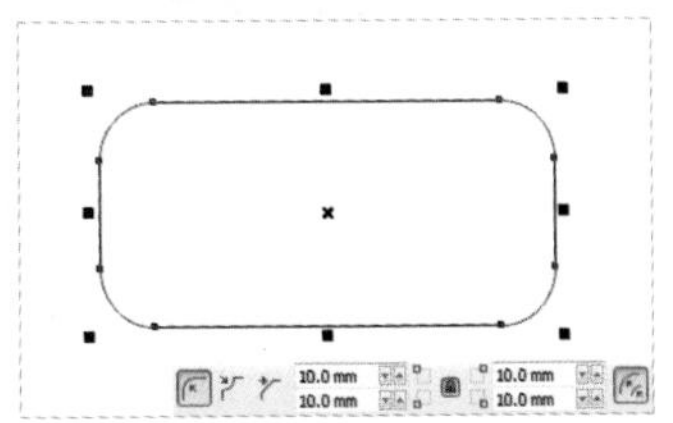

- **扇形角**：单击该按钮，输入圆角半径值即可将矩形的转角替换为曲线角。

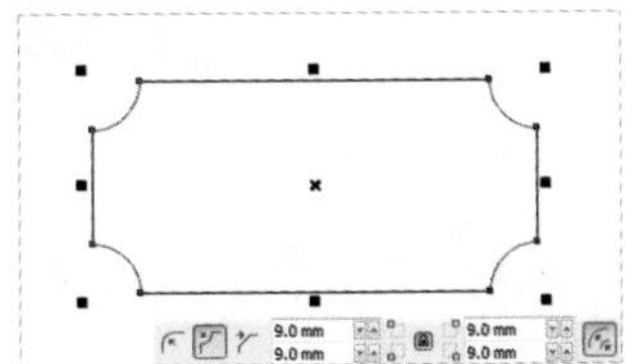

- **倒棱角**：单击该按钮，输入圆角半径值即可将矩形的转角替换为直边角。

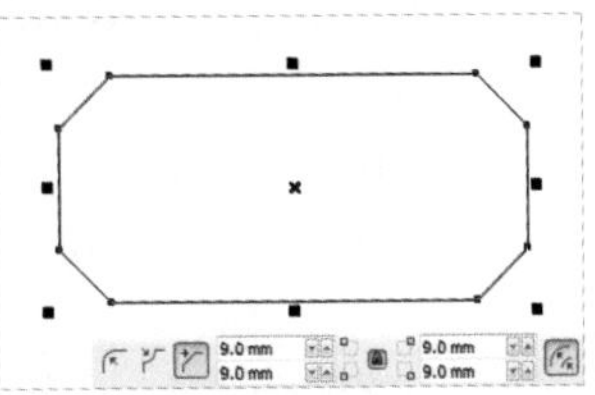

- **圆角半径**：在对应的圆角半径对话框中输入数值即可设置圆角的平滑度。
- **同时编辑所有角**：单击该按钮，即可同时调整4个角的圆角半径；再次单击取消选中后，即可分别设置圆角半径。
- **相对的角缩放**：单击该按钮，在缩放矩形时，“圆角半径”也会相对进行缩放；再次单击取消选中后，缩放矩形的同时“圆角半径”不会随之缩放。
- **轮廓宽度**：设置矩形边框的宽度。
- **转换为曲线**：单击该按钮，可以对矩形进行自由变换和添加节点等操作；没有转换为曲线之前，只能对角进行编辑。

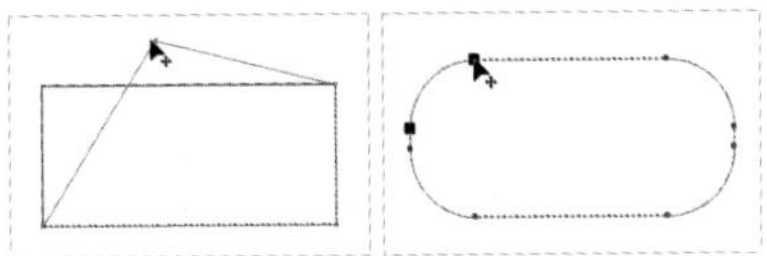

4.1.2 3点矩形工具

选择“3点矩形工具”，在画面空白处单击，按住鼠标左键并拖曳鼠标，确定两个定点，此时出现一条直线，即矩形的一条边。释放鼠标并继续拖曳鼠标，确定矩形的宽度，得出自己所需的矩形。

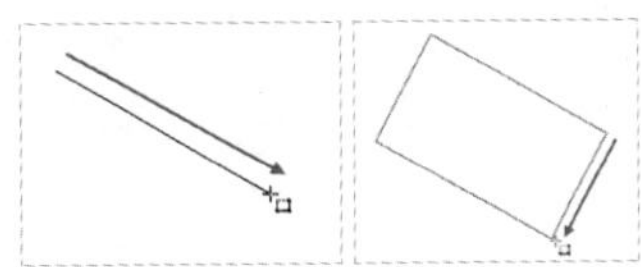

练习4-1 用矩形绘制图标

难度：☆☆

素材文件：素材\第 4 章\练习 4-1\素材 .cdr

效果文件：素材\第 4 章\练习 4-1\用矩形绘制图标 .cdr

在线视频：第 4 章\练习 4-1\用矩形绘制图标 .mp4

01 使用“矩形工具”，按住 Ctrl 键绘制一个矩形，并设置“填充”为（C：25，M：57，Y：91，K：0）深黄色。

02 将光标移至右侧调色盘中的“无填充”色板上方，然后单击鼠标右键，设置“轮廓”为无。

03 选中矩形，在属性栏中单击“圆角”按钮，将圆角半径设置为“6.0mm”，制作圆角矩形效果。

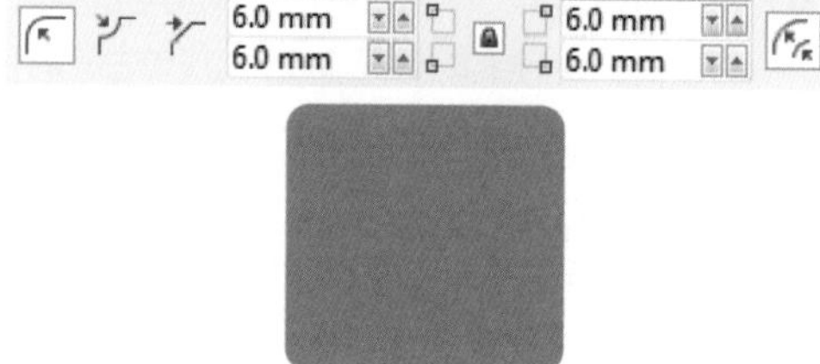

04 继续使用“矩形工具”绘制一个矩形条，单击属性栏中“转换为曲线按钮”，选择“形状工具”调整矩形，并填充黄色。

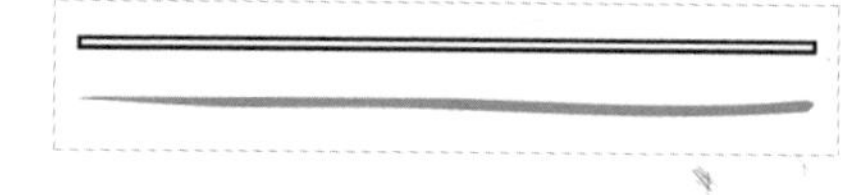

05 复制调整矩形，调整位置，得到木纹效果。

06 全选木纹矩形，单击右键，选择“群组”选项，将矩形群组。

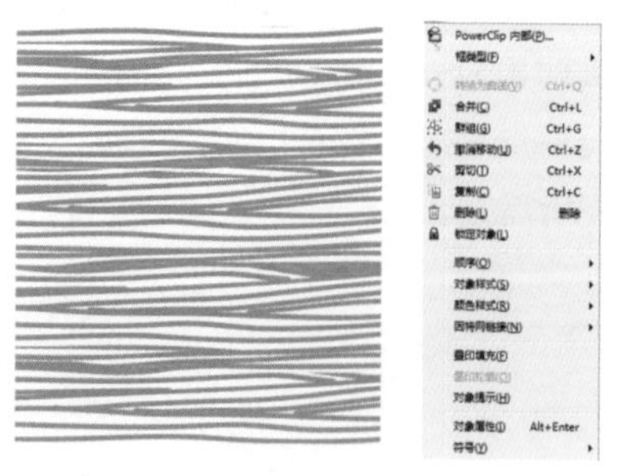

07 选中群组的木纹，将其拖曳至深黄色圆角矩形上方，单击鼠标右键，在弹出的选项卡中选择“图框精确剪裁内部”命令，将出现的黑色箭头放置在矩形上方，然后单击鼠标左键，得到木纹图标。

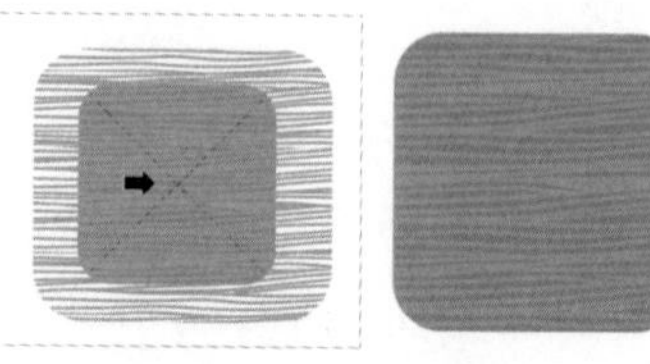

08 绘制一个圆角矩形，填充颜色。选择图形，单击鼠标右键，在弹出的选项卡中依次选择“顺序”→“到图层后面”命令，得到图标阴影。

09 使用选择工具选中整个图标，将其复制。

10 打开“素材\第 4 章\练习 4-1\素材 .cdr”文件，将元素分别置于图标上方，完成一组图标的制作。

练习4-2 用矩形绘制平板电脑

难度：☆☆

素材文件：无

效果文件：素材\第 4 章\练习 4-2\用矩形绘制平板电脑 .cdr

在线视频：第 4 章\练习 4-2\用矩形绘制平板电脑 .mp4

01 使用“矩形工具”，在画板上绘制一个矩形，填充为蓝色，无轮廓。再绘制一个矩形，填充“10%黑”，并调整圆角半径。

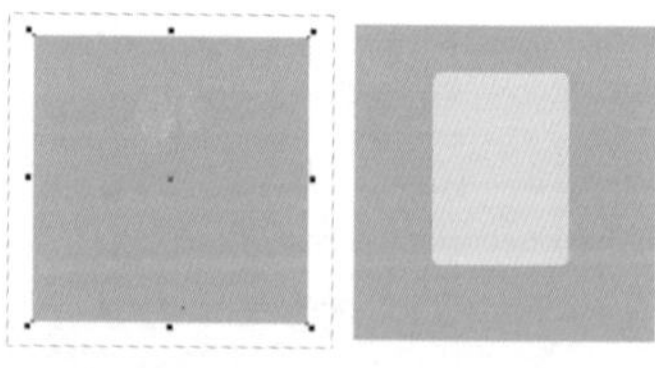

02 复制圆角矩形，将其置于底层，填充“20%黑”，

调整位置。继续绘制一个矩形，调整位置、大小，填充“80% 黑”。

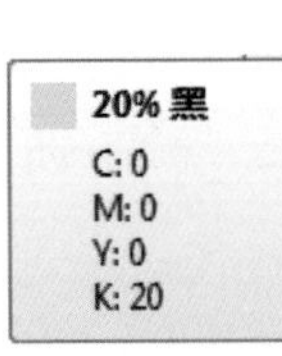

03 复制“80% 黑”矩形，填充“70% 黑”，去掉轮廓色，并将其转换为曲线。

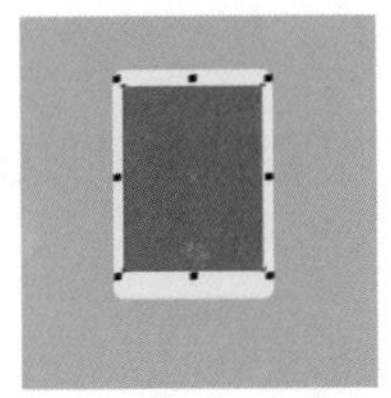

04 使用形状工具，双击删除矩形左下角的节点。

05 在平板电脑底部绘制一个矩形，设置圆角半径，将其调整成圆形，填充“30% 黑”。

06 使用工具栏中“交互式填充工具”，在圆形处拖曳鼠标，调整节点位置。

07 在平板电脑顶部绘制一个矩形，将其调整成圆形。最终得到平板电脑。

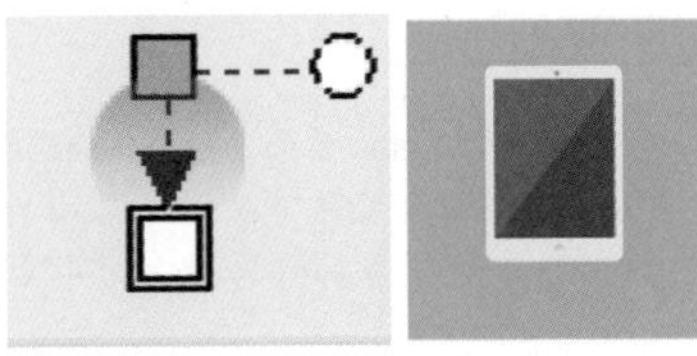

08 再次使用“矩形工具”，绘制一些小矩形，填充为“40% 黑”，无轮廓，调整位置。

09 使用“3 点矩形工具”，在平板电脑的对角线上确定两个定点，向右下方拖曳鼠标，绘制一个矩形。

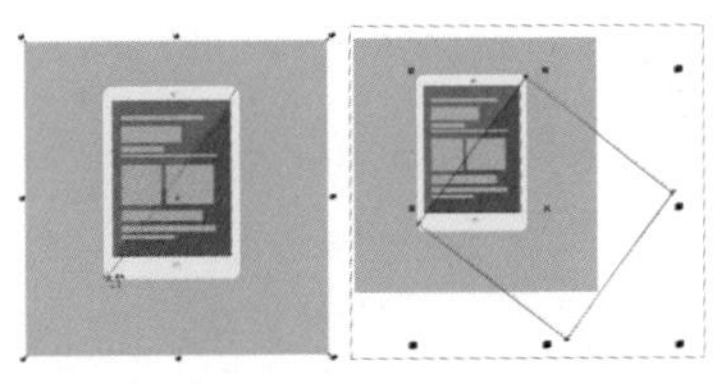

10 填充“70% 黑”，无轮廓，调整顺序至平板电脑下方，选择“透明度”工具，调整“透明度”为70%，完成平板电脑的制作。

4.2 椭圆形工具和3点椭圆形工具

使用椭圆形工具可以快速绘制出圆形和椭圆形，通过形式的选择还可以绘制出饼形和弧线。3点椭圆形工具可以通过确定3个定点绘制出圆形和椭圆形。

4.2.1 椭圆形工具 重点

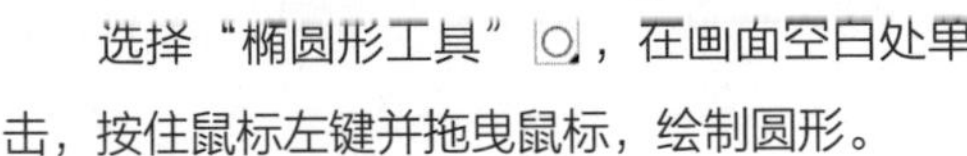

选择“椭圆形工具”，在画面空白处单击，按住鼠标左键并拖曳鼠标，绘制圆形。

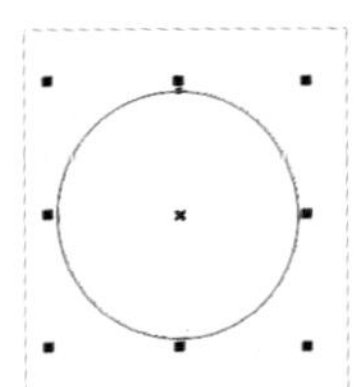

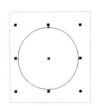

提示

按住Ctrl键即可绘制正圆形；按住Shift键的同时拖曳鼠标，即可绘制出以中心点为基准的圆形；按住Ctrl+Shift键可绘制以起始点为中心点的圆形。

在“椭圆形工具”的属性栏中可修改圆形尺寸。选择不同的工具选项可以绘制出圆形、饼形或弧线。

- **椭圆形**：单击该按钮，可以绘制出圆形。
- **饼图**：单击该按钮，输入角度值，即可绘制饼形，也可以将已有的椭圆变为圆饼状。

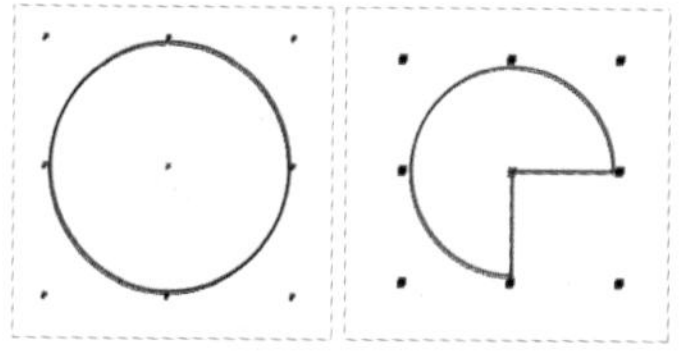

- **弧**：单击该按钮，输入角度值，即可绘制弧线。当起始和结束角度值一致时，则绘出椭圆形。

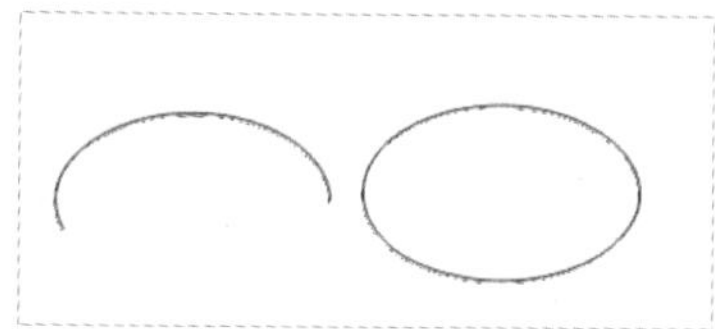

- **起始和结束角度**：设置“饼图”和“弧”断开位置的起始角度和结束角度，范围为0°~360°。
- **更改方向**：用于更改起始和结束的角度方向，在顺时针和逆时针之间切换。
- **轮廓宽度**：设置圆形边框的宽度。
- **转换为曲线**：单击该按钮，可以对圆形进行自由变换和添加节点等操作；没有转换为曲线之前，只能对边缘线进行编辑。

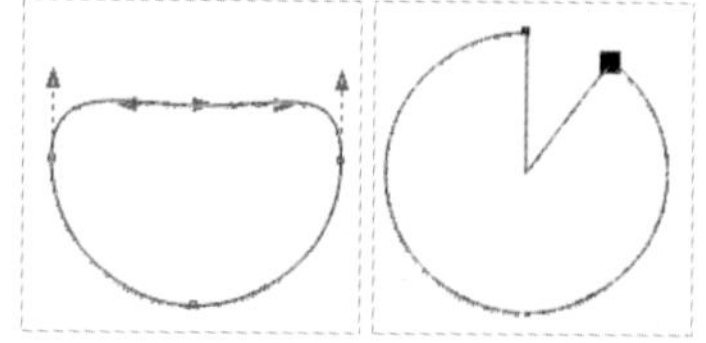

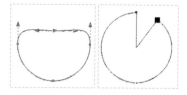

4.2.2 3点椭圆形工具

选择“3点椭圆形工具”，在画面空白处单击，按住鼠标左键并拖曳鼠标选择两个定点，释放鼠标后继续拖曳鼠标选择第3个定点，确定位置及形状后单击鼠标左键，得出自己所需的圆形。

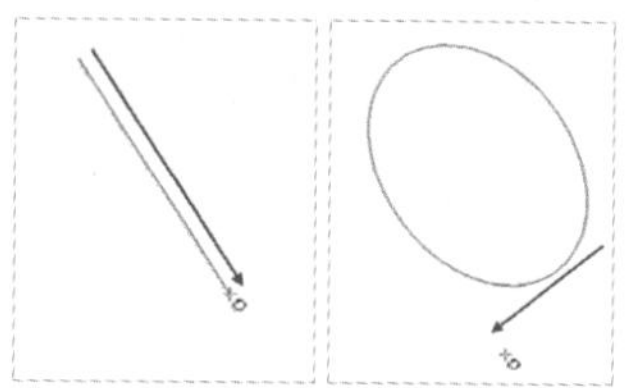

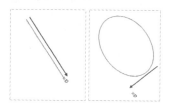

练习4-3 用椭圆绘制动感圈圈

难度：☆☆

素材文件：无

效果文件：素材\第4章\练习4-3\用椭圆绘制动感圈圈.cdr

在线视频：第4章\练习4-3\用椭圆绘制动感圈圈.mp4

01 使用“矩形工具”绘制矩形，填充灰色作为背景，再绘制一个矩形条，填充为黑色，复制多层，并将位置错开。

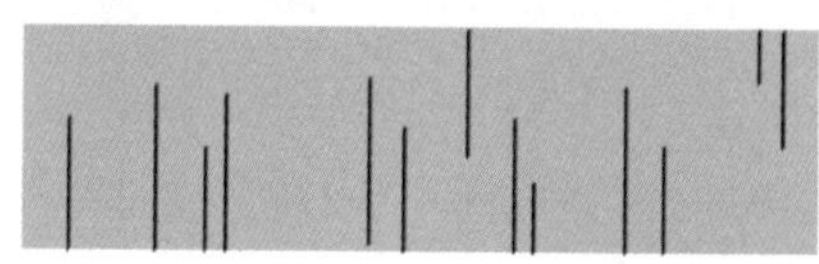

02 继续使用“矩形工具”绘制两条稍宽一些的矩形条，填充为白色，无轮廓，调整位置。

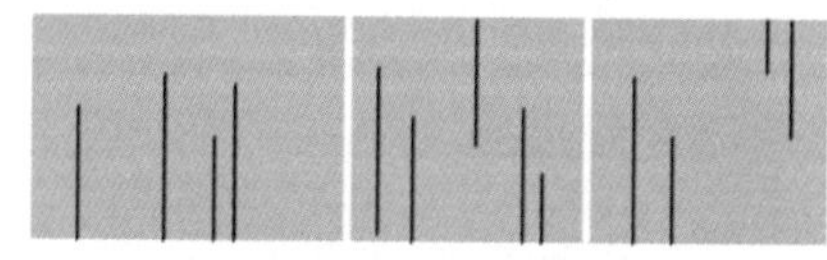

03 选择“椭圆形工具”，绘制一个圆形，设置无填充，轮廓为黑色，在工具选项栏中单击“轮廓宽度”下拉按钮，设置“轮廓宽度”为2.0mm，调整大小与位置。

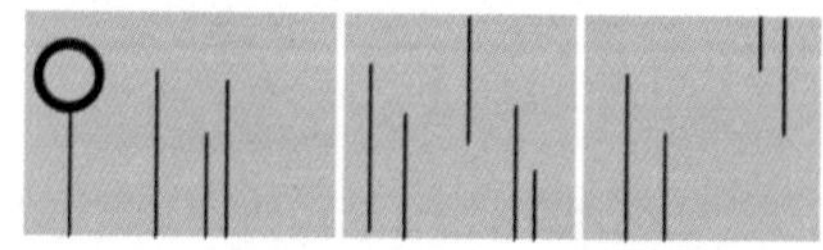

04 再绘制一个圆形，填充红色，轮廓为白色，将“轮廓宽度”设置为2.0mm。绘制一个圆形，填充为黑色，无轮廓，调整位置与大小。

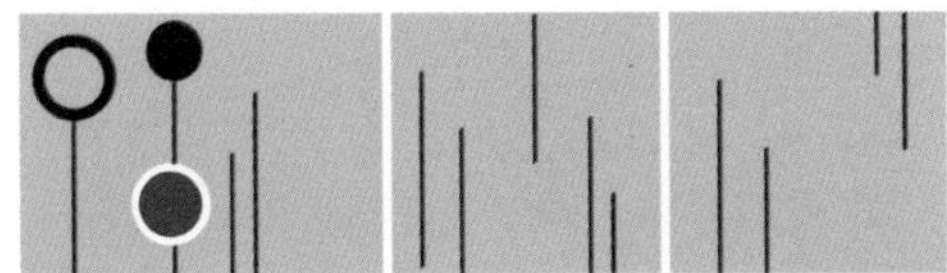

05 继续使用“椭圆形工具”，绘制一个圆形，填充白色，无轮廓。按住 Shift 键，单击鼠标左键向中心缩放，然后单击鼠标右键进行复制，再释放鼠标左键完成复制，填充红色。再次执行相同的操作。

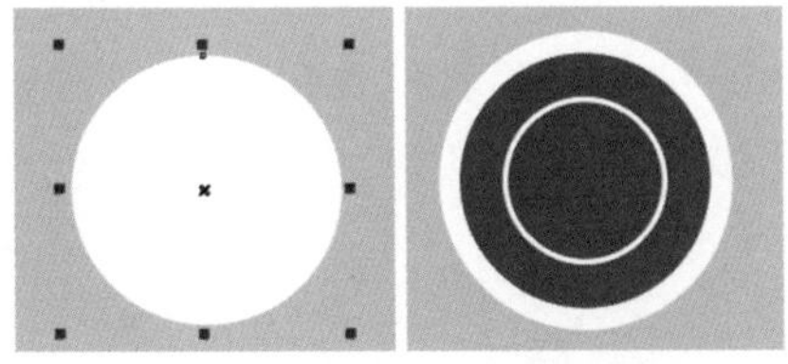

06 运用相同的方式，绘制出动感圈圈装饰图。

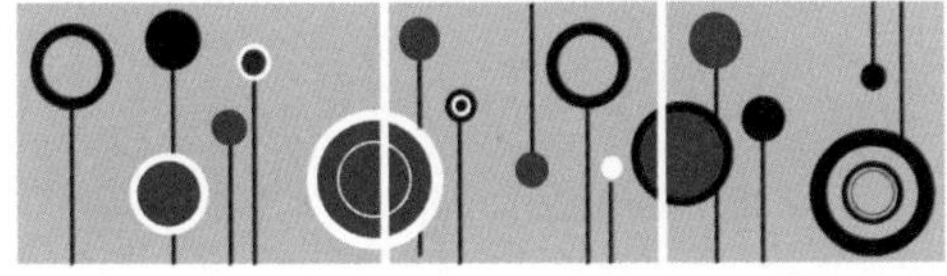

练习4-4 用椭圆绘制时尚按钮

难度：☆☆

素材文件：素材\第 4 章\练习 4-4\素材.cdr

效果文件：素材\第 4 章\练习 4-4\用椭圆绘制时尚按钮.cdr

在线视频：第 4 章\练习 4-4\用椭圆绘制时尚按钮.mp4

01 选择“椭圆形工具”，按住 Shift 键绘制正圆形，使用“渐变填充工具”，设置渐变色值，对圆形进行渐变填充。

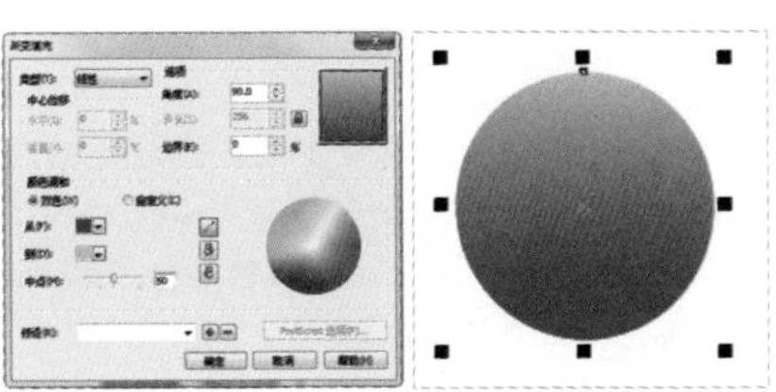

02 绘制两个圆形，一个填充纯色，另一个填充渐变色，调整大小，分别叠于渐变圆形上。

03 使用“3 点椭圆形工具”，绘制两个圆形相互交叠，全选两个圆形，单击属性栏中“修剪”按钮，修剪出弧形。

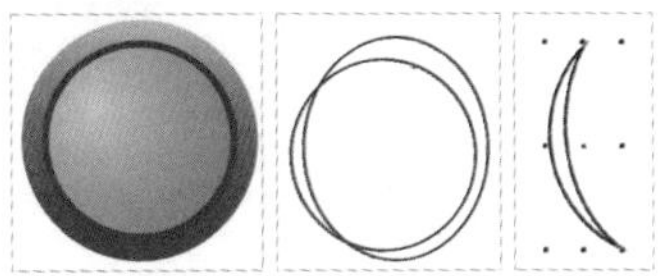

04 将弧形填充为白色，删除轮廓色。选择“透明工具”，在属性栏中选择“线性”“常规”透明，在白色弧形处拖曳鼠标左键，调整节点，实现透明反光效果。

05 依次类推，做出按钮的其他反光效果。

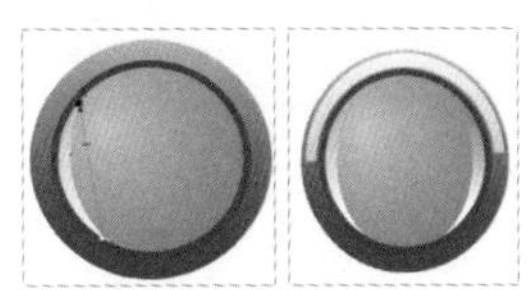

06 运用相同的方法，制作颜色不同的按钮，导入“素材\第 4 章\练习 4-4\素材.cdr”文件，将素材置于按钮上，完成制作。

4.3 多边形工具

多边形工具可以快速绘制出多边形、星形、复杂星形、图纸和螺纹，通过属性栏的相关设置，可以设置多边形的边数，星形的点数、边数和锐度，图纸的行数和列数，螺纹的回圈等。

4.3.1 多边形的绘制

选择“多边形工具”，在画面空白处单击，按住鼠标左键并拖曳鼠标，绘制多边形。

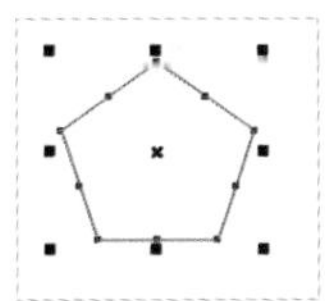

提示

按住 Ctrl 键即可绘制等边多边形；按住 Shift 键的同时拖曳鼠标，即可绘制出以中心点为基准的多边形；按住 Ctrl+Shift 组合键可绘制以起始点为中心点的等边多边形。

4.3.2 多边形的设置

在“多边形工具”的属性栏中可设置对象原点，修改矩形尺寸。边角数量的设置可以制作出边角不一样的多边形。

- **对象原点**：选中图形，单击该按钮中的任意一点，即可设置图形的对象原点。对图形进行缩放时都将以此点为原点进行。
- **点数与边数**：可直接在选项框中输入边数，也可单击上下三角形来增减边数。多边形的边数值最低为 3。当边数值足够大时，多边形趋于圆滑，在视觉上将变成圆形。

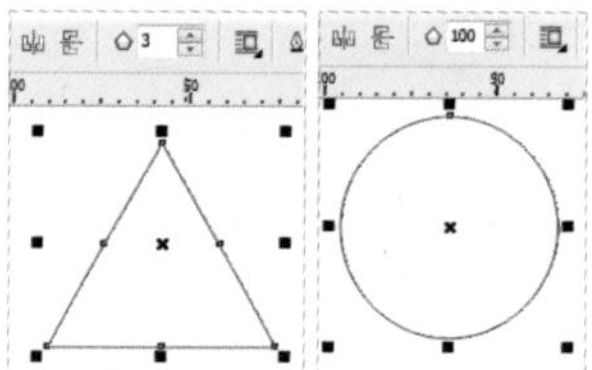

- **轮廓宽度**：设置多边形边框的宽度。
- **转换为曲线**：单击该按钮后，可以对多边形进行自由变换和添加节点等操作；没有转换为曲线之前，各边相互对称牵制，不能单独编辑。

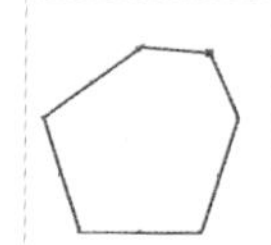
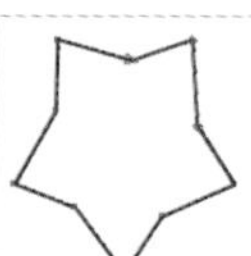

4.3.3 多边形的修饰 重点

使用“形状工具”，拖曳多边形一角，根据多边形边数、拖曳的角度与位置的设定，可得出新的多边形。

- 在画面空白处画一个矩形，边数设置为 3。选择“形状工具”，按住多边形一角向里拖曳到合适位置，得到“风车”图形；向外拖曳得到“星形”。

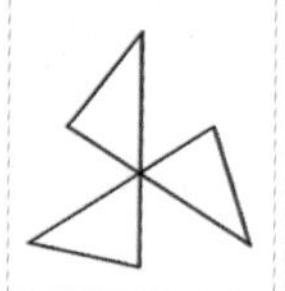

- 在画面空白处画一个矩形，边数设置为 5。选择“形状工具”，按住多边形一角向里拖曳到合适位置，得到“复杂星形”；向外拖曳得到“五角星形”。

提示

多边形边数、拖曳鼠标的角度与位置都会影响新得到的图形，大家可以多多尝试。

- **添加节点**：使用“形状工具”，单击多边形某一处后，单击该按钮，即可在该处增加节点。
- **删除节点**：使用“形状工具”，单击多边形某一节点，单击该按钮，即可删除该节点。

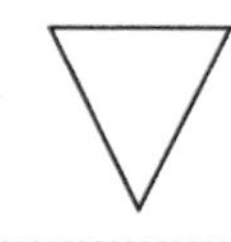
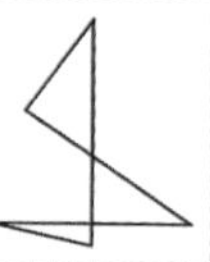

- **转换为线条**：将曲线转换成直线。
- **转换为曲线**：将直线线条转换为曲线。

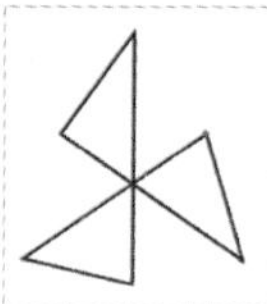

- **尖突节点**：将节点转换为尖突节点，在曲线中创建一个锐角。
- **平滑节点**：将节点转化为平滑节点，提高曲线的圆滑度。
- **对称节点**：将同一曲线形状应用到节点两侧。

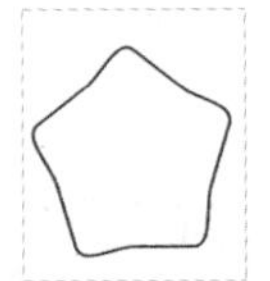
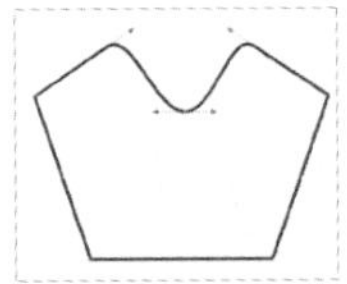

练习4-5 用多边形绘制七巧板

难度：☆☆

素材文件：素材\第 4 章\练习 4-5\素材 .jpg

效果文件：素材\第 4 章\练习 4-5\用多边形绘制七巧板 .cdr

在线视频：第 4 章\练习 4-5\用多边形绘制七巧板 .mp4

01 打开 CorelDRAW X6，导入“素材\第 4 章\练习 4-5\素材 .jpg”文件。选择“多边形工具”，在画面空白处画一个多边形，在属性栏中将边数设为 100，将得到的新图形填充橙色。

02 选择“多边形工具”，在画面空白处画一个多边形，在属性栏中将边数设为 5，使用“形状工具”，按下鼠标左键拖曳多边形的一个点，得到不规则星形。

03 将不规则星形叠于橙色圆形下方，置于素材的适当位置。

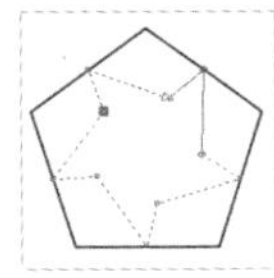

04 在画面空白处画一个多边形，填充颜色，将边数设为 3，使用“形状工具”，按下鼠标左键将多边形左下方的点向右上方拖曳，得到红色风车图形。

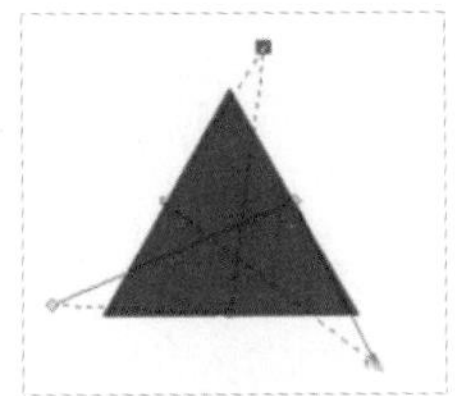

05 单击属性栏中转曲按钮，将风车图形转换成曲线。使用“形状工具”，单击风车相应位置，按下属性栏中“添加节点”按钮，给风车添加两个节点。将节点 2 向左下方拖曳。

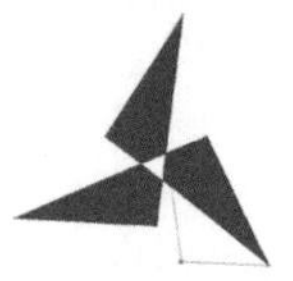

06 使用“形状工具”，将风车最上方节点向左下方拖曳。

07 用同样的方法调整风车其他边角，使其类似鸽子的翅膀，并画上其他部位，得到完整的鸽子形象。

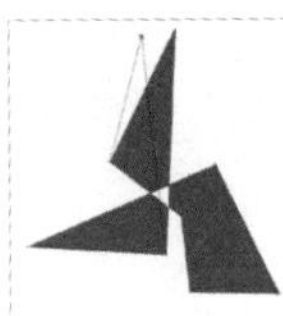

08 将其置于素材适当位置。

09 在画面空白处画一个多边形，将边数设置为 3，填充颜色。单击属性栏中“删除节点”按钮，删除三角多边形外端的三个节点，使其变成倒三角形。

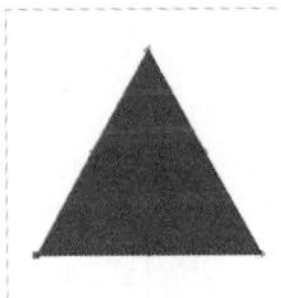

10 全选倒三角形的节点，单击属性栏中“转换为曲线”按钮，后单击“平滑节点按钮”。

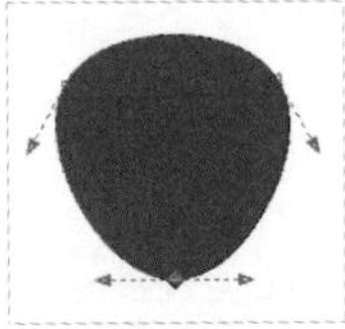

11 将图形下方节点向里拖曳，得到新图形花瓣。

12 依次绘制出花朵的花蕊、茎叶部分。用同样方法绘制出房屋、农夫、兔子、飞机等七巧板图形，置于素材的适当位置。

4.4 星形工具和复杂星形

在CorelDRAW X6中，可以通过点数和锐度的改变，将星形和复杂星形改变为理想的形状。

4.4.1 星形的绘制

选择“星形工具”，在画面空白处单击，按住鼠标左键并拖曳鼠标，确定大小后释放鼠标，绘制星形。

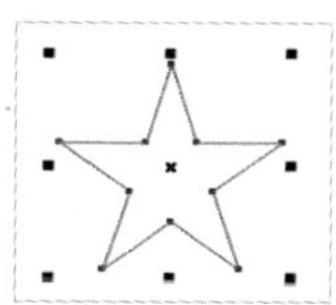

提示

与其他形状相同，按住Ctrl键即可绘制标准正星形；按住Shift键的同时拖曳鼠标，即可绘制出以中心点为基准的星形；按住Ctrl+Shift组合键可绘制以起始点为中心点的正星形。

4.4.2 星形参数的设置 重点

在“星形工具”的属性栏中可以设置星形的边数和锐度、星形轮廓的宽度。

- **边数**：在此处输入数字，即可设置星形边数。
- **锐度**：此处可调整角的锐度，数值越大角越尖，数值越小角越钝。下图为当星形锐度分别为99、1、50时的星形形状。

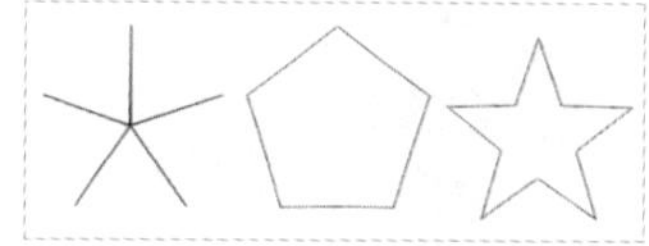

- **轮廓宽度**：设置矩形边框的宽度。下图为星形轮廓为10的颜色填充效果。

练习4-6 用星形绘制促销图标

难度：☆☆
素材文件：无
效果文件：素材\第4章\练习4-6\用星形绘制促销图标.cdr
在线视频：第4章\练习4-6\用星形绘制促销图标.mp4

01 在画面空白处画一个星形，将边数、锐度、轮廓分别设置为18、10、0.5，并填充颜色。

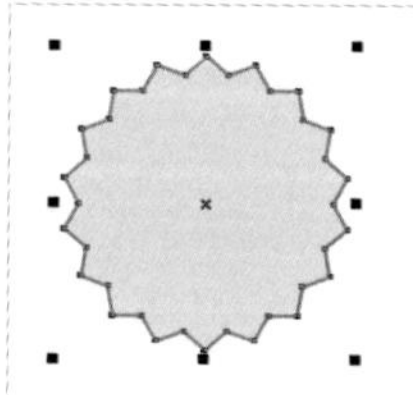

02 在画面空白处画一个星形，将边数、锐度、轮廓分别设置为90、2、0.25，设置轮廓色，将其叠于黄色星形之上。

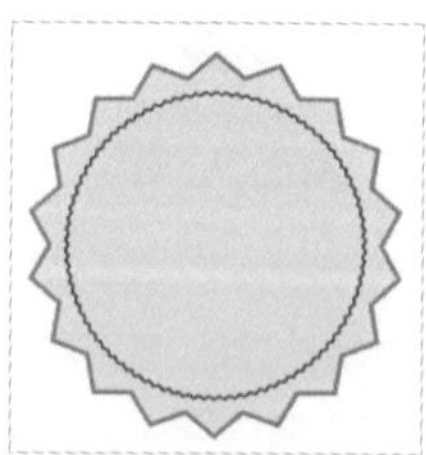

03 用所学方法依次绘制出图标的其他部分，使用“文本工具”字在相应位置打上促销信息。

04 复制图标，尝试将图标设置成不一样的配色。

练习4-7 绘制T恤图标

难度：☆☆

素材文件：素材\第4章\练习4-7\素材.cdr

效果文件：素材\第4章\练习4-7\用星形绘制T恤图标.cdr

在线视频：第4章\练习4-7\用星形绘制T恤图标.mp4

01 打开素材“素材\第4章\练习4-7\素材.cdr ”，在画面空白处画一个星形，将边数和锐度分别设置为13、84。

02 复制两个星形，分别在在属性栏中将复制的星形旋转角度设置为10、20。

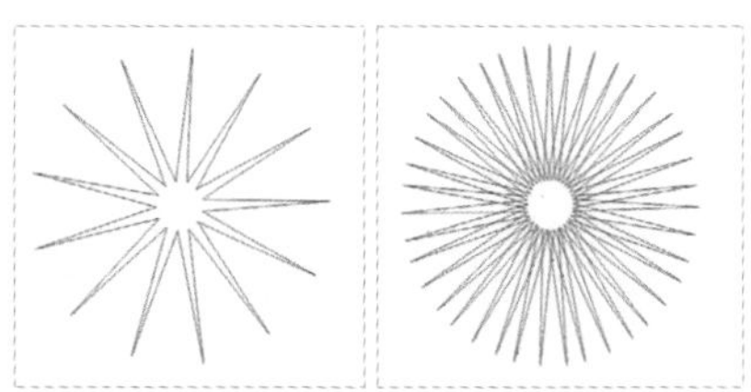

03 填充颜色，并用所学方法画对话框，叠于星形之下，将所得图形置于素材适当位置。

04 单击“文本工具”字，打出“NP”字母，将字母填充颜色和边框色，在属性栏中选择合适字体后，将其置于对话框之上。

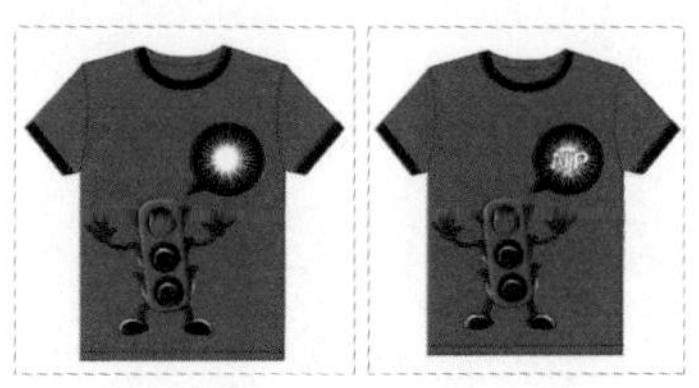

4.4.3 绘制复杂星形

选择“复杂星形工具”，在画面空白处单击，按住鼠标左键并拖曳鼠标，确定大小后释放鼠标，绘制星形。

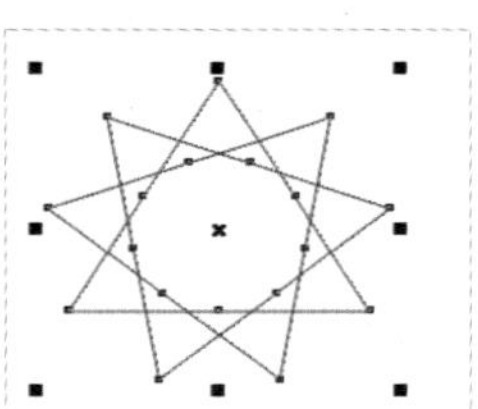

提示

与其他形状相同，按住Ctrl键即可绘制标准正星形；按住Shift键的同时拖曳鼠标，即可绘制出以中心点为基准的星形；按住Ctrl+Shift组合键可绘制以起始点为中心点的正星形。

4.4.4 复杂星形的设置（重点）

在“复杂星形工具”的属性栏中可以设置星形的边数点数和锐度、星形轮廓的宽度。

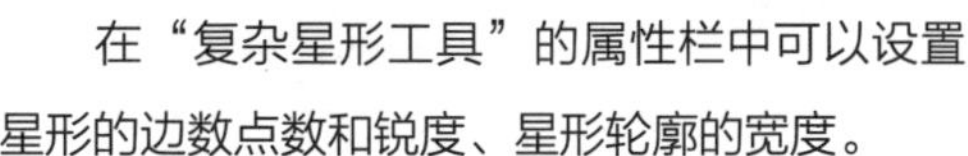

- **边数点数** ：当边数点数为最大值500时，所绘制出来的图形为圆形；当边数点数为最小值5时，所绘制出来的图形为交叠五角星。

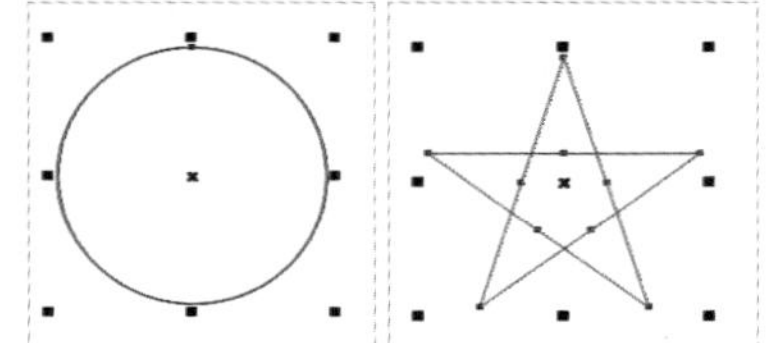

- **锐度**：锐度最小值为1，边数越大越偏向为圆；最大数值随边数递增。下图分别为当锐度为1和3时的形状。

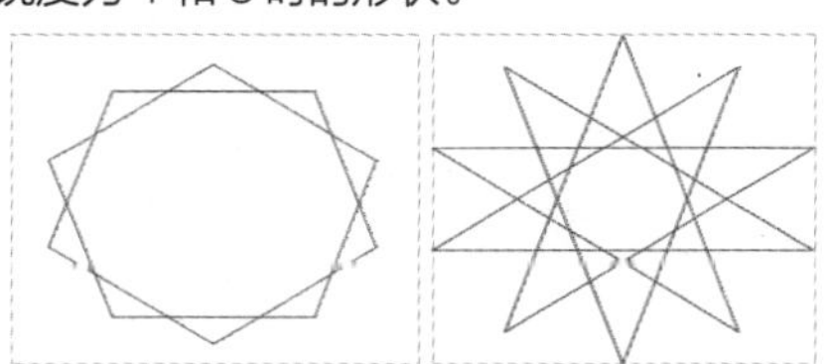

4.5 螺纹工具

在CorelDRAW X6中，螺纹类型包括对称式螺纹和对数式螺纹两类。选择对称式螺纹，绘制的每个回圈之间间距相等；选择对数式螺纹，绘制的每个回圈之间的距离逐渐增大。

4.5.1 绘制螺纹

选择“螺纹工具”，在画面空白处，按住鼠标左键并拖曳鼠标，确定大小后松开，绘制螺纹。

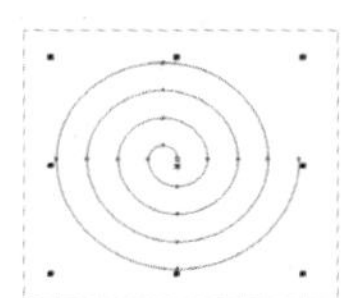

提示

按住 Ctrl 键即可绘制圆形螺纹；按住 Shift 键的同时拖曳鼠标，即可绘制出以中心点为基准的圆形螺纹；按住 Ctrl+Shift 组合键可绘制以起始点为中心点的圆形螺纹。

4.5.2 螺纹的设置（重点）

在“螺纹工具”的属性栏中可以设置螺纹的回圈数及螺纹的样式，分为对称式螺纹和对数式螺纹。

- **边数**：设置螺纹中完整圆形回圈的圈数，最小值为 1，最大值为 100。数值越大，圈数越密集。

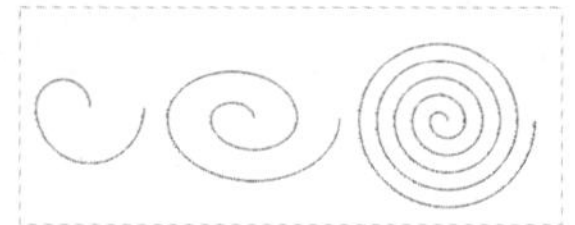

- **对称式螺纹**：单击激活后，螺纹的回圈间距是均匀的。
- **对数式螺纹**：单击激活后，螺纹的回圈间距是由内向外不断增大的。
- **螺纹扩展圈数**：激活对数螺纹后向外扩展的速率，为最小值 1 时，内圈间距为均匀显示；为最大值 100 时，间距从内往外不断增大。

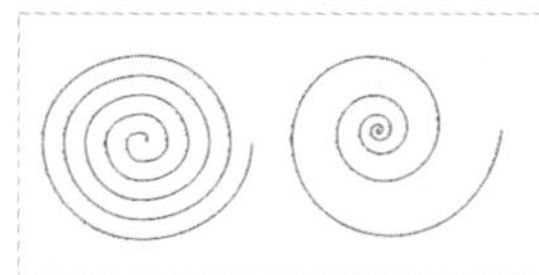

4.6 图纸工具

“图纸工具”可以直接绘制一组由矩形组成的网格，格子数值可以设置。

4.6.1 设置参数（难点）

在绘制图纸之前，我们需要设置网格的行数和列数，以便于我们更加精确地绘制网格图形。设置行数和列数的方法有以下两种。

- **第 1 种**：双击“图纸工具”图标，在弹出的“选项”面板中，单击“图纸工具”，在右边的数值框中输入行数和列数，单击“确定”按钮，完成图纸参数设置。

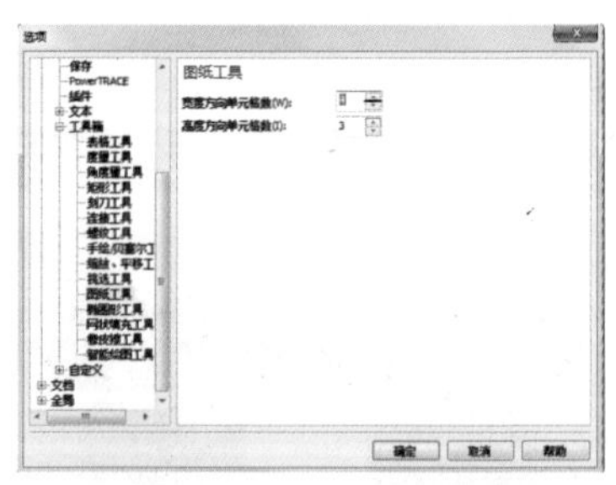

- **第 2 种**：选择“图纸工具”，在“图纸工具”的属性栏中设置“行数与列数”。

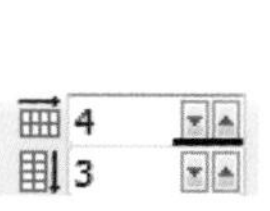

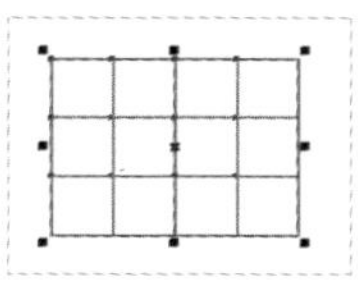

4.6.2 绘制图纸

选择“图纸工具”，设置好网格的行数和列数，在画面空白处单击并长按鼠标左键向对角拖曳进行预览，确定大小后释放鼠标，完成图纸的绘制。

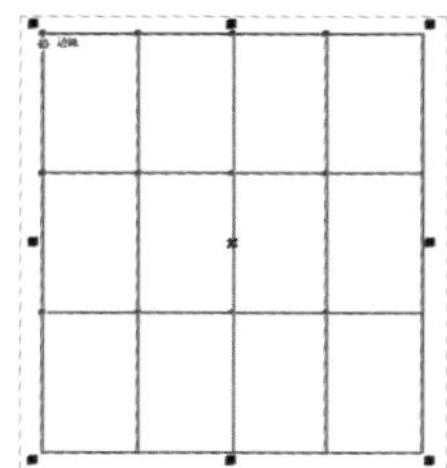

提示

按住 Ctrl 键即可绘制外框为正方形的图纸；按住 Shift 键的同时拖曳鼠标，即可绘制出以中心点为基准的图纸；按住 Ctrl+Shift 组合键可绘制以起始点为中心点的外框为正方形的图纸。

练习4-8 用图纸绘制日历

难度：☆☆

素材文件：素材 \ 第 4 章 \ 练习 4-8 \ 素材 .cdr

效果文件：素材 \ 第 4 章 \ 练习 4-8 \ 用图纸绘制日历 .cdr

在线视频：第 4 章 \ 练习 4-8 \ 用图纸绘制日历 .mp4

01 打开素材“素材 \ 第 4 章 \ 练习 4-8 \ 素材 .cdr”，单击“图纸工具”，将列数和行数分别设置为 4 和 3，在画面空白处绘制图纸。

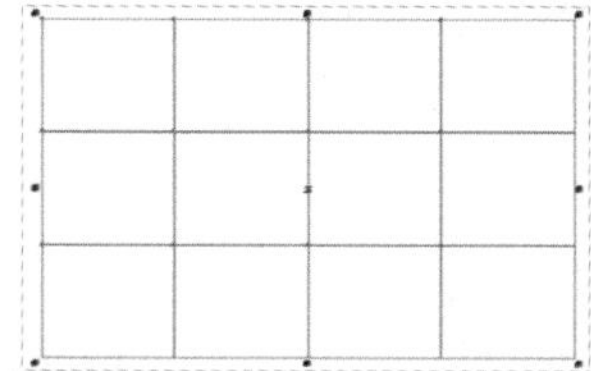

02 选中“图纸工具”，单击工具栏中“取消群组”按钮，将拆散的图纸矩形逐一填充颜色，均匀间隔适当距离。

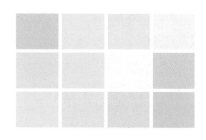

03 在“图纸工具”属性栏中，将行数和列数分别设置为 1 和 7，在第一个颜色框中绘制网格，取消群组后填充颜色，并均匀间隔出适当距离。

04 使用文本工具，在适当位置，输入日历文字数字。

January

SUN	MON	TUE	WED	THU	FRI	SAT
				1	2	3
4	5	6	7	8	9	10
11	12	13	14	15	16	17
18	19	20	21	22	23	24
25	26	27	28	29	30	31

05 依次做好其他月份的日期，叠于素材对应位置。

4.7 形状工具组

CorelDRAW X6为了方便用户使用，在工具箱对一些常用的工具进行了编组。工具箱“形状工具组”中包含“基本形状工具”、“箭头形状工具”、“流程图形状工具”、“标题形状工具”和“标注形状工具”5种样式，长按鼠标左键即可打开此工具箱。

4.7.1 基本形状工具

基本形状工具可以快速绘制出心形、梯形、水滴形等基本形状，绘制方法与多边形绘制方法一样。

提示

个别形状在绘制时会出现红色轮廓沟槽，通过沟槽可简单修改造型形状。

- 单击工具箱中“基本形状工具”，在属性栏“完美形状”图标的下拉菜单中选择，在画面空白处按下鼠标左键进行拖曳。

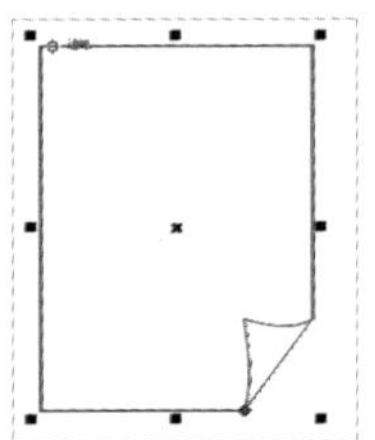

- 将光标放在红色轮廓沟槽上，按下鼠标左键向右下拖曳，将图形变成矩形；按下鼠标左键向左上方拖曳，则可增大图形卷边幅度。

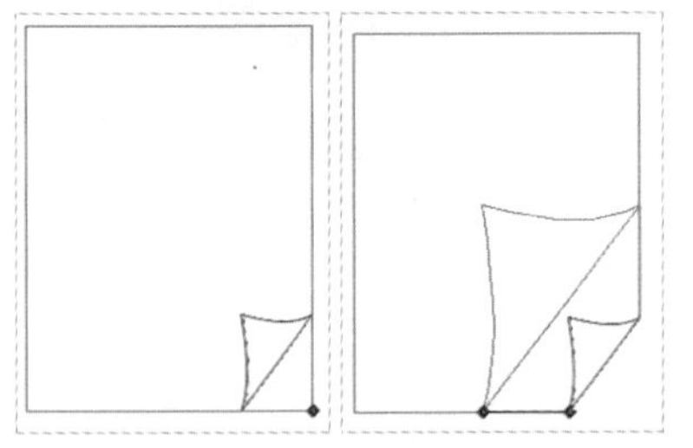

练习4-9 绘制心形贺卡

难度：☆☆

素材文件：素材 \ 第 4 章 \ 练习 4-9 \ 素材 .psd

效果文件：素材 \ 第 4 章 \ 练习 4-9 \ 用基本形状绘制心形贺卡 .cdr

在线视频：第 4 章 \ 练习 4-9 \ 用基本形状绘制心形贺卡 .mp4

01 使用“矩形工具”，绘制一个矩形，填充为红色，无轮廓。

02 单击工具箱中“基本形状工具”，在属性栏“完美形状”图标的下拉菜单中选择，在画面空白处按下鼠标左键进行拖曳。再次按下鼠标左键，将红色轮廓沟槽向左上方拖曳，将平行四边形变成矩形。

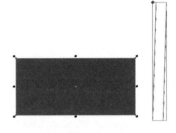

03 依次绘制出多个矩形，并填充颜色。

04 单击工具箱中“基本形状工具”，在属性栏“完美形状”图标的下拉菜单中选择，在画面空白处按下鼠标左键进行拖曳，绘制白色心形。

05 导入“素材\第4章\练习4-9\素材.psd”文件，将素材叠于心形之上。

06 用所学方法绘制不规则图形，使用“文本工具”字打上所需文字，完成贺卡的绘制。

4.7.2 箭头形状工具

使用“箭头形状工具”可以快速绘制路标、指示牌和方向指引标识。

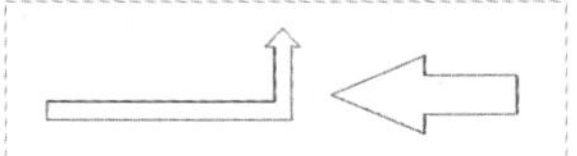

提示

个别形状在绘制时会出现轮廓沟槽，通过沟槽可简单修改造型形状。

● 单击工具箱中“箭头形状工具”，在属性栏“完美形状”图标下拉样式中选择，在画面空白处拖曳鼠标进行绘制。

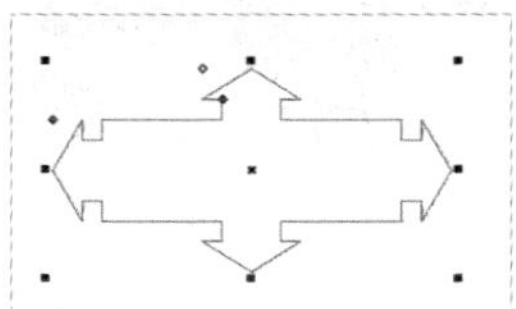

● 按住鼠标左键，拖曳蓝色沟槽，改变图形形状。

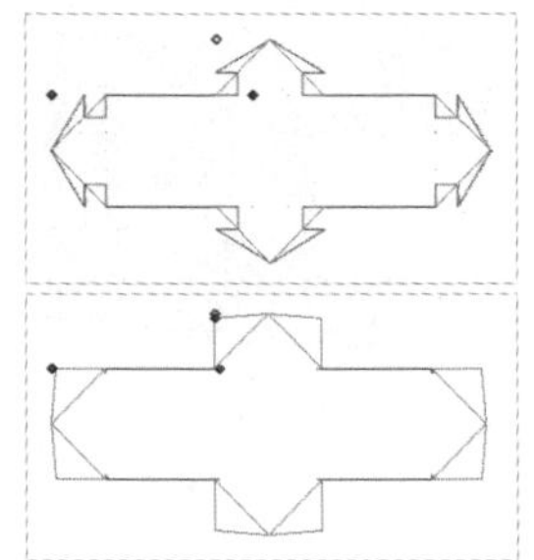

4.7.3 流程图形工具

使用“流程图形工具”可以快速绘制数据流程图和信息流程图。

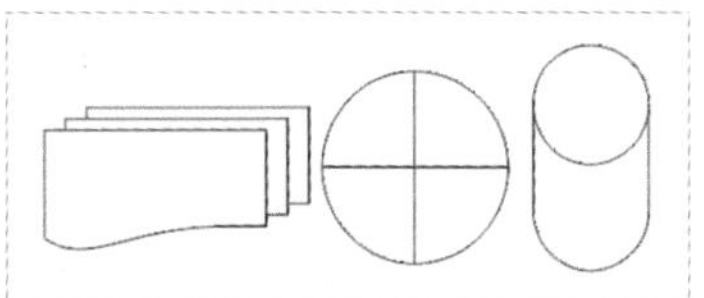

提示

不能通过轮廓沟槽改变形状。

● 单击工具箱中“流程图形工具”，在属性栏“完美形状”图标下拉样式中选择，在画面空白处拖曳鼠标进行绘制。

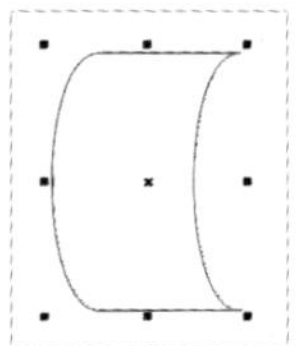

4.7.4 标题形状工具

使用“标题形状工具”可以快速绘制标题栏、旗帜标语和爆炸效果。

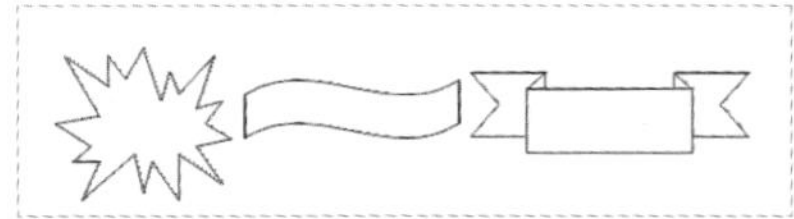

提示

个别形状在绘制时会出现轮廓沟槽，通过沟槽可简单修改造型形状。

单击工具箱中“标题形状工具”，在属性栏“完美形状”图标下拉样式中选择，在画面空白处拖曳鼠标进行绘制。

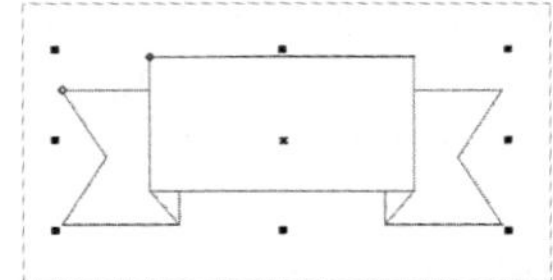

通过拖曳黄色和红色沟槽改变图形形状。

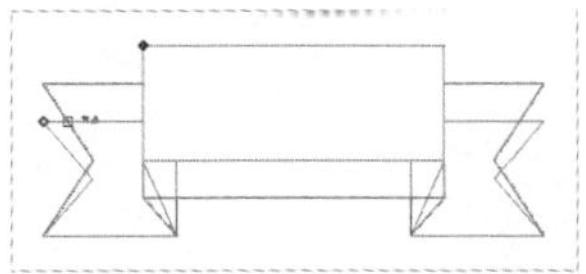

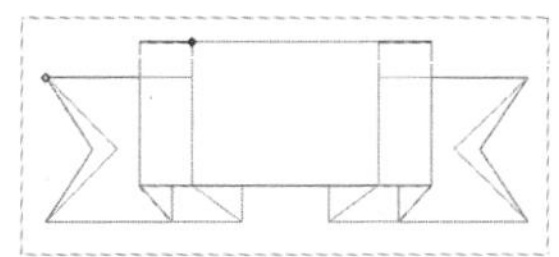

4.7.5 标注形状工具

使用“标注形状工具”可以快速绘制补充说明和对话框。

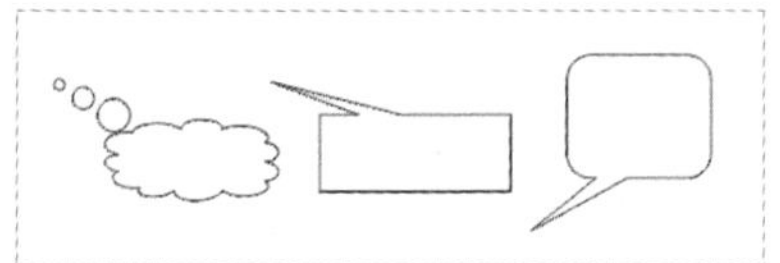

提示

所有形状在绘制时会出现轮廓沟槽，通过沟槽可简单修改造型形状。

单击工具箱中“标注形状工具”，在属性栏“完美形状”图标下拉样式中选择，在画面空白处拖曳鼠标进行绘制。

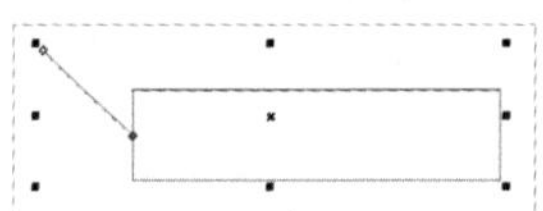

通过拖曳黄色和红色沟槽改变图形形状。

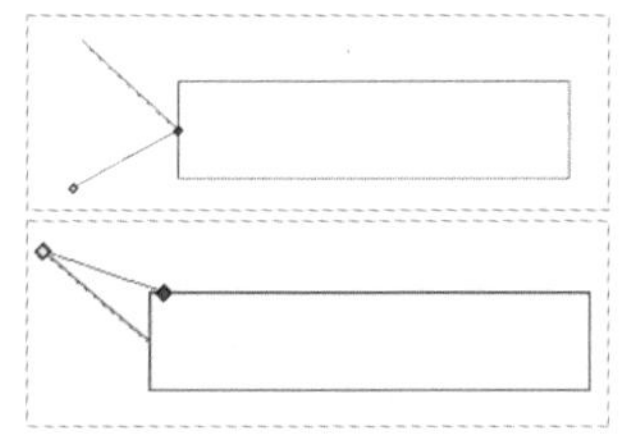

练习4-10 用几何图形绘制趣味插画

难度：☆☆

素材文件：素材\第 4 章\练习 4-10\素材\素材 1.psd、素材 2.psd、素材 3.psd、素材 4.psd

效果文件：素材\第 4 章\练习 4-10\用几何图形绘制趣味插画 .cdr

在线视频：第 4 章\练习 4-10\用几何图形绘制趣味插画 .mp4

01 打开 CorelDRAW X6，导入素材“素材 1.psd”。

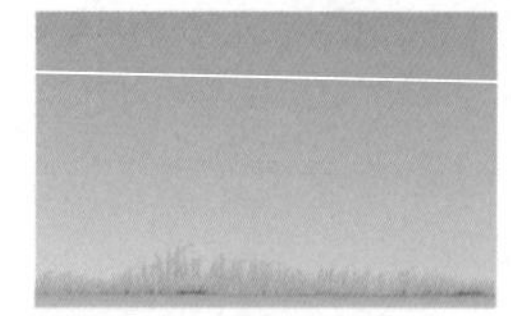

02 单击工具箱中“箭头形状工具”，在属性栏“完美形状”图标下拉样式中选择，绘制图形。按下鼠标左键拖曳红色沟槽进行微调。

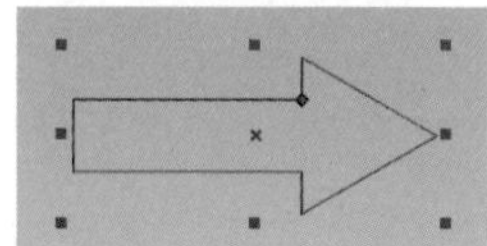

03 导入素材“素材 2.psd”，单击“对象”菜单，依次选择“图框精确剪裁”→“置于图文框内部”命令，然后单击微调过的箭头图形，实现效果。

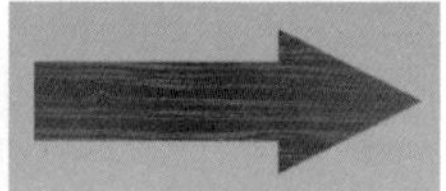

04 运用相同的方式绘制另一个指示路牌，导入“素材 3.psd”“素材 4.psd”文件，调整位置。

05 单击工具箱中“流程图形工具”，在属性栏“完美形状”图标下拉样式中依次选择不同的形状，绘制图形。

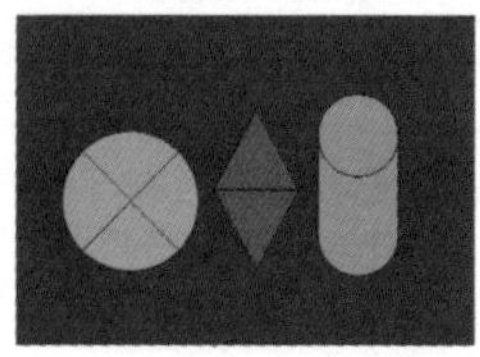

06 用所学知识依次绘制出其他图形，置于黑板上，完成趣味插画的绘制。

4.8 智能绘图工具

CorelDRAW 的“智能绘图工具”能将手绘笔触转换成基本形状或平滑的曲线。它能自动识别多种形状，如椭圆、矩形、菱形、箭头、梯形等，并能对随意绘制的曲线进行处置和优化。

4.8.1 基本使用方法

长按工具栏中“智能填充”按钮，在下拉菜单中选择“智能绘图工具”，在画面空白处拖曳鼠标左键进行绘制。

4.8.2 智能绘图属性

在“智能绘图工具”的属性栏中可设置形状识别等级、智能平滑等级和轮廓宽度。

● **形状识别等级** 形状识别等级: 中 ：从无到最高一共分为 6 级，形状识别力度从低到高逐渐递增，当设置为“无”时，不能识别形状，最终图形与自己所绘图形一致。当设置为“中”时，拖曳鼠标绘制半弧形松手，即可识别绘制成圆形。

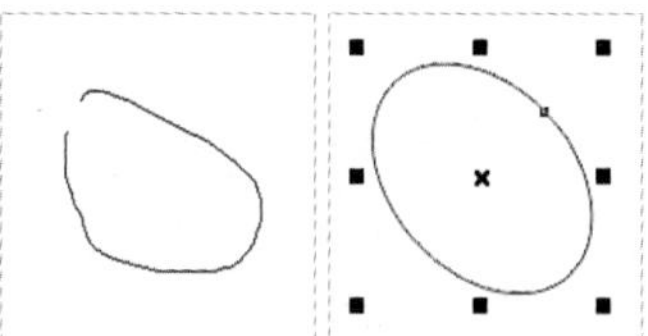

● **智能平滑等级** 智能平滑等级: 中 ：从无到最高一共分为 6 级，智能平滑度从低到高逐渐递增，当设置为“无”时，不能自动平滑所绘制的曲线或直线。当设置为“最高”时，拖曳鼠标绘制波浪线后松手，即可将线段平滑成直线。

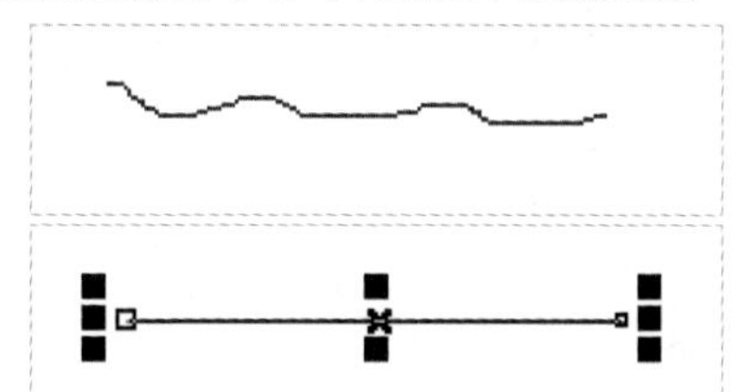

4.9 知识拓展

对于刚接触CorelDRAW的新手朋友来说，使用一些技巧来完成绘图，可以提高工作效率，节省时间。下面对CorelDRAW软件中有关基本图形绘制的技巧进行总结。

1. 以起点绘制图形

选择绘图工具，按住鼠标左键拖动进行绘制，绘制完毕，放开左键。

2. 绘制图形

选择绘图工具，按住Ctrl键，再按住鼠标左键拖动进行绘制，绘制完毕，注意先松开鼠标左键，再放开Ctrl 键；或者也可以先按住鼠标左键拖曳出任意形状，再按Ctrl 键，同样的先松开鼠标，再放开Ctrl键。

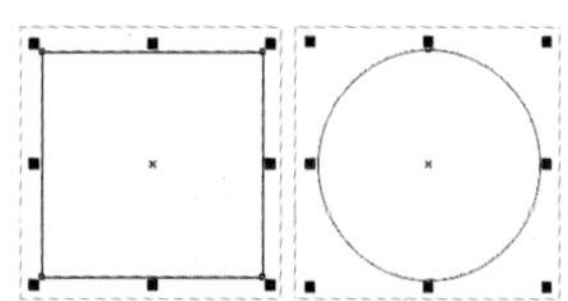

在按住 Ctrl 键绘制的过程中按 Shift 键，会以2倍面积放大该图形。

3. 从中心绘制基本形状

单击要使用的绘图工具，先绘制出一个形状。想要绘制出同心图形，在未选中该图形的状态下，选择该绘图工具，将光标定位到要绘制形状的中心位置，然后按住 Shift 键，拖动鼠标进行绘制（以四周散开的方式）。最后先松开鼠标完成绘制，再松开 Shift 键。

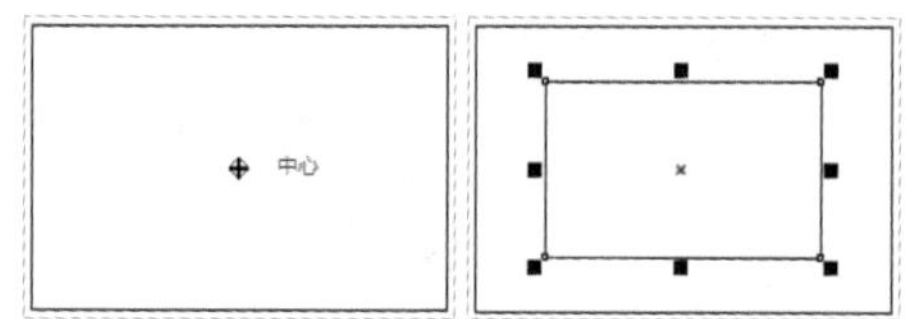

4. 从中心绘制边长相等的形状

单击要使用的绘图工具，按住 Shift + Ctrl 组合键，将光标定位到要绘制形状的中心位置，沿对角线拖动鼠标绘制形状。完成绘制后先松开鼠标，再松开 Shift + Ctrl 组合键。

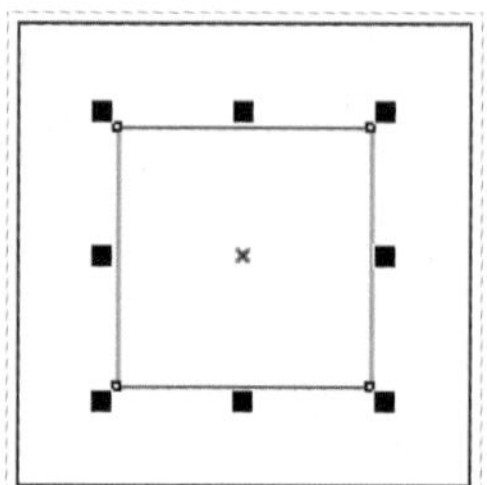

4.10 拓展训练

本章为读者安排了两个拓展练习，以帮助大家巩固本章内容。

训练4-1 制作VIP卡

难度：☆☆
素材文件：无
效果文件：素材\第 4 章\习题 1\制作 VIP 卡 .cdr
在线视频：第 4 章\习题 1\制作 VIP 卡 .mp4

根据本章所学的知识，使用贝塞尔工具、矩形工具、文本工具和椭圆形工具制作VIP卡。

训练4-2 绘制电视机

难度：☆☆
素材文件：素材\第 4 章\习题 2\标志 .png
效果文件：素材\第 4 章\习题 2\绘制电视机 .cdr
在线视频：第 4 章\习题 2\绘制电视机 . mp4

根据本章所学的知识，使用矩形工具、贝塞尔工具和透明度工具绘制电视机。

第 5 章

对象操作

在CorelDRAW X6中，提供了多种编辑对象的工具和相关的技巧。本章主要介绍了对象的选择、对象的复制、变换对象、控制对象以及对齐和分布对象等知识点。通过学习本章的内容，读者可以自如地应用对象，轻松完成设计任务。

本章重点

选择、复制、控制和变换对象

对象的对齐与分布

5.1 选择对象

在对对象进行处理前，首先需要使其处于被选中状态，在 CorelDRAW X6中，“选择工具”是常用的工具之一，通过它不仅可以选择矢量图形，还可以选择位图、群组等对象。当一个对象被选中时，其周围会出现8个黑色正方形控制点，单击控制点可以修改其位置、形状及大小。

5.1.1 选择单个对象

单击工具箱中“选择工具”按钮，将光标放在对象上，单击鼠标左键，即可将其选中。

5.1.2 选择多个对象 重点

单击工具箱中“选择工具”按钮，然后按下Shift键的同时单击每个对象；也可以使用“选择工具”在要选择的对象周围单击，按下鼠标左键拖曳出一个选框，即可将选框覆盖区域内的对象选中。

5.1.3 按顺序选择对象

选中某一对象后，按Tab键会自动选择最近绘制的对象，再次按Tab键会继续选择最近绘制的第二个对象。在按Shift键的同时，按下Tab键进行切换，则可以从第一个绘制的对象起，按照绘制顺序进行选择。

5.1.4 全选对象 重点

全选对象的方法有3种。

- 单击“选择工具”，按下鼠标左键在所有对象外围拖曳虚线矩形选框，框选所有对象后释放鼠标，即可全选所有对象。
- 双击“选择工具”，可快速全选编辑的内容。
- 执行“编辑”→“全选”菜单命令，在子菜单中选择相应的类型,即可全选该类型所有的对象。

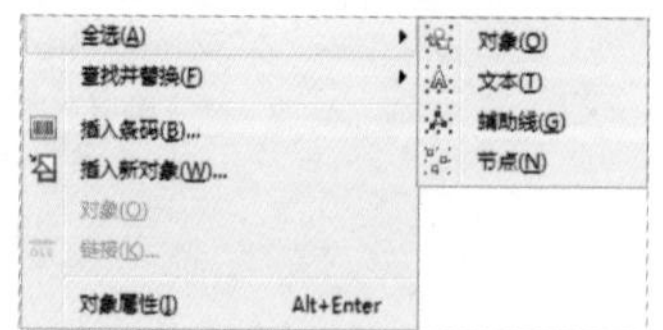

5.1.5 选择重叠对象

选择重叠对象时，使用“选择工具”选中上方对象后，在按下Alt键的同时再单击鼠标左键，可以选择其下一层重叠的对象。

练习5-1 选择多个不相连对象

难度：☆☆
素材文件：素材\第5章\练习5-1\素材.cdr
效果文件：无
在线视频：第5章\练习5-1\选择多个不相连的对象.mp4

01 双击桌面上的快捷图标，启动 CorelDRAW X6 软件。单击开始界面左上角快速访问工具栏上的“打开”按钮，弹出“打开绘图”对话框，选择“素材\第5章\练习5-1\素材.cdr”文件，将其打开。

02 单击工具栏中“选择工具”，在图形外围按下鼠标左键拖曳，将虚线矩形覆盖“脚印”后释放鼠标，全选“脚印”图形。

03 按下 Shift 键，同时单击鼠标左键选择多个不相连对象。

5.2 复制对象

CorelDRAW X6为用户提供了两种复制类型，一种是对象的复制，另一种是对象属性的复制。

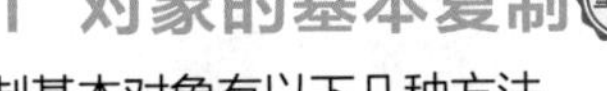

5.2.1 对象的基本复制 重点

复制基本对象有以下几种方法。

- 选中对象，执行“编辑”→“复制”菜单命令，接着执行“编辑”→“粘贴”菜单命令，即可在原始对象上进行覆盖复制。
- 选中对象，单击鼠标右键，在下拉菜单中执行“复制”命令，接着将光标移动到需要粘贴的位置，单击鼠标右键，在下拉菜单中执行“粘贴”命令，完成对象的复制。

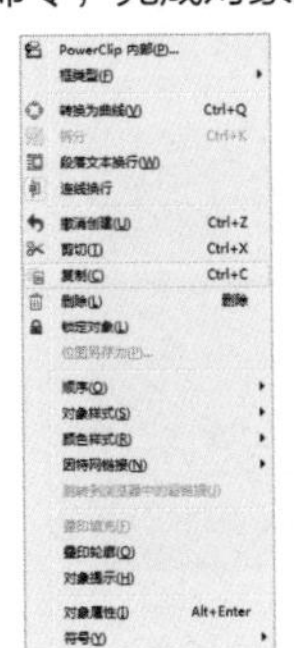

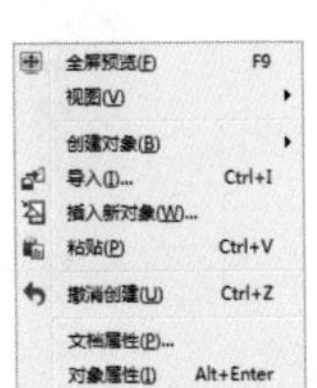

- 选中对象，按 Ctrl+C 组合键将对象复制到剪切板上，再按 Ctrl+V 组合键进行原位复制。
- 选中对象，按键盘上的“+”键，在原位上复制该对象。
- 选中对象，在“常用工具栏”上单击“复制”按钮，再单击“粘贴”按钮，原位复制该对象。
- 选中对象，按下鼠标左键，拖曳对象到空白处，出现蓝色线框进行预览，然后在释放鼠标左键前，单击鼠标右键，完成复制。

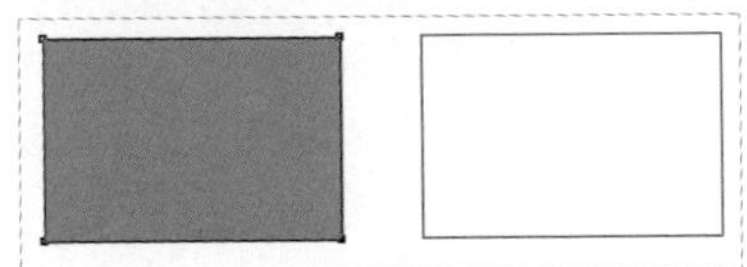

5.2.2 对象再制 难点

“对象再制”可以将对象按一定规律复制为多个对象，常用来完成“花边”“底纹”的制作。

选中需要再制的对象，执行“编辑”→“再制”命令或按Ctrl+D组合键，在弹出的“再制偏移”对话框中设置水平偏移和垂直偏移的数值，单击“确定”按钮，即可完成再制。

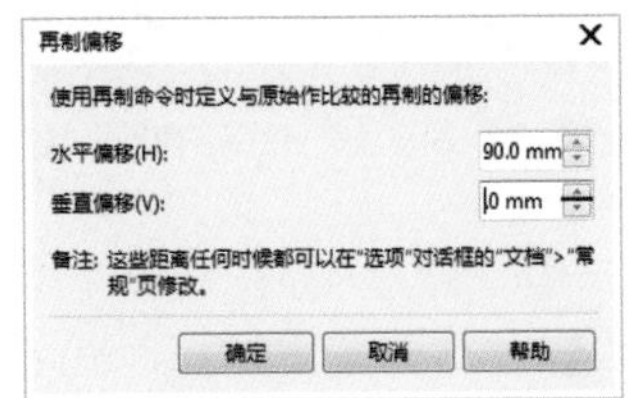

在默认页面属性栏里，“单位”类型设为默认的“毫米”，调整“微调距离”和“再制距离”的数值，然后单击选中需要再制的对象，按Ctrl+D组合键进行再制。

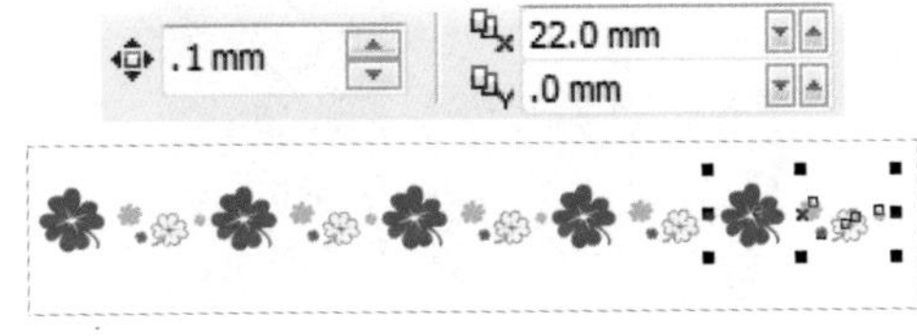

> **提示**
>
> “再制偏移”对话框仅在第一次执行“再制”命令时弹出，再次执行“再制”命令时可在默认页面的属性栏上设置偏移参数。

5.2.3 对象属性的复制 重点

选中被赋予属性的对象，执行“编辑”→“复制属性自”菜单命令，打开复制属性对话框。勾选需要复制的属性类型后单击

“确定”按钮。

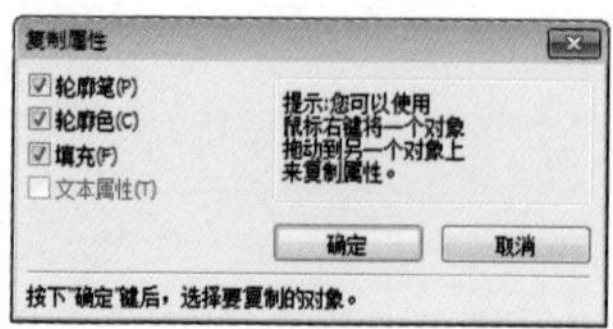

光标变为黑色箭头时，单击具备属性的对象，完成属性的复制。

练习5-2 使用“再制”制作家具

难度：☆☆
素材文件：无
效果文件：素材\第 5 章\练习 5-2\使用“再制”制作家具 .cdr
在线视频：第 5 章\练习 5-2\使用“再制”制作家具 .mp4

01 打开 CorelDRAW X6 软件，新建空白页面，在页面空白处绘制一个矩形，尺寸为 23mm×13mm，设置填充为（C:5;M:85;Y:80;K:0）。

02 单击页面空白处，取消选中对象，在默认页面属性栏里，将“单位”类型设为默认的“毫米”，将“微调距离”设为 0.1mm，“再制距离”数值 X、Y 分别设为 0mm、14mm。单击选中需要再制的对象，连续按两下 Ctrl+D 组合键再制两个矩形。

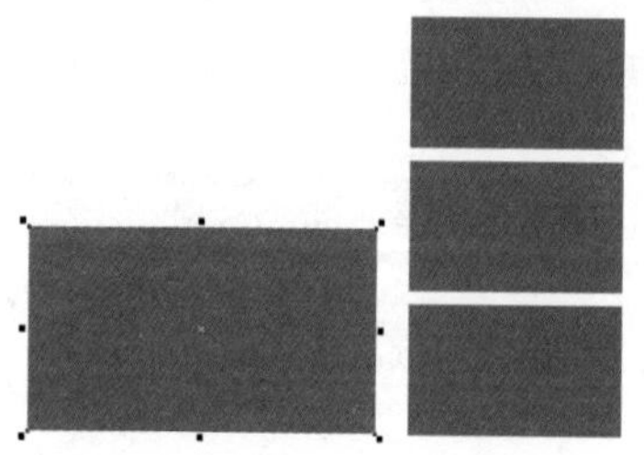

03 选中最上方的矩形，按下鼠标左键向上拖曳节点，将最上方矩形高度拖拽至 70mm。

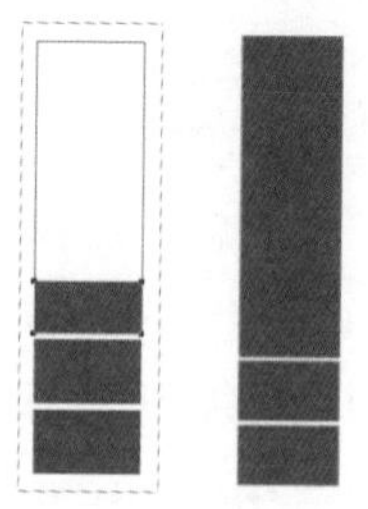

04 全选图形后按下鼠标左键，将图形往左拖曳至适当位置，出现蓝色预览线框后单击鼠标右键并释放左键，复制选中的矩形，并将填充设置为（C:0;M:70;Y:60;K:0）。

05 绘制一个矩形和一个圆形，设置填充为（C:20;M:90;Y:90;K:0），置于适当位置，完成衣柜的绘制。

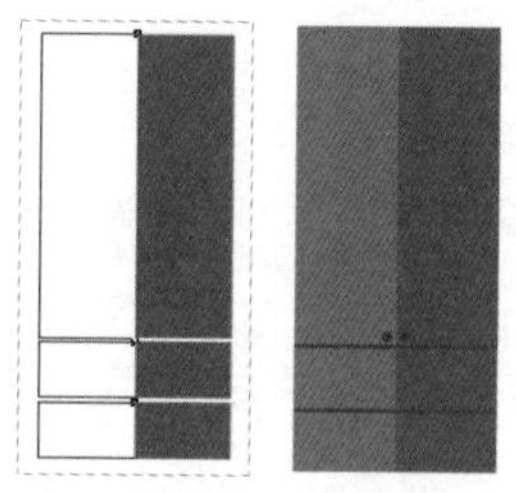

06 运用所学知识，完成桌子的绘制。

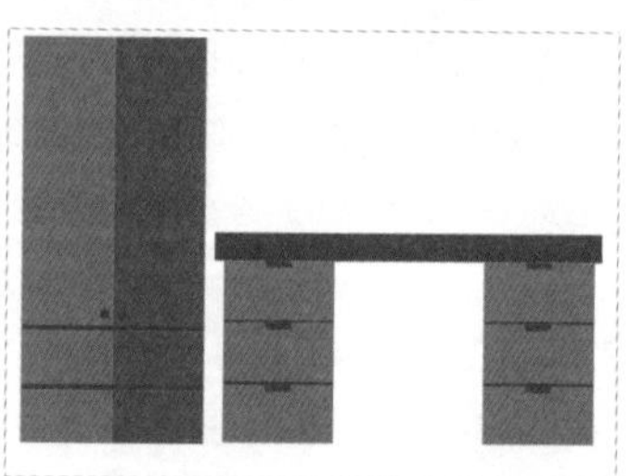

5.3 控制对象

在对象的编辑过程中，用户可以对对象进行各种控制，包括对象的锁定与解锁、群组与解散群组、合并与拆分和对象的排序等。

5.3.1 锁定与解锁对象 重点

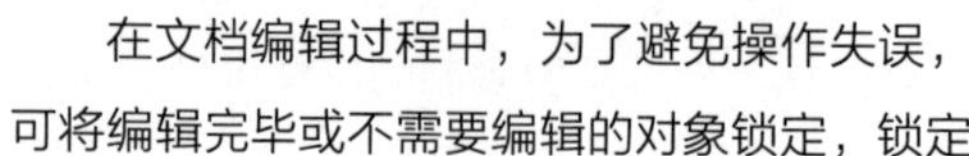

在文档编辑过程中，为了避免操作失误，可将编辑完毕或不需要编辑的对象锁定，锁定的对象无法被编辑也不会被误删，继续编辑则需要解锁对象。

锁定对象的方法有两种。

- 选中需要锁定的对象，单击鼠标右键，在弹出的下拉菜单中执行“锁定对象”命令，完成锁定，被锁定的对象锚点会变成小锁。

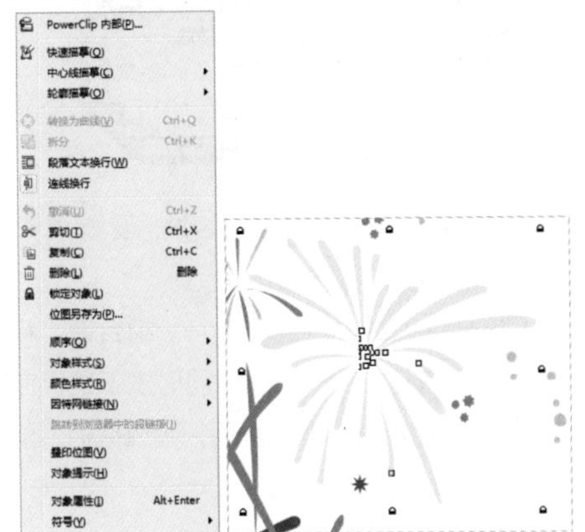

- 选中需要锁定的对象，执行“排列”→“锁定对象”菜单命令，即可完成锁定。选择多个对象进行操作可同时将其锁定。

解锁对象的方法也有两种。

- 选中需要解锁的对象，单击鼠标右键，在下拉菜单中执行“解锁对象”命令，完成解锁。

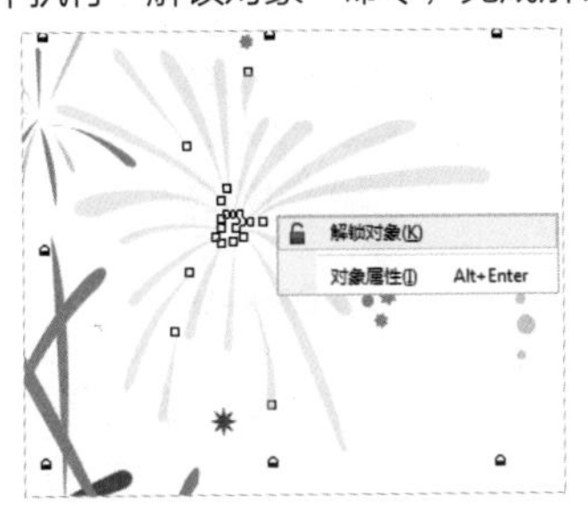

- 选中需要解锁的对象，执行“排列”→“解锁对象”菜单命令，完成解锁。

5.3.2 群组对象与取消群组 重点

在编辑由很多独立对象组成的复杂图像时，用户可以利用对象之间的编组进行统一操作，也可以解开群组，对单个对象进行操作。

群组对象的方法有3种。

- 选中需要群组的所有对象，单击鼠标右键，在弹出的下拉菜单中执行“组合对象”命令，或按 Ctrl+G 组合键进行快速群组。

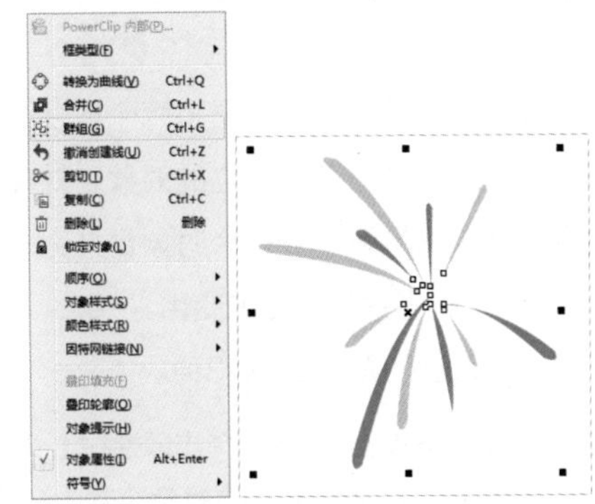

- 选中需要群组的所有对象，执行“排列”→“群组”菜单命令，完成群组。
- 选中需要群组的所有对象，单击属性栏上的“群组”按钮，完成群组。

提示

群组不仅可以用于单个对象之间，组与组之间也可以进行群组，群组后的对象成为整体，显示为一个图层。

取消群组的方法也有两种。

- 选中群组对象，单击鼠标右键，在弹出的下拉菜单中执行“取消群组”命令，或按 Ctrl+U 组合键快速取消群组。

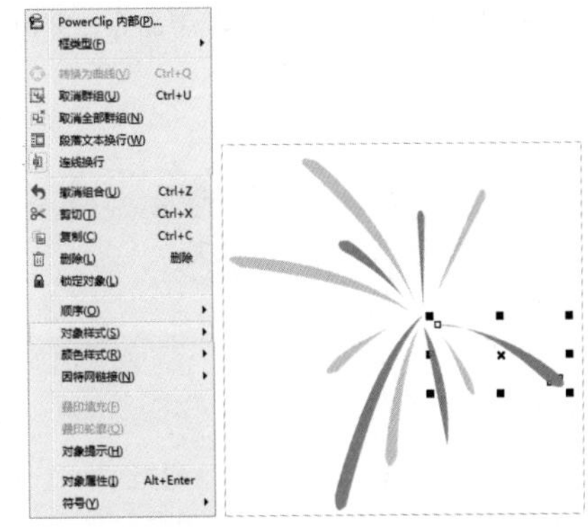

- 选中群组对象，单击属性栏上“取消群组”按钮，完成取消群组。

提示

如前一步群组操作是组与组之间，若执行“取消群组”命令则变成独立的组，若执行“取消全部群组”命令，可彻底将群组对象进行取消群组，变为最基本的独立对象。“取消全部群组”的方法与“取消群组”的方法相同。

5.3.3 合并与拆分对象 重点

合并与群组不同，群组是将两个或多个对象编为一个组，内部还是独立的对象，对象属相不变，合并是将两个或多个对象合并为一个全新的对象，对象属性也随之变化。

合并与拆分对象的方法有3种。

- 选中要合并或拆分的对象，单击属性栏上“合并”按钮，可将所选中的对象合并为一个新对象（属性改变）；单击属性栏上“拆分”按钮，可将合并后的对象拆分为单个对象，排列顺序为由大到小。

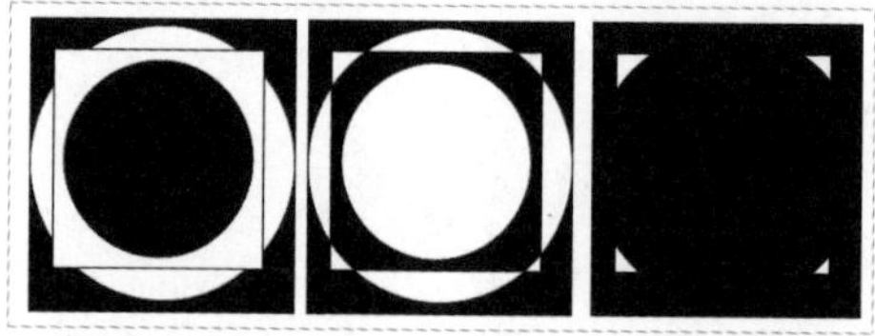

合并前　　合并后　　拆分后

- 选中要合并或拆分的对象，单击鼠标右键，在弹出的下拉菜单中执行“合并”或“拆分曲线”命令，即可完成合并或拆分。
- 选中要合并或拆分的对象，执行“排列”→“合并”或“排列”→“拆分”菜单命令，即可完成合并或拆分。

提示

合并后的对象属性会和合并前最底层对象的属性保持一致，拆分后属性无法恢复。

练习5-3 使用“合并”制作剪纸窗花

难度：☆☆
素材文件：素材\第 5 章\练习 5-3\素材 .cdr
效果文件：素材\第 5 章\练习 5-3\使用“合并”制作剪纸窗花 .cdr
在线视频：第 5 章\练习 5-3\使用“合并”制作剪纸窗花 .mp4

01 打开 CorelDRAW X6 软件，新建空白页面。

02 执行“文件”→“导入”命令，在“导入”对话框中选择“素材\第5章\练习5-3\素材.cdr”文件，将其导入。

03 在素材里绘制 3 个矩形，并将其进行交叠排列，设置填充为（C:15;M:100;Y:100;K:0）。

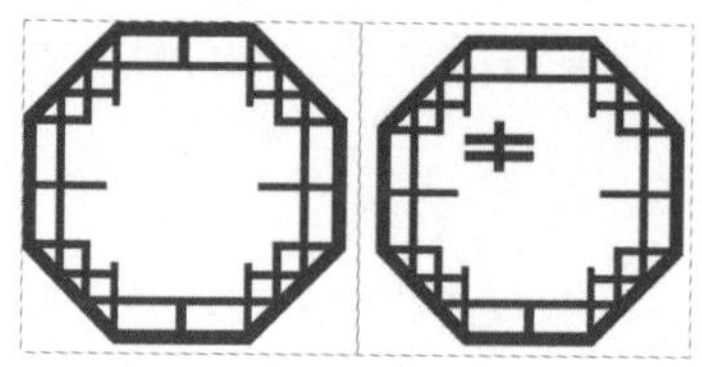

04 绘制一个矩形，调整其大小，设置填充为（C:15;M:100;Y:100;K:0）。

05 按 Ctrl+C 组合键后再按 Ctrl+V 组合键，将矩形进行原位复制，按下 Shift 键同时按下鼠标左键向内进行中心缩放到合适大小后，释放鼠标，修改填充为白色。

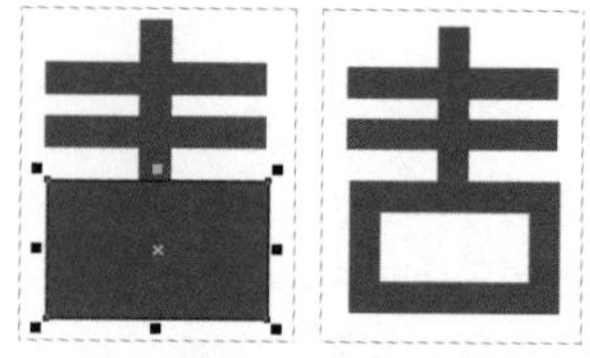

06 选择两个图形后，单击属性栏上的“合并”按钮，将其合并。

07 复制“吉”字，删除“吉”字上方的横线，将竖线调整至合适长度，置于“吉”字下方。

08 复制“喜”字，组合成“囍”字，完成剪纸窗花的制作。

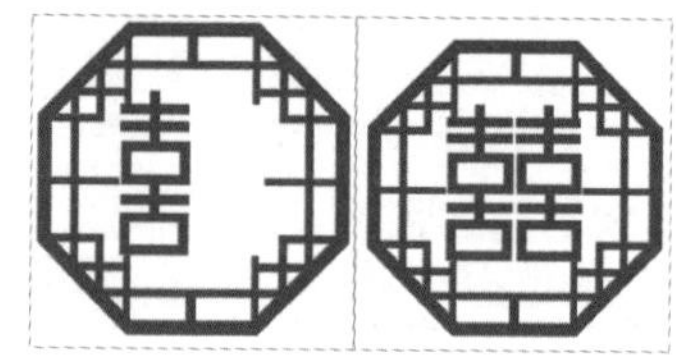

5.3.4 对象的排序 重点

在编辑对象时，通常利用对象的叠加组成图案或体现效果。独立对象和群组对象可视为一个图层。

排序方法有3种。

- 选中相应对象，单击鼠标右键，在弹出的下拉菜单中执行“顺序”命令，在子菜单中执行相应的命令进行操作。

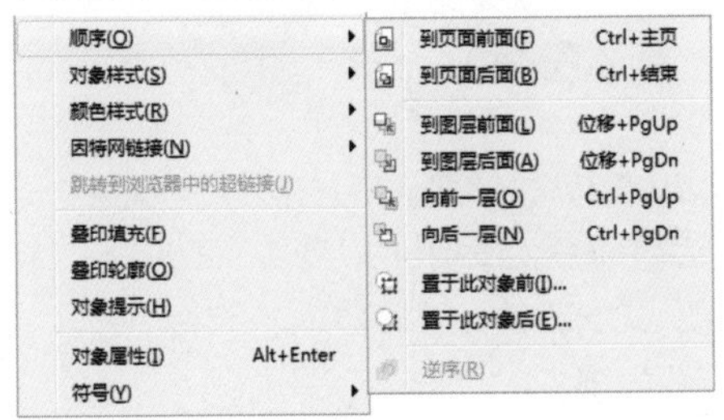

- 选中相应对象，执行“排列”→“顺序”菜单命令，在子菜单中选择操作。
- 选中相应对象，按下 Ctrl+Home 组合键可将对象置于顶层；按下 Ctrl+End 组合键可将对象置于底层；按下 Ctrl+Page Up 组合键可将对象上移一层；按下 Ctrl+Page Down 组合键可将对象下移一层。

提示

顺序命令介绍。

- **到页面前面 / 后面：**将所选对象调到当前页面的最前面或最后面。
- **到图层前面 / 后面：**将所选对象调到当前页所有对象的最前面或最后面。
- **向前 / 后一层：**将所选对象调到当前所在图层的上面或下面。
- **置于此对象前 / 后：**选中对象，执行该命令，当光标变为黑色箭头时，单击目标对象，可将所选对象置于该对象的前面或后面。
- **逆序：**选中需要颠倒顺序的对象，执行该命令后，所选对象按相反的顺序进行排列。

5.4 变换对象

在编辑对象时，选中对象后可以进行简单快捷的变换或辅助操作，使对象效果更佳丰富。

5.4.1 移动对象

移动对象的方法有3种。

- 选中对象，当光标变成✥时按下鼠标左键进行移动。
- 选中对象，利用键盘上的方向键进行移动。
- 选中对象，执行“排列”→“变换”→“位置”菜单命令，打开“变换”面板，输入变换数值，选择移动的相对位置，单击“应用”按钮，完成移动。

提示

“相对位置”选项以原始对象相应的锚点作为光标原点，沿设定的方向和距离进行位移。

5.4.2 旋转对象 重点

旋转对象的方法有3种。

- 双击需要旋转的对象，出现旋转箭头后将光标移动到标有曲线箭头的锚点上，按下鼠标左键拖曳进行旋转。还可以按下鼠标左键移动旋转中心。
- 选中需要旋转的对象，在属性栏上“旋转角度”后的文本框内输入数值，进行旋转。

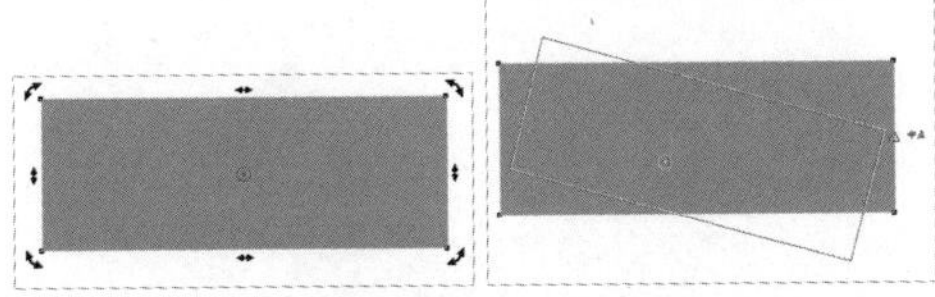

● 选中需要旋转的对象，执行“排列”→“变换”→“旋转”菜单命令，打开“变换”面板，设置旋转角度值和相对旋转中心后单击“应用”按钮，完成旋转。

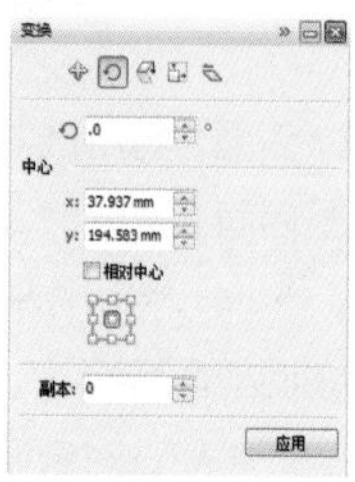

提示

旋转时，在“副本”处输入复制数值，可对对象进行旋转复制。

练习5-4 使用“旋转”制作风车

难度：☆☆

素材文件：无

效果文件：素材\第5章\练习5-4\用“旋转”制作风车.cdr

在线视频：第5章\练习5-4\用“旋转”制作风车.mp4

01 打开CorelDRAW X6软件，新建空白页面，在页面空白处绘制一个三角形，将填充设为（C:0;M:30;Y:80;K:0），在此三角形上方继续绘制一个三角形，将填充设为（C:15;M:95;Y:55;K:0）。全选两个图形，并按Ctrl+G组合键将其群组。

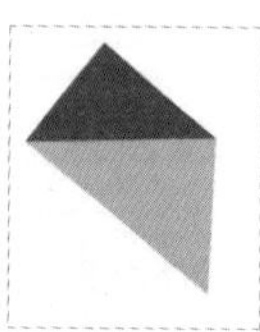

02 复制该群组图形后，双击复制出来的图形，待其出现旋转箭头后，按下鼠标左键拖曳，进行旋转并移动至合适位置。

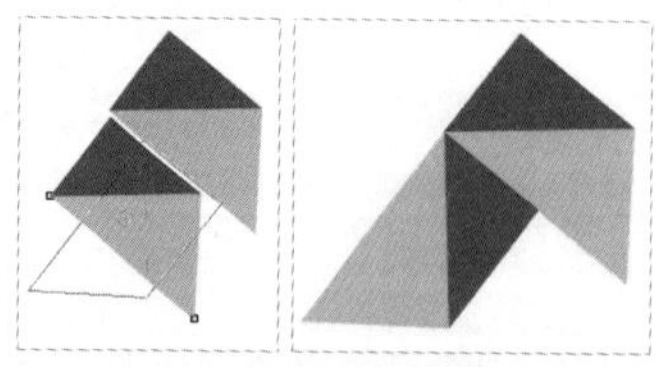

03 按Ctrl+C和Ctrl+V组合键将旋转后的群组图形进行原位复制，在属性栏上将“旋转角度”设为180°，按下Enter键应用旋转变换，将该图形移动至合适位置。

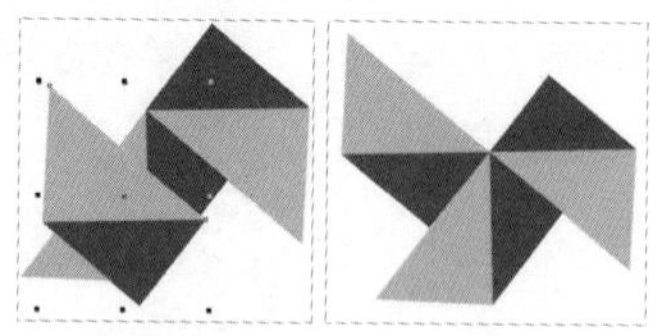

04 选中旋转后的图形，执行“排列”→“变换”→“旋转”菜单命令，在弹出的“变换”面板上将“旋转角度”设为270°，“相对中心”选为“中”，“副本”设为1。

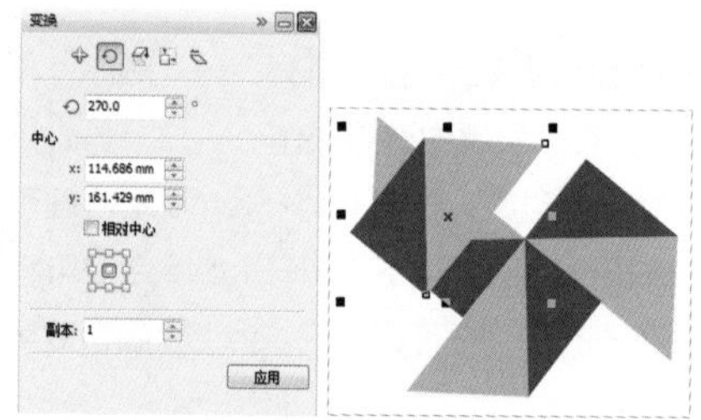

05 将旋转后的图形移动到合适位置，并依次绘制出其他元素，完成风车的绘制。

5.4.3 缩放对象

缩放对象的方法有两种。

● 选中对象后，将光标移动到锚点上，按下鼠标左键进行缩放，蓝色线框为缩放大小的预览效果。同时按下Shift键拖曳，可进行等比例的中心缩放。

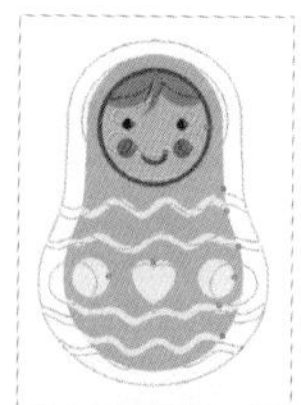

● 选中对象后，执行“排列”→“变换”→“缩放和镜像”菜单命令打开“变换”面板，在X轴和Y轴处输入缩放比例数值，选择“相对

缩放中心”后单击“应用”按钮完成缩放。

5.4.4 镜像对象 重点

镜像对象的方法有3种。

- 选中对象，将光标放在锚点上按下 Ctrl 键的同时按住鼠标左键进行拖曳，释放鼠标完成镜像操作。向上或向下拖曳为垂直镜像；向左或向右拖曳为水平镜像。
- 选中对象，在属性栏上单击“水平镜像”按钮或“垂直镜像”按钮进行操作。
- 选中对象，执行“排列”→“变换”→“缩放镜像”菜单命令，打开“变换”面板，选择“相对中心”后单击“水平镜像”按钮或“垂直镜像”按钮进行操作。

练习5-5 使用“镜像”制作Logo

难度：☆☆
素材文件：无
效果文件：素材\第5章\练习5-5\使用“镜像”制作Logo.cdr
在线视频：第5章\练习5-5\使用“镜像”制作Logo.mp4

01 打开 CorelDRAW X6 软件，新建空白文档，在页面空白处绘制一个多边形后，按 Ctrl+C 和 Ctrl+V 组合键，将图形进行原位复制，单击属性栏上“水平镜像”按钮后，再单击“垂直镜像”按钮；将图形进行两次镜像后移动至合适位置。

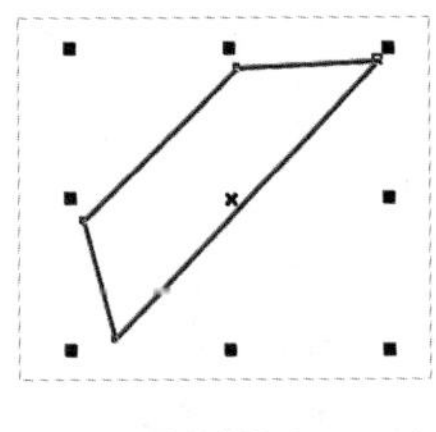
绘制多边形

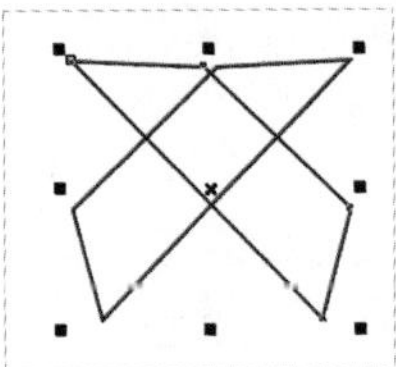
水平镜像后

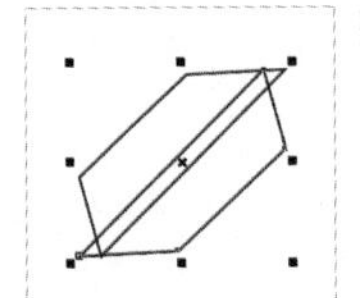
垂直镜像后

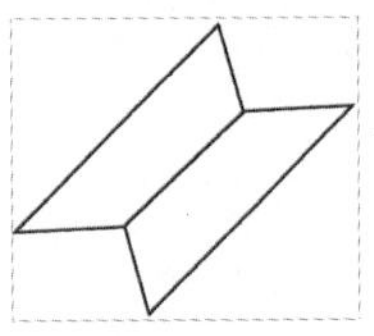
移动至合适位置后

02 继续绘制其他多边形，组成新的图形并填充颜色后全选，按 Ctrl+G 组合键将其群组。

03 选中群组后的图形，执行“排列”→“变换”→“缩放镜像”菜单命令，在“变换”面板上单击“垂直镜像”按钮，“相对中心”设为“中”，“副本”设为 1，单击“应用”按钮。

04 将镜像后的图形移动至合适位置，完成 Logo 的制作。

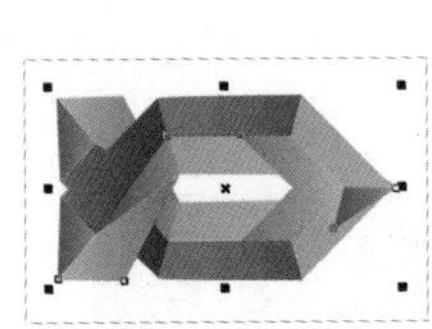

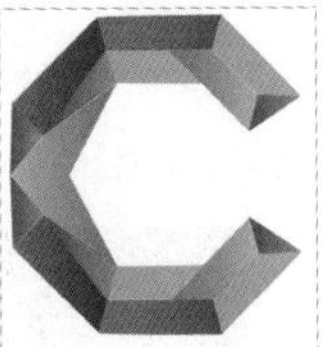

5.4.5 设置大小

设置对象大小的方法有两种。

- 选中对象，在对象栏中“对象大小”里输入数值进行操作。单击按钮可等比例设置对象大小。
- 选中对象，执行“排列”→“变换”→“大小”菜单命令，打开“变换”面板，在 X 轴和 Y 轴后的文本框内输入数值，单击选择缩放中心，然后单击“应用”按钮，完成操作。

练习5-6 使用“大小”制作淘宝图片

难度：☆☆

素材文件：素材\第5章\练习5-6\素材.psd、素材.jpg

效果文件：素材\第5章\练习5-6\使用“大小”制作淘宝图片.cdr

在线视频：第5章\练习5-6\使用“大小”制作淘宝图片.mp4

01 双击桌面上的快捷图标，启动CorelDRAW X6软件，执行“文件”→“新建”命令，在弹出的对话框中设置参数，选择“原色模式”为“CMYK”，单击“确定”按钮，新建空白文档。

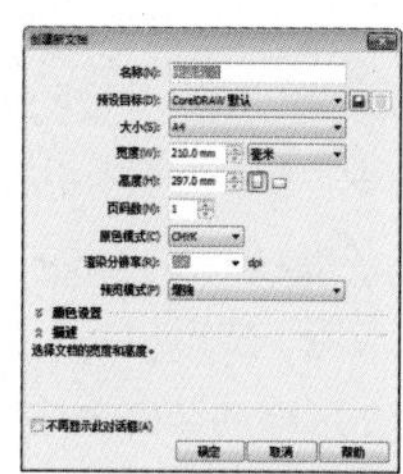

02 执行“文件”→“导入”命令，在“导入”对话框中选择“素材\第5章\练习5-6\素材.psd、素材.jpg” 文件，将其导入。

03 使用“选择工具”选中商品素材，在属性栏中“对象大小”后的文本框内分别输入数值，宽为60mm、高为120mm，并置于合适位置。

04 选中商品素材，执行“排列”→“变换”→“大小”菜单命令，在弹出的“变换”面板中设置大小，“相对中心”为“中”，“副本”为2，单击“应用”按钮。

05 将复制好的缩放对象依次按照从大到小排列，置于适当位置，完成淘宝图片的制作。

5.4.6 倾斜对象 

倾斜对象的方法有两种。

- 双击需要倾斜的对象，出现旋转/倾斜箭头后，将光标移动到水平或垂直上的倾斜锚点上，按下鼠标左键拖曳倾斜程度。

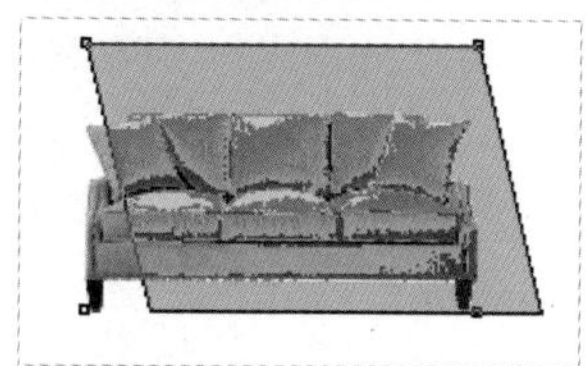

- 选中对象，执行“排列”→“变换”→“倾斜”菜单命令，打开“变换”面板，设置X轴和Y轴的数值，选择“使用锚点”的位置，单击“应用”按钮完成操作。

练习5-7 使用“倾斜”制作天使翅膀

难度：☆☆

素材文件：素材\第5章\练习5-7\素材.cdr

效果文件：素材\第5章\练习5-7\使用“倾斜”制作天使翅膀.cdr

在线视频：第5章\练习5-7\使用“倾斜”制作天使翅膀.mp4

01 启动CorelDRAW X6软件，新建空白文档，设置页面大小为A4，纵向，单击“确定”按钮，新建空白文档。在页面空白处绘制一个椭圆，将填充设置为（C:0;M:0;Y:0;K:100）。

02 选中椭圆，执行“排列”→“变换”→“倾斜”菜单命令，打开“变换”面板，设置X轴和Y轴数值分别为15mm、10mm，“副本”数值为11，单击“应用”按钮。

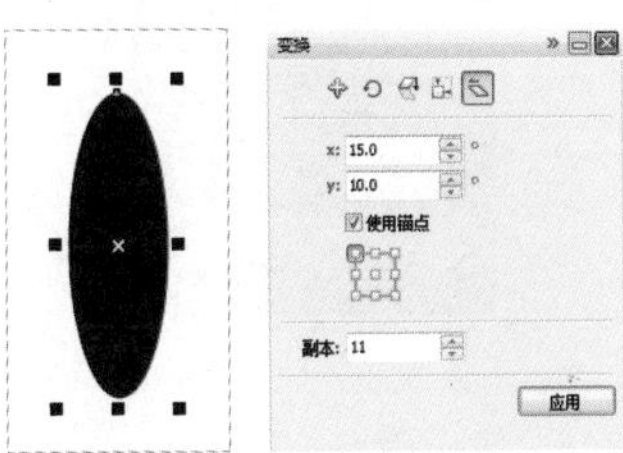

03 选中“翅膀”对象，执行“镜像”操作，绘制一对翅膀。

04 全选对象进行群组，将填充改为（C:0;M:0;Y:0;K:10）。

05 导入“素材\第5章\练习5-7\素材.cdr”文件，复制群组对象，调整大小，置于合适位置，完成天使翅膀的绘制。

5.4.7 删除对象

删除对象的方法有3种。

- 选中需要删除的对象，单击鼠标右键，在下拉菜单中执行“删除”命令。
- 选中需要删除的对象，按键盘上的Delete键进行删除。
- 选中需要删除的对象，执行“排列”→“删除”菜单命令进行删除。

5.5 对齐与分布

在编辑过程中，可以对多个对象进行精确的对齐或分布操作。

对齐与分布对象的方法有两种。

- 选中需要对齐的对象，执行“排列”→“对齐与分布”菜单命令，在子菜单中选择相应命令进行操作。
- 选中对象，执行“排列”→“对齐与分布”→“对齐与分布”菜单命令，打开“对齐与分布”面板，在面板上进行操作。

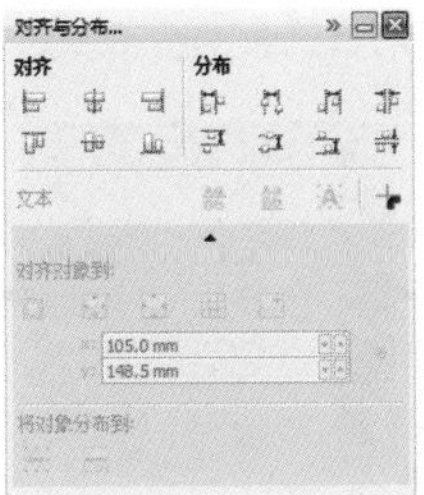

5.5.1 对齐对象 重点

“对齐与分布”面板如下，单击对应按钮，可进行相关操作。

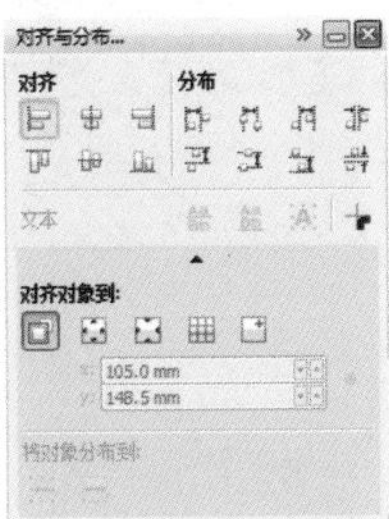

1. 单独使用

- **左对齐**：将所有对象向最左边对齐。

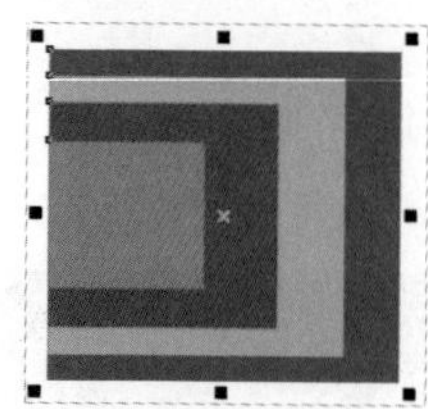

● **水平居中对齐** ：将所有对象向水平方向的中心对齐。

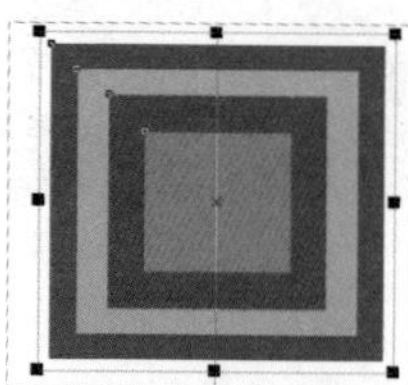

● **右对齐** ：将所有对象向最右边对齐。

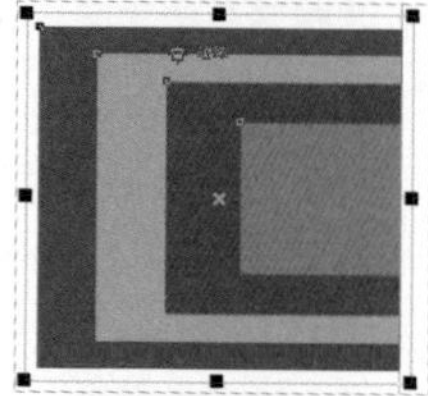

● **顶端对齐** ：将所有对象向最上边对齐。

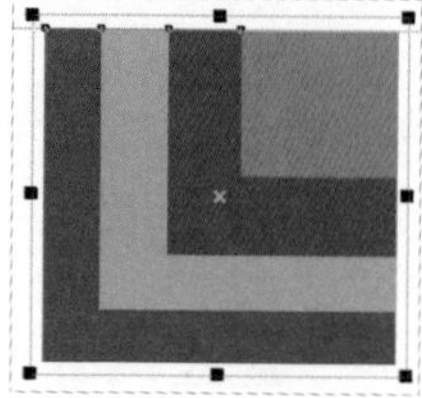

● **垂直居中对齐** ：将所有对象向垂直方向的中心点对齐。

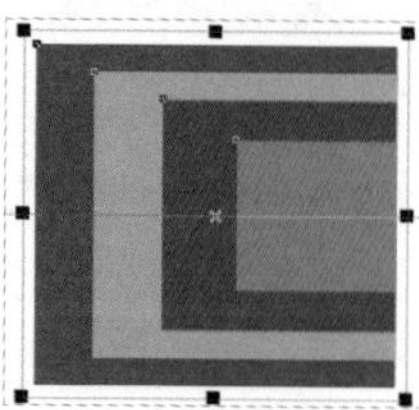

● **底端对齐** ：将所有对象向最下边对齐。

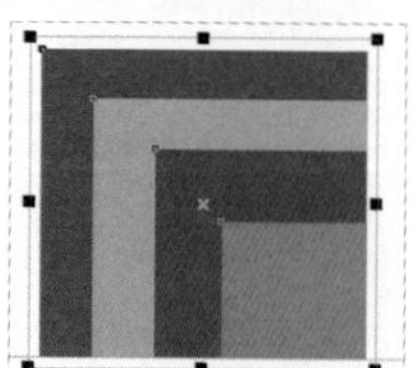

2. 组合使用

● **“左对齐”与“顶部对齐”组合：** 单击这两个按钮，可将所有对象向左上角对齐。

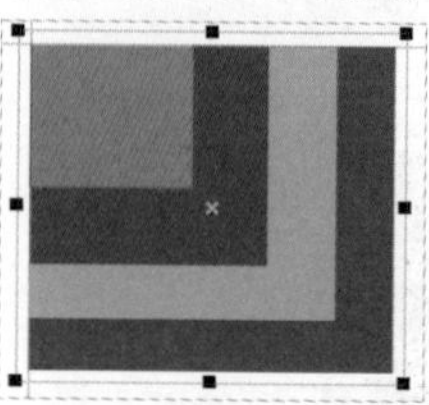

● **“左对齐”与“底部对齐”组合：** 单击这两个按钮，可将所有对象向左下角对齐。

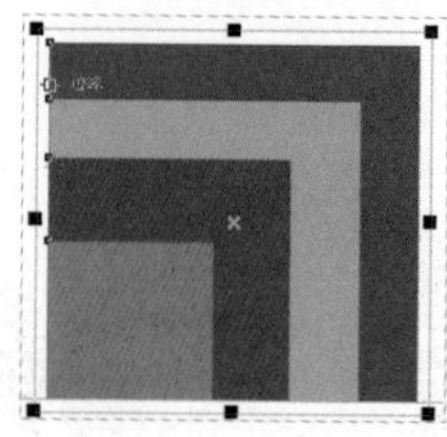

● **“水平居中对齐”与“垂直居中对齐”组合：** 单击这两个按钮，可将所有对象向正中心对齐。

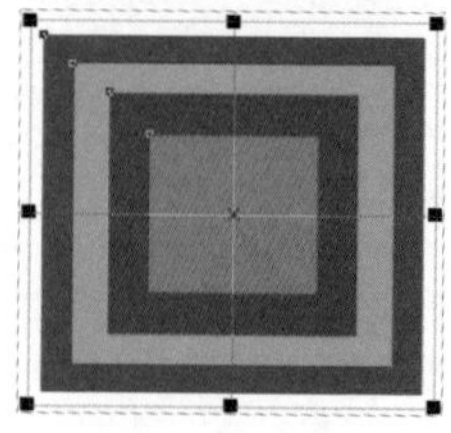

● **“右对齐”与“顶部对齐”组合：** 单击这两个按钮，可将所有对象向右上角对齐。

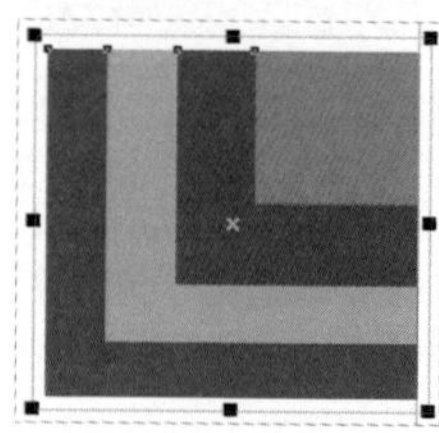

● **“右对齐”与“底部对齐”组合：** 单击这两个按钮，可将所有对象向右下角对齐。

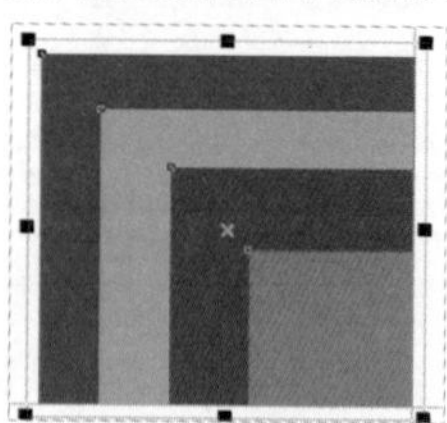

3. 对齐位置

- **活动对象**：将对象对齐到选中的活动对象。
- **页面边缘**：将对象对齐到页面的边缘。
- **页面中心**：将对象对齐到页面中心。
- **网格**：将对象对齐到网格。
- **指定点**：在横纵左边上输入数值或单击“指定点”按钮，在页面上单击以定点，可将对象对齐到设定点上。

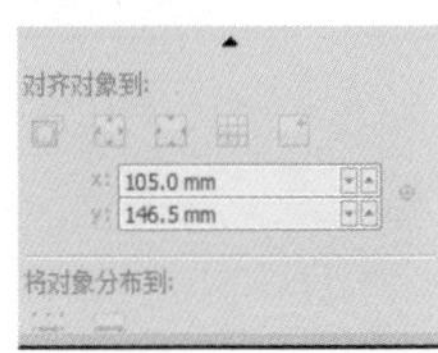

5.5.2 分布对象 重点

下面对分布对象的按钮进行介绍。

1. 分布按钮介绍

- **左分散排列**：平均设置对象左边缘的间距。

- **水平分散排列中心**：平均设置对象中心的间距。

- **右分散排列**：平均设置对象右边缘的间距。

- **水平分散排列间距**：平均设置对象水平的间距。

- **顶部分散排列**：平均设置对象上边缘的间距。

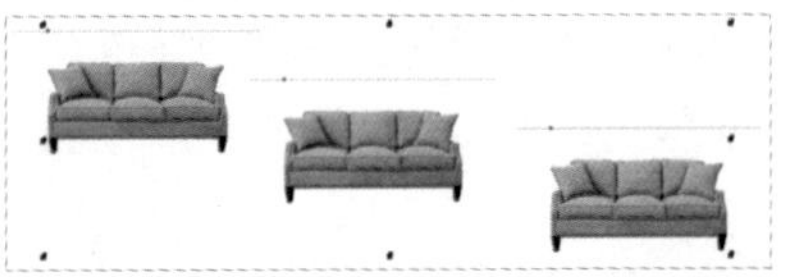

- **垂直分散排列中心**：平均设置对象垂直中心的间距。

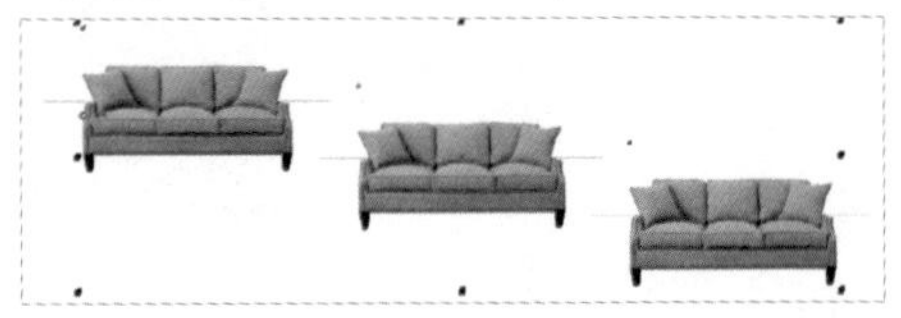

- **底部分散排列**：平均设置对象下边缘的间距。

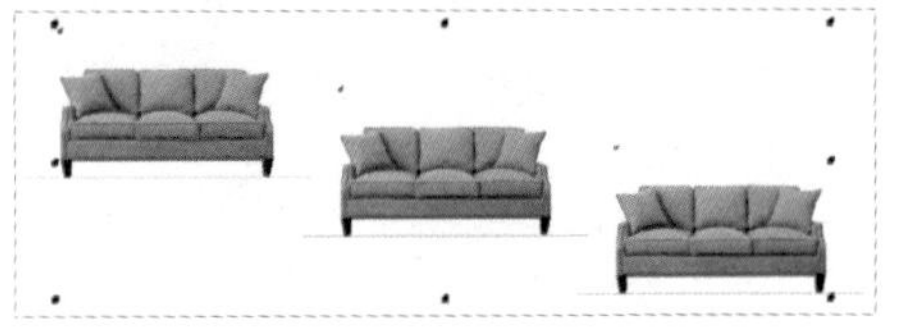

- **垂直分散排列间距**：平均设置对象垂直的间距。

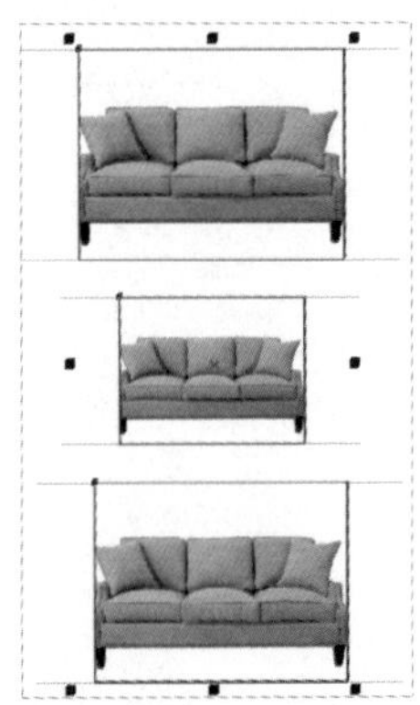

> **提示**
>
> 与“对齐”一样，“分布”也可以进行混合使用，可以使分布更精确。

2. 分布到位置

在进行分布时，单击相应按钮，可以设置分布的位置。

- **选定范围**：在选定的对象范围内进行分布。
- **页面范围**：将对象以页边距为定点平均分布在页面范围内。

5.6 步长与重复

在编辑过程中可以利用“步长和重复”进行水平、垂直、角度再制。执行“编辑”→“步长和重复”菜单命令，可打开“步长和重复”面板。

●**水平设置：** 水平方向进行再制，可以设置“类型”“距离”和“方向”；在“类型”里可选择“无偏移”“偏移”“对象之间的间距”。

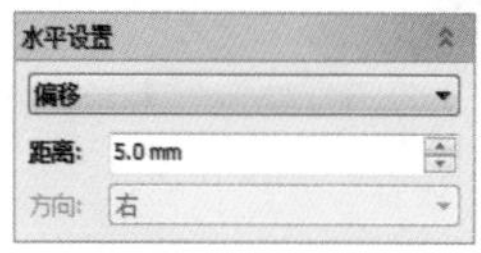

●**垂直设置：** 垂直方向进行再制，和水平设置一样，可以设置“类型”“距离”和“方向”；在“类型”里可选择“无偏移”“偏移”“对象之间的间距”。

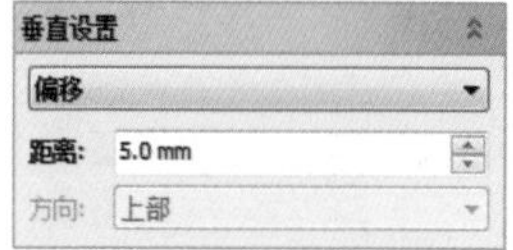

练习5-8 制作复古信封

难度：☆☆

素材文件：素材\第5章\练习5-8\素材.cdr

效果文件：素材\第5章\练习5-8\制作复古信封.cdr

在线视频：第5章\练习5-8\制作复古信封.mp4

01 启动CorelDRAW X6软件，新建空白文档，页面大小设置为A4，横向，单击“确定”按钮，新建空白页面。在页面空白处绘制一个矩形，将其填充设为（C:35;M:100;Y:100;K:5）。

02 选中矩形，执行“编辑”→“步长和重复”菜单命令，将“垂直设置”的“类型”设为“对象之间的间距”，“距离”为2mm，“方向”为往下，“份数”为20，单击“应用”按钮。

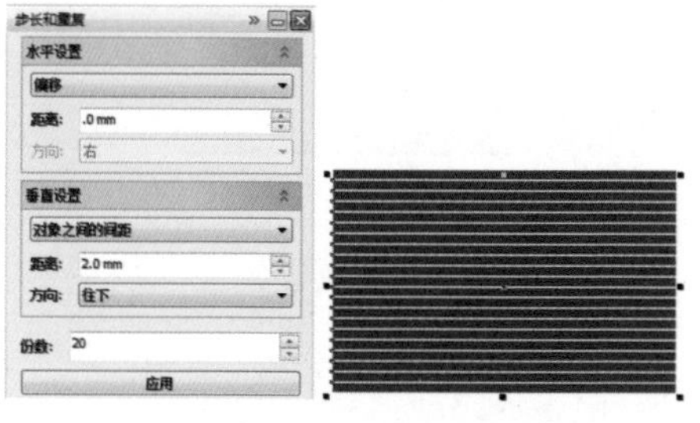

03 选中相应的矩形，将其填充改为（C:100;M:85;Y:0;K:0）。

04 全选所有矩形，按Ctrl+G组合键，将其群组，后在属性栏上设置“旋转角度”为315°。

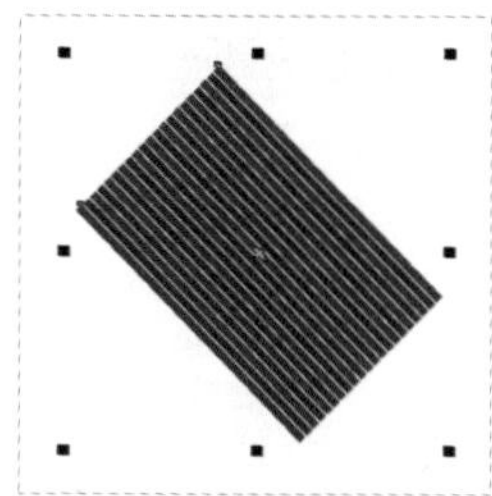

05 导入“素材\第5章\练习5-8\素材.cdr”文件，将素材置于相应位置，完成复古信封的绘制。

5.7 知识拓展

在CorelDRAW X6中编辑群组对象时，单击鼠标左键的同时按住Ctrl键可在群组对象中选择单个对象，单击鼠标左键的同时按住Alt+Crl组合键可从多个群组对象中选定单个对象。

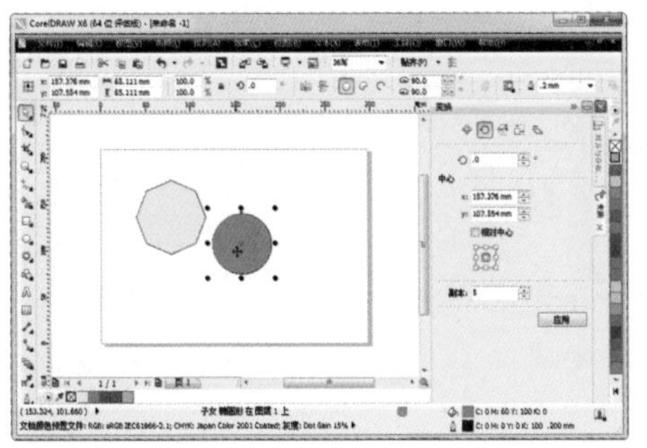

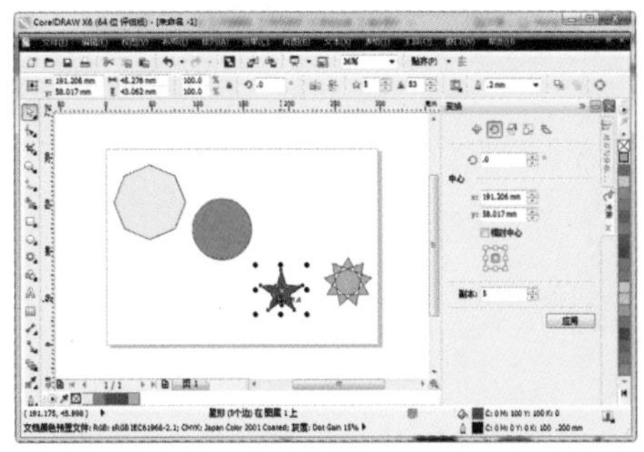

5.8 拓展训练

本章为读者安排了两个拓展练习，以帮助大家巩固本章内容。

训练5-1 更换戒指颜色

难度：☆☆
素材文件：素材\第 5 章\习题 1\对戒 .cdr
效果文件：素材\第 5 章\习题 1\更换戒指颜色 .cdr
在线视频：第 5 章\习题 1\更换戒指颜色 .mp4

根据本章所学的知识，通过对象复制的操作方法，更换戒指的颜色。

训练5-2 制作扇子

难度：☆☆
素材文件：素材\第 5 章\习题 2\素材 .jpg、扇子 .cdr
效果文件：素材\第 5 章\习题 2\制作扇子 .cdr
在线视频：第 5 章\习题 2\制作扇子 .mp4

根据本章所学的知识，使用矩形工具，通过“添加透视”命令创建透视效果，通过调色板为形状填充颜色，然后通过“变换”泊坞窗变换并复制对象，制作扇骨，最后调整对象顺序，制作扇子。

第 6 章

图形的填充

CorelDRAW X6为用户提供了多种填充颜色的工具，可以快捷地为对象填充“纯色”“渐变”“图案”等丰富多彩的效果。另外也可以快捷地将某一对象的填充信息复制到另一对象上。

本章重点

智能填充工具的运用 | 如何标准填充

滴管工具的使用 | 填充对象的运用 | 网状填充工具的运用

6.1 智能填充工具

使用“智能填充工具”，可以填充多个图形的交叉区域，并使填充区域形成独立的图形。另外，还可以通过属性栏设置新对象的填充颜色和轮廓颜色。

6.1.1 基本填充方法 重点

选中要填充的对象，使用“智能填充工具”，在对象内单击要填充的区域，即可为其填充颜色，该区域可以是单一的图形，也可以是多个图形或者图形之间的交叉区域。

1. 单一对象填充

选中要填充的对象，使用“智能填充工具”在要填充的区域单击，即可填充图形。

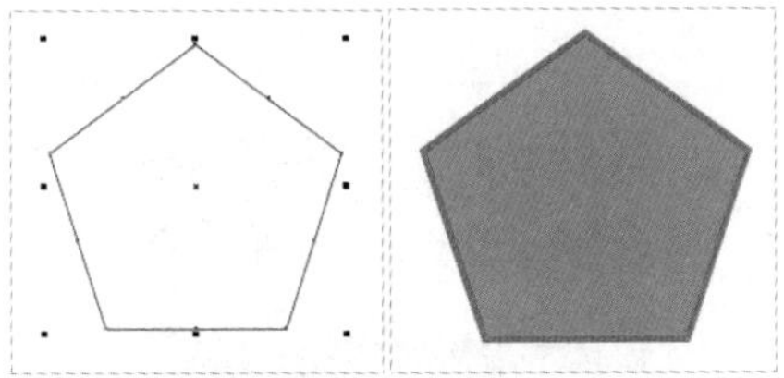

2. 多个对象合并填充

使用“矩形工具”绘制多个重叠的矩形，再使用“智能填充工具”在页面空白处单击，可以将多个重叠对象合并填充为一个路径，将其填充为一个独立对象。

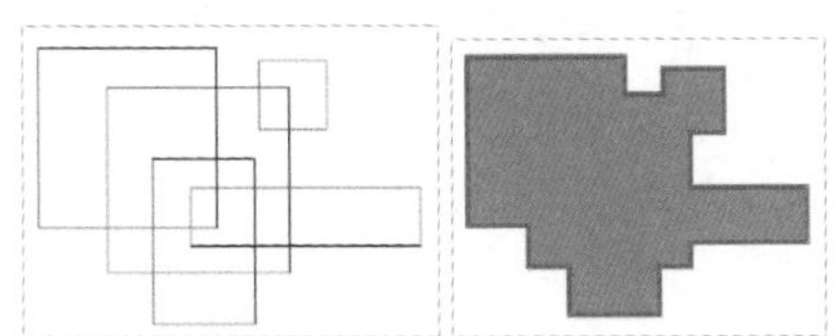

3. 交叉区域填充

使用“智能填充工具”在多个图形的交叉区域内部单击,即可为该区域填充颜色。

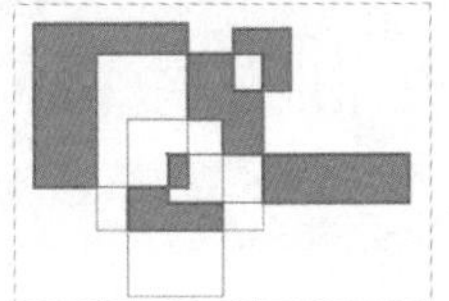

提示

在多个对象合并填充时，填充后的对象为一个独立的对象，可使用“选择工具”移动填充形成的图形，而原始对象不会发生任何改变。

6.1.2 设置填充属性 重点

在“智能填充工具”的属性栏中可以设置填充选项、填充颜色、轮廓选项、轮廓颜色和轮廓宽度。

- **填充选项**：将选择的填充属性应用到新对象。填充选项为“使用默认值”，将使用系统默认的设置为对象进行填充；填充选项为“指定”时，可在旁边的颜色挑选器中选择对象的填充颜色；填充选项为“无填充”时，将不对图形填充颜色。
- **填充色**：为对象设置内部填充颜色，该选项只有当填充选项设置为“指定”时才可使用。打开颜色挑选器，可为对象挑选颜色。单击“更多”可打开“选择颜色”对话框进行挑选；单击“吸管”按钮，可吸取其他对象上的颜色。

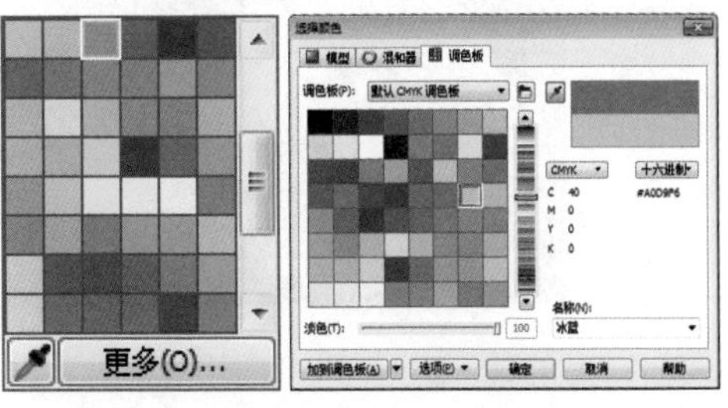

- **轮廓选项**：将选择的轮廓属性应用到新对象。填充选项为“使用默认值”，将使用系统默认的设置为对象进行轮廓填充；填充选项为“指定”时，可在旁边的颜色挑选

器中选择对象的轮廓填充颜色；填充选项为“无轮廓”时，将不对图形轮廓填充颜色。

- **轮廓宽度** .2mm：设置图形轮廓宽度。当选项设置为“无”时，则该图形无轮廓。
- **轮廓色**：为对象设置轮廓填充颜色，该选项只有当填充选项设置为“指定”时才可使用。打开颜色挑选器，可为对象挑选颜色。单击“更多”可打开“选择颜色”对话框进行挑选；单击“吸管”按钮，可吸取其他对象上的颜色。

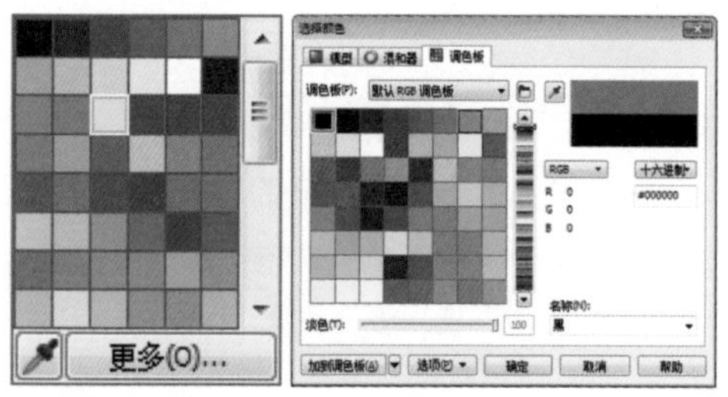

练习6-1 绘制电视标版

难度：☆☆
素材文件：素材\第 6 章\练习 6-1\素材 .cdr
效果文件：素材\第6章\练习6-1\绘制电视标版效果图 .cdr
在线视频：第 6 章\练习 6-1\绘制电视标版 .mp4

01 双击桌面上的快捷图标，启动 CorelDRAW X6 软件。

02 单击开始界面左上角快速访问工具栏上的“打开”按钮，弹出“打开绘图”对话框，选择“素材\第6章\练习6-1\素材.cdr”文件，将其打开。

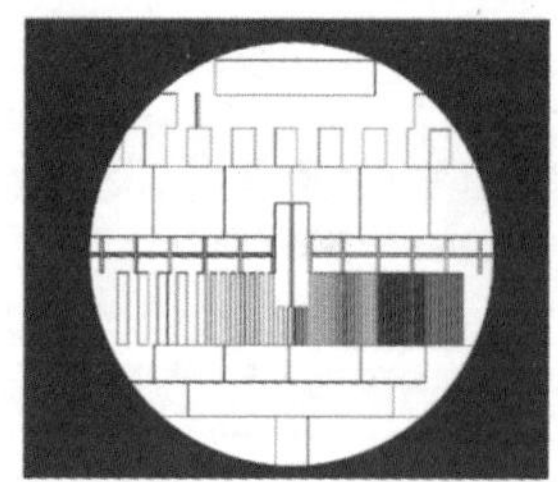

03 选择“智能填充工具”，在属性栏中设置“填充选项”为“指定”，“填充色”为（C:0，M:0，Y:0，K:100），“轮廓选项”为“无轮廓”，然后在相应部分单击，进行智能填充。

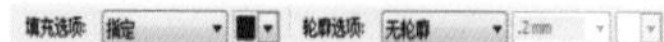

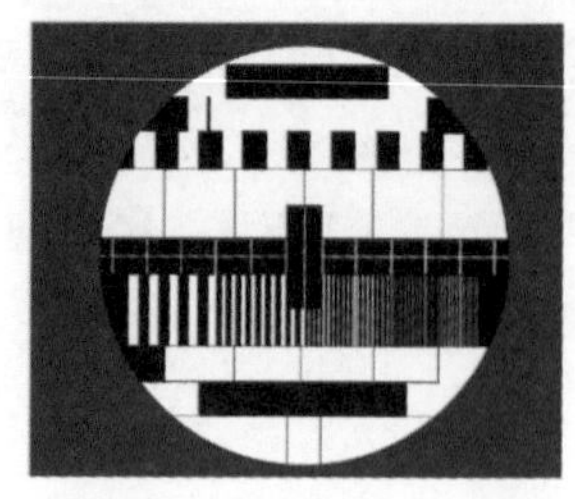

04 在属性栏上更改“填充色”为（C:5，M:30，Y:90，K:0），然后在相应部分单击，进行智能填充。

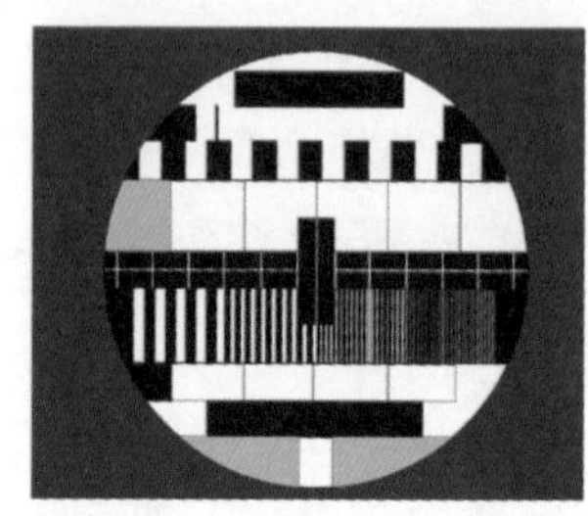

05 在属性栏上更改“填充色”为（C:0，M:95，Y:90，K:0），然后在相应部分单击，进行智能填充。

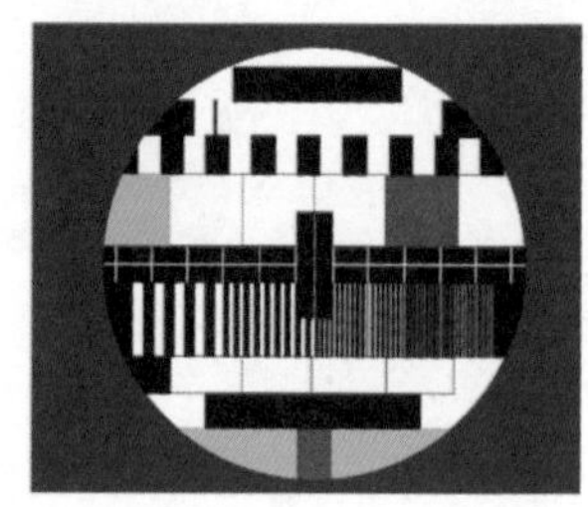

06 在属性栏上更改“填充色”为（C:65，M:25，Y:15，K:0），然后在相应部分单击，进行智能填充。

07 在属性栏上更改“填充色”为（C:55，M:5，Y:95，K:0），然后在相应部分单击，进行智能填充。

08 在属性栏上更改“填充色”为（C:0，M:75，Y:35，K:0），然后在相应部分单击，进行智能填充。

09 在属性栏上更改“填充色”为（C:100，M:100，Y:0，K:0），然后在相应部分单击，进行智能填充。

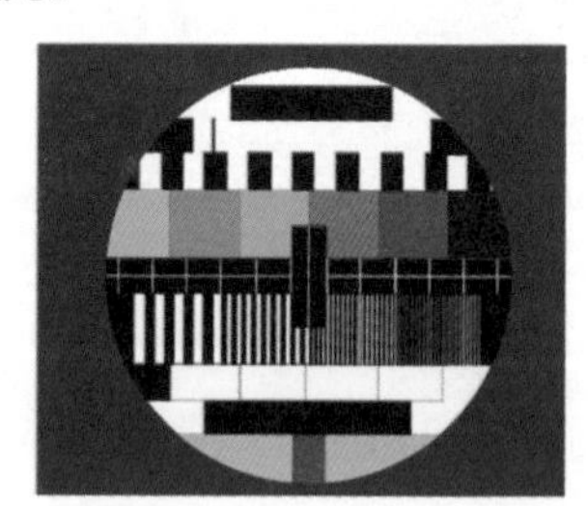

10 在属性栏上更改“填充色”为（C:0，M:0，Y:0，K:80），然后在相应部分单击，进行智能填充。

11 在属性栏上更改“填充色”为（C:0，M:0，Y:0，K:60），然后在相应部分单击，进行智能填充。

12 在属性栏上更改“填充色”为（C:0，M:0，Y:0，K:40），然后在相应部分单击，进行智能填充。

13 在属性栏上更改“填充色”为（C:0，M:0，Y:0，K:20），然后在相应部分单击，进行智能填充。

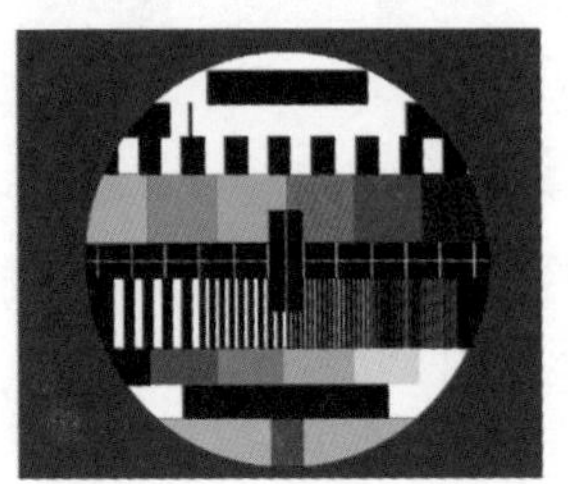

提示

除了在属性栏上编辑颜色填充选项之外，也可以使用软件界面右侧调色板上的颜色进行填充。首先使用“智能填充工具”选中要填充的对象，然后将光标放在调色板上色样中，单击鼠标左键即可为选中的对象填充颜色，单击鼠标右键即可为对象填充轮廓颜色，在本书6.2节中将详细介绍操作方式。

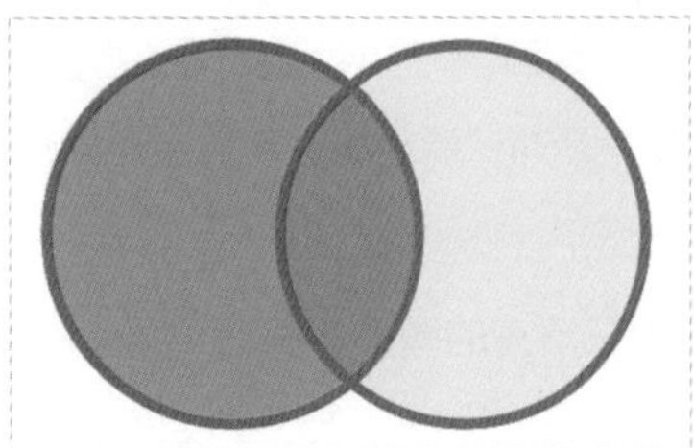

6.2 标准填充

“标准填充”可以通过默认调色板和自定义调色板对图形进行填充，在CorelDRAW中，“调色板”是填充图形的常用方式，操作简单且方便快捷，能提高工作效率。

6.2.1 调色板填充

选择几何工具在页面空白处绘制图形后，在软件界面右侧单击选择色样，即可对图形进行填充。

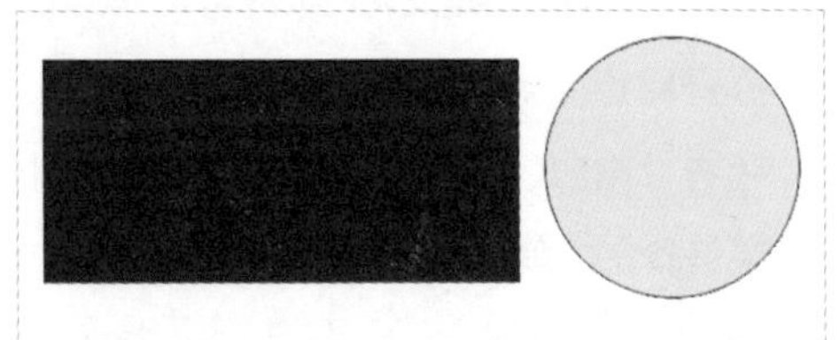

1. 使用菜单命令打开

执行“窗口”→“调色板”菜单命令，可勾选“调色板”“文档调色板”“默认调色板”“默认CMYK调色板”“默认RGB调色板”等调色板类型，在软件界面右侧以色样列表形式显示，勾选多个调色板时，可同时显示。

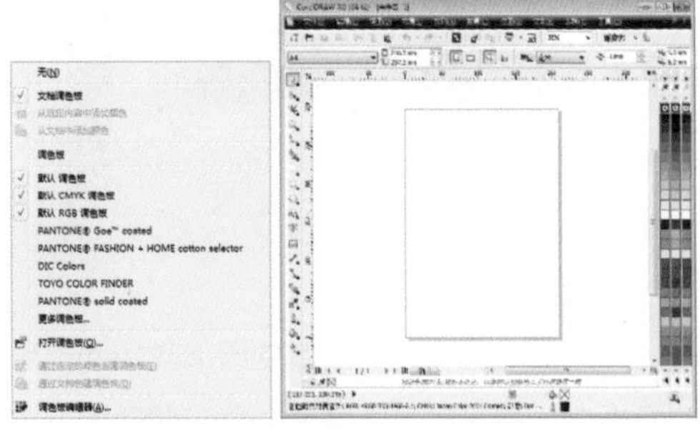

2. 从调色板管理器打开

执行“窗口”→“调色板”→“更多调色板”菜单命令，将打开“调色板管理器”泊坞窗，在该泊坞窗中，显示系统预设的所有调色板类型和自定义调色板类型，使用鼠标左键双击任意一个调色板，即可在软件界面右侧显示该调色板，再次双击可关闭该调色板。

3. 关闭调色板

执行“窗口”→“调色板”→“无”菜单命令，可取消所有“调色板”在软件界面的显示。

4. 从选定内容添加

选中已填充的图形，在想要添加颜色的调色板上方单击按钮 ，打开“菜单”面板，选择“从选定内容添加”命令，即可将对象颜色添加到该调色板中。

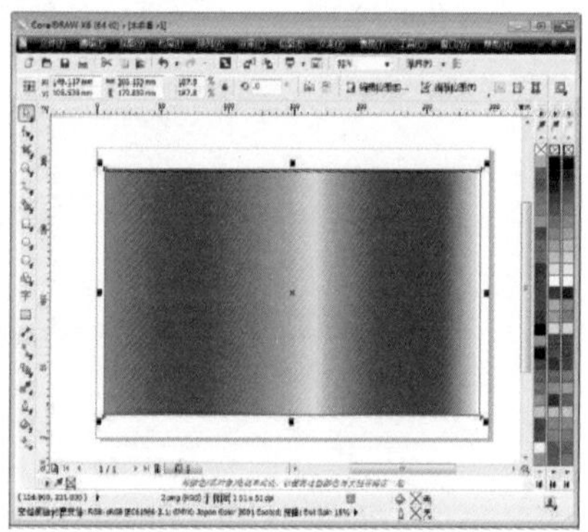

5. 从文档添加

如果要从整个文档窗口中添加颜色到指定调色板中，可以在想要添加颜色的调色板上方单击按钮 ，打开“菜单”面板，选择“从文档添加”命令，即可将文档窗口中所有颜色添加到该调色板中。

6. 滴管添加

在想要添加颜色的调色板上方单击“滴管”按钮 ，当光标变成滴管形状后，拖曳鼠标在对象上单击，即可将该处的颜色添加到调色板中，按住Ctrl键多次单击可以将多种取样颜色添加到该调色板中。

6.2.2 自定义标准填充 重点

在CorelDRAW中除了可以使用系统默认的“调色板”进行填充操作外，还可以通过以下方式创建“自定义调色板”。

1. 通过选定的颜色创建调色板

在页面空白处绘制一个矩形并填充渐变色，然后执行“窗口”→“调色板”→“通过选定的颜色创建调色板”菜单命令，打开“另存为”对话框，输入文件名“多彩矩形”，单击“保存”按钮 保存(S) ，则该矩形的所有填充颜色会在软件界面右侧以色样列表方式显示，创建自定义调色板成功。

2. 通过文档创建调色板

执行“窗口”→“调色板”→“通过文档创建调色板”菜单命令，打开“另存为”对话框，输入文件名，单击“保存”按钮 保存(S) ，窗口中所有对象的填充颜色都会在软件界面以色样列表方式显示，创建自定义调色板成功。

3. 打开自定义调色板

执行“窗口”→“调色板”→“打开调色板”菜单命令，弹出“打开调色板”对话框，选择自定义调色板，单击“打开”按钮 打开(O) ，随即该自定义好的调色板颜色都会在软件界面右侧以色样列表方式显示，导入调色板成功。

单击软件界面中任意一个调色板上方的按钮 ，打开菜单调色板后，执行“调色板”→“打开”命令，弹出“打开调色板”对话框，选择自定义调色板后单击“打开”按钮 打开(O) ，随即该自定义好的调色板颜色都会在软件界面右侧以色样列表方式显示，导入调色板成功。

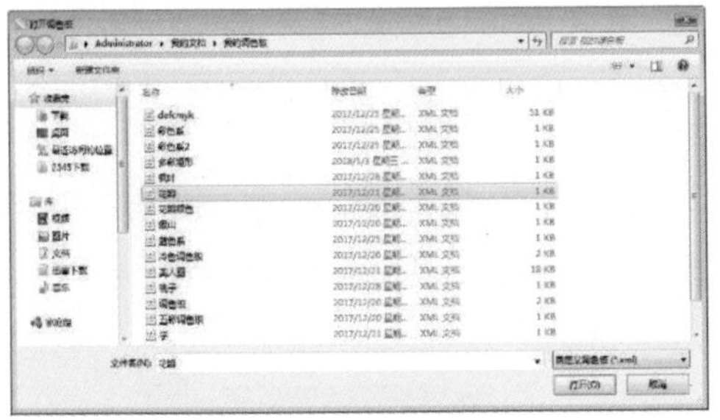

练习6-2 绘制时尚元素

难度：☆☆

素材文件：无

效果文件：素材\第 6 章\练习 6-2\绘制时尚元素 .cdr

在线视频：第 6 章\练习 6-2\绘制时尚元素 .mp4

01 新建空白文档，设置文档名称为“绘制时尚元素”，设置页面大小为 A4。

02 使用“矩形工具” 在页面空白处绘制一个矩形，设置渐变填充为（C:0,M:0,Y:0,K:0）、（C:44,M:5,Y:22,K:0）、（C:65,M:0,Y:0,K:0）、（C:100,M:89,Y:21,K:0），对矩形进行渐变填充。

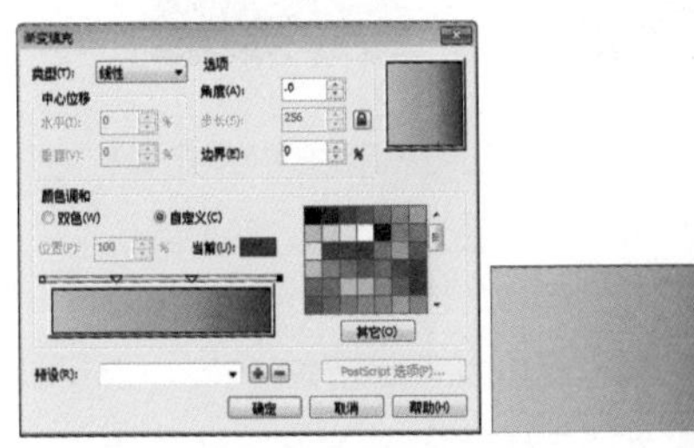

03 执行“窗口”→“调色板”→“通过选定的颜色创建调色板”菜单命令，打开“另存为”对话框，输入文件名“蓝色系”，单击“保存”按钮 保存(S) ，随即矩形的填充颜色都会在软件界面以色样列表方式显示，创建“蓝色系”调色板成功。

04 再次绘制一个矩形，设置多色渐变填充为（C:0,M:30,Y: 100,K:0）、（C:5,M:80,Y:0,K:0）、（C:20,M:30,Y:0,K:0），对矩形进行渐变填充。

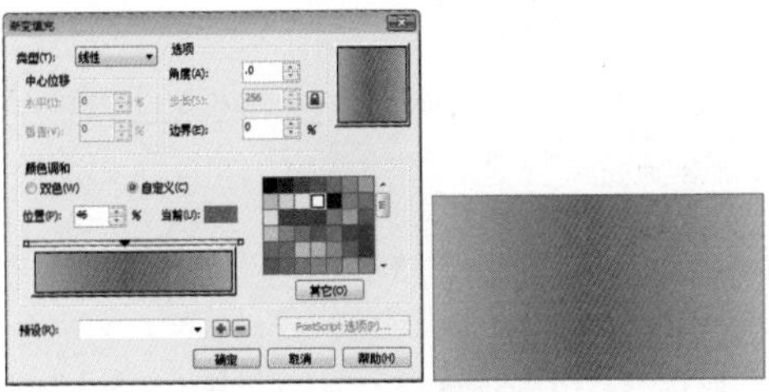

05 单击创建好的“蓝色系”调色板上方按钮 ，执行“从选定内容添加”命令，将彩色渐变矩形的填充颜色添加到“蓝色系”调色板中。

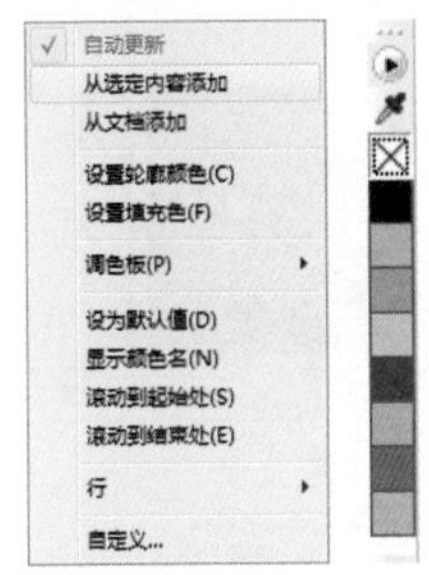

06 单击创建好的“蓝色系”调色板上方按钮 ，执行“调色板”→“新建”命令，在弹出的对话框中输入文件名“彩色系”，单击“保存”按钮，保存“彩色系”色样列表。

07 在页面空白处绘制一个矩形，单击“彩色系”调色板中的蓝色色板，为矩形填充蓝色。

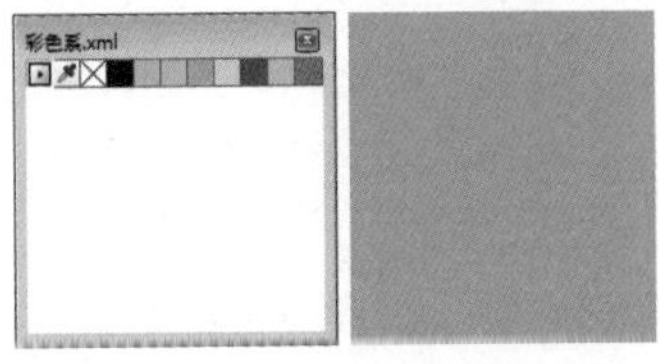

08 依次绘制出其他图形，并使用“彩色系”调色板中的色样填充颜色，完成时尚元素的绘制。

6.2.3 颜色泊坞窗填充

“颜色泊坞窗”中有“显示颜色滑块”“显示颜色查看器”“显示调色板”三个选项，可对颜色进行编辑。打开“颜色泊坞窗”的方法有多种。

- 执行“窗口”→“泊坞窗”→“彩色”命令可打开“颜色泊坞窗”。
- 单击“轮廓笔工具”或者“填充工具”右下角的小三角，然后单击“彩色”工具，可打开颜色泊坞窗。

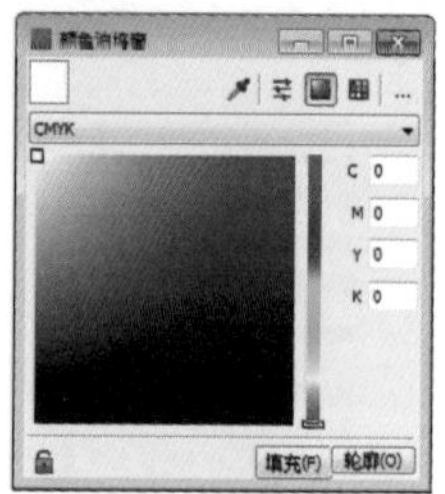

1. 显示颜色滑块

单击“颜色泊坞窗”中的“显示颜色滑块”按钮，切换到“显示颜色滑块”模式。

- **颜色模型：**可以选择颜色模式。

- **滴管**：可吸取指定对象的颜色。
- **更多颜色选项**：下拉菜单中包含“无填充”“无轮廓”“添加自定义专色”“对换颜色”命令。其中“对换颜色”命令可以将对话框中“颜色预览窗口”显示的颜色进行上下调换。

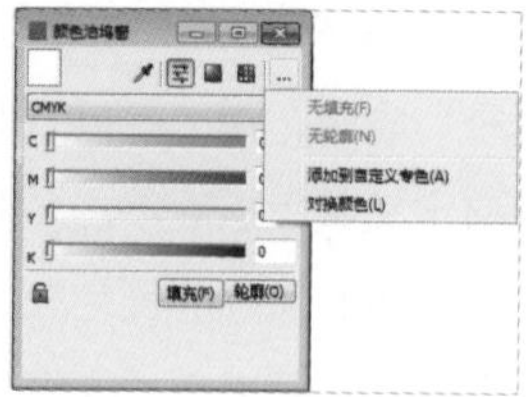

- **“填充”按钮：**单击为图形填充设定的颜色。
- **“轮廓”按钮：**单击为图形轮廓填充设定的颜色。

2. 显示颜色查看器

单击“颜色泊坞窗”中的“显示颜色查看器”按钮，切换到“显示颜色查看器”模式。

- **颜色模型：**可以选择颜色模式。

- **滴管**：可吸取指定对象的颜色
- **色值设置：**通过填入标准色值设置颜色。色值选项随颜色模式的变化而变化。

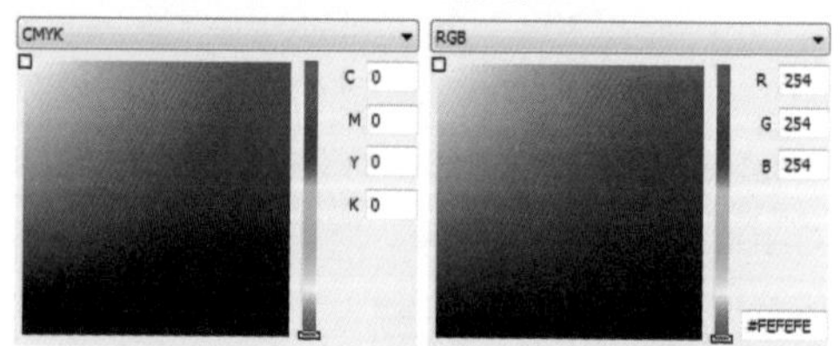

- **更多颜色选项：**下拉菜单中包含“无填充”“无轮廓”“添加到自定义专色”“对换颜色”和多种“颜色查看器”命令。其中“对换颜色”命令可以将对话框中“颜色预览窗口”显示的颜色进行上下调换。

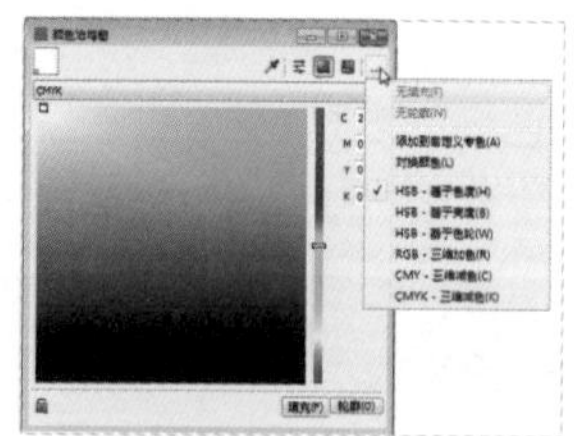

- **颜色提取**：在颜色框中单击，可以更直观地提取所需颜色。
- **"填充"按钮**：单击为图形填充设定的颜色。
- **"轮廓"按钮**：单击为图形轮廓填充设定的颜色。

3. 显示颜色滑块

单击"颜色泊坞窗"中的"显示调色板"按钮，切换到"显示调色板"模式。

- **调色板选项**：选择需要的调色板。

- **颜色条**：拖曳颜色条可以对其他区域的颜色进行预览。
- **浓淡滑块**：选定颜色后拖曳此滑块或在输入框中输入数值可调节该颜色的浓淡。
- **"填充"按钮**：单击为图形填充设定的颜色。
- **"轮廓"按钮**：单击为图形轮廓填充设定的颜色。

练习6-3 填充卡通插画

难度：☆☆
素材文件：素材\第6章\练习6-3\6-3.cdr
效果文件：素材\第6章\练习6-3\填充卡通插画效果图.cdr
在线视频：第6章\练习6-3\填充卡通插画.mp4

01 双击桌面上的快捷图标，启动CorelDRAW X6软件。

02 单击开始界面左上角快速访问工具栏上的"打开"按钮，弹出"打开绘图"对话框，选择"素材\第6章\练习6-3\6-3.cdr"文件，将其打开。

03 使用"选择工具"选中图像背景。执行"窗口"→"泊坞窗"→"彩色"命令，打开"颜色泊坞窗"。切换到"颜色查看器"模块，"颜色模式"选为"CYMK"，输入数值（C:5,M:,5Y:85,K:0）。将光标放在调色板按钮☒上单击鼠标右键，去除图形轮廓色。

04 选择底部的矩形，单击"填充工具"的下拉三角形，选择"彩色"，此时"颜色泊坞窗"显示在软件界面右侧，单击"显示颜色滑块"按钮，切换到"显示颜色滑块"模式，"颜色模式"选为"CMYK"，滑动颜色滑块到相应位置，单击"填充"按钮填充(F)，填充图形。

05 单击"更多颜色选项"按钮…，在弹出来的下拉选项中单击"无轮廓"，去除图形轮廓。

06 选择"太阳"圆形，单击"轮廓笔"的下拉三角形，选择"彩色"，打开"颜色泊坞窗"，切换到"显示调色板"模式，拖动颜色条到相应位置，单击颜色列表中第4个色样，单击"填充"按钮，给图形填充颜色。

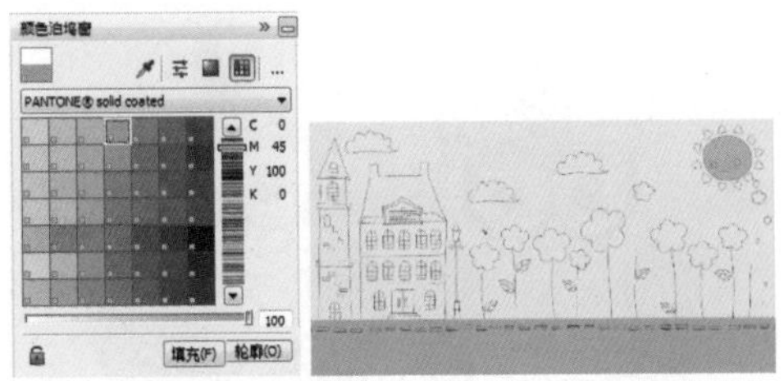

07 选择"太阳"外围图形，打开"颜色泊坞窗"，单击"滴管"工具，在页面"太阳"圆形处单击，吸取圆形的颜色后，单击"确定"按钮确定，

给“太阳”外围图形填充颜色。

08 选择“太阳”的“嘴巴”，打开“颜色泊坞窗”，切换到“显示调色板”模式，在颜色框相应位置单击，选取颜色，单击“轮廓”按钮，给“眼睛”填充轮廓颜色。

09 用所学知识填充其他图形，完成卡通插画的绘制。

6.2.4 油漆桶填充

“油漆桶”工具一般与“滴管工具”相互搭配使用。使用“滴管工具”吸取所需颜色后，切换到“油漆桶”工具，单击需要填充的图形，即可完成填充。

6.3 滴管工具

“滴管工具”在使用中会出现两种形态，“滴管”和“颜料桶”。当光标呈现为“滴管”形状时，可吸取指定对象的颜色或属性，当光标变为“颜料桶”形状时，可将吸取的颜色或属性填充到指定对象中。“滴管工具组”中包含“颜色滴管”工具和“属性滴管”工具，下面依次介绍两种工具的区别与作用。

6.3.1 颜色滴管工具

单击工具箱中的“颜色滴管”工具，光标变成“滴管”形状，单击指定对象，吸取颜色。光标变成“颜料桶”形状，单击指定对象，即可填充颜色。

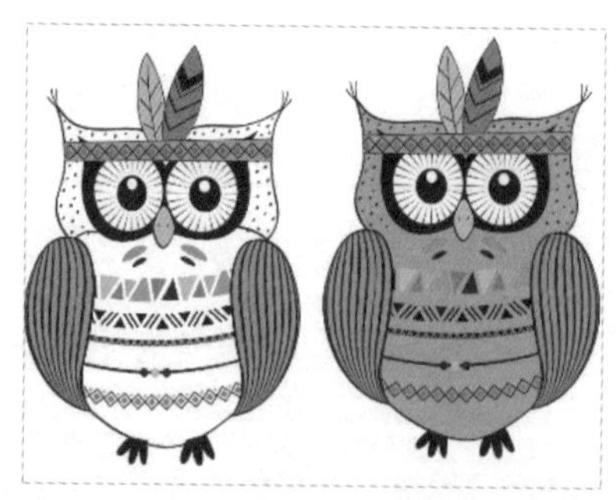

“颜色滴管”工具的属性栏可设置“取样范围”，调整像素区域的平均颜色取样值；单击“添加到调色板”按钮，可将吸取的颜色添加到调色板上。

所选颜色 添加到调色板

6.3.2 属性滴管工具

“属性滴管”工具不仅可以“复制”对象的填充、轮廓颜色等信息，还可以“复制”对象的渐变、效果、封套、混合等属性。

单击工具箱中的“属性滴管”工具，光标变成“滴管”形状，单击指定对象，吸取属性。光标变成“颜料桶”形状，单击指定对象，即可填充属性。

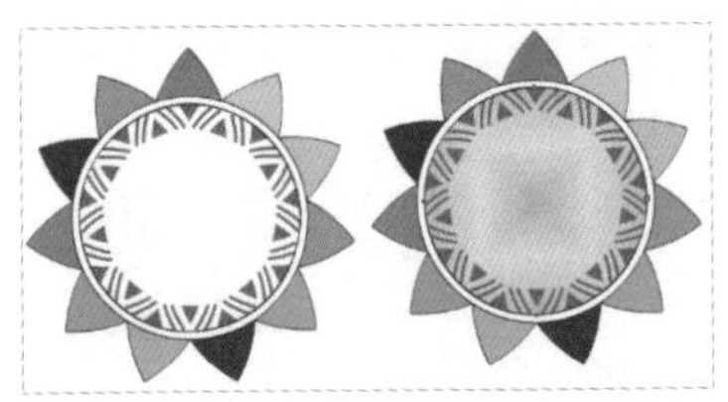

提示

“属性滴管”工具仅对矢量对象起作用，不能“复制”位图的属性。

“属性滴管”工具的属性栏中“属性”“变换”和“效果”按钮的下拉菜单可设置“复制”效果。

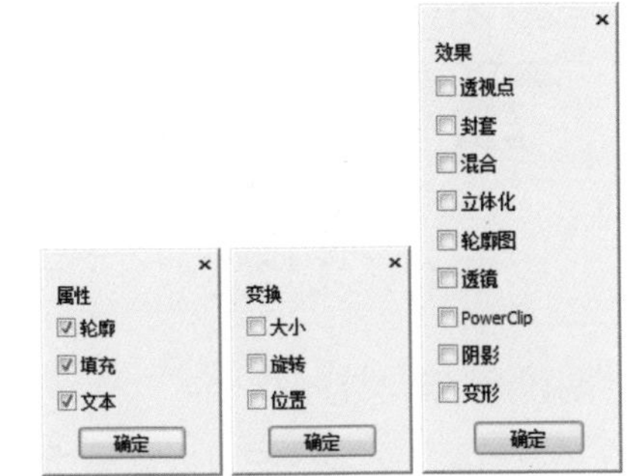

6.4 填充对象

填充工具包括“均匀填充”、“渐变填充”、“图样填充”、“底纹填充”、“PostScript填充”、“无填充”和“彩色”7中填充方式。

6.4.1 均匀填充 重点

“均匀填充”是常用的填充工具，即在封闭图形内填充单一的颜色。用户可以通过“调色板”为对象均匀填充颜色，也可以通过“均匀填充”对话框和“颜色泊坞窗”来进行填充编辑。

“均匀填充”中包含“模型”“混和器”“调色板”三个选项，下面依次介绍三个选项卡。

1. “模型”选项卡

在“模型”选项卡中可以选择颜色模式，设置CMYK、RGB、HSB或者其他色值。

- **模型：** 可以选择颜色模式。

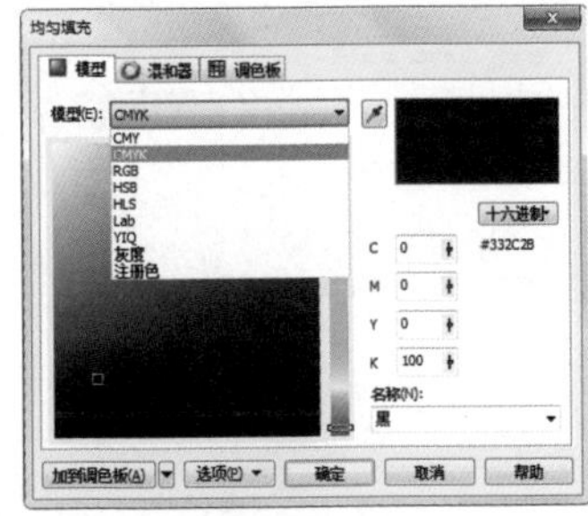

- **滴管：** 可吸取指定对象的颜色
- **色值设置：** 通过填入标准色值，调出标准颜色。色值选项随颜色模式的变化而变化。

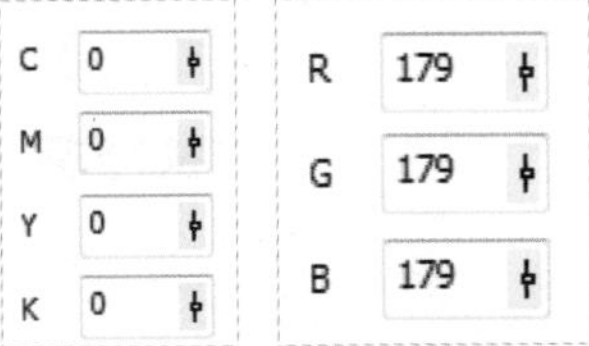

- **名称：** 可通过选择名称来调取颜色。
- **加到调色板：** 可将调好的颜色添加到调色板。
- **选项：** 下拉菜单中有“对换颜色”和“颜色查看器”按钮。“对换颜色”可以将对话框中“颜色预览窗口”显示的颜色进行上下调换；“颜色查看器”在“模型”选项卡中，除“HSB-基于色度（默认）”以外的另外5种设置界面。

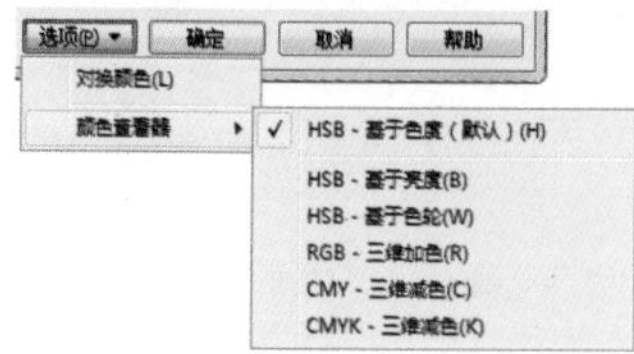

2. “混和器”选项卡

在“混和器”选项卡中可以选择“颜色模式”“色度”和“变化”。混和器中的“色度”用于显示对话框中色样的显示范围和所显示色样之间的关系；“变化”用于显示色样的色调。

- **混和器：**当混和器“色度”选项为“主色”时，在色环上会显示一个颜色滑块，同时在颜色列表中会显示一行和当前颜色滑块对应的渐变色系。可通过设置颜色色值调整滑块位置。

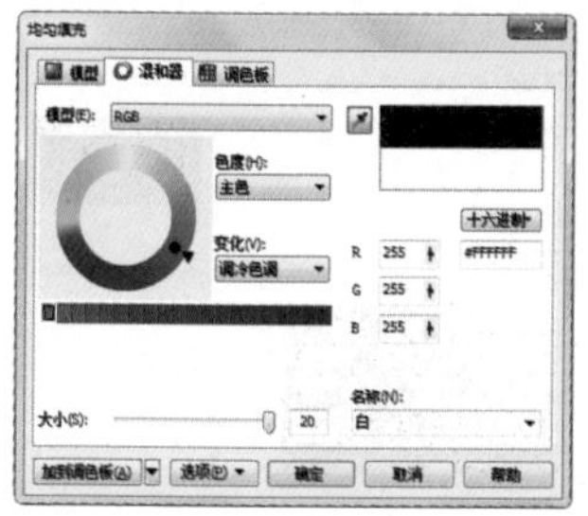

- 当混和模型“色度”选项为“补充色时”，在色环上会出现两个颜色滑块，同时在颜色列表中会显示两行与当前颜色滑块所在位置对应的渐变色系。可通过设置颜色色值调整滑块位置。

- 当混和模型“色度”选项为“三角形 1”时，在色环上会出现3个颜色滑块，同时在颜色列表中会显示3行与当前颜色滑块所在位置对应的渐变色系。可通过设置颜色色值调整滑块位置。

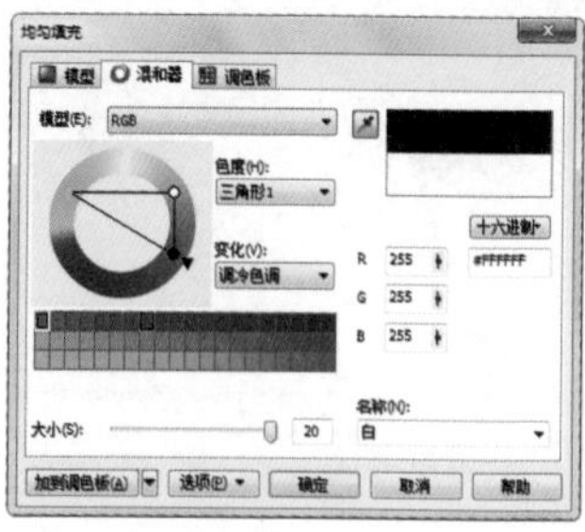

- 当混和模型“色度”选项为“三角形 2”时，在色环上会出现3个颜色滑块，同时在颜色列表中会显示3行与当前颜色滑块所在位置对应的渐变色系。可通过设置颜色色值调整滑块位置。

- 当混和模型“色度”选项为“矩形”时，在色环上会出现4个滑块，同时在颜色列表中显示4行与当前颜色滑块所在位置对应的渐变色系。可通过设置颜色色值调整滑块位置。

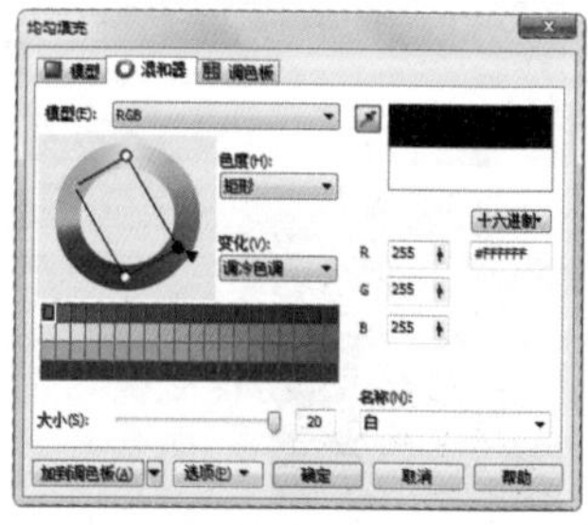

- 当混和模型“色度”选项为“五角形”时，在色环上会出现5个滑块，同时在颜色列表中显示5行与当前颜色滑块所在位置对应的渐变色系。可通过设置颜色色值调整滑块位置。
- 当混和器模型“变化”选项为“无”时，颜色列表只显示色环上当前颜色滑块对应的颜色。

●当混和器模型“变化”选项为“调冷色调”时，颜色列表显示以当前颜色向冷色调逐级渐变的色样。

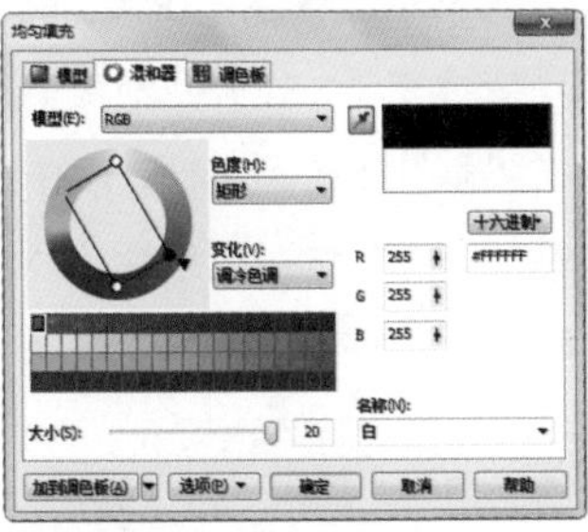

●当混和器模型“变化”选项为“调暖色调”时，颜色列表显示以当前颜色向暖色调逐级渐变的色样。

●当混和器模型“变化”选项为“调暗”时，颜色列表显示以当前颜色逐级变暗的色样。

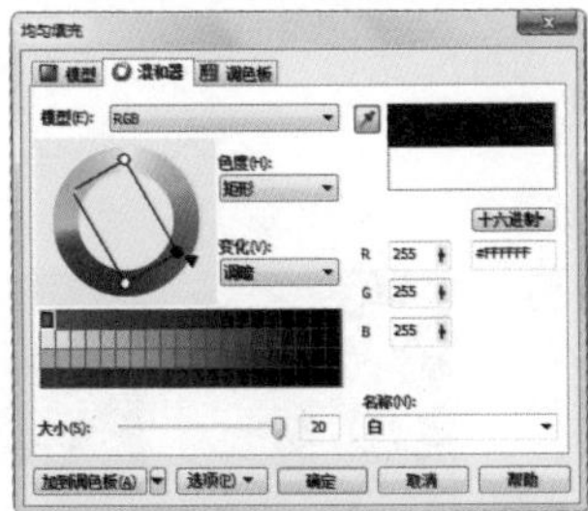

●当混和器模型“变化”选项为“调亮”时，颜色列表显示以当前颜色逐级变亮的色样。

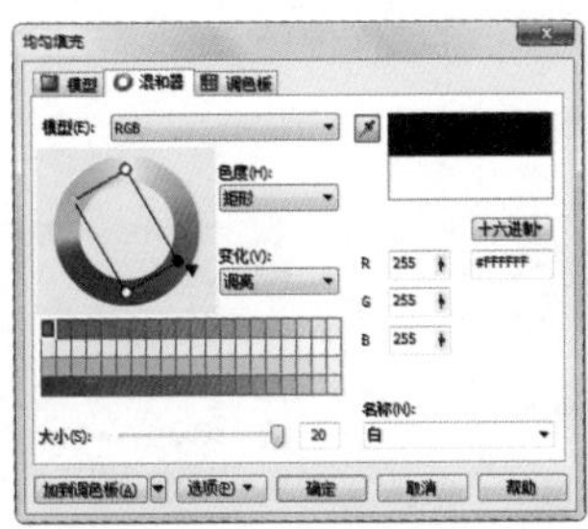

●当混和器模型“变化”选项为“降饱和度”时，颜色列表显示以当前颜色逐级降饱和度的色样。

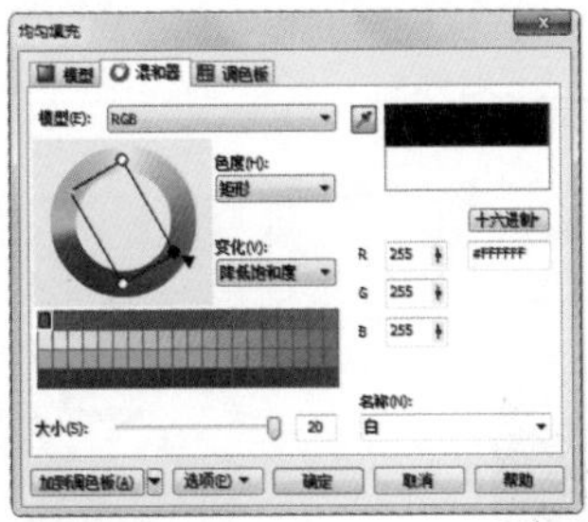

3. “调色板”选项卡

在“调色板”选项卡中可以选择色样快速对图形进行填充。

●**调色板：** 选择颜色模式。

●**调色板色样：** 单击色样即可为图形进行填充。

●**颜色条：** 拖曳颜色条可以对其他区域的颜色进行预览。

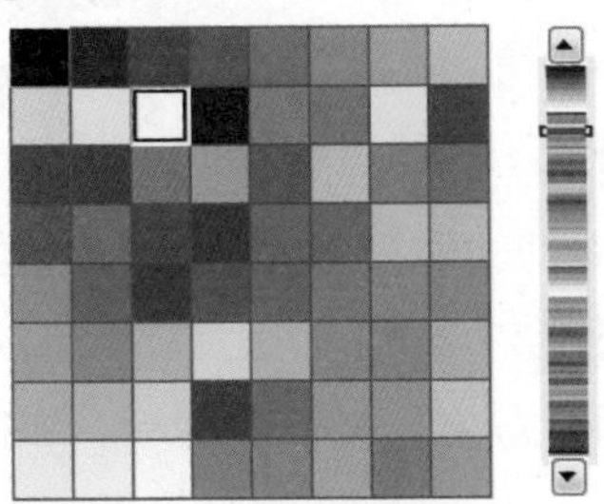

●**打开调色板**：打开设置好的调色板。

在为对象进行“均匀填充”操作时，可根据需要在“模型”“混和器”“调色板”三个选项中灵活切换，选择最合适的填充方式。

选择要填充的图形，单击工具箱中“填充

工具”按钮 并稍作停留，在弹出的下拉菜单中单击“均匀填充”选项。

打开“均匀填充”对话框，在色框中单击或拖动色条选择颜色，设置“CMYK”值可更精确地选定颜色。

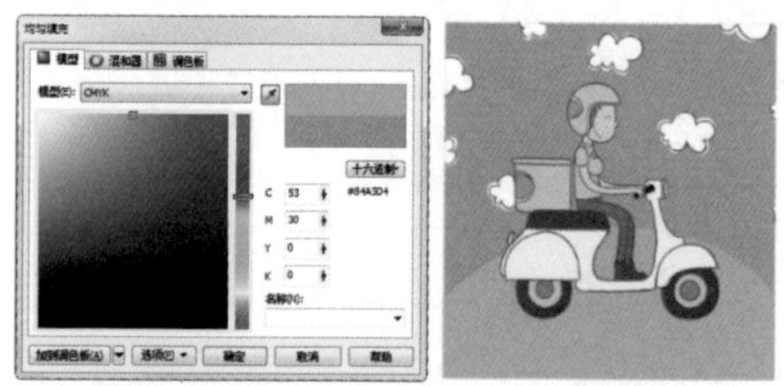

选择需要填充的对象，单击“均匀填充”打开“均匀填充”对话框，选择“混和器”选项卡，在“色度”下拉框中选择“五角形”，“变化”下拉框选择“调亮”，单击“确定”按钮 。

选择需要填充的对象，单击“均匀填充”打开“颜色泊坞窗”，选择“调色板”选项卡，选择“默认CMYK”调色板，单击所需的色样颜色，单击“确定”按钮 。

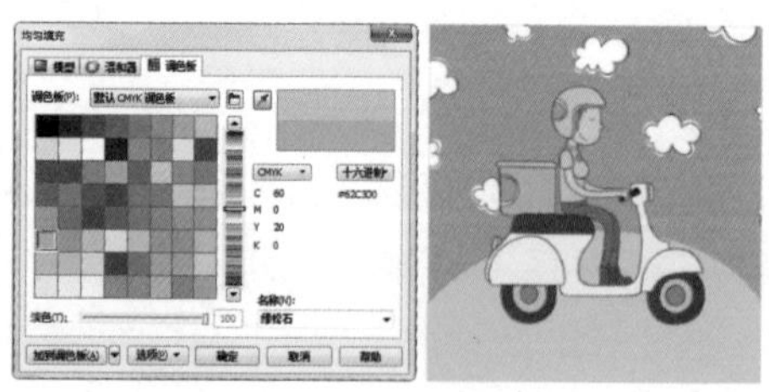

6.4.2 渐变填充 重点

渐变填充是一种重要的颜色表现方式，大大增强了对象可视效果，在CorelDRAW X6中，渐变可分为线性、辐射、圆锥和正方形4种类型。

线性渐变　辐射渐变　圆锥渐变　正方形渐变

选择要填充的图形，单击工具箱中“填充工具”按钮 并稍作停留，在弹出的下拉菜单中单击“渐变填充”，打开“渐变填充”对话框。打开“类型”下拉列表框，从中选择渐变类型“线性”。（可选类型包括“线性”“辐射”“圆锥”和“正方形”4种）

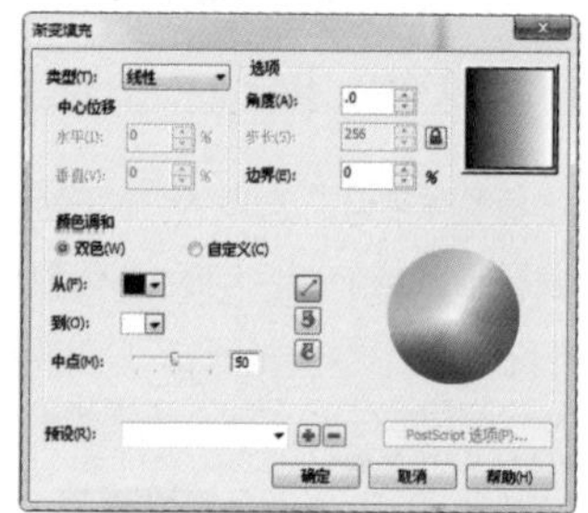

- “选项”组的“角度”多用于选择分界线，取值范围为 -360 ~ 360。将“角度”分别设置为 0 和 90，得到的渐变填充效果不尽相同。

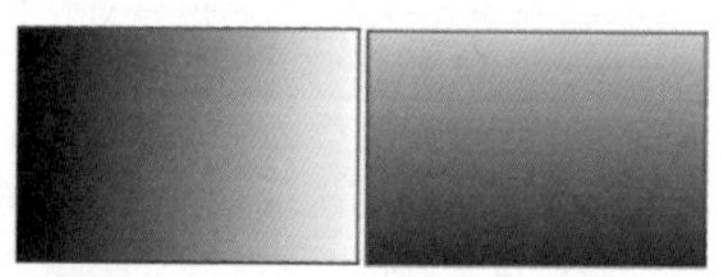

- “选项”组的“步长”多用于设置渐变的阶段数，默认值为 256。数值越大，渐变层次越多，表现得越细腻。

步数为10　步数为50　步数为256

- “选项”组的“边界”多用于设置边缘的宽度，取值范围为 0 ~ 49。数值越大，颜色间的相邻边缘越清晰。将“边界”分别设置为 0 和 40，得到的渐变填充效果不尽相同。

边界为0　　边界为30　　边界为49

- “选项组”的“中心位移”可以设置“水平”“垂直”两个选项，可以改变“辐射”“圆锥”和“正方形”渐变填充的色彩中心点位置。下图为当渐变类型为“辐射”时，设置“水平”和“垂直”的效果。

水平为90，垂直为0　　水平为0，垂直为0　　水平为0，垂直为60

- “颜色调和”选项组可以设置“双色渐变”和“多色渐变”。“中心点”滑块可以调节渐变中心点。

下图为“颜色调和”选项为“双色渐变”，中心点分别为10和50的渐变效果。

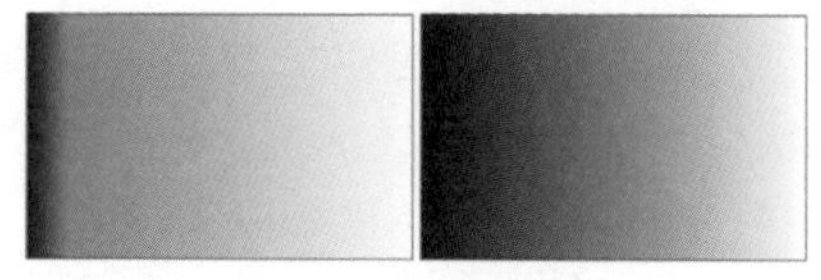

下图是“颜色调和”选项为“多色渐变”的渐变效果。

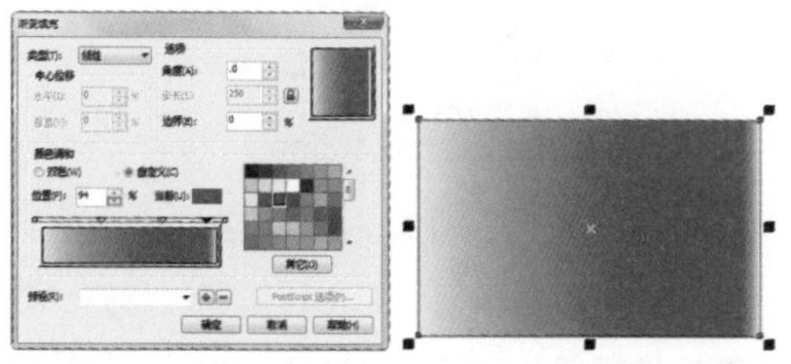

练习6-4 绘制音乐CD

难度：☆☆
素材文件：素材\第 6 章\练习 6-4\6-4 素材 .cdr
效果文件：素材\第 6 章\练习 6-4\绘制音乐 CD.cdr
在线视频：第 6 章\练习 6-4\绘制音乐 CD.mp4

01 新建空白文档，设置文档名称为“绘制音乐 CD”，然后设置页面大小为 A4。

02 选择“椭圆形工具”，按住 Ctrl 键，在页面空白处绘制一个圆形，执行“文件”→“导入”命令，在“导入”对话框中选择“素材\第 6 章\练习 6-4\6-4 素材 .cdr” 文件，将其导入。

03 按下鼠标右键，拖动素材至圆形上方后释放，在弹出的选项卡中选择“图框精确剪裁内部”命令，将出现的黑色箭头放置在矩形上方，然后单击鼠标左键，得到 CD 图案。

04 将光标滑动至图案上，在弹出的按钮工具中单击“选择 Power Clip 内容”按钮，进入编辑图形界面。将图形移动至合适位置后单击“停止编辑内容”按钮，完成编辑。

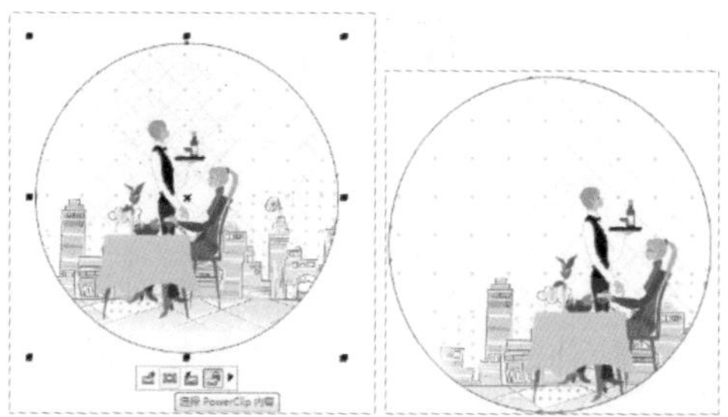

05 在 CD 上绘制一个圆形，单击工具箱中“填充工具”按钮并稍作停留，在弹出的下拉菜单中单击“渐变填充”，打开渐变对话框。

06 在“颜色调和”选项组中选择“双色渐变”，渐变色从（C:0，M:0，Y:0，K:100）到（C:0，M:0，Y:0，K:50），“渐变类型”为“线性”。

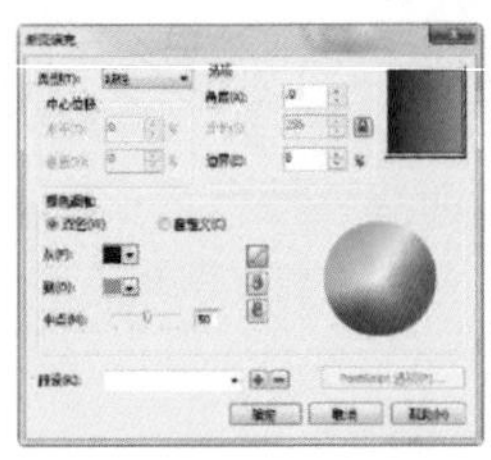

07 在圆形上方再次绘制一个圆形，打开渐变对话框，在“颜色调和”选项组里选择“自定义”，依次添加调和颜色（C:0，M:0，Y:0，K:40）、（C:0，M:0，Y:0，K:40）、（C:0，M:0，Y:0，K:40）、（C:0，M:0，Y:0，K:40）、（C:0，M:0，Y:0，K:40）、（C:0，M:0，Y:0，K:40）。“角度”为 -62.1，“边界”为 5。单击“确定”按钮 确定 。

08 在图形上方绘制一个圆形，单击工具箱中的“填充工具”按钮 并稍作停留，在弹出的下拉菜单中单击“均匀填充”，打开“均匀填充”对话框，在“调色板”选项中单击“黑色”色样，单击“确定”按钮 确定 。

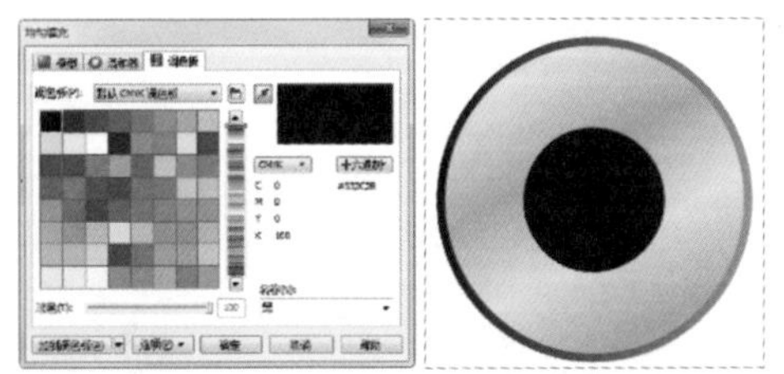

09 使用“文本工具” 字 在合适位置打上歌曲名字，完成音乐 CD 的绘制。

6.4.3 图样填充 重点

除了“均匀填充”和“渐变填充”外，CorelDRAW X6还提供了“图样填充”。即运用大量重复图案以拼贴的方式填入对象中，使其呈现出丰富的效果。

单击工具箱中的“填充工具”按钮 并稍作停留，在弹出的下拉表中单击“图样填充”按钮 ，在弹出的对话框中可以选择“双色”“全色”“位图”3种图样类型。

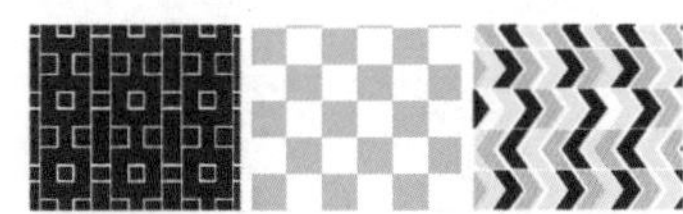

- **双色：** 图样中仅包括选定的两种颜色，可以设定前部后部图案颜色。单击“浏览”按钮 浏览(.)... 可自行导入图案进行填充。
- **全色：** 图案是比较复杂的矢量图形，由线条和填充组成。单击“浏览”按钮 浏览(.)... 可自行导入图案进行填充。
- **位图：** 图样是一种位图图样，其复杂性取决于其大小、图像分辨率和位深度。单击“浏览”按钮 浏览(.)... 可自行导入图案进行填充。

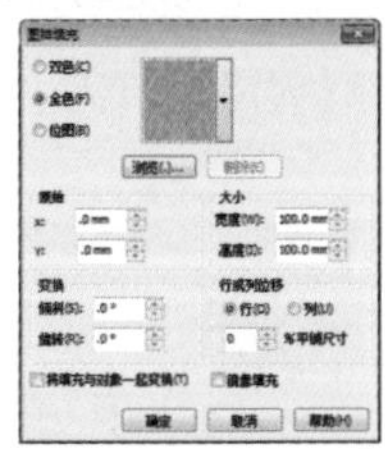

勾选“双色”样式时，对话框中会出现“创建”按钮 创建(A)... ，单击该按钮，打开“双色图案编辑器”，设置“位图尺寸”和“笔尺寸”，将光标放在网格上，拖动鼠标绘制图案，即可自行创建填充图样。

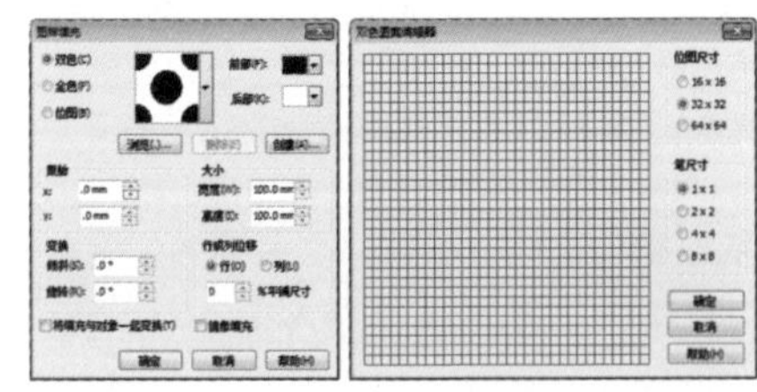

练习6-5 绘制名片

难度：☆☆

素材文件：素材 \ 第 6 章 \ 练习 6-5 \ 6-5 素材 .cdr

效果文件：素材 \ 第 6 章 \ 练习 6-5 \ 绘制名片 .cdr

在线视频：第 6 章 \ 练习 6-5 \ 绘制名片 .mp4

01 新建空白文档，设置文档名称为“绘制音乐CD”，然后设置页面大小为 A4。

02 选择“矩形工具”，在页面空白处绘制一个矩形，尺寸为 54mmx90mm。使用所学知识在矩形上绘制一个三角形。

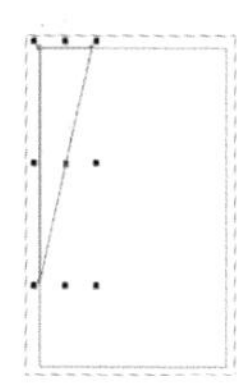

03 选中三角形，单击工具箱中的“填充工具”按钮并稍作停留，在弹出的下拉表中单击“图样填充”按钮，打开“填充图形”对话框。选择“双色”，单击第一个图形，将图形“前部”颜色填充设置为（C:0，M:0，Y:0，K:0），“后部”颜色填充设置为（C:0，M:40，Y:20，K:0）；“原始”选项“X”设置为 60mm，“Y”设置为 100mm；“大小”选项宽度和高度均为 2.54mm；“变换”选项倾斜度为 25°。“行或列位移”选项选择“行”，单击“确定”按钮 确定 。

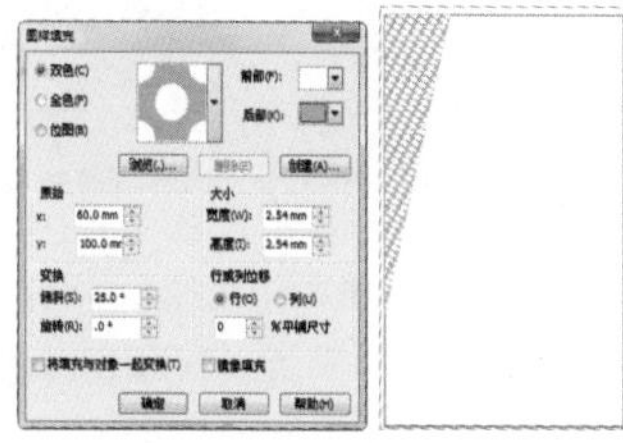

04 在矩形上方绘制一个三角形，打开“图样填充”对话框，选择“双色”，打开下拉选项，选择第 2 行第 1 个图形。

05 继续在对话框中设置图形“前部”颜色填充为（C:0，M:40，Y:20，K:0），“后部”颜色填充为（C:0，M:0，Y:0，K:0）；在“大小”选项中，宽度和高度均设置为 10mm；“行或列位移”选项选择“行”。

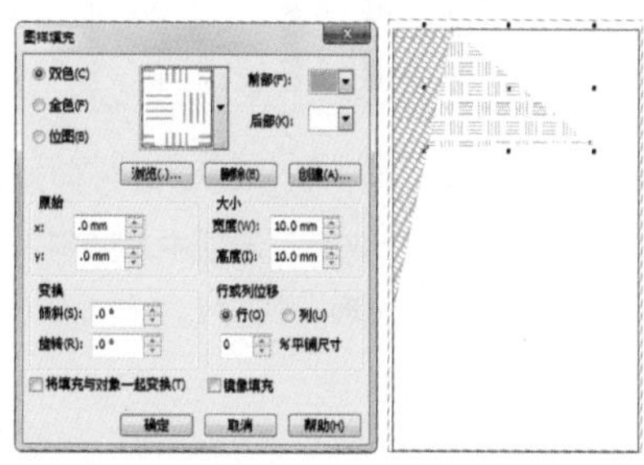

06 在矩形上方绘制一个三角形，打开“图样填充”对话框，选择“双色”，打开下拉选项，选择第 2 行第 5 个图形。

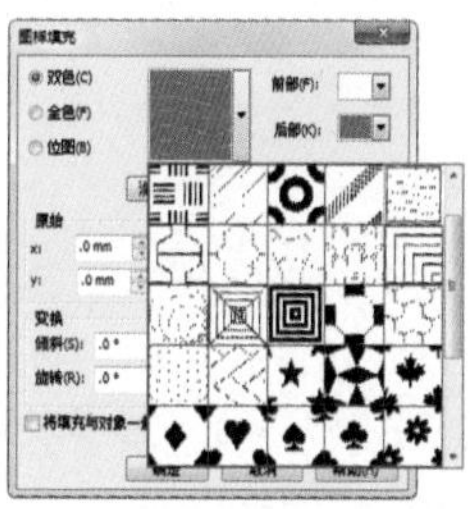

07 在对话框中设置图形“前部”颜色填充为（C:0，M:0，Y:0，K:0），“后部”颜色填充为（C:0，M:80，Y:40，K:0）；在“大小”选项中，设置宽度和高度分别为 5mm、10mm；“行或列位移”选项选择“行”。

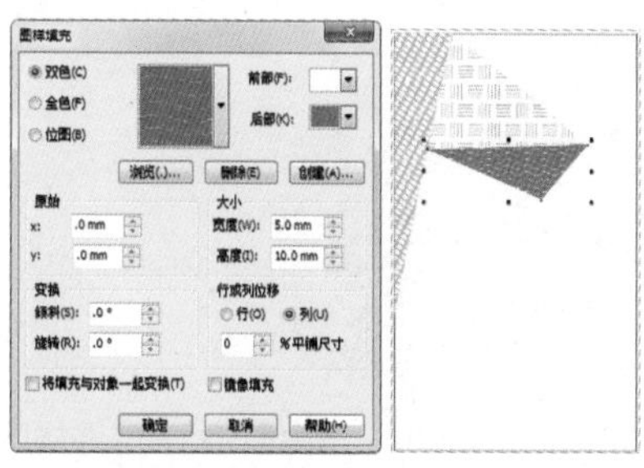

08 在矩形上方绘制一个三角形，打开“图样填充”对话框，选择“双色”，单击“创建”按钮 创建(A)... ，打开“双色图案编辑器”，设置“位图尺寸”为 16×16，“笔尺寸”为 1×1，将光标放在网格上，拖动鼠标绘制图案，单击“确定”按钮 确定 。

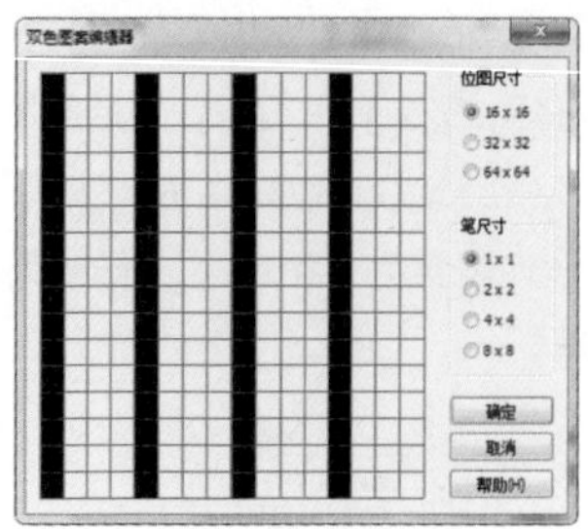

09 在“大小”选项中，高度和宽度分别设置为10mm 和 50mm；“变换”选项中“倾斜”设置为45°；“行或位移选项”中选择“行”。单击“确定”按钮 确定 。

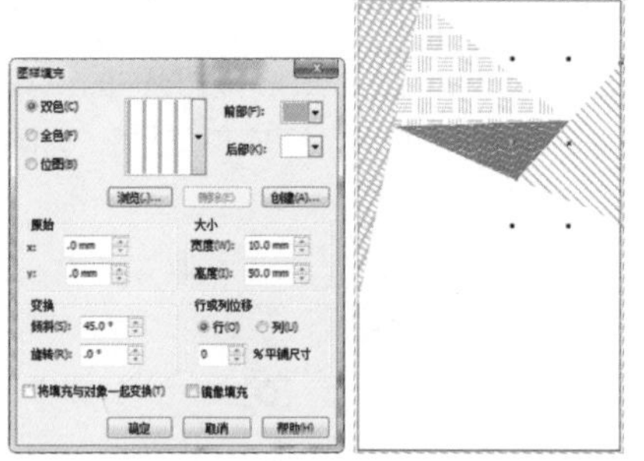

10 在矩形上方绘制一个三角形，打开“图样填充”对话框，选择“双色”，选择第 2 列第 5 个图形，“前部”颜色设置为（C:0，M:0，Y:0，K:0），“后部”颜色设置为（C:0，M:40，Y:20，K:0）；“大小”选项中，宽和高均为 10mm；“行或位移选项”中选择“行”。单击“确定”按钮 确定 。

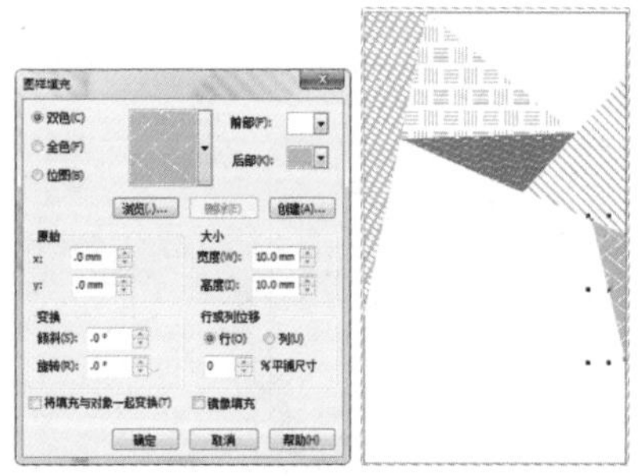

11 在矩形上方绘制一个三角形，打开“图样填充”对话框，选择“双色”，打开下拉选项，选择第 2 行第 5 个图形。将图形“前部”颜色设置为（C:0，M:0，Y:0，K:0），“后部”颜色设置为（C:0，M:80，Y:40，K:0）；“大小”选项中宽度和高度分别为 5mm、25mm；“行或列位移”选项选择“行”。

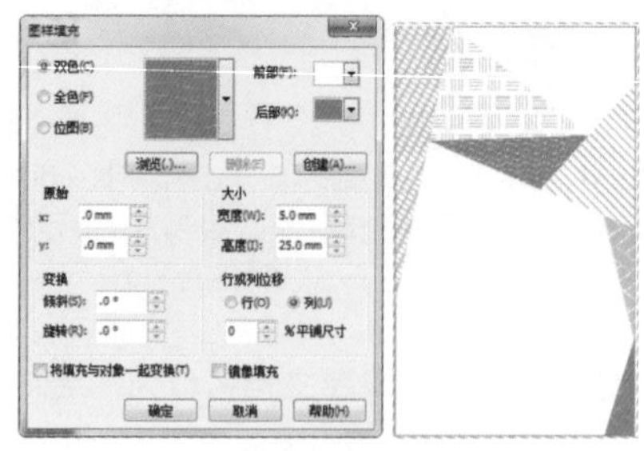

12 依次画出其他三角形并填充颜色，导入“素材\第 6 章\练习 6-5\6-5 素材 .cdr”文件，将素材图形置于相应位置，使用“文本工具”字打出文字，调整字体字号，置于合适位置，完成名片的绘制。

6.4.4 底纹填充 重点

“底纹填充”也被称为“纹理填充”，是指运用与矢量图相同的填充原理，为对象填充天然材料的效果。

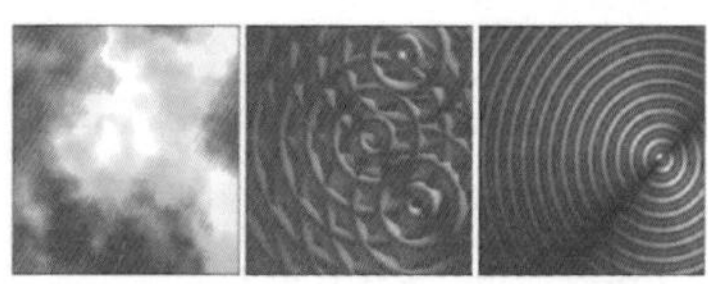

- 选中要填充的对象，单击工具箱中的“填充工具”按钮 并稍作停留，在弹出的下拉表框中单击“底纹填充”按钮 ，打开“底纹填充”对话框。打开“底纹库”下拉表框，从中选择底纹库，然后在“底纹列表”中选择要填充的底纹。

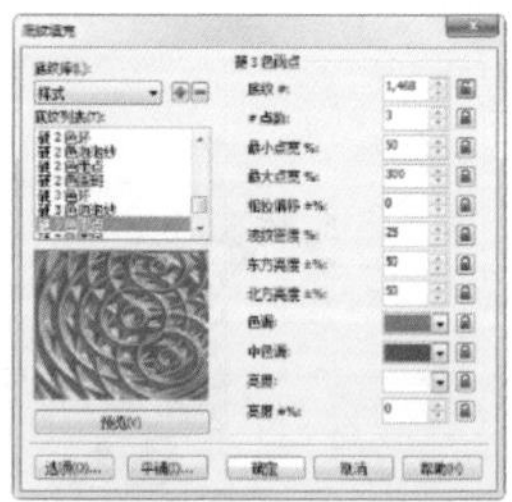

在“底纹列表”中任意选一种底纹，在右侧窗口中即会显示与之对应的设置选项。进行相应的设置之后，即可生成新的底纹效果，单击“预览”按钮 预览(V) 可以预览。

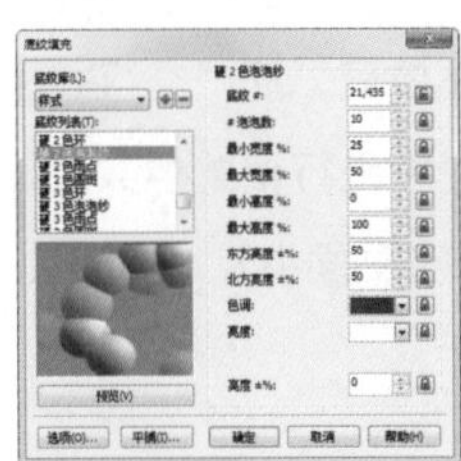

单击左下角“选项”按钮 选项(O)... ，可以在弹出的“底纹选项”对话框中分别设置“位图分辨率”（分辨率越高，其纹理显示越清晰，文件尺寸也会随之增大，所占内存也越多）和“底纹尺寸限度”。

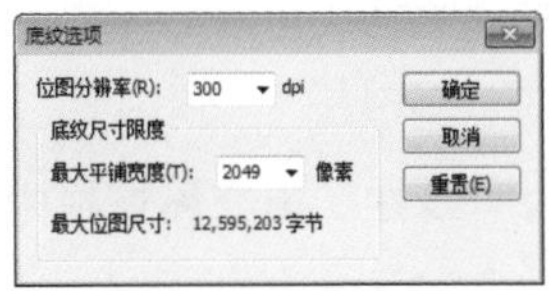

练习6-6 绘制红酒瓶

难度：☆☆

素材文件：素材 \ 第 6 章 \ 练习 6-6 \ 素材 \ 高山 .cdr、酒瓶 .cdr

效果文件：素材 \ 第 6 章 \ 练习 6-6 \ 绘制红酒瓶 .cdr

在线视频：第 6 章 \ 练习 6-6 \ 绘制红酒瓶 .mp4

01 双击桌面上的快捷图标，启动 CorelDRAW X6 软件。单击开始界面左上角快速访问工具栏上的“打开”按钮，弹出“打开绘图”对话框。选择“素材 \ 第 6 章 \ 练习 6-6 \ 素材 \ 酒瓶 .cdr” 文件，将其打开。

02 使用“矩形工具”在酒瓶素材上方绘制一个矩形，填充颜色为（C:5;M:15;Y:25;K:0）。

03 执行“文件”→“导入”命令，在“导入”对话框中选择“素材 \ 第 6 章 \ 练习 6-6 \ 素材 \ 高山 .cdr” 文件，将其导入。

04 再次使用“矩形工具”，绘制一个矩形，填充颜色为（C:0;M:0;Y:0;K:100）。

05 继续绘制一个矩形，单击工具箱中“填充工具”按钮，在弹出的下拉表框中单击“渐变填充”，打开“渐变填充”对话框，“类型”选择“线性”，将“颜色调和”选项设置为“自定义”，双击渐变色条，添加 12 个渐变节点，颜色从左到右分别为（C:0;M:0;Y:0;K:0）、（C:0;M:0;Y:0;K:0）、（C:0;M:0;Y:20;K:0）、（C:0;M:20;Y:60;K:20）、（C:0;M:20;Y:40;K:60）、（C:0;M:20;Y:40;K:60）、（C:0;M:20;Y:40;K:60）、（C:0;M:20;Y:60;K:20）、（C:0;M:0;Y:20;K:0）、（C:0;M:0;Y:0;K:0）、（C:0;M:0;Y:20;K:0）、（C:0;M:20;Y:60;K:20）。“角度”为 358.6°。

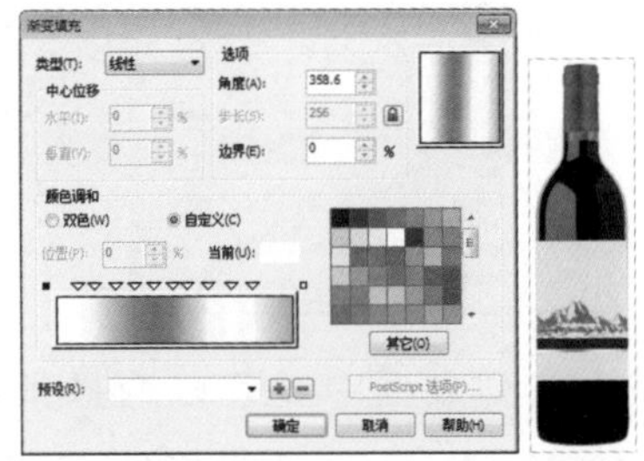

06 在矩形上绘制一个矩形，单击工具箱中“填充工具”按钮，在弹出的下拉表框中单击“底纹填充”按钮，打开“底纹填充”对话框。选择“样式”底纹库，在“底纹列表”中选择“三色水彩”。单击“确定”按钮 确定 。

07 使用“文本工具”打出文字，调整字体和大小，置于合适位置。复制 3 个金色渐变图形，置于瓶身合适位置，完成酒瓶的绘制。

6.4.5 Postscript填充

“Postscript填充” 是一种特殊的花纹填色工具，可以利用Postscript语言计算出一种极为复杂的底纹。这种填色纹路细腻，占用空间也不大，适用于较大面积的花纹设计。

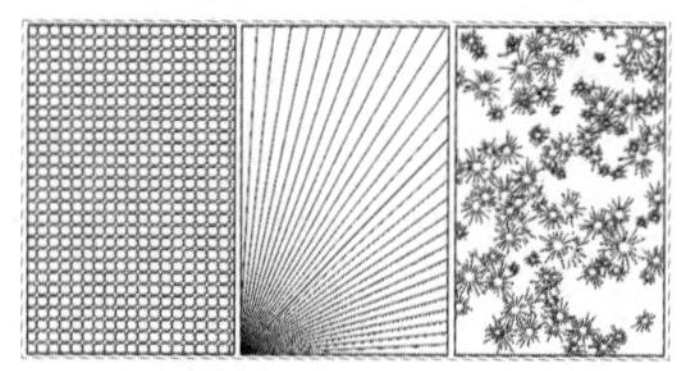

选择要填充的图形，单击工具栏中“填充工具”按钮，在弹出的下拉表框中单击“Postscript填充”，打开“Postscript底纹”对话框。

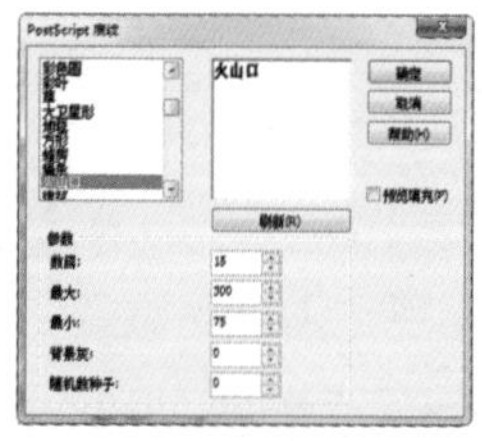

在上方列表框中，可以选择预设的Postscript纹理；勾选“预览填充”复选框，可以预览填充效果；在“参数”选项组中，通过对不同参数的设置，可产生不同效果；单击“确定”按钮，即可应用填充效果。

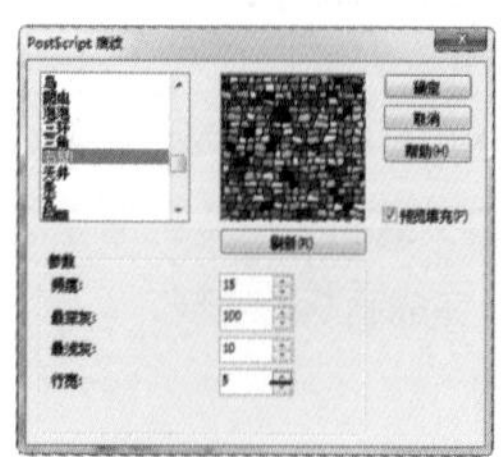

6.4.6 交互式填充工具（重点）

“交互式填充工具”与“填充工具”的“渐变”选项有所不同，“填充工具”的“渐变选项”是在对话框中进行设置的，不能直接观察填充效果，而“交互式填充工具”则可以在属性栏中进行相关参数设置，填充效果可以直接反映在画面中。

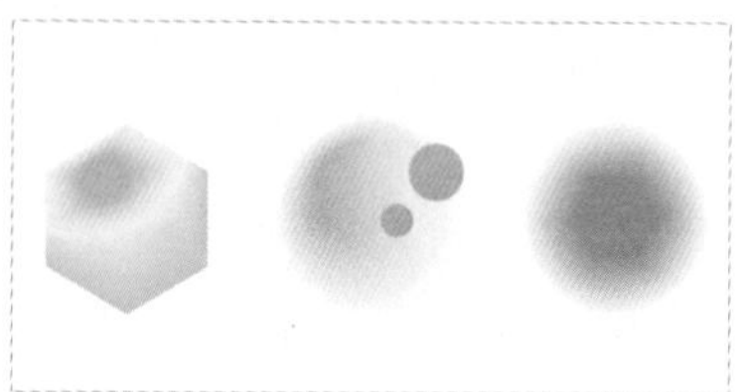

在“交互式填充工具”下，选择的填充类型不同，其属性栏也不同。下面依次介绍各填充类型的属性栏。

1. “线性”属性栏

以下为“线性”填充属性栏中各选项的含义。

- **编辑填充**：可编辑当前填充的属性。
- **填充类型**：选择填充的类型，包括“无填充”“均匀填充”“线性”“辐射”“锥形”“正方形”“双色图样”“全色图样”“位图图样”“底纹填充”“Postscript 填充”。

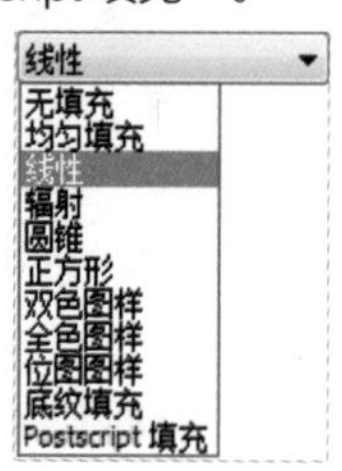

- **填充颜色**：设置渐变色的起始色和终止色。
- **填充中心点**：设置渐变中两种颜色所占比例。数值越大，中心点越接近于终止色，起始范围越大。在填充的图形上也会显示中心点滑块，拖动即可调整中心点。

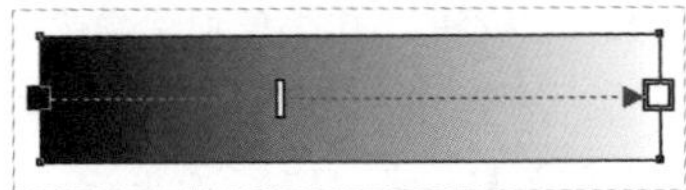

● **填充角度 / 边界** ：调整渐变填充的方向角度及边界颜色宽度。以下为当角度和边界分别为 -20 和 7 时的填充状态。

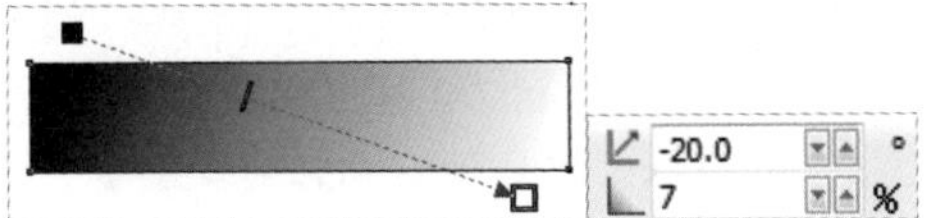

2. "双色图样"属性栏

以下为"双色图样"填充属性栏中各选项的含义。

● **编辑填充** ：可编辑当前填充的属性。

● **填充图样** ：选择填充色或图样。单击"更多"按钮 可打开"双色图案编辑器"，可在编辑器上自行绘制图案。

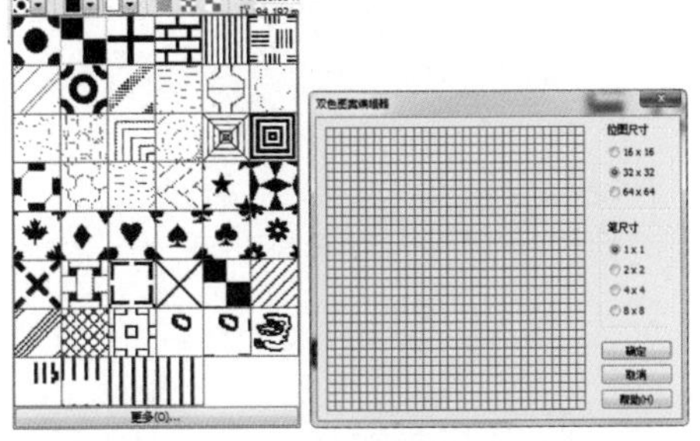

● **填充颜色** ：设置图案的前部颜色和后部颜色。

● **小型拼接** ：设置图样拼接大小为"小型"。

● **中型拼接** ：设置图样拼接大小为"中型"。

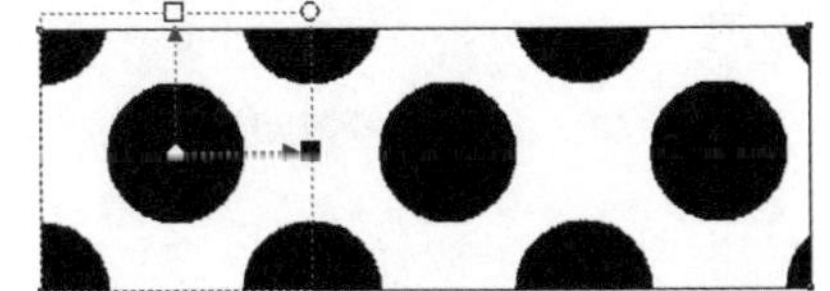

● **大型拼接** ：设置图样拼接大小为"大型"。

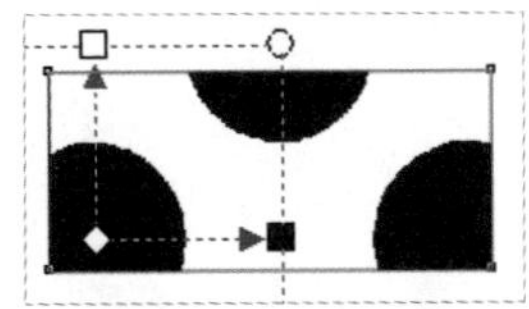

● **编辑平铺** ：在数值框中输入数值，可更为精确地控制图样填充大小。

● **拖动图形右边方块节点** ：可旋转填充图样并且改变其宽度，拖动上方节点可旋转填充图样并且改变其高度，拖动圆形节点可将图样进行等比例旋转或缩放。

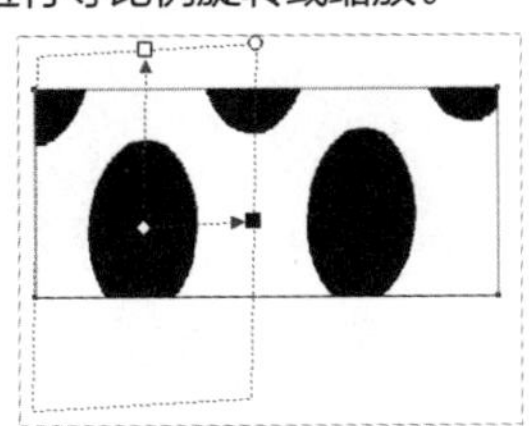

提示

选择的填充类型不同，属性栏会随着填充类型的功能特点不同而稍有改变，可便捷地在属性栏上设置该填充的属性。

练习6-7 绘制折纸文字

难度：☆☆
素材文件：无
效果文件：素材 \ 第 6 章 \ 练习 6-7 \ 绘制折纸文字 .cdr
在线视频：第 6 章 \ 练习 6-7 \ 绘制折纸文字 .mp4

01 新建空白文档，设置文档名称为"绘制折纸文字"，然后设置页面大小为 A4。

02 在页面空白处绘制一个图形，单击"交互式填充工具" ，在属性栏上选择"填充类型"为"线性"，渐变起始色和终止色分别为（C:0，M:10，Y:85，K:0）、（C:0，M:90，Y:80，K:0）；"填充中心点"设置为 30。

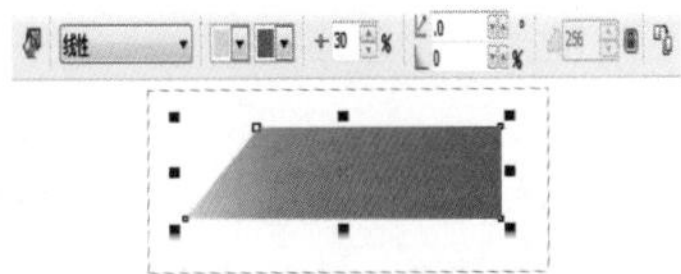

03 使用"矩形工具" ，绘制一个矩形，单击"交互式填充工具" ，在属性栏上选择"填充类型"

为“线性”，渐变起始色和终止色分别为（C:95，M:75，Y:0，K:0）、（C:55，M:0，Y:10，K:0）。

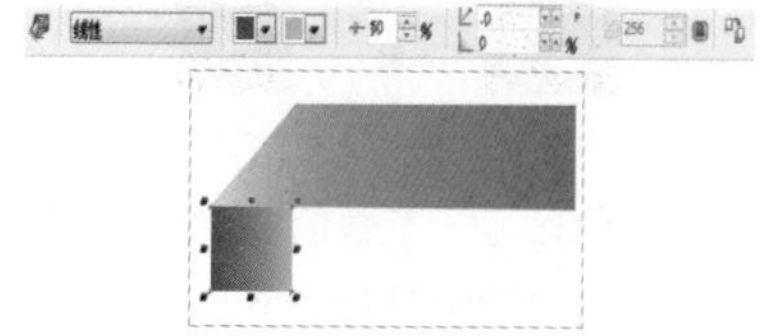

04 使用“交互式填充工具”将图形右侧节点向左边拖曳后，再将左侧节点向右边拖曳，将渐变起始色和终止色互调，拖曳3个节点，将渐变颜色调和均匀。

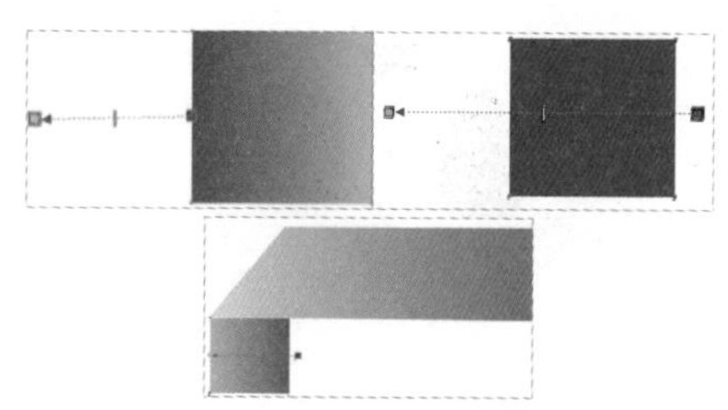

05 再次绘制一个矩形，单击工具栏中“交互式填充工具”，然后单击工具栏中“复制属性”按钮，出现黑色箭头后，单击之前绘制好的黄色渐变不规则图形，复制不规则图形的属性到矩形上。

06 绘制一个矩形，单击“交互式填充工具”，在属性栏上选择“填充类型”为“辐射”，渐变起始色和终止色分别为（C:0，M:75，Y:5，K:0）、（C:85，M:85，Y:0，K:0）；在图形上拖曳，将渐变颜色调和均匀。完成折纸字母“F”的绘制。

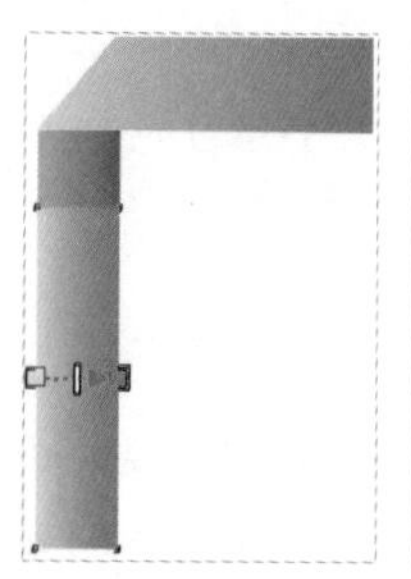

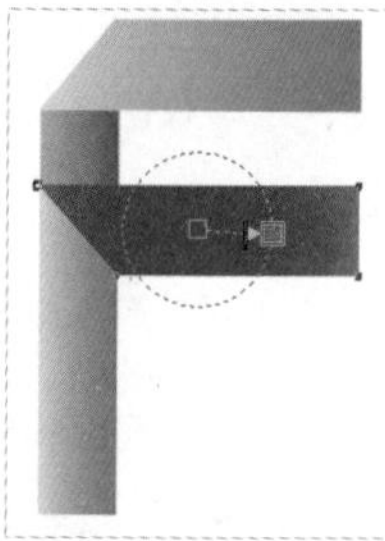

6.5 网状填充

网状填充是一种多点填充工具，通过它可以创造出复杂多变的网状填充效果（每个网点可以填充不同的颜色，并且可以定义颜色的扭曲方向，填充色彩之后会产生晕染效果）。

6.5.1 交互式填充工具 重点

在页面空白处绘制一个圆形，单击工具栏中“交互式填充工具”按钮并稍作停留，在弹出的下拉表框中单击“网状填充”按钮，即可看到圆形上有带节点的网状结构。

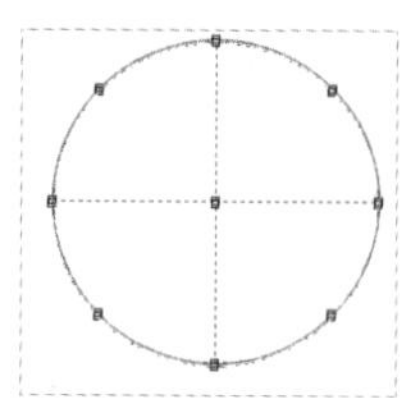

在线条上双击即可增加节点，在现有节点上双击可删除该节点，按下鼠标左键拖曳节点即可编辑网格，网格的形状影响填充图形的填充范围和晕染效果。

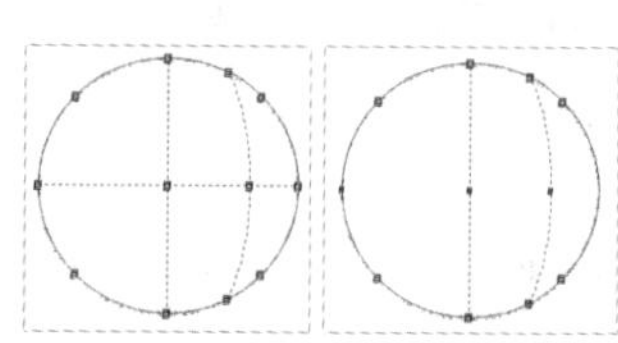

选中节点后可利用属性栏上的“线条工具”对网格进行编辑。

6.5.2 为对象填充颜色 重点

按下鼠标左键，将调色板上的颜色拖曳到圆形中心的节点上，该颜色将以点为中心向四周晕染。

将颜色拖曳到右上方区域内，则可以晕染填充该图形的大部分面积。

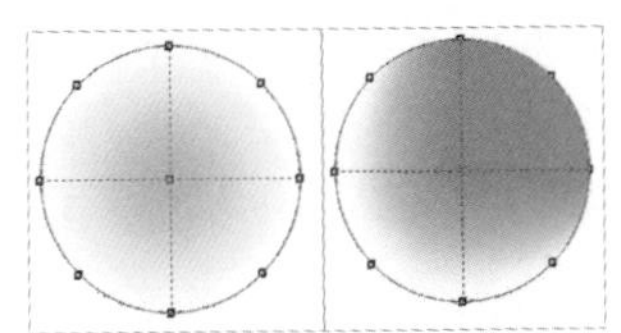

分别将颜色拖曳到节点和图形区域内，完成圆形的填充。

单击属性栏中“清除网状”按钮，可以清除网状填充。

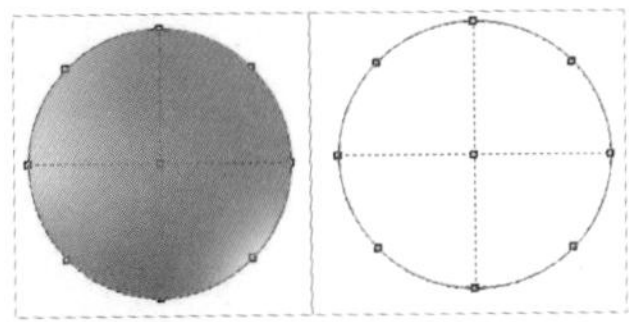

6.6 知识拓展

如果CoreDRAW里的默认颜色有错误，而且影响到文件的颜色，如颜色变得很亮，色调不对，原因是关闭了校对色彩和打印机色彩，这时按Ctrl + J组合键，打开“选项”对话框，展开左侧面板的“工作区”选项，在“显示”子面板中勾选“默认校样颜色”，单击“确定”即可。

6.7 拓展训练

本章为读者安排了两个拓展练习，以帮助大家巩固本章内容。

训练6-1 制作儿童节图标

难度：☆☆
素材文件：素材 \ 第 6 章 \ 习题 1\ 卡通人物 .cdr
效果文件：素材 \ 第 6 章 \ 习题 1\ 制作儿童节图标 .cdr
在线视频：第 6 章 \ 习题 1\ 制作儿童节图标 .mp4

根据本章所学的知识，使用正方形渐变的填充方法，制作儿童节图标。

训练6-2 绘制小老虎

难度：☆☆
素材文件：无
效果文件：素材 \ 第 6 章 \ 习题 2\ 绘制小老虎 .cdr
在线视频：第 6 章 \ 习题 2\ 绘制小老虎 .mp4

根据本章所学的知识，利用填充工具，并结合椭圆工具、3点曲线工具和贝塞尔工具，绘制小老虎。

第 7 章

对象的编辑

CorelDRAW X6为用户提供了多种修饰图形的工具，可以更好地修饰对象，使对象达到理想的形状。

本章重点

使用形状工具修饰对象 | 编辑轮廓线

图框精确剪裁对象 | 修饰图形

7.1 形状工具

"形状工具"可以直接编辑由"手绘""贝塞尔"和"钢笔"等曲线工具绘制的对象，使其达到理想状态。对于"椭圆形""多边形"和"文本"等工具绘制的对象不能进行直接编辑，需要转曲才能对其进行编辑。

"形状工具"的属性栏如下。

- **选取范围模式**：切换选择节点的模式，包括"手绘"和"矩形"两种。
- **添加节点**：单击增加节点，以增加可编辑线段的数量。
- **删除节点**：单击删除节点，改变曲线形状，使之更平滑，或重新修改。
- **连接两个节点**：连接开放路径的起始点和结束点，使之创建闭合路径。
- **断开曲线**：断开闭合或开放对象的路径。
- **转换为线条**：使曲线转换为直线。
- **转换为曲线**：将直线线段转换为曲线，可以调整曲线的形状。
- **尖突节点**：通过将节点转换为尖突制作一个锐角。
- **平滑节点**：将节点转换为平滑节点，提高曲线平滑度。
- **对称节点**：将节点的调整应用到两侧曲线。
- **反转方向**：反转起始点与结束节点的方向。
- **延长曲线使之闭合**：以直线连接起始点与结束点来闭合曲线。
- **提取子路径**：在对象中提取出其子路径，创建两个独立的对象。
- **闭合曲线**：连接曲线的结束节点，闭合曲线。
- **延展与缩放节点**：放大或缩小选中节点的相应线段。
- **旋转与倾斜节点**：旋转或倾斜选中节点的相应线段。
- **对齐节点**：水平、垂直或以控制柄来对齐节点。
- **水平反射节点**：激活编辑对象水平镜像的相应节点。
- **垂直反射节点**：激活编辑对象垂直镜像的相应节点。
- **弹性模式**：为曲线创建另一种具有弹性的形状。
- **选择所有节点**：选中对象所有节点。
- **减少节点**：自动删减选定对象的节点来提高曲线平滑度。
- **曲线平滑度**：通过更改节点数量调整平滑度。
- **边框**：激活去掉边框。

7.1.1 将特殊图形转换为可编辑对象

将特殊图形转换为可编辑对象有以下两种方法。

- 选中需要转换的对象，单击属性栏中"转换为曲线"按钮，将图形转换为曲线，即可进行编辑。
- 选中需要转换的图形，单击鼠标右键，在弹出的下拉菜单中单击"转换为曲线"选项，或直接按 Ctrl+Q 组合键将图形转换为曲线，即可进行编辑。

7.1.2 选择节点

单击工具箱中"形状工具"，在图形上单击即可选择节点。

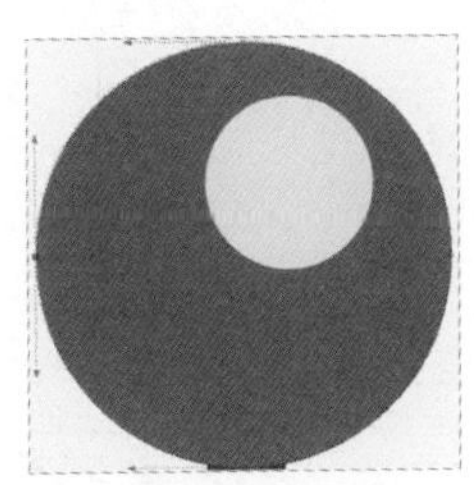

提示

同时按下 Shift 键可选择多个节点。

7.1.3 移动、添加与删除节点 重点

单击工具箱中“形状工具”，单击图形节点后按下鼠标左键拖曳可移动节点，也可借助键盘上的方向键来移动节点。

单击工具箱中“形状工具”，单击图形线段任意没有节点的位置，然后单击属性栏中“添加节点”按钮，即可在该位置添加节点。

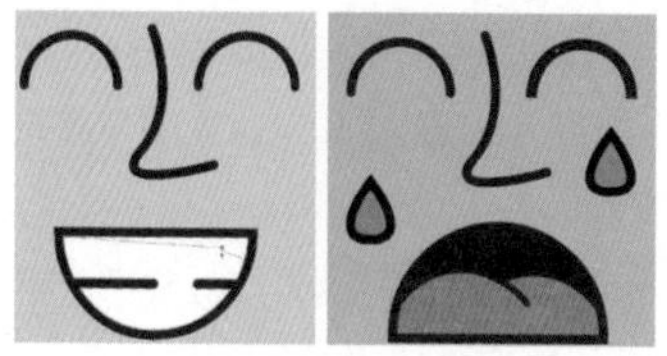

单击工具箱中“形状工具”，单击图形节点后单击属性栏中“删除节点”按钮，即可删除该节点。

7.1.4 对齐节点

单击工具箱中“形状工具”，在按下Shift键同时，单击图形节点，选择需要对齐的节点后单击属性栏中“对齐节点”按钮，在弹出的对话框中勾选相应的对齐选项，进行对齐。

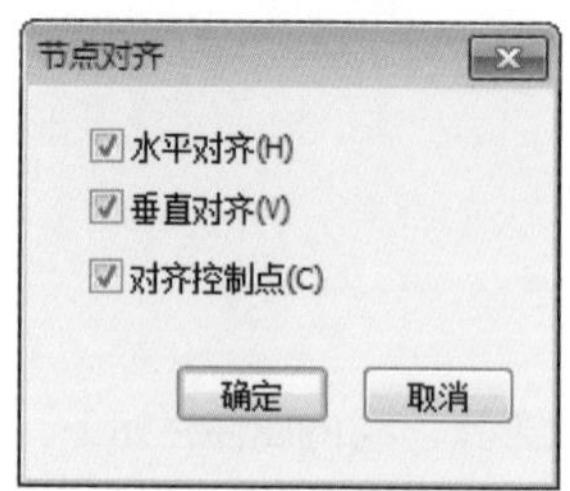

7.1.5 连接与分割节点

单击工具箱中“形状工具”，按下Shift键同时单击开放图形起始点和结束点，然后单击属性栏中“连接2个节点”按钮，闭合开放图形。

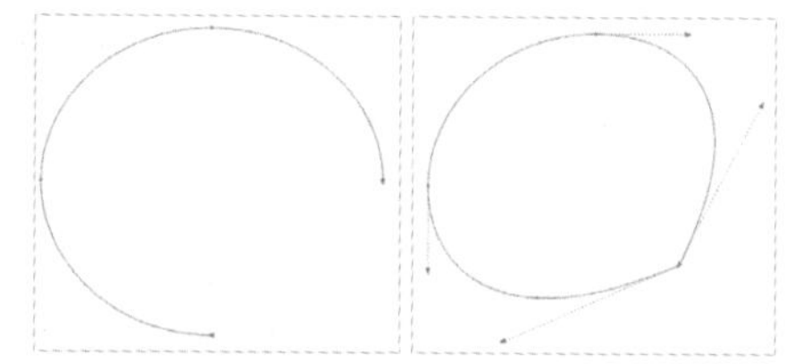

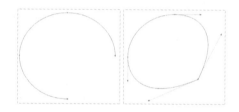

单击工具箱中“形状工具”，单击图形节点后单击属性栏中“断开曲线”按钮可以分割节点。

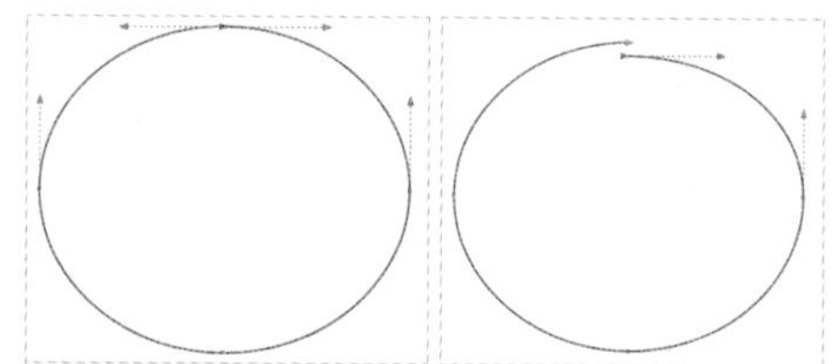

7.2 编辑轮廓线

在CorelDRAW X6中绘制矢量图时，编辑修改对象轮廓线的样式、颜色和宽度等属性，可以使图形设计更加丰富、灵动。轮廓线的属性在对象与对象之间可以进行复制，并且可以将轮廓转换为对象进行编辑。

软件默认为绘制的线条添加轮廓线，并设置颜色为（C:0;M:0;Y:0;K:100），宽度为0.2mm，线条样式为直线型，用户可重新修改轮廓属性。

7.2.1 改变轮廓线的颜色 重点

选中对象，将光标放在调色板上，单击鼠标右键即可改变轮廓线颜色。

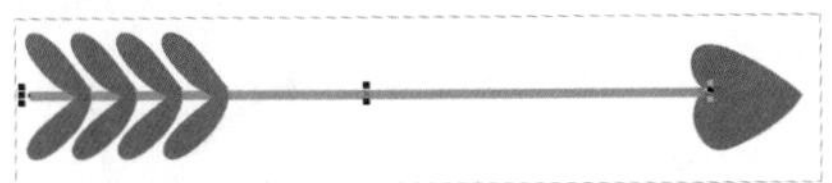

也可以选中对象，双击软件界面右下角轮廓笔填充色板，弹出“轮廓笔”对话框，在“颜色”选项中设置轮廓线颜色。

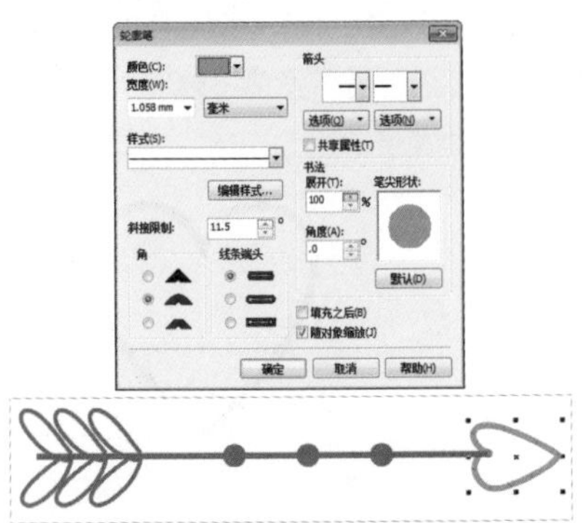

还可以长按工具箱中“轮廓笔”工具，在弹出的下拉列表中选择“彩色”选项，调出“颜色泊坞窗”，通过颜色泊坞窗修改轮廓线颜色。

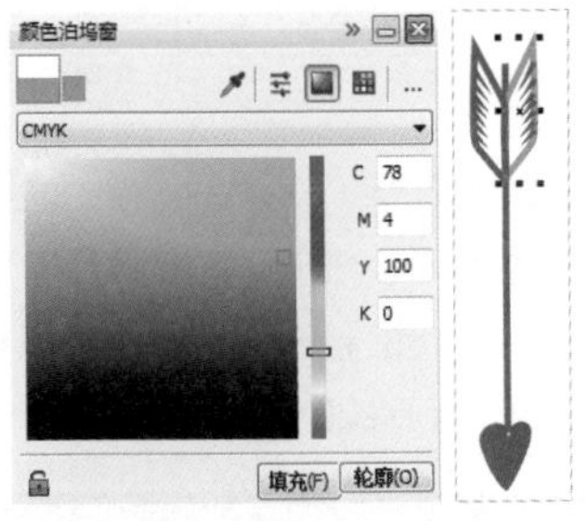

练习7-1 绘制桌布

难度：☆☆

素材文件：素材\第7章\练习7-1\7-1素材.psd

效果文件：素材\第7章\练习7-1\绘制桌布.cdr

在线视频：第7章\练习7-1\绘制桌布.mp4

01 打开CorelDRAW X6软件，新建空白页面。在画面空白处绘制一个正方形，将填充设置为（C:5;M:10;Y:15;K:0）。

02 在矩形上绘制一个圆形后将其选中，将光标放在软件界面右上方白色色板处，单击鼠标右键，将轮廓颜色设置为白色。

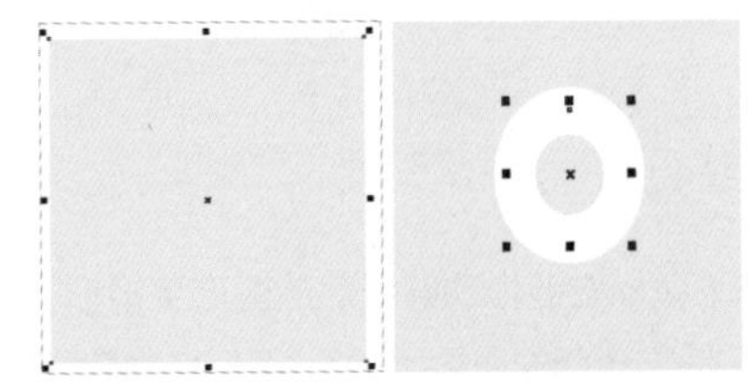

03 复制圆形，选中复制出来的圆形，双击界面右下角轮廓笔色块，打开“轮廓笔”对话框。单击“颜色”选项右边的选框，在弹出的下拉菜单中单击“更多”按钮，打开“选择颜色”对话框，切换到“模型”，输入“CMYK”数值（C:10;M:60;Y:5;K:0），单击“确认”按钮，应用轮廓颜色。

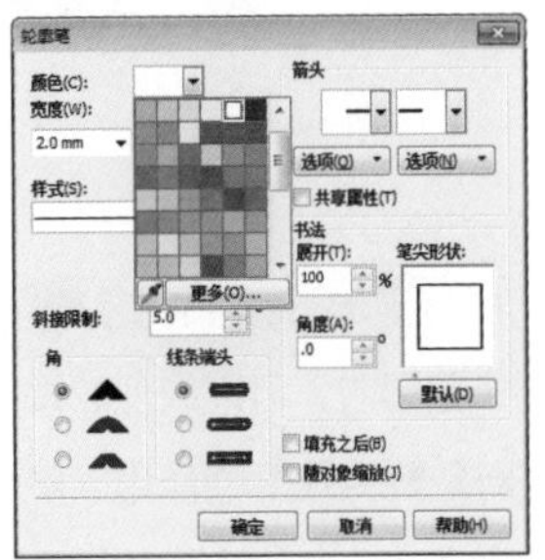

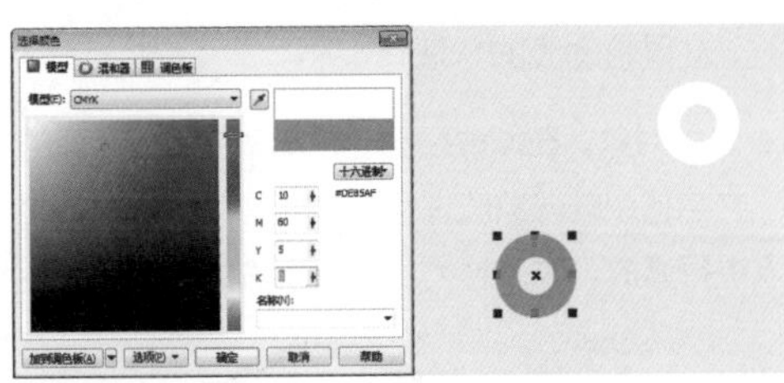

04 使用“钢笔工具”绘制一个花瓣，将填充设为（C:0;M:0;Y:0;K:0），使用“椭圆形工具”在花瓣上绘制一个圆形，将填充设为（C:0;M:25;Y:0;K:0）。

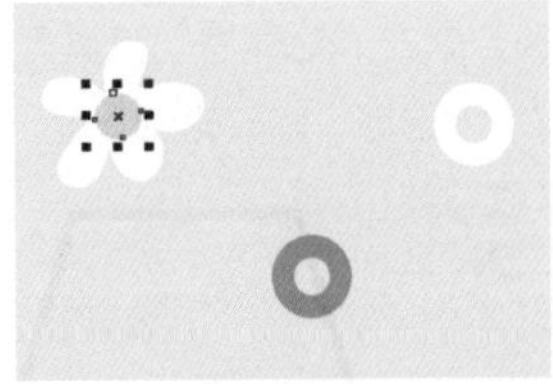

05 依次复制出其他圆形和花朵，并全选所有图形，单击属性栏中“群组”按钮将图形群组。

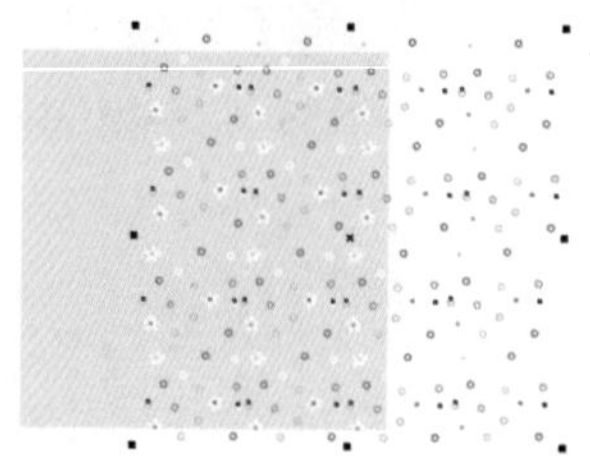

06 按下鼠标右键拖动群组后的图形至矩形上方后释放。在弹出的选项卡中选择“图框精确剪裁内部”命令，得到桌布图案。

07 导入“素材\第7章\练习7-1\7-1素材.psd”文件，调整大小后，置于合适位置。

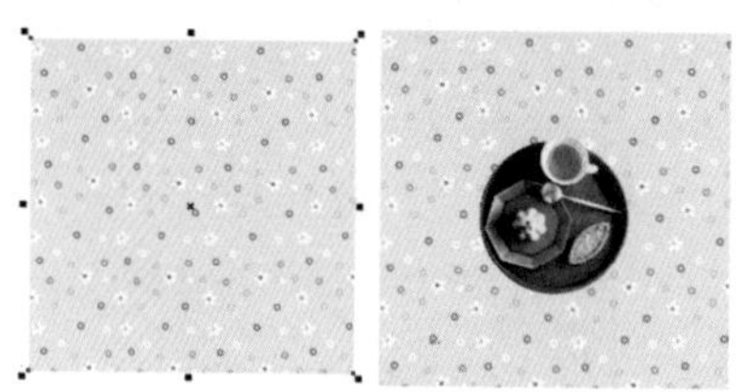

7.2.2 改变轮廓线的宽度（重点）

在绘制矢量图时，可以改变轮廓线的宽度，以起到增强对象醒目程度的作用。多个对象设置不一样的轮廓宽度，可以使图像效果更丰富。

设置轮廓线的方法有4种。

- 选中对象，在属性栏上“轮廓宽度”后面的文字框中输入数值进行修改，或在下拉选项中进行修改，数值越大，轮廓线越宽。

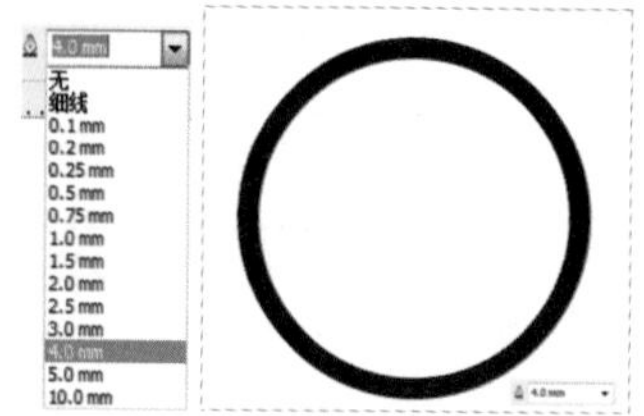

- 选中对象，单击“轮廓笔”工具，在弹出的下拉菜单中选择“修改轮廓宽度”。

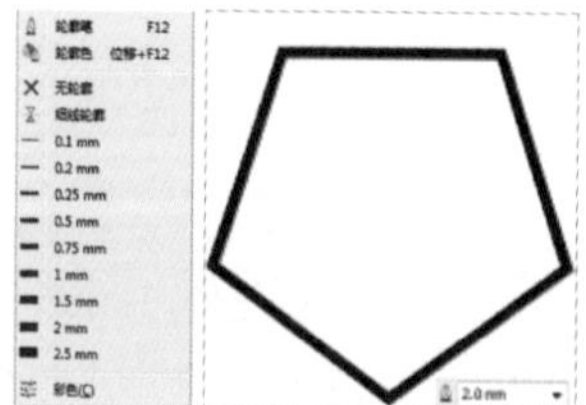

- 选中对象，按“F12”快捷键快速打开“轮廓笔”对话框，在“宽度”选项中输入数值，改变轮廓线宽度。

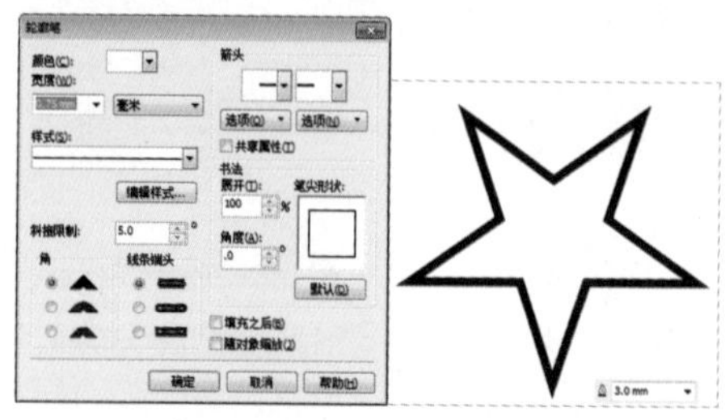

- 选中对象，双击右下角轮廓笔色板，打开“轮廓笔”对话框，在“宽度”选项中输入数值，改变轮廓线宽度。

练习7-2 绘制马路

难度：☆☆

素材文件：素材\第7章\练习7-2\7-2素材.psd

效果文件：素材\第7章\练习7-2\绘制马路.cdr

在线视频：第7章\练习7-2\绘制马路.mp4

01 打开CorelDRAW X6软件，新建空白页面，将页面尺寸设为A4，横版。

02 在页面空白处绘制一个矩形，将填充设置为（C:85;M:65;Y:55;K:0）。

03 在矩形上绘制一条直线，将轮廓颜色设为（C:0;M:0;Y:0;K:0），在属性栏中“轮廓笔”后的文本框处输入数值6.0mm，设置轮廓线宽度。

04 复制轮廓线，置于合适位置。

05 使用“钢笔工具” 在矩形上绘制一条直线，右键单击右边板色调色板，将轮廓颜色设为白色。双击右下方轮廓笔画板，将弹出的“轮廓笔”对话框中的“宽度”选项设为 4，单击“确定”按钮。

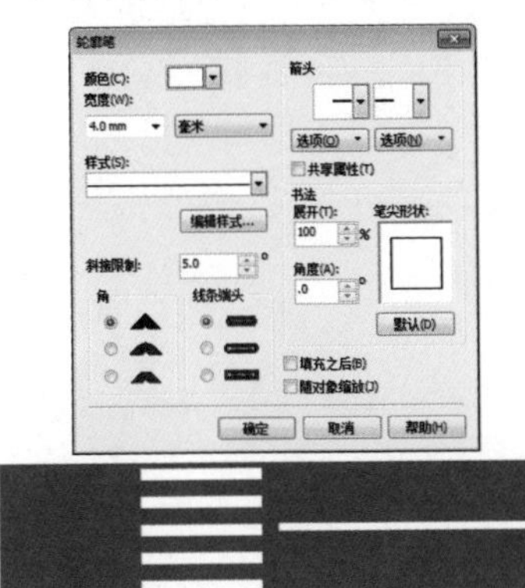

06 导入素材“素材 \ 第 7 章 \ 练习 7-2 \7-2 素材 .psd”，调整大小，置于合适位置。

7.2.3 改变轮廓线的样式 重点

设置轮廓线的样式可以提升图形美观度，也可以突出图形，使图形更加醒目。

改变轮廓线样式的方法有两种。

- 选中对象，在属性栏上“线条样式”的下拉选项中选择相应样式变更轮廓线样式。

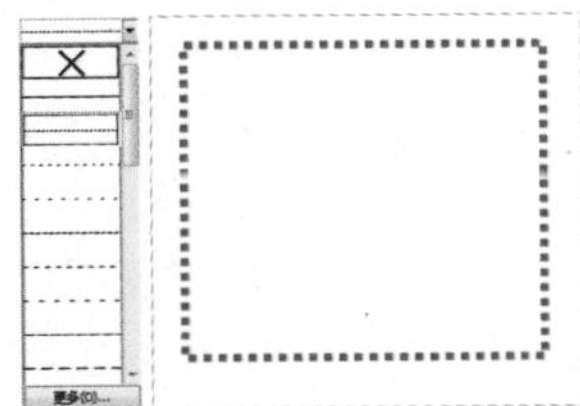

- 双击软件右下方轮廓笔色板，打开“轮廓笔”对话框，在“样式”的下拉选项中选择相应的样式进行修改。

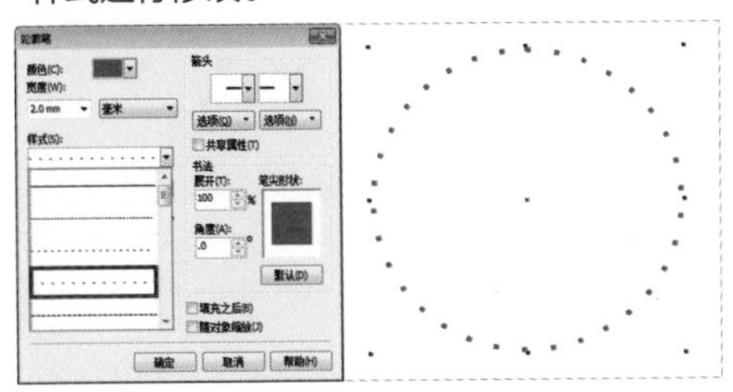

练习7-3 绘制胡子大叔

难度：☆☆

素材文件：素材 \ 第 7 章 \ 练习 7-3 \7-3 素材 .cdr

效果文件：素材 \ 第 7 章 \ 练习 7-3 \ 绘制胡子大叔 .cdr

在线视频：第 7 章 \ 练习 7-3 \ 绘制胡子大叔 .mp4

01 打开素材“素材 \ 第 7 章 \ 练习 7-3 \7-3 素材 .cdr”，使用“选择工具” 选择黑色的帽子。

02 按 Ctrl+C 和 Ctrl+V 组合键将帽子原位复制后，略微缩小，将光标放在“无填充”色板上，单击鼠标左键，删除填充色，然后将光标放在白色色板上，单击鼠标右键，将轮廓颜色设为白色，在属性栏中将轮廓宽度设为 0.5mm。

03 选中白色轮廓线，在属性栏上“线条样式”的下拉选框中选择第 5 个样式。

04 使用“钢笔工具” 沿蝴蝶结内沿描一条边框，选中描好的边框，将光标放在“无填充”色板上，单击鼠标左键，删除填充色，然后将光标放在白色色板上，单击鼠标右键，将轮廓颜色设为白色，在属性栏中将轮廓宽度设为 0.1mm。

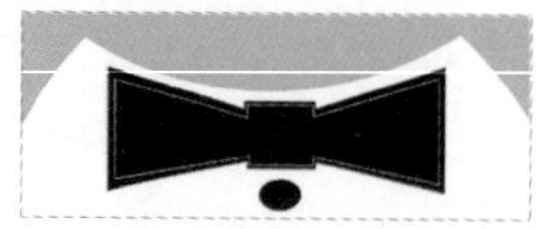

05 选中轮廓线，双击右下角“轮廓笔”色板，打开“轮廓笔”对话框，在“样式”下拉选项中选择第二个样式，单击“确定”按钮，完成胡子大叔的绘制。

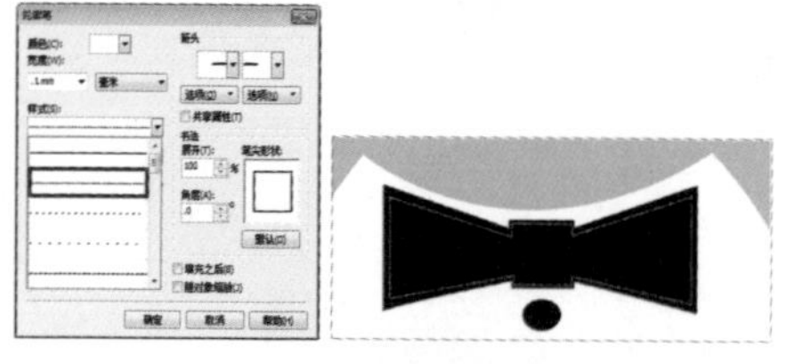

7.2.4 清除轮廓线

CorelDRAW X6绘制图形时会默认描宽为0.2mm，颜色为黑色的轮廓线，根据需要，可通过相关操作将轮廓线去掉，以达到理想的效果。

清除轮廓线的方法有4种。

- 选中对象，将光标放在右边“无填充”画板☒处，单击鼠标右键，去除轮廓线。

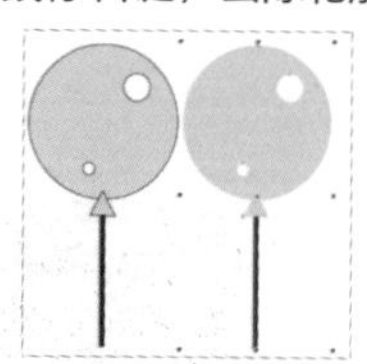

- 选中对象，在属性栏中“轮廓宽度”的下拉选项中选择“无”。

- 选中对象，在属性栏“线条样式”的下拉选项中选择“无样式”。

- 选中对象，单击工具栏中“轮廓笔”工具，在弹出的下拉选项中选择“无轮廓”。

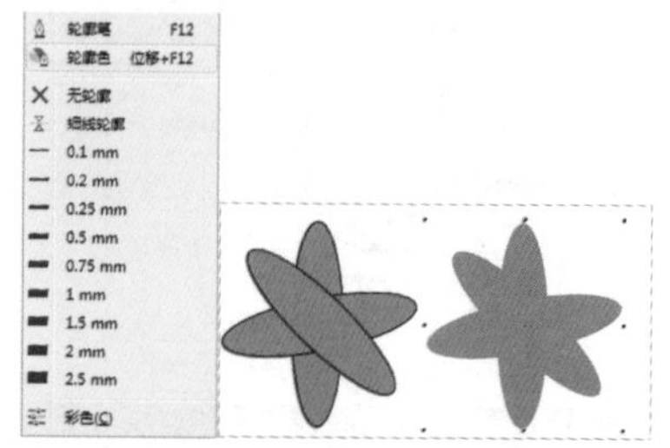

练习7-4 绘制天空

难度：☆☆

素材文件：素材\第7章\练习7-4\7-4素材.cdr

效果文件：素材\第7章\练习7-4\绘制天空.cdr

在线视频：第7章\练习7-4\绘制天空.mp4

01 打开CorelDRAW X6软件，新建空白页面，将页面尺寸设为A4，横版。

02 在页面空白处绘制一个矩形，将填充设为（C:55;M:0;Y:20;K:0）。

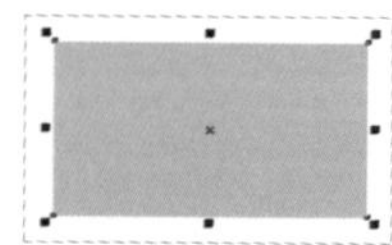

03 在矩形上绘制一个椭圆，执行“排列”→“变换”→“旋转”命令，在“变换面板”中将旋转角度设为15°，相对中心为中，副本为30，单击“应用”按钮。

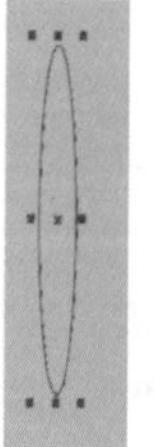

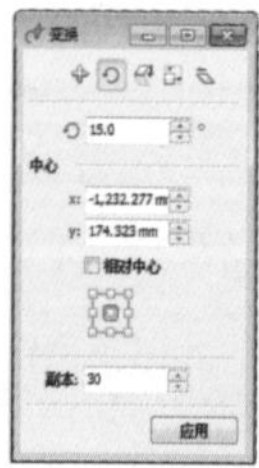

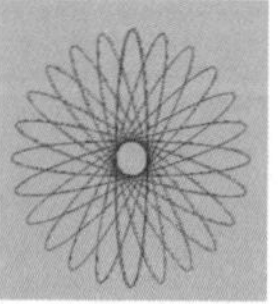

04 全选旋转后的图形，将其填充设为（C:0;M:5;Y:95;K:0），将光标放在右边“无填充”色板处，单击鼠标右键，清除轮廓线并按 Ctrl+G 组合键将其群组。

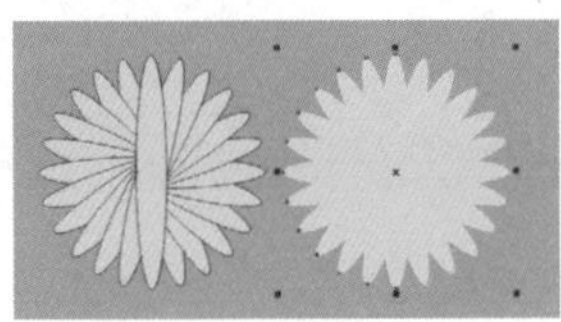

05 在群组后的图形上绘制一个圆形，将填充设为（C:0;M:5;Y:95;K:0），轮廓颜色设为（C:0;M:0;Y:0;K:0），轮廓宽度设为 5。并绘上其他图形，置于合适位置，得到“太阳”图形。

06 在蓝色矩形上绘制几个椭圆并将其相互交叉重叠。

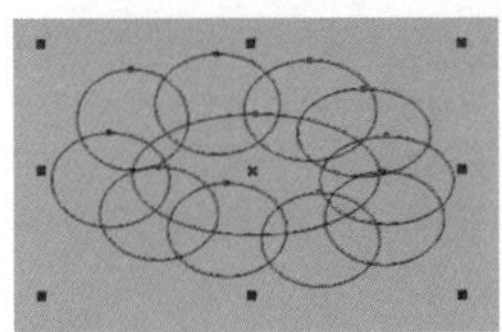

07 全选椭圆，将填充设为（C:0;M:0;Y :0; K:0），单击工具栏中“轮廓笔”工具，在弹出的下拉选项中选择“无轮廓”，清除图形轮廓。

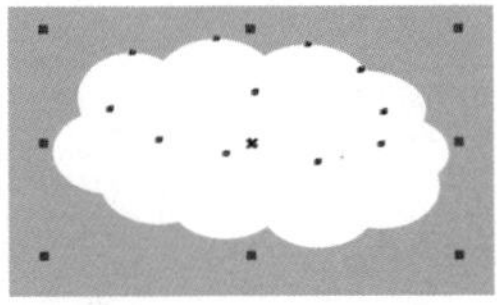

08 依次绘制出其他白云，使用“文本工具”字打出相应字样，将文字填充设为(C:0;M:0;Y:0;K:0)，轮廓宽度设为 0.5，轮廓颜色设为（C:0;M:5;Y:95;K:0），并按下 Ctrl+K 组合键，将文字打散后置于合适位置。

09 导入“素材 \ 第 7 章 \ 练习 7-4 \7-4 素材 .cdr”文件，将其置于合适位置，完成天空的绘制。

7.2.5 转换轮廓线

在CorelDRAW X6中，只能对轮廓线进行宽度调整、颜色均匀填充和样式变换等操作，如在绘图过程中需要对轮廓线进行对象操作，则需将其转换为对象。

选中需要编辑的轮廓，执行“排列”→“将轮廓转换为对象”菜单命令，将轮廓线转换为对象。

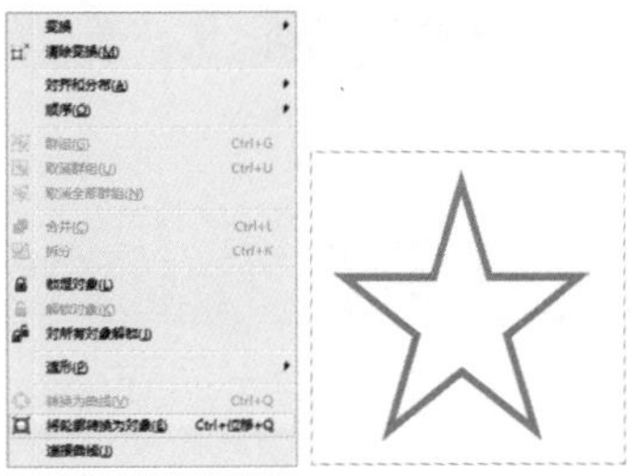

练习7-5 绘制促销海报

难度：☆☆
素材文件：素材 \ 第 7 章 \ 练习 7-5 \7-5 素材 .cdr
效果文件：素材 \ 第 7 章 \ 练习 7-5 \ 绘制促销海报 .cdr
在线视频：第 7 章 \ 练习 7-5 \ 绘制促销海报 .mp4

01 打开“素材 \ 第 7 章 \ 练习 7-5 \7-5 素 .cdr”文件，选取“低”字，将其填充修改为（C:0;M:0;Y:50;K:0），双击软件右下方轮廓笔色板，在弹出的“轮廓笔”对话框中将轮廓颜色设为（C:0;M:70;Y:30;K:0），轮廓宽度设为 0.75mm。

02 执行“排列”→“将轮廓转换为对象”菜单命令，将转换为对象的轮廓线稍作移动，置于合适位置。

03 选取“价”字，将其轮廓宽度设为 0.75mm，颜色设为（C:75;M:0;Y:15;K:0）。

04 执行“排列”→“将轮廓转换为对象”菜单命令，删除分解出来的“价”字对象。

05 依次完成另外两个文字的绘制，完成促销海报的绘制。

7.3 重新修整图形 重点

在CorelDRAW X6中，可以通过执行“焊接”“修剪”“相交”“简化”“移除后面对象”“移除前面对象”和“边界”等命令对图形进行修整操作。

7.3.1 图形的合并

“合并”命令可以将两个或者多个对象合并为一个独立对象。

合并对象的方法有两种。

- 选中需要合并的对象，执行“排列”→“造型”→“合并”命令，合并对象。

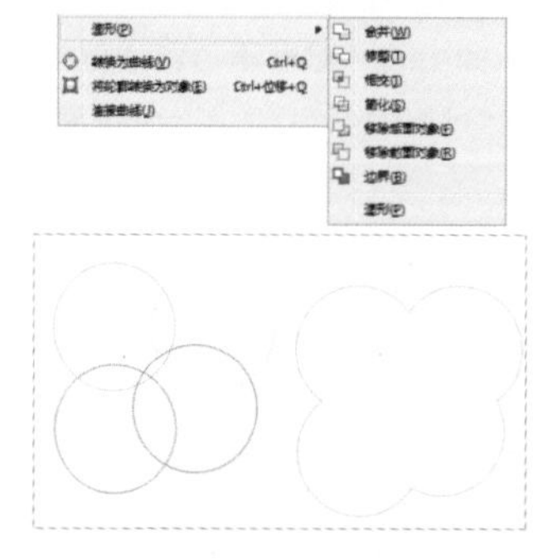

合并前　　合并后

- 选中需要合并的对象，单击属性栏中“合并”按钮，合并对象。

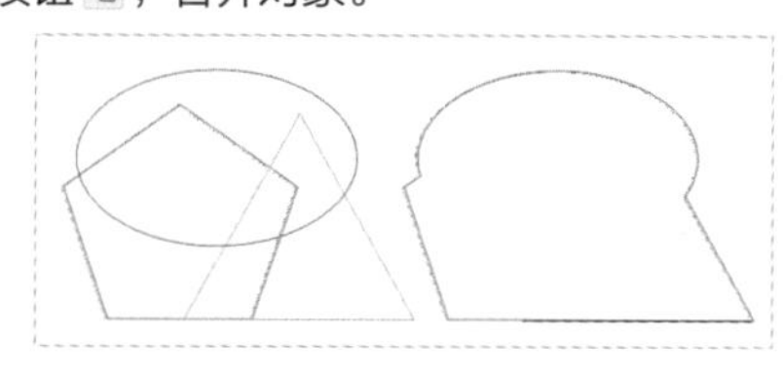

合并前　　合并后

7.3.2 图形的修剪与焊接 重点

下面介绍图形的修剪与焊接两个命令。

1. 修剪

“修剪”命令可以对一个或多个对象进行修剪，去掉多余的部分，在修剪时需要确定源对象和目标对象的前后关系。

修剪对象的方法有两种。

● 选中需要修剪的对象，执行“排列”→“造型”→“修剪”命令，进行修剪。

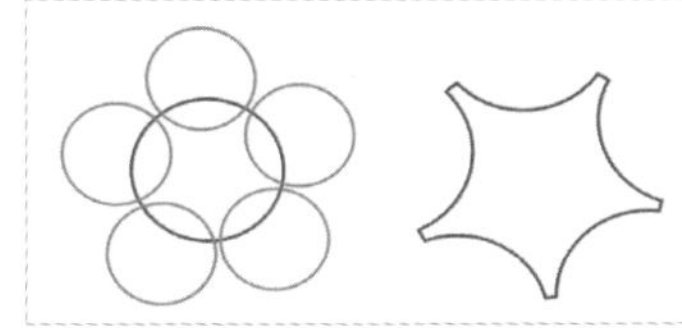

修剪前　　修剪后

● 选中需要修剪的对象，单击属性栏中“修剪”按钮 进行修剪。

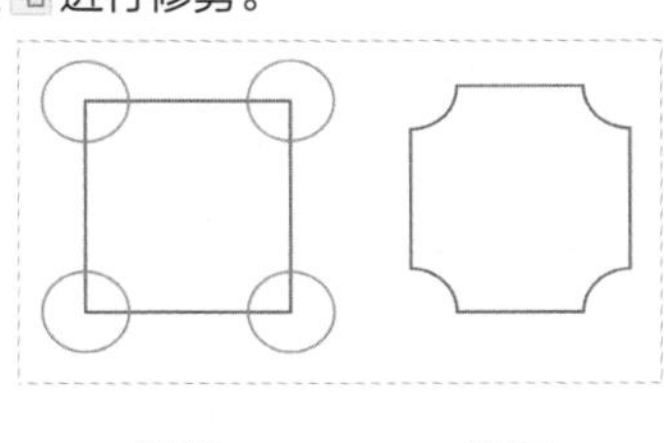

修剪前　　修剪后

2. 焊接

“焊接”命令可以将一个或者多个对象焊接成一个独立对象，“焊接”与“合并”不同，“焊接”可以设置保留原始源对象和原目标对象。

选中需要焊接的对象，执行“排列”→“造型”→“焊接”命令，在弹出的“造型面板”中设置是否保留原始源对象和原目标对象后，单击“焊接到”按钮，当光标变成黑色箭头 时，单击需要焊接的对象，完成焊接。

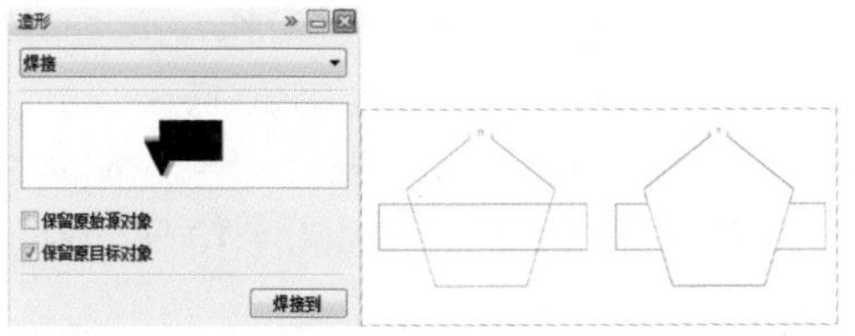

练习7-6 绘制彩虹乐园

难度：☆☆

素材文件：素材\第 7 章\练习 7-6\7-6 素材 .cdr

效果文件：素材\第 7 章\练习 7-6\绘制彩虹乐园 .cdr

在线视频：第 7 章\练习 7-6\绘制彩虹乐园 .mp4

01 打开 CorelDRAW X6 软件，新建 A4 横版空白页面，使用椭圆工具在页面空白处绘制一个圆形，将其填充设为（C:10;M:95;Y:85;K:0）。

02 复制一个圆形，调整大小，使其交叠于红色圆形之上，并将填充设为（C:5;M:55;Y:90;K:0），全选两个图形，按 E 和 C 键将圆形居中对齐。

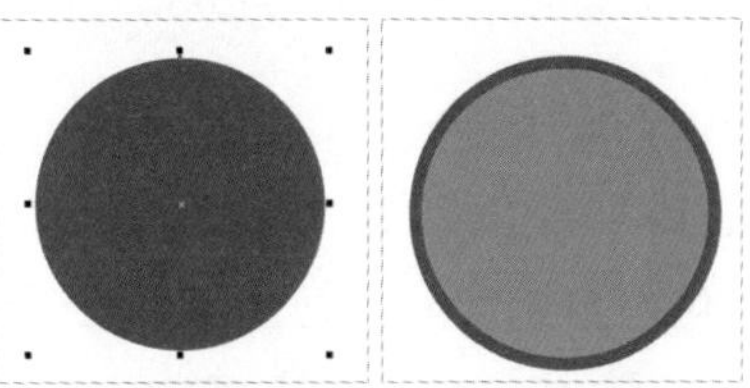

03 执行“排列”→“造型”→“修剪”命令，对底部的圆形进行修剪，将黄色的圆形移出，并在其上面绘制一个圆形，调整大小，将填充设为（C:5;M:25;Y:90;K:0），全选两个圆形，按 E 键和 C 键将圆形居中对齐。

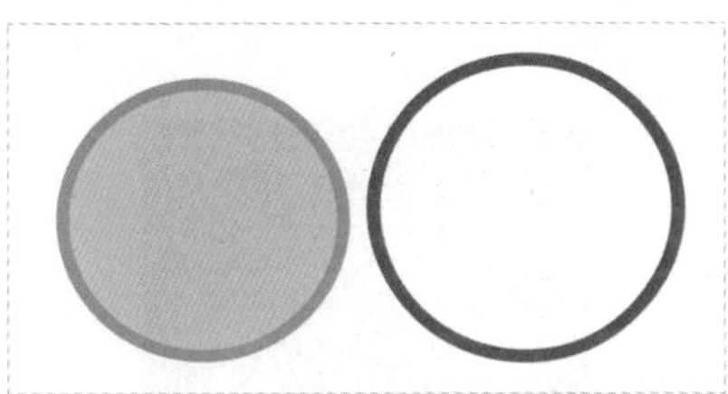

04 全选重叠的两个圆形，单击属性栏中“修剪”按钮 ，修剪底部的圆形后将上面的源对象移出。

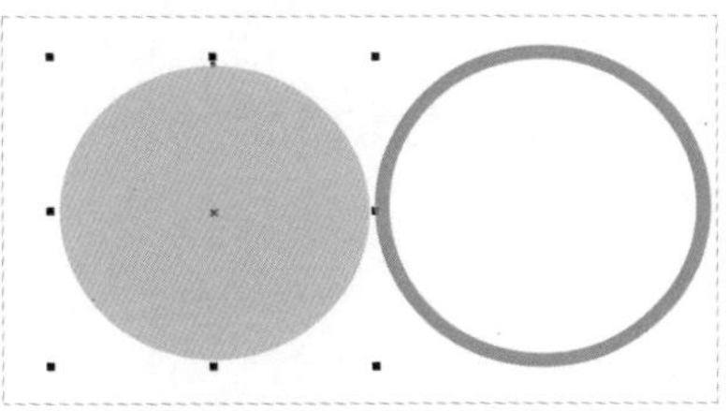

05 依次修剪出其他圆环，并将其填充分别设为（C:70;M:20;Y:0;K:0）、（C:85;M:55;Y:5;K:0）、（C:80;M:95;Y:5;K:0）。

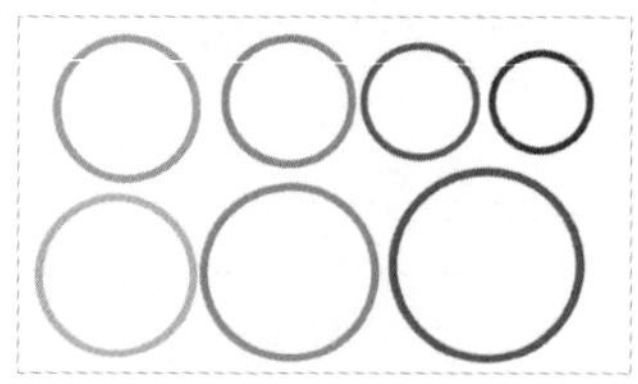

06 全选多修剪出来的圆环，按 E 和 C 快捷键将其居中对齐，并按 Ctlr+G 组合键将其群组。

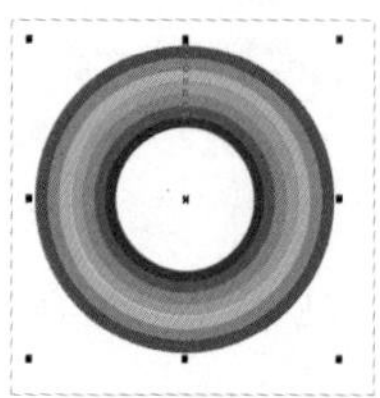

07 绘制一个矩形，使其交叠于群组后的圆环之上，全选所有图形，单击属性栏中的“修剪”按钮，绘制出“彩虹”。

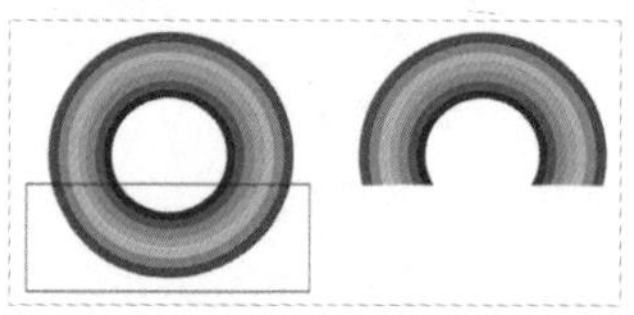

08 导入“素材\第 7 章\练习 7-6\7-6 素材 .cdr”文件，将彩虹置于素材中的合适位置，调整其排列层次，完成彩虹乐园的绘制。

7.3.3 图形的相交与简化 重点

1. 相交

“相交”命令可以在两个或多个对象重叠的区域上创建新的独立对象。

- 选中需要创建相交区域的对象，执行“排列”→“造型”→“相交”命令，或单击属性栏中“相交”按钮，创建好的新对象颜色属性为最底层的颜色属性。

相交前　　相交后

2. 简化

“简化”命令和“修剪”类似，对相交区域的重合部分进行修剪，不同的是简化不分源对象。

- 选中需要进行简化的对象，执行“排列”→“造型”→“简化”命令，或单击属性栏中“简化”按钮，简化后，相交的区域将会被修剪掉。

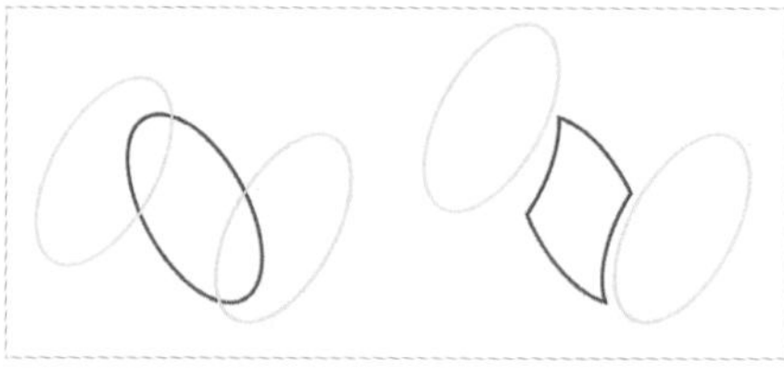

简化前　　简化后

练习7-7 绘制叶子

难度：☆☆

素材文件：无

效果文件：素材\第 7 章\练习 7-7\绘制叶子 .cdr

在线视频：第 7 章\练习 7-7\绘制叶子 .mp4

01 打开 CorelDRAW X6 软件，新建 A4 横版空白页面，使用“椭圆工具”在页面空白处绘制两个圆形，使其相互交叠。

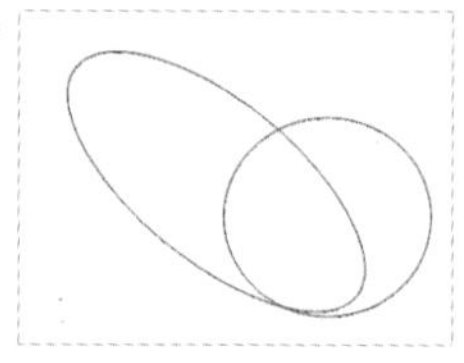

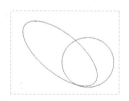

02 单击工具栏中的“选择工具”，全选两个圆形，然后执行“排列”→“造型”→“相交”命令，移除原图形，选中相交出来的新图形，去除图形轮廓，并填充为（C:0;M:25;Y:60;K:0）。

03 使用“钢笔工具”在图形上绘制一个叶脉的形状，将填充设为（C:100;M:100;Y:100;K:100），调整好位置。

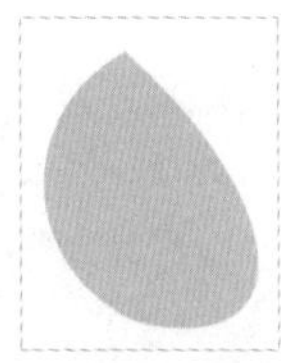

04 全选两个图形，按下鼠标左键，将其拖出一定距离后，释放鼠标左键，同时按下鼠标右键，将其复制。

05 选中复制出来的图形，单击属性栏中“简化”按钮 进行简化，将叶脉形状移开并将填充设为（C:0;M:25;Y:60;K:0），将简化出来的叶子形状填充设为（C:40;M:15;Y:15;K:0）。

06 移动旋转叶子与叶脉至合适位置，完成叶子的绘制。

7.3.4 移除前面对象

“移除前面对象”命令用于进行前面对象减去底层对象的操作。

- 选中需要移除的对象，确保最上层为最终保留对象，执行“排列”→“造型”→“移除前面对象”命令。

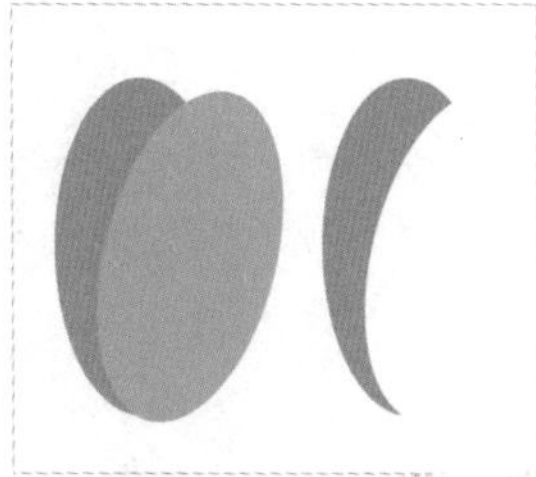

移除前面对象前　　移除前面对象后

- 选中需要移除的对象，确保最上层为最终保留对象，单击属性栏中“移除前面对象”按钮 。

移除前面对象前　　移除前面对象后

7.3.5 移除后面对象

“移除后面对象”命令用于进行后面对象减去顶层对象的操作。

- 选中需要移除的对象，确保最底层为最终保留对象，执行“排列”→“造型”→“移除后面对象”命令。

移除后面对象前　　移除后面对象后

- 选中需要移除的对象，确保最底层为最终保留对象，单击属性栏中“移除后面对象”按钮 。

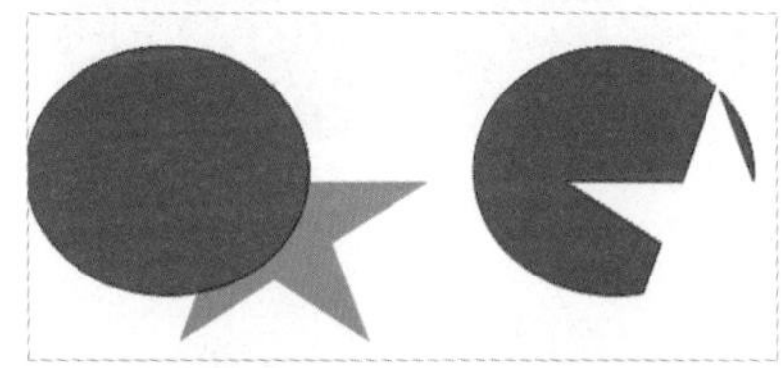

移除后面对象前　　移除后面对象后

7.3.6 创建对象边界

“边界”命令用于将所有选中的对象的轮廓以线描方式显示。

- 选中需要进行边界操作的对象，执行“排列”→“造型”→“边界”命令，或单击属性栏中“边界”按钮 ，移开线描轮廓可见，菜单边界操作会默认在线描轮廓下保留源对象。

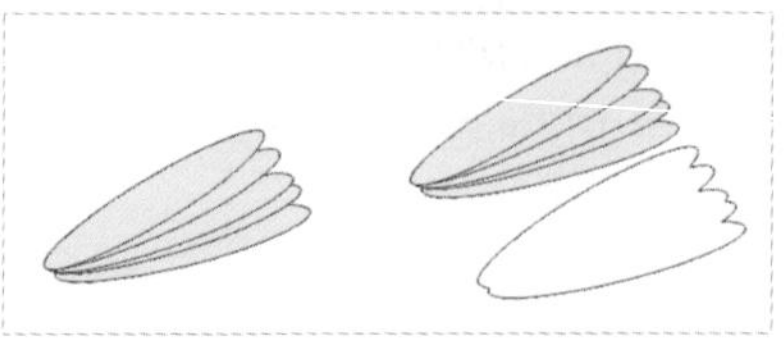

创建边界前　　创建边界后

练习7-8 绘制蝙蝠侠

难度：☆☆

素材文件：素材\第7章\练习7-8\7-8素材.jpg

效果文件：素材\第7章\练习7-8\绘制蝙蝠侠.cdr

在线视频：第7章\练习7-8\绘制蝙蝠侠.mp4

01 打开CorelDRAW X6软件，新建A4横版空白页面，使用“矩形工具”在页面空白处绘制一个矩形后单击属性栏中“转换为曲线”按钮，使用“形状工具”将其修改成倒梯形。

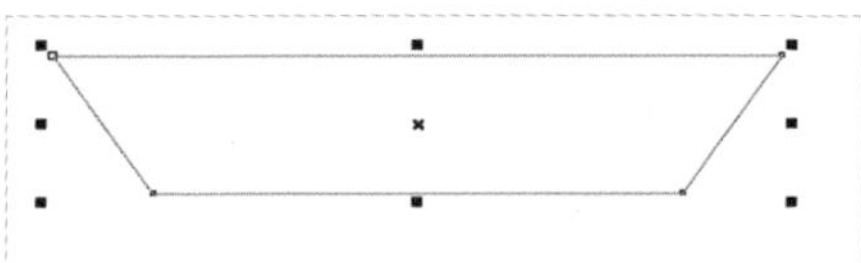

02 在倒梯形上绘制一个矩形，并将填充设为（C:0;M:0;Y:0;K:100），全选两个图形后单击属性栏中“移除后面对象”按钮进行修饰。

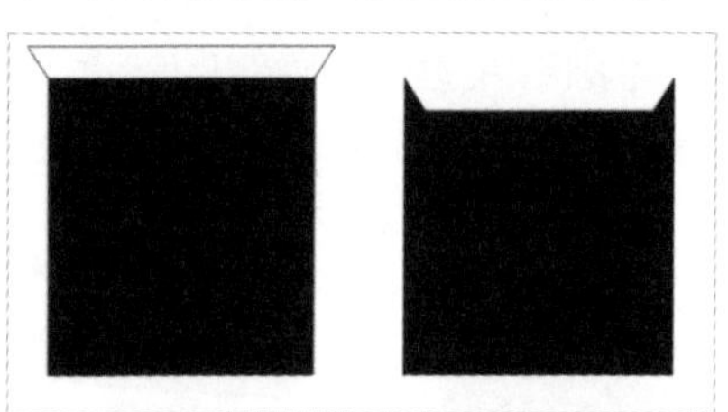

移除后面对象前　　移除后面对象后

03 在修剪后的图形上绘制一排三角形，置于合适位置后，将其全选、群组并复制一份置于一旁，执行“排列”→“造型”→“移除前面对象”命令。

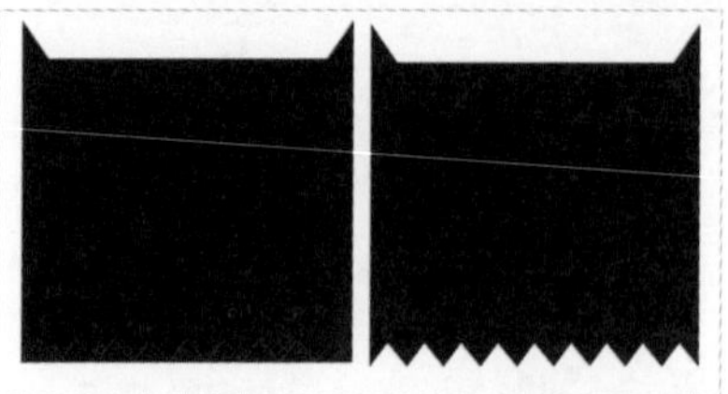

移除前面对象前　　移除前面对象后

04 在刚刚复制出来的三角形上绘制一个圆角矩形，全选所有图形，执行“排列”→“造型”命令，在弹出的“造型”面板中选择“移除后面对象”后单击“应用”按钮。

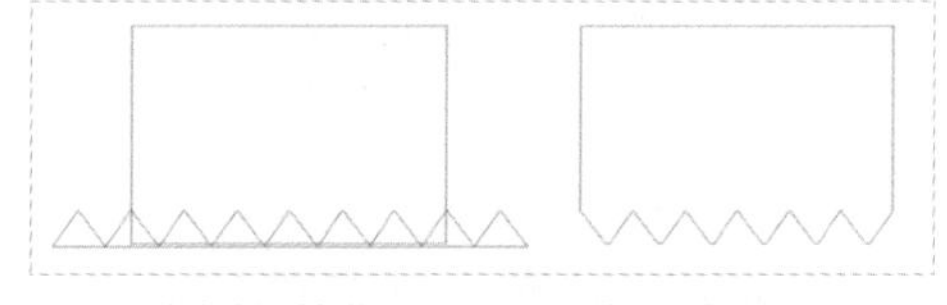

移除后面对象前　　移除后面对象后

05 将刚刚修剪出来的图形填充设为（C:5;M:20;Y:35;K:0），置于合适位置后绘制出超人的五官。

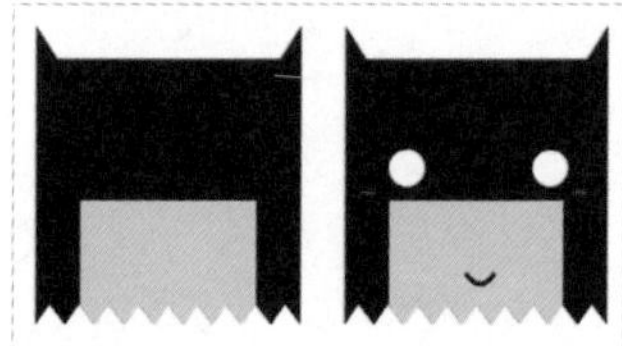

06 导入“素材\第7章\练习7-8\7-8素材.jpg”文件，将绘制好的蝙蝠侠头像置于素材之上，完成蝙蝠侠的绘制。

7.4 图框精确剪裁对象

在CorelDRAW X6中，用户可以将所选对象置入目标容器中，使对象按照目标容器的造型形成纹理或剪裁图像的效果。所选对象可以是矢量对象，也可以是位图对象，置入的目标容器可以是任何对象，如文字、图形等。

7.4.1 置入对象 重点

置入对象的方法有两种。

- 选中对象，按下鼠标右键将其拖曳至目标容器处释放鼠标，在弹出的下拉选项中选择“图框精确剪裁内部”。
- 选中对象，执行“效果”→“图框精确剪裁”→“置于图文框内部”，待光标变成黑色箭头时，单击目标容器，完成置入。

7.4.2 编辑内容 重点

- 将光标放在置入后的对象处，单击右键，在弹出的下拉选项中单击“编辑内容”按钮，进入内容编辑区进行编辑。
- 选中置入对象后的容器，在弹出的悬浮框中单击“编辑 PowerClip”按钮，进入内容编辑区进行编辑。

- 进入内容编辑区完成编辑后单击“停止编辑内容”按钮可结束编辑。

练习7-9 绘制雨伞

难度：☆☆
素材文件：素材\第 7 章\练习 7-9\素材 1.cdr、素材 2.cdr
效果文件：素材\第 7 章\练习 7-9\绘制雨伞 .cdr
在线视频：第 7 章\练习 7-9\绘制雨伞 .mp4

01 打开 CorelDRAW X6 软件，新建 A4 横版空白页面，使用“椭圆工具”在页面空白处绘制一个较大正圆形，再分别绘制多个小一点的圆形，并按照一定弧度进行摆放，然后再绘制一个较大的椭圆，遮住正圆和小圆的下半部分。

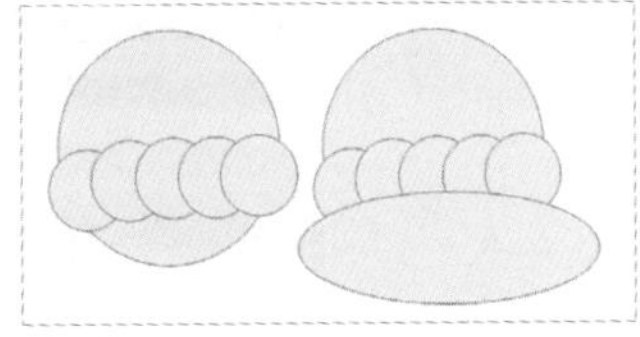

02 单击工具栏中“选择工具”，框选所有图形，单击属性栏中“移除前面对象”按钮，得到伞面图形。

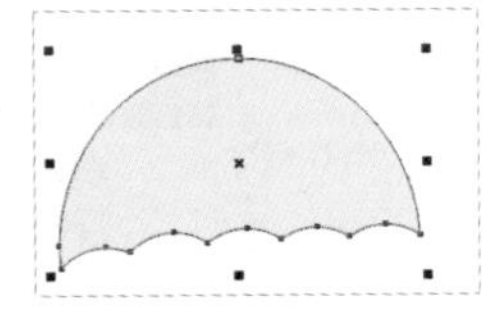

03 导入“素材\第 7 章\练习 7-9\素材 1.cdr”文件，选中素材，执行“效果”→“图框精确剪裁”→“置于图文框内部”命令，当光标变成黑色箭头时，单击伞面形状，将素材置入伞面容器。

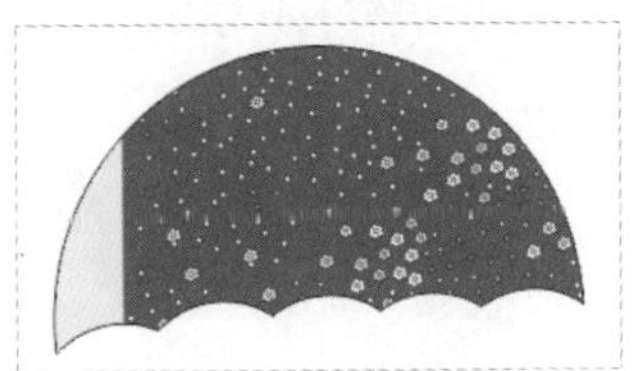

04 将光标放在伞面处，单击鼠标右键，在弹出的下拉菜单中选择“编辑内容”按钮，进入内容编辑区，选中素材，将素材缩放至合适大小后调整位置，单击“停止编辑内容”按钮结束编辑。

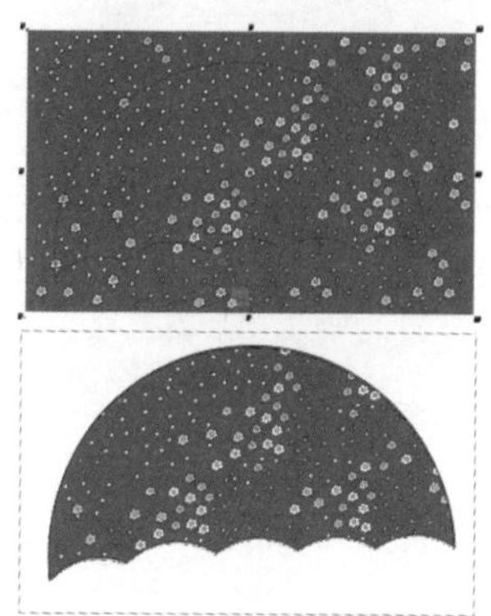

05 使用“钢笔工具”绘制一个伞柄。使用“矩形工具”在页面空白处绘制多个矩形，将其填充分别设为（C:75;M:55;Y:55;K:5）、（C:25;M:0;Y:20;K:0），将其按颜色间隔排列，并群组。

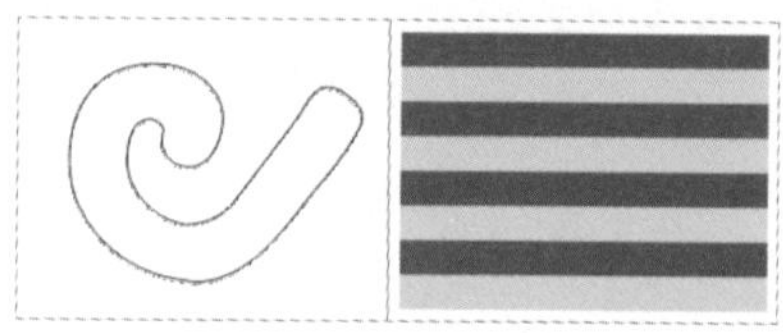

06 选中群组后的矩形，按下鼠标右键将其拖曳至把手处后释放鼠标，在弹出的下拉选项中选择“图框精确剪裁内部”。

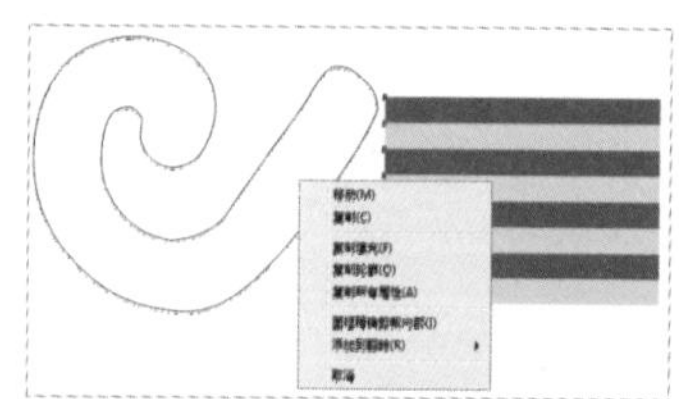

07 将光标放在伞柄处，单击鼠标右键，在弹出的下拉菜单中选择“编辑内容”按钮，进入内容编辑区，选中矩形，将矩形旋转缩放至合适大小后调整位置，单击“停止编辑内容”按钮结束编辑。

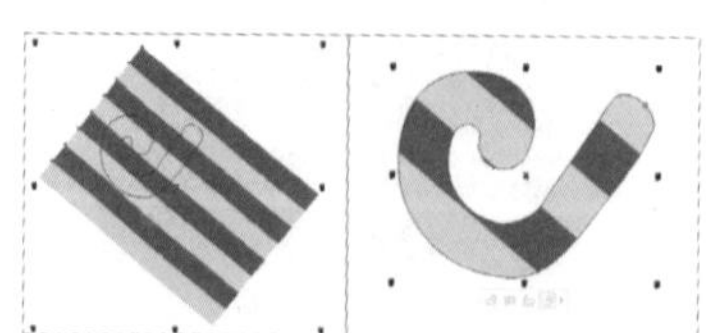

08 分别绘制出伞顶和支架，置于合适位置，使用“选择工具”框选雨伞后按 Ctrl+G 组合键将雨伞群组。

09 导入“素材\第 7 章\练习 7-9\素材 2.cdr”文件，旋转雨伞，并将其置于素材合适位置。

7.4.3 调整内容

选中置入对象后的容器，在弹出的悬浮图标上单击后面的展开箭头，在展开的下拉菜单中选择相应选项调整置入的内容。

- **内容居中：** 当置入的对象位置有偏移时，执行该命令，可将置入的对象居中排在容器内。

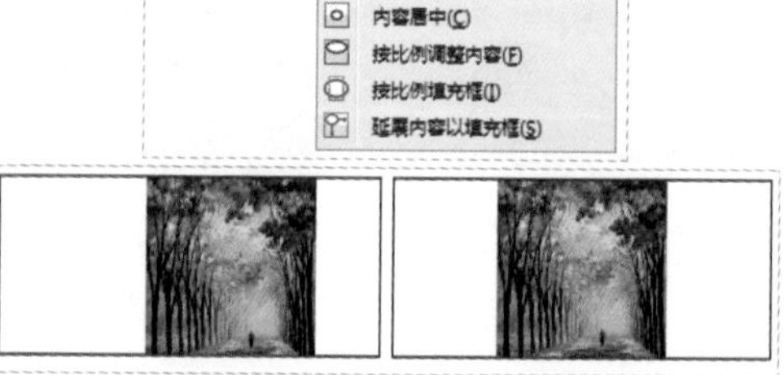

内容居中前　　内容居中后

- **按比例调整内容：** 当置入的对象大小与容器不符时，执行该命令，可将置入的对象按图像原比例置入容器内。若容器形状与置入的对象形状不符则会留出空白位置。

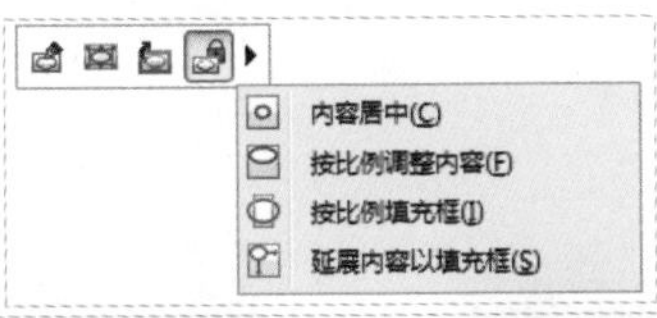

按比例调整前

按比例调整后

- **按比例填充框：**当置入的对象与容器不符时，执行该命令，可将置入的对象按图像原比例填充在容器内，图像不会产生变化。

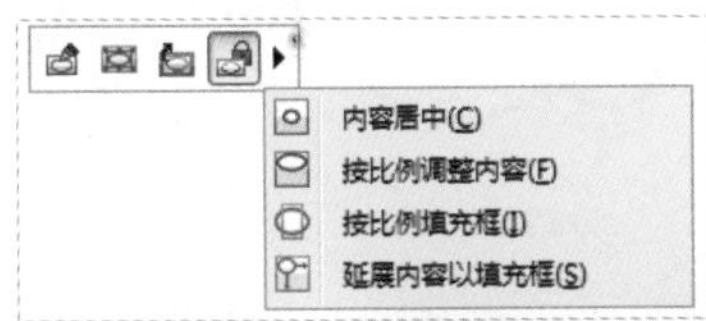

按比例填充前

按比例填充后

- **延展内容以填充框：**当置入的对象比例大小与容器不符时，执行该命令，可将置入的对象按容器比例进行填充，图像会产生变形。

延展内容前　　延展内容后

7.4.4 锁定内容

选中置入对象后的容器，在弹出的悬浮菜单中单击“锁定PowerClip的内容”按钮，激活上锁后，移动容器会连带置入对象一起移动；再次单击该按钮解锁后，移动容器时，置入的对象不会随着容器移动而移动。

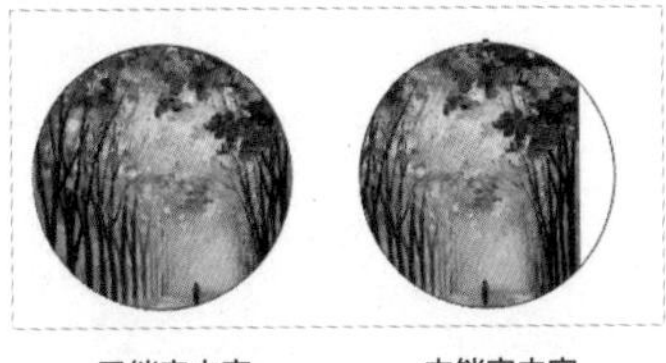

已锁定内容　　未锁定内容

7.4.5 提取内容

提取内容的方法有多种。

- 选中已置入对象的容器，在弹出的悬浮框中单击“提取内容”按钮，可将置入的对象提取出来。

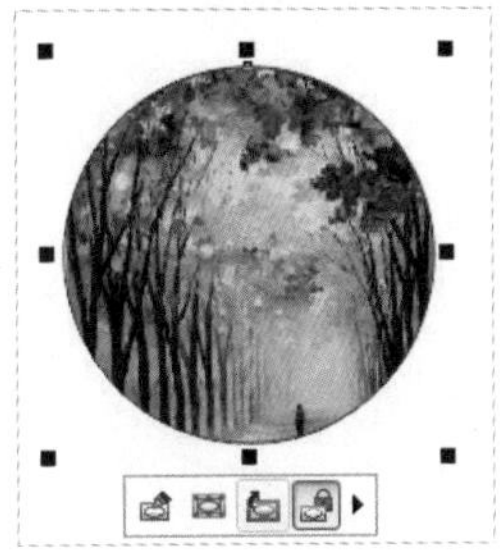

- 将光标放在置入对象的容器上，单击鼠标右键，在弹出的下拉菜单中选择“提取内容”命令，可将置入的对象提取出来。

- 提取内容后，容器对象中会出现 x 线，表示该对象为“空 Power Clip 图文框”，此时将对象拖入此图文框中即可将其快速置入。

●选中“空Power Clip图文框”，单击鼠标右键，在弹出的快捷菜单中执行“框类型”→“无”命令，可将空 Power Clip 图文框转换为图形对象。

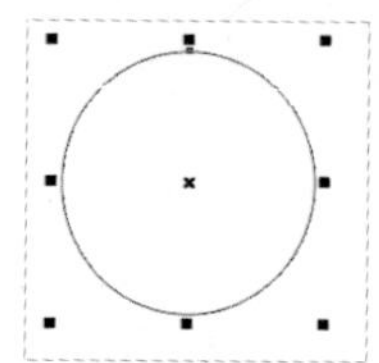

7.5 修饰图形

CorelDRAW X6为用户提供了多种修饰图形的工具，包括“涂抹笔刷”“涂抹工具”“粗糙笔刷”等，熟练掌握这些工具，可快速绘制出精美的矢量图形。

7.5.1 涂抹笔刷 重点

使用“涂抹笔刷工具”在矢量对象外轮廓上进行拖拽曳，使其突出或凹陷从而产生变形。

涂抹笔刷工具的属性栏如下。

●**笔尖大小：**调整涂抹笔刷的尖端大小，以决定突出和凹陷的大小。

笔尖大小为50mm

笔尖大小为10mm

●**水分浓度：**在涂抹时调整加宽或缩小渐变效果的比率，范围为 -10 ~ 10。值为 0 时不产生渐变；数值为 -10 时，笔刷随着鼠标的移动而变大；数值为 10 时，笔刷随着鼠标的移动而变小。

水分浓度为-10　　水分浓度为10

●**笔斜移：**设置笔刷尖端的饱满程度，角度固定为 15 ~ 90 度，角度越大越圆，越小越尖。

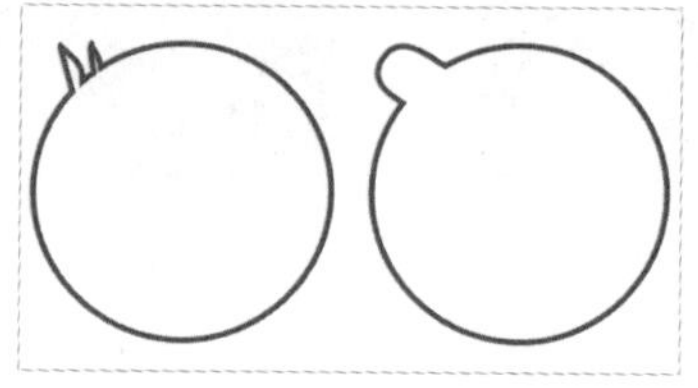

斜移为15°　　斜移为90°

●**方位：**以固定的数值更改涂抹笔刷的方位。

练习7-10 用涂抹绘制树木

难度：☆☆

素材文件：无

效果文件：素材 \ 第 7 章 \ 练习 7-10 \ 用涂抹绘制树木 .cdr

在线视频：第 7 章 \ 练习 7-10 \ 用涂抹绘制树木 .mp4

01 打开 CorelDRAW X6 软件，新建 A4 横版空白页面，使用“椭圆工具”在页面空白处绘制一个圆形，并将其填充设为（C:60;M:45;Y:100;K:0）。

02 长按工具栏中的“形状工具”，在弹出的下拉菜单中选择“涂抹笔刷”，在属性栏中将“笔尖大小”设为40mm，“水分浓度”设为0，“笔斜移”设为60°。在圆形边缘处拖曳。

03 继续选用“涂抹笔刷”，在属性栏中将“笔尖大小”设为40mm，“水分浓度”设为0，“笔斜移”设为50°，在圆形边缘处拖曳。

04 使用“钢笔工具”绘制一个树干，将填充设为（C:65;M:60;Y:90;K:25），并将其置于合适位置。

05 使用同样方法绘制出其他树木，完成案例绘制。

7.5.2 涂抹工具 重点

使用“涂抹工具”沿着对象轮廓拖曳可修改边缘形状。

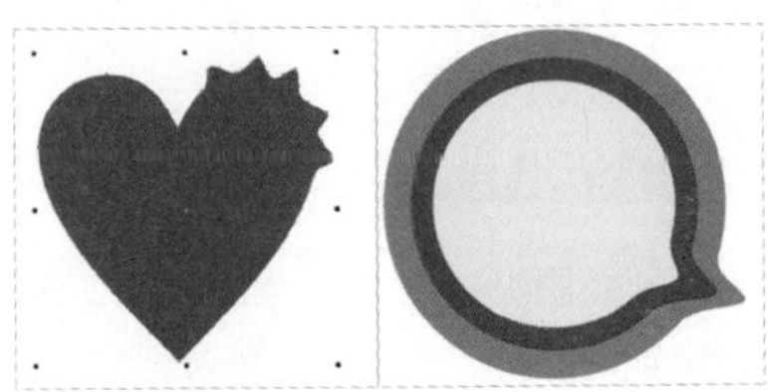

> **提示**
>
> “涂抹工具”可对单一独立对象和群组对象进行修饰。修饰群组对象时，群组中每一层都会被均匀拉伸。

“涂抹工具”的属性栏如下。

- **笔尖半径：** 输入数值以改变笔尖半径的大小。

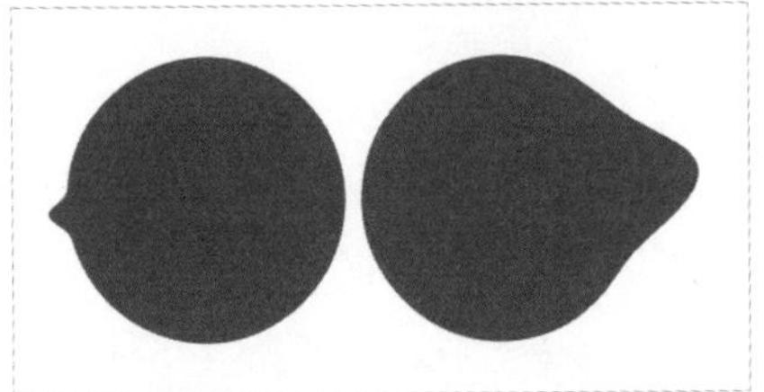

笔尖半径为5mm　　笔尖半径为10mm

- **压力：** 输入数值以设置涂抹效果的强度。值越大，拖曳效果越强；值越小拖曳效果越弱。值为1时不显示涂抹，值为100时涂抹效果最强。

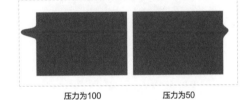

压力为100　　压力为50

- **笔压：** 激活可运用数位板的笔压进行操作。
- **平滑涂抹：** 激活可以使用平滑的曲线进行涂抹。
- **尖突涂抹：** 激活可以使用带有尖角的曲线进行涂抹。

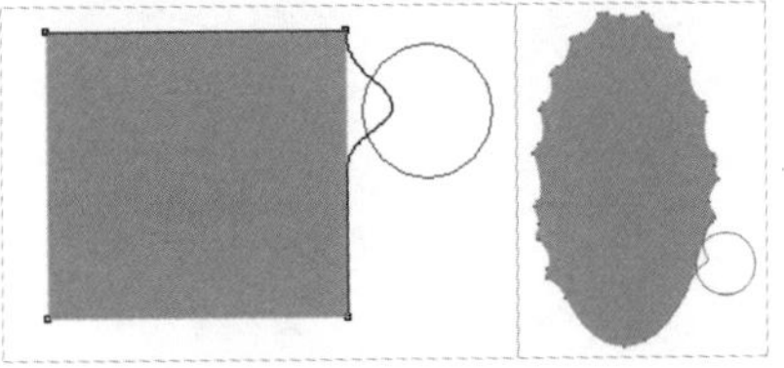

7.5.3 粗糙笔刷

“粗糙笔刷”工具可以沿着对象的轮廓进行操作，以改变轮廓形状。

●单击“粗糙笔刷”，将光标放在对象轮廓位置上，长按鼠标左键进行拖曳，会形成细小而均匀的粗糙尖突效果。

●单击“粗糙笔刷”，将光标放在对象轮廓位置上，单击鼠标左键，即可形成单个尖突效果。

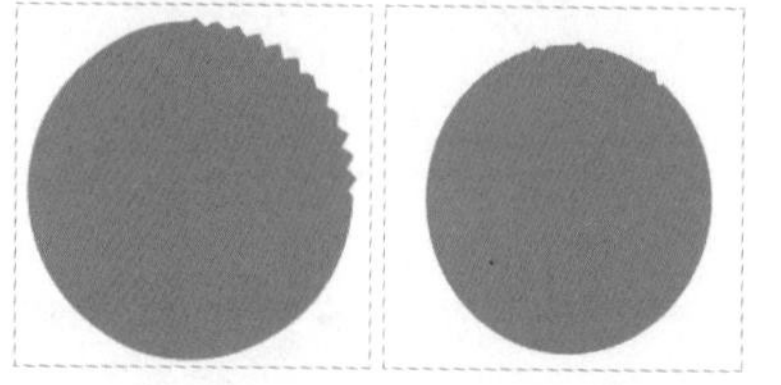

提示

“粗糙笔刷”工具只能对单一独立对象进行修饰，不能对群组对象进行修饰。

“粗糙笔刷”工具的属性栏如下。

●**笔尖大小：**输入数值以改变粗糙笔尖大小。

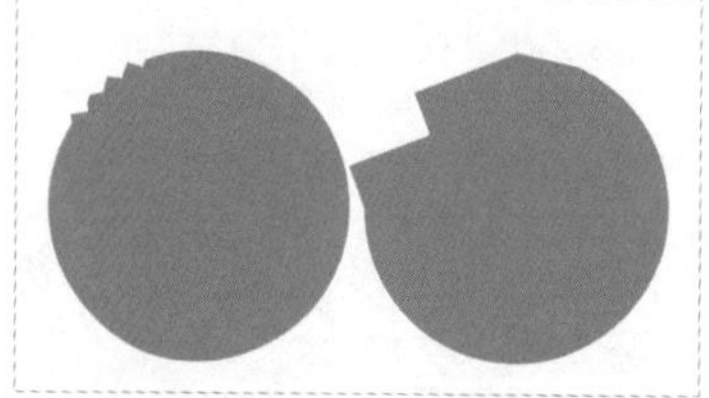

笔尖大小为1mm　　笔尖大小为10mm

●**尖突频率：**输入数值以改变粗糙的尖突频率，范围最小为 1，尖突比较缓；最大为 10，尖突比较密集，像锯齿。

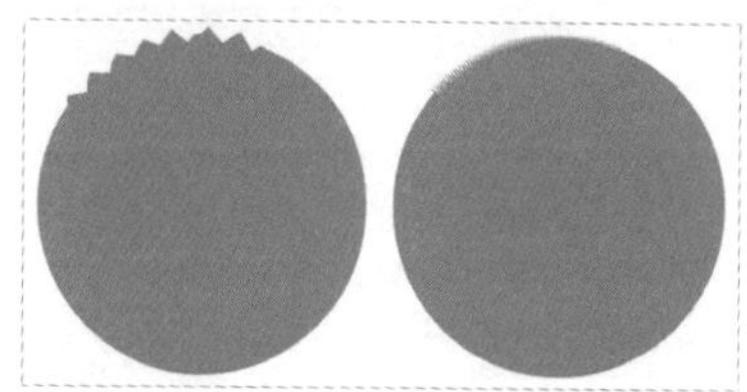

尖突频率为1　　尖突频率为10

●**尖突方向：**输入数值以更改粗糙尖突的方向。

7.5.4 自由变换对象

“自由变换工具”用于进行自由变换对象操作，可以针对群组对象进行操作。

“自由变换工具”属性栏如下。

●**自由旋转：**单击鼠标左键，确定轴的位置，拖曳旋转柄旋转对象。

●**自由角度反射：**单击鼠标左键确定轴的位置，拖曳旋转柄来反射对象，释放鼠标完成操作。

●**自由缩放：**单击鼠标左键确定中心位置，拖曳中心改变对象大小，释放鼠标完成操作。

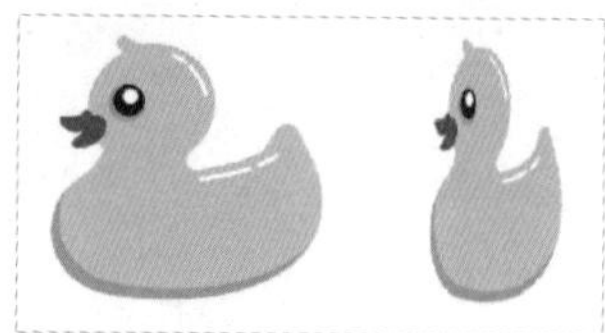

●**自由倾斜：**单击鼠标左键确定倾斜轴位置，拖曳轴来倾斜对象，释放鼠标完成。

●**应用到再制：**将变换应用到再制的对象上。

●**应用于对象：**根据对象应用变换，不是根据 X 轴和 Y 轴。

7.5.5 删除虚拟线段

“删除虚拟线段工具”用于移除对象中重叠和不需要的线段。

●单击“删除虚拟线段工具”，将光标移动到需要删除的线段上，单击鼠标左键，即可删除。

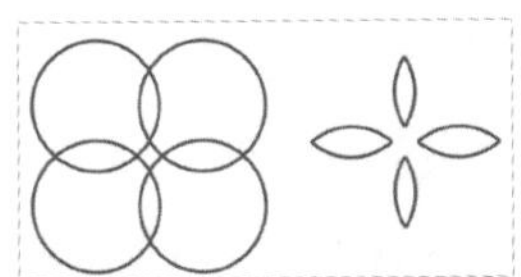

●删除多余线段后，节点是断开的，无法进行填充，单击“形状工具”连接节点，闭合路径后即可进行填充操作。

7.5.6 转动工具

选择“转动工具”，将光标放在图形轮廓处，按鼠标左键，可使边缘产生旋转形状。“转动工具”可对群组对象进行操作。

●**线段的转动**：选中需要转动的线段，单击“转动工具”，将光标移动到线段上，单击鼠标左键进行拖曳，达到理想效果后释放。

●**面的转动**：选中需要转动的面，单击“转动工具”，将光标移动到面的边缘上，单击鼠标左键进行拖曳，达到理想效果后释放。

●**群组对象的转动**：选中需要转动的群组对象，单击“转动工具”，将光标移动到对象的边缘上，单击鼠标左键进行拖曳，达到理想效果后释放。

“转动工具”的属性栏如下。

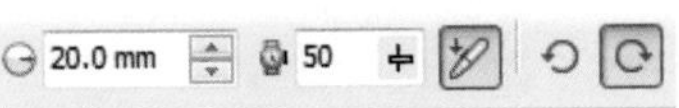

●**笔尖半径**：更改笔尖大小。

●**速度**：设置转动涂抹时的速度。

●**笔压**：激活可在绘图时运用数位板的压力控制效果。

●**逆时针转动**：按逆时针方向进行转动。

●**顺时针转动**：按顺时针方向进行转动。

7.5.7 吸引和排斥工具

选中“吸引工具”，将光标放在对象内部或外部，长按鼠标左键可以使边缘产生回缩涂抹效果；选中“排斥工具”，将光标放在对象内部或外部，长按鼠标左键可以使边缘产生推挤涂抹效果。

“吸引工具”和“排斥工具”均可以对群组对象进行操作。

1. “吸引工具”

选中对象，单击工具栏中“吸引工具”，将光标移动到对象边缘线上，长按鼠标左键进行拖曳，达到理想效果后释放。

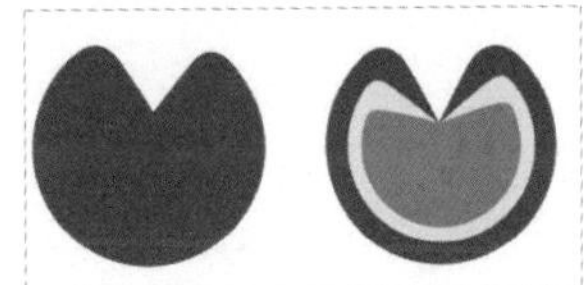

提示

使用“吸引工具”时，对象的轮廓线必须出现在笔触的范围内，才能显示涂抹效果。

“吸引工具”的属性栏如下。

●**笔尖半径**：更改笔尖大小。

●**速度**：用来调节吸引的速度，方便进行精确涂抹。

●**笔压**：激活可在绘图时运用数位板的压力控制效果。

2. “排斥工具”

选中对象，单击工具栏中“排斥工具”，将光标移动到对象边缘线上，长按鼠标左键进行拖曳，达到理想效果后释放。

提示

“排斥工具”的笔刷中心在对象内，涂抹效果为向外鼓出；“排斥工具”的笔刷中心在对象外，涂抹效果为向内凹陷。

“排斥工具”的属性栏如下。

- **笔尖半径**：更改笔尖大小。
- **速度**：用来调节排斥的速度，方便进行精确涂抹。
- **笔压**：激活可在绘图时运用数位板的压力控制效果。

7.5.8 裁剪工具 重点

“裁剪工具”可以裁剪掉对象或图片中不需要的部分，可以裁剪群组对象和未转曲对象。

选中需要裁剪的对象，单击“裁剪工具”，按下鼠标左键拖曳绘制裁剪范围，如果裁剪范围不理想可拖曳节点进行修改，调整至理想范围后，按Enter键完成裁剪。

单击范围区域可进行裁剪范围旋转，使裁剪更灵活，达到理想状态后，按Enter键完成裁剪。

7.5.9 刻刀工具 重点

“刻刀工具”可以将对象边缘沿直线、曲线绘制拆分为两个独立的对象。

- 单击工具栏中的“刻刀工具”，将光标移动到对象轮廓上单击鼠标左键，再将光标移动到另外一边的轮廓上单击鼠标左键，释放后图像将沿绘制对象路径进行拆分。

“刻刀工具”的属性栏如下。

- 保留为一个对象：将对象拆分为两个子路径，并不是两个独立的对象，激活后不能进行分别移动，双击可进行整体编辑。
- 切割时自动闭合：激活后在分割时自动闭合路径，关掉该按钮，切割后不会闭合路径。

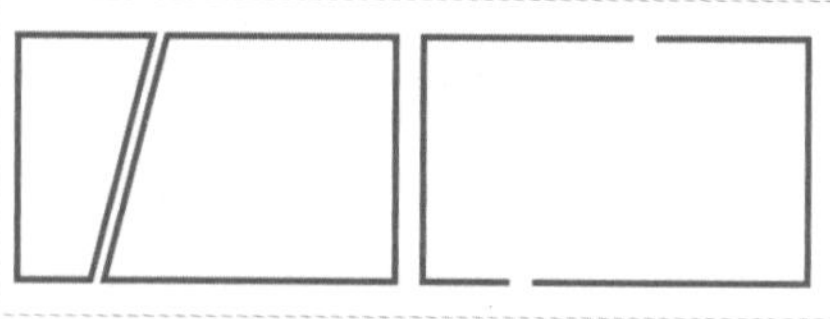

切割时自动闭合　　切割时不自动闭合

练习7-11 绘制礼品券

难度：☆☆

素材文件：无

效果文件：素材\第7章\练习7-11\绘制礼品券.cdr

在线视频：第7章\练习7-11\绘制礼品券.mp4

01 打开 CorelDRAW X6 软件，新建 A4 横版空白页面，使用“矩形工具”在页面空白处绘制一个矩形。

02 在矩形上绘制一个圆形，将填充设为（C:0;M:80;Y:10;K:0），单击工具栏中的“刻刀工具”，在属性栏中将“切割时自动闭合”按钮激活，将光标移动到圆形的边缘处，对圆形进行切割。

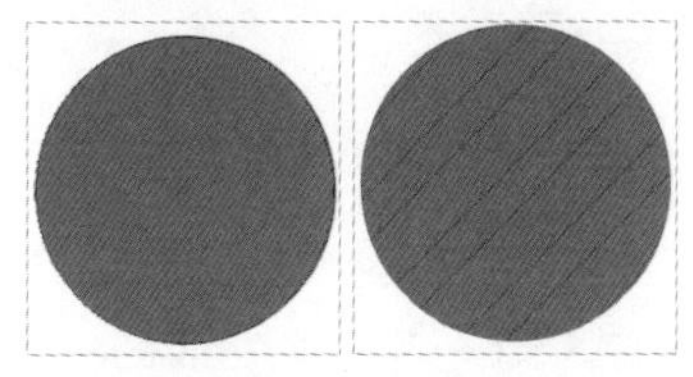

03 使用“选择工具”选中相应色块后删除，并去除其他色块的轮廓色。

04 绘制一个填充为（C:60;M:0;Y:10;K:0）的圆形，使用相同方法将其切割，交叠于红色切割色块之上。

05 使用同样方法绘制切割出其他图形，并将其置于合适位置。全选绘制切割出来的图形，按 Ctrl+G 组合键将其群组，按下鼠标右键将其拖曳至矩形处后释放，在弹出的下拉选项中单击“图框精确裁剪内部”。

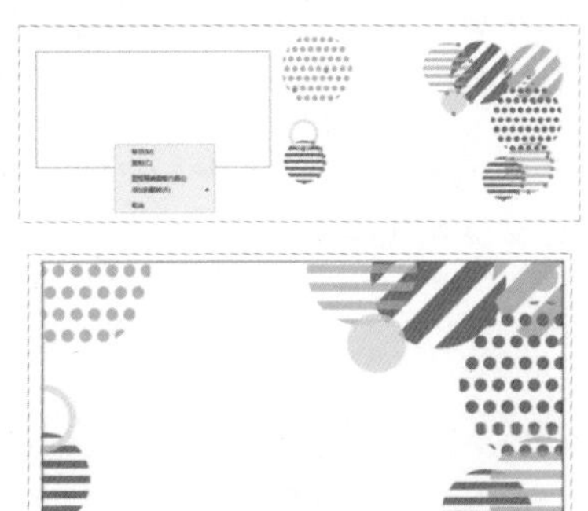

06 在图形上绘制一个圆形，将填充设为（C:90;M:80;Y:60;K:0），单击工具栏中的“透明度工具”，在属性栏中将“透明类型”设为标准，“开始透明度”设为 20。使用“文本工具”打出相应文字，置于合适位置，完成礼品卡的绘制。

7.5.10 橡皮擦工具

“橡皮擦工具”用于擦除位图或矢量图中不需要的部分，文本和有辅助效果的图形需要转曲后才能进行操作。

- 选中“橡皮擦工具”，按下鼠标左键拖曳绘制擦除路径，释放后完成擦除。

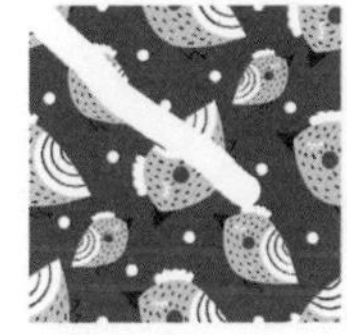

提示

与“刻刀工具”不同，“橡皮擦工具”可以在对象内进行擦除。

“橡皮擦工具”的属性栏如下。

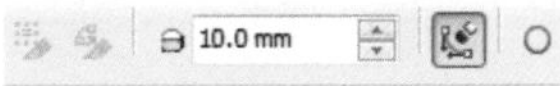

- **橡皮擦厚度**：调节橡皮擦尖头宽度。
- **减少节点**：单击激活，可减少在擦除过程中的节点数量。
- **橡皮擦形状**：橡皮擦形状有两种，一种是默认的圆形尖端，另一种是激活后的方形尖端，单击“橡皮擦形状”按钮可以进行切换。

7.6 知识拓展

本章讲解了CorelDRAW图形对象的编辑方法，最基本的要属“选择工具”，CorelDRAW中的选择工具只有一个，看似简单，但有些实用技巧可能大家并不熟悉，下面讲解对象选择的技巧。

- 按空格键可以快速切换到“选择工具”。
- 按空格键还可以在“选择工具”和刚用过的工具之间来回切换，用习惯后会节省操作时间。
- 按 Shift 键并逐一单击要选择的对象，可连续选择多个对象，在选中状态下的物体会显示为空心方框。
- 使用“选择工具”，按下键盘上的 Alt 键在绘图区拖动出一个虚线框，与虚线框接触到的所有对象都会被选中，这比框选更加方便。在需要同时选中多条较长的曲线或对象时，使用这个技巧非常便捷。

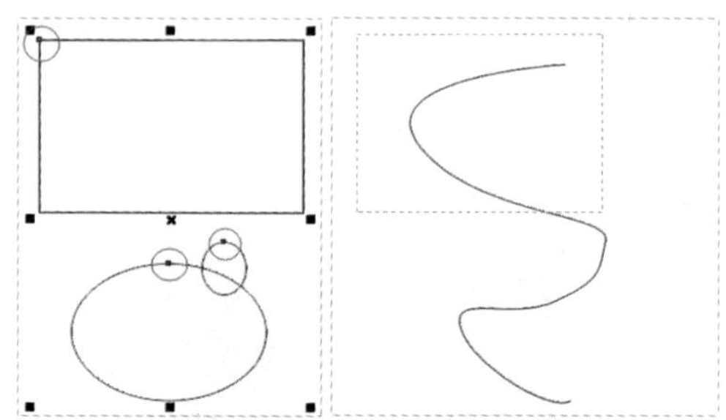

- 想要选定隐藏在一系列对象后面的单个对象，可以按住 Alt 键，然后使用“选择工具”单击最前面的对象，直到选定所需的对象。

7.7 拓展训练

本章为读者安排了两个拓展练习，以帮助大家巩固本章内容。

训练7-1 绘制礼品盒

难度：☆☆
素材文件：素材\第 7 章\习题 1\素材 .cdr
效果文件：素材\第 7 章\习题 1\绘制礼品盒 .cdr
在线视频：第 7 章\习题 1\绘制礼品盒 .mp4

根据本章所学的知识，使用对图形对象的编辑方法、矩形工具、星形工具、2点线工具、编辑填充工具和透明度工具绘制礼品盒。

训练7-2 绘制杯垫

难度：☆☆
素材文件：素材\第 7 章\习题 2\素材
效果文件：素材\第 7 章\习题 2\绘制杯垫 -OK.cdr
在线视频：第 7 章\习题 2\绘制杯垫 .mp4

根据本章所学的知识，使用“星形工具”绘制星形形状，使用“轮廓笔工具”设置轮廓颜色和轮廓宽度，使用“椭圆形工具”绘制圆形，通过“交互式填充工具”填充颜色，绘制杯垫。

第 **8** 章

特殊效果的编辑

CorelDRAW X6除了进行一些基本的编辑操作外，还可以进行一些特殊效果的编辑，包括创建调和效果、创建轮廓图效果、创建变形效果、创建阴影效果、创建透明度效果及应用透镜效果。本章将详细介绍CorelDRAW X6软件中这些特殊效果的编辑操作。

本章重点

创建调和效果｜扭曲变形｜创建阴影效果

创建标准透明效果｜创建渐变透明效果｜创建透镜效果

8.1 调和效果

CorelDRAW可以将两个或多个图形对象进行调和，即将一个图形对象经过形状和颜色的渐变过渡到另一个图形对象上，并在这两个图形对象间形成一系列中间图形对象，从而形成两个图形对象渐进变化的叠影。它主要用于广告创意领域，实现超级炫酷的立体效果图，从而达到真实照片的级别。

8.1.1 创建调和效果 重点

在CorelDRAW X6中通过“调和工具”可以创建直线调和、曲线调和及复合调和的效果。

直线调和

单击工具箱中“调和工具”，将光标移动到黄色圆形对象（起始对象）上。

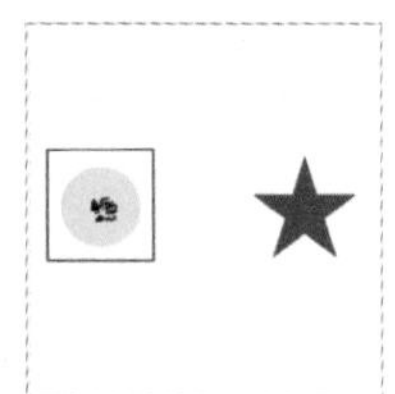

按住鼠标左键向红色五角星对象（终止对象）拖曳，可出现一系列虚线预览，释放鼠标，即可创建直线调和效果。

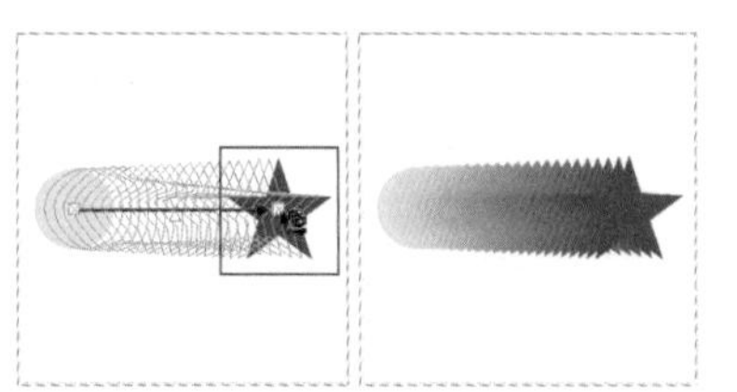

提示

在调和过程中，两个对象的位置、大小会影响中间系列对象的形状变化；两个对象的颜色决定中间系列对象的颜色渐变范围。

曲线调和

如果要创建曲线调和效果，则将光标移动到红色圆形对象（起始对象）上，然后按住Alt键不放，按住鼠标左键向黄色方形对象（终止对象）拖动出一条曲线路径，释放鼠标，即可创建曲线调和。

技巧

在创建曲线调和选取起始对象时，必须要按住Alt键再进行选取对象及绘制路径，否则无法创建曲线调和。在曲线调和中，绘制的曲线弧度的长短会影响到中间系列对象的形状和颜色的变化。

8.1.2 设置调和对象 重点

在创建调和效果后，通过“调和工具”属性栏中各选项和按钮可以设置调和属性，更改调和效果的外观。

工具属性栏

以下是“调和工具”属性栏中各个选项和按钮的介绍。

- **预设列表：**在该下拉列表框中可以选择预设的调和样式。

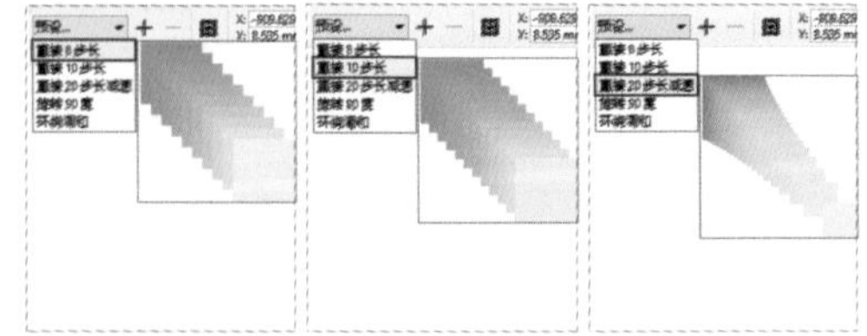

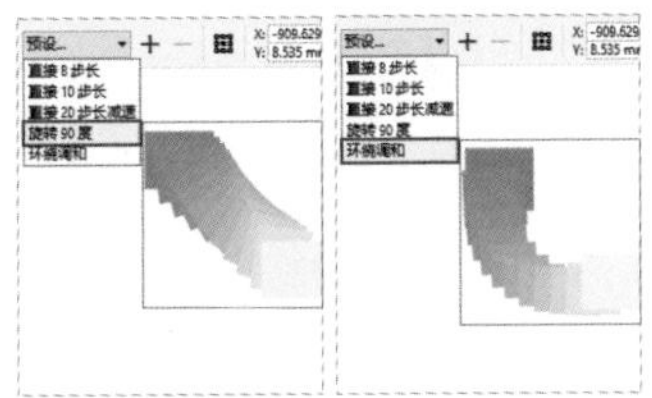

- **“添加预设”按钮** ：单击该按钮，可以将当前选中的调和对象另存为预设。
- **“删除预设”按钮** ：单击该按钮，可以将当前选中的调和样式删除。
- **调和步长**：用于设置调和效果中的调和步数，数值框中的数值即为调和中间渐变对象的数目。数值越大调和效果越自然。

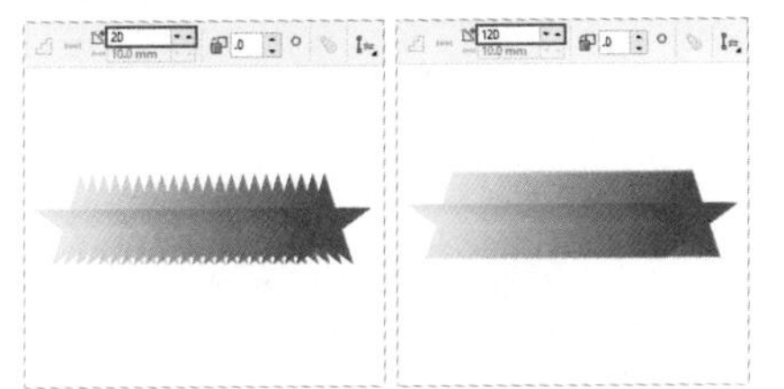

- **调和间距**：设置与路径匹配的调和中对象之间的距离，仅在调和已附加到路径时适用。单击该按钮，在后面的“调和对象”文本框中输入相应的步长数，数值越大间距越大。

提示

只有在曲线调和的状态下，才可进行“调和步长”按钮 和“调和间距”按钮 之间的切换。在直线调和状态下，“调和步长”可以直接进行设置，而“调和间距”只能用于曲线调和路径。

- **调和方向**：设置已调和对象的旋转角度。

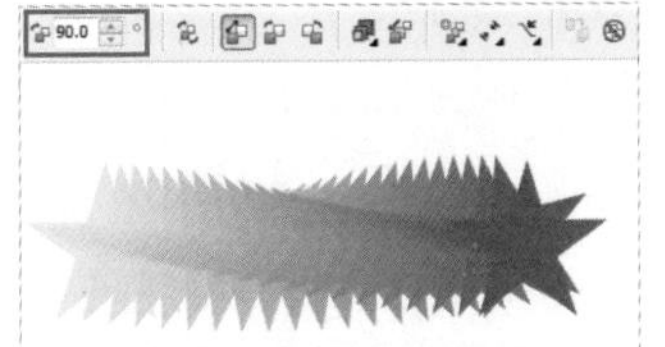

- **“环绕调和”按钮** ：按照调和方向在对象之间产生环绕式的调和效果。该按钮只有在设置了调和方向之后才可用。

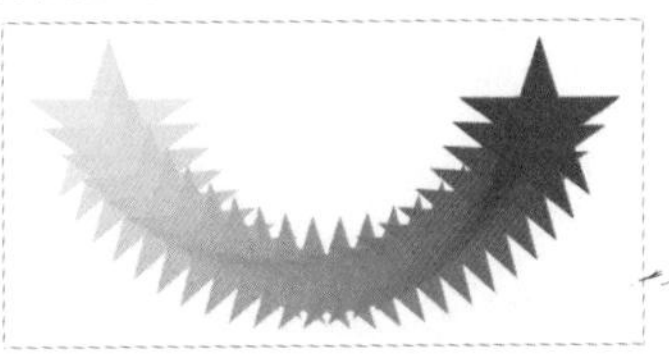

- **“路径属性”按钮** ：将调和移动到新路径、显示路径或将调和从路径中分离出来。

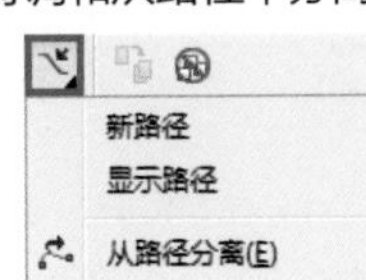

- **新路径**：单击该选项可以重置调和路径，当光标变为弯曲箭头 形状时，单击路径可以将选中的调和置于路径中。
- **显示路径**：单击该选项可以显示当前调和对象的路径，方便快速选择曲线路径进行编辑。
- **从路径分离**：单击该选项可以将曲线调和的路径分离出来，将调和变为直线调和。

技巧

“显示路径”和“从路径分离”选项只有在曲线调和状态下才会激活，直线调和无法使用。

- **“直接调和”按钮** ：直接在所选对象的填充颜色之间进行颜色过渡。
- **“顺时针调和”按钮** ：使对象上的填充颜色按色谱的顺时针方向进行颜色过渡。
- **“逆时针调和”按钮** ：使对象上的填充颜色按色谱的逆时针方向进行颜色过渡。

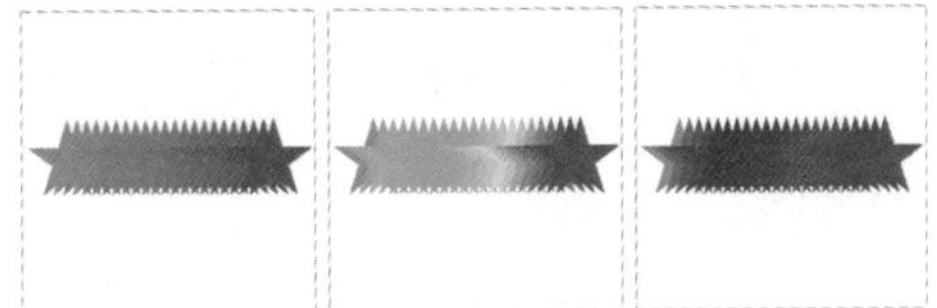

- **“对象和颜色加速”按钮** ：调整调和对象显示和颜色更改的速率。单击该按钮，在弹出的下拉对话框中拖动“对象”或“颜色”的滑块，即可更改速率。向左为减速，向右为加速。

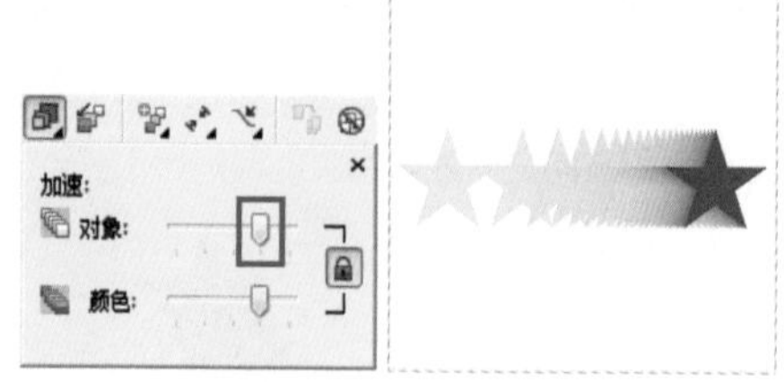

提示

在“对象和颜色加速”的下拉对话框中激活锁头图标后，可以同时调整“对象”和“颜色”滑块，解锁后，可以分别调整“对象”和“颜色”滑块。

- **“调整加速大小”按钮**：激活该按钮，可以调整调和对象的大小更改速率。向左为减速，向右为加速。
- **“更多调和选项”按钮**：单击该按钮，在下拉列表中选择“映射节点”“拆分”“熔合始端”“熔合末端”“沿路径调和”和“旋转全部对象”调和选项。

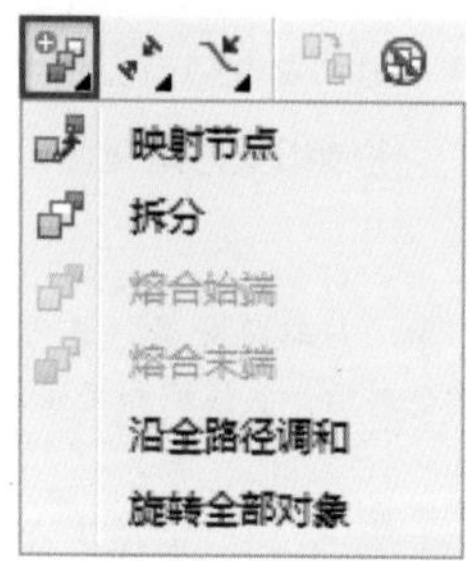

- **映射节点**：将起始形状的节点应用到结束形状节点上。
- **拆分**：将选中的调和对象拆分为两个独立的调和对象。
- **熔合始端**：熔合拆分或复合调和的始端对象。
- **熔合末端**：熔合拆分或复合调和的末端对象。
- **沿全路径调和**：将整个路径进行调和，用于包含路径的调和对象。
- **旋转全部对象**：沿曲线旋转所有对象，用于包含路径的调和对象。
- **“起始和结束属性”按钮**：用于重置调和效果的起始点和终止点。单击该按钮，在下拉选项中进行显示和重置操作。

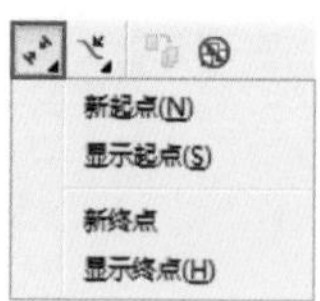

- **新起点**：单击该选项可以重置调和对象的起点。
- **显示起点**：单击该选项可以显示当前调和对象的起点。
- **新终点**：单击该选项可以重置调和对象的终点。
- **显示终点**：单击该选项可以显示当前调和对象的终点。
- **“复制调和属性”按钮**：将另一个对象的调和属性应用到所选对象上。
- **“清除调和”按钮**：单击该按钮，移除对象的调和效果。

技巧

还可以在菜单栏中单击执行“效果”→“调和”命令，打开“调和”泊坞窗设置调和属性。

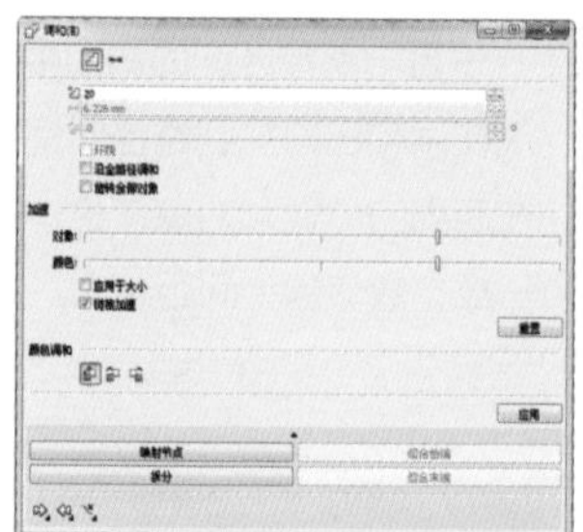

练习8-1 制作斑斓的孔雀

难度：☆☆

素材文件：无

效果文件：素材\第 8 章\练习 8-1\制作斑斓的孔雀-OK.cdr

在线视频：第 8 章\练习 8-1\制作斑斓的孔雀.mp4

本实例使用“多边形工具”绘制多边形形状，通过调色板填充颜色，再使用“变形工具”创建变形效果，然后使用“椭圆形工具”绘制圆形形状，并填充颜色，最后使用“调和工具”在对象之间创建调和效果，制作斑斓的孔雀。

01 启动 CorelDRAW X6 软件，新建一个空白文档，单击工具箱中的“多边形工具”按钮，绘制一个多边形（默认边数为 5），在属性栏中设置“点数或边数”为 8。

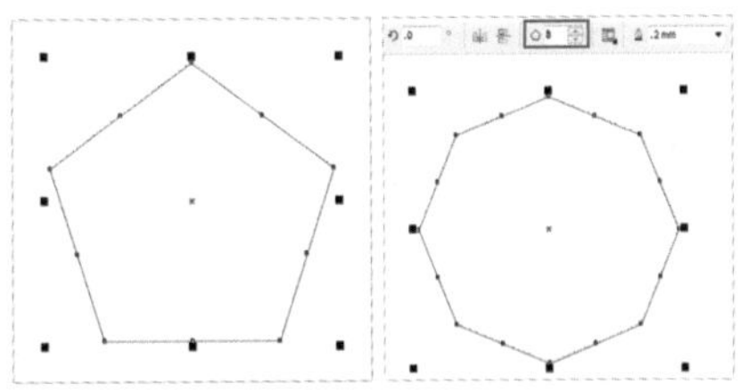

02 单击调色板中的“橘红”色块，填充颜色，然后将光标放在按钮☒上，单击鼠标右键，取消轮廓线，单击工具箱中的“变形工具”，在属性栏中单击“推拉变形”按钮，将光标移动到对象上。

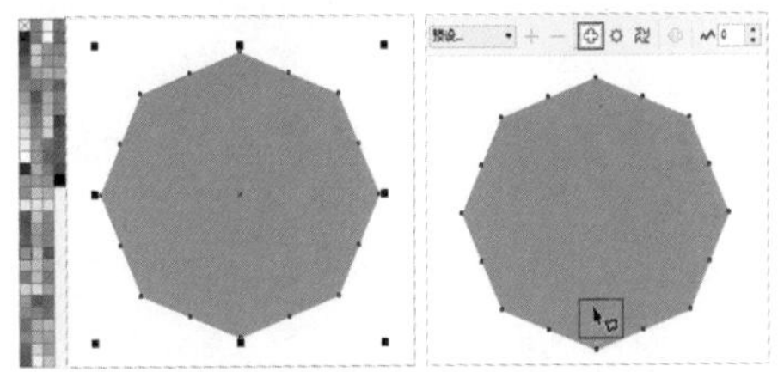

03 按住鼠标左键向左边拖曳使轮廓边缘向内推进，释放鼠标后，实现变形效果。

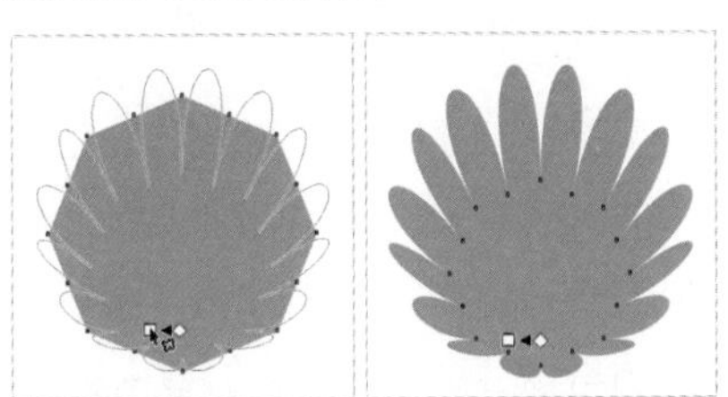

04 使用“椭圆形工具”创建一个圆形，将光标放在调色板中的“白”色块上单击鼠标左键，填充颜色，再将光标放在按钮☒上，单击鼠标右键，取消轮廓线。

05 单击工具箱中的“调和工具”，将光标移动到黄色圆形上，按住鼠标左键向橘红色对象拖曳，创建直线调和效果，再在属性栏中单击“顺时针调和”按钮，使对象上的填充颜色按色谱的顺时针方向进行颜色过渡。

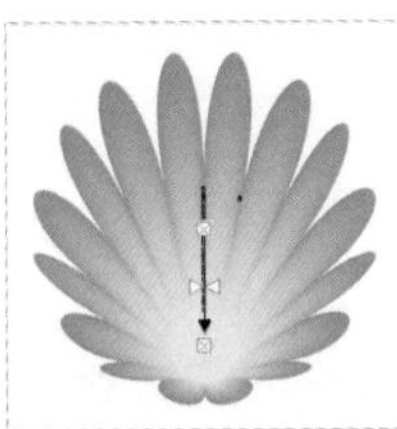

06 使用“椭圆形工具”绘制一个椭圆，将光标放在调色板中的“橘红”色块上，单击鼠标左键，填充颜色，再将光标放在按钮☒上，单击鼠标右键，取消轮廓线，单击工具箱中的“调和工具”，将光标移动到橘红对象上，按住鼠标左键向黄色圆形对象拖曳，实现直线调和效果。

07 使用“选择工具”调整高度，然后使用“椭圆形工具”绘制头和眼睛，再使用“多边形工具”绘制一个三变形，填充黄色，最后将其拉长，制作鼻子。

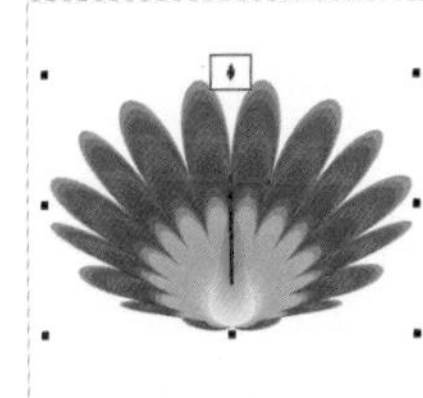

08 使用“椭圆形工具”和“矩形工具”绘制形状，填充黄色并取消轮廓线，再按 Ctrl+G 快捷键组合对象，然后调整到合适的大小和位置，接下来单击鼠标右键，在弹出的快捷菜单中执行“顺序”→“置于此对象后”命令，当光标变为➧形状时，单击头对象，将其置于头对象的后面。

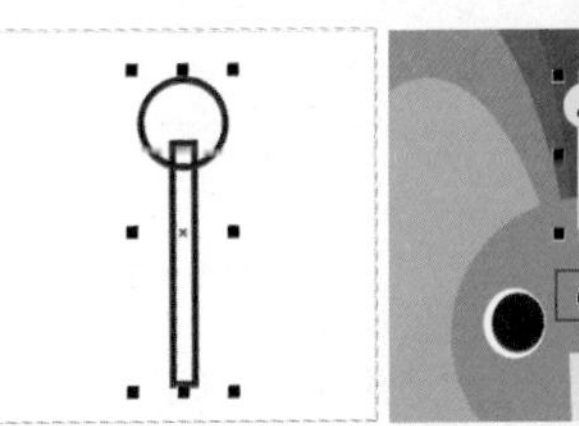

09 复制两个对象，调整对象顺序并进行旋转，绘制羽冠，然后使用“椭圆形工具”绘制两个圆形，填充橘红色并取消轮廓线，制作完成。

相关链接

关于“多边形工具”的内容请参阅本书第 5 章的 5.3 节。关于“创建推拉变形效果”的内容请参阅本章的 8.3.1 节。

8.1.3 沿路径调和 重点

在CorelDRAW 中，调和对象可以进行自行设定路径，在对象之间创建调和效果后，可以通过应用“路径属性”功能使调和对象按照指定的路径进行调和。

单击工具箱中的“调和工具”，在两个对象上创建调和效果。

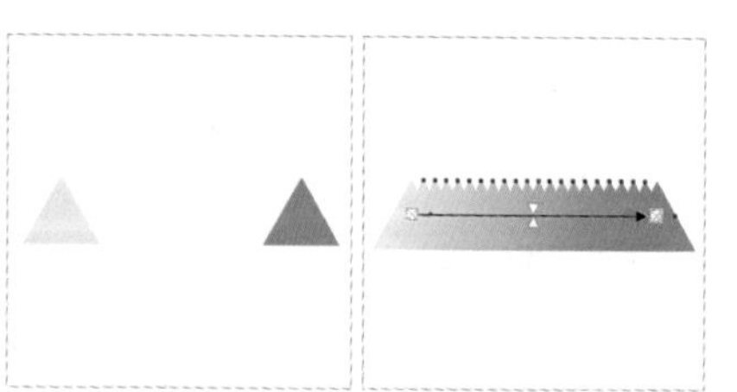

单击工具箱中的“手绘工具”按钮，绘制一条曲线，然后使用“调和工具”，单击选中调和对象，再单击属性栏中的“路径属性”按钮，在弹出的下拉列表中选择“新路径”。

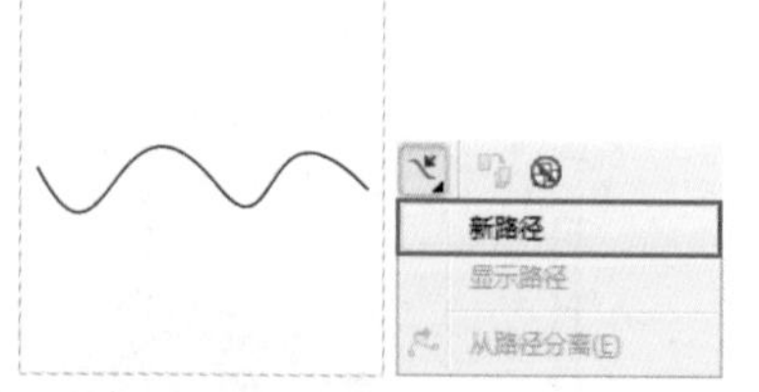

当光标变为弯曲箭头形状时，将光标放在曲线（目标路径）上单击，即可使调和对象沿该路径进行调和。

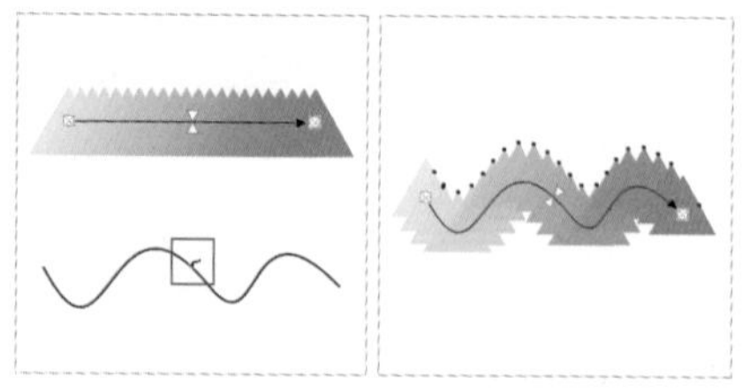

使用“形状工具”选中路径后，对节点进行编辑，可以修改调和路径。

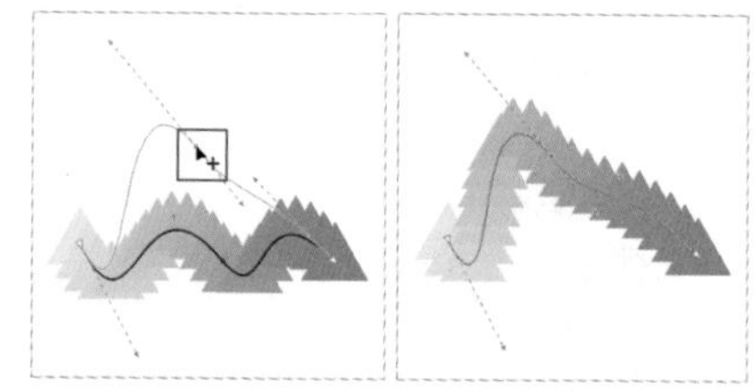

提示

“路径属性”下拉列表中的“显示路径”和“从路径中分离”选项只有在曲线路径状态下才可以选择，在直线调和的状态下无法使用。

使用“选择工具”，将光标放在调和部分上，单击鼠标右键，在弹出的快捷菜单中单击执行“拆分路径群组上的混合”命令，或按Ctrl+K组合键，即可将路径分离出来，使用“选择工具”移动可见，按Delete键可将其删除，且调和对象不会发生改变。

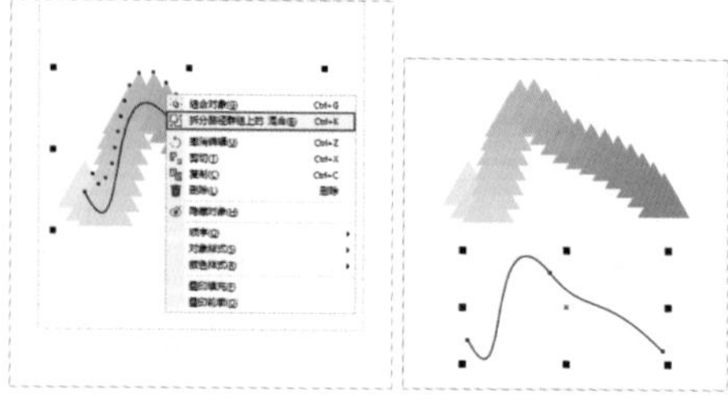

练习8-2 制作夏日海报

难度：☆☆☆

素材文件：素材\第 8 章\练习 8-2\西瓜地 .cdr

效果文件：素材\第 8 章\练习 8-2\制作夏日海报 .cdr

在线视频：第 8 章\练习 8-2\制作夏日海报 .mp4

01 打开 CorelDRAW X6，选择“文件”→“打开”命令，弹出“打开绘图”对话框，选择“素材\第8章\练习8-2\西瓜地.cdr”文件，单击“打开”按钮。

02 选择工具箱中的“钢笔”工具，在绘图页面合适的位置上绘制一条曲线。

03 选中调和对象，单击属性栏中的“路径属性”按钮，在其下拉列表中选择“新路径”选项，当光标变为 时，单击已绘制好的曲线，使调和对象沿指定的路径调和。

04 选择“效果”→“调和”命令，在绘图区右边弹出“调和”泊坞窗。在该泊坞窗中勾选“沿全路径调和”复选框，单击“应用”按钮。右键单击调色板上的无填充按钮☒，隐藏曲线，微调对象的位置。

8.1.4 复合调和

复合调和一般用于三个及以上对象，在对象与对象之间既可以创建直线调和，也可以创建曲线调和。

单击工具箱中的“调和工具”按钮，将光标移动到蓝色方形对象（起始对象）上，按住鼠标左键向黄色圆形对象（第二个对象）拖曳，释放鼠标，实现直线调和效果。

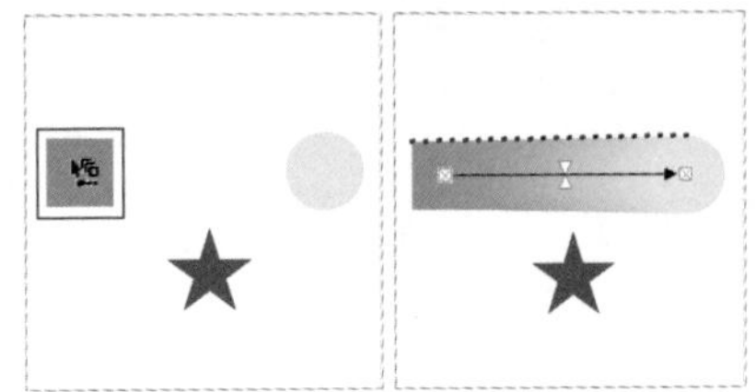

然后在空白处单击取消路径的选择，将光标移动到黄色圆形对象（第二个对象）上，按住鼠标左键不放向红色五角星对象（终止对象）拖曳，释放鼠标，创建复合调和，也可以按住Alt键创建曲线调和。

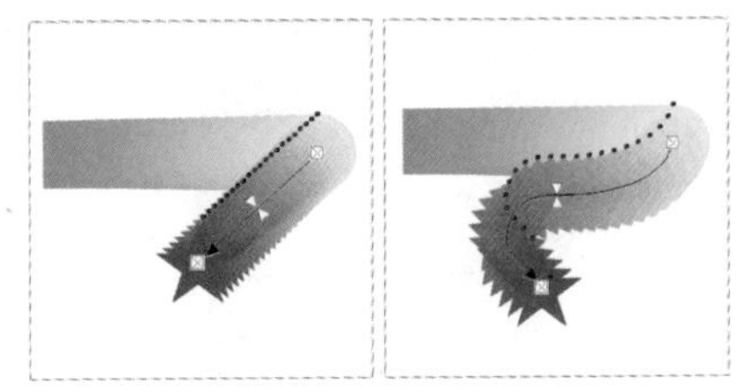

8.1.5 拆分调和对象

拆分调和对象是指将调和对象分离为独立的调和。

方法一：使用“调和工具”选中调和对象，单击属性栏中的“更多调和选项”按钮，在弹出的下拉列表中选择“拆分”选项。

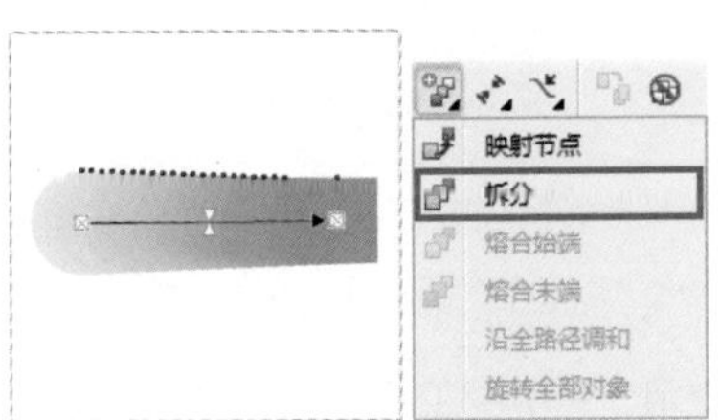

当光标变为弯曲箭头 形状时，单击要分割的中间任意形状对象，即可完成拆分。

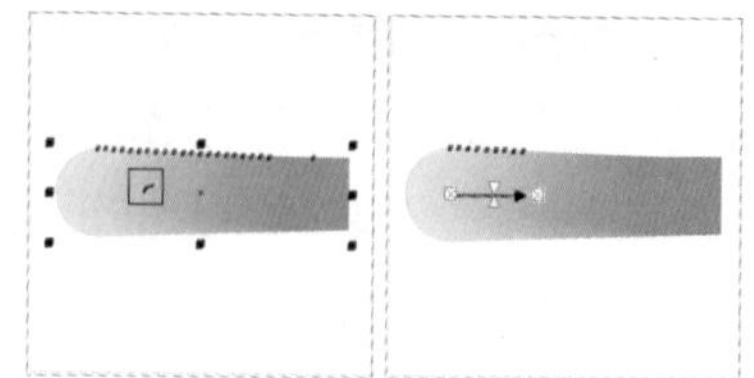

提示

调和对象分离后，起端对象和末端对象都可以被单独选取并移动，但并未与源调和对象分离，按Ctrl+K 快捷键即可将除了起端和末端的中间对象拆分出来，使用“选择工具” 可以移动可见。

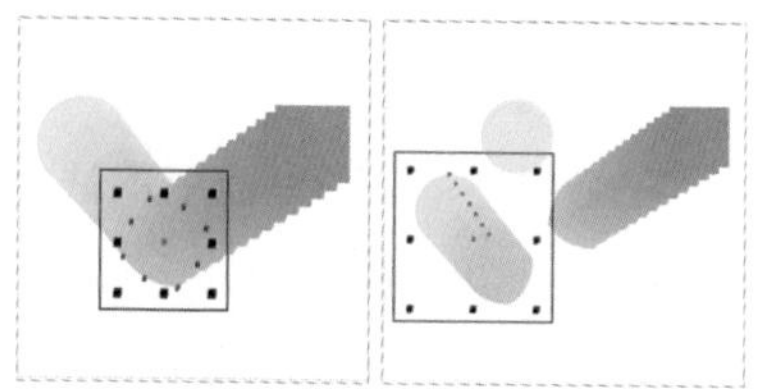

方法二：使用“调和工具” 选中调和对象，在“调和”泊坞窗中单击“拆分”按钮，当光标变为弯曲箭头 形状时，单击要分割的中间任意形状对象，即可完成拆分。

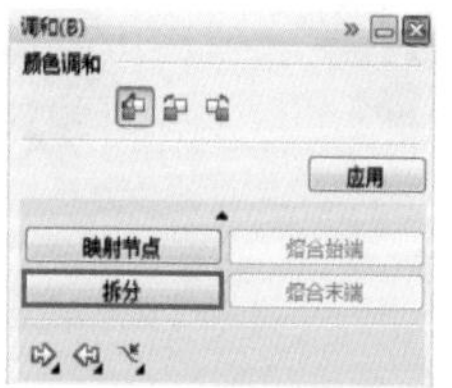

方法三：使用“调和工具” 选中调和对象，在菜单栏中单击执行“对象”→“拆分调和群组”命令，或按Ctrl+K组合键，即可拆分调和对象为一个群组对象，使用“选择工具” 移动可见，按Ctrl+U组合键取消组合对象，可将其拆分为单独的个体。

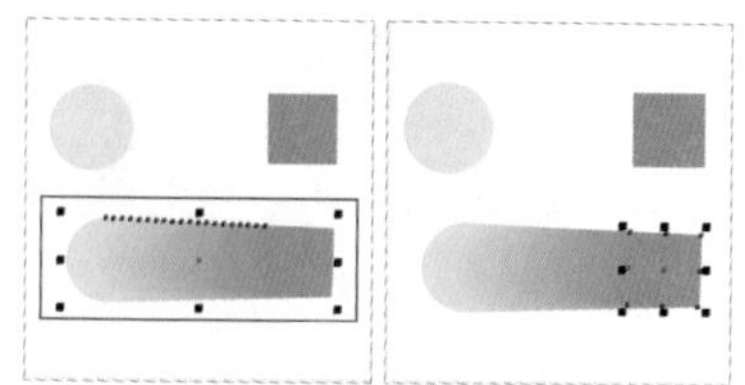

方法四：使用“选择工具” ，右键单击调和对象，在弹出的快捷菜单中选择“拆分调和群组”命令，即可拆分调和对象。

8.1.6 清除调和效果

使用“调和工具” 选中调和对象，在菜单栏中单击执行“效果”→“清除调和”命令，或者单击属性栏中的“清除调和”按钮 ，即可移除对象中的调和，清除调和效果后，只剩下起始对象和结束对象。

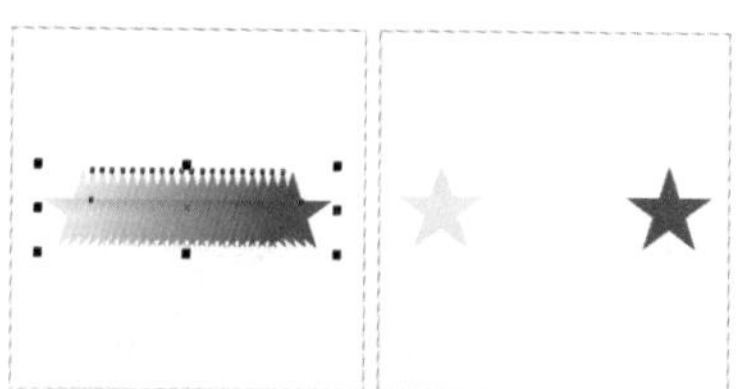

8.2 轮廓图效果

轮廓图效果是指由一系列对称的同心轮廓线圈组合在一起所形成的具有深度感的效果，该效果类似于地图中的地势等高线，故有时又称之为等高线效果。轮廓图效果与调和效果相似，与调和效果不同的是，轮廓图效果是指由对象的轮廓向内或向外放射的层次效果，并且只需一个图形对象即可完成。

8.2.1 创建对象的轮廓图

使用“轮廓图工具” 可以为对象添加轮廓图效果，这个对象可以是封闭的，也可以是开放的，还可以是美术文本对象。

在CorelDRAW X6中提供的轮廓图效果有三种，即“到中心”“内部轮廓”和“外部轮廓”。

创建中心轮廓图

使用“选择工具”选中对象，单击工具箱中的“阴影工具”按钮，在打开的工具列表中选择“轮廓图工具”，然后单击属性栏中的“到中心”按钮，即可自动生成由轮廓到中心依次缩放渐变的层次效果。

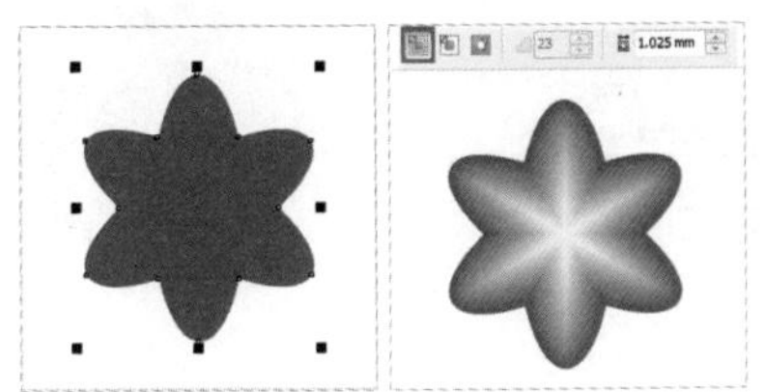

创建内部轮廓图

使用“选择工具”选中对象，单击工具箱中的“轮廓图工具”按钮，将光标移到对象上，按住鼠标左键向内拖曳，释放鼠标左键，即可创建对象的内部轮廓。

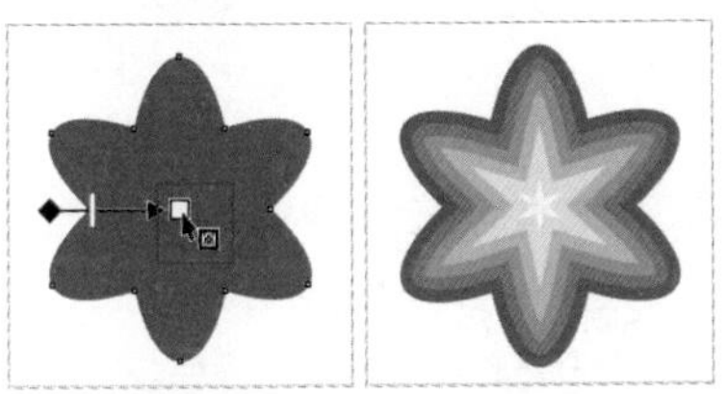

或者在属性栏中单击“内部轮廓”按钮，即可自动创建内部轮廓图。

创建外部轮廓图

使用“选择工具”选中对象，单击工具箱中的“轮廓图工具”按钮，将光标移到对象上，按住鼠标左键向外拖动，释放鼠标，即可创建对象的外部轮廓。

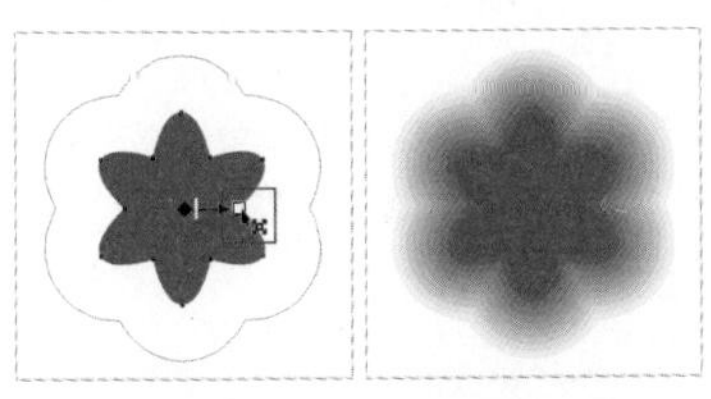

或者在属性栏中单击“外部轮廓”按钮，即可自动创建外部轮廓图。

> **技巧**
>
> 可以在菜单栏中执行“效果”→“轮廓图”命令，或按 Ctrl+F9 组合键，打开“轮廓图”泊坞窗，在泊坞窗中选择相应的按钮，然后再单击“应用”按钮，即可创建轮廓图。

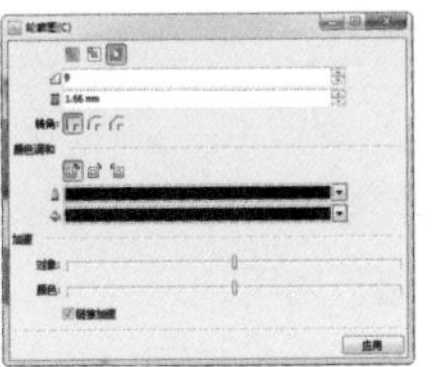

8.2.2 轮廓图参数设置

在创建轮廓图效果后，可以在属性栏进行参数设置。

“轮廓图工具”属性栏中的各个选项和按钮的介绍如下。

- **预设列表：**在该下拉列表框中可以选择预设的轮廓图样式。

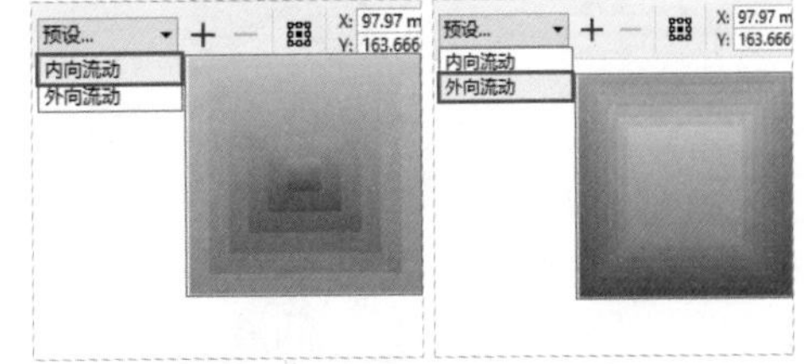

- **“添加预设”按钮：**单击该按钮，可以将当前选中的轮廓图对象另存为预设。
- **“删除预设”按钮：**单击该按钮，可以将当前选中的轮廓图样式删除。
- **“到中心”按钮：**单击该按钮，创建从对象边缘向中心放射状的轮廓图。创建后无法通过“轮廓图步长”进行设置，可以通过“轮廓图偏移”进行自动调节，偏移越大层次越少；

偏移越小层次越多。

- **“内部轮廓”按钮**：单击该按钮，创建从对象边缘向内部放射状的轮廓图。创建后可以通过“轮廓图步长”设置轮廓图的层次数。
- **“外部轮廓”按钮**：单击该按钮，创建从对象边缘向外部放射状的轮廓图。创建后可以通过“轮廓图步长”设置轮廓图的层次数。
- **轮廓图步长**：在文本框中输入数值用于调整轮廓图的数量。
- **轮廓图偏移**：在后面的文本框中输入数值用于调整轮廓图各步数之间的距离。
- **“轮廓图角”按钮**：用于设置轮廓图的角类型。单击该按钮，可以在下拉列表中选择相应的角类型进行应用。
- **斜接角**：在创建的轮廓图中使用尖角渐变。

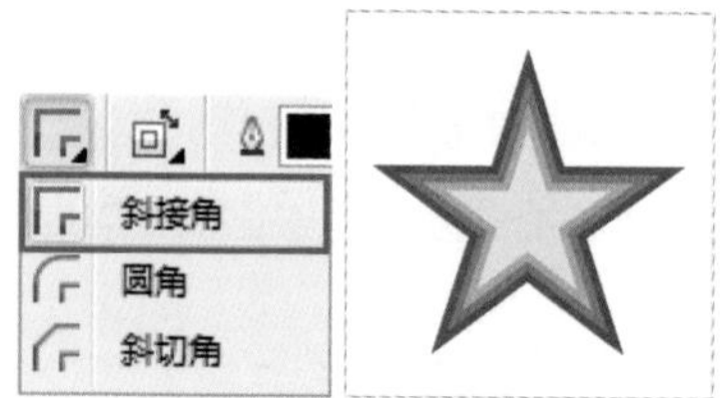

- **圆角**：在创建的轮廓图中使用倒圆角渐变。

- **斜切角**：在创建的轮廓图中使用倒角渐变。

- **“轮廓色”按钮**：设置轮廓色的颜色渐变序列。单击该按钮，可以在下拉列表中选择相应的颜色渐变序列类型进行应用。
- **线性轮廓色**：设置轮廓色为直接渐变序列。

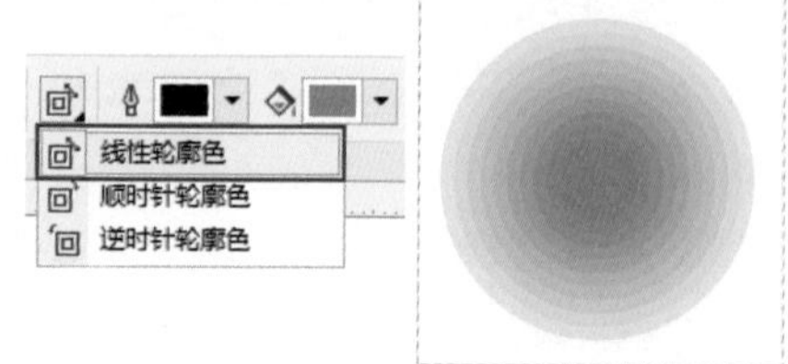

- **顺时针轮廓色**：设置轮廓色为色谱顺时针方向逐步调和的渐变序列。

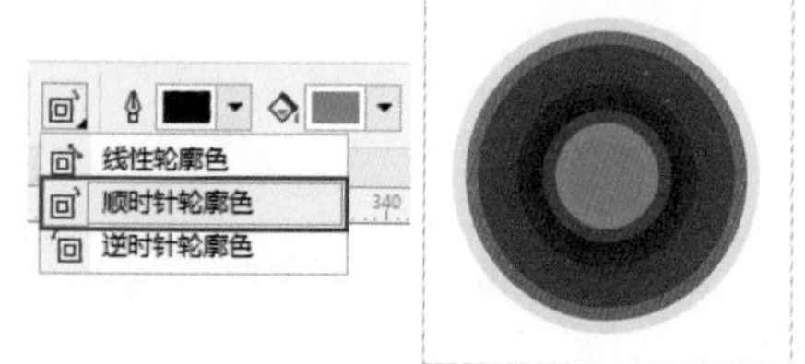

- **逆时针轮廓色**：设置轮廓色为色谱逆时针方向逐步调和的渐变序列。

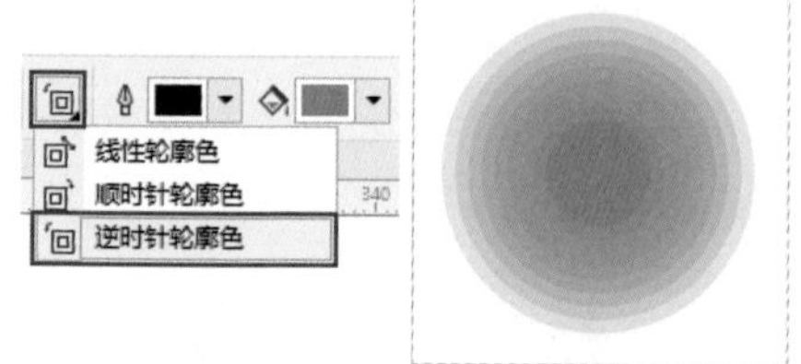

- **轮廓色**：设置轮廓图的轮廓线颜色。当去掉轮廓线“宽度”时，不显示轮廓色。
- **填充色**：设置轮廓图的填充颜色。
- **最后一个填充挑选器**：设置轮廓图填充的第二种颜色。
- **“对象和颜色加速”按钮**：调整轮廓图中对象大小和颜色变化的速率。

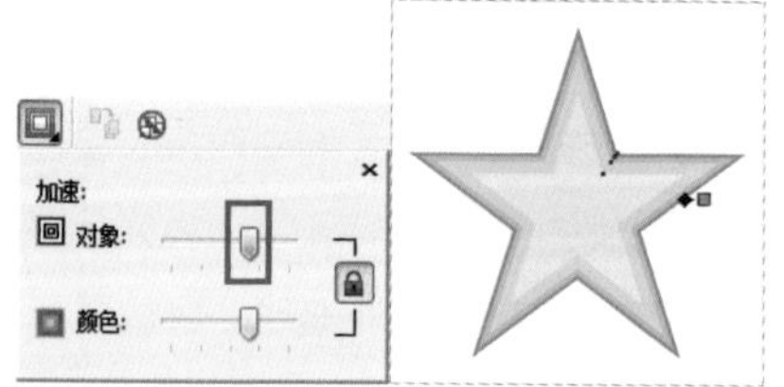

提示

在“对象和颜色加速”的下拉对话框中激活锁头图标后，可以同时调整“对象”和“颜色”滑块，解锁后，可以分别调整“对象”和“颜色”滑块。

- **“复制轮廓图属性”按钮**：将另一个对象的轮廓图属性应用到所选对象上。
- **“清除轮廓图”按钮**：单击该按钮，移除对象中的轮廓图效果。

技巧

可以在菜单栏中执行“效果”→“轮廓图”命令，打开“轮廓图”泊坞窗进行参数设置。

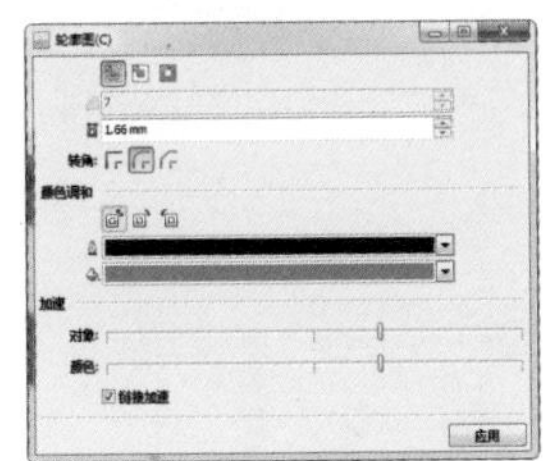

8.2.3 设置轮廓图颜色

填充轮廓图的颜色分为填充颜色和轮廓线颜色，两者都可以在属性栏或泊坞窗中直接选择进行填充。

使用“轮廓图工具”选中轮廓图对象，在属性栏中“填充色”的下拉颜色框中选择需要的颜色。

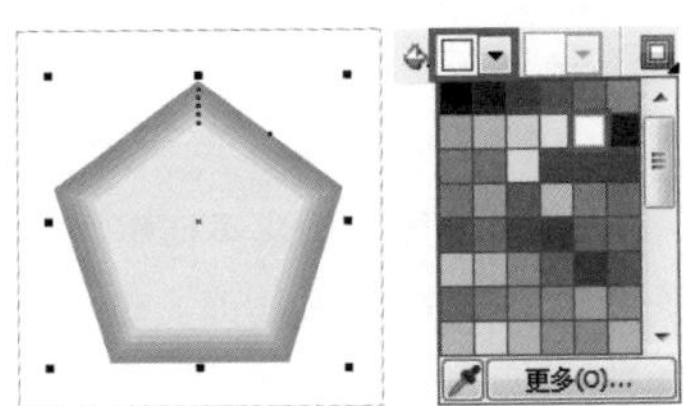

可更改轮廓图的填充颜色，并且轮廓图向选取的颜色进行渐变。

将对象的填充颜色去掉，设置轮廓线宽度为1mm，然后使用“轮廓图工具”选中该轮廓图对象，再在属性栏中“轮廓色”的下拉颜色框中选择需要的颜色。

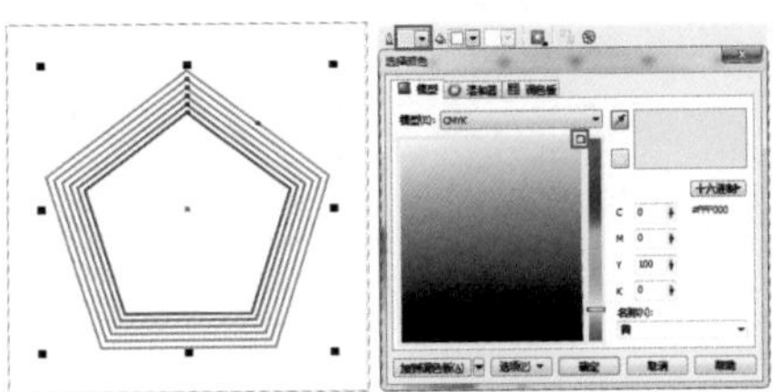

可更改轮廓图的填充颜色，并且轮廓图的轮廓线以选取的颜色进行渐变。

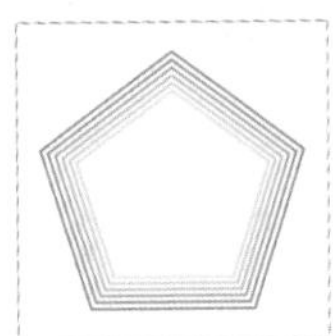

提示

在编辑轮廓图颜色时，可以选中轮廓图对象，然后左键单击调色板中的按钮☒，去掉填充色，右键单击按钮☒，去掉轮廓线。

8.2.4 拆分轮廓图

在实现轮廓图效果后，可以根据需要将轮廓图对象中的放射图形分离成相互独立的对象。

使用“轮廓图工具”选中轮廓图对象，在菜单栏中单击执行“对象”→“拆分轮廓图群组”命令，或按Ctrl+K组合键，即可分离轮廓图对象。

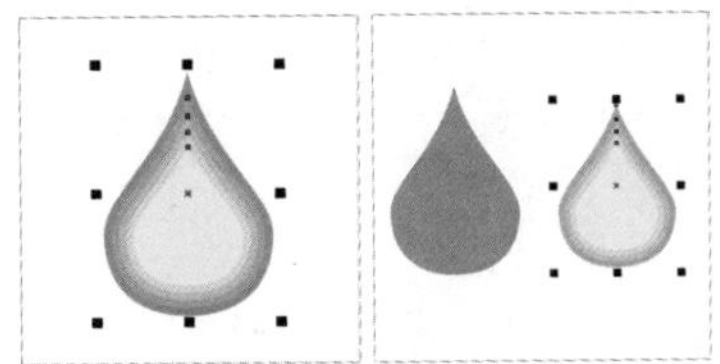

然后在菜单栏中执行“对象”→“组合”→“取消组合所有对象”命令，或按Ctrl+U组合键即可取消轮廓图的群组状态。对于取消群组的轮廓图，可以对其进行单独编辑及修改。

8.3 变形效果

在CorelDRAW X6中使用“变形工具”可以创建三种变形效果，分别是推拉变形、拉链变形和扭曲变形。

8.3.1 推拉变形

“推拉变形”效果可以通过手动拖曳的方式对对象边缘进行推进或拉出操作。

使用“选择工具”选中对象，单击工具箱中的“调和工具”按钮，在打开的工具列表中选择“变形工具”。

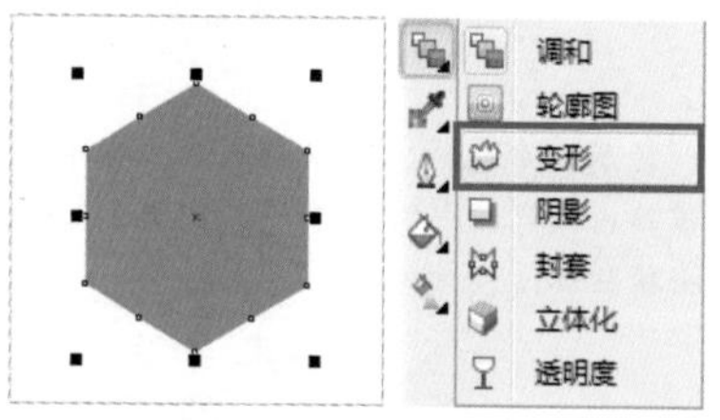

在属性栏中单击“推拉变形”按钮，将光标移动到对象上，按住鼠标左键进行拖曳，释放鼠标，即可实现变形效果。

向左边拖曳可以使轮廓边缘向内推进，向右边曳可以使边缘向外拉出。

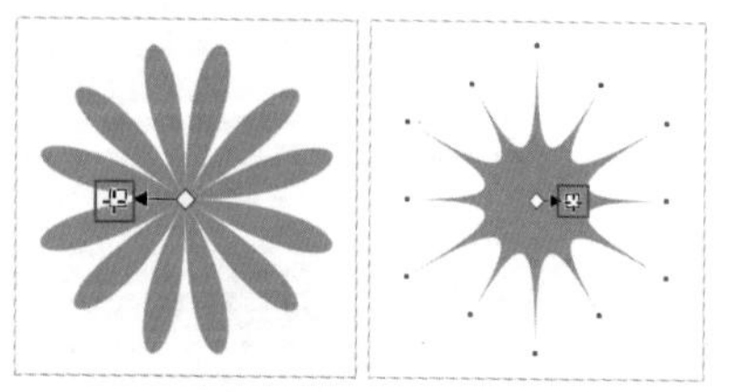

水平方向移动的距离可以决定推进和拉出的距离和程度，也可以在属性栏中进行设置。

“推拉变形”属性栏中的各个选项和按钮的介绍如下。

- **预设列表：**在该下拉列表框中可以选择预设的变形样式。

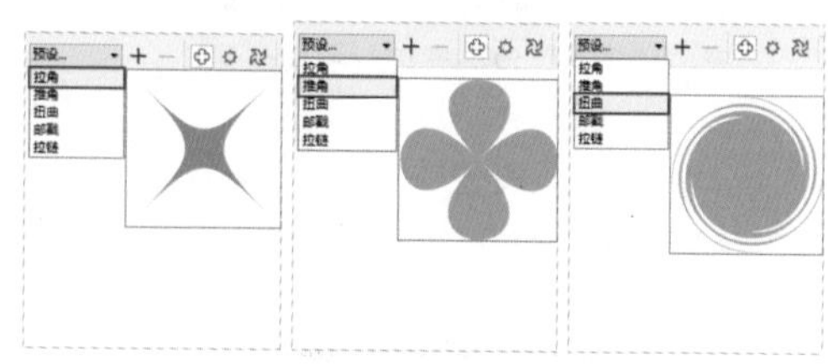

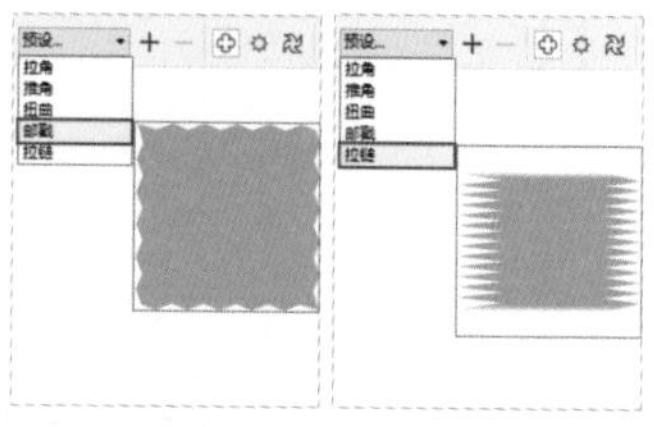

- **“添加预设”按钮**：单击该按钮，可以将当前选中的变形对象另存为预设。
- **“删除预设”按钮**：单击该按钮，可以将当前选中的变形样式删除。
- **“推拉变形”按钮**：单击该按钮激活推拉变形效果，同时激活推拉变形的属性设置。
- **“居中变形”按钮**：单击该按钮可以将变形效果居中放置。
- **推拉振幅**：在后面的文本框中输入数值，可以设置对象推进拉出的程度。输入数值为正数则向外拉出，最大为200；输入数值为负数则向内推进，最小为-200。
- **“添加新的变形”按钮**：单击该按钮可以将当前变形的对象转为新对象，然后进行再次变形。
- **“复制变形属性”按钮**：将另一个对象的变形属性应用到所选对象上。
- **“清除变形”按钮**：单击该按钮，移除对象中的变形效果。
- **“转换为曲线”按钮**：单击该按钮可以允许使用形状工具修改对象。

练习8-3 制作光斑效果

难度：☆☆

素材文件：素材\第8章\练习8-3\彩灯.cdr

效果文件：素材\第8章\练习8-3\制作光斑效果-OK.cdr

在线视频：第8章\练习8-3\制作光斑效果.mp4

01 打开CorelDRAW X6，选择"文件"→"打开"命令，弹出"打开绘图"对话框，选择"素材\第8章\练习8-3\彩灯.cdr"文件，单击"打开"按钮。

02 选择工具箱中的"星形"工具，设置属性栏中"边数"为15，填充白色并进行挤压变形。

03 选择工具箱中的"变形"工具，单击属性栏中的"推拉变形"按钮，将光标放在图形上按住鼠标左键从内往外拖动，得到理想的图形效果后，释放鼠标左键。

04 将变形后的星形放置在彩灯上，设置属性栏中的"旋转角度"为40°，右键单击调色板上的无填充按钮☒，去除轮廓线。

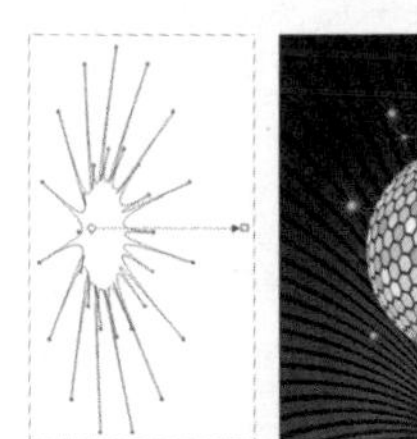

05 复制多个星形，调整好大小和位置。

8.3.2 拉链变形

"拉链变形"效果可以将对象的边缘调整为尖锐锯齿效果，可以移动拖曳线上的滑块来增加锯齿的个数。

单击工具箱中的"变形工具"，在属性栏中单击"拉链变形"按钮，将光标移动到对象上，按住鼠标从中心向外拖曳，出现蓝色实线预览变形效果，释放鼠标，即可实现拉链变形效果。

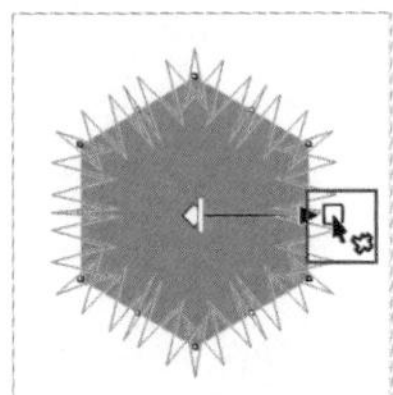

变形后，移动调节线中间的滑块可以调整拉链变形中锯齿的数量，可在不同的位置创建变形，也可以增加拉链变形的调节线。

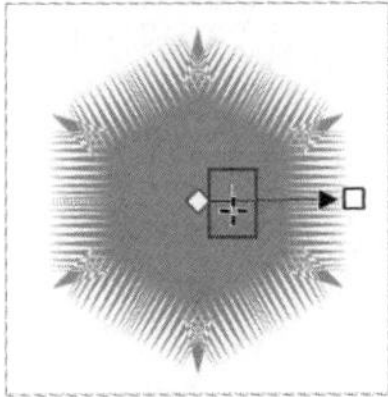

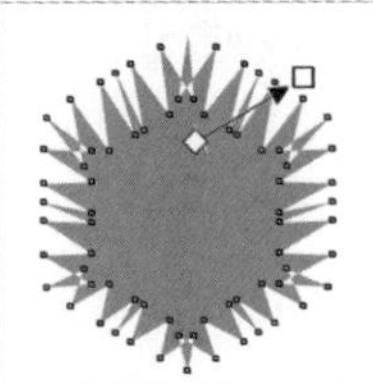

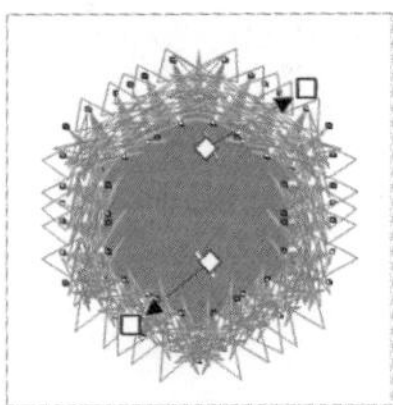

在属性栏中可以进行"拉链变形"的相关设置，各个选项和按钮的介绍如下。

- **"拉链变形"按钮**：单击该按钮激活拉链变形效果，同时激活拉链变形的属性设置。
- **拉链振幅**：在后面的文本框中输入数值，可以调整拉链变形中锯齿的高度。
- **拉链频率**：在后面的文本框中输入数值，可以调整拉链变形中锯齿的数量。
- **"随机变形"按钮**：单击该按钮，可以将对象按系统默认方式随机设置变形效果。

- “平滑变形”按钮：单击该按钮，可以将变形对象的节点平滑处理。
- “局限变形”按钮：单击该按钮，可以随着变形的进行降低变形的效果。

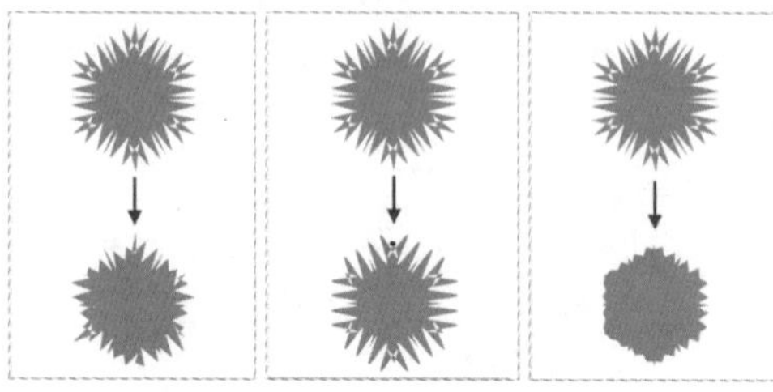

练习8-4 制作复杂花朵

难度：☆☆
素材文件：素材\第8章\练习8-4\背景.cdr
效果文件：素材\第8章\练习8-4\制作复杂花朵-OK.cdr
在线视频：第8章\练习8-4\制作复杂花朵.mp4

本实例使用“椭圆形工具”绘制圆形，通过“交互式填充工具”填充渐变颜色，再使用“变形工具”实现拉链变形效果，制作复杂的花朵。

01 启动CorelDRAW X6软件，新建一个空白文档，单击工具箱中的“椭圆形工具”按钮，按住Ctrl键，绘制一个正圆，单击工具箱中“填充工具”按钮，在弹出的快捷菜单中单击“渐变填充”按钮，再在弹出的“渐变填充”对话框中选择“类型”为“辐射”，为对象填充渐变颜色。

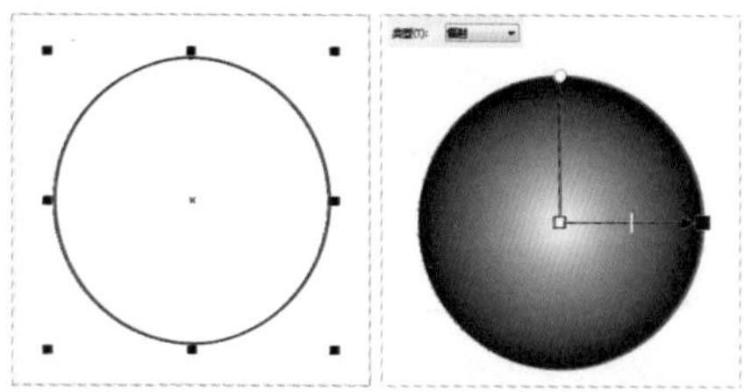

02 单击颜色节点，设置渐变颜色为红色（C:0；M:90；Y:87；K:0）和黄色（C:0；M:0；Y: 100；K:0），再将光标放在调色板中，使用鼠标右键单击按钮☒，取消轮廓线。

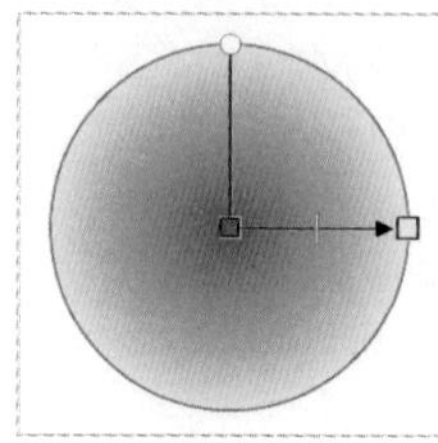

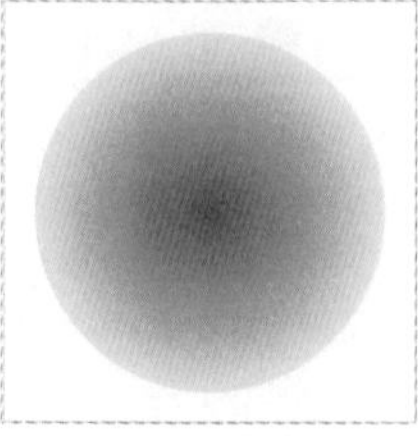

03 单击工具箱中的“变形工具”，在属性栏中单击“拉链变形”按钮，将光标移动到对象中心，按住鼠标向外拖曳，出现蓝色实线预览变形效果，释放鼠标即可实现拉链变形效果。

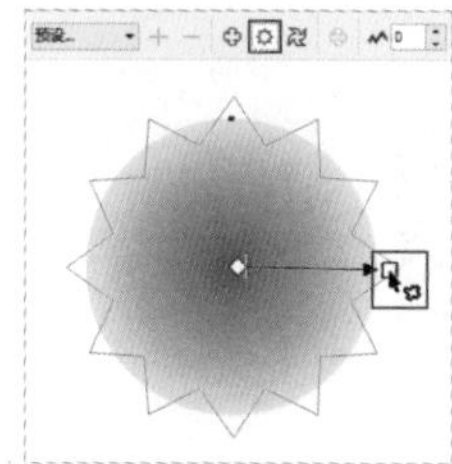

04 单击属性栏中的“平滑变形”按钮，将变形对象的节点平滑处理，使用“选择工具”选中该形状，按Ctrl+C组合键进行复制，按Ctrl+V组合键进行粘贴，然后缩小并旋转对象。

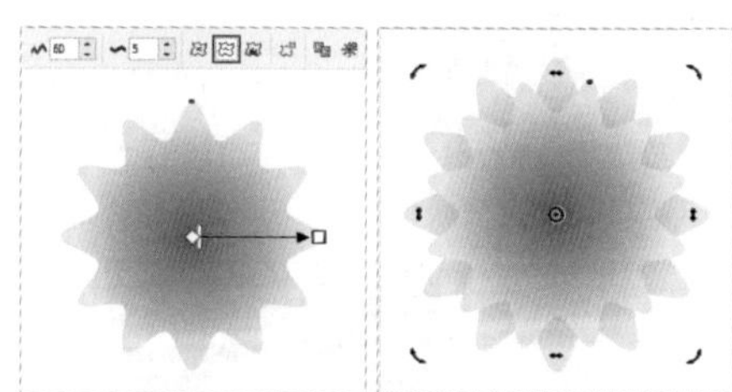

05 单击工具箱中的“变形工具”按钮，在属性栏中单击“推拉变形”按钮，将光标移动到对象中心，按住鼠标左键向左侧拖曳，出现蓝色预览线，释放鼠标左键实现推拉变形效果。

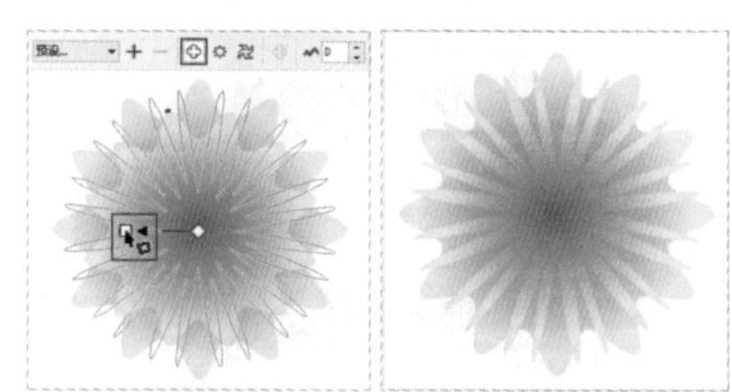

06 复制一个对象，缩小到合适的大小，使用“选择工具”选中全部形状，按Ctrl+G组合键组合对象，采用同样的方法，制作不同颜色的花朵。

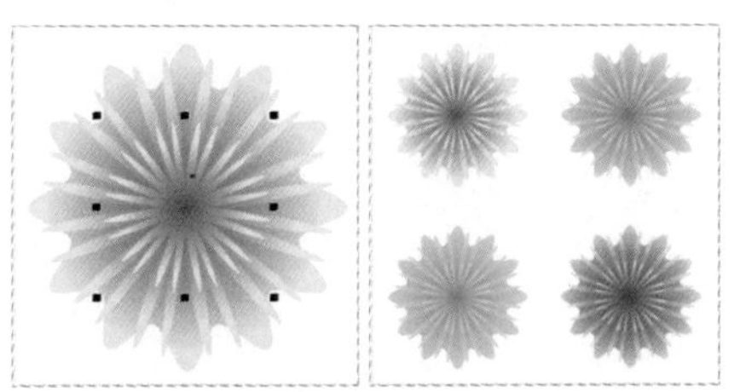

07 在菜单栏中执行“文件”→“打开”命令，打开素材文件“素材\第8章\练习8-5\背景.cdr”，然后将制作好的花朵复制到该文档中，并调整至合适的大小和位置，完成制作。

8.3.3 扭曲变形 重点

“扭曲变形”效果可以使对象绕变形中心进行旋转，产生螺旋状的效果。

单击工具箱中的“变形工具”，在属性栏中单击“扭曲变形”按钮，将光标移动到对象上，按住鼠标从中心向外拖曳，确定旋转角度的固定边。然后不松开鼠标继续沿顺时针或逆时针方向拖动旋转，释放鼠标，即可实现扭曲变形效果。

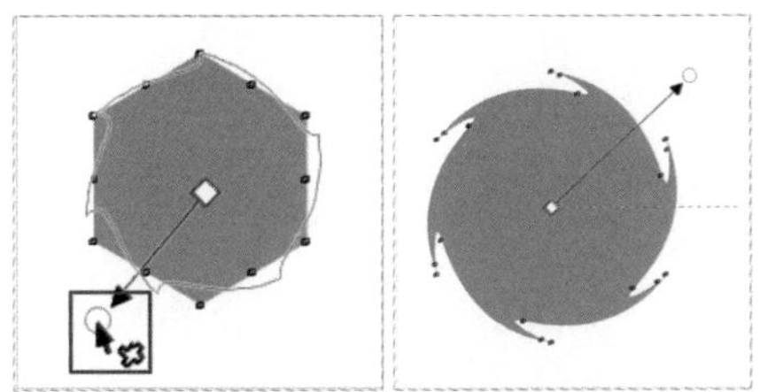

在属性栏中可以进行“扭曲变形”的相关设置，各个选项和按钮的介绍如下。

- **“扭曲变形”按钮**：单击该按钮激活拉链变形效果，同时激活拉链变形的属性设置。
- **完整旋转**：在后面的文本框中输入数值，可以设置扭曲变形的完整旋转次数。

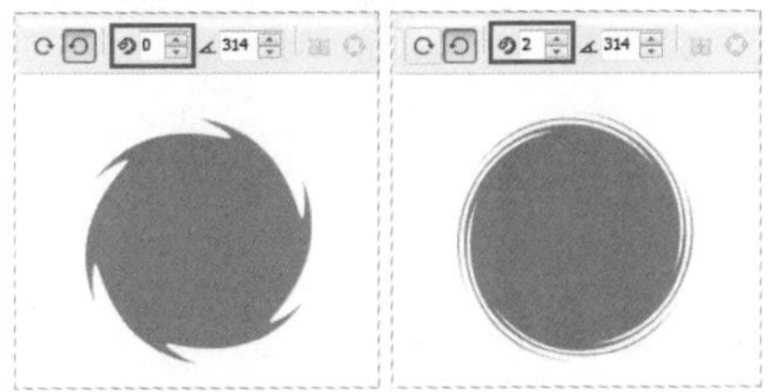

- **附加度数**：在后面的文本框中输入数值，可以设置超出完整旋转的度数。

技巧

制作变形效果后，原对象属性不会丢失，并可以随时编辑，还可以对单个对象进行多次变形，且每次的变形都建立在上一次效果的基础上。

练习8-5 制作旋转背景

难度：☆☆

素材文件：素材\第8章\练习8-5\旋转木马.cdr

效果文件：素材\第8章\练习8-5\制作旋转背景-OK.cdr

在线视频：第8章\练习8-5\制作旋转背景.mp4

本实例使用“多边形工具”绘制三角形，通过调色板填充颜色，通过“变换”泊坞窗旋转并复制对象，然后通过“变形工具”实现扭曲变形效果，再使用“裁剪工具”裁剪对象，制作旋转背景。

01 启动CorelDRAW X6软件，新建一个空白文档，单击工具箱中的“多边形工具”按钮，在属性栏中设置“点数或边数”为3，绘制一个三角形，单击工具箱中“交互式填充工具”按钮，在属性栏中单击“均匀填充”按钮，设置填充色为（C:39；M:0；Y:20；K:0）。

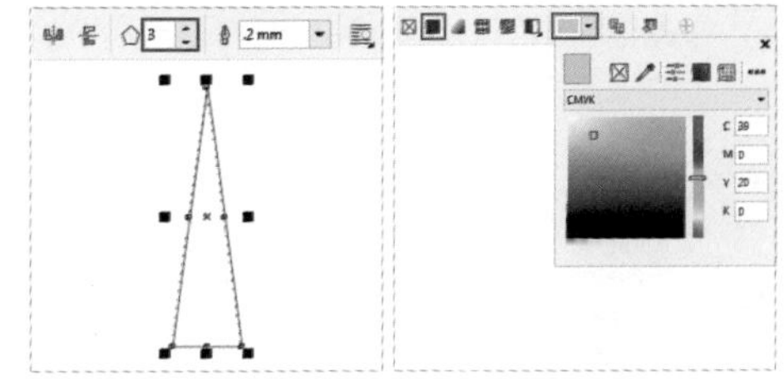

02 为对象填充颜色，再将光标放在调色板中，使用鼠标右键单击按钮☒，取消轮廓线。

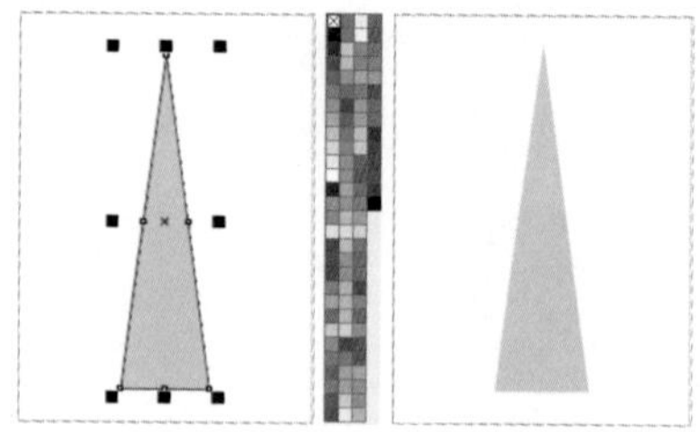

03 在菜单栏中执行“对象”→“变换”→“旋转”命令，或按 Alt+F8 快捷键打开“变换”泊坞窗，设置“旋转角度”“相对中心”和“副本”，然后单击“应用”按钮，旋转并复制对象。

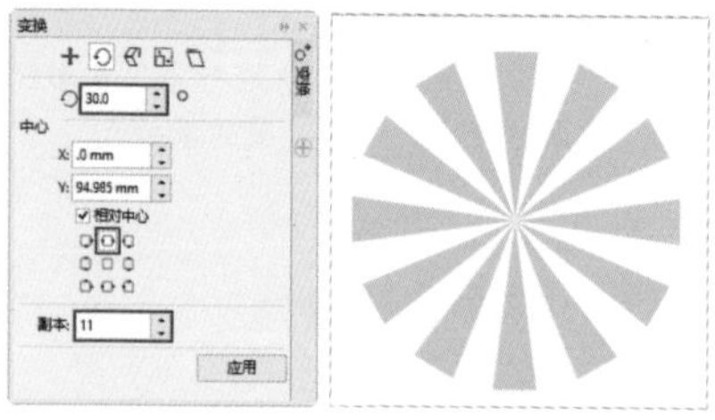

04 使用“选择工具”选中全部对象，按 Ctrl+G 组合键组合对象，按 Ctrl+C 组合键进行复制，Ctrl+V 组合键进行粘贴，然后进行旋转，再单击工具箱中“填充工具”按钮，在属性栏中更改填充颜色为（C:22；M:0；Y:9；K:0）。

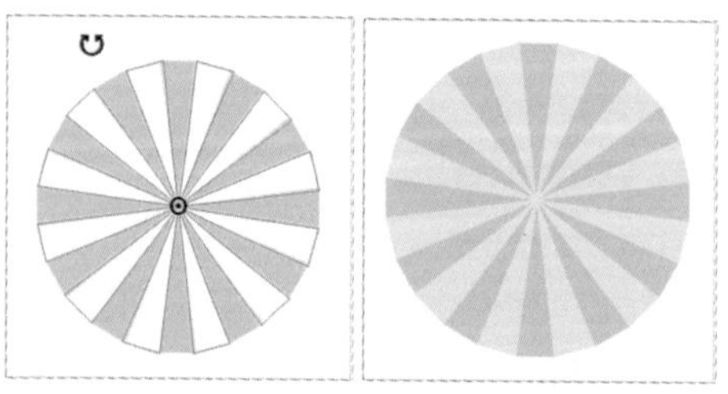

05 使用“选择工具”选中全部对象，按 Ctrl+G 组合键组合对象，在工具箱中单击“变形工具”，在属性栏中单击“扭曲变形”按钮，将光标移动到对象中心，按住鼠标从中心向外拖曳，确定旋转角度的固定边，然后不松开鼠标继续沿逆时针方向拖动旋转。

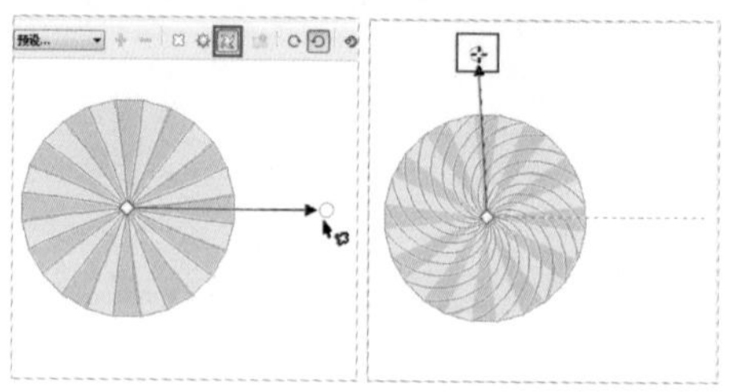

06 释放鼠标即可创建扭曲变形，单击工具箱中的“裁剪工具”按钮，按住鼠标左键拖曳创建裁剪框，并调整裁剪区域。

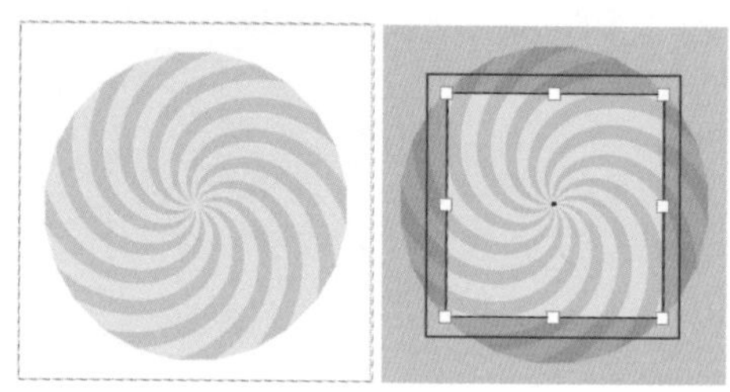

07 按 Enter 键确认裁剪，在菜单栏中执行“文件”→“打开”命令，打开素材文件“素材\第 8 章\练习 8-6\旋转木马 .cdr”，然后将其复制到该文档中，并调整至合适的大小和位置，完成制作。

相关链接

关于“旋转对象”的内容请参阅本书第 5 章的 5.4.2 节。关于“裁剪工具”的内容请参阅本书第 7 章的 7.5.9 节。

8.4 阴影效果

阴影效果是绘图中不可缺少的，使用阴影效果可以使对象产生光线照射、立体的视觉感受。

8.4.1 创建对象阴影 重点

在CorelDRAW X6中使用“阴影工具”可以模拟各种光线的照射效果，也可以为多种对象添加阴影效果，包括位图、矢量图、美术字文本和段落文本等。

单击工具箱中的“阴影工具”按钮，将光标移动到对象上，按住鼠标左键拖曳，释放鼠标，即可实现阴影效果。并且从对象不同的位置拖曳，会实现不同的阴影效果。

从对象的中间拖曳，创建中心渐变。

从对象的顶端中间位置拖曳，创建顶端渐变。

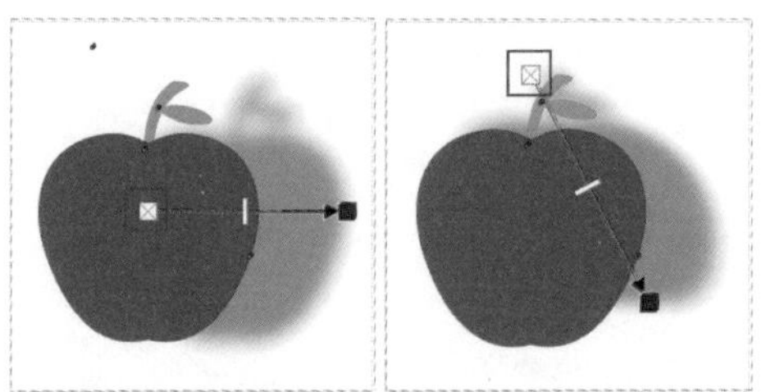

从对象的底端中间位置拖曳，创建底端渐变。

从对象的左边中间位置拖曳，创建左边渐变。

从对象的右边中间位置拖曳，创建右边渐变。

白色方块表示阴影的起始位置，黑色方块表示阴影的终止位置。在实现阴影效果后，拖曳黑色方块可以更改阴影的位置和角度，拖曳调整线上的滑块可以设置阴影的不透明度。

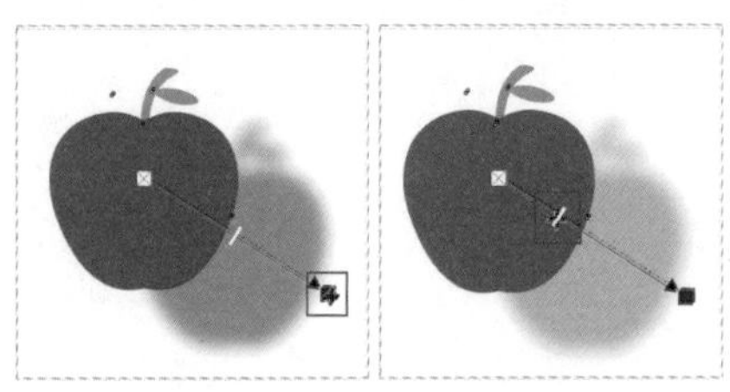

8.4.2 在属性栏中设置阴影效果 重点

在属性栏可以精确地调整阴影的方向、颜色、羽化程度等各项属性，并且实时反映到对象上，从而创造出千变万化的阴影效果。

“阴影工具”属性栏中的各个选项及按钮的介绍如下。

- **预设列表**：在下拉列表中选择预设的效果。

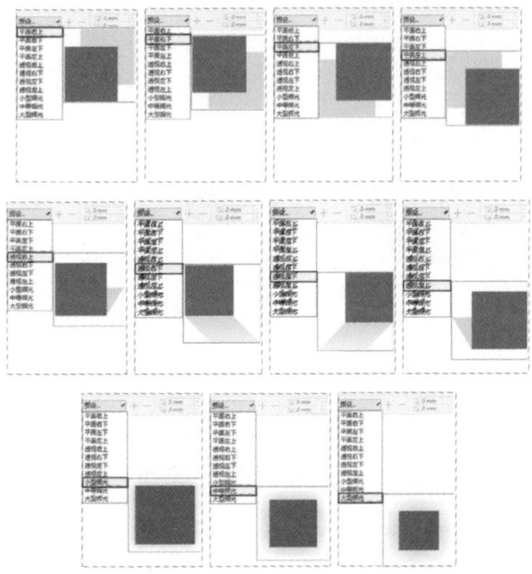

- **“添加预设”按钮**：单击该按钮可以将当前的阴影存储为预设。
- **“删除预设”按钮**：单击该按钮，从预设列表中删除所选预设。
- **阴影偏移**：设置阴影和对象间的距离。在数值框中输入数值，正数为向上向右偏移，负数为向左向下偏移。该设置在创建无透视阴影时才会激活。

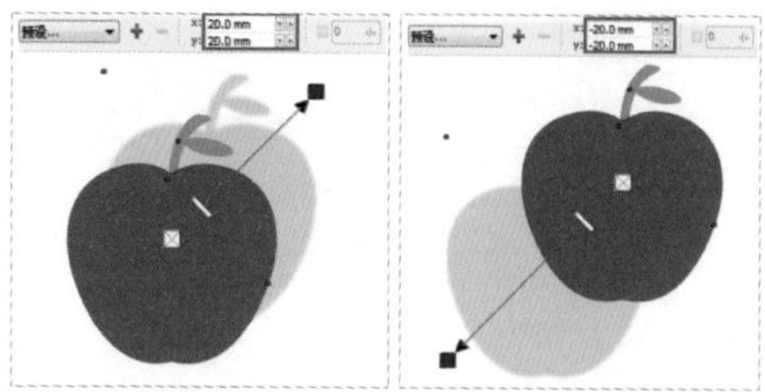

●**阴影角度**：设置阴影方向。在后面的数值框中输入数值，设置阴影与对象之间的角度。该设置只在创建呈角度透视阴影时才会激活。

●**阴影延展**：设置阴影的长度。在数值框中输入数值，数值越大，阴影的延伸越长。该设置只在创建呈角度透视阴影时才会激活。

●**阴影淡出**：调整阴影边缘的淡出程度。最大值为 100，最小值为 0，数值越大向外淡出的阴影效果越明显，该设置只在创建呈角度透视阴影时才会激活。

●**阴影的不透明度**：调整阴影的透明度。在数值框中输入数值，数值越大，颜色越深；数值越小，颜色越浅。

●**阴影羽化**：在数值框中输入数值，锐化或柔化阴影边缘。

●**“羽化方向”按钮**：单击该按钮，在下拉列表中可选择羽化方向。

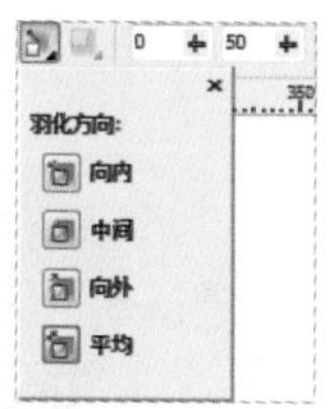

●**“羽化边缘”按钮**：单击该按钮，在下拉列表中可选择羽化类型。在设置“羽化方向”为“向内”“向外”或“中间”后，该设置才会激活。

●**线性**：阴影从边缘开始进行羽化。

●**方形的**：阴影从边缘外进行羽化。

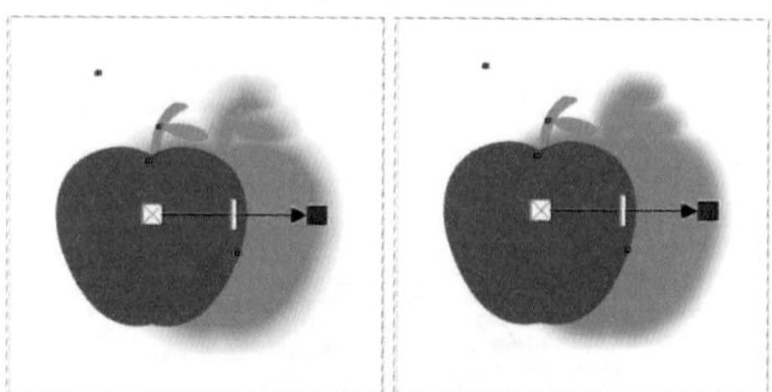

●**反白方形**：阴影从边缘开始向外突出羽化。

●**平面**：阴影以平面方式不进行羽化。

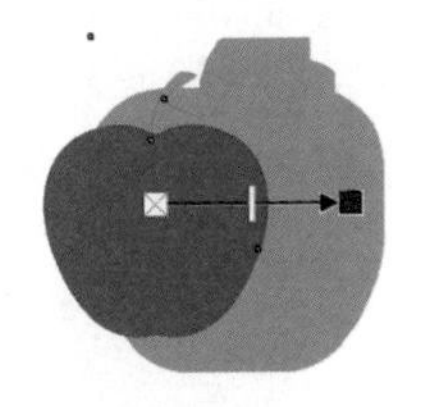

- **阴影颜色：** 在下拉颜色框中设置阴影颜色。填充的颜色会在阴影方向线的终端显示。
- **合并模式：** 在下拉选项列表中选择阴影颜色与下层对象颜色的调和方式。

- **“复制阴影效果属性”按钮：** 单击该按钮，可以将另一个对象的阴影属性应用到所选对象上。

提示

在实现阴影效果后，可以将阴影的颜色设置为与底色相近的较深的颜色，然后设置“合并模式”，即可实现比较真实自然的阴影效果。

8.4.3 拆分和清除阴影（重点）

“拆分阴影”的作用是分离阴影与对象。进行拆分后，两者都为独立的对象。“清除阴影”的作用是去除对象的阴影效果。

练习8-6 清除花朵阴影

难度：☆☆

素材文件：素材\第 8 章\练习 8-6\玫瑰花 .cdr

效果文件：素材\第 8 章\练习 8-6\清除花朵阴影 .cdr

在线视频：第 8 章\练习 8-6\清除花朵阴影 .mp4

01 打开 CorelDRAW X6，选择“文件”→“打开”命令，弹出“打开绘图”对话框，选择“素材\第 8 章\练习 8-6\玫瑰花 .cdr”文件，单击“打开”按钮。

02 选择工具箱中的“选择工具”，选中要拆分的阴影对象，选择“排列”→“拆分阴影群组”命令或按 Ctrl+K 组合键，此时阴影成为独立的可编辑对象，移动阴影。

03 按 Ctrl+Z 组合键，撤销拆分，选中要清除的阴影对象，选择“效果”→“清除阴影”命令或单击属性栏中的“清除阴影”按钮，清除阴影效果。

8.5 立体化效果

CorelDRAW X6中的“交互式立体化工具”可以制作和编辑图形的三维效果，立体效果是利用三维空间的立体旋转和光源照射的功能来完成的。

8.5.1 打造立体化效果（重点）

应用立体化工具，可以为对象添加三维效果，使对象具有很强的纵深感和空间感，立体效果可以应用于图形和文本对象。

选择工具箱中的“立体化”工具，将光标放在图形上，拖动鼠标为图形添加立体化效果。在属性栏中的“立体化颜色”下拉列表中选择“使用纯色”按钮，设置颜色，即可为图形添加立体效果。

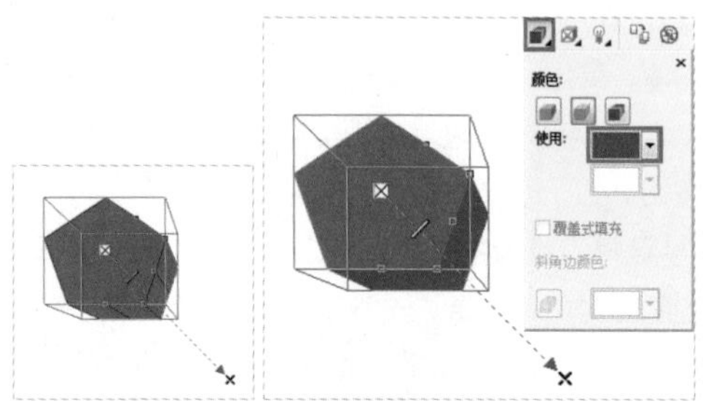

8.5.2 立体化参数设置 重点

立体化效果比较多样，可以对其进行颜色、深度、立体方向等设置。

选择工具箱中的“立体化”工具，在属性栏中可以设置立体化的参数。

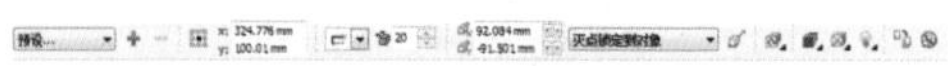

“立体化工具”属性栏中的各个选项及按钮的介绍如下。

- **预设**：在属性栏中的“预设”下拉列表框中提供了多种不同的立体化效果。
- **立体化类型**：在“立体化类型”下拉列表中提供了多种不同的立体化效果类型。

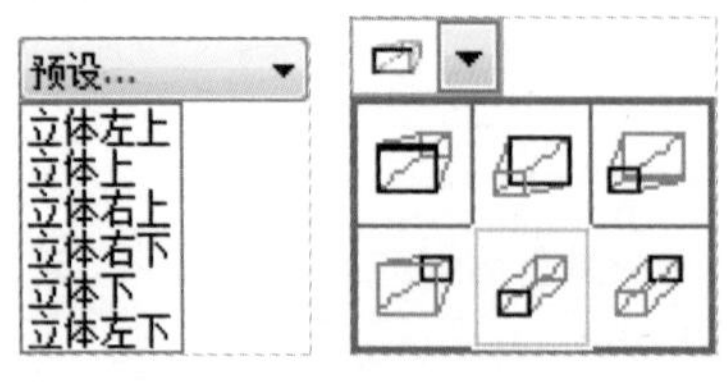

- **深度**：此按钮用来调整立体化效果的深度。

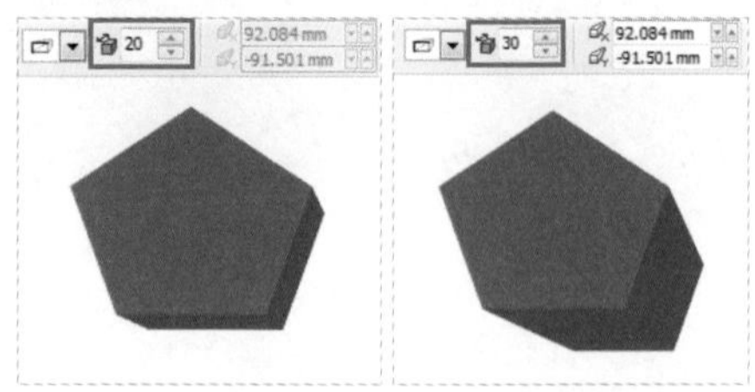

- **灭点坐标**：设置对象的立体化灭点坐标位置，灭点是指对象的消失点。
- **灭点属性**：在“灭点属性”下拉列表中，选择不同选项，可以用来设置灭点属性。

- **页面和对象灭点**：单击该按钮可以将灭点的位置锁定到对象或页面中。
- **立体化旋转**：单击该按钮可以调整对象的立体化视图角度。

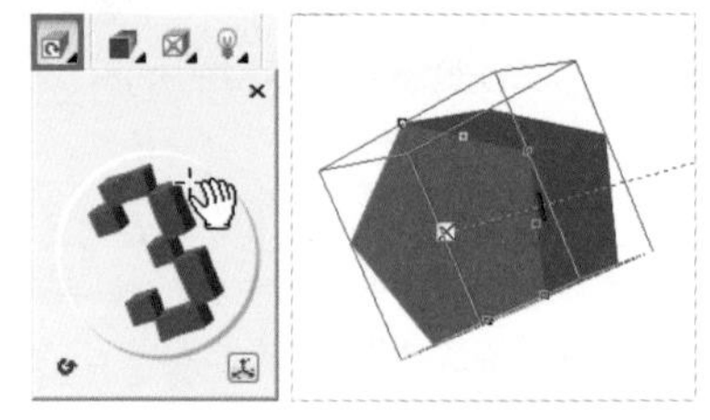

- **立体化颜色**：单击此按钮，会弹出“颜色”下拉列表，可以从中选择立体化对象的颜色填充类型。
- **立体化倾斜**：单击此按钮，会弹出“斜角修饰边”下拉列表，可以从中勾选“使用斜角修饰边”选项，进行数值设置。

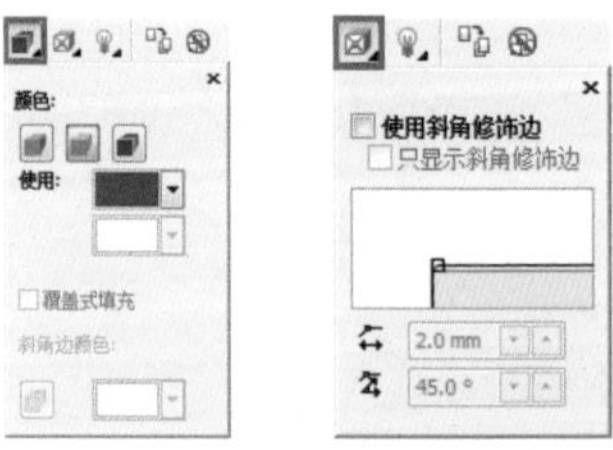

- **立体化照明**：单击此按钮，会弹出“照明”下拉列表，可以在对话框中为对象添加灯光效果。

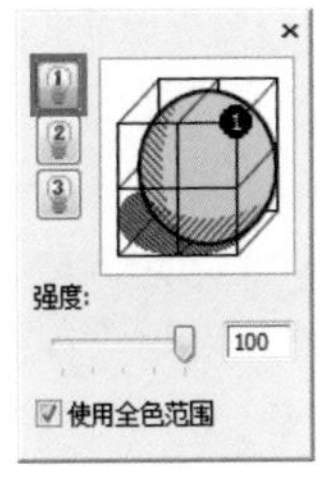

8.5.3 立体化操作（重点）

可以对立体图形进行复制、拆分、清除等操作。

拆分立体化

拆分立体化的作用是分离立体化与对象，可以对单独的立体进行处理。

选择工具箱中的“选择工具”，选择“排列”→“拆分立体化群组”命令或按Ctrl+K组合键，拆分后的立体字被独立地分离出来，可以进行独立地编辑。

复制立体化效果

复制立体化属性是对已有立体化效果的对象进行立体化各种属性的复制。

选择工具箱中的“立体化”工具，单击属性栏中的“复制立体化属性”按钮，当光标变为➡时，单击立体化效果图形对象，复制立体化属性。

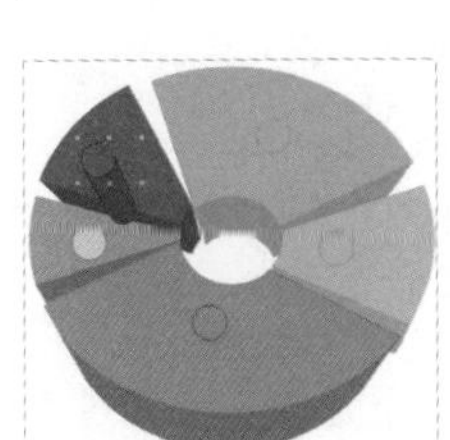
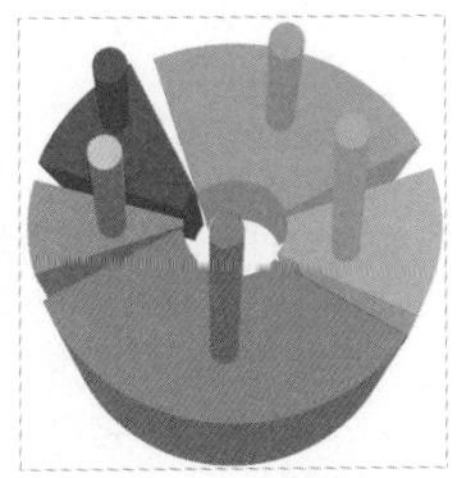

清除立体化

立体化的清除很简单，同其他交互工具一样，在属性栏中直接单击“清除立体化”按钮即可实现。

选择工具箱中的“立体化”工具，选中立体化对象，选择“效果”→“清除立体化”命令或单击属性栏中的“清除立体化”按钮，即可清除对象立体化。

练习8-7 制作立体文字效果

难度：☆☆
素材文件：素材\第8章\练习8-7\NEW.cdr
效果文件：素材\第8章\练习8-7\制作立体文字效果.cdr
在线视频：第8章\练习8-7\制作立体文字效果.mp4

01 打开CorelDRAW X6，选择“文件”→“打开”命令，弹出“打开绘图”对话框，选择“素材\第8章\练习8-7\NEW.cdr”文件，单击“打开”按钮，打开素材。

02 选择工具箱中的“选择工具”，选择“排列”→“拆分立体化群组”命令或按Ctrl+K组合键，拆分后的立体字已经被独立地分离出来，可以进行独立地编辑。

03 单击属性栏中的“取消群组”按钮，选择工具箱中的“选择工具”，框选左下角的立体图，

单击属性栏中的“合并”按钮，按F11键，弹出“渐变填充”对话框，设置参数。参数设置完毕后，单击“确定”按钮，查看效果。

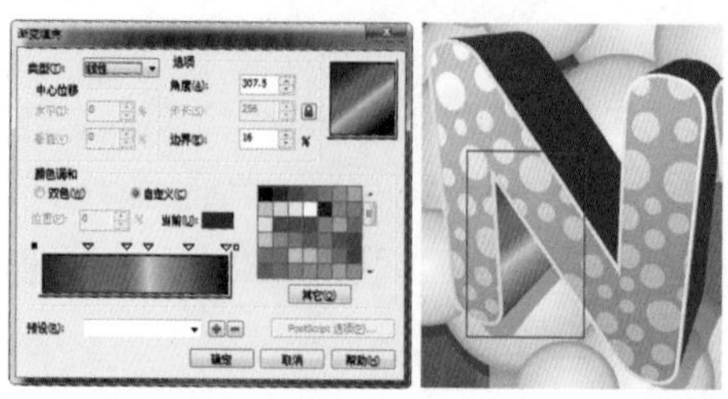

04 继续对“N”立体侧面图进行合并与渐变填充。

05 使用上述方法，对其他两个字母进行拆分与颜色编辑。

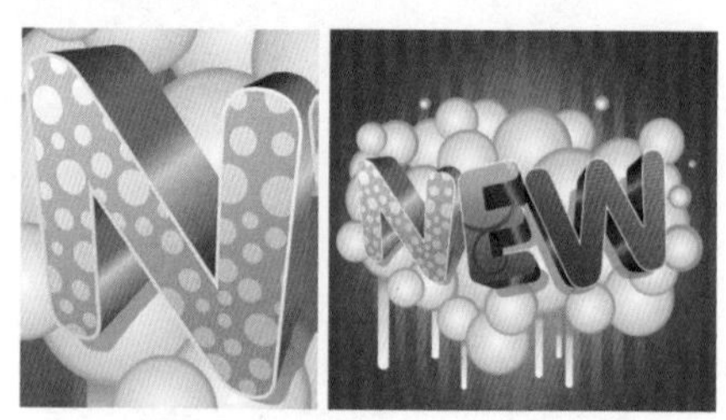

8.6 透明效果

“透明度工具”主要是让所做的图片更真实，能够很好地体现材质，使对象有逼真的效果。

CorelDRAW X6中的“透明度工具”可以打造标准、线性、辐射和图样的透明效果。

8.6.1 打造透明效果（重点）

使用“选择工具”选中要打造透明效果的对象，单击工具箱中的“透明度工具”按钮，在属性栏中选择“标准”选项，即可创建标准透明效果。

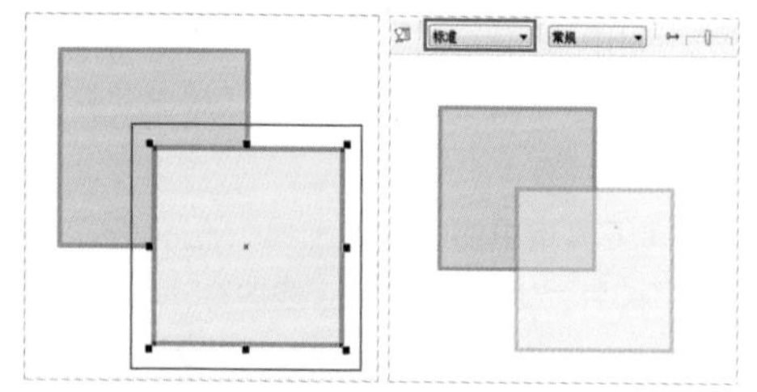

在属性栏中可以进行相关设置，使透明效果更加丰富。

“透明度工具”属性栏中的各个选项及按钮的介绍如下。

- **合并模式：**在下拉列表框中选择透明度颜色与下层对象颜色的调和方式。

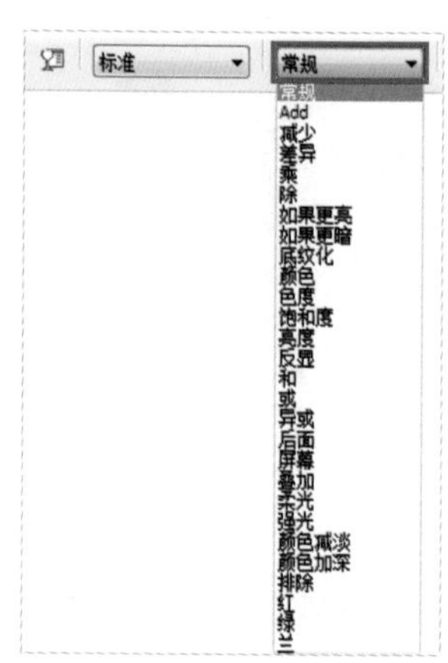

- **开始透明度：**调整颜色透明度。在后面的数值框中输入数值，值越高，颜色越透明，值越低，颜色越不透明。

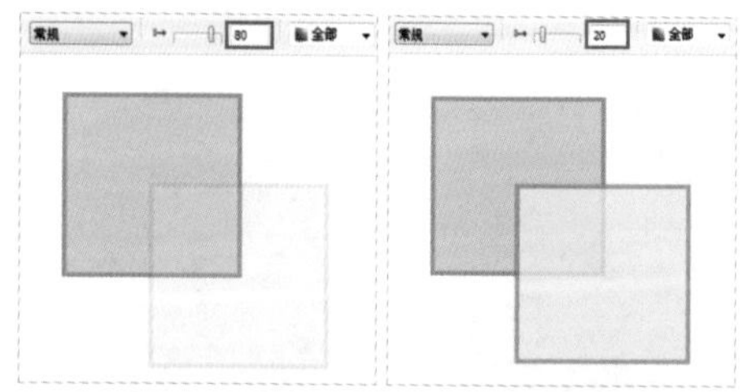

- **“全部”按钮：**单击该按钮，将透

明度应用到对象填充和对象轮廓上。

- **"填充"按钮** ：单击该按钮，仅将透明度应用到对象填充上。
- **"轮廓"按钮** ：单击该按钮，仅将透明度应用到对象轮廓上。

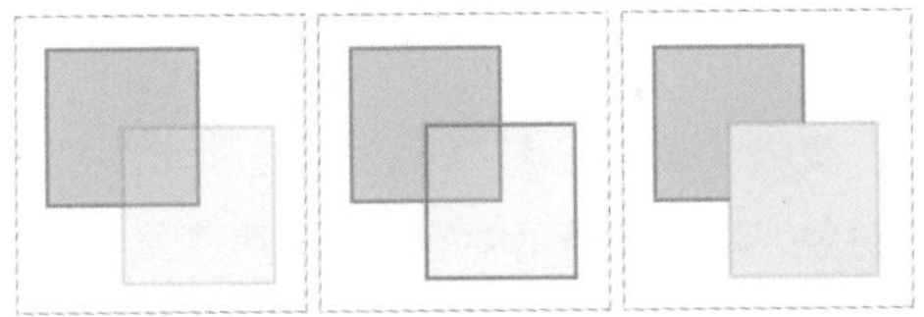

- **"冻结透明度"按钮** ：单击该按钮，可以冻结当前对象的透明度叠加效果，在移动对象时透明度叠加效果不变。
- **"复制透明度效果属性"按钮** ：单击该按钮，将另一个对象的透明度属性应用到所选对象上。
- **"清除透明度"按钮** ：单击该按钮可以移除对象中的透明度。

练习8-8 制作杂志封面

难度：☆☆

素材文件：素材\第8章\练习8-8\建筑.jpg

效果文件：素材\第8章\练习8-8\制作杂志封面-OK.cdr

在线视频：第8章\练习8-8\制作杂志封面.mp4

01 启动CorelDRAW X6软件，新建一个空白文档，单击工具箱中的"矩形工具"按钮，绘制一个矩形，在属性栏中设置"宽度"为210mm，"高度"为297mm，然后将光标放在调色板中，使用鼠标左键单击"50%黑"，为矩形填充颜色，再右键单击按钮☒，取消轮廓线。

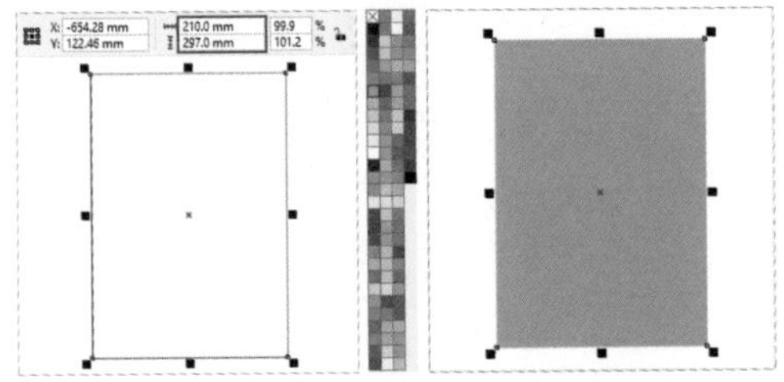

02 在菜单栏中单击执行"文件"→"导入"命令，导入素材文件"素材\第8章\练习8 8\建筑.jpg"，右键单击图像，在弹出的快捷菜单中单击执行"PowerClip内部"命令，当光标变为➧形状时，单击矩形对象，即可将位图图像置入在矩形对象中。

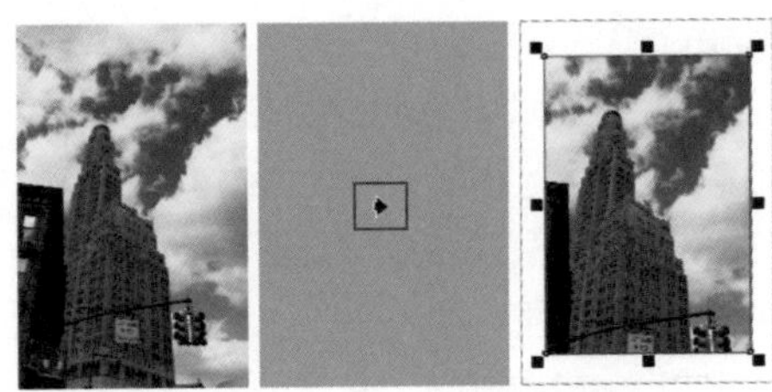

03 单击下方悬浮图标中的"编辑Power Clip"按钮，进入编辑内容状态，然后拖曳控制点调整图像大小，编辑完成后单击下方悬浮图标中的"停止编辑内容"按钮，即可退出编辑内容状态完成编辑。

04 单击工具箱中的"贝塞尔工具"按钮，绘制一个三角形（为了方便视图，将轮廓颜色改为红色），单击工具箱中的"填充工具"按钮，在弹出的快捷菜单中选择"均匀填充"按钮，然后设置颜色为绿色（C:73；M:0；Y:96；K:0）。

05 为三角形对象填充颜色，右键单击按钮☒，取消轮廓线，单击工具箱中的"透明度工具"按钮，单击三角形对象，在属性栏的"透明度类型"下拉列表中选择"标准" 选项，设置"透明度"为30，实现透明度效果。

06 单击工具箱中的“文本工具”按钮，输入文本，单击属性栏中的“文本属性”按钮，打开“文本属性”泊坞窗，设置“字体”为“Arial Unicode MS”，“填充颜色”为无填充，“轮廓宽度”为3mm，“轮廓颜色”为白色。

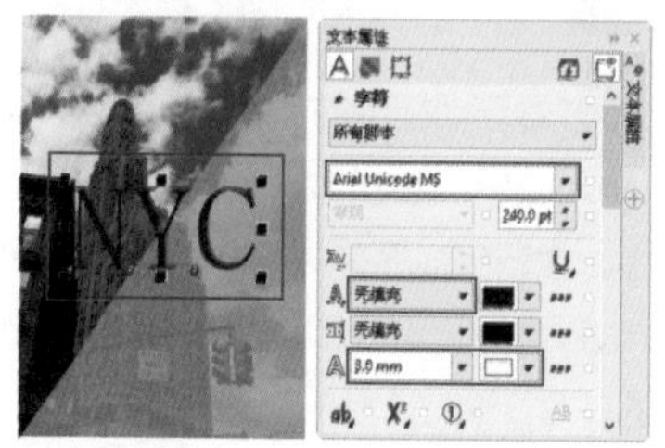

07 调整至合适的大小和位置，用“矩形工具”绘制一个矩形，填充白色并取消轮廓线，使用“文本工具”输入文本并设置属性。

08 使用“选择工具”选中矩形和文本对象，在属性栏中单击“移除前面对象”按钮，采用同样的方法，继续制作文字和矩形，并调整至合适的大小和位置，最后选择文本对象，按Ctrl+G组合键将其转换为曲线，完成制作。

相关链接

关于“图框精确裁剪对象”的内容请参阅本书第7章的7.4节。关于“贝塞尔工具绘制直线”的内容请参阅本书第3章的3.2.1节。

8.6.2 打造渐变透明效果

打造渐变透明效果可以达到添加光感的作用，渐变透明又包括“线性”“辐射”“圆锥”和“正方形”，可以在属性栏中选择渐变透明度的类型。

线性

应用沿线性路径逐渐更改不透明度的透明度。

使用“选择工具”选中要打造透明效果的对象，单击工具箱中的“透明度工具”按钮，在属性栏的“透明度类型”选项中选择“线性”选项，即可实现线性渐变透明效果。

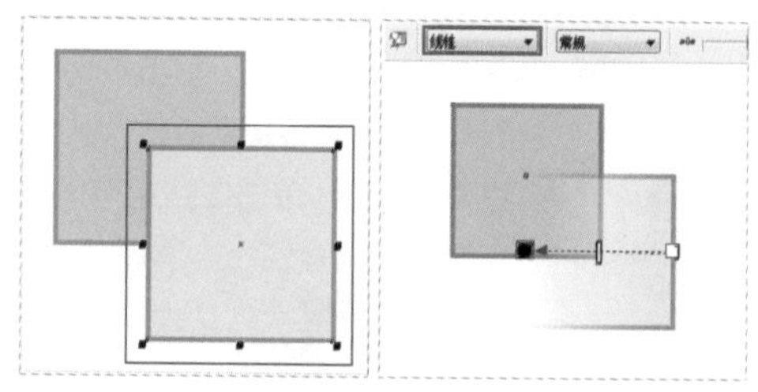

辐射

应用从同心椭圆形中心向外逐渐更改不透明度的透明度。

使用“选择工具”选中要打造透明效果的对象，单击工具箱中的“透明度工具”按钮，在属性栏的“透明度类型”选项中选择“辐射”选项，即可实现辐射渐变透明效果。

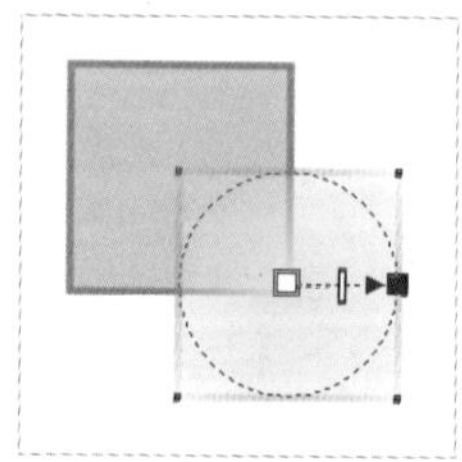

圆锥

应用以锥形逐渐更改不透明度的透明度。

单击工具箱中的“透明度工具”按钮，在属性栏的“透明度类型”选项中选择“圆锥”选项，即可打造圆锥渐变透明效果。

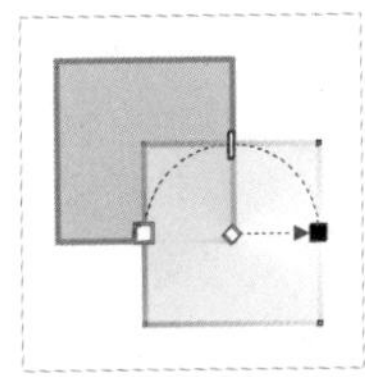

正方形

应用从同心矩形中心向外逐渐更改不透明度的透明度。

单击工具箱中的“透明度工具”按钮，在属性栏的“透明度类型”选项中选择“正方形”选项，即可打造正方形渐变透明效果。

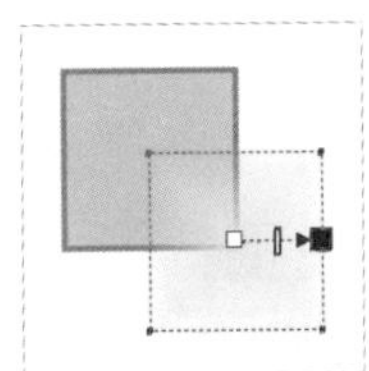

提示

创建渐变透明度后出现白色和黑色的小方块，其中白色方块代表不透明，黑色方块代表透明，中间虚线部分则是半透明区域。

在属性栏中可以进行渐变透明度的相关设置。

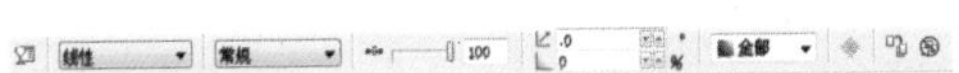

“渐变透明度”属性栏中的各个选项及按钮的介绍如下。

- **合并模式**：在下拉列表框中选择透明度颜色与下层对象颜色的调和方式。
- **透明中心点**：在后面的数值框中输入数值，指定选择节点的透明度。
- **角度和边界**：在后面的数值框中输入数值，以指定角度旋转透明度。

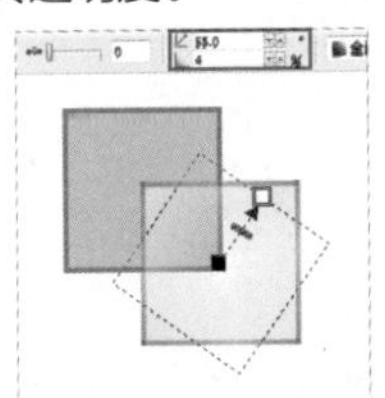

提示

在创建渐变透明度时，透明度范围线的方向决定透明度效果的方向。如果需要添加水平或垂直的透明效果，可以按住 Shift 键水平或垂直拖曳。

练习8-9 制作气泡效果

难度：☆☆

素材文件：素材 \ 第 8 章 \ 练习 8-9\ 气泡背景 .jpg

效果文件：素材 \ 第 8 章 \ 练习 8-9\ 制作气泡效果 .cdr

在线视频：第 8 章 \ 练习 8-9\ 制作气泡效果 .mp4

01 启动 CorelDRAW X6 软件，打开素材文件“素材 \ 第 8 章 \ 练习 8-9\ 气泡背景 .jpg”，单击工具箱中的“椭圆形工具”按钮，按住 Ctrl 键创建一个圆形。

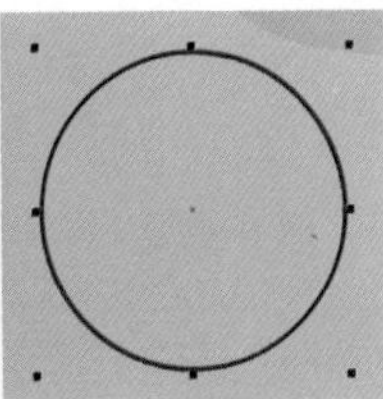

02 将光标放在调色板中，使用鼠标左键单击“白”，填充白色，右键单击按钮☒，取消轮廓线，单击工具箱中的“透明度工具”按钮，在属性栏的“透明度类型”下拉列表中选择“标准”选项，设置“透明度”为 50，实现均匀透明效果。

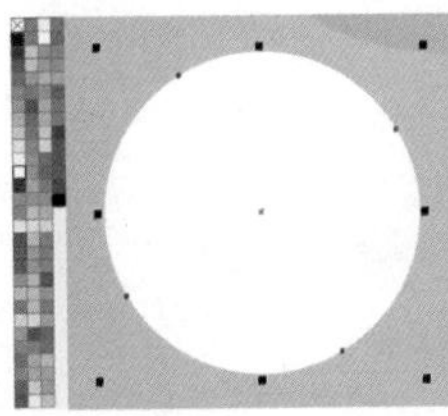

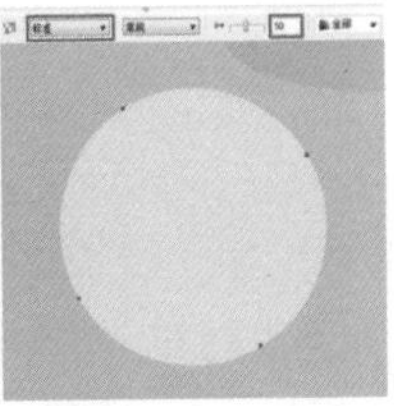

03 使用“椭圆形工具”绘制一个圆形，按 Ctrl+Q 快捷键将其转换为曲线，单击工具箱中的“形状工具”按钮，显示节点，然后调整曲线形状。

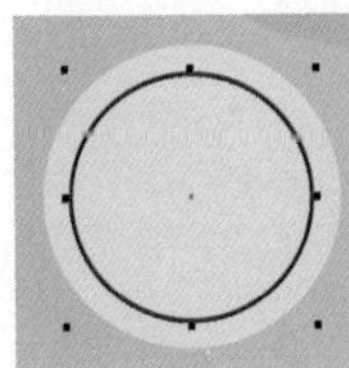

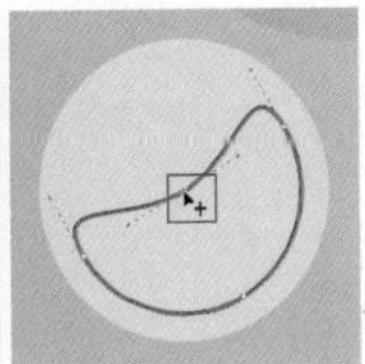

04 使用“选择工具” 选中该形状，将光标放在调色板中，使用鼠标左键单击“白”，填充白色，使用鼠标右键单击按钮☒，取消轮廓线，单击工具箱中的“透明度工具”按钮，在属性栏的“透明度类型”下拉列表中选择“线性”渐变 线性，实现线性渐变透明效果。

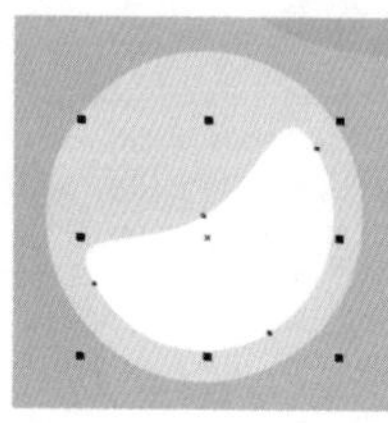
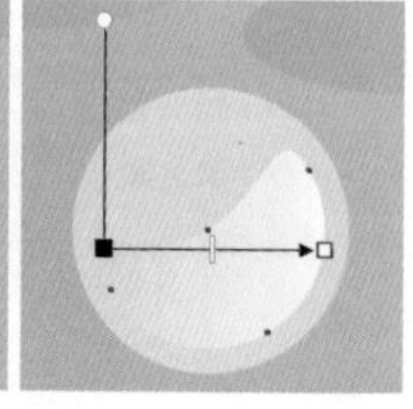

05 拖曳“黑色方块”和“白色方块”调整渐变透明的角度，设置“黑色方块”的“透明度”为70，设置“白色方块”的“透明度”为10。

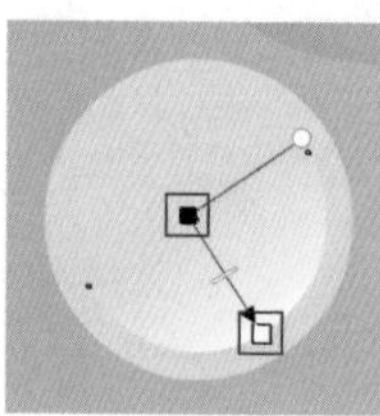
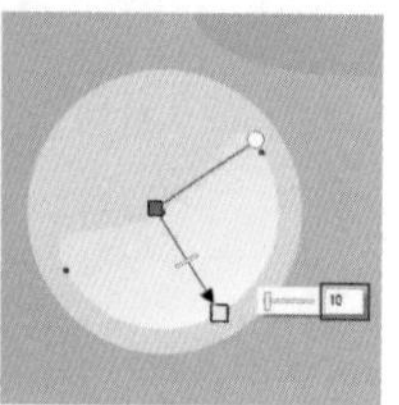

06 使用“选择工具” 选中该形状，按Ctrl+C快捷键进行复制，按Ctrl+V快捷键进行粘贴，然后调整位置和大小并进行旋转，使用“椭圆形工具” 绘制一个圆形，填充白色并取消轮廓线。

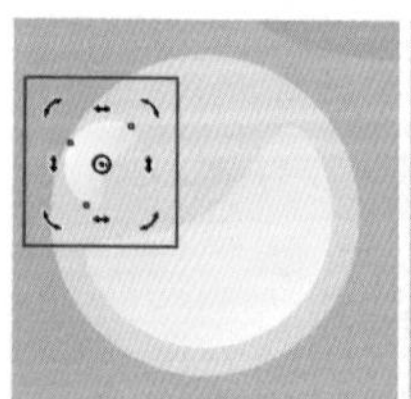
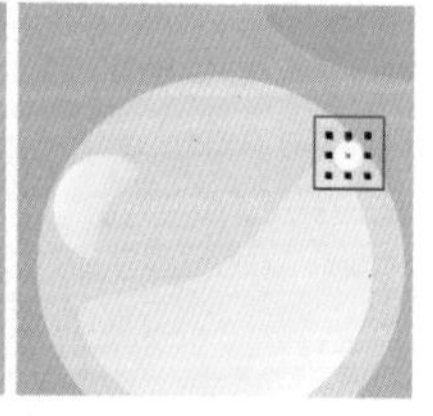

07 单击工具箱中的“透明度工具”按钮，单击属性栏中的“复制透明度效果属性” 按钮，当光标变为 ◆ 形状时，单击目标对象，即可复制其属性到圆形对象上。

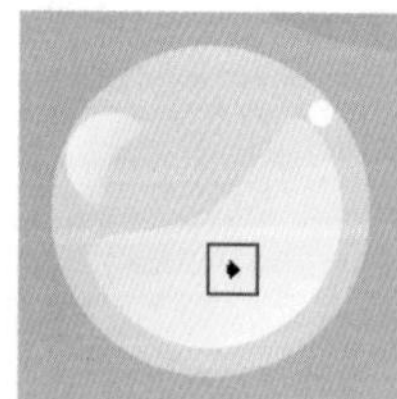
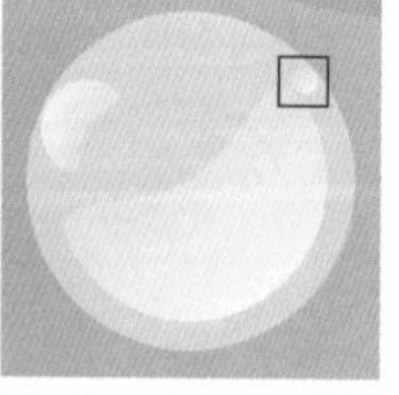

08 复制一个小圆形对象，调整至合适的大小和位置，使用“选择工具” 选中全部气泡对象，按Ctrl+G快捷键组合对象，然后复制多个气泡对象，并调整至合适的大小和位置，完成制作。

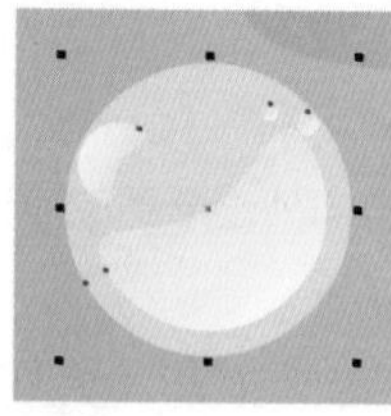

相关链接

关于“调色板填充颜色”的内容请参阅本书第6章的6.2.1节。关于“形状工具”的内容请参阅本书第7章的7.1节。

8.6.3 打造图样透明效果

图样透明效果就是为对象应用具有透明度的图样。图样透明度包括“全色图样”“位图图样”和“双色图样”。

全色图样

向量图样透明度是由线条和填充组成的图像。这些矢量图像比位图图像更平滑、复杂，但较易操作。

使用“选择工具” 选中要打造透明效果的对象，单击工具箱中的“透明度工具”按钮，在属性栏的“透明度类型”选项中选择“全色图样”选项 全色图样，即可打造全色图样透明度效果。

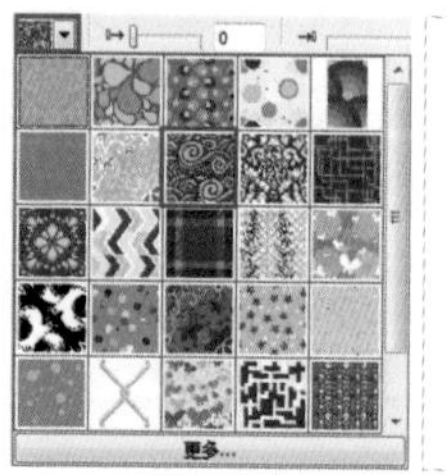
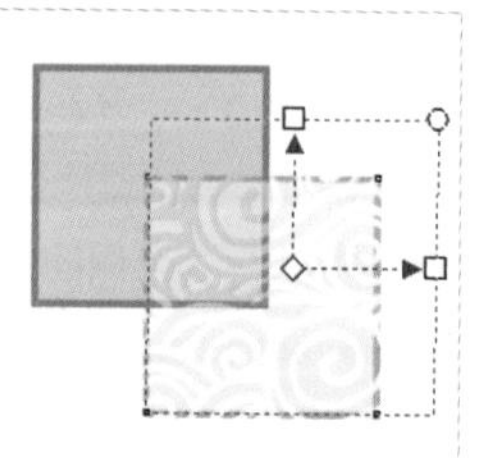

在属性栏中可以进行全色图样透明度的相关设置。

“向量图样透明度”属性栏中的各个选项及按钮的介绍如下。

- **开始透明度** ：设置开始颜色的不透明度。
- **结束透明度** ：设置结束颜色的不透明度。
- **镜像透明度图块** ：单击该按钮，排列平铺以便交替平铺在水平方向相互反射。

位图图样透明度

位图图样透明度是由浅色和深色图案或矩形数组中不同的彩色像素所组成的彩色图像。

使用“选择工具”选中要打造透明效果的对象，单击工具箱中的“透明度工具”按钮，在属性栏的“透明度类型”选项中选择“位图图样”选项，即可打造位图图样透明度效果。

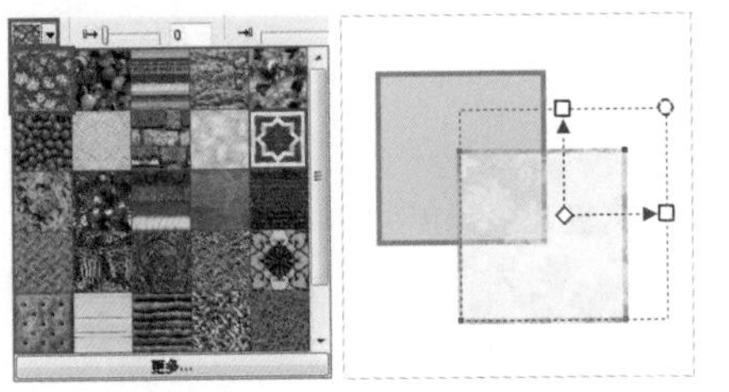

双色图样透明度

双色图样透明度是由黑白两色组成的图案，应用于图像后，黑色部分为透明，白色部分为不透明。

使用“选择工具”选中要打造透明效果的对象，单击工具箱中的“透明度工具”按钮，在属性栏的“透明度类型”选项中选择“双色图样”选项，即可打造双色图样透明度效果。

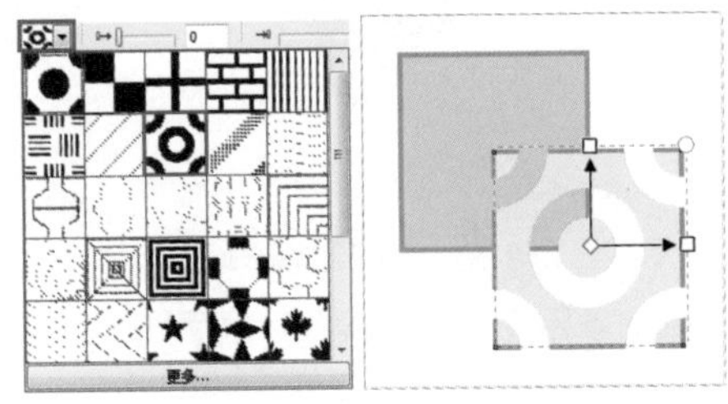

8.6.4 打造底纹透明效果

底纹透明效果与图案透明效果类似，用户可以为对象增加底纹透明效果，并且可以在属性栏中选择底纹样式。

使用“选择工具”选中要打造透明效果的对象，单击工具箱中的“透明度工具”按钮，在属性栏的“透明度类型”选项中选择“底纹”选项，即可打造底纹透明度效果。

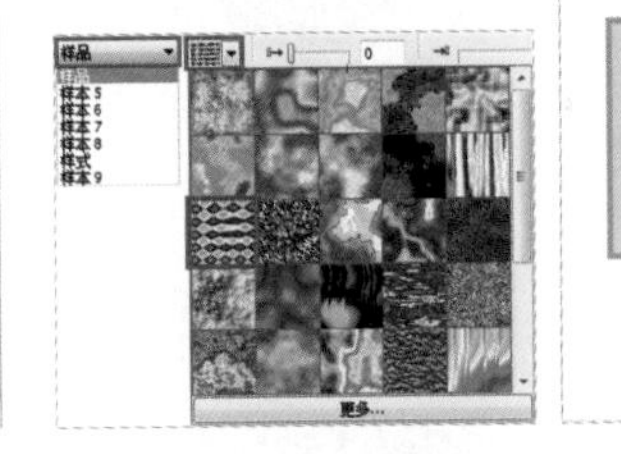

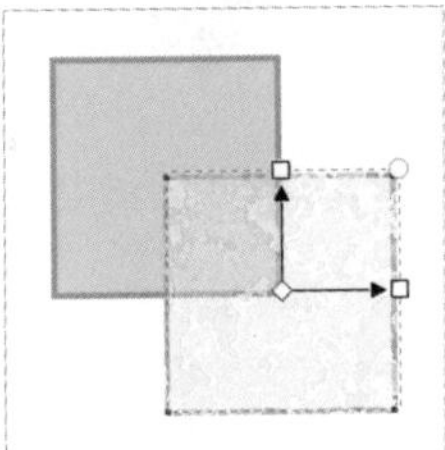

8.7 封套效果

封套是指使用形状工具操作对象封套的控制点来改变对象的基本形状。CorelDRAW提供了功能非常强大的交互式封套工具，使用它可以很容易地对图形或文字进行变形，将对象的外形修饰得非常漂亮或满足设计要求。

8.7.1 打造封套效果

“封套”工具为对象提供了一系列简单的变形效果，为对象添加封套后，通过调整封套上的节点可以使对象产生各种形状的变形效果。

单击工具箱中的“封套工具”，此时在图形的周围会出现一个蓝色的虚线矩形框，拖曳控制点，即可套封图形。

8.7.2 封套效果的编辑

在对象四周出现封套编辑框后，可以结合属性栏中的5种模式进行编辑。

选择工具箱中的“封套工具”，选中对象，单击属性中的“非强制模式”按钮，选择“尖突节点”按钮来调整形状，继续调整控制点修改图形。

在属性栏中可以对封套进行编辑。

“封套工具”属性栏中的各个选项及按钮的介绍如下。

- **添加节点：** 通过添加节点增加曲线对象中可编辑线段的数量。
- **删除节点：** 删除节点改变曲线对象的形状。
- **转换为线条：** 单击该按钮，可以将曲线转换为直线。
- **转换为曲线：** 单击该按钮，将线段转换为曲线，可通过控制柄更改曲线形状。
- **尖突节点：** 通过将节点转换为尖突节点在曲线中创建一个锐角。
- **平滑节点：** 通过将节点转换为平滑节点来提高曲线的圆滑度。
- **对称节点：** 单击该按钮，可以将同一曲线形状应用到节点的两侧。
- **直线模式：** 移动封套控制点时保持封套边线为直线。
- **单弧模式：** 沿水平或垂直方向移动封套的控制点，封套边线即会变为单弧线。
- **双弧模式：** 可将封套调整为双弧形状，移动封套的控制点，封套边线会变为 S 形弧线。
- **非强制模式：** 可以不受限制地编辑封套形状，还可以增加或删除封套的控制点。
- **添加新封套：** 将对象进行变形后，单击此按钮可以再次对对象添加封套并进行形状调整。

8.8 透镜效果

透镜效果是指通过改变对象外观或改变观察透镜下对象的方式来取得的特殊效果。透镜效果只能应用于封闭路径及艺术字对象上，不能应用于开放路径、位图或段落文本对象，也不能应用于已经建立了动态链接效果的对象(如立体化、轮廓化等效果的对象)。

8.8.1 打造透镜效果

CorelDRAW X6中有12种透镜效果，每一种类型的透镜都能使位于透镜下的对象显示出不同的效果。

在菜单栏中单击执行“效果”→“透镜”命令，或者按Alt+F3快捷键打开“透镜”泊坞窗，在泊坞窗中透镜类型的下拉列表中选择透镜效果。

无透镜效果

“无透镜效果”用于清除对象的透镜效果。

使用“选择工具” 选中圆形对象，在“透镜”泊坞窗中选择“无透镜效果”，然后单击“应用”按钮，即可清除圆形对象的透镜效果。

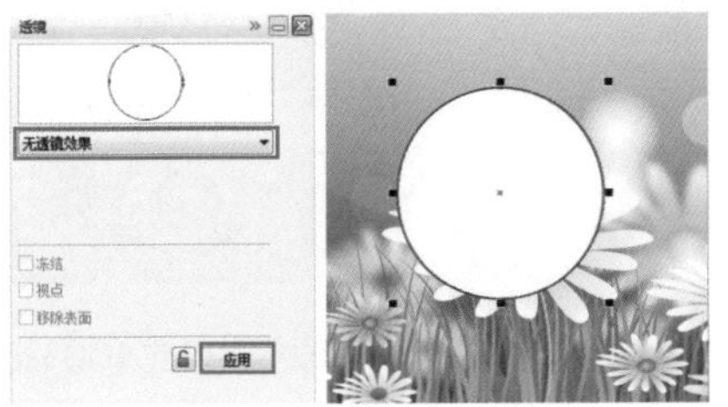

变亮

使用“选择工具” 选中圆形对象，然后在“透镜”泊坞窗中选择“变亮”，单击“应用”按钮，圆形对象的重叠部分颜色变亮。

调整“比率”数值可以更改变亮的程度，数值为正数时对象变亮，数值为负数时对象变暗。

颜色添加

使用“选择工具” 选中圆形对象，在“透镜”泊坞窗中选择“颜色添加”，并设置“颜色”，然后单击“应用”按钮，圆形重叠部分和所选颜色进行混合显示。

调整“比率”数值可以控制颜色添加的程度，数值越大添加的颜色比例越大，数值越小越偏向于原图本身的颜色，数值为0时不显示添加的颜色。

色彩限度

使用“选择工具” 选中圆形对象，在“透镜”泊坞窗中选择“色彩限度”，并设置“颜色”，然后单击“应用”按钮，圆形重叠部分只允许所选颜色和滤镜本身颜色透过显示，其他颜色都转换为滤镜相近颜色显示。

调整“比率”数值可以调整透镜的颜色浓度，数值越大越浓，数值越小越浅。

自定义彩色图

使用“选择工具” 选中圆形对象，在“透镜”泊坞窗中选择“自定义彩色图”，并设置“颜色”，然后单击“应用”按钮，圆形重叠部分所有颜色改为介于所选颜色中间的一种颜色显示。

在“颜色范围”选项的下拉列表中可以设置颜色范围，包括“直接调色板”“向前的彩虹”和“反转的彩虹”。

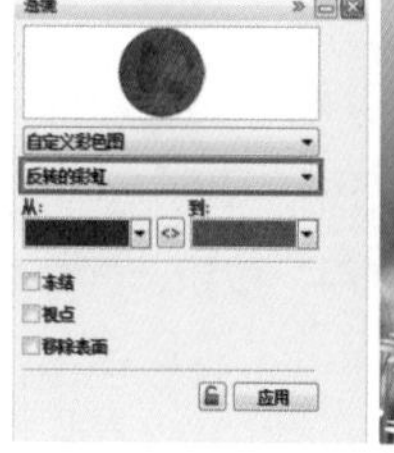

鱼眼

使用“选择工具”选中圆形对象，在“透镜”泊坞窗中选择“鱼眼”，然后单击“应用”按钮，圆形重叠部分以设定的比例进行放大或缩小扭曲显示。

“比率”数值为正数时向外推挤扭曲，数值为负数时向内收缩扭曲。

热图

使用“选择工具”选中圆形对象，在“透镜”泊坞窗中选择“热图”，然后单击“应用”按钮，圆形重叠部分模仿红外图像效果显示冷暖等级。

“调色板旋转”数值设置为0或100%时，显示同样的冷暖效果；数值为50%时，暖色和冷色颠倒。

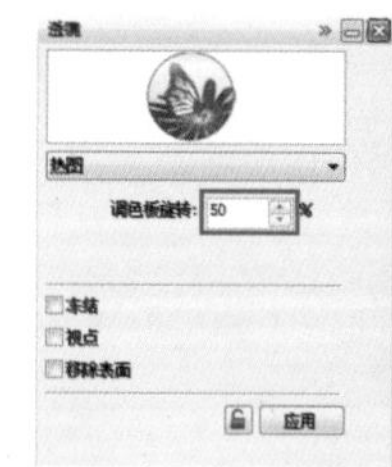

反转

使用“选择工具”选中圆形对象，在“透镜”泊坞窗中选择“反显”，然后单击“应用”按钮，圆形重叠部分的颜色变为色轮对应的互补色，形成独特的底片效果。

放大

使用“选择工具”选中圆形对象，在“透镜”泊坞窗中选择“放大”，然后单击“应用”按钮，圆形重叠部分根据设置的“数量”数值放大。

调整“数量”的数值可以决定放大或缩小的倍数，大于1时为放大，小于1时为缩小，数值为1时不改变大小。

提示

“放大”透镜和“鱼眼”透镜都有放大和缩小显示的效果，区别在于“放大”透镜的缩放效果更加明显而且在放大时不会进行扭曲。

灰度浓淡

使用“选择工具”选中圆形对象，在“透镜”泊坞窗中选择“灰度浓淡”，并设置“颜色”，然后单击“应用”按钮，圆形重叠部分以设定的颜色等值的灰度显示。

透明度

使用“选择工具”选中圆形对象，在“透镜”泊坞窗中选择“透明度”，并设置“颜色”，然后单击“应用”按钮，圆形重叠部分变为类似彩色胶片或覆盖彩色玻璃的效果。

“比率”的数值越大，效果越透明，数值越小，效果越不透明。

线框

使用“选择工具”选中圆形对象，在“透镜”泊坞窗中选择“线框”，然后单击“应用”按钮，圆形重叠部分只允许所选颜色和轮廓颜色通过。

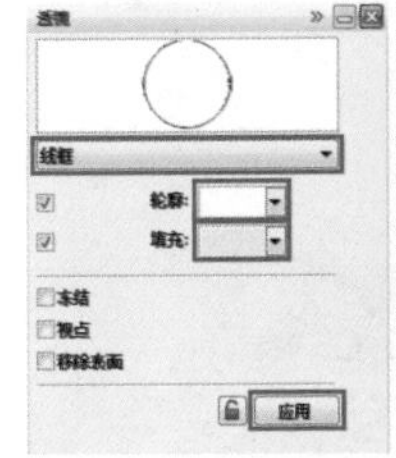

技巧

如果群组的对象需要应用透镜效果，必须解散群组才行，若要对位图进行透镜处理，则必须在位图上绘制一个封闭的图形，再将该图形移至需要改变的位置上。

8.8.2 编辑透镜

在“透镜”泊坞窗中可以对透镜效果的参数进行设置。

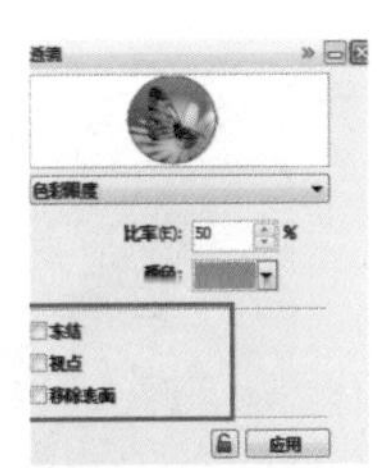

● **冻结**：勾选该复选框，可以将透镜下方的对象显示转换为透镜的一部分，并且在移动透镜时不会改变透镜显示。

● **视点**：可以在对象不进行移动的时候改变透镜的显示区域，只弹出透镜重叠部分的一部分。勾选该复选框后，单击“编辑”按钮，然后在 x 轴和 y 轴后的数值框中输入数值，改变中心点的位置。

● **移除表面**：可以使覆盖对象的位置显示透镜，勾选该复选框时，在空白处不显示透镜，未勾选该复选框时，空白处也显示透镜。

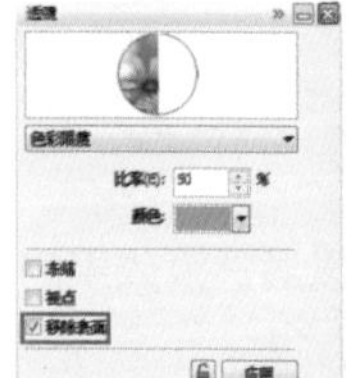

练习8-10 使用透镜处理照片

难度：☆☆

素材文件：素材 \ 第 8 章 \ 练习 8-10\ 照片 .jpg

效果文件：素材 \ 第 8 章 \ 练习 8-10\ 使用透镜处理照片 -OK.cdr

在线视频：第 8 章 \ 练习 8-10\ 使用透镜处理照片 .mp4

01 启动 CorelDRAW X6 软件，新建一个空白文档，在菜单栏中单击执行“文件”→“导入”命令，导入素材文件“素材 \ 第 8 章 \ 练习 8-10\ 照片 .jpg”，单击工具箱中的“矩形工具”按钮，创建一个与照片一样大小的矩形。

02 在菜单栏中单击执行“效果”→“透镜”命令，打开“透镜”泊坞窗，在“透镜”泊坞窗中选择“颜色添加”，并设置“颜色”为（C:0；M:60；Y:80；K:0），然后单击“应用”按钮，矩形重叠部分和所选颜色进行混合显示。

03 在泊坞窗中调整“比率”为 35%，降低颜色添加的程度，然后单击“应用”按钮，应用调整效果。

04 调整完成后，在泊坞窗中勾选“冻结”复选框，

然后单击“应用”按钮，将透镜下方的对象显示转换为透镜的一部分，使用“选择工具”移动透镜时不会改变透镜显示。

05 最后将光标放在调色板中，右键单击按钮☒，取消对象的轮廓线，完成制作。

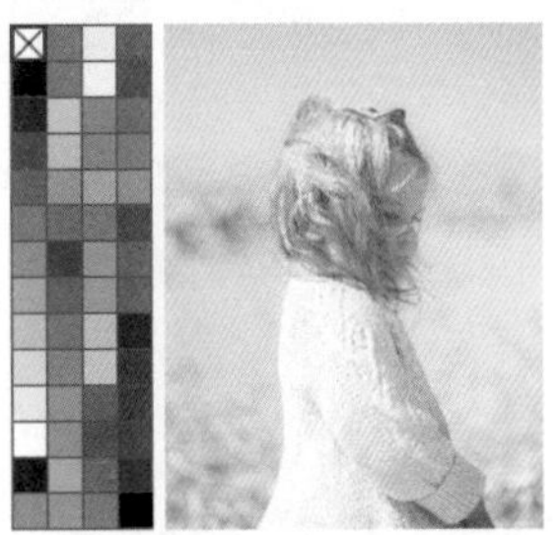

8.9 透视效果

透视效果可以扭曲对象，产生一种近大远小的立体效果。添加透视点的应用只针对独立对象或群组对象，选中多个对象时不能添加。

选择工具箱中的“选择工具”，选中图形对象，执行“效果”→“添加透视”命令，图形周围会出现矩形虚线框。

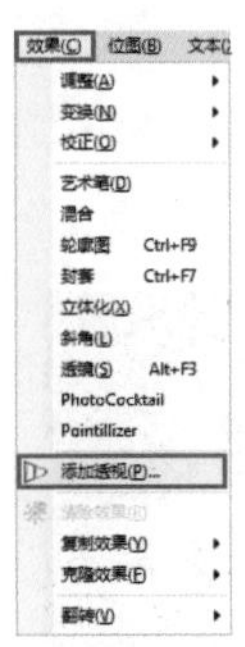

拖动四角处的黑色控制点中任何一个点，可以产生不同效果，单击右上角的控制点，往里拖动至合适的位置。移动右下角的控制点至合适的位置，即可实现透视效果。

8.10 知识拓展

任何软件都有一些操作小技巧，CorelDRAW也不例外，使用小技巧能更好地帮我们提高工作效率，节约时间。

在CorelDRAW中按住Alt键可以直接选择下层被覆盖图层的内容。另外在按住Alt键的同时，可以像在Illustrator里一样接触式选择物体。先按Ctrl+J组合键进入系统设置里，把CorelDRAW的选择方式变得和Illustrator一样，光标可以在框里移动而不影响到框外，可以按Alt键接触式选择物件。

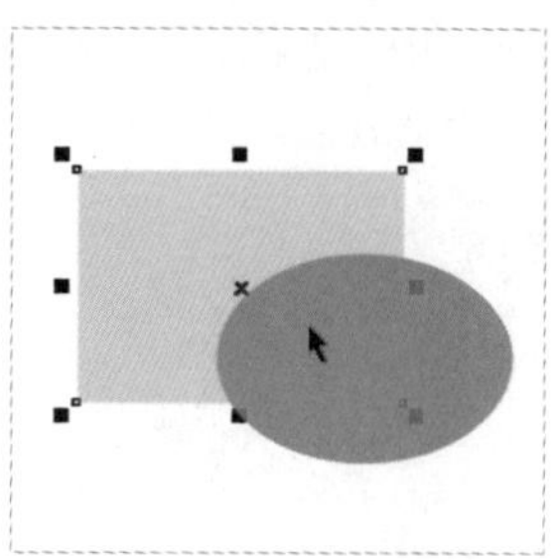

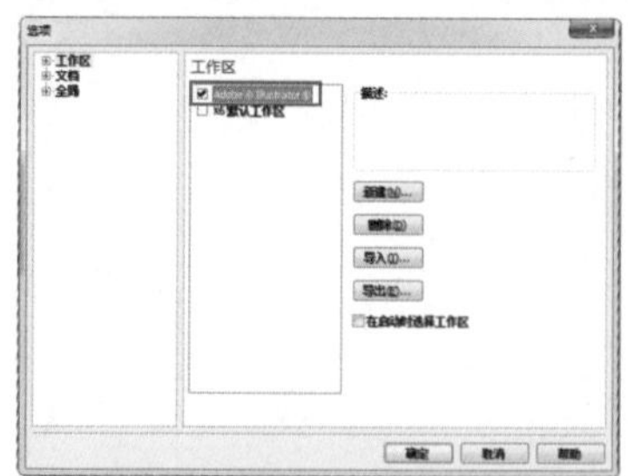

8.11 拓展训练

本章为读者安排了两个拓展练习，以帮助大家巩固本章内容。

训练8-1 制作蜘蛛侠

难度：☆☆

素材文件：素材\第 8 章\习题 1\素材 .cdr

效果文件：素材\第 8 章\习题 1\蜘蛛侠 .cdr

在线视频：第 8 章\习题 1\蜘蛛侠 . mp4

根据本章所学的知识，使用调和工具及钢笔工具制作蜘蛛侠。

训练8-2 制作音乐糖果字

难度：☆☆

素材文件：素材\第 8 章\习题 2\素材 .cdr

效果文件：素材\第 8 章\习题 2\制作音乐糖果字 .cdr

在线视频：第 8 章\习题 2\制作音乐糖果字 .mp4

根据本章所学的知识，运用立体化工具、矩形工具、文本工具、星形工具等工具，及“精确裁剪内部”和“半色调”等命令通过融合象征音乐的背景图片与文字，渲染出音乐的节奏与动感。

第 9 章

文本编辑与处理

文本在平面设计作品中起到解释的作用，在CorelDRAW X6中，可以对文本进行转曲、转换为位图等操作。

本章重点

文本的输入 | 文本的设置与编辑

文本的转曲 | 图文混排 | 字体的安装

9.1 输入文本

文本以美术字和段落文本两种形式存在。美术文本具有矢量图形的作用，段落文本则用于对格式要求较高、篇幅较大的文本。

9.1.1 美术文本 重点

单击“文本工具” 后，输入的文本称为美术字文本（适用于编辑少量文本）。

1. 输入美术字

在CorelDRAW X6中，系统把美术字作为一个单独的对象，可使用各种处理图形的方法对其进行编辑。

单击工具栏中“文本工具”字，在页面空白处单击，当光标跳动后即可输入美术字。

2. 选择文本

使用“选择工具”单击文本，文本四周出现黑色方块，表明该文本中的所有字符已被选定。

使用“文本工具”字单击要选择的文本字符的起点位置，然后按住鼠标左键拖曳到选择字符的终点位置，释放鼠标，选中需要编辑的文本字符。

提示

使用“文本工具”字在要选择的文本字符的起点位置单击，然后按住Shift键的同时按下键盘上←、→方向键也可以选择文本字符。

练习9-1 绘制舞会封面

难度：☆☆

素材文件：素材\第 9 章\练习 9-1\素材 .jpg

效果文件：素材\第 9 章\练习 9-1\绘制舞会封面 .cdr

在线视频：第 9 章\练习 9-1\绘制舞会封面 .mp4

01 打开 CorelDRAW X6 软件，新建 A4 竖版空白文档，导入“素材\第 9 章\练习 9-1\素材 .jpg”文件。

02 单击工具栏中“文本工具”字，在素材上单击插入点，输入“假面舞会”4 个文字，字体为“造字工房悦黑演示版”，将填充设为（C:85;M:95;Y:15;K:0）。

03 按 Ctrl+C 和 Ctrl+V 组合键，复制一份“假面舞会”的文字，并将填充设为（C:20;M:85;Y:10;K:0），置于适当位置。

04 依次输入其他文字，置于合适位置，完成舞会封面的绘制。

9.1.2 段落文本 重点

在CorelDRAW X6中，可以对段落文本进行对齐等多种格式设置，段落文本适用于文字篇幅较长的设计作品。

1. 输入段落文字

单击工具栏中“文本工具”字，将光标放在页面空白处，长按鼠标左键拖曳出一个虚框，在虚框内输入文字即可完成段落文本的输入。

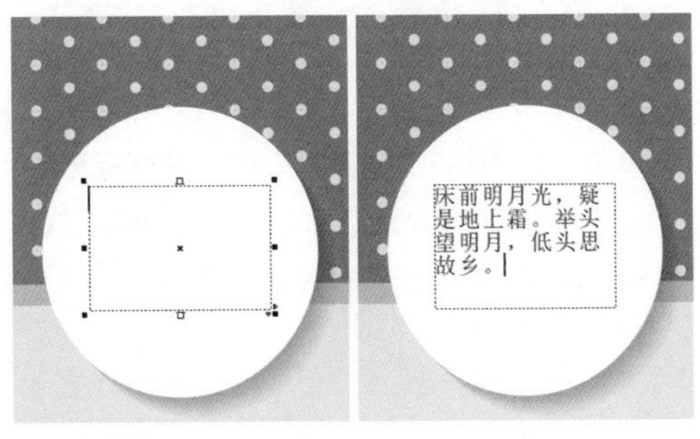

提示

选中美术文本后单击鼠标右键，在弹出的下拉菜单中选择“转换为段落文本”，可将美术文本转换为段落文本。

2. 文本框的调整

使用“选择工具”单击文本，拖曳左右两边的黑色方块节点，调整文本框长度。

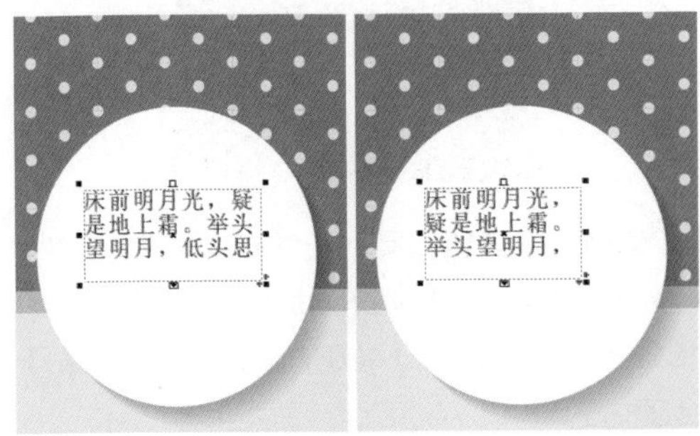

使用“选择工具”单击文本，拖曳上下的方块节点，调整文本框高度。

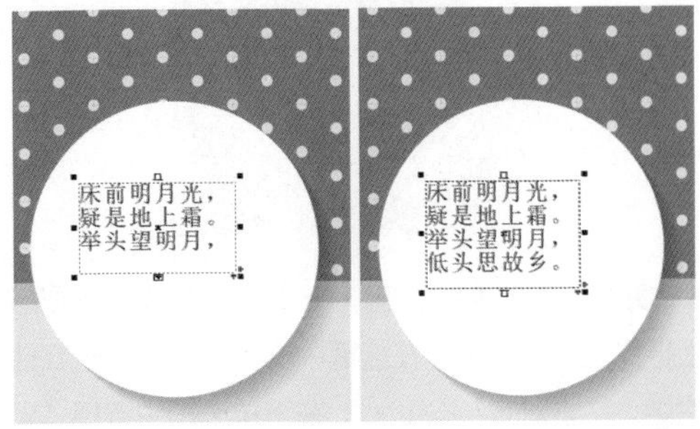

使用“选择工具”单击文本，按下鼠标左键，拖曳对角线上的节点，可等比例缩放文本框。

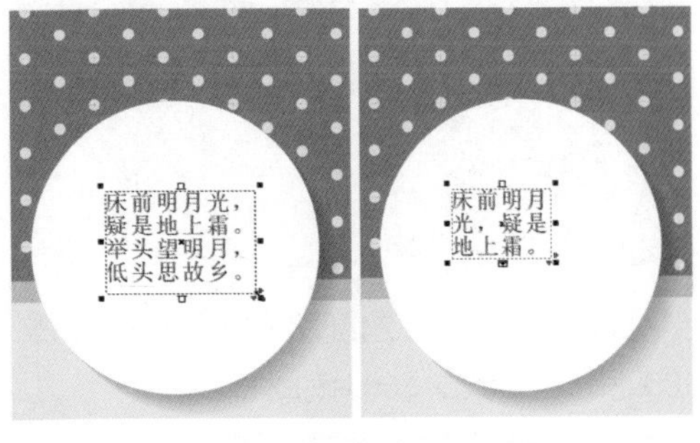

练习9-2 绘制诗歌卡片

难度：☆☆

素材文件：素材\第9章\练习9-2\素材.jpg

效果文件：素材\第9章\练习9-2\绘制诗歌卡片.cdr

在线视频：第9章\练习9-2\绘制诗歌卡片.mp4

01 打开CorelDRAW X6软件，新建A4竖版空白文档，导入“素材\第9章\练习9-2\素材.jpg”文件。

02 使用“椭圆形工具”在素材上绘制两个圆形，调整好大小，将填充分别设为（C:5;M:5;Y:15; K:0）、（C:60;M:100;Y:60;K:30），置于合适位置。

03 使用“文本工具”字，按下鼠标左键，在圆形上拖曳出一个虚框，在虚框中输入文字，单击属性栏中“文本对齐”按钮，在下拉选项中选择“居中”，调整位置。

04 输入标题，字号为24pt，填充为（C:0;M:0;Y:100 ;K:0），完成诗歌卡片的绘制。

9.1.3 导入/粘贴文本 重点

无论是美术字还是段落文本，都可以进行导入操作。

执行“文件”→“导入”菜单命令，或按Ctrl+I组合键，在弹出的“导入”对话框中选取需要的文本文件后，单击“导入”按钮，弹出“导入/粘贴文本”对话框，单击“确定”按钮，导入文本。

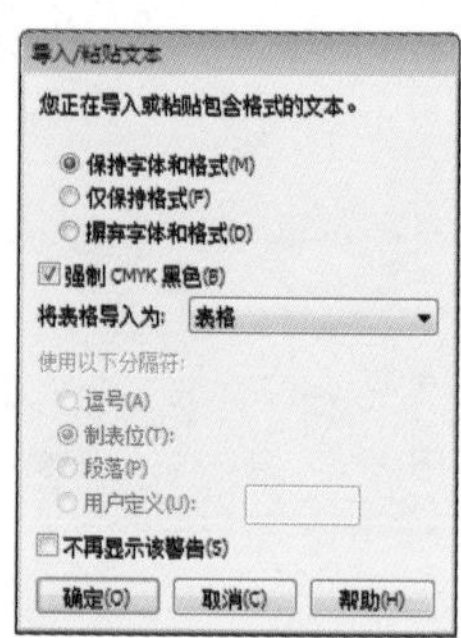

- **保持字体和格式：** 勾选后文本将以原系统设置的样式进行导入。
- **仅保持格式：** 勾选后，文本将以原系统的文字字号、当前系统的设置样式进行导入。
- **摒弃字体和格式：** 勾选后，文本将以当前系统的设置样式进行导入。
- **强制 CMYK 黑色：** 勾选后，导入的字体统一为 CMYK 色彩模式的黑色。

9.1.4 在图形中输入文本

在图形中输入文本的方法有两种。

- 单击工具栏中“文本工具”字，将光标移动至封闭图形里侧边缘，当光标变为 形状时，单击鼠标左键，图形内将出现段落文本虚线框，输入文字即可。

- 按下鼠标右键，将输入好的段落文本拖动至封

闭图形处后释放，在弹出的下拉菜单中单击“内置文本”按钮。

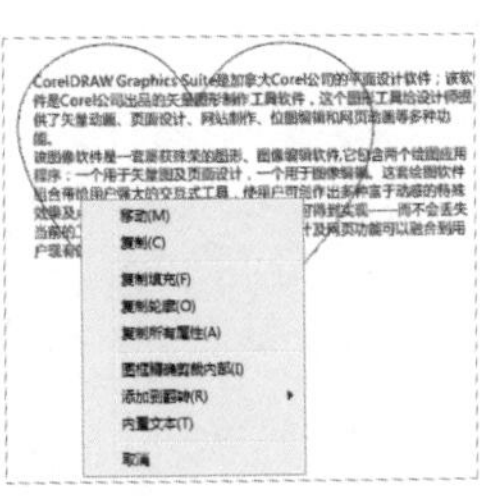

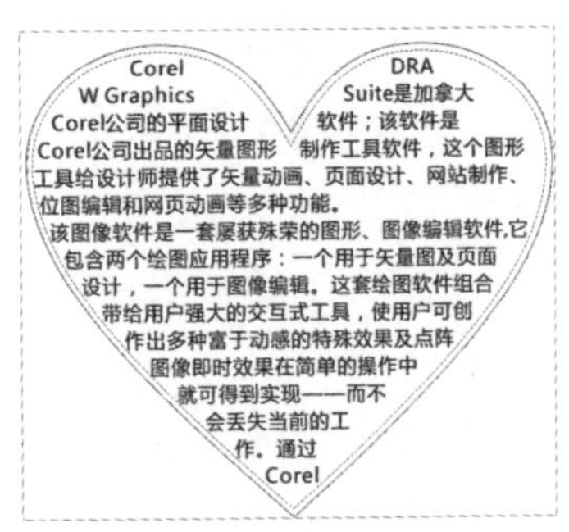

9.2 文本的设置与编辑

在CorelDRAW X6中，可以对美术字和段落文本进行文本编辑和属性设置。

9.2.1 形状工具调整文本 重点

使用“形状工具”选中文本，每个文字左下角会出现白色小方块形状的“字元控制点”，单击鼠标左键选中这些控制点，选中后的控制点呈现黑色方块状。此时在属性栏上可对相应字元进行旋转、缩放等操作。

使用“形状工具”拖曳文本右下角水平间距箭头，可按比例更改字符间距。拖曳文本左下角的垂直间距箭头，可按比例更改文本行距。

9.2.2 设置字体、字号和颜色 重点

在属性栏的“字体列表”和“字体大小”中可以设置文本的字体和字号。

9.2.3 设置文本对齐方式

使用“选择工具”选中文本后，单击右边调色板可对文本填充颜色也可以打开“均匀填充”对话框进行设置。

使用“选择工具”选中文本，单击属性栏中的“文本对齐”按钮，在弹出的下拉选项中选择文本对齐方式。

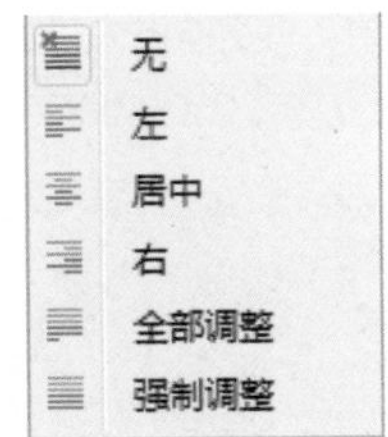

9.2.4 设置字符间距

使用“选择工具”选中文本，单击激活属性栏中的“文本属性”按钮，弹出“文本属性”面板,在“段落”选项下，单击“调整间距设置”按钮，在弹出的对话框中输入数值进行设置。

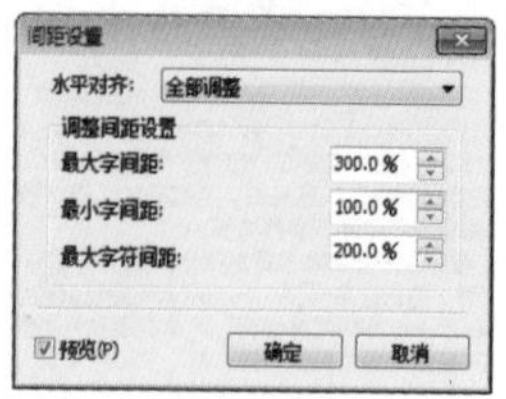

练习9-3 绘制圣诞卡片

难度：☆☆

素材文件：素材\第9章\练习9-3\素材1.psd、素材2.psd

效果文件：素材\第9章\练习9-3\绘制圣诞卡片.cdr

在线视频：第9章\练习9-3\绘制圣诞卡片.mp4

01 打开CorelDRAW X6软件，新建A4横版空白文档，使用“矩形工具”在页面空白处绘制一个矩形，将填充设为（C:45;M:5;Y:25;K:0）；导入文件“素材\第9章\练习9-3\素材1.psd”。

02 使用“文本工具”在图形上输入“圣诞快乐”文字，在属性栏中，将字体设为“汉仪菱心简体”，字号为41pt；填充为（C:0;M:100;Y:60K:0）。

03 使用“文本工具”输入“Merry Christmas”英文字，在属性栏中将字体设为“Embassy BT”，字号为15pt。

04 使用“形状工具”选中英文字体，将其向右拖曳，调整字间距至合适位置后释放。导入文件“素材\第9章\练习9-3\素材2.psd”，置于合适位置，完成圣诞贺卡的绘制。

9.2.5 移动和旋转字符

下面介绍移动字符和旋转字符的操作步骤。

1. 移动字符

移动字符有两种方法。

- 使用“选择工具”选中字符，按下鼠标左键将字符拖曳至合适位置后释放，完成移动。
- 使用“选择工具”选中字符，利用键盘上的方向键对字符进行移动。

2. 旋转字符

使用“选择工具”选中字符，在属性栏中“旋转角度”后的文本框中输入旋转数值进行旋转。

或者使用“选择工具”双击字符，待字符出现旋转标识时，按鼠标左键拖曳进行旋转。

9.2.6 设置字符效果 重点

在CorelDRAW X6中可以设置字符的效果。

1. 字符设置

单击激活属性栏中的“文本属性”按钮或执行“文本”→“文本属性”菜单命令，打开“文本属性”面板进行设置。

- **下划线**：单击弹出“下划线”选项列表，进行下划线类型选择。

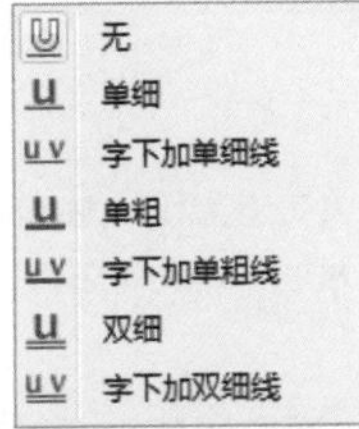

春花秋月何时了

春花秋月何时了

- **文本颜色填充**：包括无填充、均匀填充、渐变填充、双色图样填充、全色图样填充、位图图样填充、Postscript 填充和底纹填充 8 种填充样式。

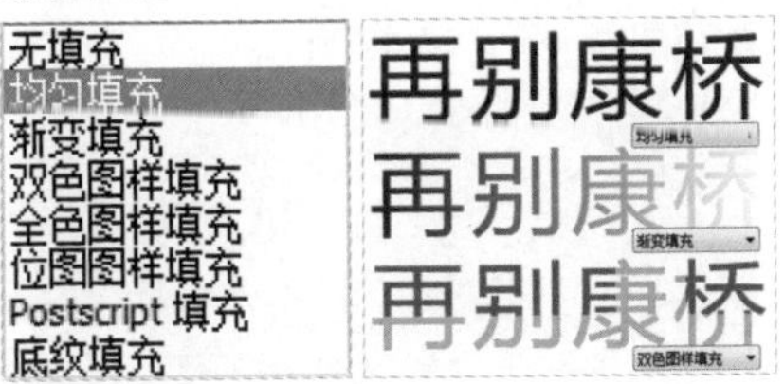

- **文本背景填充**：包括无填充、均匀填充、渐变填充、双色图样填充、全色图样填充、位图图样填充、Postscript 填充和底纹填充 8 种填充样式。

- **轮廓填充**：设置文本轮廓宽度。

春夏秋冬

春夏秋冬

春夏秋冬

- **大写字母**：更改字母或英文文本大小写，包括无、全部大写字母、标题大写字母、小型大写字母（自动）、全部小型大写字母、从大写字母更改为小型大写字母、小型大写字母（合成）7 种类型。

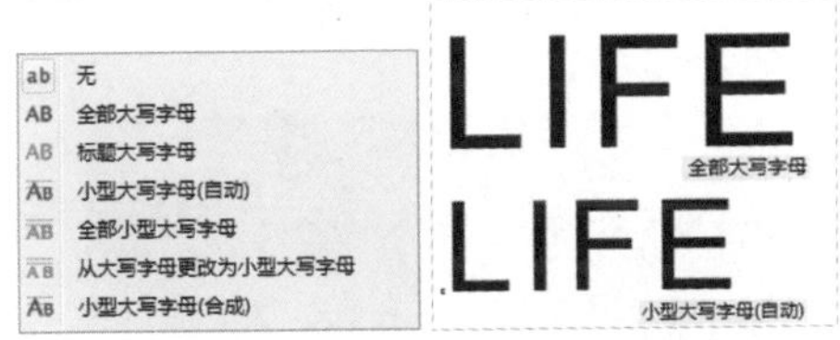

- **位置**：更改选定字符相对于周围字母的位置，包括无、上标（自动）、下标（自动）、上标（合成）、下标（合成）5 种。

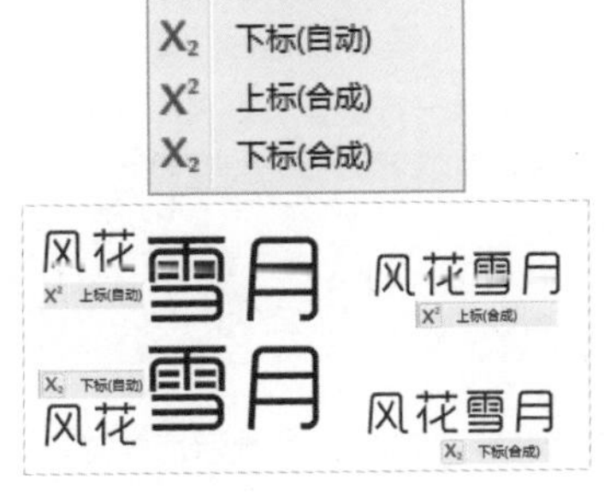

2. 段落设置

单击激活属性栏中的“文本属性”按钮 或执行“文本”→“文本属性”菜单命令，打开“文本属性”面板，单击“段落”下拉按钮，段落选项如下。

●**无水平对齐** ：单击激活后，文本不与文本框对齐（该选项为默认设置）。

●**左对齐** ：单击激活后，文本与文本框左侧对齐。

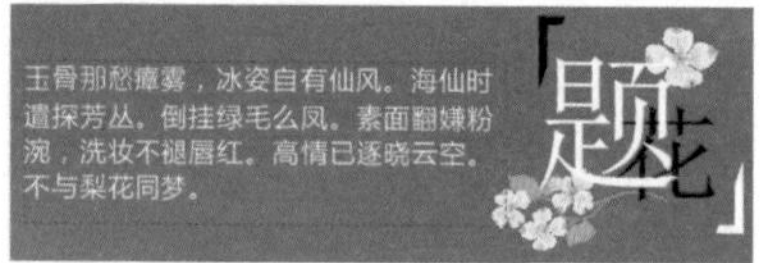

●**居中** ：单击激活后，文本置于文本框左右两侧中间的位置。

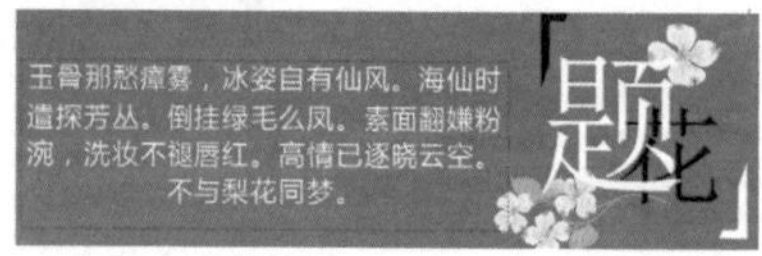

●**右对齐**：单击激活后，文本与文本框右侧对齐。

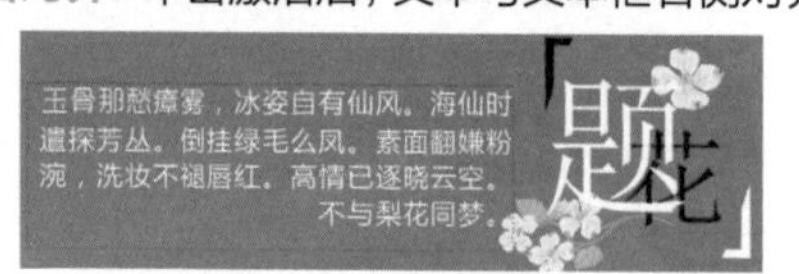

●**两端对齐** ：单击激活后，文本与文本框两侧对齐（最后一行除外）。

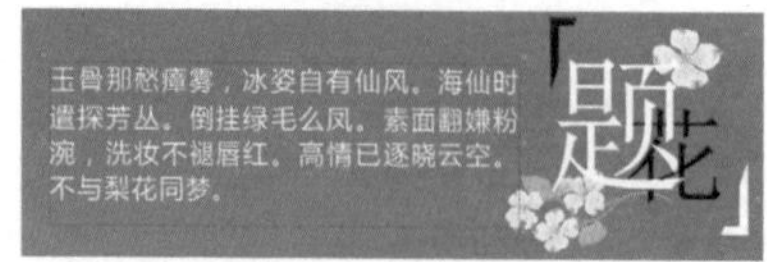

●**强制两端对齐** ：单击激活后，文本与文本框两侧对齐。

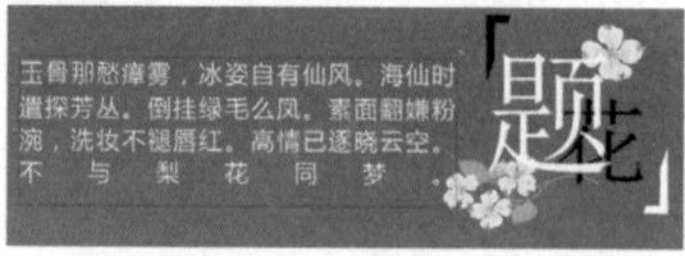

●**调整间距设置** ：单击该按钮，打开“间距设置”对话框，在该对话框中进行文本间距自定义设置。

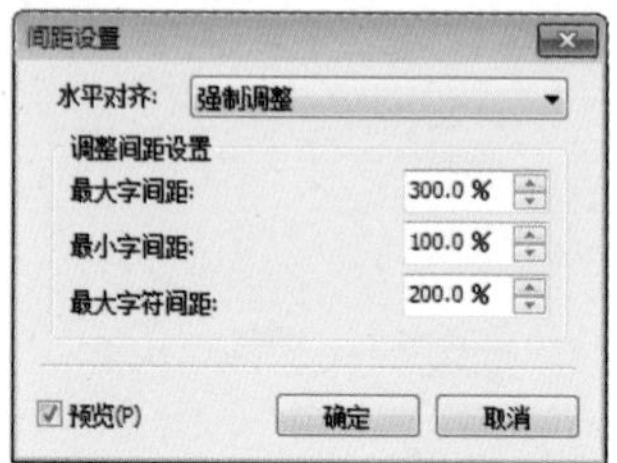

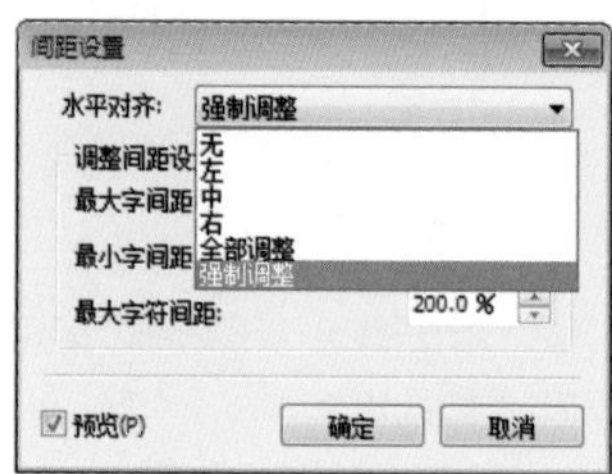

提示

只有当“水平对齐”选项为“强制调整”和“水平调整”时，才可进行调整间距设置。

●**首行缩进** ：设置段落文本的首行相对于文本框左侧的缩进距离（默认为 0mm），选项范围为（0 ~ 25400mm）。

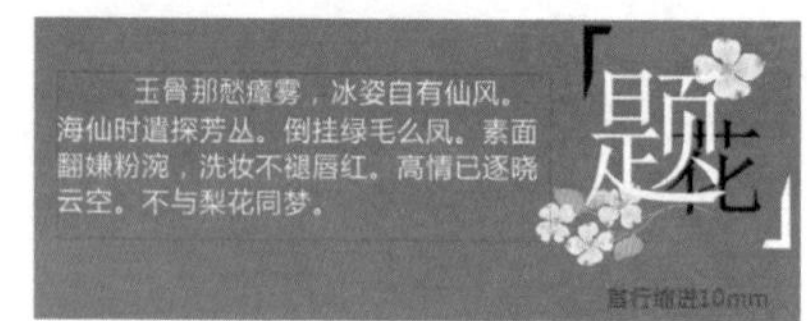

●**左行缩进** ：设置段落文本（首行除外）相对于文本左侧的缩进距离（默认为 0mm），选项范围为（0 ~ 25400mm）。

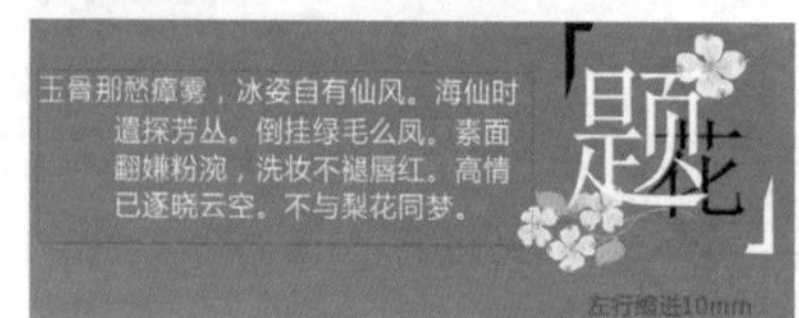

● **右行缩进** ：设置段落文本相对于文本右侧的缩进距离（默认为 0mm），选项范围为（0 ~ 25400mm）。

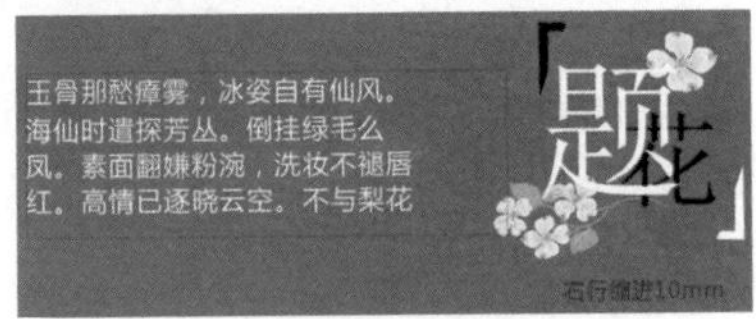

● **垂直间距单位**：设置文本间距度量单位。

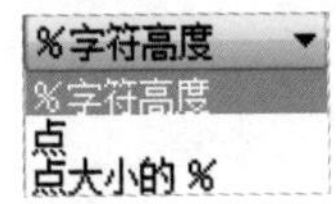

● **行距** ：指定段落中各行之间的间距值，设置范围为 0 ~ 2000%。

● **段前间距** ：指定在段落上方插入的间距值，设置范围为 0 ~ 2000%。

● **段后间距** ：指定在段落下方插入的间距值，设置范围为 0 ~ 2000%。

● **字符间距** ：指定一个词中，单个文本字符之间的间距，设置范围为 -100% ~ 2000%。

● **语言间距** ：控制文档中，多语言文本的间距，设置范围为 0 ~ 2000%。

● **字间距** ：指定单个字之间的间距设置范围为 0 ~ 2000%。

练习9-4 绘制节日海报

难度：☆☆

素材文件：素材 \ 第 9 章 \ 练习 9-4\ 素材 .cdr

效果文件：素材 \ 第 9 章 \ 练习 9-4\ 绘制节日海报 .cdr

在线视频：第 9 章 \ 练习 9-4\ 绘制节日海报 .mp4

01 打开“素材 \ 第 9 章 \ 练习 9-4\ 素材 .cdr”文件，使用“文本工具” 在页面输入“3.8”的文字，执行“文本”→“文本属性”菜单命令，在弹出的“文本属性”面板中，将字体设为“Arial Black ”，字号为 106pt，填充图样为双色图样填充。

02 单击“填充设置”按钮 ，在弹出的“图样填充”对话框中将“前部”颜色设为（C:0;M:80;Y:0;K:0），单击“确定”按钮。

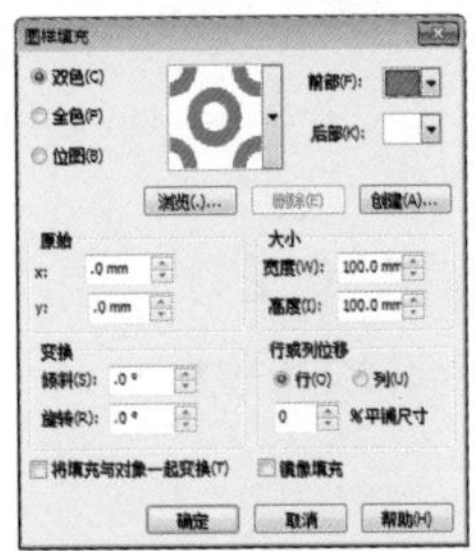

03 使用“文本工具” 在页面输入“女生”的文字，字号为 90，字体为时尚中黑简体，填充为（C:0;M:80;Y:0;K:0）。

04 使用“选择工具” 选中“女生”文本，按 Ctrl+C 和 Ctrl+V 组合键将其复制一份，去除填充，将轮廓宽度设为 0.5mm，轮廓颜色为（C:0;M:80;Y:0;K:0），将其移动至合适位置。

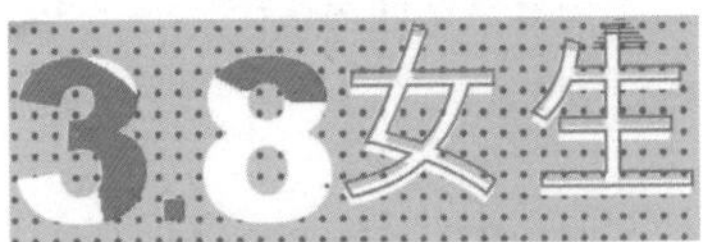

05 使用相同方法完成其他文字的设置，完成节日海报的绘制。

9.3 文本转曲操作

在CorelDRAW X6中，可以根据需要将美术字和段落文本转为曲线，转曲后的文字无法进行文字编辑，但可以使用编辑曲线的方法对其进行编辑。

9.3.1 编辑文本

下面介绍编辑文本的方法。

1. 插入文字

使用“文本工具”字单击文本，出现光标后，可在此处输入文字。

春风又|绿江南岸

春风又又|绿江南岸

2. 删除文字

使用“文本工具”字单击文本，出现光标后，按键盘上BackSpace键可删除光标左侧文字，按键盘上Delete键可删除光标右侧文字。

春风又|南岸

还可以使用“文本工具”字，按下鼠标左键在文本上拖曳，选中字符，此时可输入文字替换选中的字符。按键盘上的Delete键可将选中的字符删除。

春风吹又生

春风|生

9.3.2 文本的转换 重点

使用“选择工具”选中字符，执行“位图”→“转换为位图”菜单命令，在弹出的“转换为位图”对话框中设置参数，单击“确定”按钮，将文本转换为位图。

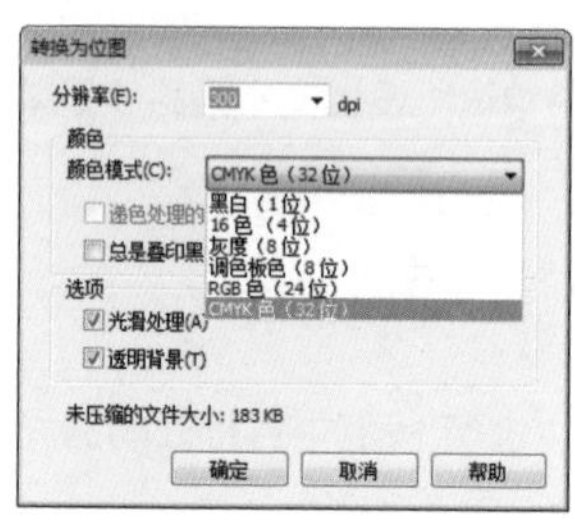

练习9-5 浮雕文字设计

难度：☆☆

素材文件：素材\第9章\练习9-5\素材.psd

效果文件：素材\第9章\练习9-5\浮雕文字设计.cdr

在线视频：第9章\练习9-5\浮雕文字设计.mp4

01 打开CorelDRAW X6软件，新建A4横版空白文档，导入“素材\第9章\练习9-5\素材.psd”文件。

02 使用“文本工具”字输入“LOLA RENNT”英文字母，字号为76pt，使用“文本工具”字选中字母“R”，将其字号设为115pt。

03 复制一份素材，选中复制出来的素材，按下鼠标左键将其拖曳至字母处释放，在弹出的菜单选项中单击“图框精确剪裁内部”。

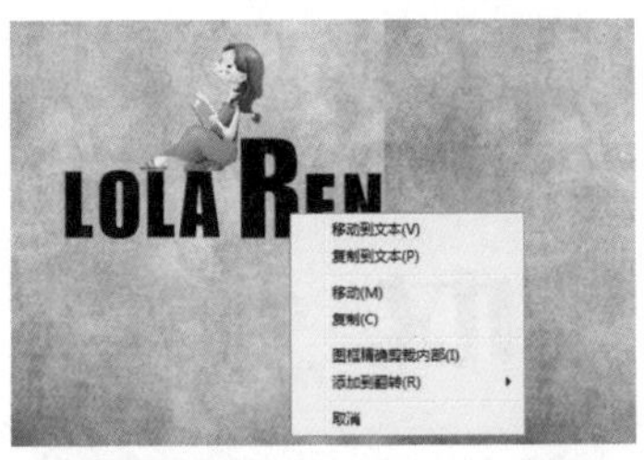

04 单击“选中Power Clip”悬浮按钮，进入编辑区，移动图片使其与原素材重合后，单击“停止编辑内容”悬浮按钮退出。

05 执行“位图”→“转换为位图”菜单命令，在弹出的“转换为位图”对话框中，将分辨率设为300，勾选“光滑处理”和“透明背景”选项，单击“确定”按钮。

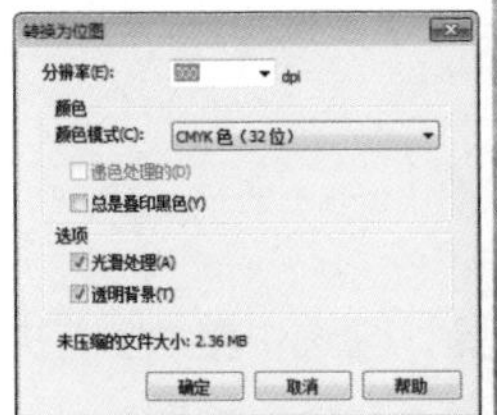

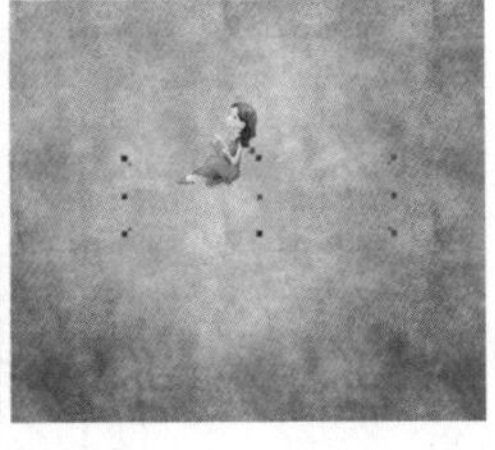

06 执行“位图”→“三维效果”→“浮雕”，在弹出的“浮雕”对话框中，将深度设为10，层次为100，方向为45，单击“确定”按钮，完成浮雕文字的设计。

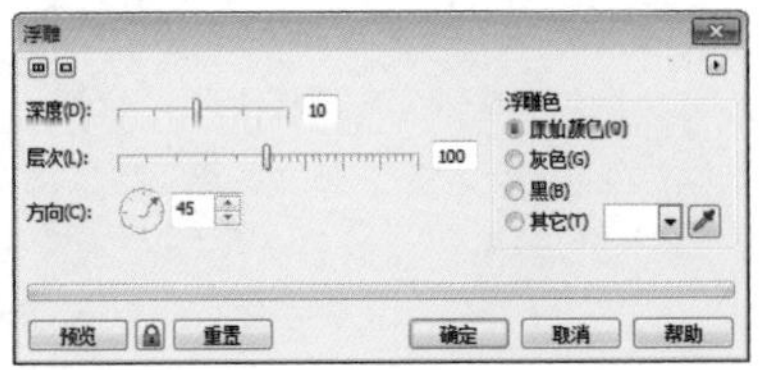

9.3.3 文本的转曲方法

使用“选择工具”选中文本，单击鼠标右键，在弹出的下拉菜单中选择“转换为曲线”选项，或按Ctrl+Q组合键，将文本转换为曲线。

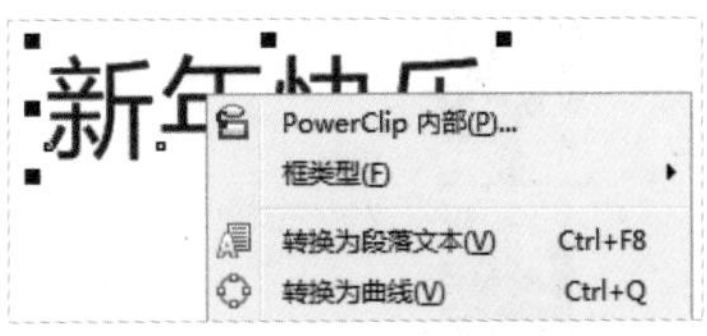

转曲后可使用“形状工具”对其进行编辑。

新年快乐

新年快乐

练习9-6 组合文字设计

难度：☆☆

素材文件：素材\第9章\练习9-6\素材.psd

效果文件：素材\第9章\练习9-6\组合文字设计.cdr

在线视频：第9章\练习9-6\组合文字设计.mp4

01 打开CorelDRAW X6软件，新建A4横版空白文档。

02 使用“椭圆形工具”在页面空白处绘制一个圆形，将填充设为（C:0;M:0;Y:0;K:0），轮廓为（C:0;M:0;Y:0;K:60），宽度为0.25mm。复制一个圆形，适当缩小，去除轮廓线，将填充更改为（C:70;M:10;Y:20;K:0），置于合适位置。

03 使用“文本工具” 在适当位置输入“坚持”文本，字体为“方正大标宋”，字号为65pt，单击激活属性栏中的“将文本更改为垂直方向”按钮 ，按 Ctrl+K 组合键将文本拆散。

04 使用“选择工具” 选中文本，单击鼠标右键，在菜单中单击“转换为曲线”。

05 使用“形状工具” 微调转曲后的文本。使用所学方法，在相应位置绘制三角形，将填充分别设为（C:0;M:100;Y:100;K:0）、（C:0;M:45;Y:100;K:0）、（C:0;M:0;Y:0;K:0）。

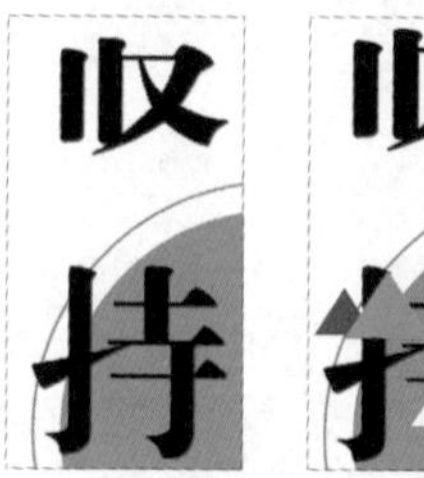

06 使用“选择工具” 调整文字位置和大小，依次输入其他文字，导入文件“素材\第9章\练习9-6\素材.psd”，置于合适位置，完成组合文字的设计。

9.4 图文混排

CorelDRAW X6为用户提供了多种图文混排的方式，包括沿路径排列文本、插入特殊字符、段落文本环绕图形等。

9.4.1 沿路径排列文本 重点

单击“文本工具” ，将光标移动到对象路径的边缘单击，即可在路径上输入文字，使其沿路径形状分布。

或者使用“选择工具” 选中美术字，执行“文本”→“使文本适合路径”菜单命令，将光标移动到路径时会出现蓝色预览框，移动光标到理想位置后单击鼠标左键即可。

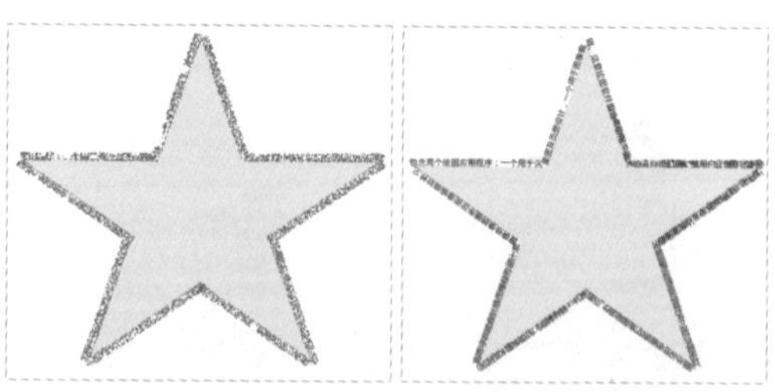

还可以使用“选择工具”选中美术字，按下鼠标右键拖曳至路径处释放，在弹出的菜单中选择“使文本适合路径”。

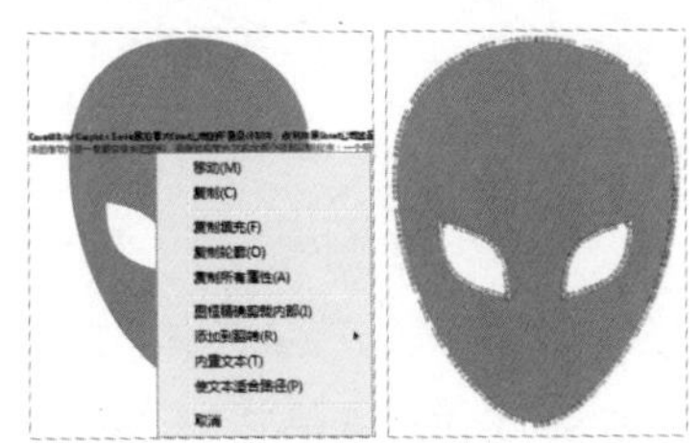

练习9-7 绘制店员胸针

难度：☆☆

素材文件：素材\第9章\练习9-7\素材.psd

效果文件：素材\第9章\练习9-7\绘制店员胸针.cdr

在线视频：第9章\练习9-7\绘制店员胸针.mp4

01 打开CorelDRAW X6软件，新建A4横版空白文档，使用“椭圆形工具”绘制一个圆形，填充为（C:0;M:100;Y:100;K:0），轮廓为无；复制一个圆形，适当调整大小，将轮廓宽度设为2.0mm，轮廓填充为（C:0;M:0;Y:0;K:0）。

02 使用“文本工具”在页面空白处输入“extraodinary dog”英文字符，字体为arial，字号为24pt。

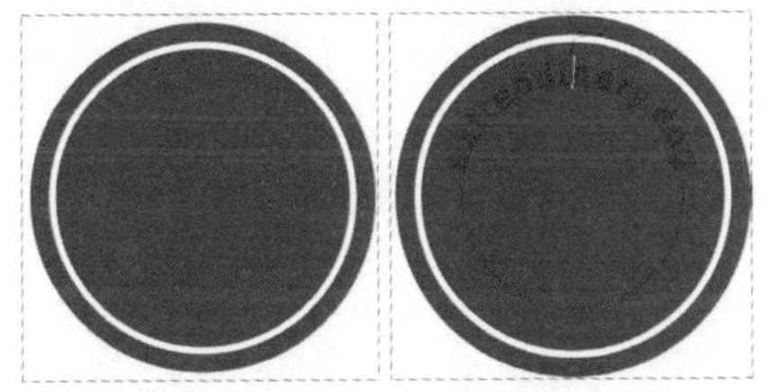

03 执行“文本”→“使文本适合路径”菜单命令，将光标移动至合适位置后，单击鼠标左键。

04 将字符填充更改为（C:0;M:0;Y:0;K:0），使用“星形”工具绘制数个星形，置于合适位置，填充为（C:0;M:0;Y:0;K:0）。

05 导入“素材\第9章\练习9-7\素材.psd”文件，调整大小，置于合适位置，完成店员胸针的绘制。

9.4.2 插入特殊字符

执行“文本”→“插入符号字符”菜单命令，在弹出的“插入字符”面板中选择需要插入的字符，插入的字符为矢量图形，可进行颜色修改等操作。

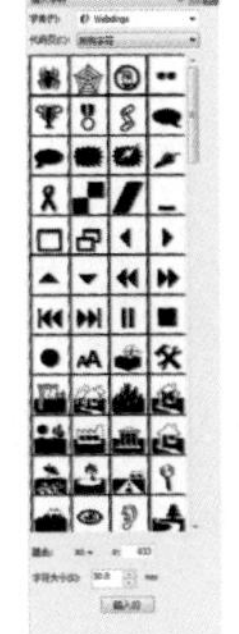

提示

选择的“字体”和“代码页”不同，得到的特殊字符也不同。

9.4.3 段落文本环绕图形

选中叠于段落文本上的图形，单击属性栏中“文本换行”按钮，在弹出的下拉菜单中选择需要的环绕样式。

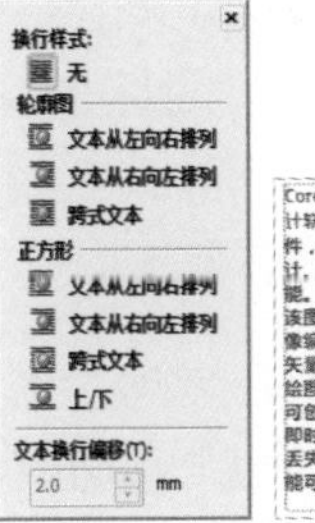

9.5 字体的安装

Windows系统会自带一部分字体，但是为了满足设计需要，可以在Windows系统中安装其他字体，使得做平面设计工作时能更加方便。

9.5.1 从电脑C盘安装

左键单击选择需要安装的字体，按Ctrl+C组合键将其复制，然后依次双击打开“我的电脑”→“C盘”→“Windows”→“Fonts”文件夹，单击空白处，按Ctrl+V组合键复制字体，完成安装。

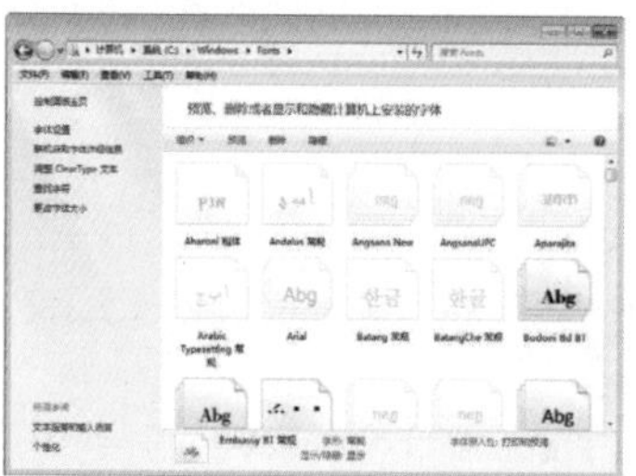

刷新页面后，打开CorelDRAW X6软件，即可在“字体列表”中找到新安装的字体。

9.5.2 控制面板安装

左键单击选择需要安装的字体，按Ctrl+C组合键将其复制，然后依次单击“开始”→“控制面板”→“外观和个性化”→“字体”菜单，打开字体列表，单击空白处，按Ctrl+V组合键复制字体，完成安装。

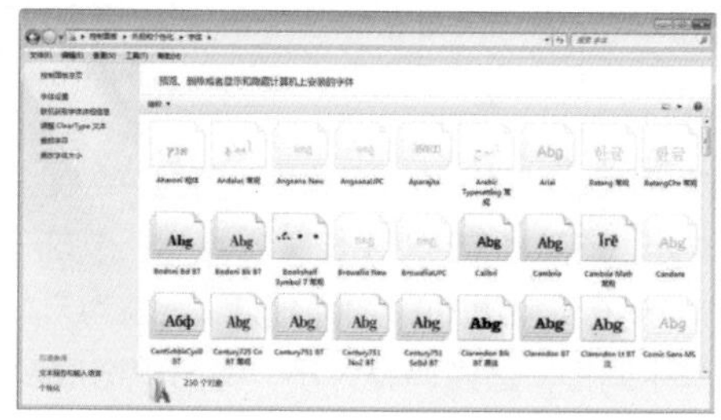

刷新页面后，打开CorelDRAW X6软件，即可在“字体列表”中找到安装的字体。

9.6 知识拓展

在CorelDRAW X6中，可以对文字的文本框进行设置。

执行“工具”→“选项”命令，在“选项”对话框中的“段落文本框”页面中勾选“按文本缩放段落文本框”复选框，可以设置自动调节大小的文本框。

9.7 拓展训练

本章为读者安排了两个拓展练习，以帮助大家巩固本章内容。

训练9-1 制作立体字

难度：☆☆
素材文件：素材 \ 第 9 章 \ 习题 1\ 素材 .cdr
效果文件：素材 \ 第 9 章 \ 习题 1\ 制作立体字 .cdr
在线视频：第 9 章 \ 习题 1\ 制作立体字 .mp4

根据本章所学的知识，使用文本工具创建文本，再使用交互式填充工具填充颜色，然后使用立体化工具创建立体化效果，并在属性栏中设置相关参数，制作纸板字效果。

训练9-2 制作情人节贺卡

难度：☆☆
素材文件：素材 \ 第 9 章 \ 习题 2\ 素材 .cdr
效果文件：素材 \ 第 9 章 \ 习题 2\ 制作情人节贺卡 .cdr
在线视频：第 9 章 \ 习题 2\ 制作情人节贺卡 .mp4

根据本章所学的知识，利用文本工具和段落文本的设置方法，并使用“内置文本”功能，制作情人节贺卡。

第 10 章

位图操作

CorelDRAW是一款拥有强大图形处理功能的软件，在CorelDRAW X6中，可以导入位图图像，利用多种功能对位图进行多样化处理，如色调调整、模式转换和滤镜添加等。掌握这些功能的操作方法有利于我们更精确地处理位图，为位图添加独特的滤镜效果。

本章重点

将矢量图转换成位图 | 快速描摹位图 | 中心描摹位图
轮廓描摹位图 | 位图颜色转换 | 高反差 | 调和曲线
亮度/对比度/强度 | 颜色平滑 | 色度/饱和度/亮度 | “三维效果”滤镜组

10.1 位图的编辑

在CorelDRAW X6中，可以通过菜单栏中的各种位图编辑功能来对导入的位图进行矫正和编辑。

10.1.1 将矢量图转换成位图

位图在表现复杂色彩构成和真实图像效果上比矢量图更有优势，在进行设计工作时，常常需要将矢量图转换为位图来进行色调调整、滤镜添加等操作，以获得更好的制作效果。

选中要转换为位图的矢量图形，执行“位图”→“转换为位图”命令，打开“转换为位图”对话框,在“转换为位图”对话框中进行相应的模式设置，完成后单击“确定”按钮即可完成转换。

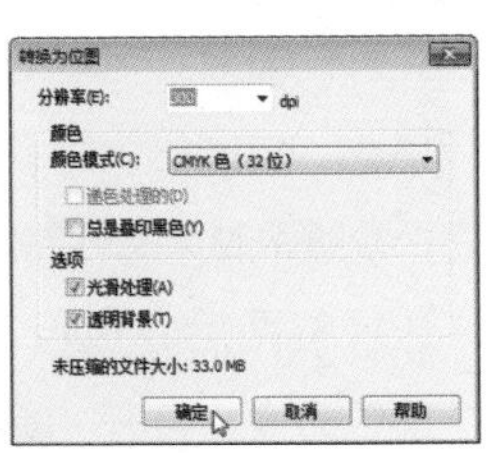

选项介绍如下。

- **分辨率：** 用于设置转换为位图后对象的清晰程度，可以直接输入数值，也可展开后面的下拉列表选择相应的分辨率。数值越大图片越清晰，数值越小图片越模糊，会出现马赛克边缘。

- **颜色模式：** 颜色模式决定构成位图的颜色数量和种类，也会对文件大小造成影响。位图的颜色显示模式包括：黑白（1位）、16色（4位）、灰度（8位）、调色板（8位）、RGB（24位）、CMYK色（32位）。颜色位数越少，色彩丰富程度越低。

黑白（1位）

16色（4位）

灰度（8位）

调色板色（8位）

RGB色（24位）

CMYK色（32位）

- **递色处理的：** 以模拟的颜色来显示更多的颜色，在缺乏可用颜色数目时可以勾选该选项，如256色或更少。勾选该选项后转换的位图以颜色块来丰富颜色效果,未勾选该选项时，转换的位图以选择的颜色模式显示。

●**总是叠印黑色：**勾选该选项可以在印刷位图时防止黑色对象与下面的对象之间出现间距，避免套版不准和露白现象，在“RGB色”和“CMYK色”模式下激活。

●**光滑处理：**勾选该选项可以使转换的位图边缘平滑，去除位图边缘锯齿。

●**透明背景：**勾选该选项可以使要转换的位图背景透明，不勾选时显示白色背景。

10.1.2 矫正位图

当位图因拍摄角度出现倾斜或有白边时，可以使用“矫正图像”命令对位图进行快速矫正。

选择要进行矫正的位图，执行“位图”→“矫正图像”命令，打开“矫正图像”对话框，按住鼠标左键拖曳“旋转图像”下的滑块进行调整，再观察裁切边缘和网格的间距，拖曳“网格”下方的滑块进行调整。

旋转到合适角度后，勾选“裁剪并重新取样为原始大小”选项，预览修剪后的图像，确认无误后单击“确定”按钮即可完成矫正。

各选项介绍如下。

●**裁剪图像：**勾选该选项，将对旋转后的图像进行修剪并保持原始纵横比显示。不勾选该选项，则只对图形进行旋转，不会进行修剪也不会移除图像任何区域。

●**裁剪并重新取样为原始大小：**勾选该选项，将对旋转的图像进行修剪并调整其大小以恢复原始高度和宽度，同时在左侧窗口显示效果预览。

10.1.3 重新取样

导入位图后，可以对位图的尺寸和分辨率进行更改。位图的大小会随着分辨率的更改而改变，分辨率越大文件越大。

选择位图后，执行“位图”→“重新取样”菜单命令，打开“重新取样”对话框，在“图像大小”下的“宽度”和“高度”文本框中输入数值，可以改变位图的大小。在“分辨率”下的“水平”和“垂直”文本框中输入数值，可以改变位图的分辨率。

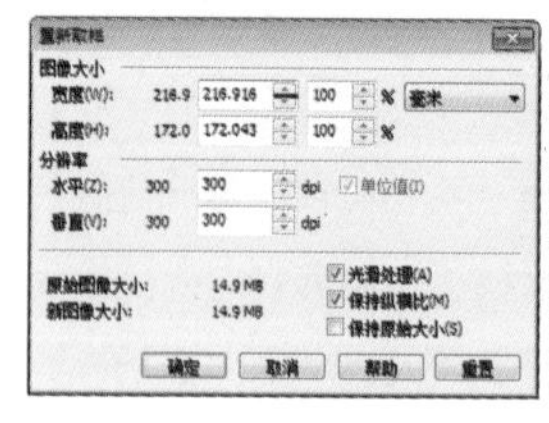

勾选“光滑处理”复选框，可以避免曲线外观参差不齐，平滑图像边缘的锯齿。勾选“保持纵横比”复选框，可以保持位图的原始比例，保证位图在设置后不会变形。勾选“保持原始大小”复选框，可以保持文件大小，当分辨率发生改变时，位图的高度和宽度会自动调整，如果只调整分辨率则无须勾选该选项，设置完成后单击

“确定”按钮即可完成重新取样。

提示

使用固定分辨率重新取样，可以在改变图像大小时，用增加或减少像素的方法保持图像分辨率；使用变量分辨率重新取样，可以保持像素在改变图像大小时不变，产生低于或高于原图的分辨率。

10.1.4 位图边框扩充

在进行位图编辑时，可以对位图进行扩充边框的操作，为位图创造边框。在CorelDRAW X6中共有两种方法进行操作，包括“自动扩充位图边框”和“手动扩充位图边框”。

1. 自动扩充位图边框

执行“位图”→“位图边框扩充”→“自动扩充位图边框”菜单命令，前面显示对勾时为激活状态。在默认情况下该选项处于激活状态，位图导入时自动扩充边框。

2. 手动扩充位图边框

选中位图，执行“位图”→“位图边框扩充”→“手动扩充位图边框”命令，打开“位图边框扩充”对话框，在“宽度”和“高度”文本框中更改数值，完成后单击“确定”按钮完成边框扩充。在进行扩充设置时，勾选“保持纵横比”复选框，可以按原图的宽高比例进行扩充，扩充之后，扩充的位图边框为白色。

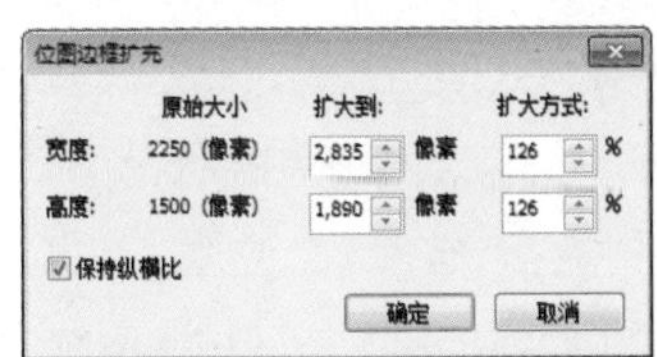

10.1.5 校正位图

用户在“校正”选项中执行“移除尘埃与刮痕”命令，可以快速改进位图的外观，设置半径可确定更改影响的像素数量，所选的设置取决于瑕疵大小及周围的区域。

选中位图后，执行“效果”→“校正”→“尘埃与刮痕”菜单命令，打开“尘埃与刮痕”对话框，按住鼠标左键拖曳“阈值”后的滑块，调整杂点减少的数量，如果要保留图像细节，可以尽量将数值设置得高一些。然后对“半径”的数值进行调整，设置像素产生效果的范围，以尽量将数值设置得高一些来保留细节。

单击左下角的“预览”按钮 预览 ，可在位图上直接预览调整效果，单击“确定”按钮完成校正。

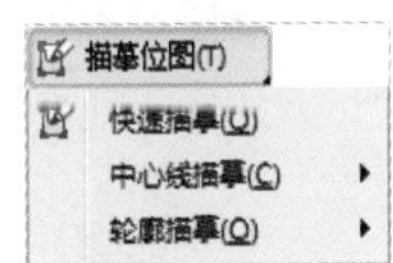

10.2 描摹位图

在CorelDRAW X6中，可以通过“描摹位图”命令将位图转换为矢量图形，方便进行填充编辑等处理。既可以通过菜单栏上的命令来执行操作，也可以单击属性栏上的“描摹位图”进行操作。描摹位图的方式共有3种：“快速描摹”“中心线描摹”和“轮廓描摹”。

10.2.1 快速描摹位图

“快速描摹”命令无须进行参数设置，可以将对象进行快速一键描摹。首先选中需要进行描摹的位图，执行“位图”→“快速描摹”命令，或单击属性栏上的“描摹位图”按钮，选择下拉列表中的“快速描摹”命令，直接对图像进行描摹。描摹完成后，单击属性栏中的“取消群组”按钮 ，即可在矢量图上进行编辑。

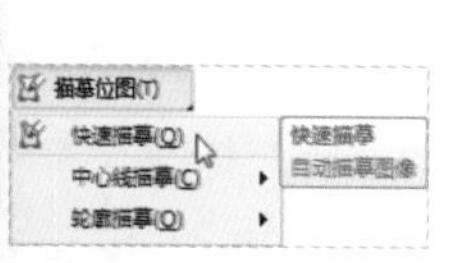

练习10-1 制作线稿

难度：☆☆

素材文件：素材\第 10 章\练习 10-1\绣花鞋 .jpg

效果文件：效果\第 10 章\练习 10-1\制作线稿 .cdr

在线视频：第 10 章\练习 10-1\制作线稿 .mp4

01 新建一个空白文件，选择“文件”→“导入”命令，或按下 Ctrl+I 快捷键，弹出“导入”对话框，选择“素材\第 10 章\练习 10-1\绣花鞋 .jpg”文件，单击“导入”按钮。

02 选择“位图”→“中心线描摹”→“技术图解”命令，弹出“中心线描摹”对话框，设置参数值。

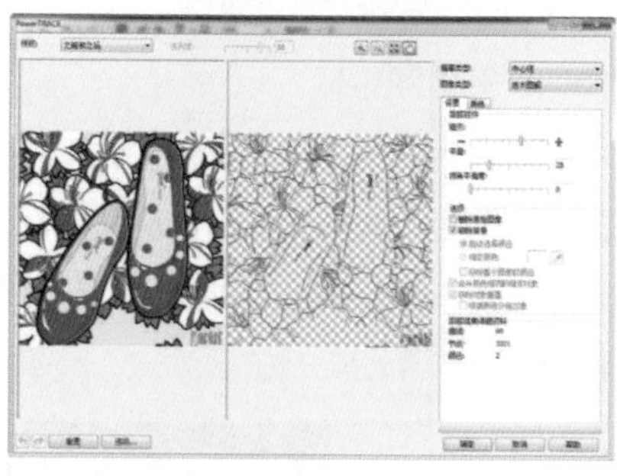

03 单击“确定”按钮，选择工具箱中的“选择工具” ，拖动描摹图形至合适的位置。

04 重设轮廓色为桃花色。

10.2.2 中心线描摹位图

“中心线描摹”又被称为“笔触描摹”，它使用未填充的封闭和开放曲线来描摹图像，达到一种类似线描的效果。此方式适用于描摹技术图纸、地图、线条画和拼版。

选中需要描摹的位图，执行“位图”→“中心线描摹”→“技术图解”或“位图”→“中心线描摹”→“线条画”菜单命令，打开“Power TRACE”对话框。还可以单击属性栏上的“描摹位图”按钮，选择下拉菜单中的“中心线描摹”命令。

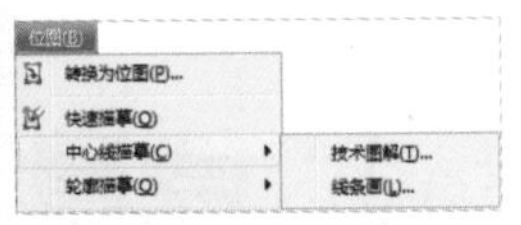

在“Power TRACE”对话框中分别设置“细节”“平滑”和“拐角平滑度”的数值、描摹的精确程度，可以在左侧预览视图上查看调节效果，调节完成后单击“确定”按钮即可完成描摹。

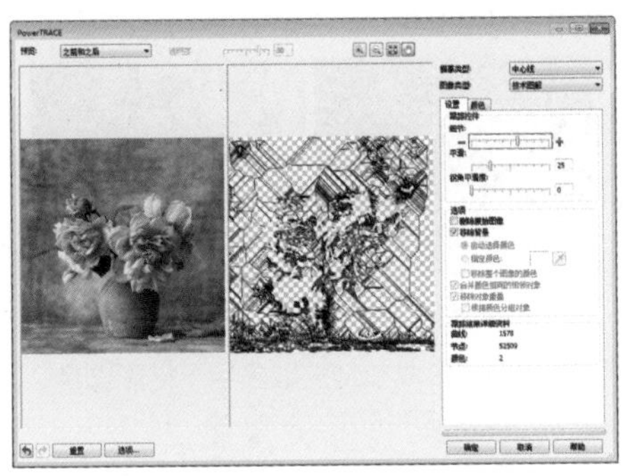

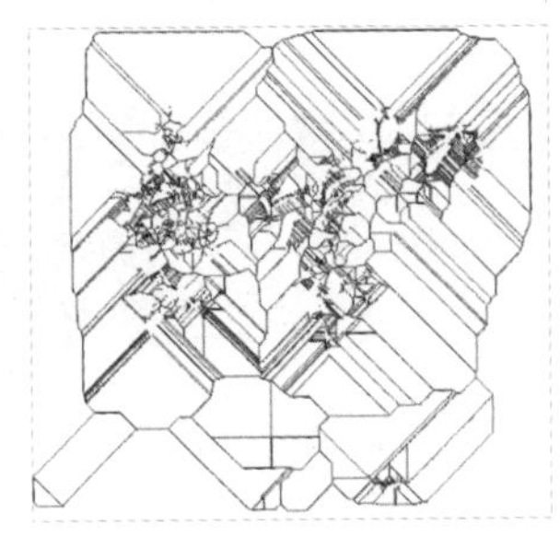

10.2.3 轮廓描摹位图

“轮廓描摹”又称“填充描摹”，使用无轮廓的曲线对象来描摹图像，适用于描摹相片、徽标、剪贴画等。“轮廓描摹”包括“线条图”“徽标”“详细徽标”“剪贴画”“低品质图像”和“高质量图像”。

选中需要描摹的位图，执行“位图”→“轮廓描摹”→“高质量图像”菜单命令或单击属性栏上的“描摹位图”，在下拉菜单中执行“轮廓描摹”→“高质量图像”命令，打开“Power TRACE”对话框。

在“Power TRACE”对话框中分别设置“细节”“平滑”和“拐角平滑度”的数值、描摹的精确程度，可以在左侧预览视图上查看调节效果，调节完成后单击“确定”按钮即可完成描摹。

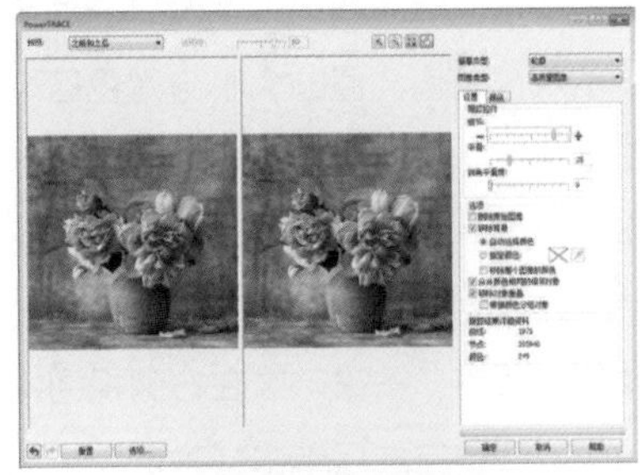

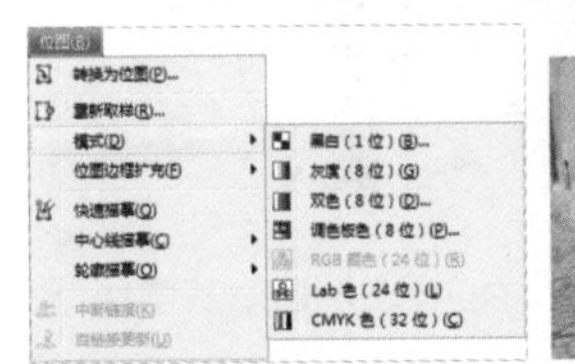

提示

位图的颜色模式每转换一次都会造成颜色信息的减少，显示效果也会发生改变，建议在转换模式前先将位图备份。

10.3 位图颜色转换

CorelDRAW X6中包含了非常丰富的位图颜色模式，用户可以通过执行菜单栏中的“位图”→“模式”命令来选择相应的模式调整位图的色彩，包括“黑白”“灰度”“双色”“调色板色”“RGB颜色”“Lab色”“CMYK色”7个模式。颜色模式被更改后，位图的颜色结构也会发生变化。

10.3.1 转换黑白图像

黑白模式的位图只会显示黑白两个色阶，每个像素只有1bit的分辨率，可以充分显示位图的轮廓线条，是最简单的位图模式。

选中要转换的位图，执行“位图”→“模式”→“黑白”菜单命令，打开“转换为1位”对话框，在“转换方法”下拉列表中选择一种转换效果，随之“选项”面板上会出现“阈值”或“强度”滑动条。“阈值”选项用来调整图像的灰度阈值，值的大小与黑色区域的灰阶数量成反比；“强度”选项设置运算形成偏差扩散的强度，值的大小与扩散强度成正比。拖曳滑块进行调整。

单击“预览”按钮可以在右侧视图中查看转换效果，调整完成后单击“确定”按钮即可完成转换。

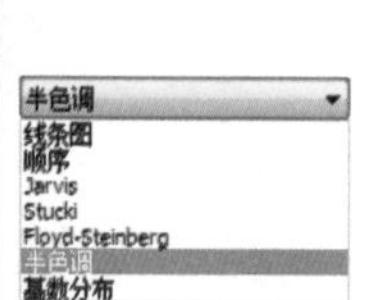

- **线条图：** 产生高对比度的黑白图像。灰度值低于所设阈值的颜色将变成黑色，高于所设阈值的颜色将变成白色。
- **顺序：** 突出纯色效果，使图像边缘较模糊。该选项最适用于标准色。

- **Jarvis：** 以 Jarvis 算法让图像形成独特扩散，适用于摄影图像。
- **Stucki：** 以Stucki 算法让图像形成独特扩散，适用于摄影图像，比 Jarvis 更细腻。

- **Floyd-Steinberg：** 以 FLoyd-Steinberg 算法让图像形成独特扩散多用于摄影图像，比 Stucki 更细腻。
- **半色调：** 通过改变图像中黑白像素的图案来创建不同的灰度。

- **基数分布：** 将计算后的结果分布到屏幕上，从而创建带底纹的外观。

10.3.2 转换灰度模式

灰度模式可以使位图以256个灰度色阶显示，在CorelDRAW X6中可以使用灰度模式将图像转换为包含灰色区域的黑白图像，产生类似黑白照片的效果。

选中要转换的位图，执行“位图”→“模式”→“灰度”菜单命令，即可完成转换。

10.3.3 转换双色调

双色模式可以让位图以一种或多种色调混合显示。

1. 单色调

选中要转换的位图，执行“位图”→“模式”→“双色”菜单命令，打开“双色调”对话框，单击“类型”下拉列表，选择“单色调”，双击下方颜色选项更改颜色，在右侧的曲线上进行调整，当调整效果不满意时可以单击“空”按钮 空(N) 将曲线上的调节点删除。完成后单击“确定”按钮，完成模式的转换。

2. 多色调

选中要转换的位图，执行“位图”→“模式”→“双色”菜单命令，打开“双色调”对话框，单击“类型”下拉列表，选择“三色调”，分别单击选择“类型”下方的颜色，右侧会显示与之对应的曲线，在曲线上进行调整。将3种颜色曲线分别调整完成后，单击“确定”按钮即可完成模式转换。“双色调”和“四色调”的调整方法跟“三色调”类似。

10.3.4 转换调色板图像

调色板模式最多可以使用256种颜色来显示和保存图像。选中要转换的位图，执行“位图”→“模式”→“调色板”菜单命令，打开“转换至调色板色”对话框，单击“调色板”后的下拉列表，选择“标准色”，单击“递色处理的”后的下拉列表，选择“Floyd-Steinberg”，在“抵色强度”滑动条上拖曳滑块，调节“Floyd-Steinberg”的扩散程度，完成后单击“确定”按钮，即可完成模式转换。

10.3.5 转换RGB图像

RGB模式是当今应用非常广泛的颜色模式，由红色值、绿色值和蓝色值组成。它通过红、绿、蓝3种色光叠加形成更多的颜色，即真彩色。3种颜色的数值大小决定了位图颜色的深浅和明度，当R、G、B三个值都为255时，显示的颜色为白色。当R、G、B三个值都为0时，显示的颜色为黑色。在默认情况下，导入的位图都为RGB模式。

执行“位图”→“模式”→“RGB颜色”菜单命令，即可将位图转换为RGB模式。

10.3.6 转换Lab图像

Lab模式是国际色彩标准模式，不管用什么设备创建或输出图像，在此模式下都能产生一致的颜色。它由透明度、色相和饱和度3个通道组成。它是色彩模式转换的桥梁，该模式转换为CMYK模式时颜色信息不会被改变或丢失，转换颜色模式时可以先将图像转换成Lab模式，再转换为CMYK模式，输出时颜色偏差会小很多。在图像处理中，如果只需提亮图像，不改变颜色，也可以使用Lab模式。

执行“位图”→“模式”→“Lab颜色”菜单命令，即可将位图转换为Lab模式。

10.3.7 转换CMYK图像

CMYK是一种主要用于印刷的模式，也叫印刷色。颜色为印刷常用的墨色，包括黄色、青色、洋红色、黑色。当C、M、Y、K值都为100时，颜色为黑色。当C、M、Y、K值都为0时，颜色为白色。CMYK模式的颜色范围较小，直接进行转换会造成颜色信息丢失。

执行执行“位图”→“模式”→“CMYK颜色”菜单命令，弹出“将位图转换为CMYK格式”对话框，单击“确定”按钮，即可将位图转换为CMYK模式。

10.4 调整位图的色调

CorelDRAW X6中提供了很多调整位图色彩的模式，包括“高反差”“局部平衡”“颜色平衡”“色度/饱和度/亮度”等，可以在“效果”→“调整”选项下选择相应的命令进行颜色调整，从而丰富位图色调，提高图像质量。

10.4.1 高反差

“高反差”命令可以重新划分位图图像从阴影到高光区的浓度，从而调整图像的高光区域、中间区域及阴影区，保证在调整时对象的亮度、对比度和强度在高光区域和阴影区域的细节不会丢失。

选中要进行调整的位图，执行“效果”→“调整”→“高反差”菜单命令，打开“高反差”对话框，单击左上角的“显示预览窗口”按钮，预览调整效果。选择“黑色吸管工具”按钮，在图像中颜色最暗的地方使用滴管工具单击，或选择“白色吸管工具”按钮，在图像中颜色最浅的地方使用滴管工具单击吸取颜色。在进行调整时，还可以分别选择“通道”列表中的红、绿、蓝三色通道，拖曳右边的“输出范围压缩”滑块，调整通道的颜色范围和分布，设置完成后单击“确定”按钮，完成调整。

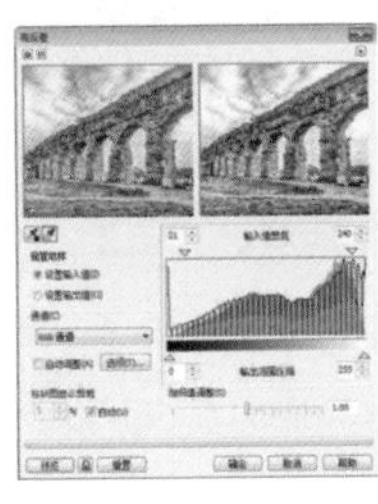

10.4.2 局部平衡

“局部平衡”命令可以通过提高边缘附近的对比度来调整图像暗部和亮部的细节，使图像产生高亮度的对比。

选中位图，执行“效果”→“调整”→“局部平衡”命令，弹出“局部平衡”对话框，分别调整“宽度”和“高度”数值，单击“预览”按钮预览调整效果，完成后单击“确定”按钮，即可完成调整。

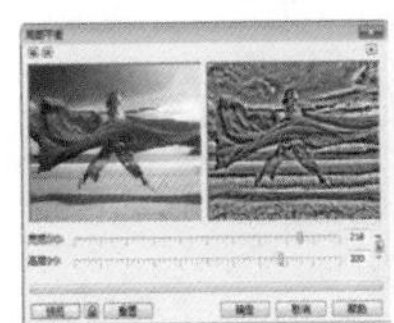
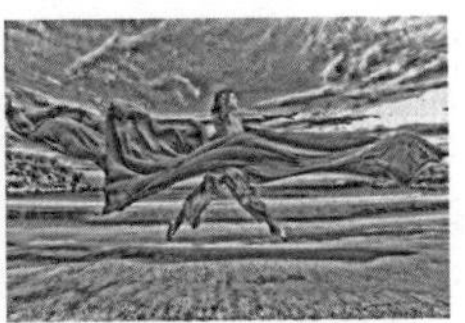

提示

“宽度”和“高度”选项可以进行统一调整，也可解开后面的小锁图标分开调整。

10.4.3 取样/目标平衡

“取样/目标平衡”命令用于在图像中取样来调整位图颜色值，可以分别从图像的暗色调、中间色调及浅色调部分取样，再将调整的目标颜色应用到每个色样中。

选中要进行调整的位图，执行“效果”→“调整”→“取样/目标平衡”菜单命令，打开“样本/目标平衡”对话框，选择“暗色调吸管工具”按钮，吸取图像最暗部分的颜色。“中间色调吸管工具”按钮可吸取图像的中间色，“白色吸管工具”按钮可吸取图像颜色最浅的部分，吸取的颜色会显示在“示例”和“目标”中。双击“目标”下的颜色可在“选择颜色”对话框中进行颜色更改，单击“预览”按钮可预览调整效果。

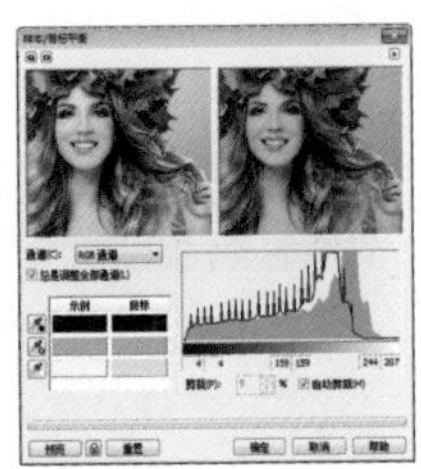

在“通道”的下拉列表中选择相应通道，分别设置“红通道”“绿通道”和“蓝通道”，设置完成后返回“RGB通道”进行整体微调，单击“确定”按钮完成调整。

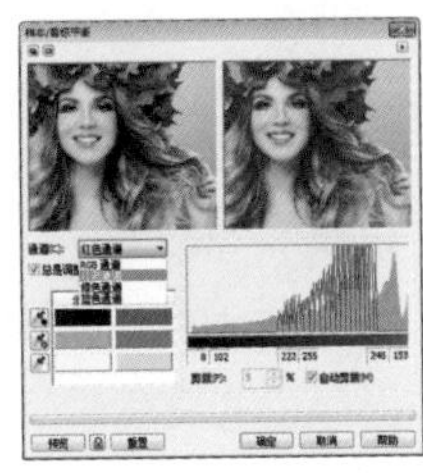

提示

应先取消勾选“总是调整全部通道”复选框，再对各个通道的“目标”颜色进行调整。

10.4.4 调合曲线

“调合曲线”命令用于改变图像中的单个像素值，通过改变阴影、中间色点和高光部分，精确地修改图像局部的颜色。

选中要进行调整的位图，执行“效果”→“调整”→“调合曲线”菜单命令，打开“调合曲线”对话框，在“活动通道”的下拉列表中分别选择“红通道”“绿通道”“蓝通道”，在曲线上进行调整，在预览窗口可以查看调整效果。

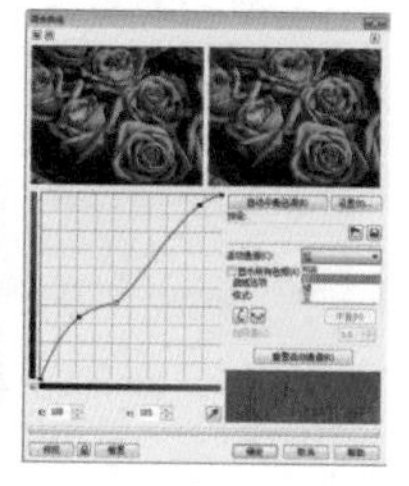

再次选择“RGB通道”进行整体色调调整，完成后单击“确定”按钮，完成调整。

技巧

默认情况下，向上移动曲线上的控制点可以使图像变亮，向下则变暗。S形曲线可以使图像的明暗对比度增强。

10.4.5 亮度/对比度/强度

“亮度/对比度/强度”命令用于调整图像中的色频通道，从而调整位图颜色的亮度、明亮区域和暗色区域的差异。其中，亮度指图像的明暗程度，对比度指图像的明暗反差，强度指色彩的明暗程度。

选中要进行调整的位图，执行“效果”→“调整”→“亮度/对比度/强度”菜单命令，打开“亮度/对比度/强度”对话框，分别调整“亮度”“对比度”“强度”参数，单击“预览”按钮查看效果，注意整体色调协调，完成后单击“确定”按钮，即可完成调整。

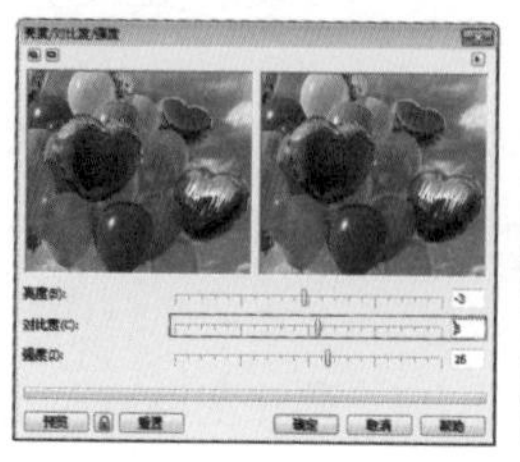

10.4.6 颜色平衡

“颜色平衡”命令用于将多种颜色添加到位图中，改变图像中颜色的百分比，使颜色偏向发生改变。

选择要进行调整的位图，执行“效果”→“调整”→“颜色平衡”菜单命令，打开“颜色平衡”对话框，选择添加颜色的范围，在“颜色通道”下的滑动条上拖曳滑块，调整颜色偏向。单击右下角“预览”按钮预览调整效果，完成后单击“确定”按钮，完成调整。

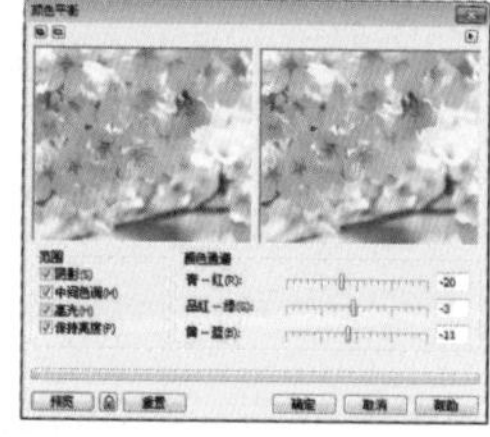

各选项介绍如下。

- **阴影：**勾选该复选框，则只对位图的阴影区域进行颜色平衡调整。

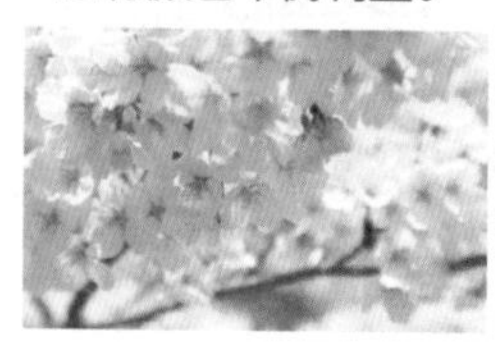

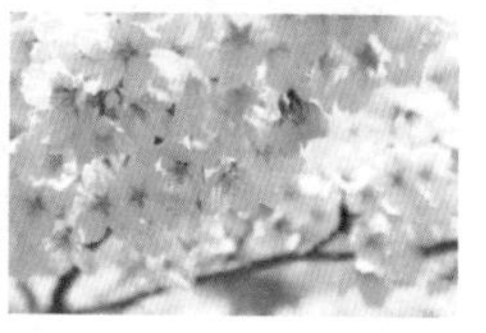

- **中间色调：**勾选该复选框，则只对位图的中间色调区域进行颜色平衡调整。

●**高光**：勾选该复选框，只对位图的高光区域进行颜色平衡设置。

●**保持亮度**：勾选该复选框，可以保证在进行颜色平衡设置的过程中位图不会变暗。

10.4.7 伽玛值

“伽玛值”命令用于在保持高光和阴影基本不变的情况下，对图像低对比度区域进行细节调整。

选中位图，执行“效果”→“调整”→“伽玛值”命令，打开“伽玛值”对话框，拖曳滑块调整伽玛值的大小，单击右下角的“预览”按钮可以查看调整效果，完成后单击“确定”按钮，完成调整。

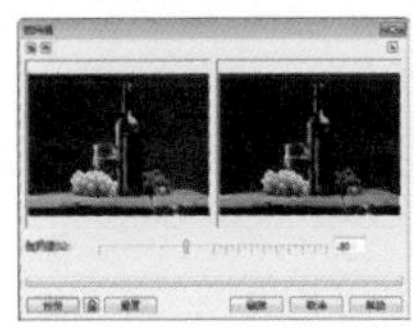

10.4.8 色度/饱和度/亮度

“色度/饱和度/亮度”命令用于调整位图中的颜色通道，并更改色谱中颜色的位置，从而改变图像的颜色和浓度。其中，色度指色相，饱和度即纯度，亮度指图像的明暗程度。

选中位图，执行“效果”→“调整”→“色度/饱和度/亮度”菜单命令，打开“色度/饱和度/亮度”对话框，在“通道”选项下分别调整“红”“黄色”“绿”“青色”“兰”“品红”和“灰度”的色度、饱和度和亮度参数。单击右下角的“预览”按钮可以查看调整效果，调整完颜色通道后，选择“主对象”通道进行整体颜色调整，完成后单击“确定”按钮，完成调整。

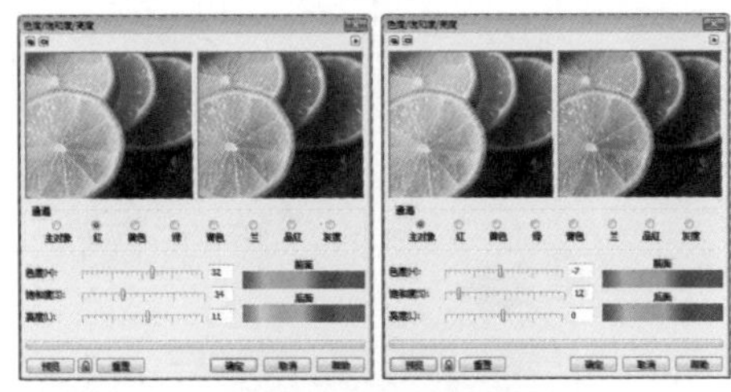

10.4.9 所选颜色

“所选颜色”命令通过改变图像中的红、黄、绿、青、蓝和品红色谱的CMYK百分比来改变颜色。

执行“效果”→“调整”→“所选颜色”菜单命令，打开“所选颜色”对话框，分别调整“色谱”选项下的“红”“黄”“绿”“青”“蓝”和“品红”色谱的各项数值，单击右下角的“预览”按钮可以预览调整效果，完成后单击“确定”按钮，完成调整。

10.4.10 替换颜色

“替换颜色”命令可以设置一种颜色来替换图像中所选择的颜色。

执行“效果”→“调整”→“替换颜色”菜单命令，打开“替换颜色”对话框，单击“原颜色”后面的吸管工具，吸取图像上需要被替换的颜色，单击“新建颜色”下拉列表，选择要进行替换的颜色，可在预览窗口查看效果，完成后单击“确定”按钮，完成调整。

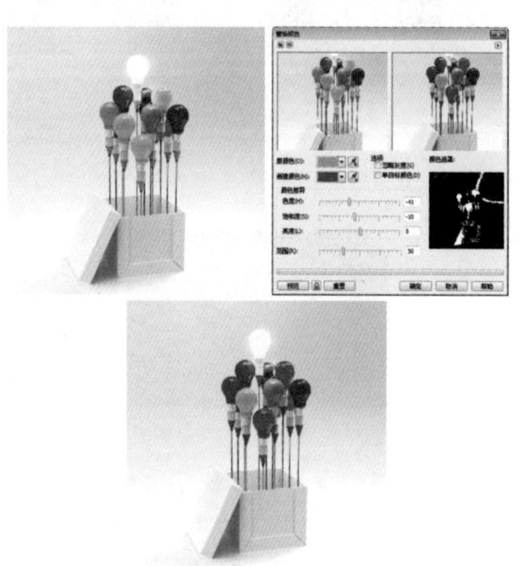

10.4.11 取消饱和

“取消饱和”命令用于将位图中所有颜色的饱和度都调整为0，转换为相应的灰度显示，形成灰度图像，但不会改变图像的颜色模式。

选中位图，执行“效果”→“调整”→“取消饱和”菜单命令，即可完成转换。

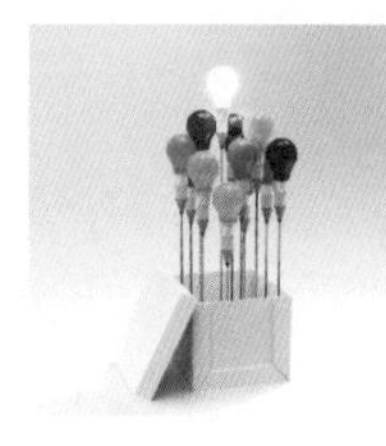

10.4.12 通道混合器

“通道混合器”命令通过改变各个颜色通道的数值来调整图像的色彩。

选中位图，执行“效果”→“调整”→“通道混合器”命令，打开“通道混合器”对话框，在“色彩模型”下拉列表中选择颜色模式，在“输入通道”下分别设置各个颜色通道，可在预览窗口查看效果，完成后单击“确定”按钮，完成调整。

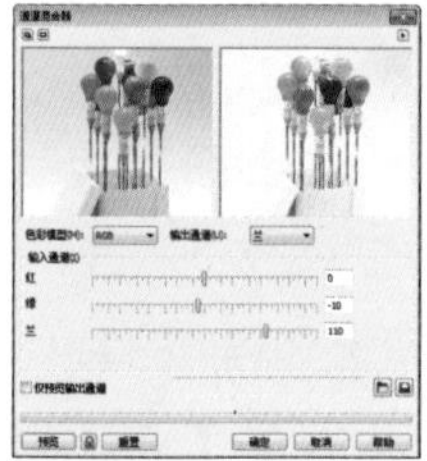
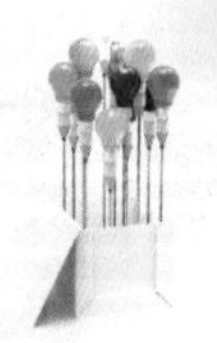

10.5 调整位图的色彩效果

CorelDRAW X6中可以将颜色和色调变换同时应用于位图图像，通过变换对象的颜色和色调产生特殊效果。

10.5.1 去交错

“去交错”命令用于从扫描或隔行显示的图像中移除线条。选中位图，执行“效果”→“变换”→“去交错”菜单命令，打开“去交错”对话框，在“扫描线”中选择“偶数行”或“奇数行”，再选择相应的“替换方法”，在预览窗口中查看效果，完成后单击“确定”按钮，完成调整。

10.5.2 反显

“反显”命令用于反显图像的颜色，形成摄影负片的外观。选中位图，执行“效果”→“变换”→“反显”菜单命令，即可将位图转换为负片。

 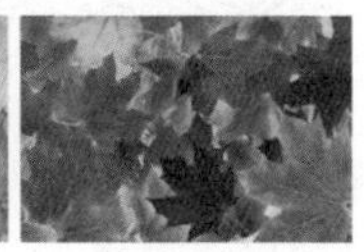

10.5.3 极色化

“极色化”命令用于减少位图中的色调数量，减少颜色层次，使图像色调简化。选中位图，执行“效果”→“变换”→“极色化”菜单命令，打开“极色化”对话框，在“层次”滑动条中拖曳滑块，调整颜色层次，在预览窗口中查看效果，完成后单击“确定”按钮，完成调整。

10.6 位图滤镜效果

CorelDRAW X6中提供了很多滤镜效果供用户选择，包括三维效果、艺术笔触、轮廓图等。添加滤镜特效后，不仅能使位图具有空间感，还能赋予位图特殊的艺术风格。

10.6.1 “三维效果”滤镜组

“三维效果”滤镜可以对位图添加旋转3D效果，使位图呈现出立体感与深度。三维效果滤镜包括“三维旋转”“柱面”“浮雕”“卷页”“透视”“挤远/挤近”和“球面”。

- **三维旋转：**手动拖动 3D 模型效果，使得位图产生画面旋转透视效果。选中位图，执行“位图”→“三维效果”→“三维旋转”菜单命令，打开“三维旋转”对话框，按住鼠标左键拖曳图像旋转，可在预览窗口中查看效果。完成后单击“确定”按钮，完成调整。

- **柱面：**以圆柱体表面贴图为基础，使图像产生柱状变形效果。选中位图，执行“位图”→“三维效果”→“柱面”菜单命令，打开“柱面”对话框，选择“柱面模式”，设置“拉伸模式”，调整“百分比”。完成后单击“确定”按钮，完成调整。

- **浮雕：**可以根据图像的明暗产生凹凸效果，产生浮雕形状。选中位图，执行“位图”→“三维效果”→“浮雕”菜单命令，打开“浮雕”对话框，设置“深度”“层次”“方向”和“浮雕色”的参数。完成后单击“确定”按钮，完成调整。

● **卷页：** 可以将位图的任意角卷起，形成类似卷页的效果。选中位图，执行“位图”→“三维效果”→“卷页”菜单命令，打开“卷页”对话框，选择卷页的“方向”“定向”“纸张”和“颜色”，调整“宽度”和“高度”的参数。完成后单击“确定”按钮，完成调整。

● **透视：** 可以通过拖曳移动使图像产生三维效果。选中位图，执行“位图”→“三维效果”→“透视”菜单命令，打开“透视”对话框，选择透视“类型”，按住鼠标左键拖曳透视效果，完成后单击“确定”按钮，完成调整。

● **挤远 / 挤近：** 以球面透视为基础，使图像弯曲，产生向内或向外的挤压效果。选中位图，执行“位图”→“三维效果”→“挤远 / 挤近”菜单命令，打开“挤远 / 挤近”对话框，调整“挤远 / 挤近”数值，完成后单击“确定”按钮，完成调整。

● **球面：** 可以使图像产生球面透视效果。选中位图，执行“位图”→“三维效果”→“球面”菜单命令，打开“球面”对话框，选择“优化”类型，调整“百分比”，完成后单击“确定”按钮，完成调整。

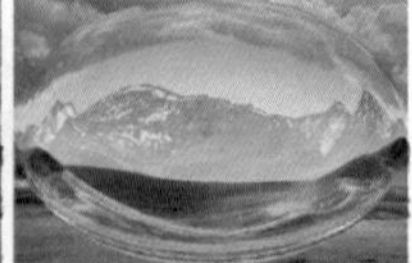

练习10-2 制作立体包装盒

难度：☆☆

素材文件：素材 \ 第 10 章 \ 练习 10-2\ 包装盒 .cdr

效果文件：素材 \ 第 10 章 \ 练习 10-2\ 制作立体包装盒 -OK.cdr

在线视频：第 10 章 \ 练习 10-2\ 制作立体包装盒 .mp4

01 启动 CorelDRAW X6 软件，打开素材文件“素材 \ 第 10 章 \ 练习 10-2\ 包装盒 .cdr”，使用“选择工具”单击选择正面素材图像。

02 在菜单栏中单击执行“位图”→“三维效果”→“三维旋转”命令，打开“三维旋转”对话框，设置“垂直”和“水平”参数，然后单击“确定”按钮，应用效果。

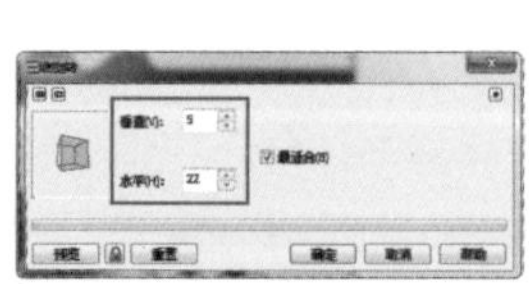

03 使用“选择工具”选中侧面素材图像，在菜单栏中单击执行“位图”→“三维效果”→“三维旋转”命令，打开“三维旋转”对话框，设置“垂直”和“水平”参数，然后单击“确定”按钮，应用效果。

04 保持对象的选中状态，单击工具箱中的“形状工具”按钮，显示节点，然后调整节点，去掉

多余的白色图像部分，采用同样的方法，调整正面图像节点。

05 使用“选择工具”移动对象，并进行旋转，使正面和侧面图像贴合在一起。

06 单击工具箱中的“钢笔工具”按钮，绘制侧面形状，将光标放在调色板中，使用鼠标左键单击“黑”，为对象填充黑色，右键单击按钮☒，取消轮廓线。

07 单击工具箱中的“透明度工具”按钮，在属性栏中选择“线性”渐变选项线性，打造渐变透明效果，拖动渐变形状调整透明度。然后使用“钢笔工具”绘制底部阴影形状，将光标放在调色板中，使用鼠标左键单击“黑”，为对象填充黑色。

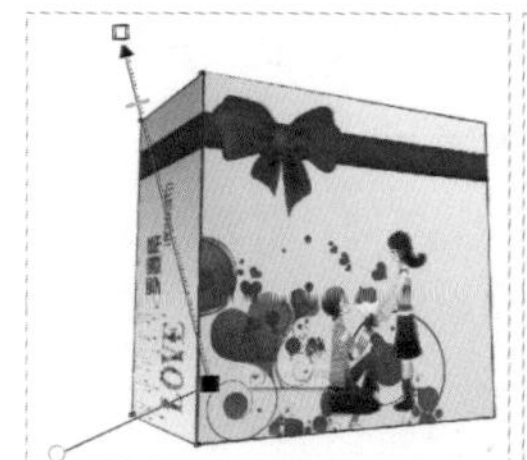

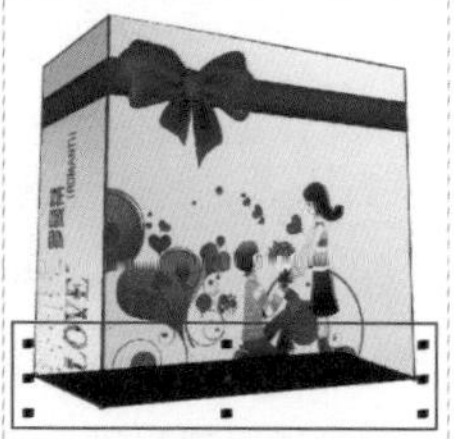

08 单击工具箱中的“阴影工具”按钮，按住鼠标左键从对象的中心向下方拖曳，打造阴影效果，在菜单栏中执行“排列”→“拆分阴影群组”命令，或按 Ctrl+K 快捷键拆分阴影对象，然后使用“选择工具”选中黑色形状，按 Delete 键将其删除。

09 使用“选择工具”选中阴影对象，单击鼠标右键，在弹出的快捷菜单中单击执行“排列”→“顺序”→“到图层后面”命令，将其置于最下方，然后调整至合适的位置，完成制作。

相关链接

关于“钢笔工具的绘制方法”的内容请参阅本书第 3 章的 3.4.1 节。关于“打造渐变透明效果”的内容请参阅本书第 8 章的 8.6.1 节。关于“打造阴影效果”的内容请参阅本书第 8 章的 8.4.1 节。

10.6.2 “艺术笔触”滤镜组

“艺术笔触”滤镜组可以为位图添加一些手工美术绘画技法的效果，此滤镜中包含了炭笔画、单色蜡笔画、蜡笔画、立体派、印象派、调色刀、彩色蜡笔画、钢笔画、点彩派、木版画、素描、水彩画、水印画和波纹纸画共14种特殊的美术表现技法。

使用“选择工具”单击选择位图图像，在菜单栏中单击执行“位图”→“艺术笔触”

命令，在子命令中选择一种滤镜命令，即可打开相应的“对话框”，设置完成后，单击“确定”按钮即可应用滤镜效果。

下面列举其中几种滤镜效果，并介绍参数选项的含义。

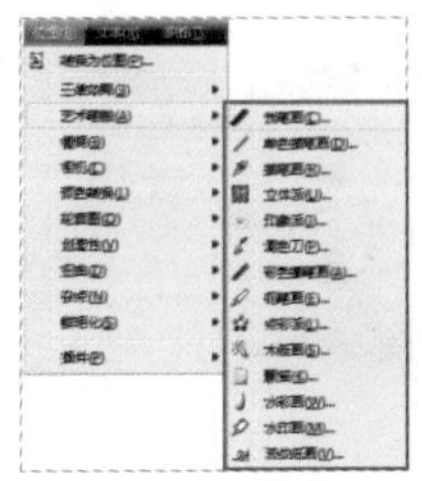

炭笔画

“炭笔画”滤镜可以使图像产生类似于用炭笔绘画的效果。

原图

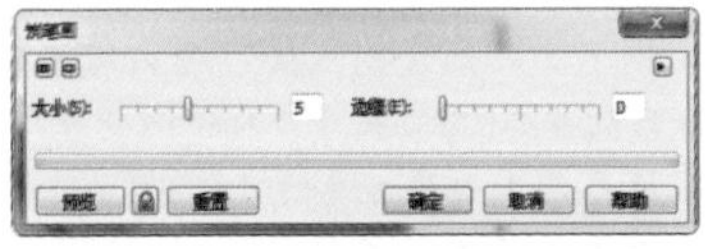

“炭笔画”对话框中各个选项的介绍如下。

- **大小：** 设置画笔尺寸的大小。
- **边缘：** 设置轮廓边缘的清晰程度。

单色蜡笔画

“单色蜡笔画”滤镜可以使图像产生类似于粉笔画的图像效果。

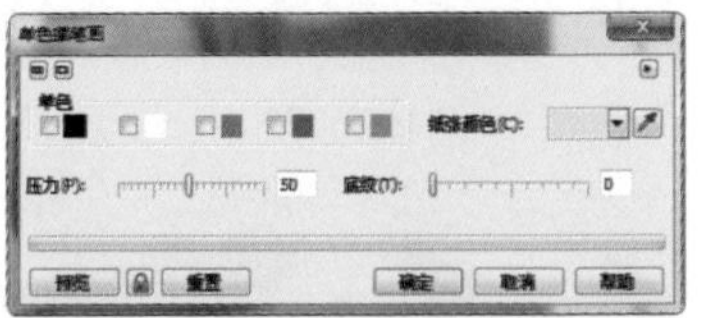

“单色蜡笔画”对话框中各个选项的介绍如下。

- **单色：** 可以选择制作成单色蜡笔画的整体色调，可同时选择多个颜色的复选框，组成混合色。
- **纸张颜色：** 设置背景的纸张颜色。
- **压力：** 调节单色蜡笔画的轻重。
- **底纹：** 调节底纹质地的粗细，数值越大，质地越细腻。

蜡笔画

“蜡笔画”滤镜可以使图像产生蜡笔画的效果。

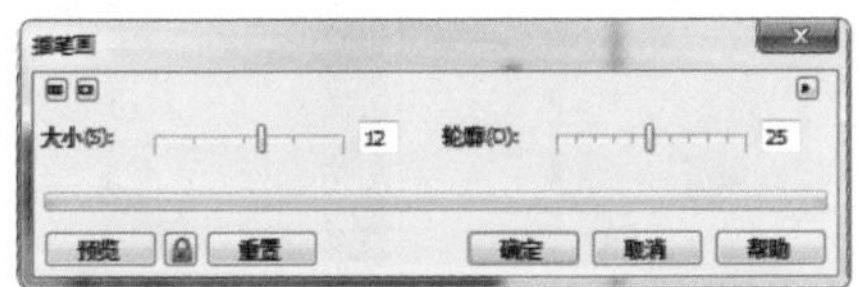

“蜡笔画”对话框中各个选项的介绍如下。

- **大小：** 调节图像上的像素值，数值越大，图像上的像素越多，图像就越平滑；数值越小，图像上的像素越少，图像就越粗糙。
- **轮廓：** 调节对象轮廓显示的清晰程度，数值越大，轮廓越明显。

立体派

“立体派”滤镜可以使图像中相同颜色的像素组合成颜色块，生成类似于立体派的绘画风格。

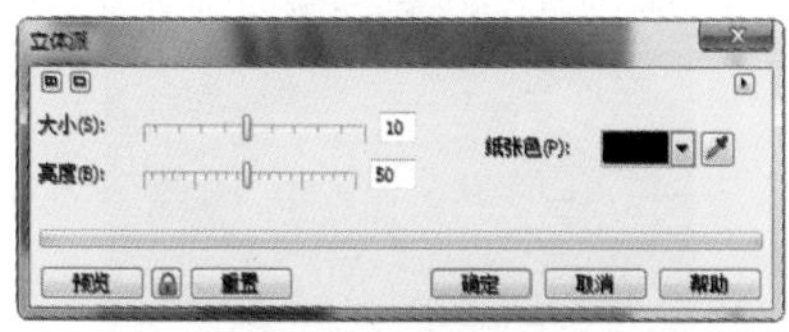

“立体派”对话框中各个选项的介绍如下。

- **大小**：设置颜色块的色块大小，即颜色相同部分像素的稠密程度。数值越小，图像越平滑；数值越大，图像越粗糙。
- **亮度**：调节图像的光亮程度，数值越大，图像越清晰。
- **纸张色**：设置背景纸张的颜色。

印象派

“印象派”滤镜可以制作出印象派绘画效果，使画面呈现未经修饰的笔触效果，着重于光影的变化。

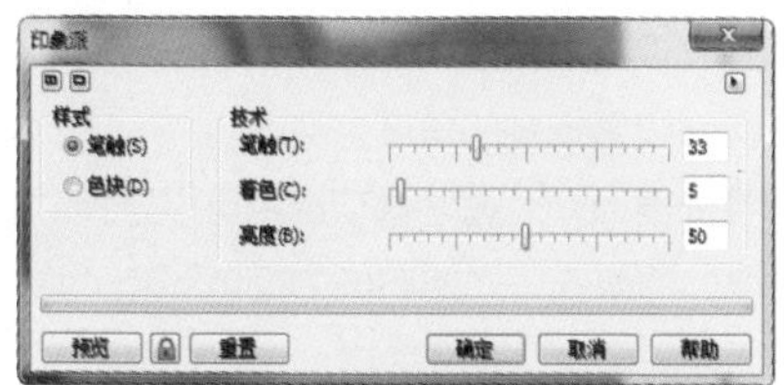

“印象派”对话框中各个选项和按钮的介绍如下。

- **样式**：选择“笔触”或“色块”任一单选按钮，作为构成画面的元素。
- **技术**：可以调节“笔触”的大小、“着色”的强度、图像的“亮度”。

10.6.3 “模糊”滤镜组

“模糊”滤镜组可以制作不同的模糊效果，包括定向平滑、高斯式模糊、锯齿状模糊、低通滤波器、动态模糊、放射式模糊、平滑、柔和、缩放和智能模糊滤镜。

使用“选择工具”单击选择位图图像，在菜单栏中单击执行“位图”→“模糊”命令，在子命令中选择一种滤镜命令，即可打开相应的“对话框”，设置完成后，单击“确定”按钮应用滤镜效果。

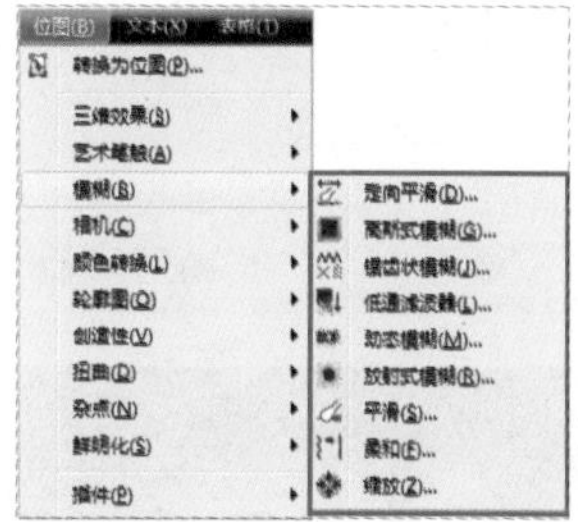

下面列举其中几种滤镜效果，并介绍参数选项的含义。

高斯式模糊

“高斯式模糊”滤镜可以使图像按照高斯分布曲线产生一种朦胧雾化的效果，这种滤镜可以改变边缘比较锐利的图像的品质，提高边缘参差不齐的位图的图像质量。

原图

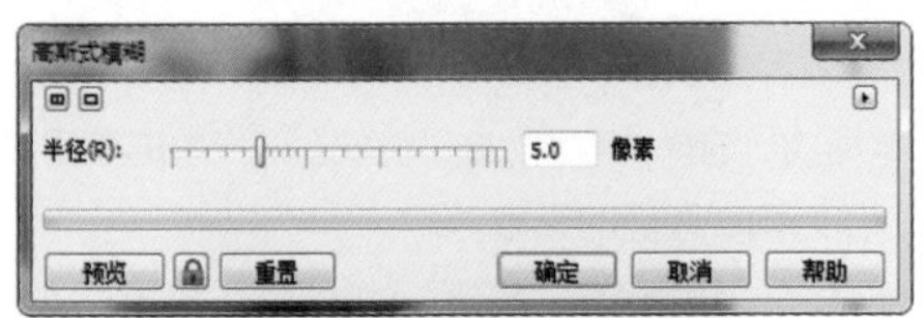

“高斯式模糊”对话框中各个选项的介绍如下。

- **半径：**设置图像的模糊程度。

锯齿状模糊

“锯齿状模糊”滤镜可以在相邻颜色的一定高度和宽度范围内产生锯齿波动的模糊效果。

“锯齿状模糊”对话框中各个选项和按钮的介绍如下。

- **宽度：**设置模糊锯齿的宽度。
- **高度：**设置模糊锯齿的高度。
- **均衡：**勾选该复选框，当修改“宽度”或“高度”中的任意一个数值时，另一个也随之改变。

低通滤波器

“低通滤波器”滤镜可以使图像降低相邻像素间的对比度，即消除图像锐利的边缘，保留光滑的低反差区域，从而产生模糊的效果。

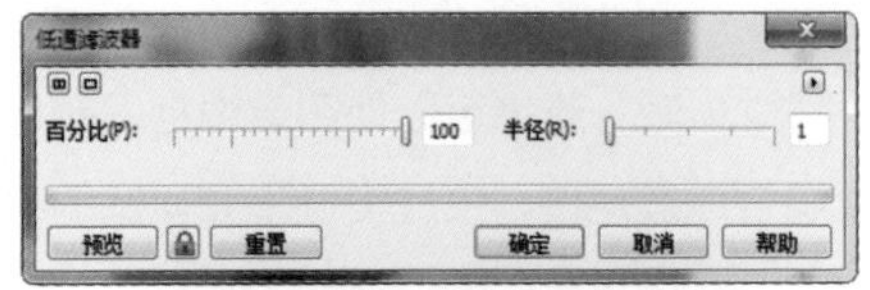

“低通滤波器”对话框中各个选项的介绍如下。

- **百分比：**设置模糊效果的强度。
- **半径：**设置模糊半径的大小。

动态模糊

“动态模糊”滤镜可以将图像沿一定方向创建镜头运动所产生的动态模糊效果，就像用照相机拍摄快速运动的物体产生的运动模糊效果。

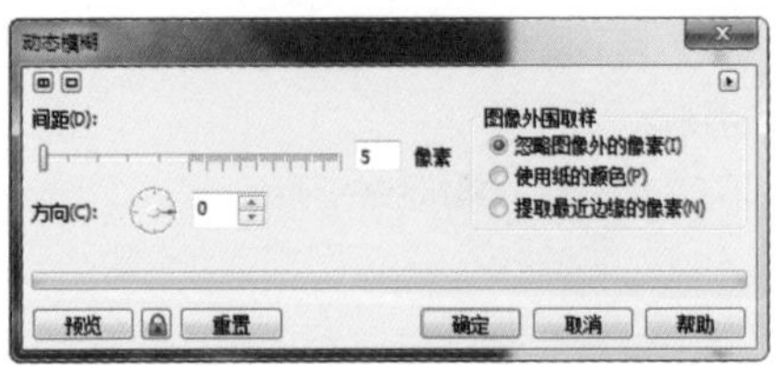

“动态模糊”对话框中各个选项和按钮的介绍如下。

- **间距：**设置模糊效果的强度。
- **方向：**设置模糊的角度。
- **图像外围取样：**在该选项组中可以选择“忽略图像外的像素”“使用纸的颜色”和“提取最近边缘的像素”单选按钮。

放射式模糊

“放射式模糊”滤镜可以使图像从指定的圆心处产生同心圆旋转的模糊效果。

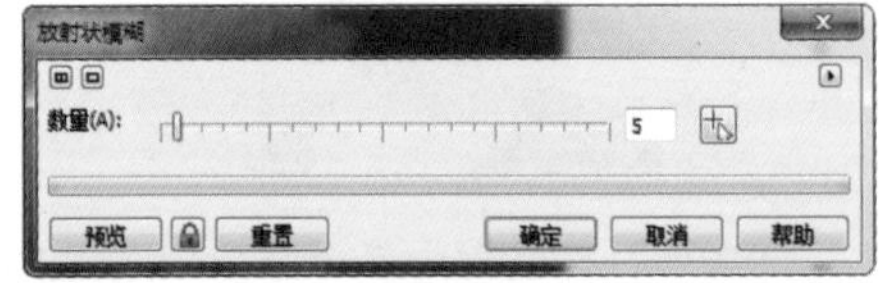

“放射式模糊”对话框中各个选项的介绍如下。

●**数量**：设置放射状模糊效果的强度。

平滑

“平滑”滤镜可以减小图像中相邻像素之间的色调差别。

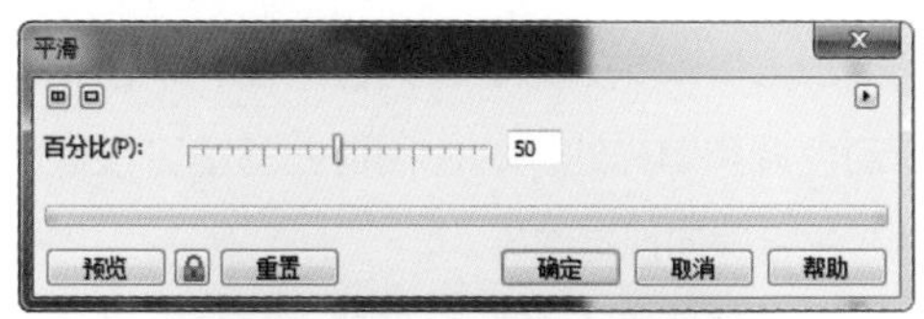

“平滑”对话框中各个选项的介绍如下。

●**百分比**：设置平滑效果的强度。

柔和

“柔和”滤镜可以使图像产生轻微的模糊效果，从而达到柔和画面的目的。

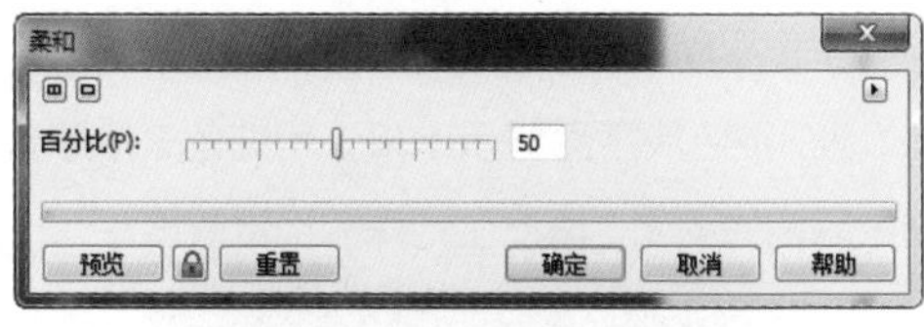

“柔和”对话框中各个选项的介绍如下。

●**百分比**：设置柔和效果的强度。

缩放

“缩放”滤镜可以从图像的某个点向外扩散，产生爆炸的视觉冲击效果。

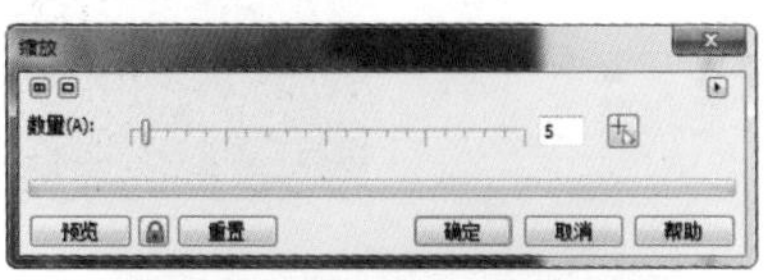

“缩放”对话框中各个选项和按钮的介绍如下。

●**数量**：设置缩放效果的强度。

●**“中心点”按钮**：单击该按钮后，在预览窗口左侧窗中单击一点，可设置缩放的中心位置。

提示

“模糊”滤镜组中最常用的是“高斯式模糊”和“动态模糊”滤镜，常用于制作光晕和速度效果。

练习10-3 制作粉笔字

难度：☆☆

素材文件：素材\第 10 章\练习 10-3\黑板 .cdr

效果文件：素材\第 10 章\练习 10-3\制作粉笔字 -OK.cdr

在线视频：第 10 章\练习 10-3\制作粉笔字 .mp4

01 启动 CorelDRAW X6 软件，打开素材文件“素材\第 10 章\练习 10-3\黑板 .cdr”，使用“文本工具”字 输入文本，在属性栏设置字体为“Babylon5”，字体大小为“22pt”。

02 按F12键打开“轮廓笔”对话框，设置“宽度”为0.5mm，“颜色”为白色，然后单击“确定”按钮，为文本对象添加白色的轮廓。

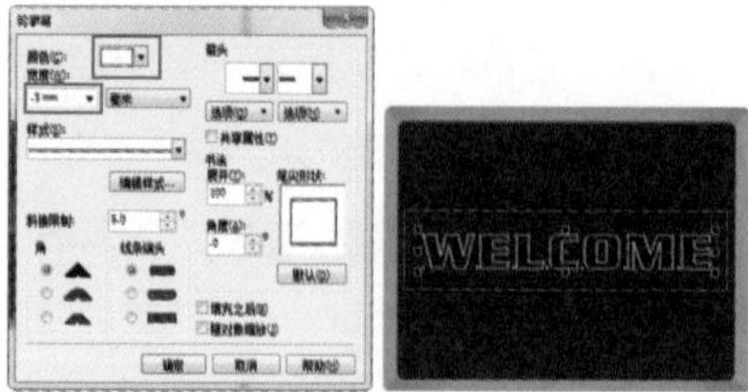

03 使用“矩形工具”绘制一个矩形，将光标放在调色板中，使用鼠标左键单击“白”，填充白色，然后在菜单栏中执行“位图”→“转换为位图”命令，打开“转换为位图”对话框，单击“确定”按钮（默认设置即可），将矩形对象转换为位图。

04 保持矩形对象的选中状态，在菜单栏中单击执行“位图”→“扭曲”→“块状”命令，打开“块状”对话框，设置参数，然后单击“确定”按钮，应用“块状”滤镜效果。

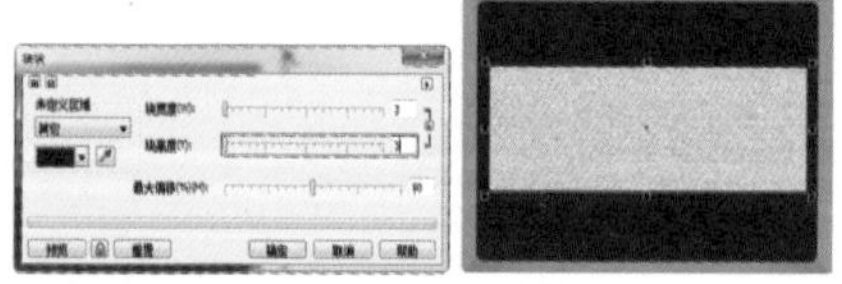

05 在菜单栏中执行“位图”→“模糊”→“动态模糊”命令，打开“动态模糊”对话框，设置“方向”为60°，并设置其他参数，然后单击“确定”按钮，应用动态模糊效果。

06 使用“选择工具”将其移开，然后在菜单栏中执行“对象”→“PowerClip”→“置于图文框内部”命令，当光标变为◆形状时，单击文本对象，即可将其置于文本对象内部，完成制作。

相关链接

关于“编辑轮廓线”的内容请参阅本书第7章的7.2.1节。关于“置于图文框内部”的内容请参阅本书第7章的7.4节。

10.6.4 “颜色转换”滤镜组

颜色转换滤镜组可以通过减少或替换颜色来实现摄影幻觉效果。包括位平面、半色调、梦幻色调和曝光滤镜，使用这些滤镜可以让图片产生特殊的视觉效果。

使用“选择工具”单击选择位图图像，在菜单栏中单击执行“位图”→“颜色转换”命令，在子命令中选择一种滤镜命令，即可打开相应的“对话框”，设置完成后，单击“确定”按钮应用滤镜效果。

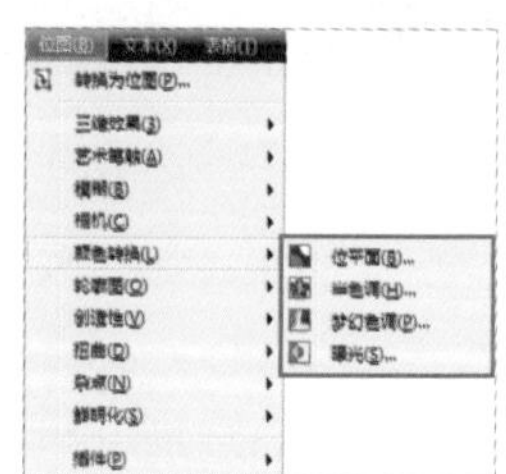

位平面

“位平面”滤镜可以使图像中的颜色以红、绿、蓝3种色块平面显示出来，用纯色来表示位图中颜色的变化，以产生特殊的视觉效果。

原图

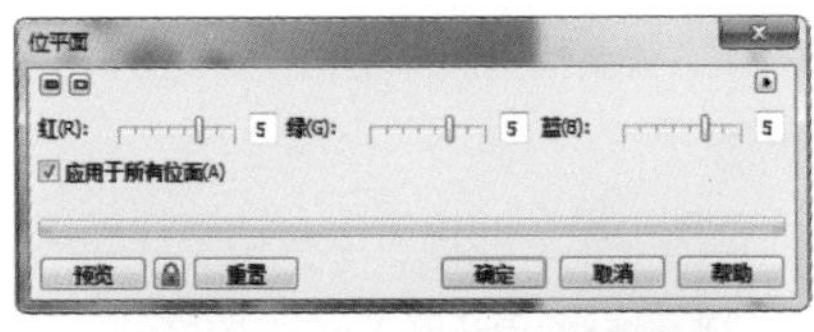

“位平面”对话框中各个选项和按钮的介绍如下。

- **红、绿、蓝：**调整相应颜色通道。
- **应用于所有位面：**勾选该复选框，当调整“红”“绿”和“蓝”任一参数值时，其他选项数值随之改变。

半色调

“半色调”滤镜可以使图像产生彩色网板的效果。若把彩色图片去色，添加该滤镜效果，相当于无彩报纸一样。

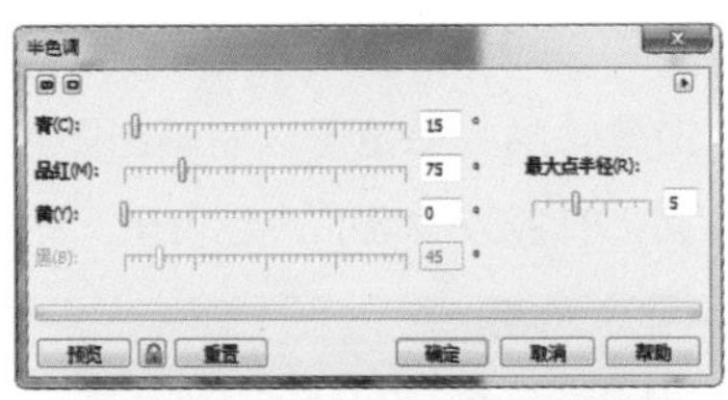

“半色调”对话框中各个选项的介绍如下。

- **青、品红、黄、黑：**调整相应颜色的通道。
- **最大点半径：**设置图像中点半径的大小。

梦幻色调

“梦幻色调”滤镜可以将图像中的颜色变为明快、鲜亮的颜色，从而产生一种高对比度的幻觉效果。

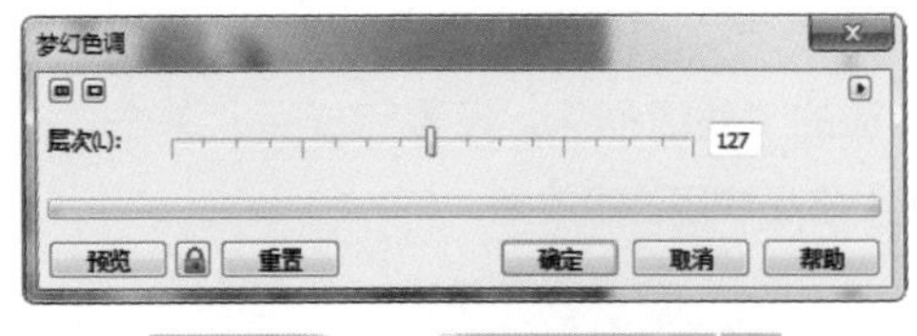

“梦幻色调”对话框中各个选项的介绍如下。

- **层次：**设置色调变化的程度。数值越大，颜色变化效果越明显。

曝光

“曝光”滤镜可以将图像制作成类似胶片底片的效果。

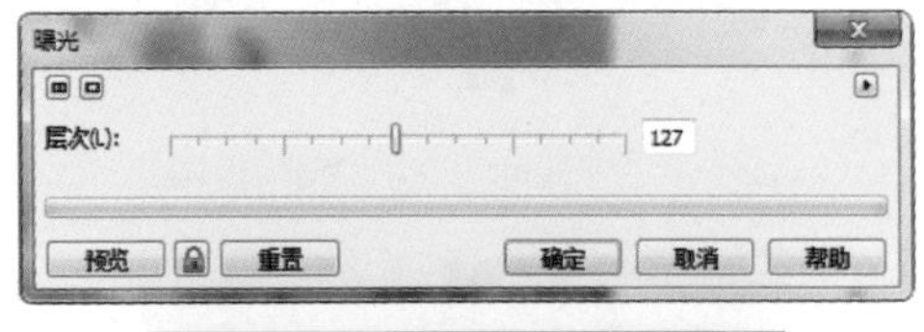

“曝光”对话框中各个选项的介绍如下。

- **层次：**设置曝光效果的强度。数值越大，光线越强。

10.6.5 “轮廓图”滤镜组

“轮廓图”滤镜组可以突出显示和增强图像的边缘，使图片有一种素描的感觉，包括边缘检测、查找边缘和描摹轮廓滤镜。

使用“选择工具” 单击选择位图图像，在菜单栏中单击执行“位图”→“轮廓图”命令，在子命令中选择一种滤镜命令，即可打开相应的“对话框”，设置完成后，单击“确定”按钮应用滤镜效果。

边缘检测

“边缘检测”滤镜可以查找图像中的边缘并勾画出对象轮廓，该滤镜适合高对比度的位图图像的轮廓查找。

原图

“边缘检测”对话框中各个选项和按钮的介绍如下。

- **背景色**：在该选项组中设置背景颜色，可以选择“白色”“黑”或者“其他”单选按钮，当选择“其他”选项时，在下拉颜色框中选择颜色，或者使用后面的“吸管工具”按钮 吸取颜色。
- **灵敏度**：设置检测边缘程度的灵敏度。

查找边缘

“查找边缘”滤镜可以自动寻找图像的边缘并将其边缘以较亮的色彩显示出来。

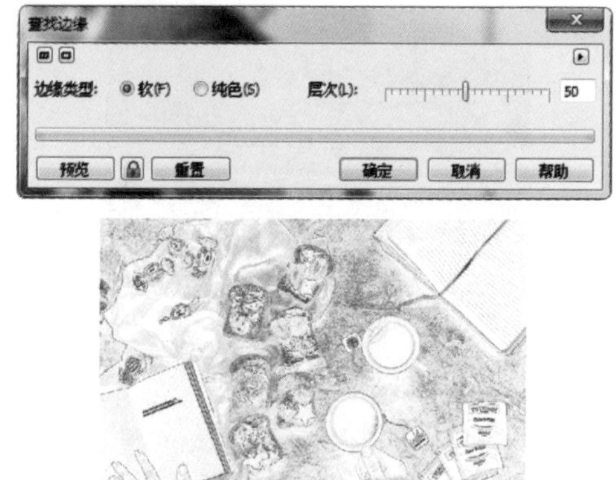

“查找边缘”对话框中各个选项和按钮的介绍如下。

- **边缘类型**：在该选项组中设置边缘类型。可以选择“软”（可以产生较为平滑的边缘）或“纯色”（可以产生较为尖锐的边缘）单选按钮。
- **层次**：设置边缘效果的强度。

描摹轮廓

“描摹轮廓”滤镜可以勾画出图像的边缘，边缘以外的部分大多以白色填充。

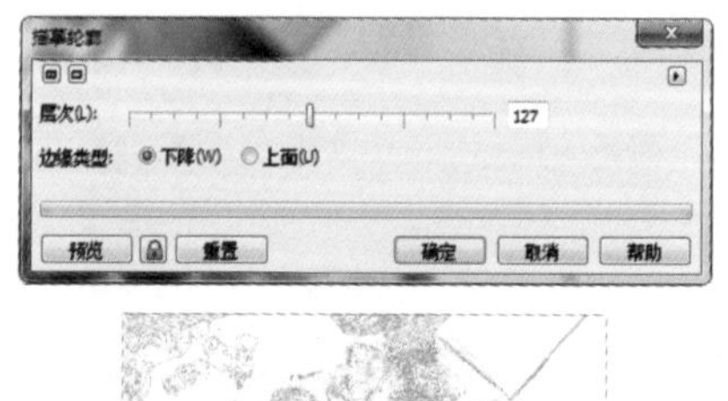

“描摹轮廓”对话框中各个选项和按钮的介绍如下。

- **层次**：设置边缘效果的强度。
- **边缘类型**：设置滤镜影响的范围。可以选择“下降”或“上面”单选按钮。

10.6.6 “创造性”滤镜组

“创造性”滤镜组可以为图像添加各种底纹和形状，包括晶体化、织物、框架、玻璃砖、马赛克、散开、茶色玻璃、彩色玻璃、虚光和旋涡滤镜等。

使用“选择工具” 单击选择位图图像，在菜单栏中单击执行“位图”→“创造性”命令，在子命令中选择一种滤镜命令，即可打开相应的“对话框”，设置完成后，单击“确定”按钮应用滤镜效果。

晶体化

“晶体化”滤镜可以使位图图像产生类似于晶体块状组合的画面效果。

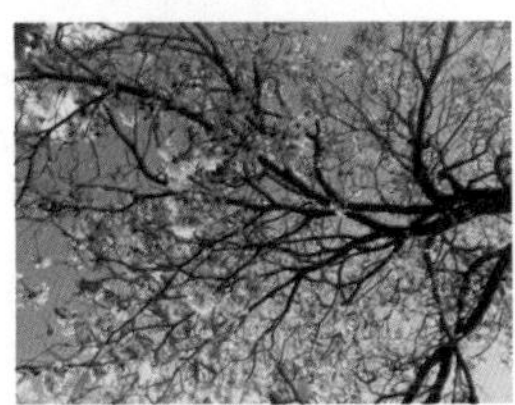

原图

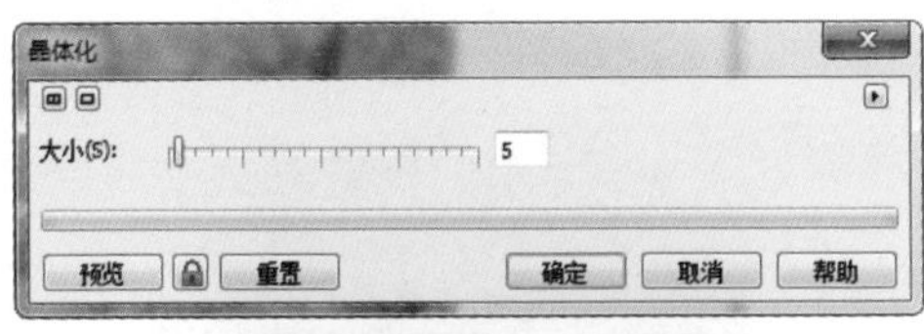

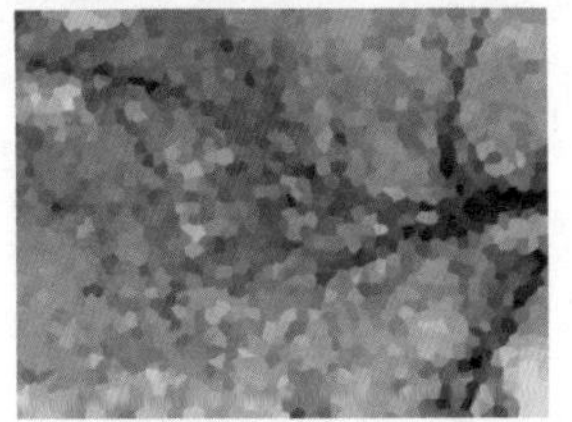

“晶体化”对话框中各个选项的介绍如下。

- **大小：** 设置水晶碎片的大小。

织物

“织物”滤镜可以使图像产生类似于各种编织物的画面效果。

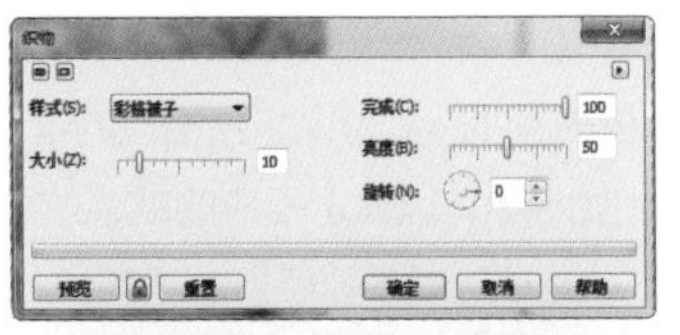

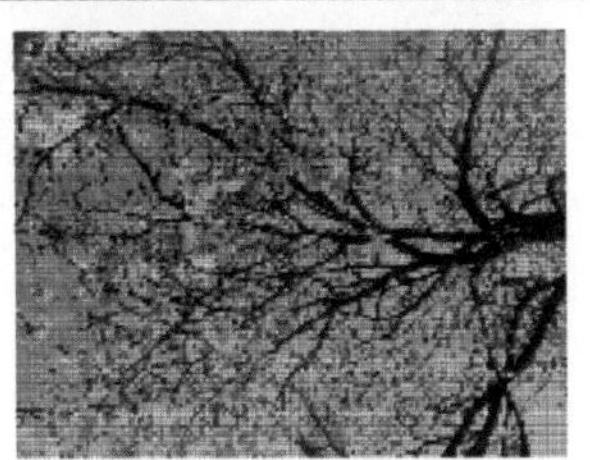

“织物”对话框中各个选项和按钮的介绍如下。

- **样式：** 在下拉列表中选择一种样式，不同的样式可以实现不同的效果的。包括“刺绣”“地毯勾织”“彩格被子”“珠帘”“丝带”和“冰纸”。
- **大小：** 设置工艺元素的大小。
- **完成：** 设置图像转换为工艺元素的程度。
- **亮度：** 设置图像转换为工艺元素的亮度。
- **旋转：** 设置光线旋转的角度。

框架

“框架”滤镜可以使图像边缘产生艺术的涂抹笔刷效果。

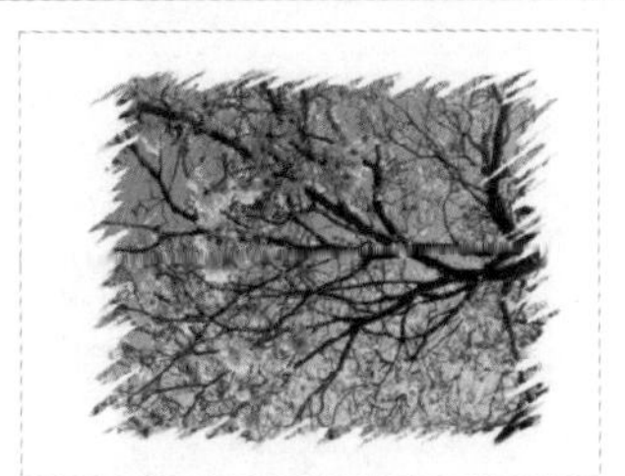

“框架”对话框中各个选项和按钮的介绍如下。

- **样式：**单击右侧的按钮，在下拉列表中可以选择框架样式。
- **查看：**单击图标，可以隐藏相应的框架效果，单击图标，可以显示相应的框架效果。
- **选择帧：**在该选项下显示所选框架样式的文件位置。
- **“删除”按钮：**单击该按钮，删除所选框架样式。
- **当前框架：**显示所选框架样式的名称。
- **“添加”按钮：**单击该按钮，在弹出的“保存预设”对话框中输入新的框架名称，然后单击“确定”按钮添加新样式。
- **“删除”按钮：**在“预设”下拉列表中选择要删除的框架，单击该按钮，在弹出的提示框中单击“是”按钮即可删除，单击“否”按钮则不删除。

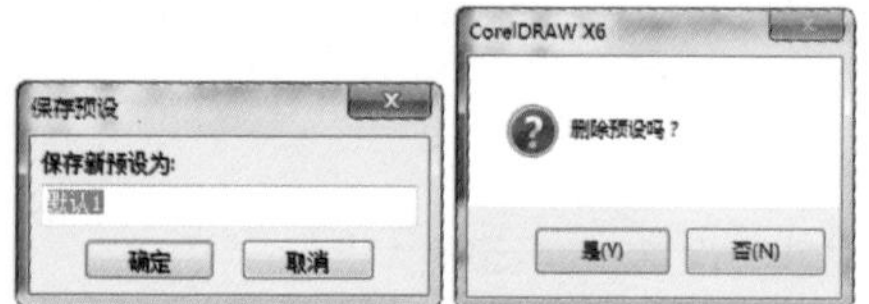

- **修改：**在该选项卡中可以对框架进行相应的设置。

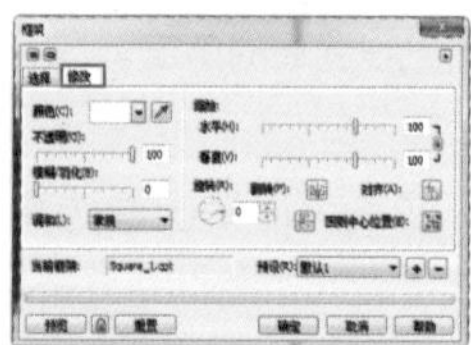

玻璃砖

“玻璃砖”滤镜可以使图像产生通过块状玻璃观看图像的效果。

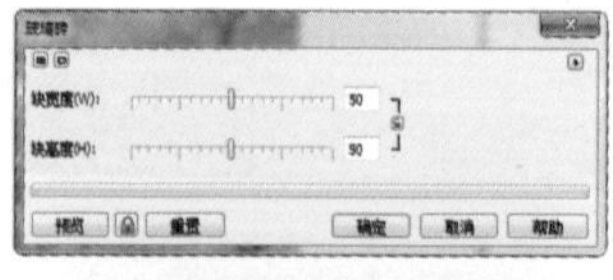

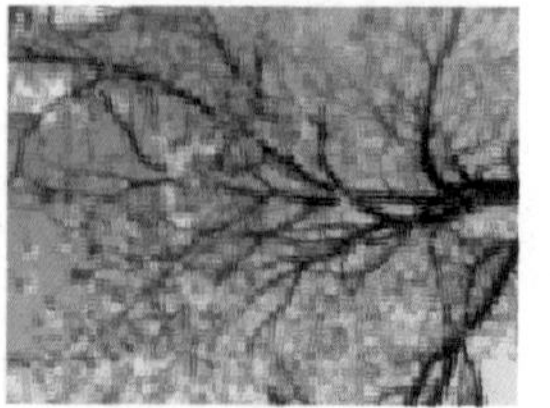

“玻璃砖”对话框中各个选项和按钮的介绍如下。

- **块宽度：**设置玻璃块的宽度。
- **块高度：**设置玻璃块的高度。
- **“锁定”按钮：**单击该按钮，在改变“块宽度”或“块高度”中的一个数值时，另一个也会随之改变。

马赛克

“马赛克”滤镜可以使图像产生类似于马赛克拼接成的画面效果。

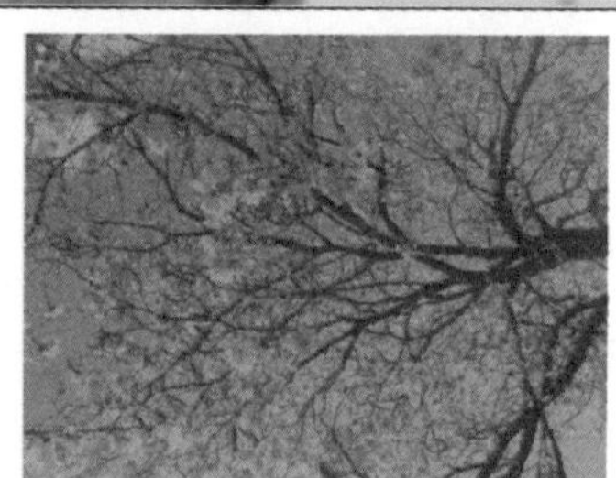

“马赛克”对话框中各个选项和按钮的介绍如下。

- **大小：**设置马赛克颗粒的大小。
- **背景色：**在下拉列表中选择一种背景颜色，或者使用“吸管工具”吸取颜色。
- **虚光：**勾选该复选框，在马赛克效果上添加一个虚框效果。

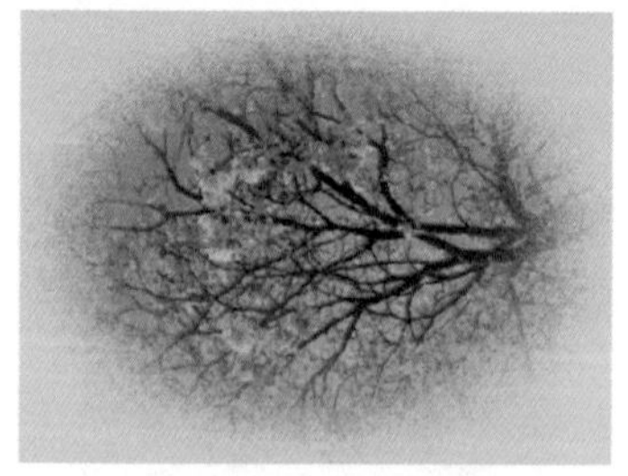

茶色玻璃

“茶色玻璃”滤镜可以使图像产生类似于透过茶色玻璃或其他单色玻璃看到的画面效果。

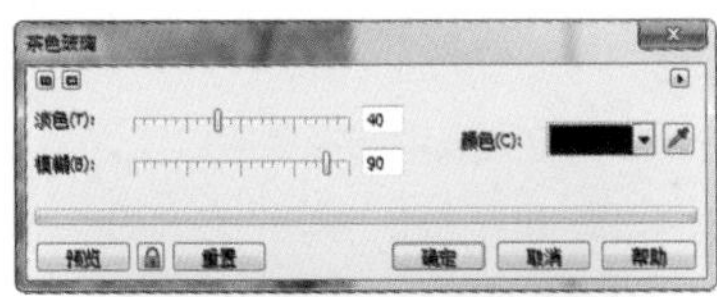

“茶色玻璃”对话框中各个选项和按钮的介绍如下。

- **淡色**：设置茶色玻璃颜色的深浅。数值越大，颜色越深。
- **模糊**：设置茶色玻璃模糊的程度。
- **颜色**：在下拉颜色框中选择一种茶色玻璃的颜色，或者使用“吸管工具”吸取颜色。

彩色玻璃

“彩色玻璃”滤镜可以使图像产生类似于透过彩色玻璃看到的画面效果。

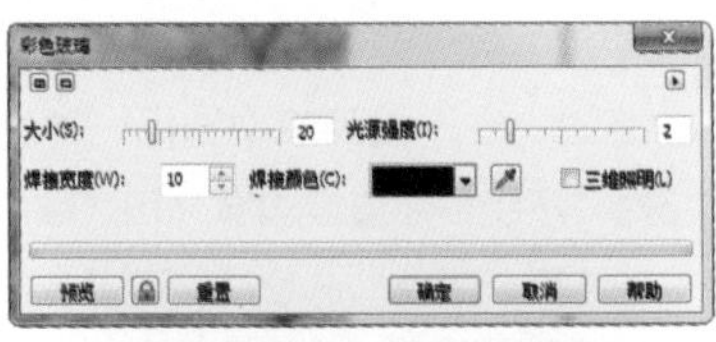

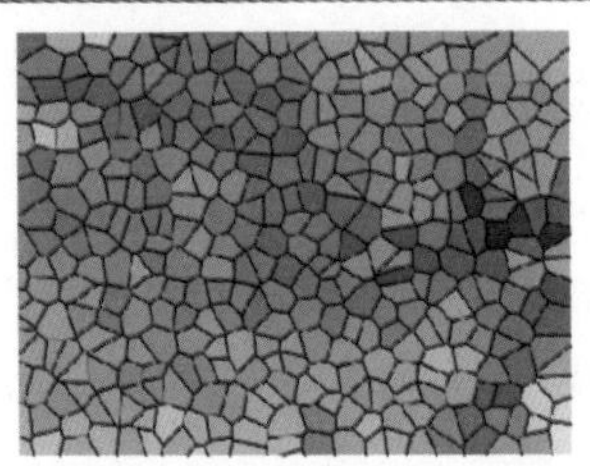

“彩色玻璃”对话框中各个选项和按钮的介绍如下。

- **大小**：设置玻璃块的大小。
- **光源强度**：设置光线的强度。
- **焊接宽度**：设置玻璃块边界的宽度。
- **焊接颜色**：在下拉颜色框中选择一种接缝的颜色，或者使用“吸管工具”吸取颜色。
- **三维照明**：勾选该复选框，实现三维灯光效果。

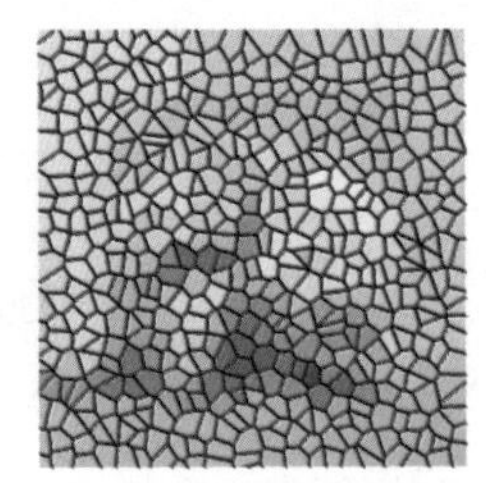

10.6.7 “扭曲”滤镜组

“扭曲”滤镜组可以为图像添加各种扭曲效果，包括块状、置换、网孔扭曲、偏移、像素、龟纹、旋涡、平铺、湿画笔、涡流和风吹效果滤镜。

使用“选择工具”单击选择位图图像，在菜单栏中单击执行“位图”→“扭曲”命令，在子命令中选择一种滤镜命令，即可打开相应的“对话框”，设置完成后，单击“确定”按钮应用滤镜效果。

块状

“块状”滤镜可以将图像分裂成块状，形成类似拼图的特殊效果。

原图

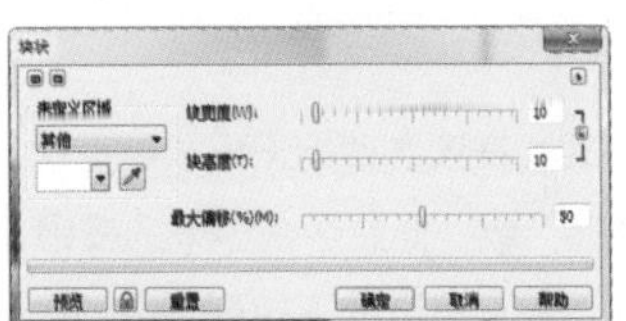

“块状”对话框中各个选项和按钮的介绍如下。

- **未定义区域：**在下拉列表中选择一种分裂块的样式。包括“原始图像”“反转图像”“黑体”“白色”和“其他”。在选择“其他”选项时，可以在下拉颜色框中选择一种分裂块缝的颜色，或者使用“吸管工具”吸取颜色。
- **块宽度：**设置分裂块的宽度。
- **块高度：**设置分裂块的高度。
- **“锁定”按钮：**单击该按钮，在改变“块宽度”或“块高度”中的一个数值时，另一个也会随之改变。
- **最大偏移：**设置分裂块的偏移大小。

置换

“置换”滤镜可以使图像边缘按波浪、星形或方格等图形进行置换，产生类似夜晚灯光闪射出射线光芒的扭曲效果。

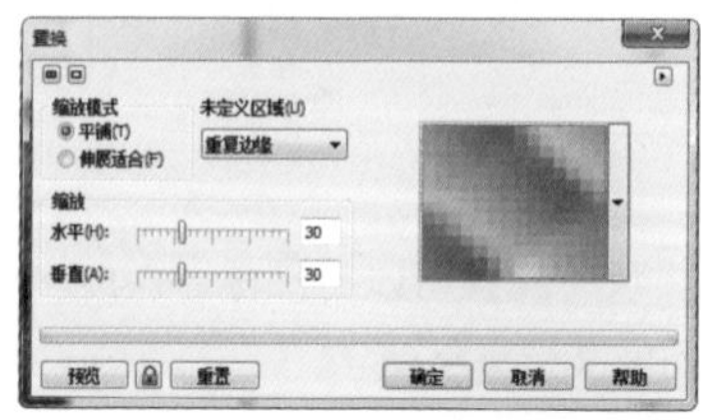

“置换”对话框中各个选项和按钮的介绍如下。

- **缩放模式：**在该选项组设置纹路形状，可以选择“平铺”或“伸展适合”单选按钮。
- **未定义区域：**可以在下拉列表中选择“重复边缘”或“环绕”单选按钮。
- **样式：**在下拉列表中选择置换纹路。
- **缩放：**设置“水平”和“垂直”方向的纹路大小。

偏移

“偏移”滤镜可以按照指定的数值偏移整个图像，将其切割成小块，然后以不同的顺序结合起来。

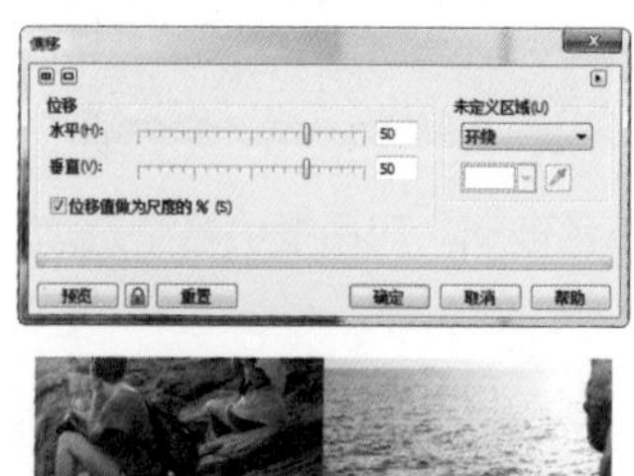

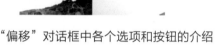

“偏移”对话框中各个选项和按钮的介绍如下。

- **位移：**在该选择组中设置“水平”和“垂直”方向的偏移位置。
- **未定义区域：**在下拉列表中选择一种偏移样式。包括“环绕”“重复边缘”和“颜色”。另外，在选择“颜色”选项时，可以在下拉颜色框中选择一种背景颜色，或者使用“吸管工具”吸取颜色。

像素

“像素”滤镜可以通过结合并平均相邻像素的值将图像分割为正方向、矩形或射线的单元格。

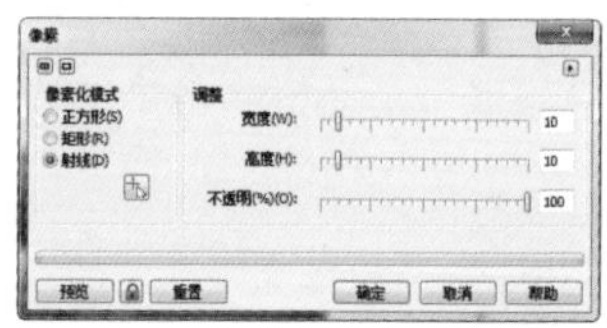

“像素”对话框中各个选项和按钮的介绍如下。

- **像素化模式：**在该选择组中设置像素化模式。可以选择“正方形”“矩形”或“射线”单选按钮。
- **“中心点”按钮：**当“像素化”模式选择为“射线”选项时，单击该按钮后，在预览窗口左侧窗中单击一点，可设置射线的中心位置。
- **调整：**在该选择组中调整“宽度”“高度”和“透明度”，设置单元格的大小和透明度。

龟纹

“龟纹”滤镜可以对位图图像中的像素进行颜色混合，使图像产生畸变的波浪效果。

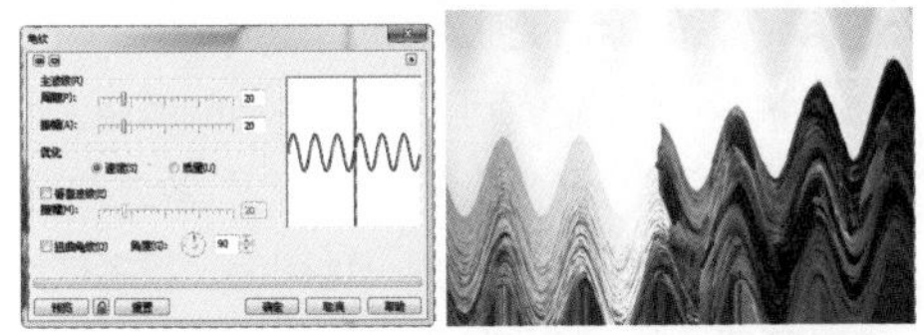

“龟纹”对话框中各个选项和按钮的介绍如下。

- **主波纹：**在该选择组中设置波浪弧度和抖动的大小。
- **优化：**在该选项组中设置执行“龟纹”命令的优先项目。可以选择“速度”或“质量”单选按钮。
- **垂直波纹：**勾选该复选框，然后拖动“振幅”滑块，可以增加并设置垂直的波纹。
- **扭曲龟纹：**勾选该复选框，进一步设置波纹的扭曲角度。
- **角度：**设置波纹的角度。

旋涡

“旋涡”滤镜可以使图像产生顺时针或逆时针的旋涡变形效果。

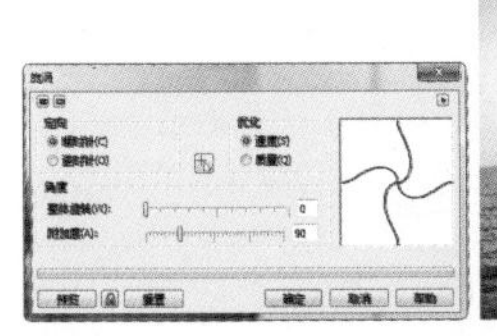

“旋涡”对话框中各个选项和按钮的介绍如下。

- **定向：**在该选择组中设置旋涡的扭转方向。可以选择“顺时针”或“逆时针”单选按钮。
- **“中心点”按钮：**单击该按钮后，在预览窗口左侧窗中单击一点，可设置旋涡旋转的中心位置。
- **优化：**在该选项组中设置执行“旋涡”命令的优先项目。可以选择“速度”或“质量”单选按钮。
- **角度：**在该选项组中设置旋涡程度。

平铺

“平铺”滤镜可以使图像产生由多个原图像平铺成的图像效果。

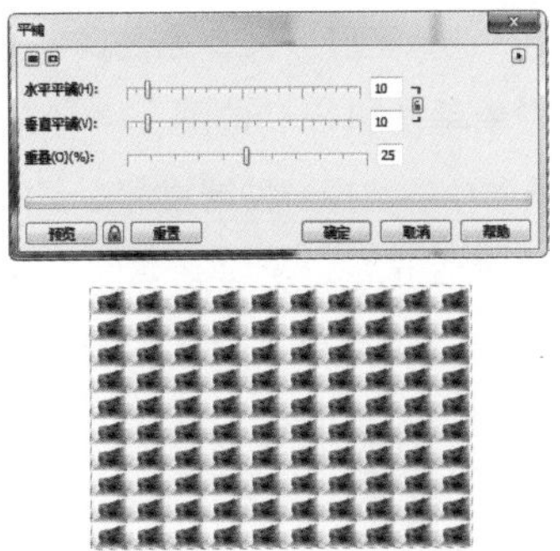

“平铺”对话框中各个选项和按钮的介绍如下。

- **水平平铺：**设置横向图像平铺的数量。
- **垂直平铺：**设置纵向图像平铺的数量。
- **“锁定”按钮：**单击该按钮，在改变“水平平铺”或“垂直平铺”中的一个数值时，另一个也会随之改变。
- **重叠：**设置图像之间的重叠区域大小。

风吹效果

“风吹效果”滤镜可以使图像产生类似于被风吹过的画面效果，还可以做拉丝效果。

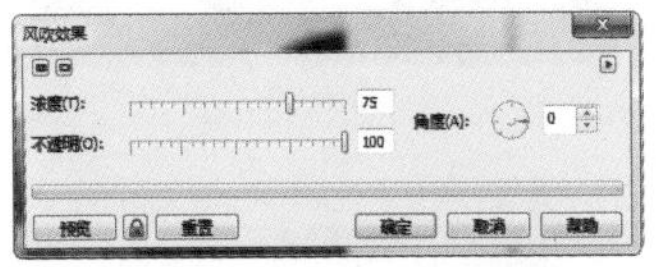

“风吹效果”对话框中各个选项和按钮的介绍如下。

- **浓度：** 设置风的强度。
- **不透明：** 设置风吹效果的不透明度。
- **角度：** 设置风吹效果的方向。

10.6.8 “杂点”滤镜组

“杂点”滤镜组可以在图像中模拟或消除由于扫描或者颜色过渡所造成的颗粒效果，包括添加杂点、最大值、中值、最小、去除龟纹和去除杂点滤镜。

使用“选择工具”单击选择位图图像，在菜单栏中单击执行“位图”→“杂点”命令，在子命令中选择一种滤镜命令，即可打开相应的“对话框”，设置完成后，单击“确定”按钮应用滤镜效果。

添加杂点

“添加杂点”滤镜可以在图像中增加颗粒，使图像画面具有粗糙效果。

原图

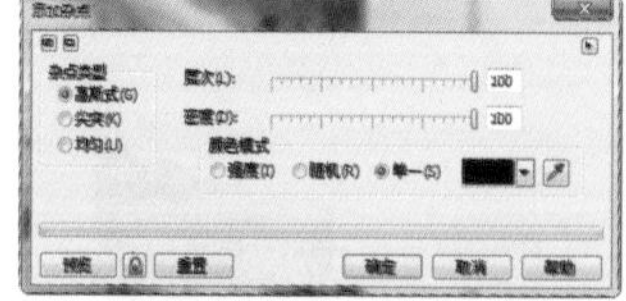

“添加杂点”对话框中各个选项和按钮的介绍如下。

- **杂点类型：** 在该选项组中设置不同的杂色点。可以选择“高斯式”“尖突”或“均匀”单选按钮。
- **层次：** 设置杂点的数量。
- **密度：** 设置杂点的密度大小。
- **颜色模式：** 在该选项组中设置杂点的颜色。可以选择“强度”“随机”或“单一”单选按钮，然后在下拉颜色框中选择一种颜色，或者使用“吸管工具”吸取颜色。

最大值

“最大值”滤镜可以扩大图像边缘的亮区，缩小图像的暗区，产生边缘浅色块状模糊效果。

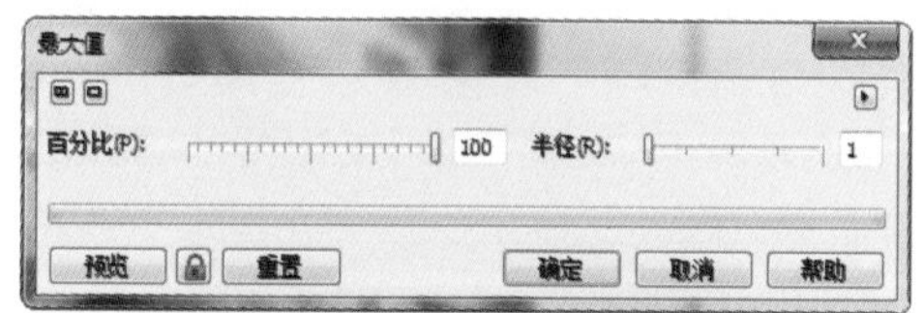

“最大值”对话框中各个选项和按钮的介绍如下。

- **百分比：** 设置像素颗粒的数量。
- **半径：** 设置像素颗粒的半径大小。

中值

“中值”滤镜可以对图像的边缘进行检测，将邻域中的像素按灰度级进行排序，然后选择该组的中间值作为像素的输出值，产生边缘模糊效果。

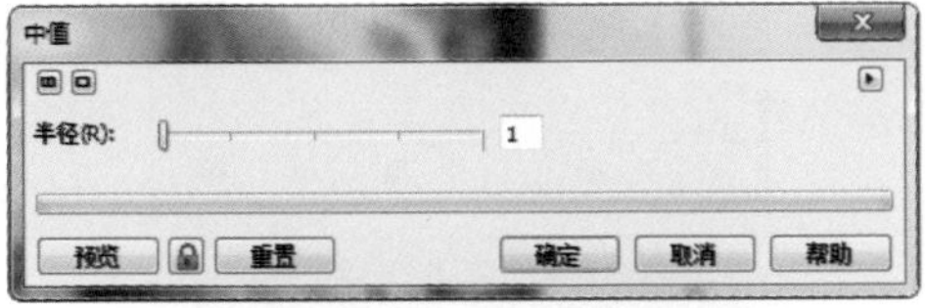

“中值”对话框中各个选项的介绍如下。

- **半径**：设置图像中杂点像素的大小。

最小

“最小”滤镜可以使图像中颜色浅的区域缩小，颜色深的区域扩大，产生深色的块状杂点，进而产生边缘模糊效果。

去除龟纹

龟纹指的是在扫描、拍摄、打样或印刷中产生的不正常的、不悦目的网纹图形。“去除龟纹”滤镜可以去除图像中的龟纹杂点，减少粗糙程度，但同时去除龟纹后的画面会相应变得模糊。

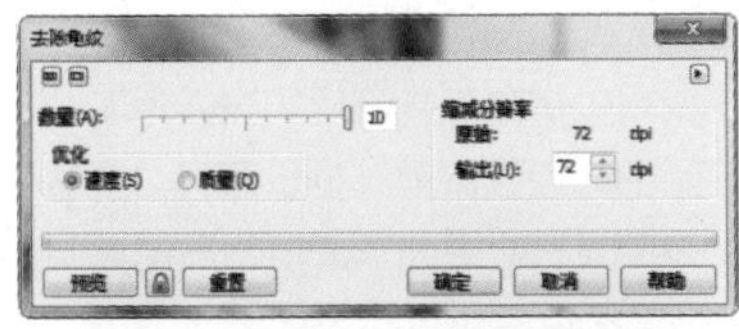

“去除龟纹”对话框中各个选项和按钮的介绍如下 。

- **数量**：设置去除杂点的数量。
- **优化**：在该选项组中设置执行“去除龟纹”命令的优先项目。可以选择“速度”或“质量”单选按钮。
- **缩减分辨率**：在该选项组中的“输出”选项设置输出数值。

去除杂点

“去除杂点”滤镜可以去除图像中的灰尘和杂点，使图像有更干净的画面效果，但同时去除杂点后的画面也会变得模糊。

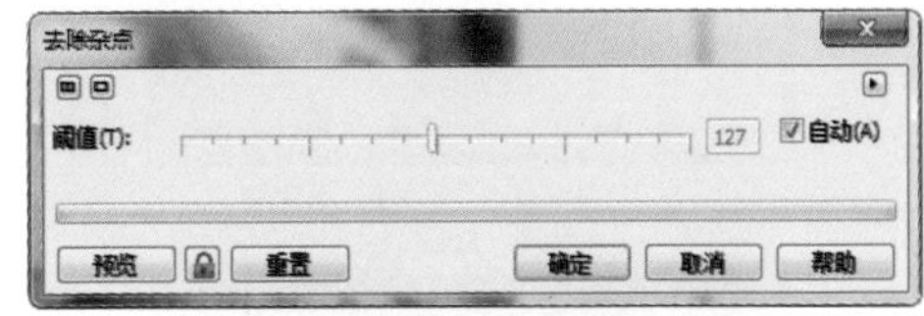

“去除杂点”对话框中各个选项和按钮的介绍如下。

- **阈值**：设置图像杂点的平滑程度。
- **自动**：勾选该复选框，可以自动调整为适合图像的阈值。

10.6.9 “鲜明化”滤镜组

“鲜明化”滤镜组可以改变位图图像中相邻像素的色度、亮度及对比度，从而增强图像的颜色锐度，使图像颜色更加鲜明突出，更加清晰。该滤镜组包括适应非鲜明化、定向柔化、高通滤波器、鲜明化和非鲜明化遮罩滤镜。

使用“选择工具”单击选择位图图像，在菜单栏中单击执行“位图”→“鲜明化”命令，在子命令中选择一种滤镜命令，即可打开相应的“对话框”，设置完成后，单击“确定”按钮应用滤镜效果。

适应非鲜明化

“适应非鲜明化”滤镜可以增强图像中对象边缘的颜色锐度，使边缘颜色更加鲜艳，提高图像的清晰度。

“适应鲜明化”对话框中各个选项的介绍如下。

- **百分比：** 设置边缘细节的程度（对于高分辨率的图像效果并不明显）。

定向柔化

“定向柔化”滤镜可以通过提高图像中相邻颜色对比度的方法突出和强化边缘，使图像更清晰。

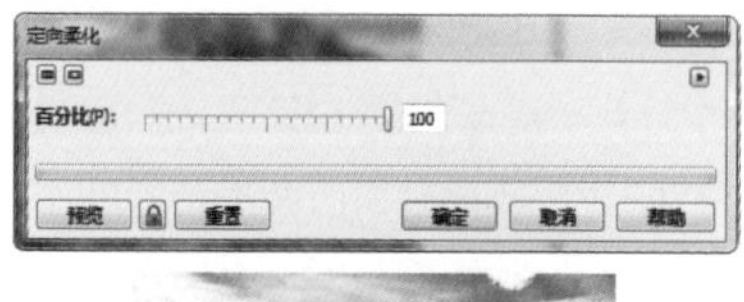

“定向柔化”对话框中各个选项的介绍如下。

- **百分比：** 设置边缘细节的柔化程度，使图像边缘变得鲜明。

高通滤波器

“高通滤波器”滤镜可以增加图像的颜色反差，可以准确地显示出图像的轮廓，产生的效果和浮雕效果有些相似。

“高通滤波器”对话框中各个选项的介绍如下。

- **百分比：** 设置高通效果的强度。
- **半径：** 设置颜色渗出的距离。

鲜明化

“鲜明化”滤镜通过增加图像中相邻像素的色度、亮度及对比度使图像更加鲜明、清晰。

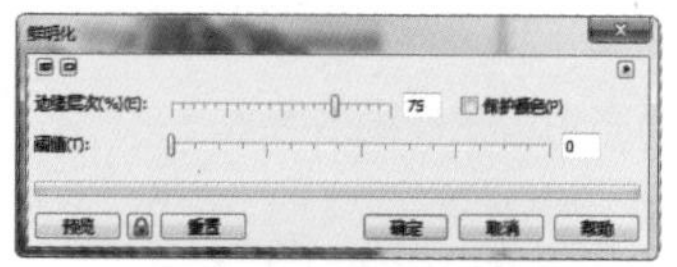

“鲜明化”对话框中各个选项的介绍如下。

- **边缘层次：** 设置跟踪图像边缘的强度。
- **保护颜色：** 勾选该复选框，可将“鲜明化”效果应用于画面像素的亮度值，而保持画面像素的颜色值不发生过度的变换。
- **阈值：** 设置边缘检测后剩余图像的多少。

非鲜明化遮罩

“非鲜明化遮罩”滤镜可以增强图像的边缘细节，对模糊的区域进行锐化，从而使图像更加清晰。

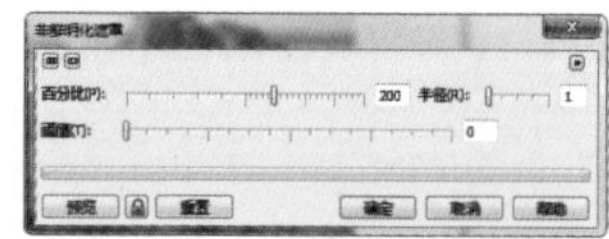

"非鲜明化遮罩"对话框中各个选项的介绍如下。

- **百分比：**设置图像的遮罩大小。
- **半径：**设置图像的遮罩半径大小。
- **阈值：**设置边缘检测后剩余图像的多少。

10.7 知识拓展

下面介绍使用CorelDRAW 进行抠图的方法。

- 使用"透明度工具"，在属性栏中将"透明度类型"设置为"标准"，将"透明度操作"设置为"减少"。
- 使用 CorelDRAW 自带的抠图工具 KNOCK OUT。
- 使用 Corel Photopaint 工具，这是类似于 Photoshop 的一个位图处理工具。
- 利用"效果"→"图框精确剪裁"→"置于图文框内部"命令，根据中间图像的外轮廓，用"铅笔工具"或"贝塞尔工具"描绘一个轮廓，然后利用"裁剪工具"进行图像的裁剪。
- 执行"位图"→" 位图颜色遮罩"命令，调整一个合适的扩展度，单击要去除的底色，单击"应用"按钮，可以去除相对单一的底色图。

10.8 拓展训练

本章为读者安排了两个拓展练习，以帮助大家巩固本章内容。

训练10-1 调整图像细节

难度：☆☆
素材文件：素材 \ 第 10 章 \ 习题 1\ 水果 .jpg
效果文件：素材 \ 第 10 章 \ 习题 1\ 调整图像细节 .cdr
在线视频：第 10 章 \ 习题 1\ 调整图像细节 .mp4

根据本章所学的知识，运用调整位图的色调技巧调整图像细节。

训练10-2 制作复古插画

难度：☆☆
素材文件：素材 \ 第 10 章 \ 习题 2\ 素材 \ 背景 .jpg、原图 .cdr
效果文件：素材 \ 第 10 章 \ 习题 2\ 制作复古插画 .cdr
在线视频：第 10 章 \ 习题 2\ 制作复古插画 .mp4

根据本章所学的知识使用"描摹位图"命令快速描摹位图，使用"取消组合对象"按钮将转换后的图像进行拆分，并删除不需要的对象，然后导入背景素材文件，调整对象顺序，制作复古插画。

第 11 章

应用表格

在CorelDRAW X6中，可以对表格进行创建、插入、分布、移动、填色、设置尺寸等操作，从而能更灵活地制作文件类作品、复杂的格子背景和矢量图。

本章重点

创建表格

文本表格互转

表格的编辑

11.1 创建表格

在CorelDRAW X6中，创建表格的方式有两种，可以使用表格工具创建表格，也可以直接在菜单中执行相关命令进行创建。

11.1.1 表格工具创建 重点

单击“表格工具”，在页面空白处按下鼠标左键拖曳，即可创建表格。

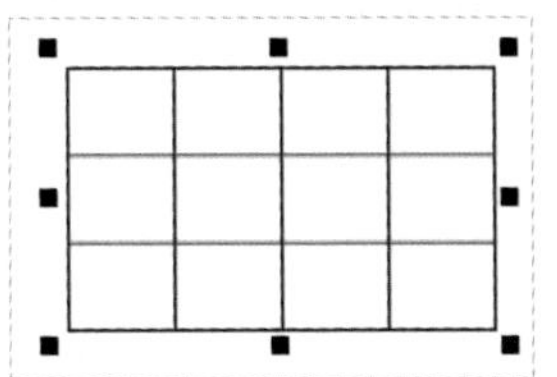

11.1.2 菜单命令创建 重点

执行“表格”→“创建新表格”命令，在弹出“创建新表格”对话框中设置参数后，单击“确定”按钮，完成表格创建。

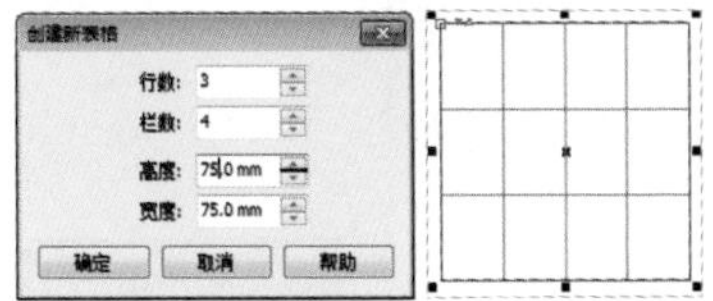

11.2 文本表格互转

在CorelDRAW X6中，可以将创建好的表格转换为纯文本，也可以将文本转换为表格。

11.2.1 表格转换为文本

在创建好的表格单元格中输入文本后，执行“表格”→“将表格转换为文本”命令，在弹出的“将表格转换为文本”对话框中，选择“逗号”选项，单击“确定”按钮。

提示

在“将表格转换为文本”对话框中选择不同的选项，转换出来的文本效果也随之不同。

11.2.2 文本转换为表格

使用“选择工具”选中由表格转换成的文本，执行“表格”→“文本转换为表格”命令，在弹出的“文本转换为表格”对话框中选择“逗号”，单击“确定”按钮。

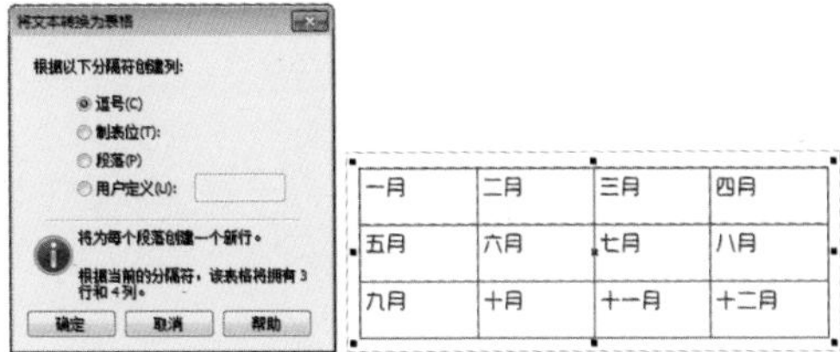

11.3 表格的编辑

在CorelDRAW X6中，可以对表格进行插入、移动、设置分布等编辑操作，以绘制出复杂多样的矢量图，使平面设计过程更加便捷灵活。

11.3.1 表格属性设置

在CorelDRAW X6中，可以对创建好的表格进行行数、列数及边框样式宽度设置。

表格属性栏如下。

- **行数和列数：** 设置表格的行数和列数。
- **背景：** 设置表格背景填充颜色。

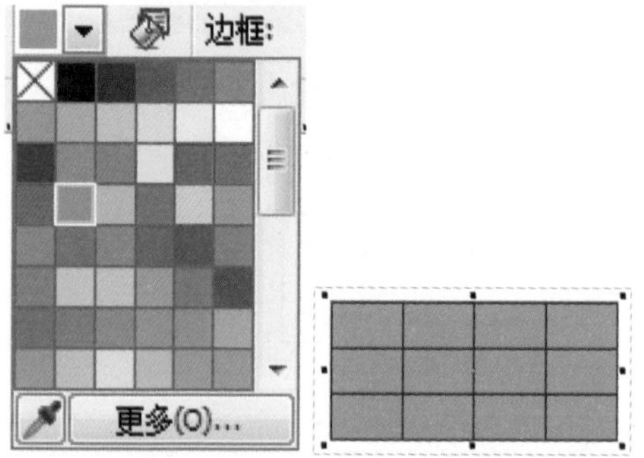

- **编辑填充** ：单击打开“均匀填充”对话框，对已填充的表格背景颜色进行更改。

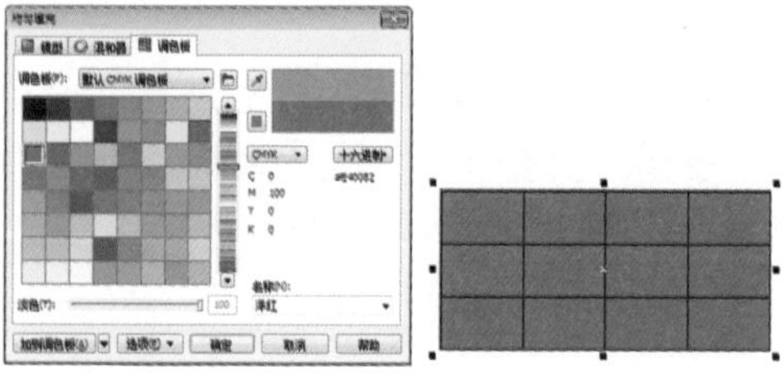

- **边框选择：** 单击可在下拉菜单中选择表格内部和外部边框的显示样式。

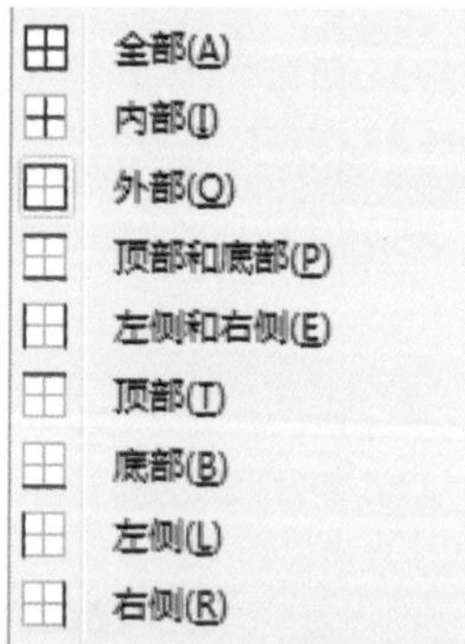

- **轮廓宽度：** 单击打开下拉选项，选择轮廓宽度，也可直接在数值框中输入数值。

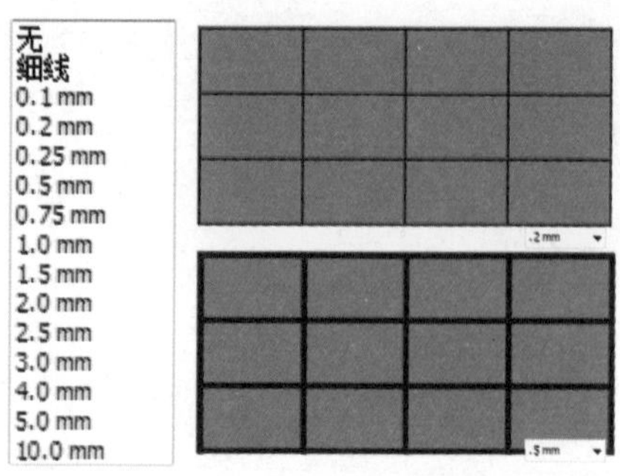

- **轮廓颜色：** 单击打开颜色挑选器，选择颜色，单击“更多”按钮，可打开“选择颜色”对话框，可在对话框中输入 CMYK 值自主设定颜色。

- **轮廓笔** ：单击打开“轮廓笔”对话框，在对话框中可设置表格轮廓属性。

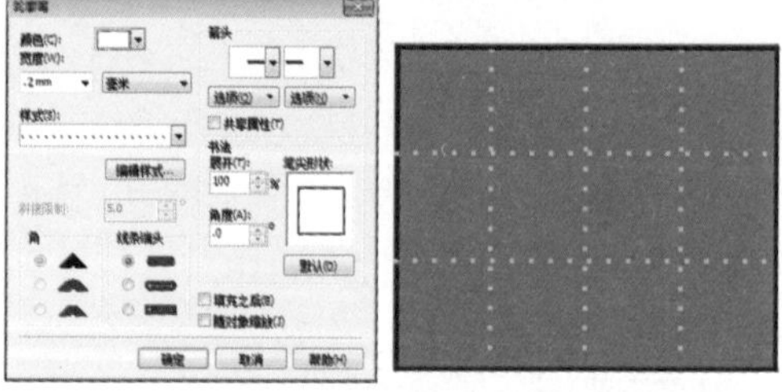

- **选项：** 单击弹出下拉选项，选择表格选项。

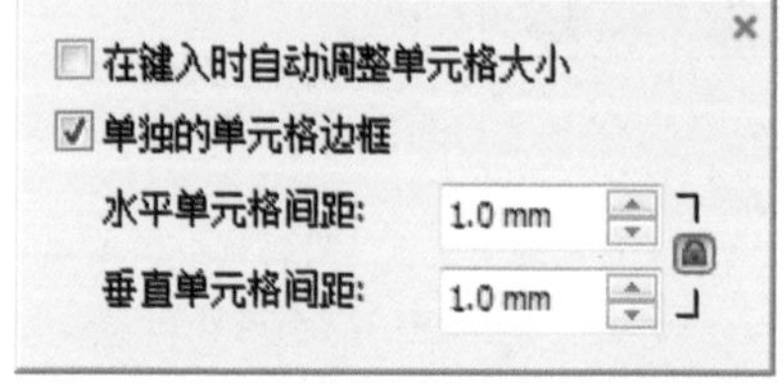

练习11-1 绘制遥控器

难度：☆☆

素材文件：无

效果文件：素材\第 11 章\练习 11-1\绘制遥控器 .cdr

在线视频：第 11 章\练习 11-1\绘制遥控器 .mp4

01 打开 CorelDRAW X6 软件，新建 A4 竖版空白文档，使用“矩形工具”，在页面空白处绘制一个矩形，将填充设为（C:0;M:35;Y:30;K:0），在属性栏中将圆角半径设为 3mm。

02 在圆角矩形上绘制一个方角矩形和更小一点的圆角矩形，将填充分别设为(C:0;M:0;Y:0;K:100)、（C:85;M:65;Y:45;K:0）。

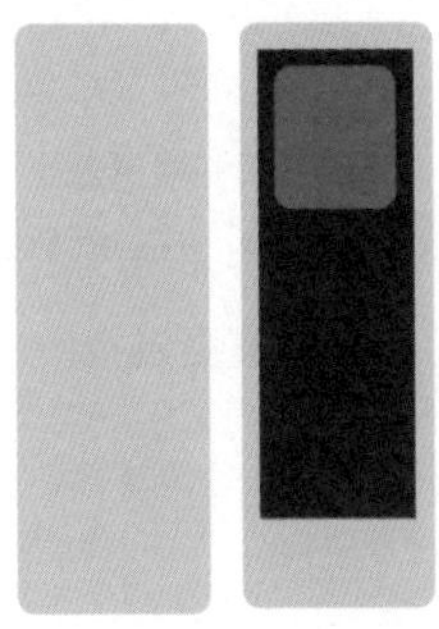

03 单击工具栏中“表格工具”，在属性栏中将行数和列数分别设为 5 和 3，按下鼠标左键，在页面上拖曳绘制表格。

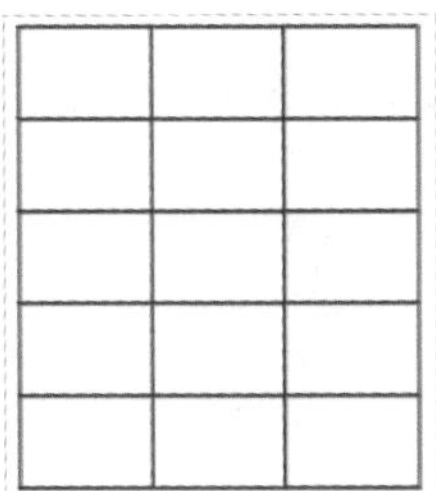

04 单击属性栏上“填充色”按钮，在弹出的下拉框中单击“更多”，在弹出的“选择颜色”对话框中输入（C:5;M:10;Y:50;K:0），将表格移至黑色矩形上。

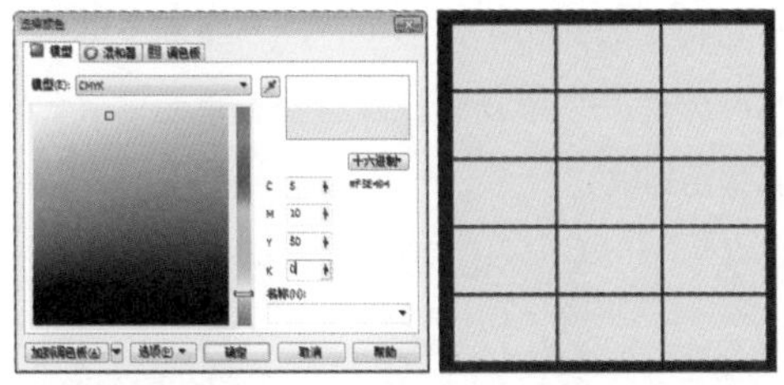

05 单击属性栏上“边框选择”按钮，在下拉菜单中选择“全部”。

06 单击属性栏上“轮廓宽度”下拉按钮，将轮廓宽度设为 1.5mm。

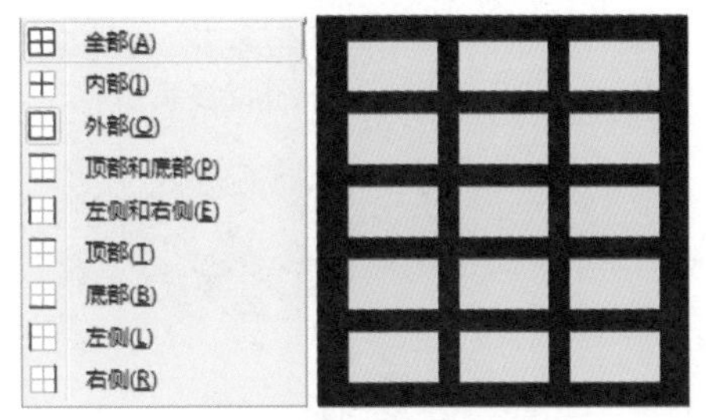

07 使用“椭圆形工具”和“矩形工具”绘制出多个圆形和圆角矩形，置于合适位置，完成遥控器的绘制。

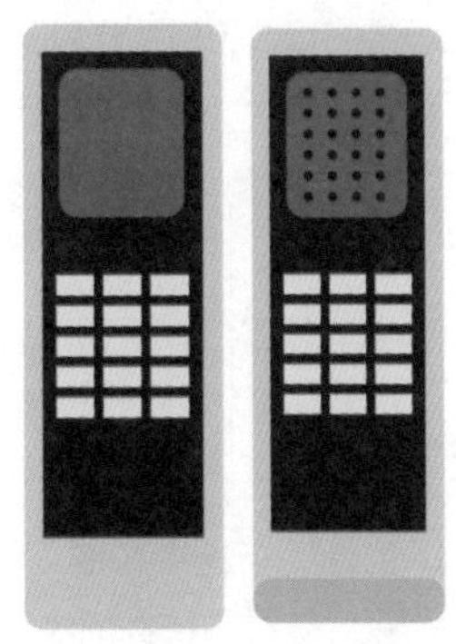

练习11-2 绘制便签本

难度：☆☆

素材文件：无

效果文件：素材\第 11 章\练习 11-2\绘制便签本 .cdr

在线视频：第 11 章\练习 11-2\绘制便签本 .mp4

01 打开 CorelDRAW X6 软件，新建 A4 竖版空白文档，使用“矩形工具”，在页面空白处绘制一个矩形，将填充设为（C:60;M:0;Y:45;K:0），在属性栏中将圆角半径设为 5mm。

02 使用“矩形工具”，继续绘制一个矩形，填充为（C0;M:0;Y:0;K:0），圆角半径设为 5mm。

03 使用“矩形工具”，绘制一个矩形，使其叠于白色矩形上方，同时选中这两个矩形，单击属性

栏中的“相交”按钮，将相交出来的图形填充设为（C0;M:80;Y:0;K:0），删除多余图形。

04 执行“表格”→“创建新表格”命令，在“创建新表格”对话框中将行数和列数分别设为7和1，高度和宽度分别设为30mm、55mm，单击“确定”按钮。

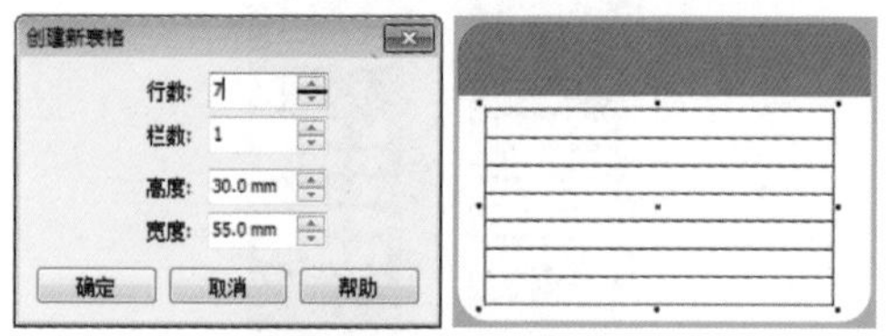

05 使用“选择工具”选中表格，单击属性栏中“边框选择”按钮，在下拉选项中选择“外部”，单击“轮廓宽度”下拉按钮，选择“无”。

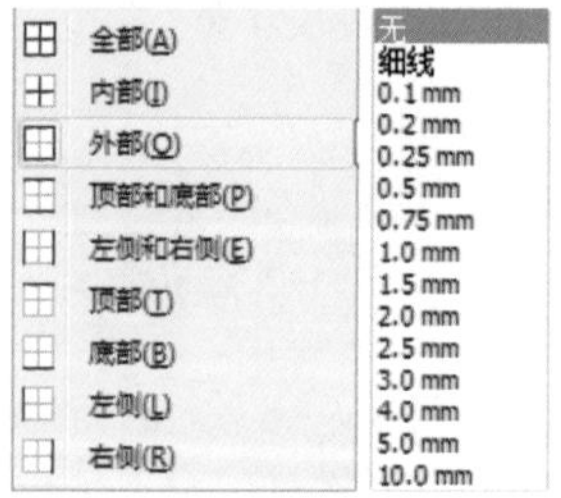

06 单击属性栏中“边框选择”按钮，在下拉选项中选择“内部”，单击“轮廓宽度”下拉按钮，选择0.25，单击“轮廓颜色”按钮，选择“更多”，在弹出的“选择颜色”对话框中，输入色值（C0;M:80;Y:0;K:0），单击“确定”按钮。

07 使用所学方法，绘制出其他几何图形，完成便签本的绘制。

11.3.2 选择单元格

在CorelDRAW X6中有多种选择单元格的方法，并且可以根据需要选择一个、多个或全部单元格。

1. 选择单个单元格

单击属性栏中的“表格工具”，将光标移动到要选择的单元格中，当光标变成“加号”时，单击鼠标左键即可选择单元格，被选中的单元格将会出现蓝色斜线。

2. 选择多个单元格

单击属性栏中的“表格工具”，将光标移动到要选择的单元格中，按下鼠标左键拖曳即可选择多个单元格，被选中的单元格将会出现蓝色斜线。

11.3.3 单元格属性设置（重点）

单元格的属性栏如下。

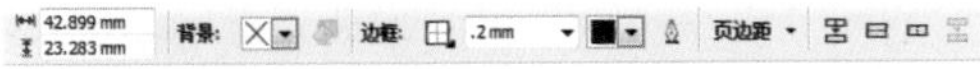

●**宽度和高度**：设置选中单元格的高度、宽度。

●**填充色**：设置选中单元格的背景颜色。

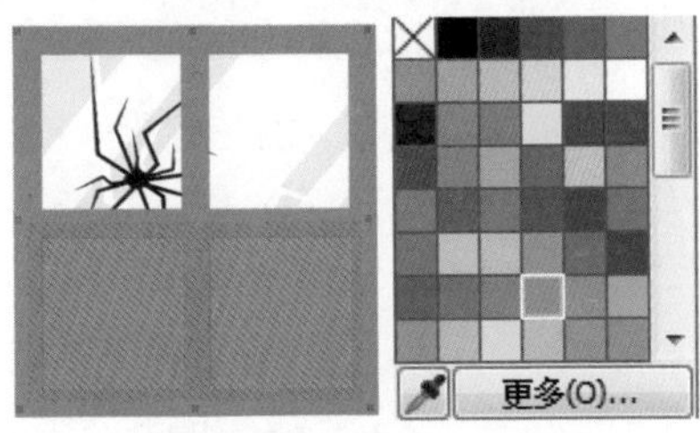

●**边框选择**：单击可在下拉菜单中选择显示在表格内部和外部的边框。

●**轮廓宽度**：设置选中单元格的轮廓宽度。

●**轮廓颜色**：设置选中单元格的轮廓颜色。

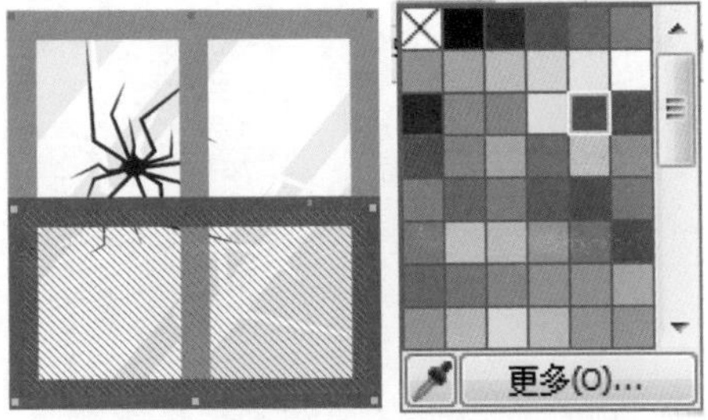

●**轮廓笔**：单击打开“轮廓笔”对话框，在对话框中可以设置选中表格的轮廓属性。

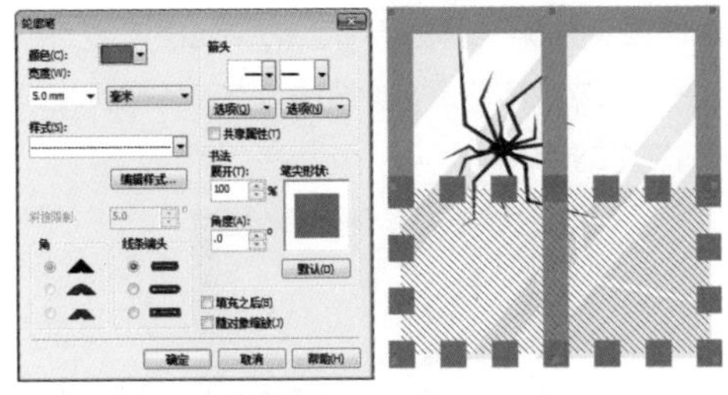

●**页边距**：单击打开设置面板，输入选项数据，可指定所选单元格内文字到4个边的距离。单击“解锁”按钮，即可对其他3个选项进行不同的数值设置。

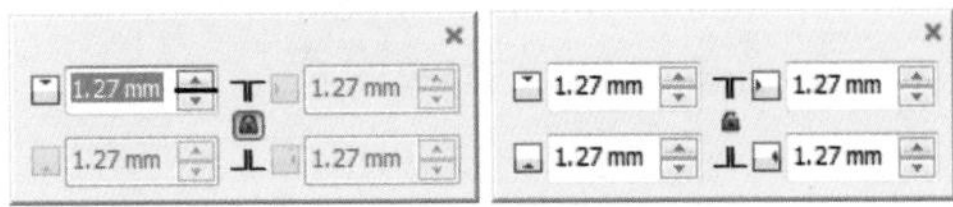

●**合并单元格**：将所选单元格合并为一个单元格。

●**水平拆分单元格**：单击弹出“拆分单元格”对话框，设置参数，拆分选中的单元格。

●**垂直拆分单元格**：单击弹出“拆分单元格”对话框，设置参数，拆分选中的单元格。

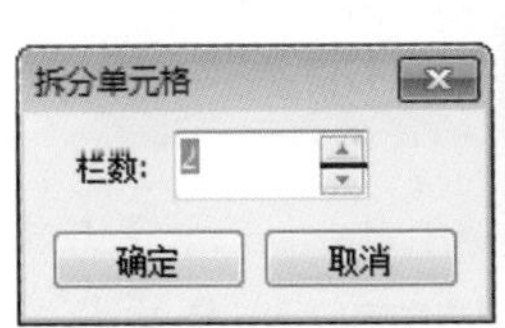

● **撤销合并** ：单击可将当前单元格还原为合并之前的状态（只有当选中合并过的单元格时此按钮才有用）。

练习11-3 绘制卡通城市

难度：☆☆

素材文件：素材\第 11 章\练习 11-3\素材 .jpg

效果文件：素材\第 11 章\练习 11-3\绘制卡通城市 .cdr

在线视频：第 11 章\练习 11-3\绘制卡通城市 .mp4

01 打开 CorelDRAW X6 软件，新建 A4 竖版空白文档，导入“素材\第 11 章\练习 11-3\素材 .jpg”文件。

02 使用“矩形工具” 在素材上绘制一个矩形，填充为（C:80;M:25;Y:30;K:0）。

03 使用“表格工具” 在矩形上绘制一个表格，行数和列数分别设为 10 和 4。

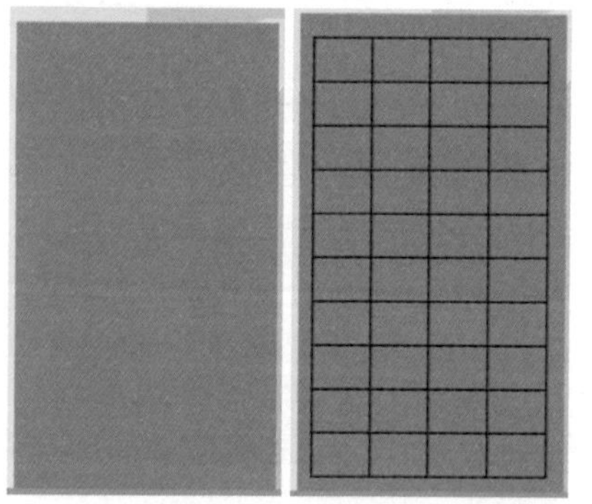

04 使用“选择工具” 选中表格，在属性栏中将表格边框宽度设为 1.5mm，轮廓颜色为（C:80;M:25;Y:30;K:0），背景颜色为（C0;M:0;Y:0;K:0）。

05 单击“表格工具” ，将光标滑到相应单元格处单击，选中表格，将选中的表格填充设为（C10;M:5;Y:95;K:0）。

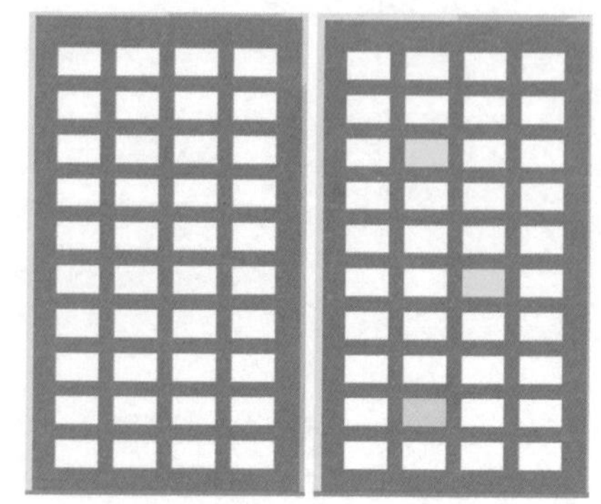

06 使用“矩形工具” ，绘制一个矩形，填充为（C:70;M:5;Y:70;K:0），使用“表格工具” 在矩形上绘制一个表格，行数和列数均为 1。

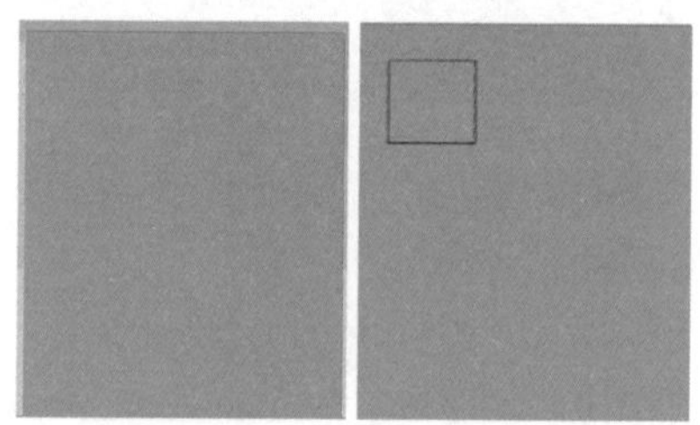

07 使用“表格工具” ，选中单元格，依次单击属性栏上“水平拆分单元格”按钮 和“垂直拆分单元格”按钮 ，拆分参数均设为 2，单击“确定”按钮。

08 在属性栏上将单元格背景颜色设为（C:0;M:0;Y:100;K:0），轮廓宽度为 0.35mm，轮廓颜色为（C:0;M:0;Y:0;K:0）。

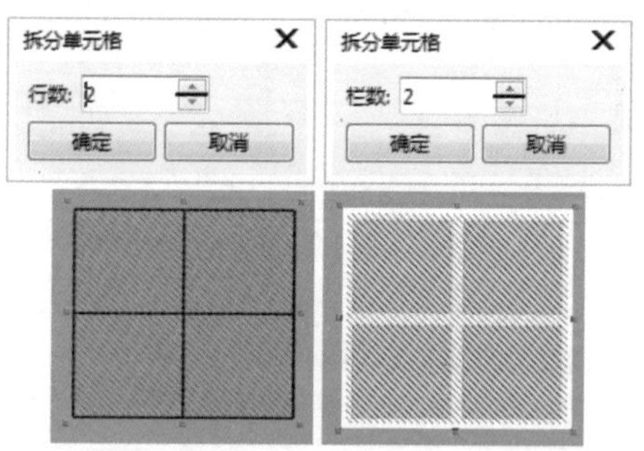

09 将拆分出来的单元格复制多个，置于合适位置，

并按照所学方法补充其他楼房，完成卡通城市的绘制。

练习11-4 绘制日历

难度：☆☆

素材文件：素材\第11章\练习11-4\素材1.jpg、素材2.jpg

效果文件：素材\第11章\练习11-4\绘制日历.cdr

在线视频：第11章\练习11-4\绘制日历.mp4

01 打开CorelDRAW X6软件，新建A4竖版空白文档，导入“素材\第11章\练习11-4\素材1.jpg”文件，使用“矩形工具”在素材上绘制一个矩形，填充为（C0;M:0;Y:0;K:0），在属性栏中将圆角半径设为5mm。

02 单击“表格工具”，在素材上绘制一个表格，行数和列数均为7。

03 选中第一排表格，单击属性栏中“合并单元格”按钮，将合并后的单元格背景填充色设为（C:65;M:20;Y:25;K:0）将“顶部页边距”和“左侧页边距”分别设为4mm和58mm。

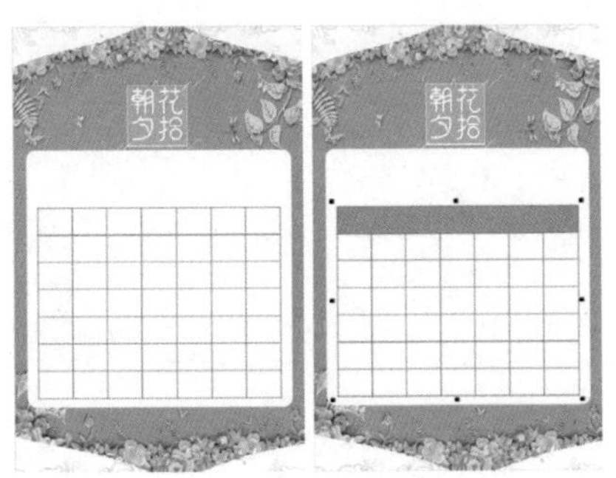

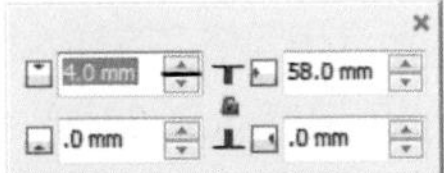

04 使用“表格工具”选中第二排单元格，在属性栏中将选中单元格的高度设为8，背景填充色为（C:5;M:0;Y:45;K:0）。

05 使用“表格工具”全选剩下的单元格，在属性栏中将“顶部页边距”和“左侧页边距”分别设为5mm和8mm。

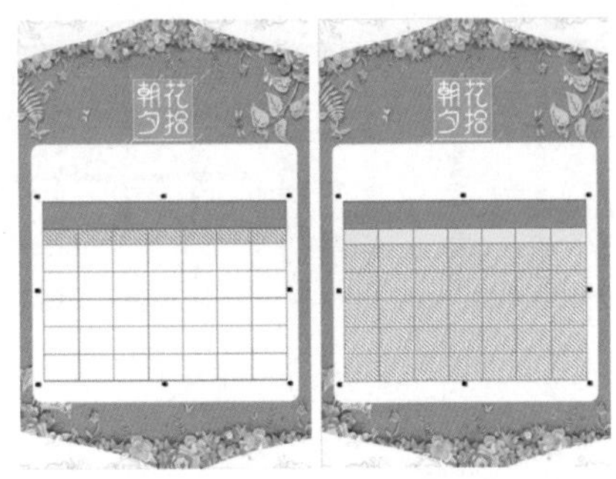

06 使用“文本工具”输入文字，导入“素材\第11章\练习11-4\素材2.jpg”文件，调整大小，置于合适位置，完成日历的绘制。

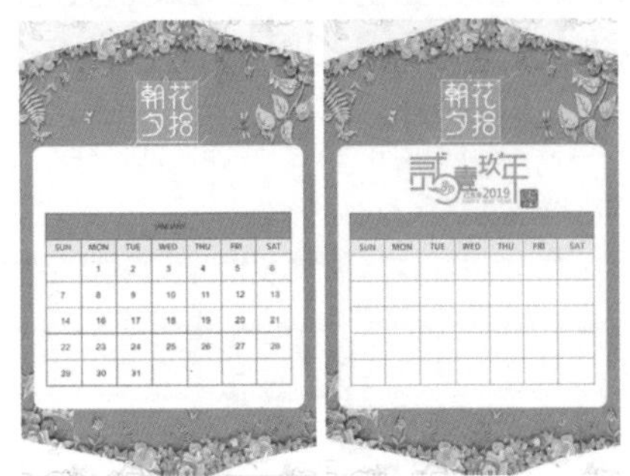

11.3.4 插入命令 重点

使用“表格工具”选中任意一个单元格后，执行“表格”→“插入”菜单下的子命令，即可在该单元的上下左右插入单元格。

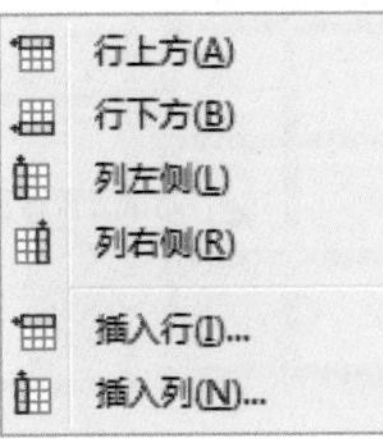

●**行上方：**在所选单元格上方插入行，插入的行与所选单元格所在的行属性相同。

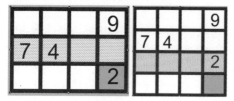

●**行下方：**在所选单元格下方插入行，插入的行与所选单元格所在的行属性相同。

●**列左侧：**在所选单元格左侧插入列，插入的列与所选单元格所在的列属性相同。

●**列右侧：**在所选单元格右侧插入列，插入的列与所选单元格所在的列属性相同。

●**插入行：**选中单元格后，执行“表格”→“插入”→“插入行”命令，弹出“插入行”对话框，设置参数后单击“确定”按钮，完成插入。

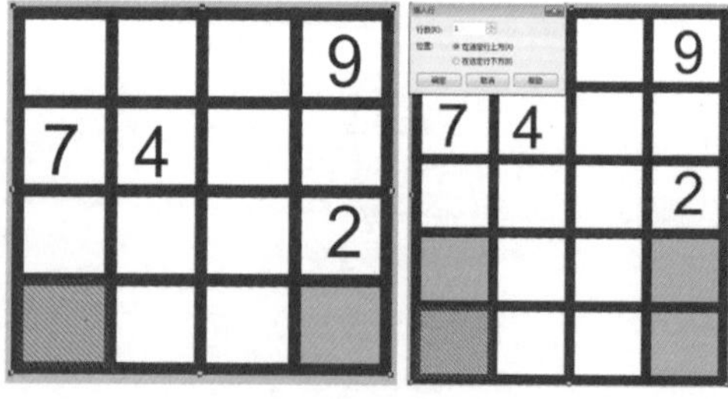

●**插入列：**选中单元格后，执行“表格”→“插入”→“插入列”命令，弹出“插入列”对话框，设置参数后单击“确定”按钮，完成插入。

11.3.5 删除单元格

●使用“表格工具”，选中单元格，按下键盘上的 Delete 键，将其删除。

●使用“表格工具”，选中单元格，执行“表格”→“删除”命令，在该命令列表中，执行“行”“列”或“表格”菜单命令，进行删除。

11.3.6 移动边框位置

●使用“表格工具”选中表格，将光标移动至表格边框处，待光标变为垂直箭头或水平箭头时，按下鼠标左键拖曳，可改变边框位置。

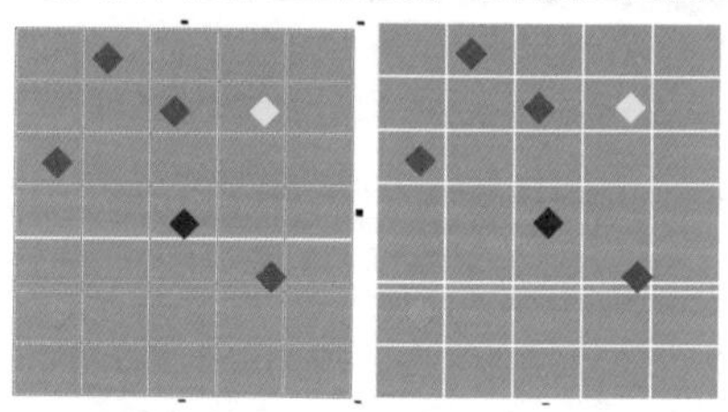

●使用“表格工具”选中表格，将光标移动至表格边框交叉处，待光标变为倾斜箭头时，按下鼠标左键拖曳，可改变交叉点上两条边框的位置。

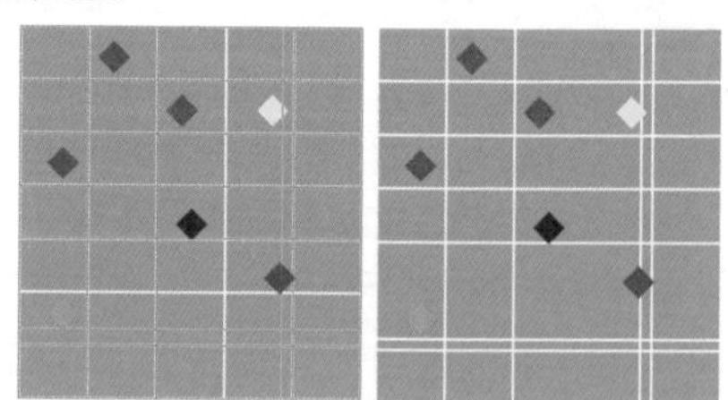

11.3.7 分布命令

在CorelDRAW X6中，可以对大小不一的单元格使用分布命令进行调整。

- 使用“表格工具”选中所有单元格，执行“表格”→“分布”→“行均分”命令，即可使表格中的行均匀分布。

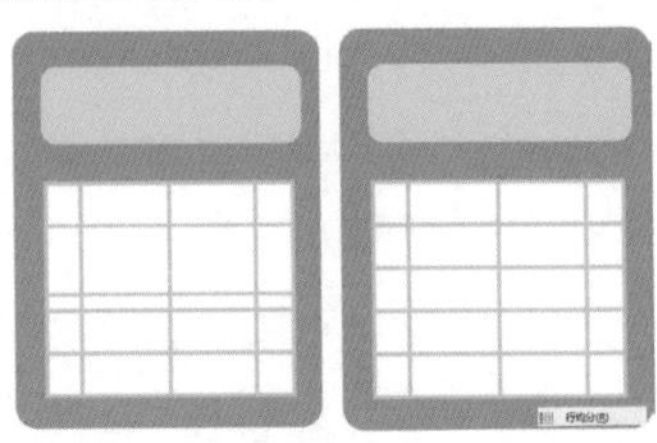

- 使用“表格工具”选中所有单元格，执行“表格”→“分布”→“列均分”命令，即可使表格中的列均匀分布。

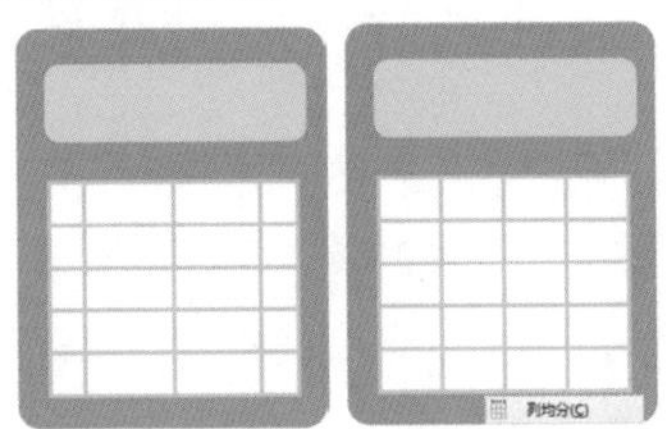

11.3.8 填充表 重点

在CorelDRAW X6中，可以对表格进行填充。

1. 均匀填充

- 使用“表格工具”选中单元格，将光标放在调色板上，单击鼠标左键，进行填充。
- 使用“表格工具”选中单元格，鼠标左键长按属性栏中的“填充工具”按钮，在弹出的下拉选项中单击“均匀填充”按钮，在打开的“均匀填充”对话框中设置颜色，进行填充。

2. 渐变填充

- 使用“表格工具”选中单元格，鼠标左键长按属性栏中的“填充工具”按钮，在弹出的下拉选项中单击“渐变填充”按钮，在打开的“渐变填充”对话框中设置颜色，进行填充。

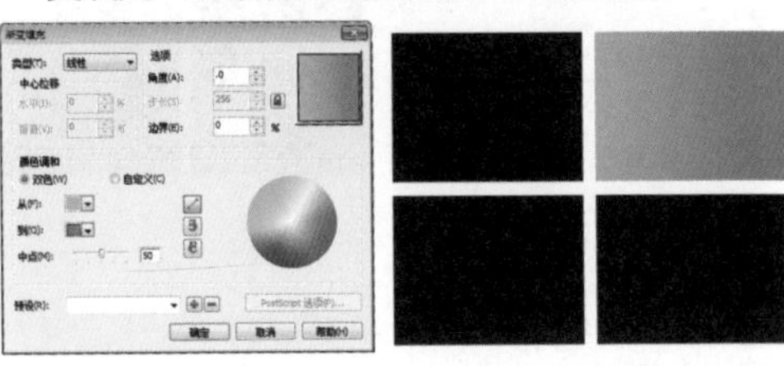

3. 图样填充

- 使用“表格工具”选中单元格，鼠标左键长按属性栏中的“填充工具”按钮，在弹出的下拉选项中单击“图样填充”按钮，在打开的“图样填充”对话框中设置颜色，进行填充。

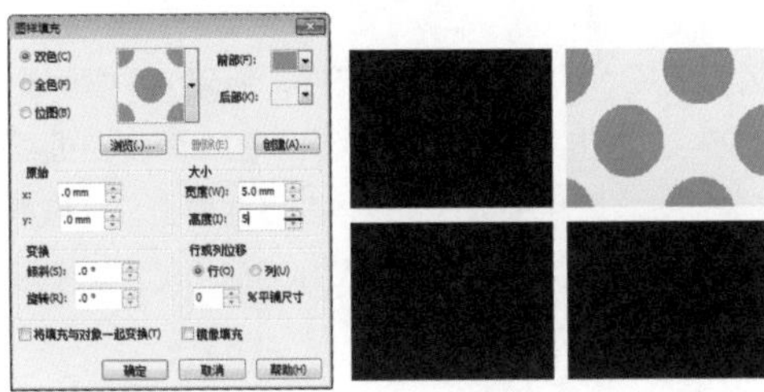

4. 底纹填充

- 使用“表格工具”选中单元格，鼠标左键长按属性栏中的“填充工具”按钮，在弹出的下拉选项中单击“底纹填充”按钮，在打开的“底纹填充”对话框中设置颜色，进行填充。

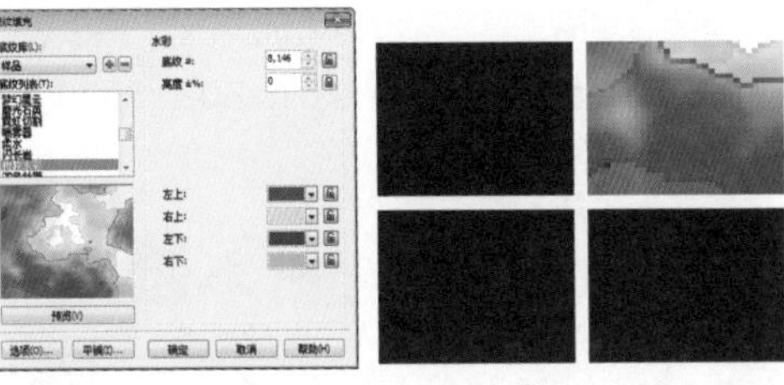

5. PostScript 填充

- 使用“表格工具”选中单元格，鼠标左键长按属性栏中的“填充工具”按钮，在弹出的下拉选项中单击“PostScript 填充”按钮，在打开的“PostScript 填充”对话框中设置颜色，进行填充。

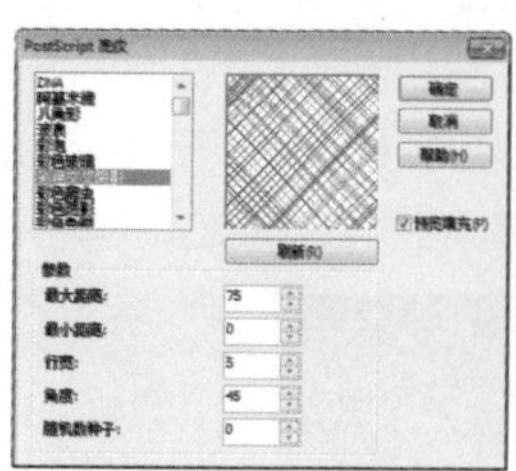

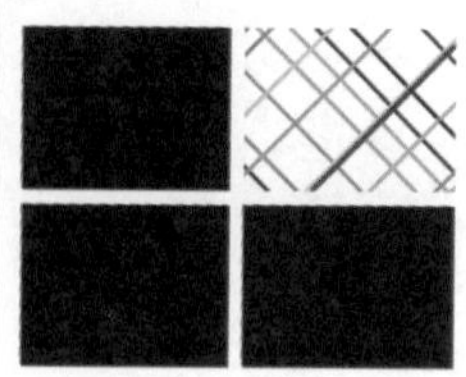

提示

单元格的填充方法与图形的填充方法一致，详细请查看本书第 6 章《图形的填充》。

练习11-5 绘制礼品卡

难度：☆☆

素材文件：素材 \ 第 11 章 \ 练习 11-5\ 素材 .psd

效果文件：素材 \ 第 11 章 \ 练习 11-5\ 绘制礼品卡 .cdr

在线视频：第 11 章 \ 练习 11-5\ 绘制礼品卡 .mp4

01 打开 CorelDRAW X6 软件，新建 A4 横版空白文档，单击“表格工具”，在页面空白处绘制表格，行数和列数均为 4，在属性栏上，将表格背景填充色设为（C:0;M:80;Y:60;K:0），轮廓颜色为（C:0;M:0;Y:0;K:0）。

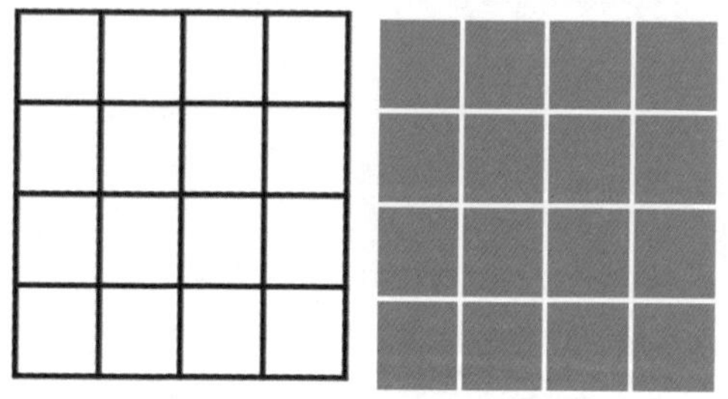

02 使用“表格工具”选中相应表格，将该表格背景填充色修改为（C:0;M:60;Y:5;K:0）、（C:0;M:25;Y:0;K:0）。

03 单击“表格工具”，将光标滑动至边框处，按下鼠标左键拖曳，调整单元格大小。

04 使用“表格工具”选中相应单元格，执行“表格”→“插入”→“列右侧”命令。

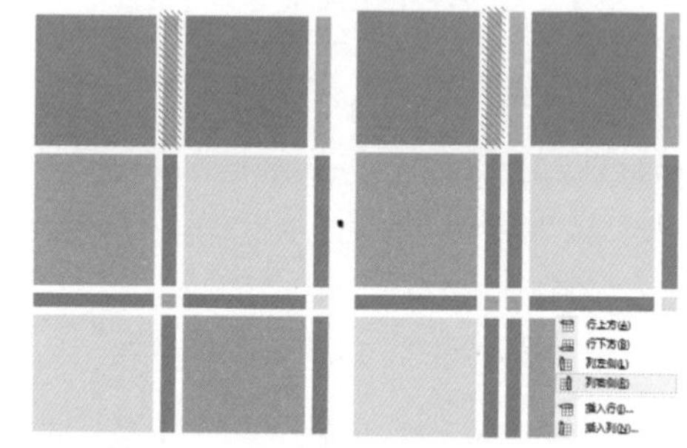

05 根据相同方法，继续插入其他表格。

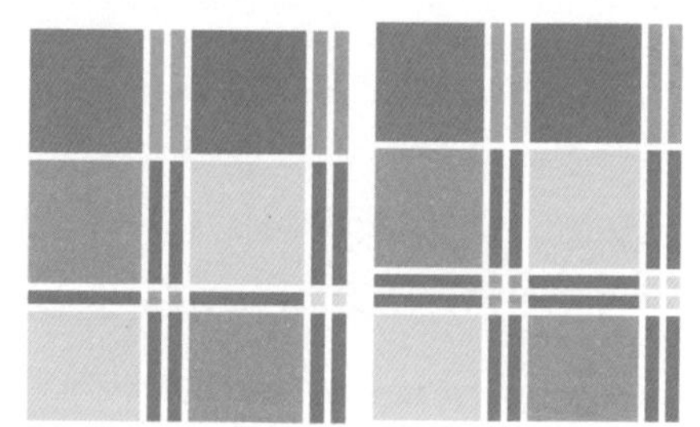

06 使用“表格工具”，选中相应表格后，单击鼠标右键，在下拉选项中执行“复制”命令，在需要复制表格处单击鼠标右键，执行“粘贴”命令，在弹出的对话框中勾选“在选定列的右侧插入”，单击“确定”按钮。

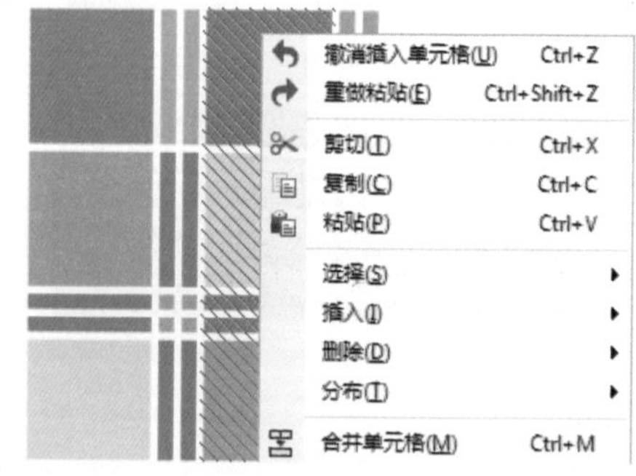

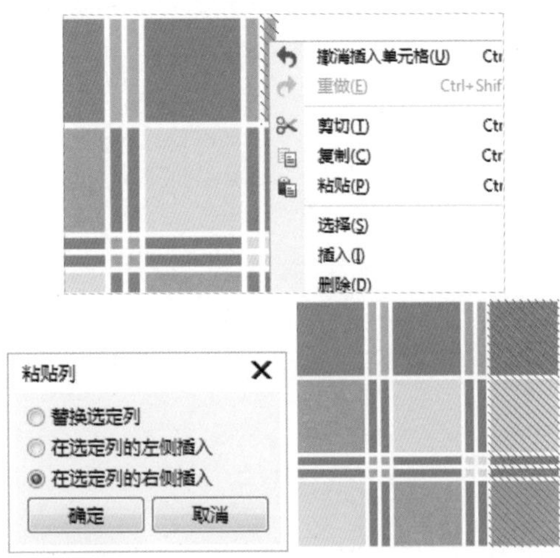

07 使用相同方法，复制其他表格，导入“素材\第 11 章\练习 11-5\素材 .psd”文件，调整大小，置于合适位置，完成礼品卡的绘制。

11.4 知识拓展

按D键，可以快速打开图纸工具，可以在属性栏中编辑表格的边框、内部线条的粗细、颜色、段落文本换行等图纸编辑的作用在于将图纸取消群组后，可以对每个小格进行填色、移动、复制、删除、造型等操作，可以制作成各种各样的图形。

11.5 拓展训练

本章为读者安排了拓展练习，以帮助大家巩固本章内容。

训练11-1 制作日历

难度：☆☆

素材文件：素材\第 11 章\习题 1\素材\背景 .cdr

效果文件：素材\第 11 章\习题 1\制作日历 .cdr

在线视频：第 11 章\习题 1\制作日历 .mp4

根据本章所学的知识，使用“表格工具”创建表格，再通过属性栏设置表格的相关属性并调整单元格，然后在单元格中输入文本并设置文本属性，制作日历。

第 12 章

管理和打印文件

在CorelDRAW X6软件中，可以将该软件制作的文件发布为其他应用程序可以使用的文件类型或格式，还可以对其进行打印或印刷。本章将详细介绍CorelDRAW X6软件中管理和打印文件的相关操作。

12.1 在CorelDRAW X6中管理文件

通常需要将CorelDRAW软件设计或制作的作品上传到互联网上，以便更多的人浏览、鉴赏。如果直接将CDR格式的文件进行上传，网页将无法正常显示，所以需要将绘制的图像导出为适合网页使用的图像格式。

12.1.1 CorelDRAW与其他图像文件格式

不同的软件有不同的文件格式，文件格式代表着一种文件类型。通常情况下，可以通过其扩展名来进行区别，例如扩展名为.cdr的文件表示该文件是CorelDRAW文件，而扩展名为.doc的文件表示该文件是word文档。

在CorelDRAW软件中，可以生成多种不同格式的文件。如果要生成各种不同格式的文件，需要用户在保存文件时选择所需的文件类型，然后程序将自动生成相应的文件格式，CorelDRAW的文件格式有很多种，下面介绍经常用到的几种文件格式。

CDR 格式

CDR格式是CorelDRAW软件生成的默认文件格式，它只能在CorelDRAW中打开。

TIFF（.TIF）格式

TIFF图像文件格式是一种无损压缩格式，能存储多个通道，可在多个图像软件之间进行数据交换。

JPEG（.JPG、.JPE）格式

JPEG通常简称JPG，是一种标准格式，允许在各种平台之间进行文件传输。它是一种较常用的有损压缩格式，支持8位灰度、24位RGB和32位CMYK颜色模式。由于支持真彩色，在生成时可以通过设置压缩的类型产生不同大小和质量的文件，主要用于图像预览及超文本文档，如HTML文档。

GIF 格式

GIF图像文件格式能够保存为背景透明化的图像形式，可进行LZW压缩，使图像文件占用较少的磁盘空间，传输速度较快，还可以将多张图像存储为一个文件形成动画效果。

BMP（.BMP、.RLE）格式

BMP图像文件格式是一种标准的点阵式图像文件格式，以BMP格式保存的文件通常比较大。

PNG 格式

PNG文件格式广泛应用于网络图像的编辑，可以保存24位真彩色图像，具有支持透明背景和消除锯齿边缘的功能，可在不失真的情况下进行压缩并保存图像。

EPS 格式

EPS文件格式为压缩的PostScript格式，可用于绘图或者排版，最大的优点是可以在排版软件中以低分辨率预览，打印时以高分辨率输出，效果与图像输出质量两不误。

PDF 格式

PDF文件格式可包含矢量图和位图，可以存储多页信息，包含图形、文档的查找和导航功能。该格式支持超文本链接，是网络下载经常使用的文件格式。

AI 格式

AI文件格式是一种矢量文件格式，它的优点是占用硬盘空间小，打开速度快，方便格式转换。

12.1.2 发布到Web

通常需要将CorelDRAW软件设计或制作

的作品上传到互联网上，以便更多的人浏览、鉴赏。如果直接将CDR格式的文件进行上传，网页将无法正常显示，所以需要将绘制的图像导出为适合网页使用的图像格式。

使用CorelDRAW 2018完成制作后，可以对当前图像进行优化并导出为与Web兼容的GIF、PNG或JPEG格式。

在菜单栏中执行“文件”→“导出到网页”命令，打开“导出到网页”对话框，可以直接使用系统预设（即默认设置）进行导出，也可以自定义以得到特定结果。

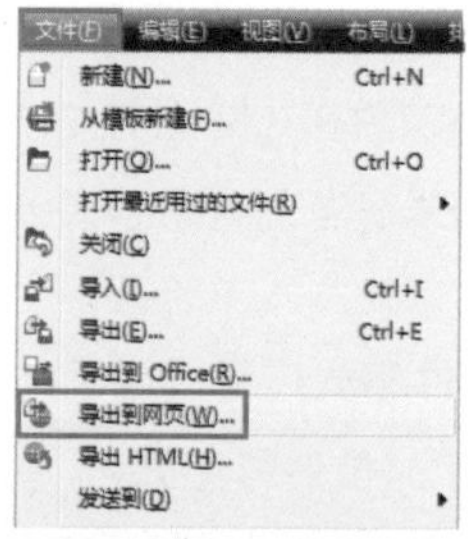

“导出到网页”对话框中的各个选项和按钮的介绍如下。

- **预览窗口按钮：** 显示文档的预览效果。
- **预览模式：** 在单个窗口或拆分的窗口中预览所做的调整。

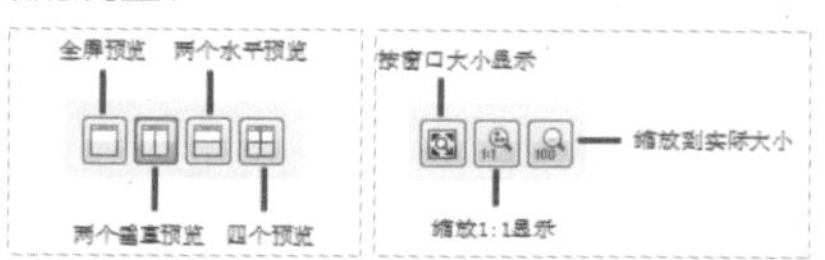

- **缩放和平移工具：** 单击“放大工具”按钮，或“缩小工具”按钮，可以将显示在预览窗口中的文档放大或缩小。单击“平移工具”按钮，可以将显示在高于 100% 的缩放级上的图像平移，使其适合预览窗口。
- **滴管工具和取样的色样：** 单击“滴管工具”按钮，可以对颜色进行取样，其右侧的下拉列表框用于选择取样的颜色。
- **预设下拉列表框：** 选择文件格式的设置。

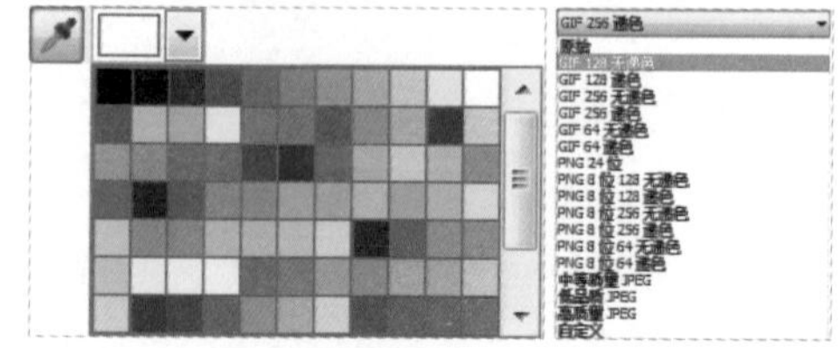

- **格式：** 在下拉列表中选择一种 Web 兼容的格式。

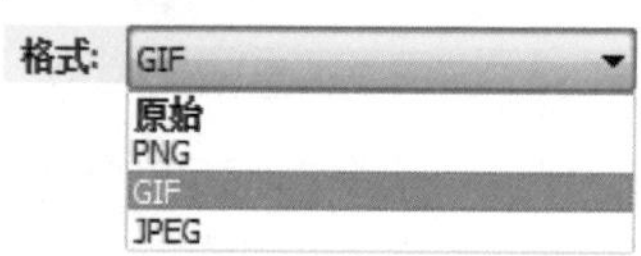

- **PNG：** 适用于各种类型的图像，包括照片和线条画。与 GIP 和 JPEG 格式不同，该格式支持 Alpha 通道，也就是可以存储带有透明部分的图像。
- **GIP：** 适用于线条、文本、颜色很少的图像或具有锐利边缘的图像，如扫描的黑白图像或徽标。GIP 提供了多种高级设置选项，包括透明背景、隔行图像和动画等。此外，还可以创建图像的自定义调色板。
- **JPEG：** 适用于照片和扫描的图像，该格式会对文件进行压缩以减少其体积，方便图像的传输。这会造成一些图像数据丢失，但是不会影响大多数照片的质量。在保存图像时，可以对图像质量进行设置。图像质量越高，文件体积越大。
- **导出设置：** 在对话框右侧的面板中可以自定义导出设置，如颜色、显示选项和大小等。

- **格式信息：** 查看文件格式信息，在每一个预览窗口中都可以查看。

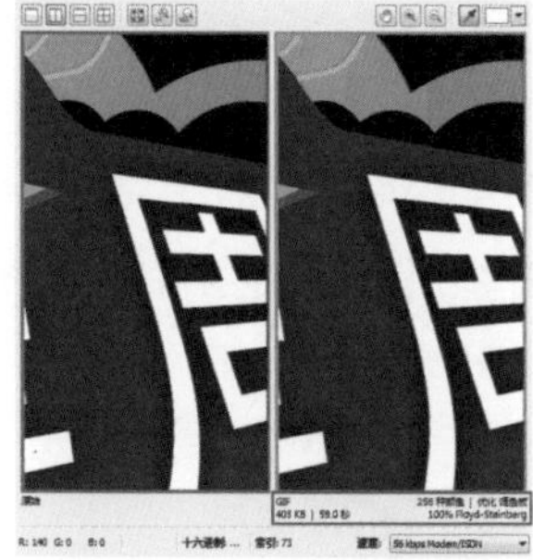

- **颜色信息：** 显示所选颜色的颜色值。

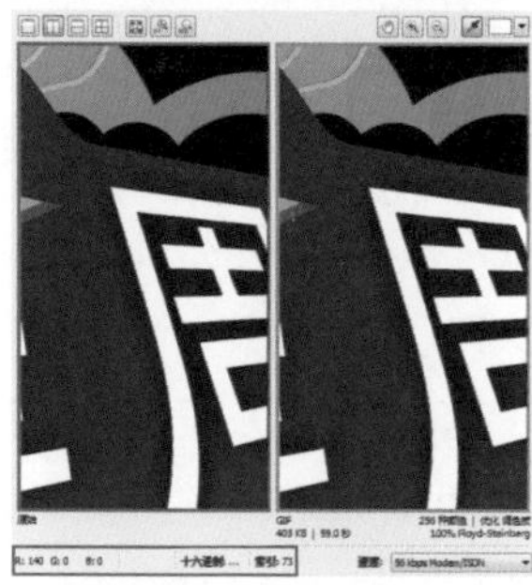

- **速度：** 在下拉列表中选择保存文件的因特网速度。

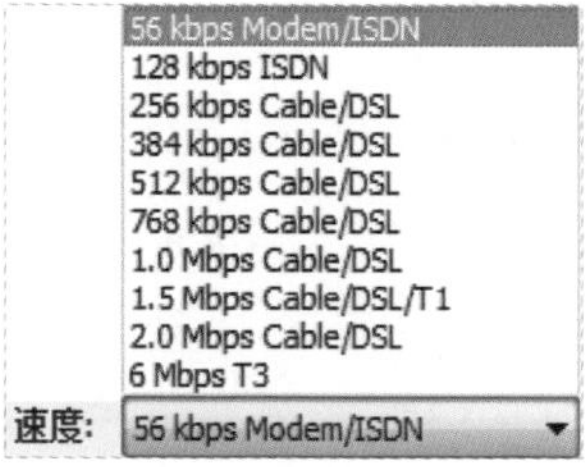

12.1.3 发布到Office

CorelDRAW与Office应用程序（如Microsoft Word和WordPerfect Office）高度兼容，在CorelDRAW中，用户可将文件导出到Office来适用不同用途。

在菜单栏中执行“文件”→“导出”→“导出到Office”命令，打开“导出到Office”对话框。

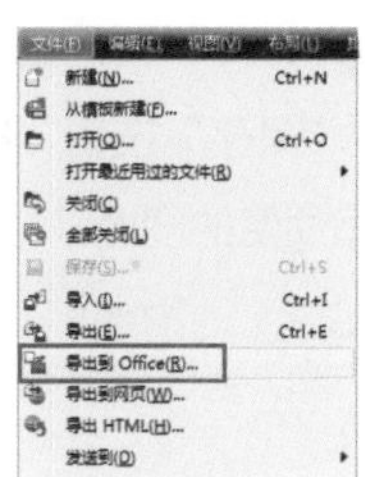

在“导出到”列表中选择图像的应用类型，应用类型有两种，应用到Word和应用到所有的Office文档中。

- **Microsoft Office：** 可以设置选项以满足各种Microsoft Office应用程序的不同输出需求。
- **WordPerfect Office：** 通过将Corel Word-Perfect Office图像转换为Word Perfect图形文件（WPG）来优化图像。

如果选择Microsoft Office，可从“图形最佳适合”下拉列表中选择“兼容性”或“编辑”。

- **兼容性：** 可以将绘图另存为Portable Net wo rk Graphic（PNG）位图。当将绘图导入办公应用程序时，可以保留绘图的外观。
- **编辑：** 可以在Extended Metafile Format（EMF）中保存绘图，这样可以在矢量绘图中保存大多数可编辑元素。

如果选择Microsoft Office和兼容性，可从“优化”下拉列表中选择图像最终应用品质。

- **演示文稿：** 可以优化输出文件，如幻灯片或在线文档（96dpi），适用于在电脑屏幕上演示。
- **桌面打印：** 可以保持用于桌面打印的良好图像质量（150dpi），适用于一般文档打印。
- **商业印刷：** 可以优化文件以适应高质量打印（300dpi），适用于出版级别。

单击“确定”按钮，在弹出的“另存为”

对话框中选择保存到文件夹，在“文件名”文本框中键入文件名，单击“保存”按钮，即可根据用途将文件导出为合适质量的图像。

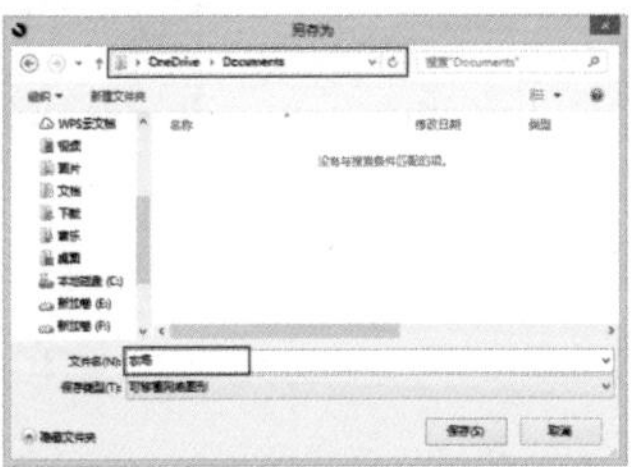

提示

应用的品质越高，输出的图像文件大小越大，可在“导出到 Office”对话框的左下角看到“估计文件大小”。

12.1.4 发布到PDF

在CorelDRAW中将文档发布为PDF文件，可以保存原始文档的字体、图像、图形及格式。如果用户在其计算机上安装了Adobe Acrobat、Adobe Reader或PDF兼容的阅读器，则可以在任意平台上查看、共享和打印PDF文件。PDF文件也可以上载到企业内部网或Web，还可以将个别选定部分或整个文档导出到PDF文件中。

在菜单栏中执行“文件”→“发布为PDF”命令，或者单击标准工具栏中的“发布为PDF”按钮，打开“发布至PDF”对话框。

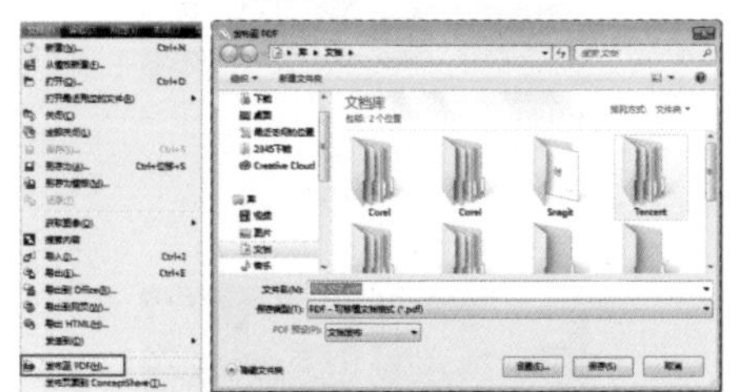

在“PDF预设”下拉列表中选择所需要的PDF预设类型。如有需要，可单击“设置”按钮，然后在弹出的“PDF设置”对话框中对常规、颜色、文档、预印等属性进行设置。

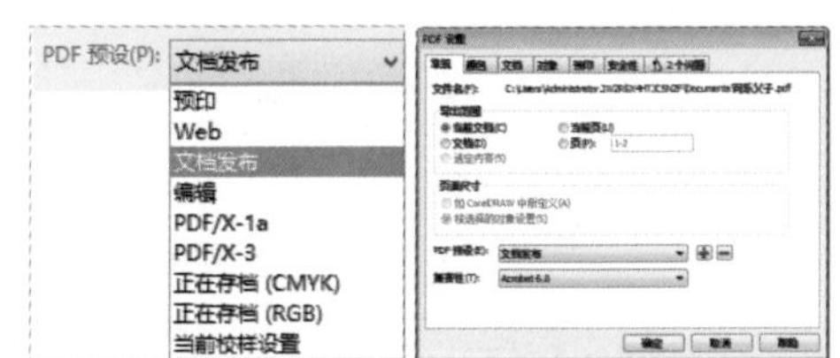

选择保存路径，输入文件名后，在“发布至PDF”对话框中单击“保存”按钮，即可将当前文档保存为PDF文件。

12.2 打印和印刷

在CorelDRAW中将设计好的作品打印或印刷出来后，整个设计制作过程才算彻底完成。本节将详细介绍关于打印与印刷的相关操作。

12.2.1 打印设置

要成功地打印作品，需要对打印选项进行设置，以得到更好的打印效果。用户可以选择按标准模式打印，指定文件中的某种颜色进行分色打印，也可以将文件打印为黑白或单色效果。在CorelDRAW中提供了详细的打印选项，通过设置打印选项，能够即时预览打印效果，以提高打印的准确性。

打印设置是指对打印页面的布局和打印机类型等参数进行设置。

在菜单栏中执行“文件”→“打印”命令，或单击标准工具栏上的“打印”按钮，也可以按Ctrl+P组合键，打开“打印”对话框。

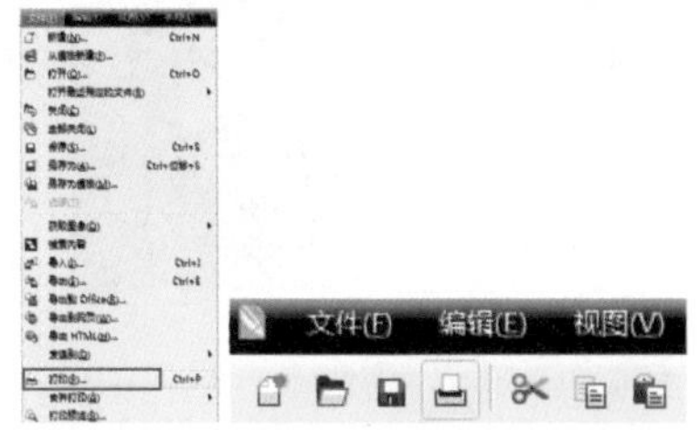

其中包括“常规”“颜色”“复合”“布局”“预印”和“问题”选项卡，用户可以根据需要，在这些选项卡中进行相应的设置。

“常规”选项卡中的各个选项和按钮的介绍如下。

- **打印机：**在下拉列表中选择一种打印机。

- **页面：**在下拉列表中选择一个页面尺寸和方向选项。

- 在副本区域的份数框中输入一个值。如果要将副本进行分页，则请启用“分页”复选框。
- **打印范围：**在该选项区域中选择一种页面选项。
- **当前文档：**打印活动的绘图。
- **当前页：**打印活动的页面。
- **页：**打印指定页。

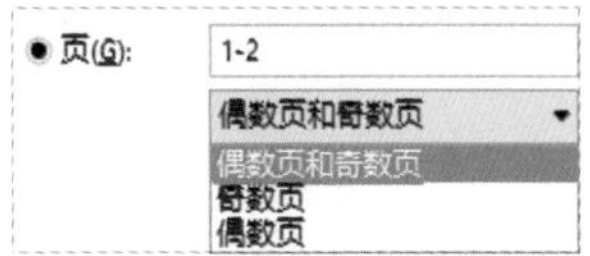

- **文档：**打印指定的文档。
- **选定内容：**打印选定的对象。

设置完成后，单击“打印”对话框底部的按钮，可以对所做的打印设置进行预览，满意后单击“打印”按钮，即可对页面打印区域中的对象进行打印。

12.2.2 打印预览

在正式打印前通常要预览一下，查看并确认打印总体效果。在CorelDRAW软件中设计的作品中可以预览到文件在输出前的打印状态，显示打印的作品在纸张上显示的位置和大小。并且可以缩放一个区域，或者查看打印时单个分色的显示方式。

在菜单栏中执行“文件”→“打印预览”命令，打开“打印预览”窗口。

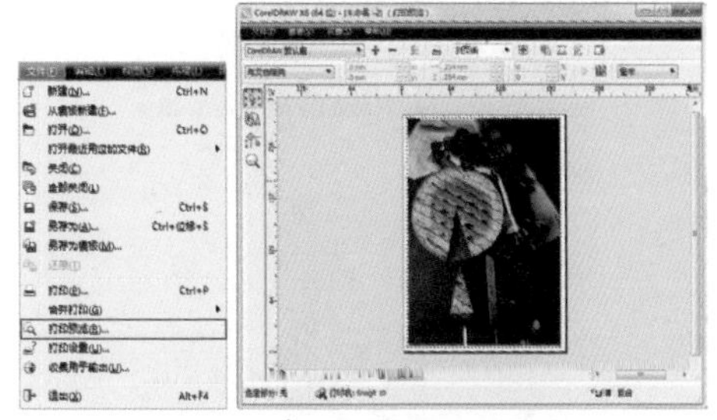

“打印预览”窗口中的各个选项和按钮的介绍如下。

- **打印样式**：在该下拉列表中可以选择自定义打印样式，或者导入预设文件。
- **“打印样式另存为”按钮**：单击该按钮，可以将当前打印样式存储为预设。

- **“删除打印样式”按钮**：单击该按钮，可以删除当前选择的打印预设。
- **“打印选项”按钮**：单击该按钮，在弹出的“打印选项”对话框中对常规打印配置、颜色、复合、布局、预印及印前检查进行设置。
- **缩放**：在该下拉列表中可以选择预览的缩放级别。

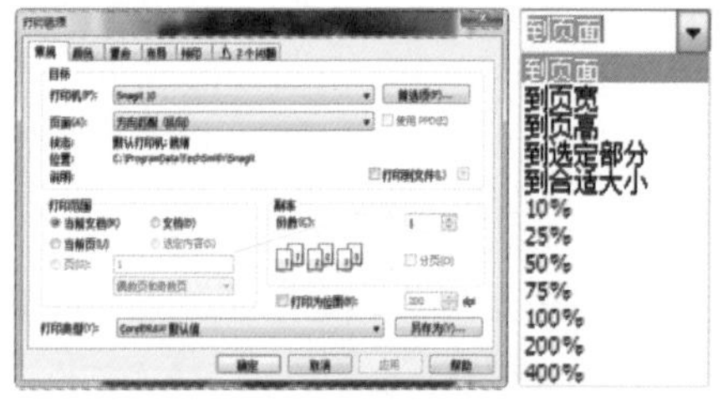

- **“全屏”按钮**：单击该按钮，可全屏预览，按 Esc 键退出全屏模式。
- **“启用分色”按钮**：分色是一个印刷专业名词，指的是将原稿上的各种颜色分解为黄、洋红、青、黑 4 种原色。单击该按钮后，彩色图像将会以分色的形式呈现出多个颜色通道，单击窗口底部的分色标签（青色、品红、黄色、黑体），可以查看各个分色效果。

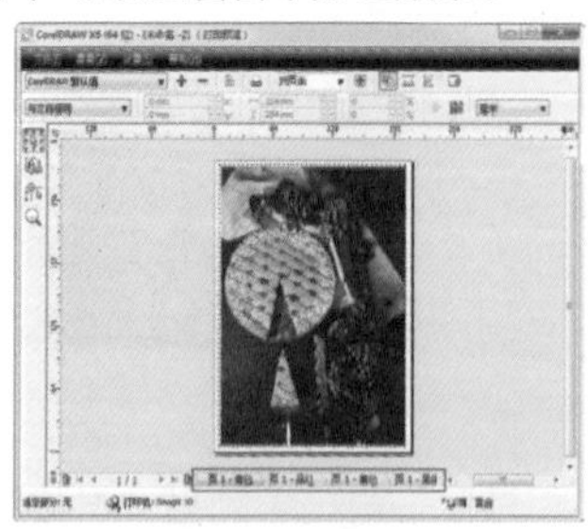

- **“反转”按钮**：单击该按钮，可以查看当前图像颜色反向的效果。
- **“镜像”按钮**：单击该按钮，可以查看到当前图像的水平镜像效果。

- **“关闭打印预览”按钮**：单击该按钮，将关闭当前预览窗口。
- **页面中的图像位置**：在该下拉列表中选择图像在印刷页面中所处位置。
- **“挑选工具”按钮**：单击该按钮，可以选择画面中的对象，选中的对象可以进行移动、缩放等操作。

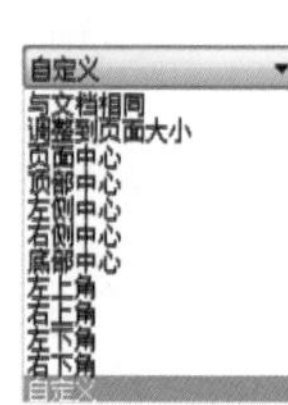

- **“版面布局”按钮**：单击该按钮，可以查看当前图像预览模式，将工作区中所显示的阿拉伯数字进行垂直翻转，然后单击“挑选工具”按钮，回到图像预览状态后可以看到图像也会发生相应变换。

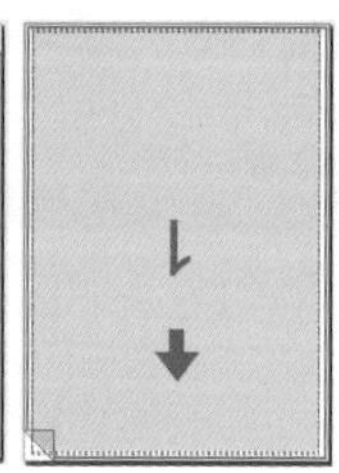

- **“标记放置”按钮**：单击该按钮，可以定位打印机标记。

- **“缩放”按钮**：单击该按钮，调整预览画面的显示比例，可以放大和缩小预览页面。

12.2.3 合并打印

在日常处理工作时常常需要打印一些格式相同而内容不同的东西，如信封、名片、明信片、请柬等，如果一一编辑打印，数量大时操作会非常繁琐。“合并打印”功能可以将来自数据源的文本与当前绘图文档合并，并打印输出。

合并打印分为5个步骤，即创建/载入合并打印、插入域、合并到新文档、设置文本属性及打印。

创建 / 载入合并打印

在菜单栏中执行“文件”→“合并打印”→“创建/载入合并打印”命令，打开“合并打印导向”对话框，选择“创建新文本”单选按钮，然后单击“下一步”按钮。

插入域

单击“下一步”按钮，进入“添加域”页面，在“文本域”文本框中输入“姓名”文本后，单击“添加”按钮，即可将其加入到下面的域名列表中。

采用同样的方法，添加“职务”文本域，和“电话”数字域。

再单击“下一步”按钮，进入“添加或编辑记录”页面，在“姓名”下的文本框中输入“TOM”，在“职务”和“电话”下的文本框中输入文本，单击“新建”按钮，可以创建新的条目。

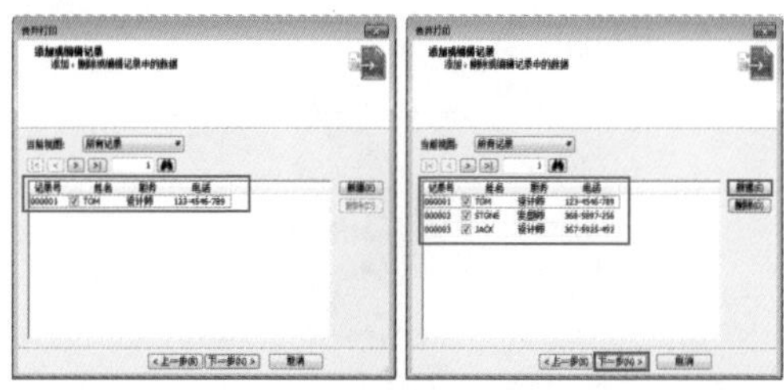

再单击“下一步”按钮，进入保存页面，勾选“数据设置另存为”复选框，然后单击打开按钮，打开“另存为”对话框，选择保存路径，并输入数据文件名称。

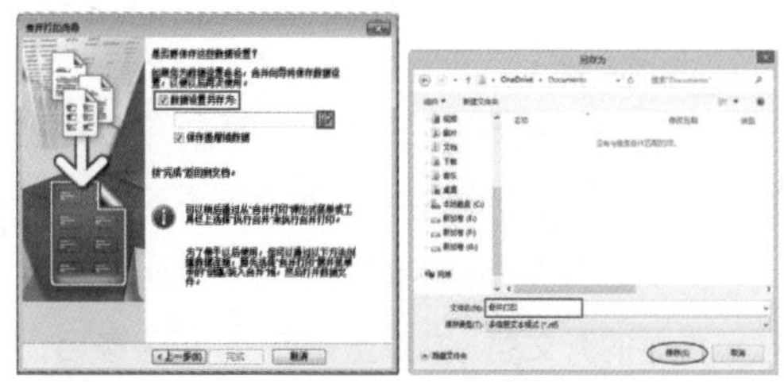

单击“保存”按钮，数据文件将保存在指定目录中。

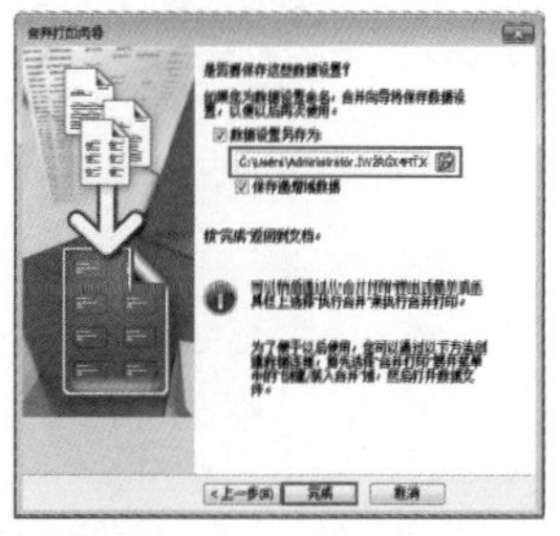

单击“完成”按钮，此时弹出“合并打印”工具栏，在“域”下拉列表中选择域名，然后单击“插入合并打印字段”按钮，即可在图形文档页面中插入选择的域名。

采用同样的方法，插入其他域名，并移动域名到合适的位置。

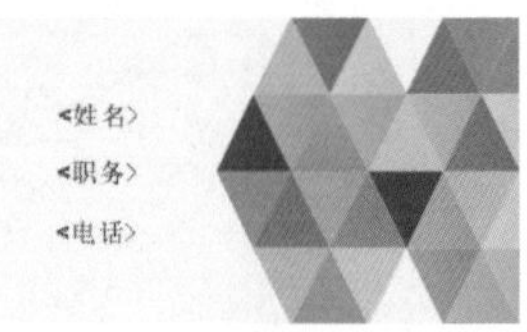

技巧

若需要对域名中的数据进行修改，可在“合并打印”工具栏上单击“编辑合并打印”按钮，重新打开“合并打印导向”对话框，对需要修改的内容进行修改即可。

合并到新文档

在“合并打印”工具栏中单击“合并到新文档”按钮，即可将文本数据与图形文件合并，并将合并文档保存到新文件中，当前页面显示合并的新文档。文本数据有3条记录条目，在合并新文档中就有3个页面，每一个页面中显示不同的文本数据。

设置文本属性

使用“选择工具”选中文本对象，在“对象属性”泊坞窗中设置字体、字号、颜色等属性，并移动到适合的位置。然后在菜单栏中执行“查看”→“页面排序器视图”命令，可以查看全部页面内容。

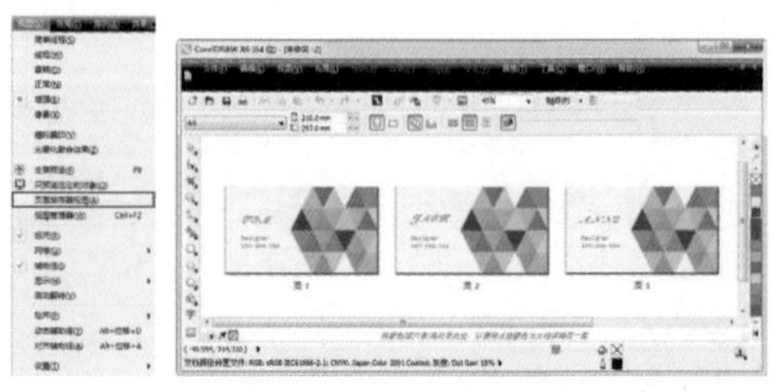

打印

效果满意后，执行“文件”→“合并打印”→“执行合并”命令，弹出“打印”对话框。

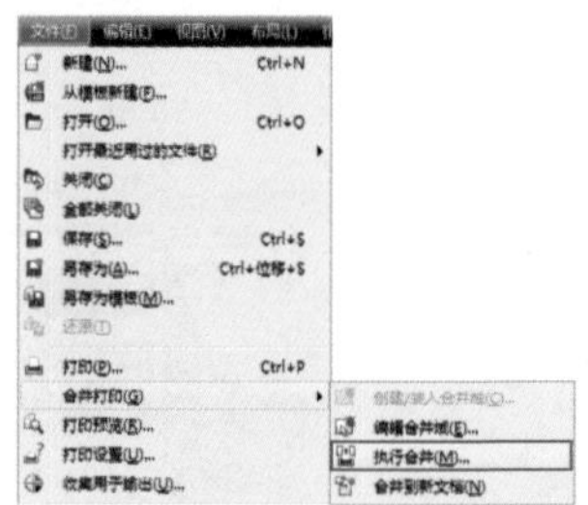

在对话框中进行打印的相关设置，选择打印机，并选择需要打印的页面，单击“打印”按钮，即可打印输出合并文档。

12.2.4 收集用于输入的信息

在CorelDRAW中进行设计时，经常要链接位图素材或者使用本地的字体文件。如果单独将CDR格式的工程文件转移到其他设备上，打开后可能会出现图像或文字显示不正确的情况。“收集用于输出的信息”功能可以快捷地将链接的位图素材、字体素材等信息进行提取、整理。

在菜单栏中执行“文件”→“收集用于输出”命令，打开“收集用于输出”对话框，选择“自动收集所有与文档相关的文件（建议）”单选框。

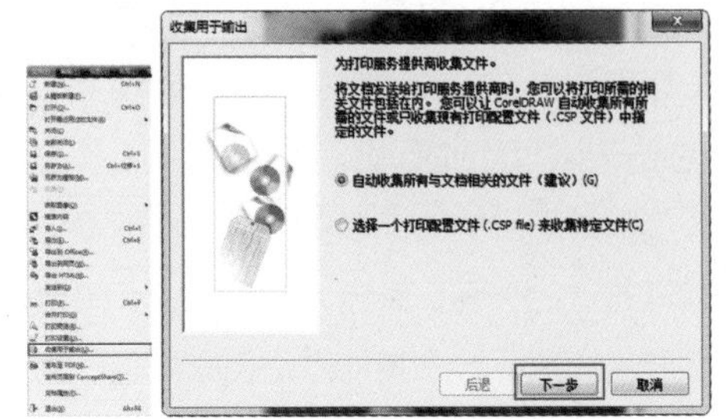

单击“下一步”按钮，在弹出的对话框中选择文档的输出文件格式。勾选“包括PDF”复选框，可以在“PDF预设”下拉列表中选择适合的预设，勾选“包括CDR”复选框，可以在“另存为版本”下拉列表中选择工程文件存储的版本。

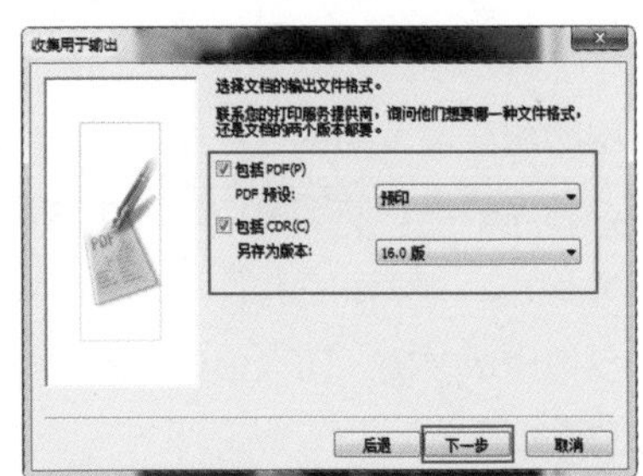

单击“下一步”按钮，在弹出的对话框中可以复制所有文档字体。

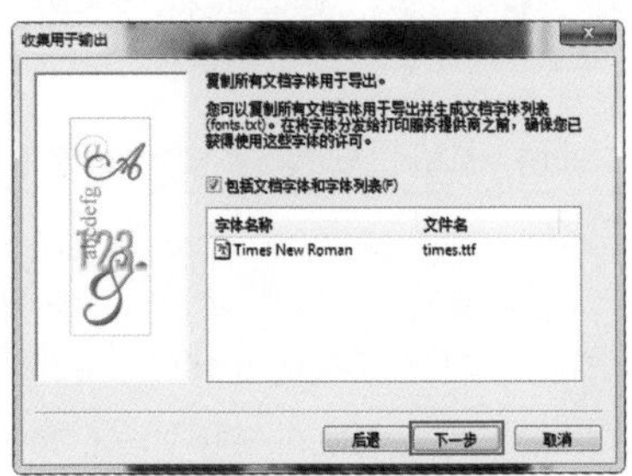

单击“下一步”按钮，在弹出的对话框中可以选择是否包括要输出的颜色预置文件，勾选“包括颜色预置文件”单选框。

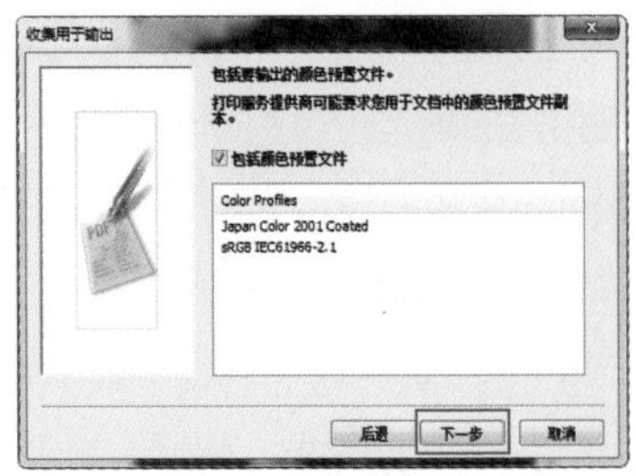

单击“下一步”按钮，在弹出的对话框单击“浏览”按钮，可以设置输出文件的存储路径，勾选“放入压缩（zipped）文件夹中”单选框，可以以压缩文件的形式进行存储，以便于传输。

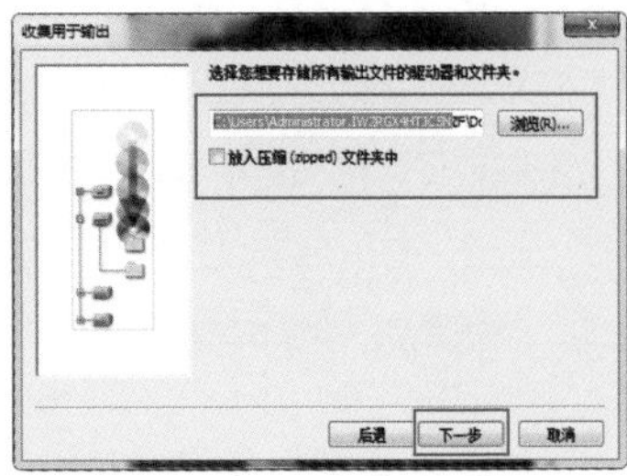

单击“下一步”按钮，系统开始收集用于输出的信息，在弹出的对话框中单击“完成”按钮，即可完成操作。

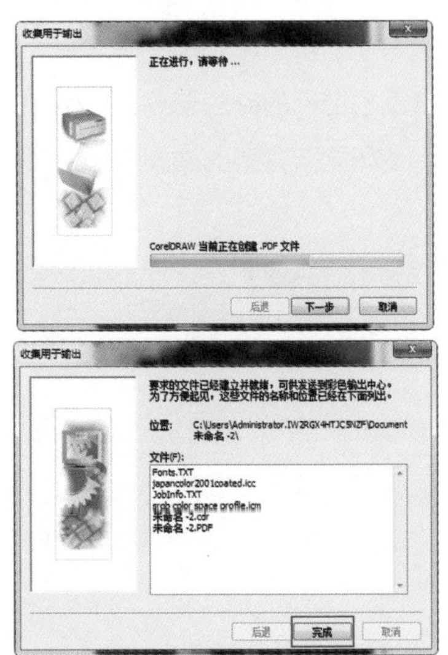

12.2.5 印前技术

印刷不同于打印，印刷是一项相对更复杂的输出方式，它需要先制版才能交付印刷。要得到准确无误的印刷效果，在印刷之前需要了解与印刷相关的基本知识和印刷技术，这样在文稿的设计过程中对于版面的安排、颜色的应用和后期制作等都会有很大帮助。

印刷分为平版印刷、凹版印刷、凸版印刷和丝网印刷4种不同的类型，根据印刷类型的不同，分色出片的要求也会不同。

平版印刷

平版印刷又称为胶印，是根据水和油墨不相互混合的原理制版印刷的。

在印刷过程中，油质的印纹会在油墨辊经过时沾上油墨，而非印纹部分会在水辊经过时吸收水分，然后将纸压在版面上，使印纹上的油墨转印到纸张上，就制成了印刷品。平版印刷主要用于海报、DM单、画册、书刊杂志以日历的印制，它具有吸墨均匀、色调柔和、色彩丰富等特点。

凹版印刷

凹版印刷的印版，印刷部分低于空白部分，所有的空白部分都在一个平面上，而印刷部分的凹陷程度则随着图像深浅不同而变化。图像色调深，印版上的对应部位下凹深。印刷时，印版滚筒的整个印版都涂满油墨，然后用刮墨装置刮去凸起的空白部分上的油墨，再放纸加压，使印刷部分上的油墨转移至纸张上，从而获得印刷品。

凸版印刷

在凸版印刷中，印刷机的给墨装置先使油墨分配均匀，然后通过墨辊将油墨转移到印版上，由于凸版上的图文部分远高于印版上的非图文部分，因此，墨辊上的油墨只能转移到印版的图文部分，而非图文部分则没有油墨。

印刷机的给纸机构将纸输送到印刷机的印刷部件，在印版装置和压印装置的共同作用下，印版图文部分的油墨转移到承印物上，从而完成一件印刷品的印刷。

凸版印刷品的种类很多，有各种开本，各种装订方法的书刊、杂志，也有报纸、画册，还有装潢印刷品等，其特点是色彩鲜亮、亮度好、文字与线条清楚等，不过它只适合于印刷量少时使用。

丝网印刷

在印刷时，通过刮板的挤压使油墨通过图文部分的网孔转移到承印物上，形成与原稿一样的图文。丝网印刷应用范围广，常见的印刷品有彩色油画、招贴画、名片、装帧封面、商品标牌及印染纺织品等。

丝网印刷有设备简单、操作方便、印刷制版简易、色泽鲜艳、油墨厚实、立体感强、适应性强等优点，但4种颜色以上或有渐变色的图案产品报废率较高，所以很难表现丰富的色彩，且印刷速度慢。

12.3 知识拓展

启动CorelDRAW时提示建立新文件失败，是因为打印机安装故障，删除原有打印机或网络打印机，重新安装一个本地打印机，如果没有本地打印机，安装一个系统自带的虚拟打印机即可。

12.4 拓展训练

本章为读者安排了两个拓展练习，以帮助大家巩固本章内容。

训练12-1 导出“嘴口酥”文件

难度：☆☆
素材文件：素材\第 12 章\习题 1\嘴口酥.cdr
效果文件：素材\第 12 章\习题 1\嘴口酥.gif
在线视频：第 12 章\习题 1\嘴口酥.mp4

根据本章所学的知识，将CorelDRAW文件发布到Web，导出“嘴口酥.gif ”文件。

训练12-2 导出“人物”文件

难度：☆☆
素材文件：素材\第 12 章\习题 2\人物.cdr
效果文件：素材\第 12 章\习题 2\人物.pdf
在线视频：第 12 章\习题 2\人物.mp4

根据本章所学的知识，运用管理文件的操作方法，将CorelDRAW文件发布到PDF，导出“人物.pdf”文件。

第 13 章

综合案例

在前面的章节中介绍了CorelDRAW X6中的一些基本工具及常用功能的操作，本章将以综合实例的方式介绍CorelDRAW X6在不同领域中的具体应用。

13.1 标志设计

标志设计在整个视觉识别系统中占有极其重要的地位，不仅可以体现企业的名称和定位，更能够主导整个视觉识别系统的色调和风格。

13.1.1 案例分析

本实例通过“椭圆形工具”绘制形状，再将形状转换为曲线，使用“形状工具”进行编辑，然后通过“变换”泊坞窗，旋转并复制形状对象，再通过“添加透视”命令实现透视变形效果，然后使用“交互式填充工具”填充颜色，再制作每个形状的厚度和反光部分，使其立体化，最后使用“文本工具”输入文字，完成标志的设计。

13.1.2 具体操作

01 启动 CorelDRAW X6 软件，新建一个空白文档，单击工具箱中的“椭圆形工具”按钮，按住 Ctrl 键绘制一个正圆，保持对象的选中状态，按 Ctrl+Q 快捷键将其转换为曲线，并单击工具箱中的“形状工具”按钮，显示节点。

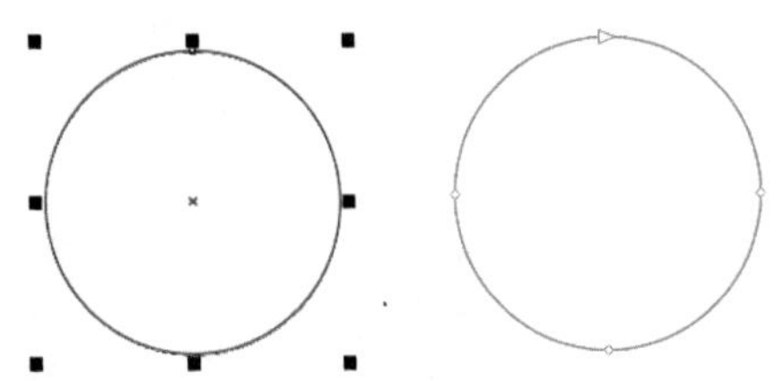

02 选中最下方的节点，按住 Ctrl 键向下方垂直移动，调整形状，调整完成后单击工具箱中的“选择工具”按钮，选中该形状。

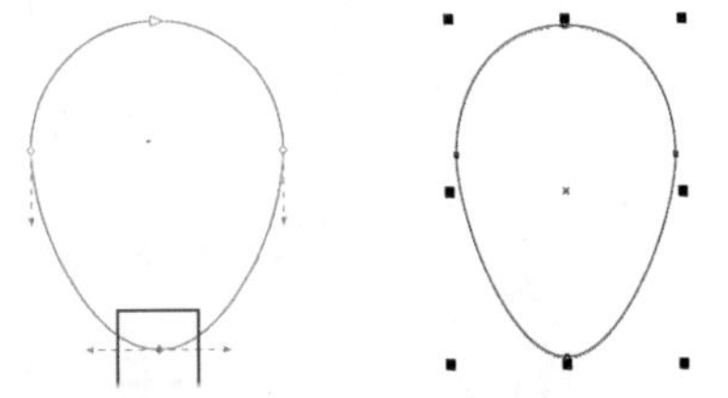

03 在菜单栏中执行“排列”→“变换”→“旋转”命令，打开“变换”泊坞窗，设置旋转角度为“60°”，副本数值为“5”（此处先不要单击“应用”按钮），然后使用“选择工具”再次单击对象，将中心点向下方垂直移动，更改中心点的位置。

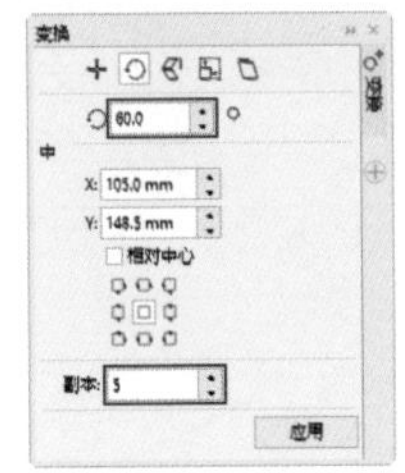

04 在“变换”泊坞窗中可以看到只更改了垂直轴的参数（如果水平轴发生变化，可以手动更改为之前的参数），然后单击“应用”按钮，即可根据所设参数旋转并复制对象。

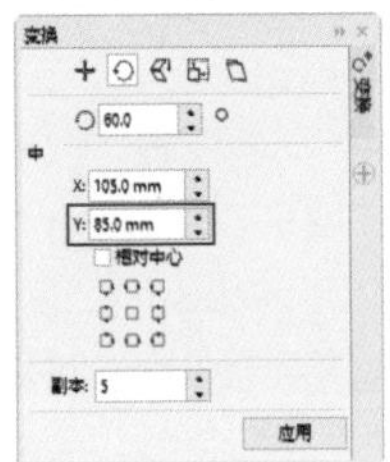

05 使用“选择工具”选中全部形状对象，按 Ctrl+G 快捷键组合对象，在菜单栏中执行“效果”→“添加透视”命令，显示透视节点，然后拖动节点，实现透视效果。

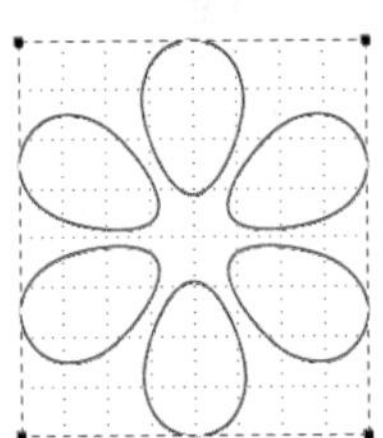

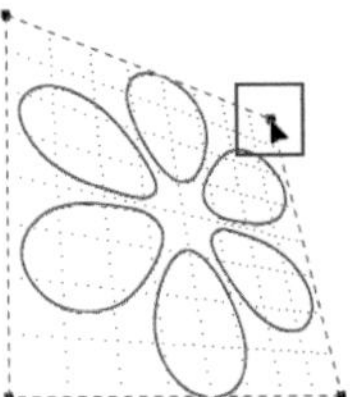

06 继续拖动各个节点，直到调整到合适的效果，使用“选择工具”选中对象，按 Ctrl+U 快捷键取消组合对象。

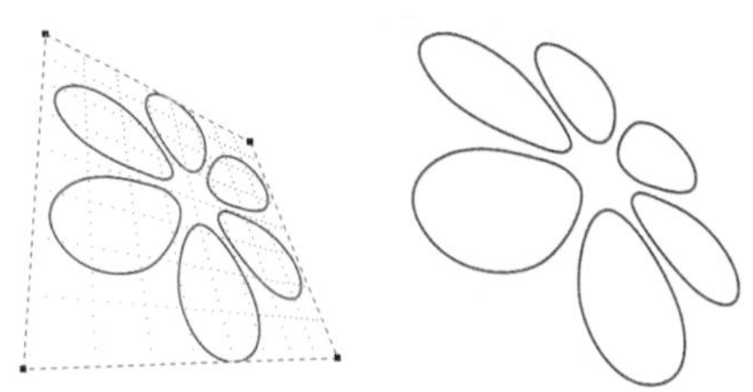

07 接下来为形状填充颜色，使用“选择工具”选中单个形状对象，单击工具箱中的“填充工具”按钮，在属性栏中单击“渐变填充”按钮，在弹出的“渐变填充”对话框中选择“类型”为“辐射”，为对象填充淡黄色（C:5；M:0；Y:39；K:0）到黄色（C:0；M:18；Y:95；K:0）的渐变颜色。

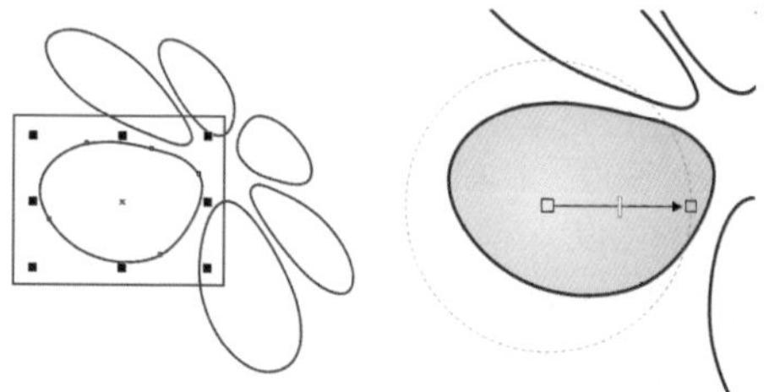

08 将光标放置在调色板中的按钮⊠上，单击鼠标右键，取消轮廓线，继续使用“选择工具”选中形状对象，单击工具箱中的“填充工具”按钮，修改渐变颜色为粉红色（C:0；M:58；Y:13；K:0）到红色（C:7；M:100；Y:100；K:0），并取消轮廓线。

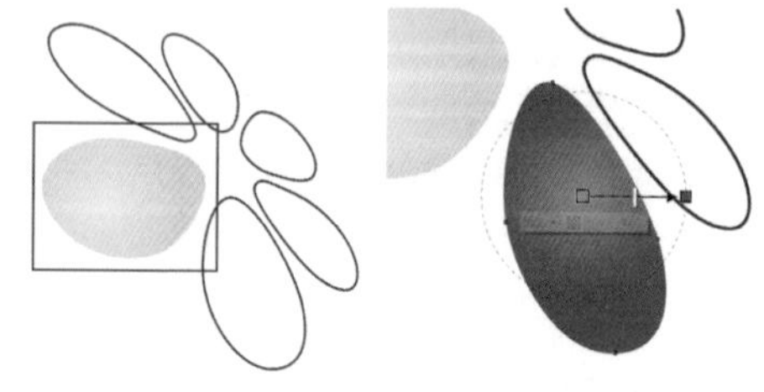

09 采用同样的方法，继续为其他对象填充颜色，分别为绿色（C:20；M:0；Y:92；K:0）到深绿色（C:80；M:45；Y:100；K:7）的渐变、蓝色（C:100；M:20；Y:0；K:0）到深蓝色（C:100；M:98；Y:41；K:0）的渐变、浅紫色（C:0；M:40；Y:0；K:0）到深紫色（C:47；M:91；Y:0；K:0）的渐变、浅蓝色（C:56；M:0；Y:13；K:0）到蓝色（C:79；M:34；Y:11；K:0）的渐变，并取消所有对象的轮廓线。

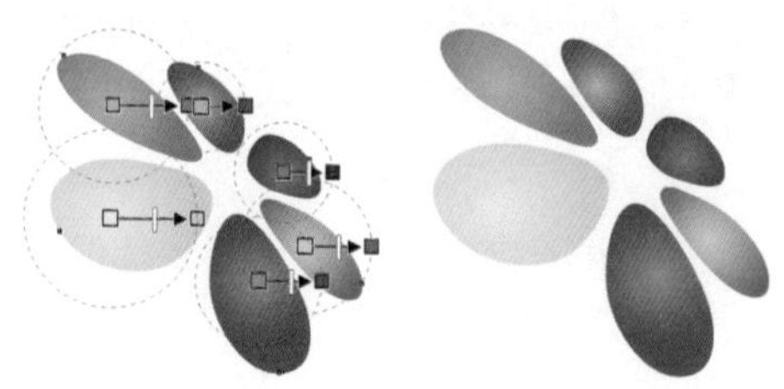

10 使用“选择工具”选中黄色对象，按 Ctrl+C 快捷键复制对象，按 Ctrl+V 快捷键粘贴对象，单击工具箱中的“交互式填充工具”按钮，在弹出的快捷菜单中选择“均匀填充”选项，在打开的“均匀填充”对话框中设置填充色为深黄色（C:27；M:41；Y:100；K:0），更改对象的填充颜色。

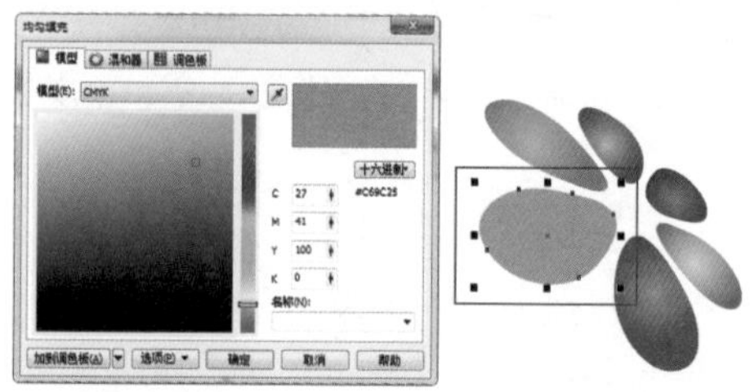

11 单击鼠标右键，在弹出的快捷菜单中单击执行“顺序”→“到图层后面”命令，将其置于最下方，然后向左下方移动对象，为形状添加厚度。

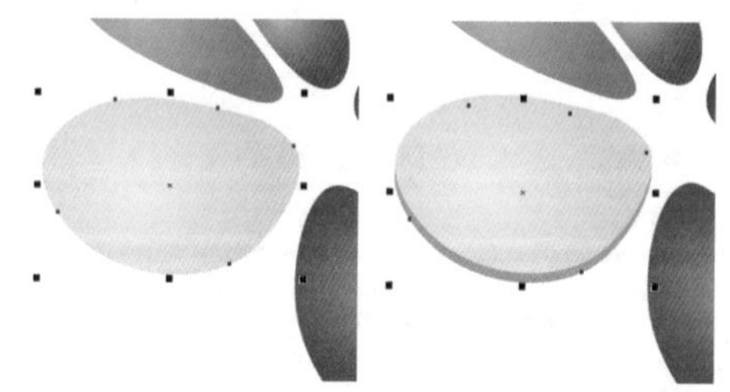

12 使用“选择工具”选中红色对象，复制一个对象，使用“交互式填充工具”更改填充颜色为深红色（C:41；M:100；Y:100；K:0），然后调整对象顺序，并移动位置。

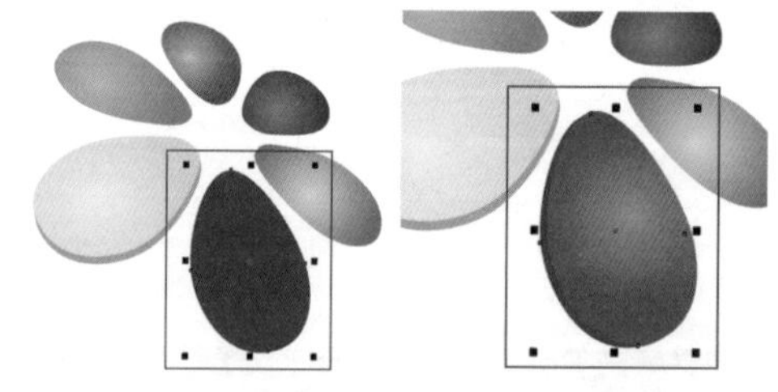

13 采用同样的方法，继续制作其他对象的厚度，

颜色分别为深绿色（C:84；M:64；Y:100；K:49）、深蓝色（C:100；M:99；Y:61；K:57）、深紫色（C:68；M:100；Y:32；K:0）、深蓝绿色（C:91；M:58；Y:30；K:0），然后来制作反光部分，使用“选择工具”选中红色对象，复制一个对象，按 Ctrl+Q 快捷键将其转换曲线，然后使用“形状工具”调整曲线形状。

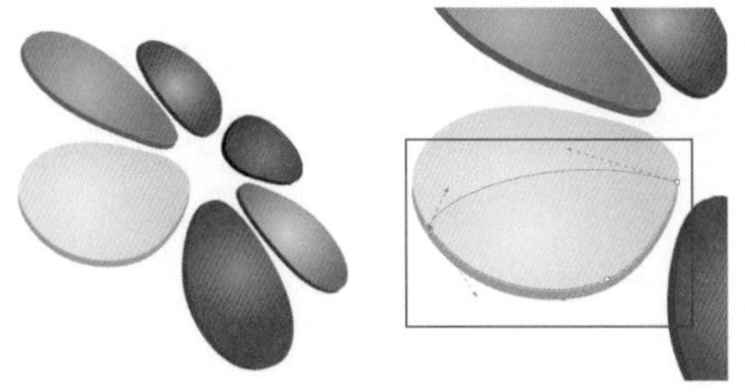

14 将光标放在调色板中，右键单击“白”，为形状填充白色，然后单击工具箱中的“透明度工具”按钮，在属性栏中选择“辐射”选项，即可实现辐射透明效果，实现透明度效果。

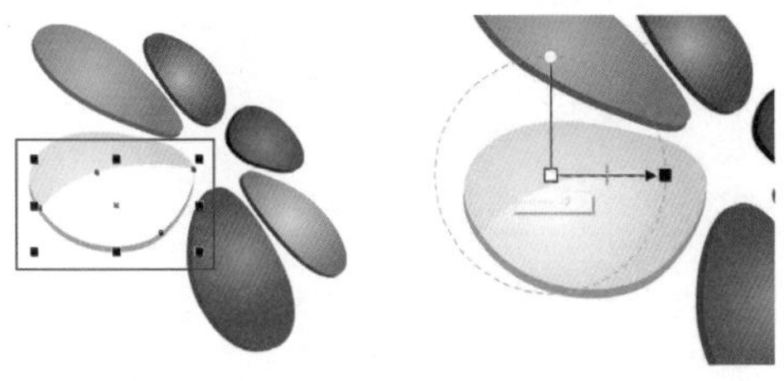

15 采用同样的方法，继续制作其他对象的反光部分，分别复制形状对象，再使用“形状工具”调整曲线形状，然后将填充颜色更改为白色，再使用“透明度工具”实现透明度效果，使用“选择工具”选中全部对象，按 Ctrl+G 快捷键组合对象。

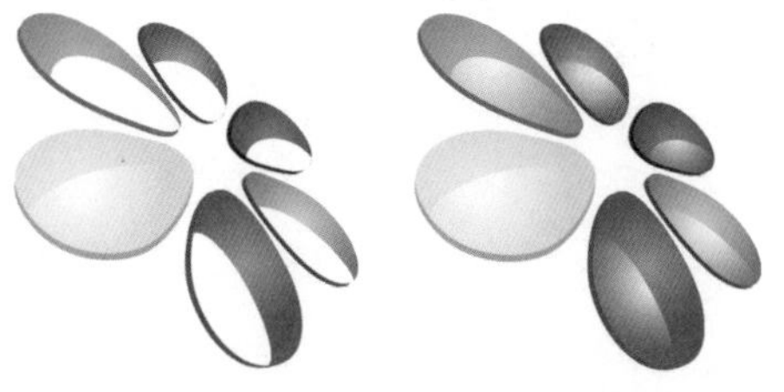

16 接下来制作图标的阴影，使用“椭圆形工具”绘制一个小椭圆形，为对象填充灰色（C:0；M:0；Y:0；K:30），在属性栏中单击“到图层后面”按钮，将其置于最下方。

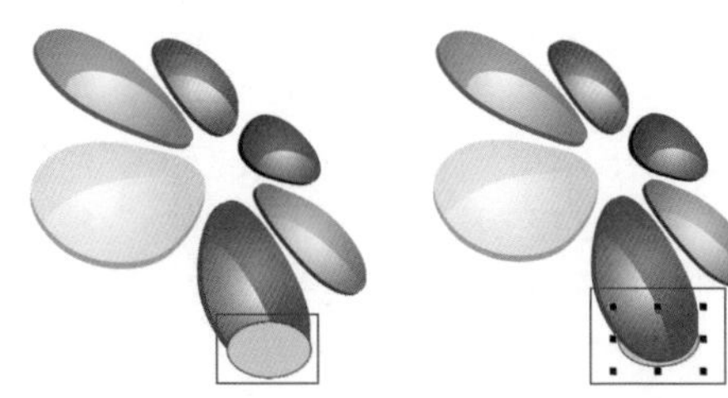

17 使用“椭圆形工具”绘制一个大椭圆形，为对象填充白色（C:0；M:0；Y:0；K:0），在属性栏中单击“到图层后面”按钮，将其置于最下方，然后单击工具箱中的“阴影工具”，在打开的下拉列表中选择“调和工具”，在白色椭圆上单击，拖曳至灰色椭圆，释放鼠标后，在两个形状之间创建调和效果。

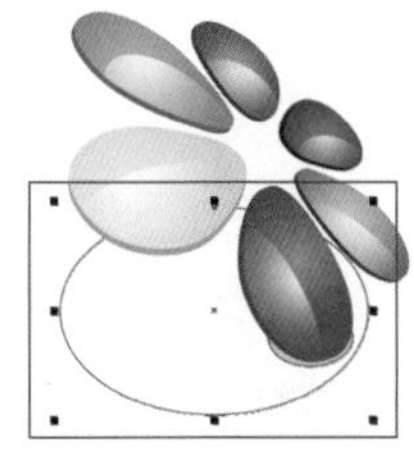

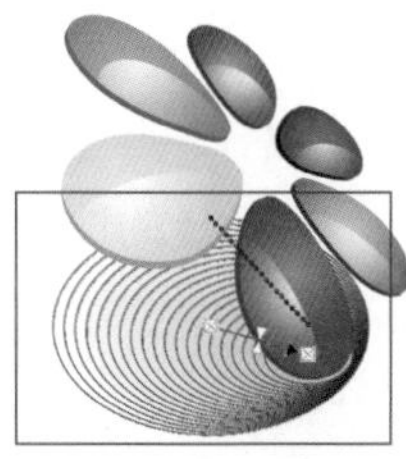

18 保持调和对象的选中状态，将光标放在调色板中，右键单击按钮☒，取消轮廓线，在属性栏中设置调和步长为“80”（根据形状大小设置合适的步长）。

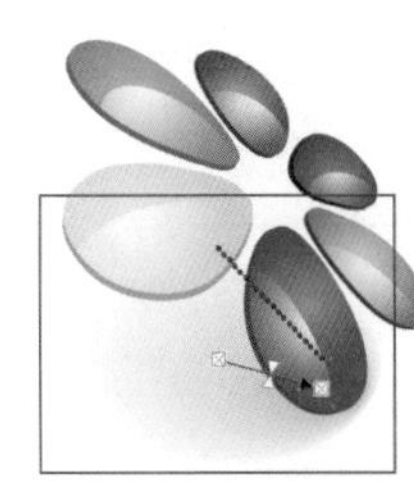

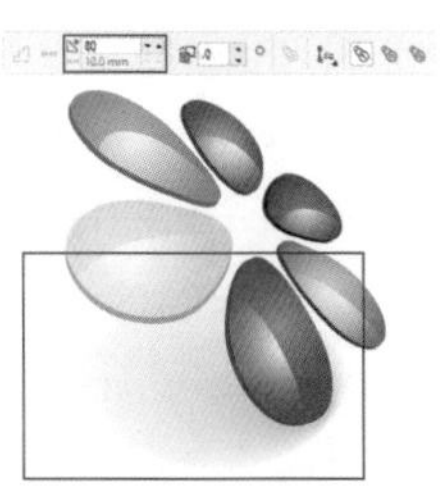

19 单击工具箱中的“文本工具”按钮，输入文本，在属性栏中设置字体为“Arial”，单击“粗体”按钮，加粗文本，然后更改文本颜色为深灰色（C:0；M:0；Y:0；K:80），调整至合适的大小和位置。

RAINBOW

20 使用“文本工具” 字 输入文本，在属性栏中设置字体为“Arial”，更改文本颜色为深灰色（C:0; M:0; Y:0; K:80），调整至合适的大小和位置，最后使用“选择工具” 选中全部文本对象，按Ctrl+Q 组合键转换为曲线，完成制作。

13.2 实物设计

CorelDRAW常用于工业设计，能够制作出非常逼真的产品效果图，产品是立体的东西，在表现时一定要注意对其体感的把握，体感的表现依赖于对光影的运用，即光线投射在物体上所产生的明暗层次变化。

13.2.1 案例分析

此例设计的洗衣机，以柔和的色彩为背景，突出主体的形态，通过立体放置的方式，展现出该洗衣机的小巧有型和时尚气质。本实例主要运用了矩形、贝塞尔、椭圆形、透明度、阴影等工具。

13.2.2 具体操作

01 执行“文件”→“新建”命令，弹出“创建新文档”对话框，设置“宽度”为300mm，“高度”为220mm，单击“确定”按钮。

02 选择工具箱中的“贝塞尔工具” ，绘制图形，按F11键弹出“渐变填充”对话框，设置参数，单击“确定”按钮，即可填充颜色。

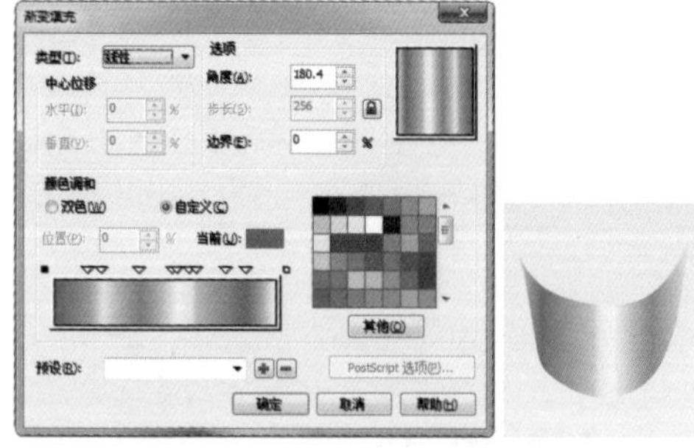

03 单击“+”键，复制一层，并修改填充颜色。

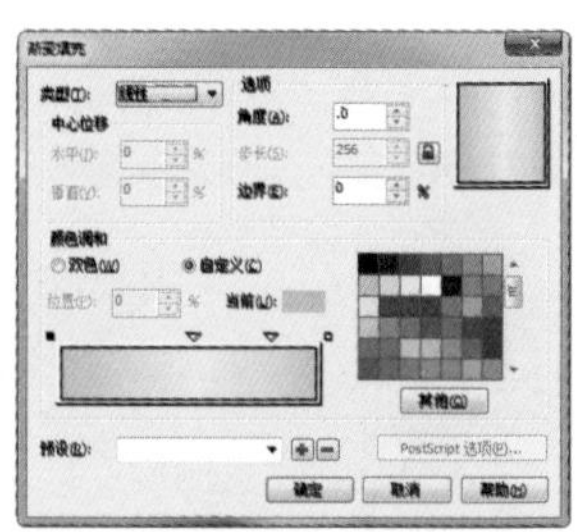

04 在属性栏中设置透明类型为“均匀透明度”，合并模式为“乘”，其他默认。

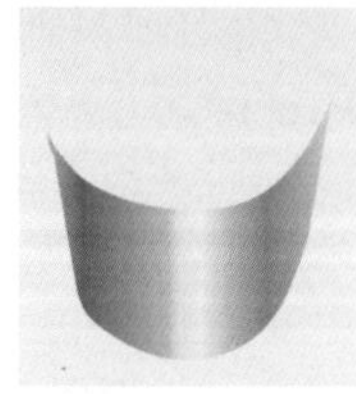

05 选择工具箱中的“贝塞尔工具” ，绘制图形，并填充渐变颜色，制作效果图。

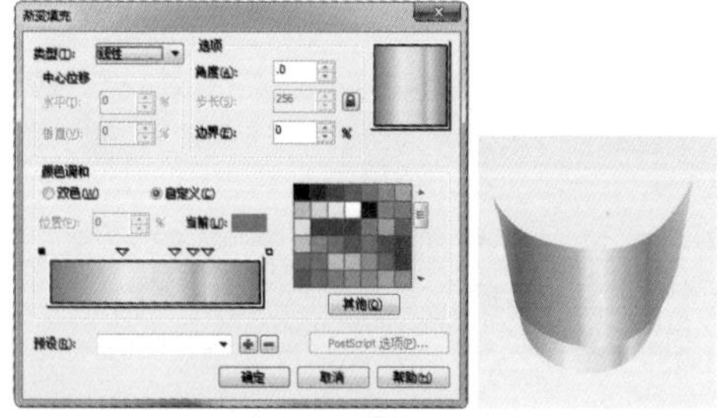

06 运用“贝塞尔工具” ，绘制图形，并填充渐变色。

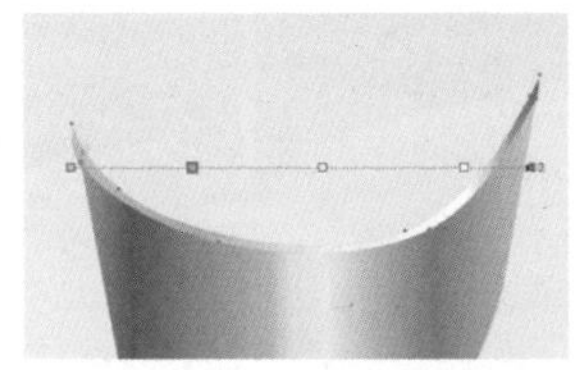

07 运用“贝塞尔工具”，绘制桶耳，并分别填充渐变色和黑色。

08 运用“贝塞尔工具”，绘制桶前的标识区，并填充渐变色。

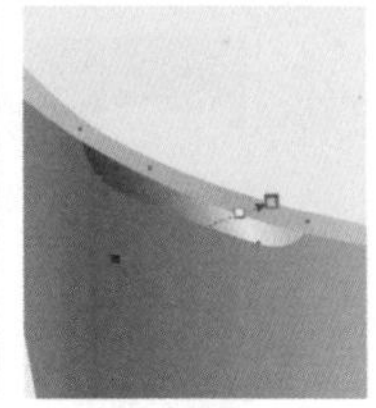

09 运用“贝塞尔工具”，绘制桶盖，并填充渐变色。

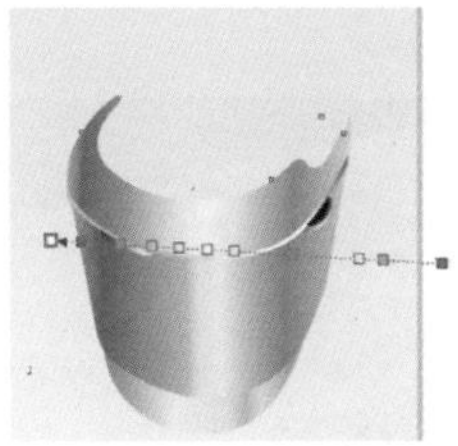

10 运用“贝塞尔工具”，绘制图形，并填充渐变色。

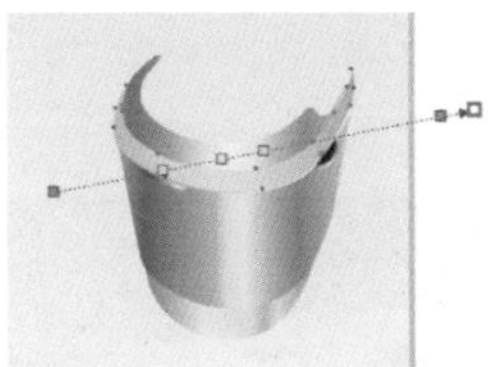

11 运用“贝塞尔工具”，绘制图形，并分别填充渐变色和不同灰度的黑色。

12 运用“贝塞尔工具”，绘制图形，并填充颜色为灰色（C76，M69，Y67，Y30），单击“+”键复制一层，移开作备用。

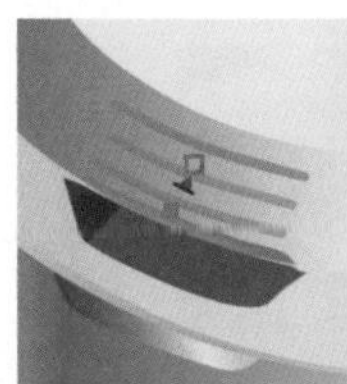
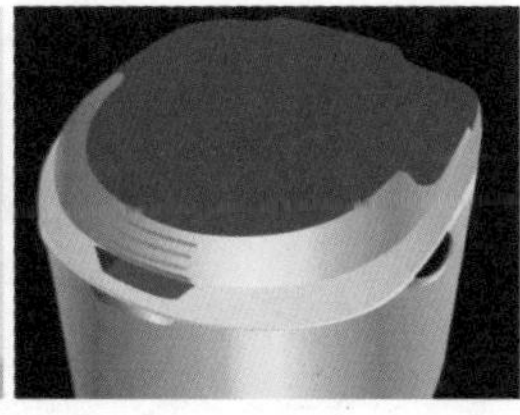

13 运用“贝塞尔工具”，绘制图形，填充颜色为黑色，设置透明度为 56。

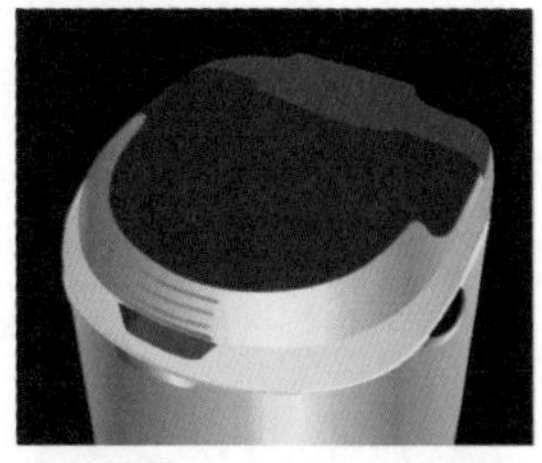

14 运用“贝塞尔工具”，绘制图形，填充颜色为黑色，设置透明度为 56。

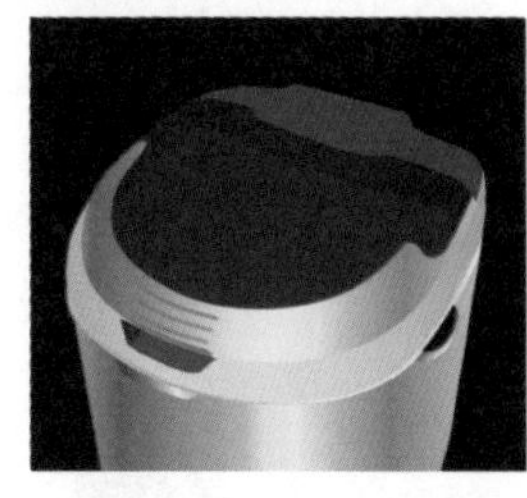

15 运用“贝塞尔工具”，绘制图形，并填充白蓝渐变色。

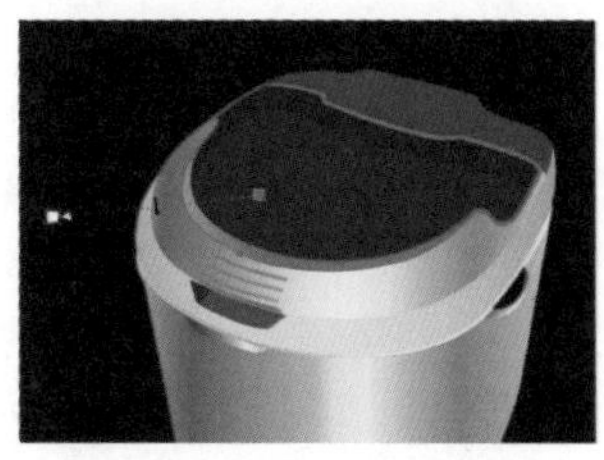

16 选中备用图形，填充渐变颜色。

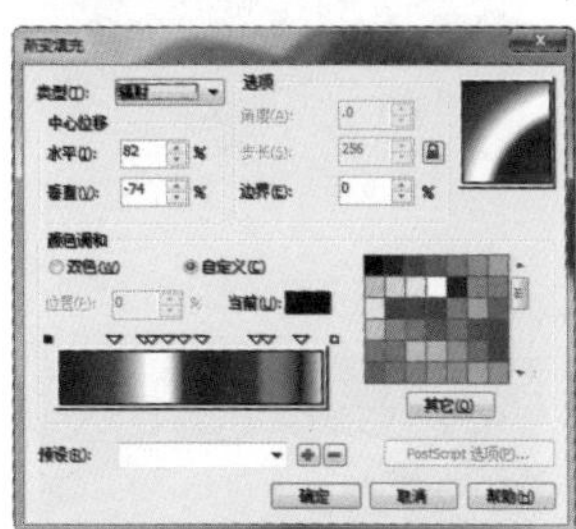

17 设置透明度为 56，按 Ctrl+Pagedown 组合键调整图层顺序。

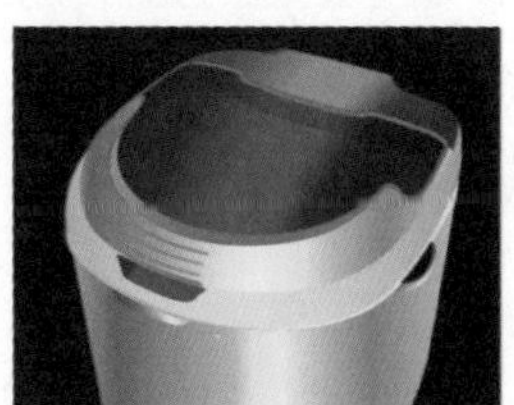

18 选择工具箱中的“贝塞尔工具”，绘制曲线，设置“轮廓宽度”为0.5mm。按Shift+Ctrl+Q组合键，将轮廓转换为对象，选择工具箱中的“形状工具”进行调整，并填充渐变色，同时将后盖复制一层，并填充颜色为灰色（R229，G229，B229）。

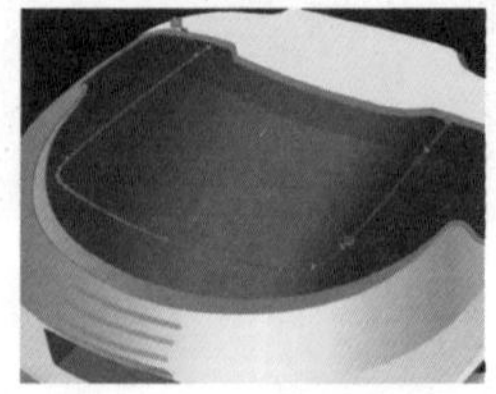

19 选择工具箱中的“贝塞尔工具”，绘制图形，并填充渐变色。

20 选择工具箱中的“贝塞尔工具”，绘制图形，填充颜色。选择工具箱中的“阴影工具”，在图形上移动光标，在属性栏中设置阴影的不透明度为 75，其他默认。按 Ctrl+K 快捷键拆分阴影组，删去不要的部分。

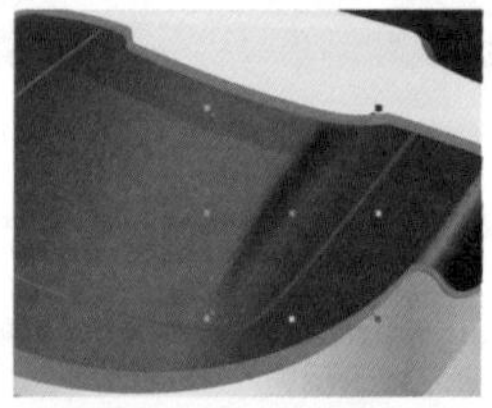

21 参照上述操作，添加其他阴影。

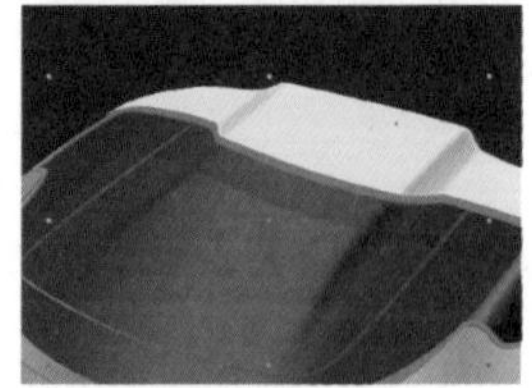

22 选择工具箱中的“椭圆工具”，绘制椭圆并填充渐变色。

23 单击“+”键复制一个椭圆，按住 Shift 键，将光标移到图形右上方，出现双向箭头后，向内拖动，并填充渐变色。选中两个椭圆，按 T 键上对齐。

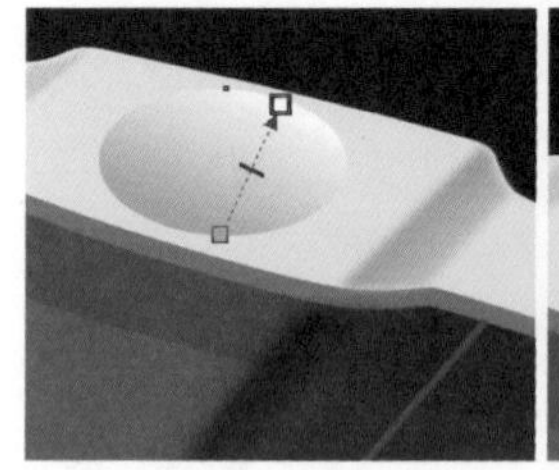

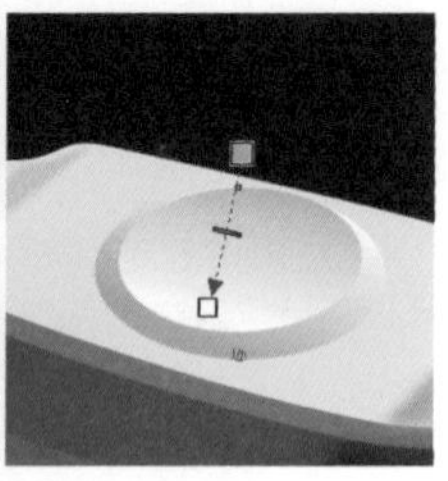

24 选中最上层的椭圆，执行“位图”→“转换为位图”命令，再执行“位图”→“模糊”→“高斯式模糊”命令，设置模糊半径为 3 像素。

25 选择工具箱中的“椭圆形工具”绘制椭圆，并填充渐变色。

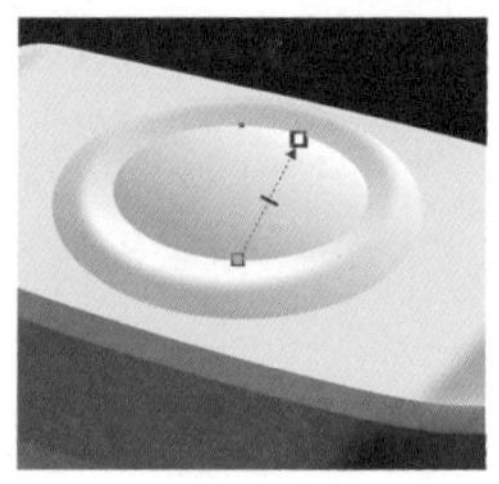

26 执行“文件”→“导入”命令，选择“素材\第 13 章\13.2\素材 .cdr”文件，单击“导入”按钮，调整好位置。

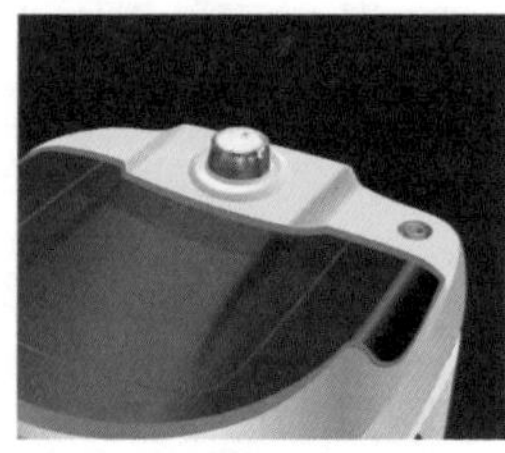

27 选择工具箱中的“贝塞尔工具”，绘制图形，填充渐变色。

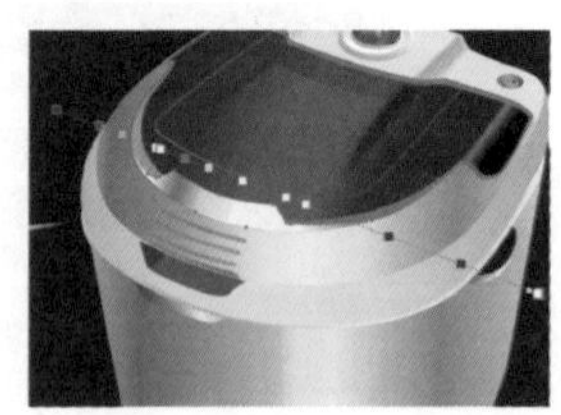

28 单击"+"键复制一层，并填充为白色，按Ctrl+Pagedown快捷键向下调整一层，并按方向键，向右上方移动少许。

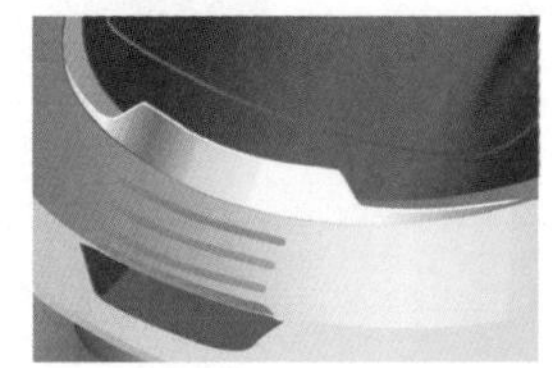

29 选择工具箱中的"文本工具"，输入文字，参照上述操作，填充渐变色，再复制一层。

30 选择工具箱中的"贝塞尔工具"，绘制图形，并填充黑色。

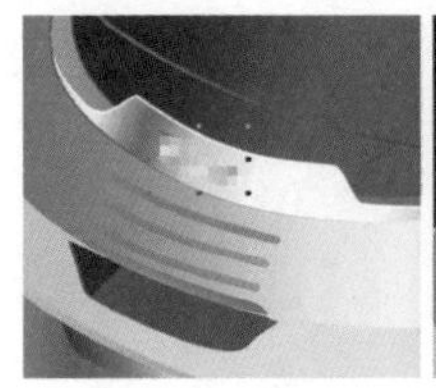

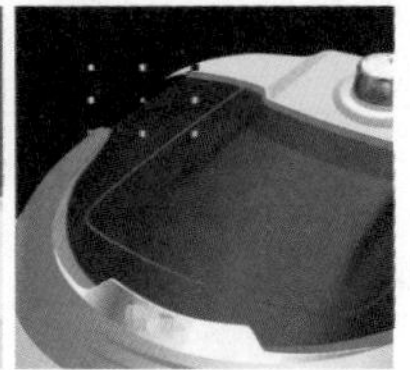

31 运用"贝塞尔工具"，绘制图形，选择工具箱中的"阴影工具"，添加阴影，在阴影属性栏中设置阴影透明度为80，羽化为50。

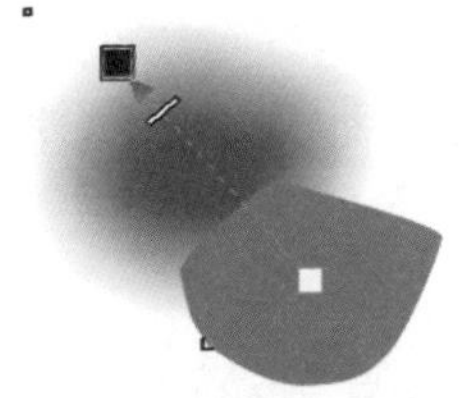

32 按Ctrl+K组合键拆分阴影，删去不要的部分。按Shift+Pagedown组合键调整到最下层，作为洗衣机的阴影，并添加适当的背景色。

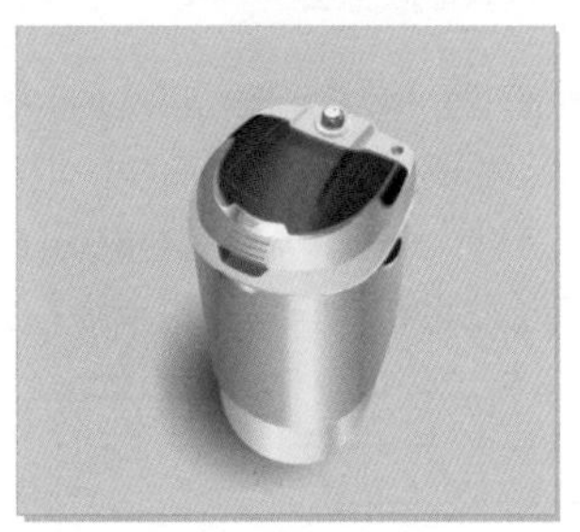

13.3 卡片设计

卡片的外形小巧，多为矩形，标准卡片尺寸为86mm×54mm（其他形状属于非标卡），普通PVC卡片的厚度为0.76mm，IC、ID非接触卡片的厚度为0.84mm，携带方便，用以承载信息或娱乐用的物品（电话卡、明信片、身份证、扑克等均属此类）。其制作材料可以是PVC、透明塑料、金属及纸质材料。

13.3.1 案例分析

本实例是制作一张VIP卡片，使用"图纸工具"绘制网格，再将网格拆分为单独的小方格，并设置为圆角，使用"交互式填充工具"填充矩形渐变颜色，再使用"椭圆形工具"和"贝塞尔工具"绘制形状，制作珠子装饰，绘制好背景后，通过"置于图文框内部"的功能将制作好的背景置于"矩形工具"绘制的圆角矩形对象中，然后导入Logo素材，并通过造型功能制作渐变颜色的Logo，再使用"文本工具"输入文本，填充渐变颜色，完成VIP卡片的制作。

13.3.2 具体操作

01 启动CorelDRAW X6软件，新建一个空白文档，单击工具箱中的"矩形工具"按钮，绘制一个矩形，在属性栏设置宽度为86mm，高度为54mm，更改矩形大小，再在属性栏中单击"圆角"按钮，设置转角半径为2mm。

02 将光标放在调色板中，左键单击“青”，为对象填充蓝色（此处可以填充任意颜色），右键单击调色板中的按钮☒，取消轮廓线，然后绘制卡片背景，单击工具箱中的“图纸工具”按钮，在属性栏中设置“列数和行数”分别为 7，按住 Ctrl 键绘制方形网格。

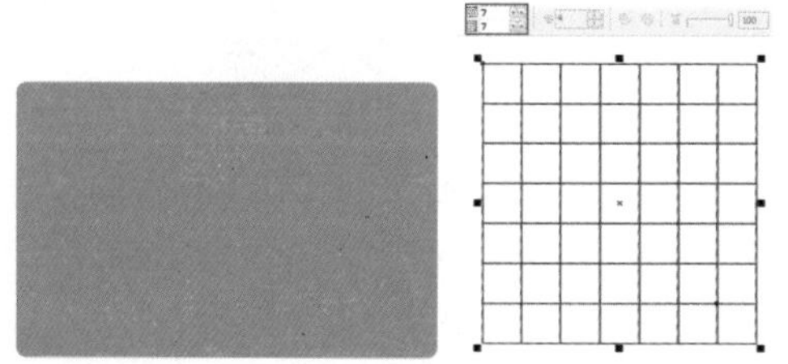

03 保持网格的选中状态，按 Ctrl+U 组合键取消组合对象，即可将网格拆分为单独的小方格，然后使用“选择工具”选中小方格对象，在属性栏中单击“圆角”按钮，设置转角半径为 1mm。

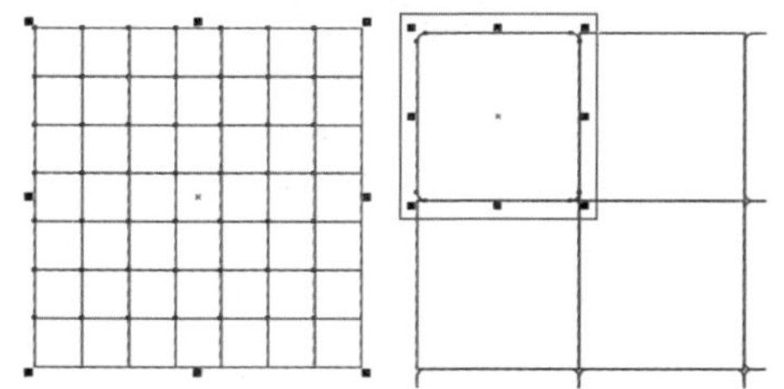

04 选中其他小方格，分别设置圆角，然后为小方格填充颜色，使用“选择工具”选中小方格对象，单击工具箱中的“填充工具”按钮，在弹出的“渐变填充”对话框中选择“类型”为“正方形”，填充粉红色（C:0；M:80；Y:24；K:0）到深红色（C:27；M:100；Y:70；K:0）的渐变颜色。

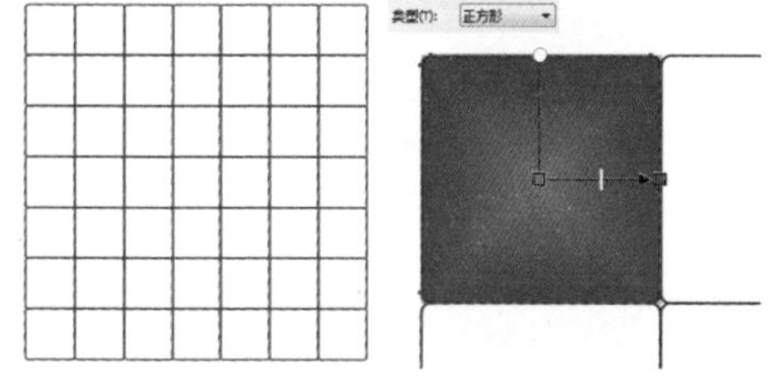

05 使用“选择工具”选中另外的小方格对象，单击工具箱中的“填充工具”按钮，然后单击属性栏中的“复制填充”按钮，当光标变为➧形状时，单击已经填充颜色的小方格对象，即可复制该对象的填充颜色到所选对象上。

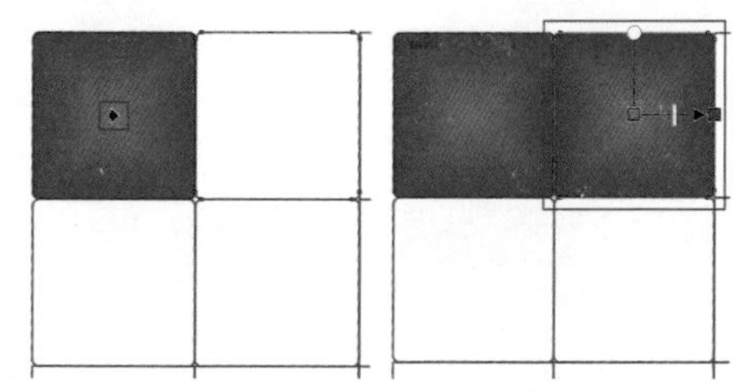

06 采用同样的方法，为其他小方格填充渐变颜色，使用“选择工具”选中所有小方格对象，在属性栏中设置轮廓宽度为 0.5mm（根据方格大小设置合适的轮廓宽度），然后按 Ctrl+Shift+Q 组合键将轮廓转换为对象。

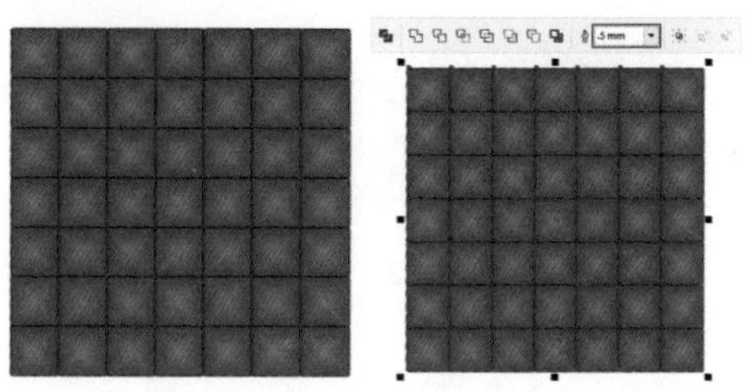

07 接下来为轮廓对象填充颜色，使用“选择工具”选中轮廓对象，单击鼠标右键，在弹出的快捷菜单中执行“顺序”→“到图层前面”命令，将其置于最上方（右键单击旁边的轮廓对象，在弹出的快捷菜单中单击执行“隐藏对象”命令，便与观察），单击工具箱中的“填充工具”按钮，在弹出的“渐变填充”对话框中选择“类型”为“辐射”，为轮廓对象填充渐变颜色，从左到右依次为黄色（C:5；M:27；Y:98；K:0）、黄绿色（C:60；M:62；Y:100；K:17）、黑色（C:0；M:0；Y:0；K:100）和黑色（C:0；M:0；Y:0；K:100）。

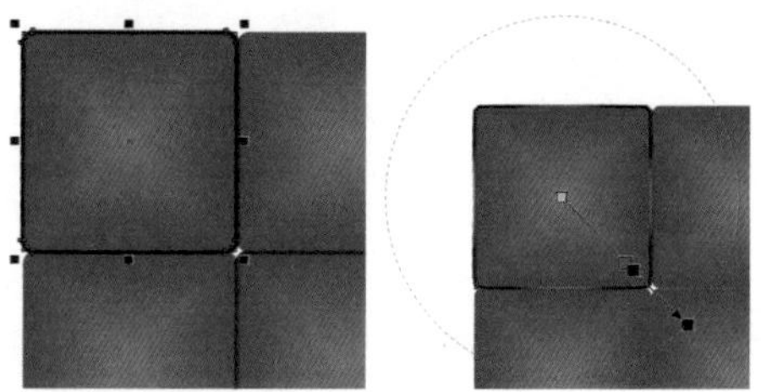

08 单击工具箱中的“透明度工具”按钮，在属性栏中设置合并模式为“屏幕”，实现透明度效果，在菜单栏中执行“对象”→“隐藏”→“显示所有对象”命令，显示之前隐藏的轮廓对象，然后采用同样的方法，为其他轮廓对象填充渐变颜色并实现透明度效果。

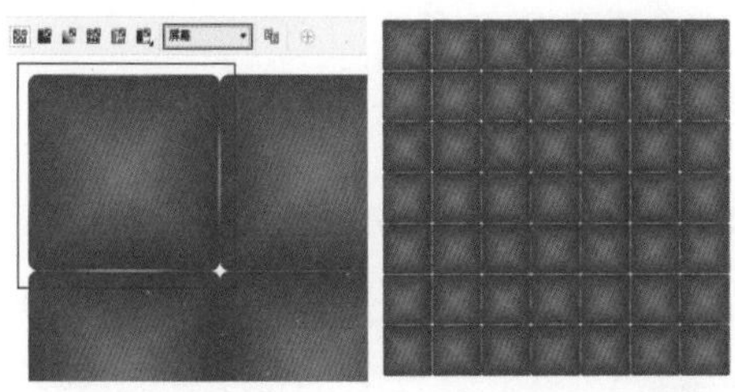

09 接下来绘制珠子，单击工具箱中的“椭圆形工具”按钮，按住 Ctrl 键绘制一个正圆，单击工具箱中的“填充工具”按钮，在弹出的快捷菜单中选择“均匀填充”选项，在弹出的“均匀填充”对话框中设置填充色为黄色（C:0；M:45；Y: 94；K: 0），并取消轮廓线。

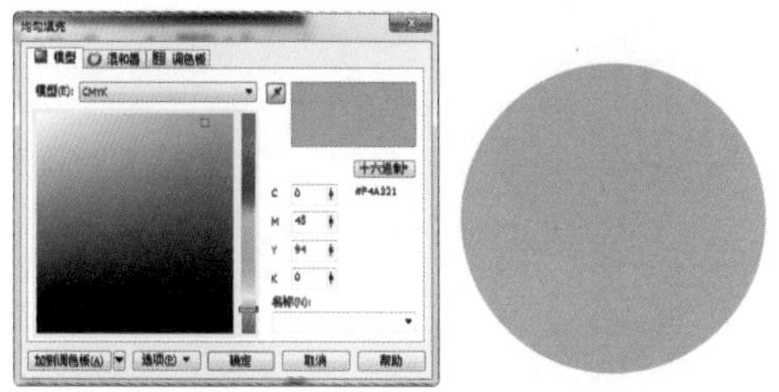

10 使用“贝塞尔工具”绘制曲线形状，使用“填充工具”填充浅黄色（C:0；M:29；Y:63；K:0），并取消轮廓线。

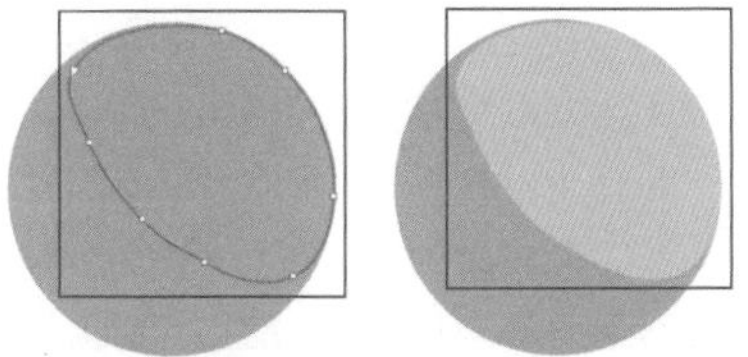

11 使用“贝塞尔工具”绘制两个曲线形状，然后使用“选择工具”同时选中两个形状对象，单击属性栏中的“合并”按钮，合并对象。

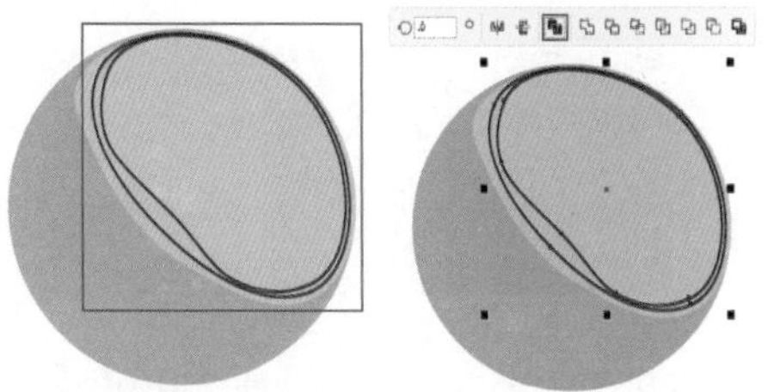

12 使用“交互式填充工具”为对象填充棕色（C:44；M:76；Y:100；K:9），并取消轮廓线，然后使用“贝塞尔工具”绘制高光形状，填充白色（C:0；M:0；Y:0；K:0）并取消轮廓线。

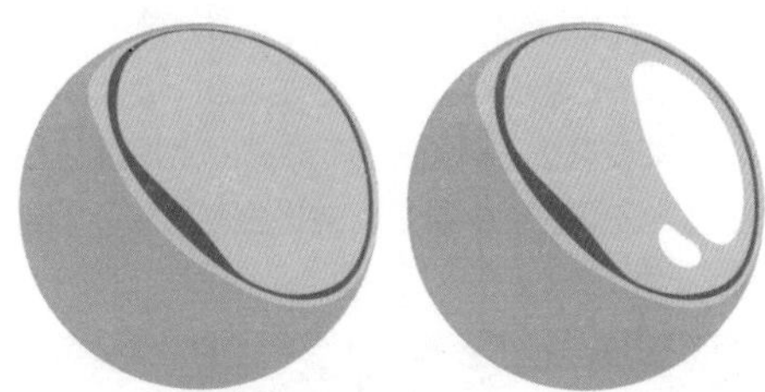

13 使用“选择工具”选中全部形状对象，按 Ctrl+G 组合键组合对象，并将其移动到 4 个小方块相交的位置，调整至合适的大小，然后制作珠子的阴影，使用“椭圆形工具”绘制一个正圆。

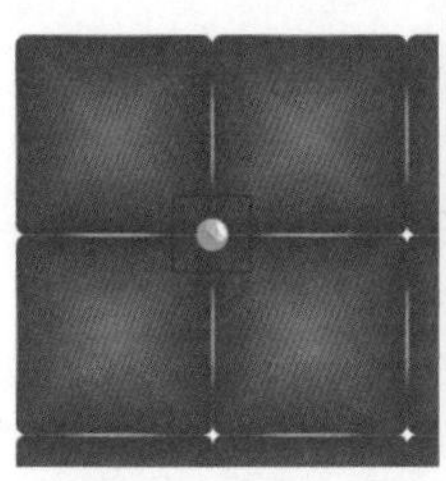
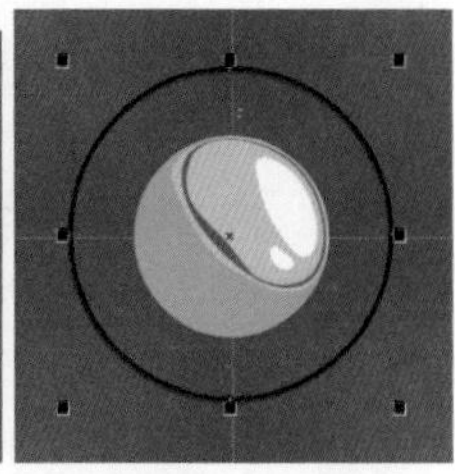

14 将圆形对象移开，右键单击该对象，在弹出的快捷菜单中执行“顺序”→“置于此对象后”命令，当光标变为 ➧ 形状时，单击珠子对象，将其置于珠子对象下方，然后使用“选择工具”选中圆形对象，按住 Shift 键加选珠子对象（注意选择的先后顺序）。

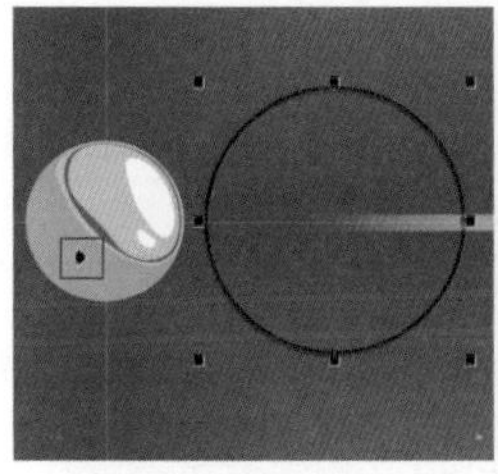
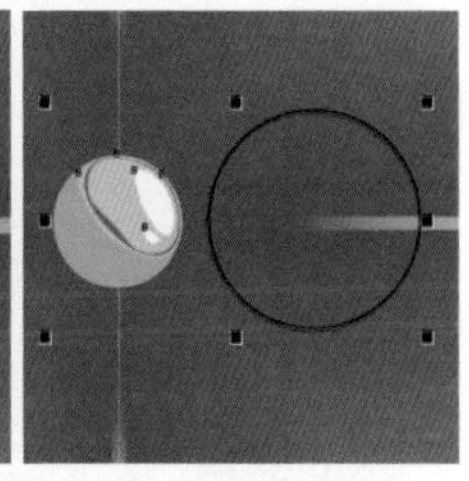

15 在菜单栏中执行“排列”→“对齐和分布”→“对齐与分布”命令，打开“对齐与分布”泊坞窗，单击“水平居中对齐”按钮和“垂直居中对齐”按钮，将圆形对象与珠子对象居中对齐。

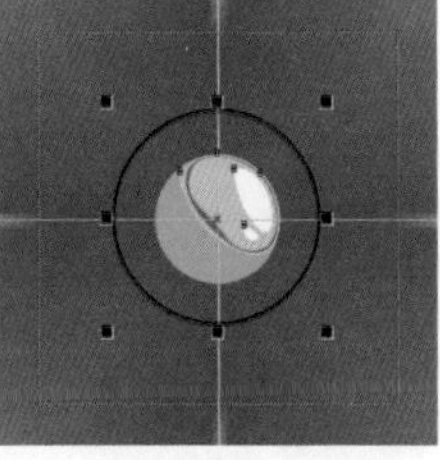

16 使用“选择工具”选中圆形对象，单击工具箱中的“填充工具”按钮，在弹出的“渐变填充”

对话框中选择“类型”为“线性”，填充黑色（C:0；M:0；Y:0；K:100）到白色（C:0；M:0；Y:0；K:0）的渐变颜色，单击工具箱中的“透明度工具”按钮，在属性栏中设置合并模式为“乘”，实现透明度效果。

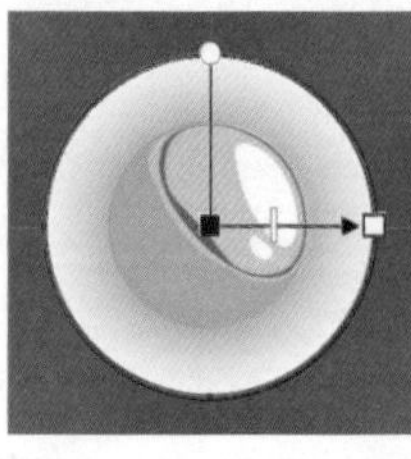

17 使用“选择工具”同时选中珠子对象和阴影对象，按Ctrl+G快捷键组合对象，再复制一个对象，按住Shift键向右水平移动到合适的位置，继续复制对象，并移动到合适的位置，然后使用“选择工具”选中第一排的珠子对象，按Ctrl+G快捷键合并对象。

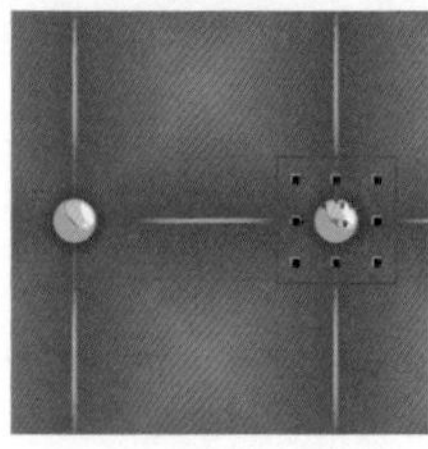
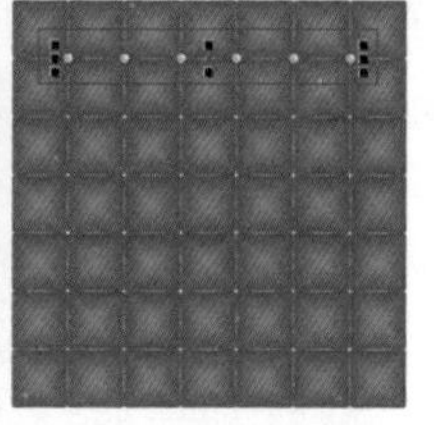

18 复制对象，按住Shift键向下移动到合适的位置，继续复制对象，并调整位置。

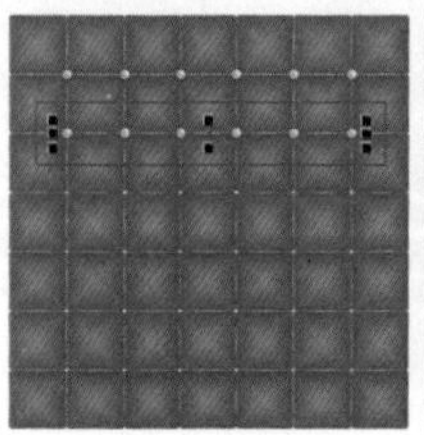
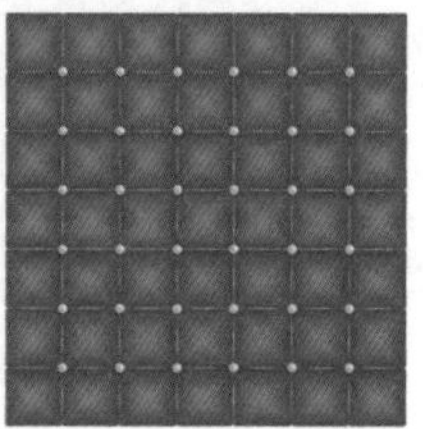

19 使用“选择工具”选中全部对象，按Ctrl+G快捷键组合对象，在属性栏中设置旋转角度为45°，单击鼠标右键，在弹出的快捷菜单中单击执行“PowerClip内部”命令，当光标变为➧形状时，单击前面绘制的蓝色矩形对象。

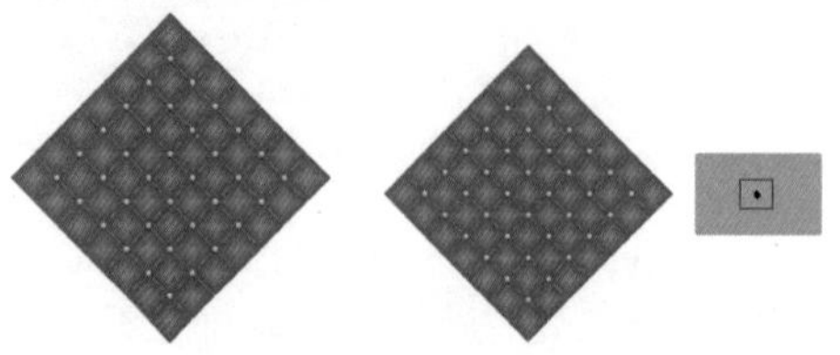

20 将其置于矩形对象内部，然后单击底部的“编辑PowerClip”按钮，进入编辑状态，调整至合适的大小。

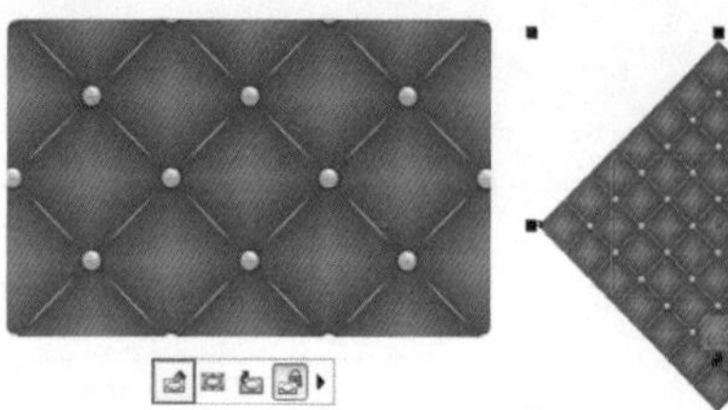

21 编辑完成后，单击底部的“停止编辑内容”按钮，完成编辑。

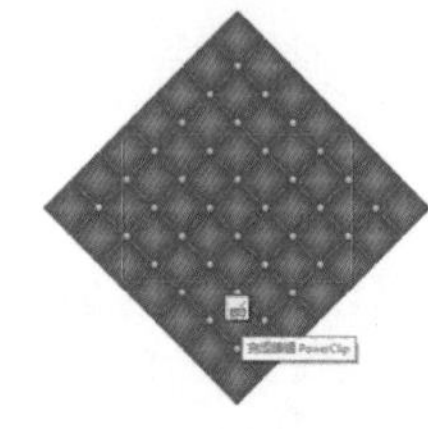
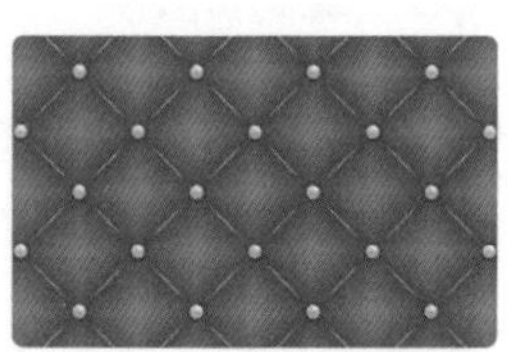

22 使用“矩形工具”绘制一个矩形，使用“填充工具”为矩形填充黑色（C:93；M:88；Y:89；K:80），并取消轮廓线，再复制一个矩形对象，使用“交互式填充工具”为矩形填充渐变颜色，从上到下依次为（C:0；M:7；Y:32；K:0）、（C:22；M:53；Y:93；K:0）、（C:0；M:19；Y:49；K:0）、（C:0；M:0；Y:10；K:0）、（C:0；M:21；Y:53；K:0）、（C:0；M:29；Y:74；K:0）、（C:1；M:0；Y:21；K:0）、（C:0；M:0；Y:0；K:0）、（C:1；M:0；Y:20；K:0）、（C:0；M:27；Y:67；K:0）、（C:0；M:18；Y:31；K:0）、（C:0；M:23；Y:55；K:0）、（C:26；M:76；Y:73；K:0）和（C:0；M:21；Y:53；K:0），使其具有金属质感。

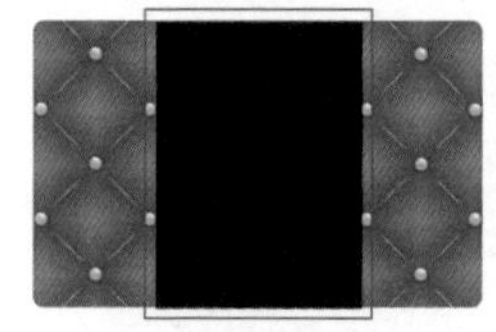
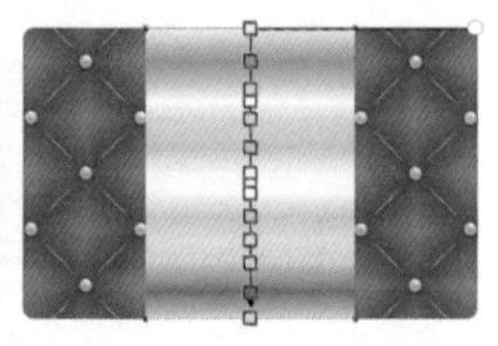

23 右键单击对象，在弹出的快捷菜单中执行“顺序”→“向后一层”命令，将其置于黑色形状下面，然后调整宽度，制作边框效果，在菜单栏中执行“文件”→“打开”命令，打开文件“logo.cdr”，将其复制到该文档中。

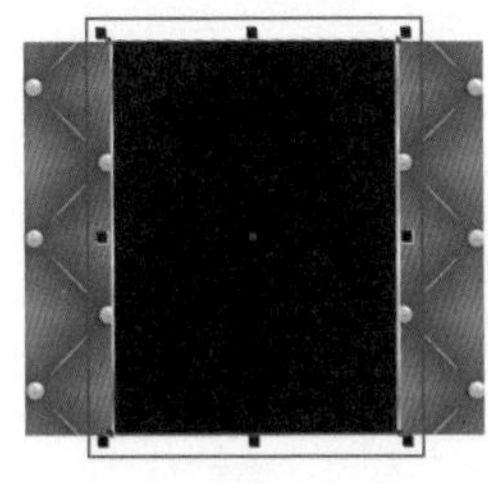

24 使用“矩形工具”绘制一个矩形，单击工具箱中的“属性滴管工具”按钮，当光标变为形状时，单击边框对象，复制属性。

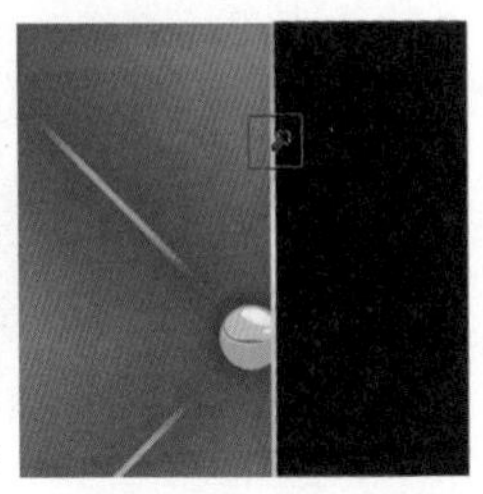

25 当光标变为形状时，单击矩形对象，即可将边框对象的属性应用到矩形对象上，然后右键单击矩形对象，在弹出的快捷菜单中执行“顺序”→“向后一层”命令，将其置于logo对象的下面。

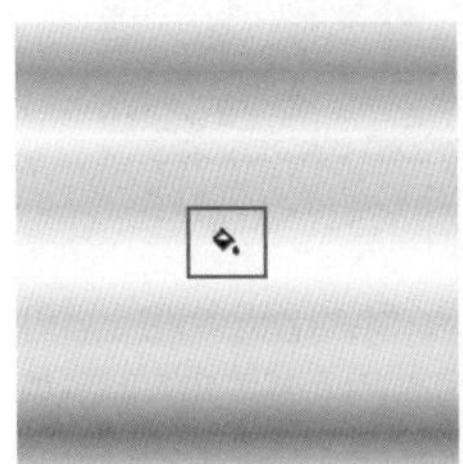

26 使用“选择工具”同时选中矩形对象和logo对象，在菜单栏中执行“对象”→“造型”→“造型”命令，打开“造型”泊坞窗，在“造型”类型的下拉列表框中选择“相交”选项，然后单击“相交对象”按钮，当光标变为形状时，在矩形对象上单击。

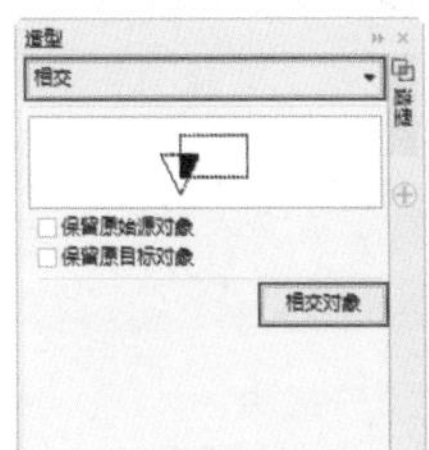

27 保留两个形状相交的区域，然后将其调整至合适的大小和位置。

28 单击工具箱中的“文本工具”按钮，输入文本，在属性栏中设置字体为Palatino，按Ctrl+K组合键将其拆分为单独的字母对象，然后使用“填充工具”为字母V填充渐变颜色，从左到右依次为（C:0；M:7；Y:32；K:0）、（C:22；M:53；Y:93；K:0）、（C:0；M:19；Y:49；K:0）、（C:0；M:0；Y:10；K:0）、（C:0；M:21；Y:53；K:0）。

29 使用“填充工具”为字母I填充渐变颜色，从左到右依次为（C:0；M:29；Y:74；K:0）、（C:1；M:0；Y:21；K:0）、（C:0；M:0；Y:0；K:0）、（C:1；M:0；Y:20；K:0）、（C:0；M:27；Y:67；K:0），使用“填充工具”为字母P填充渐变颜色，从左到右依次为（C:1；M:0；Y:20；K:0）、（C:0；M:27；Y:67；K:0）、（C:0；M:18；Y:31；K:0）、（C:0；M:23；Y:55；K:0）、（C:26；M:76；Y:73；K:0）。

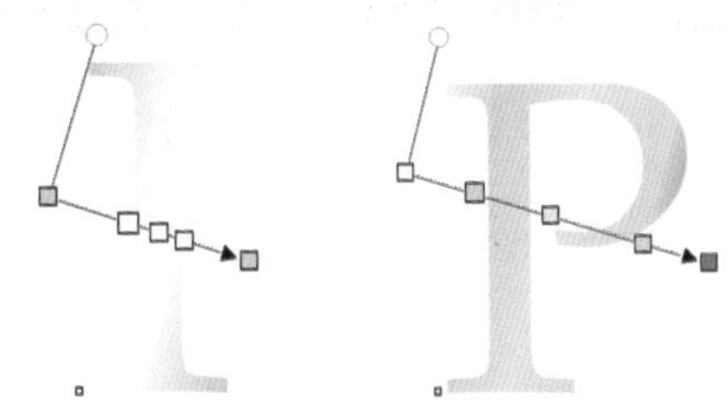

30 使用“选择工具”选中文本对象，按Ctrl+Q快捷键将文本对象转换为曲线，调整到合适的位置和大小，然后使用“贝塞尔工具”绘制曲线形状（此处将轮廓线的颜色设置为蓝色，方便视图），制作立体效果。

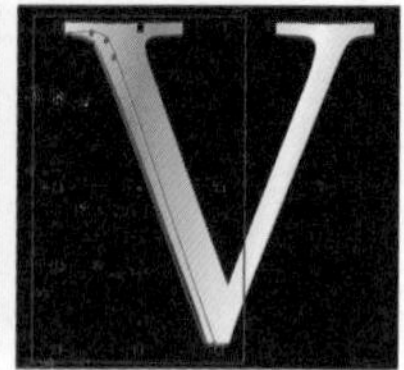

31 使用“填充工具” 为形状对象填充浅咖色（C:35；M:43；Y:53；K:0），并取消轮廓线，单击工具箱中的“透明度工具”按钮，在属性栏中设置合并模式为“乘”，实现透明度效果。

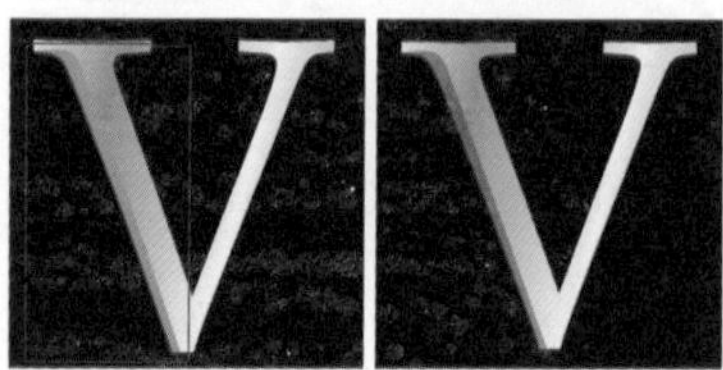

32 使用“贝塞尔工具” 绘制曲线形状，填充浅咖色（C:35; M:43; Y:53; K:0），并取消轮廓线，然后分别实现透明度效果。

33 使用“贝塞尔工具” 绘制曲线形状，填充白色（C:0；M:0；Y:0；K:0）并取消轮廓线，制作绘制曲线，实现高光效果。

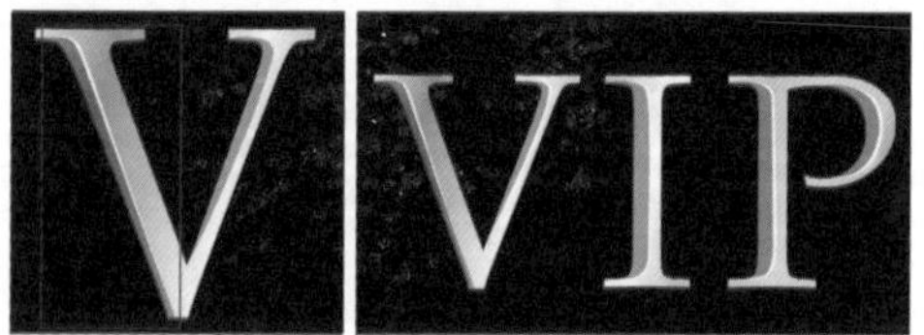

34 使用“文本工具” 输入文本，在属性栏中设置字体为 CAC Champagne，然后调整至合适的大小和位置，使用“属性滴管工具” 复制金属边框对象的属性到文本对象上。

Members only

35 单击工具箱中的“填充工具”按钮，调整渐变角度，然后使用“椭圆形工具” 绘制一个正圆，填充（C:0；M:7；Y:32；K:0）到（C:4；M:15；Y:43；K:0）的渐变颜色，并取消轮廓线。

36 调整至合适的位置和大小，再复制一个对象，按住 Shift 键水平向右移动。

37 单击工具箱中的“填充工具”按钮，更改渐变颜色为（C:4；M:33；Y:56；K:0）和（C:0；M:21；Y:53；K:0），使用“选择工具” 选中文本对象，按 Ctrl+Q 组合键将文本对象转换为曲线，制作 VIP 卡片完成。

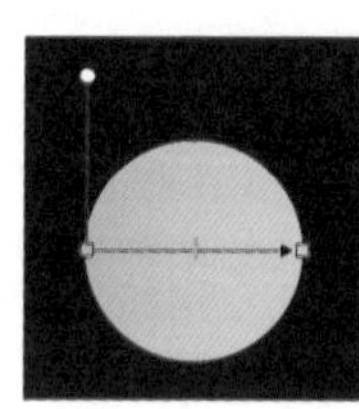

13.4 UI设计

UI即User Interface（用户界面）的简称。UI设计是指对软件的人机交互、操作逻辑、界面外观的整体设计。好的UI设计不仅让软件变得有个性有品味，还让软件的操作变得舒适、简单、自由，可以充分体现软件的定位和特点。

13.4.1 案例分析

本案例制作的是一个UI场景，通过“钢笔工具”绘制曲线形状，通过“块面颜色”使其具有立体感，再为山体的侧面和顶部添加石块和树，丰富场景，再制作一个由河流、山脉云朵组成的背景，然后将其组合在一起，调整至合适的大小和位置，即可完成UI场景的制作。

13.4.2 具体操作

01 启动CorelDRAW X6软件，新建一个空白文档，使用“形状工具” 绘制曲线形状，单击工具箱中的“填充工具”按钮，在弹出的快捷菜单中单击“均匀填充”按钮，在“填充色”的下拉颜色框中设置填充颜色为绿色（C:51；M: 13；Y:100；K:0），制作草地。

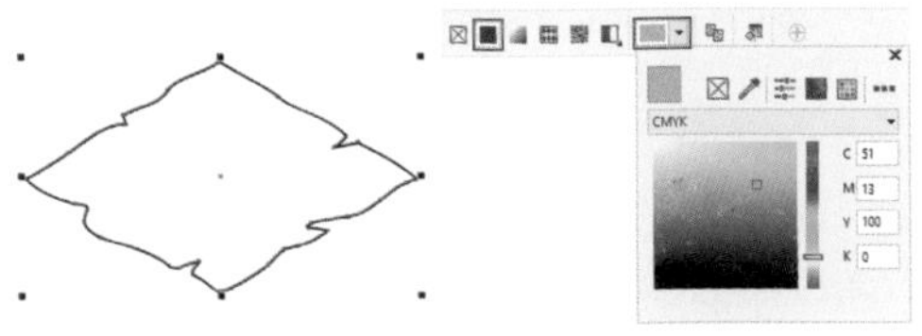

02 将光标放在调色板中，右键单击按钮☒，取消轮廓线，使用“钢笔工具” 绘制左侧面山的形状，填充浅棕色（C:49；M:73；Y:100；K:13），并取消轮廓线。

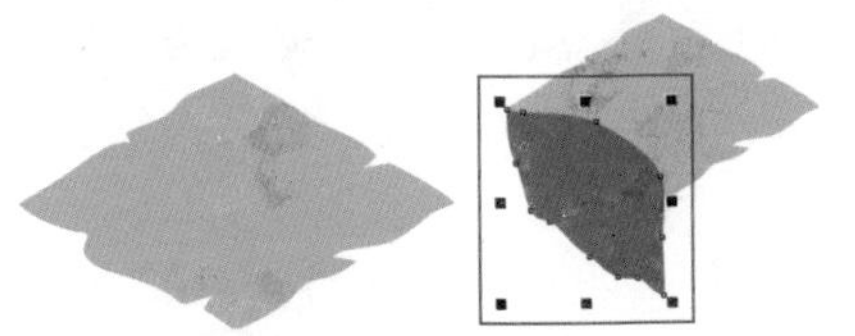

03 使用“选择工具” 选中该形状，单击鼠标左键，在弹出的快捷菜单中执行“顺序”→“向后一层”命令，将其置于绿色对象后面，继续使用“钢笔工具” 绘制右侧山的形状，填充浅棕色（C: 62；M:89；Y:100；K:55），并取消轮廓线。

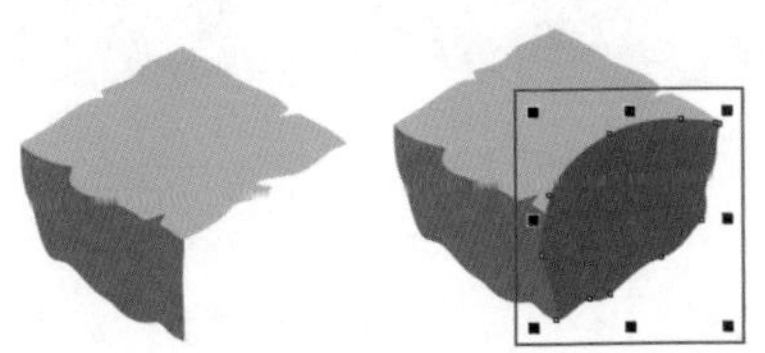

04 右键单击该对象，在弹出的快捷菜单中执行“顺序”→“置于此对象后”命令，当光标变为 ➧ 形状时，单击左侧的山对象，即可将该对象置于其下方。

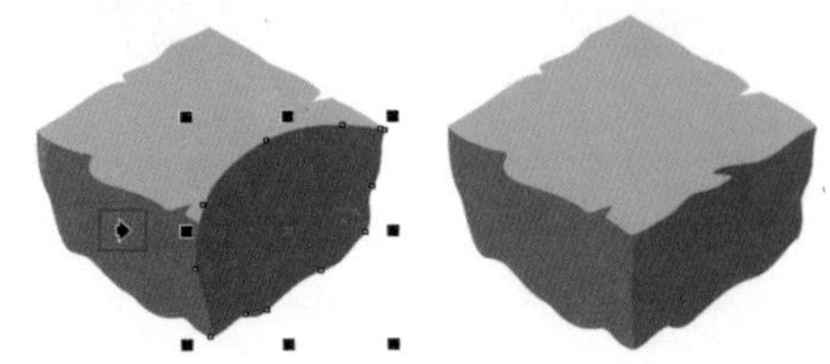

05 使用“选择工具” 选中绿色形状对象，按Ctrl+C 组合键进行复制，按 Ctrl+V 组合键粘贴对象，单击工具箱中的“填充工具”按钮，更改填充颜色为较浅的绿色（C:35；M:0；Y: 84；K:0），然后左键单击该对象，在弹出的快捷菜单中执行“顺序”→“向后一层”命令，将其置于较深绿色对象的后面，接下来使用“形状工具” 调整曲线形状。

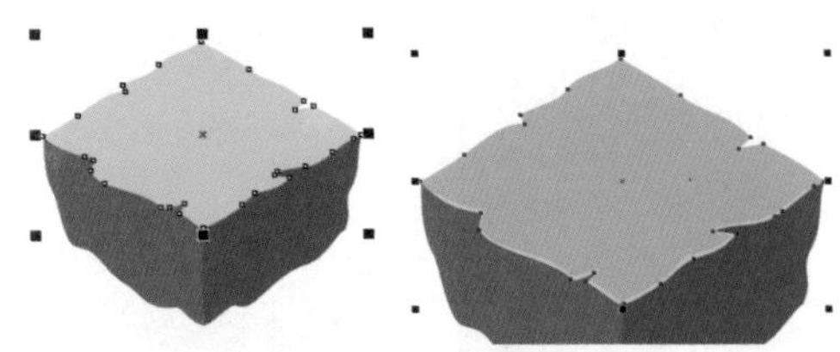

06 使用“钢笔工具” 绘制山的暗部形状，填充较浅棕色并取消轮廓线，使用“选择工具” 选中两个绿色形状，按 Ctrl+G 组合键组合对象，然后单击属性栏中的“到图层前面”按钮，将其置于最前面。

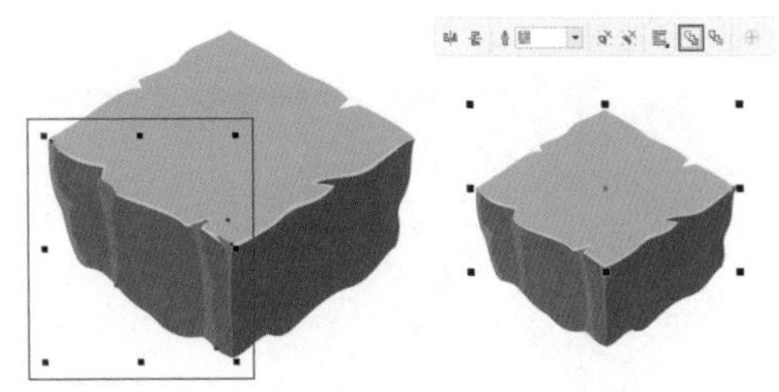

07 使用“钢笔工具” 绘制形状，填充较深的棕色并取消轮廓线，使用“选择工具” 选中绿色组合对象，单击属性栏中的“到图层前面”按钮，将其置于最前面。

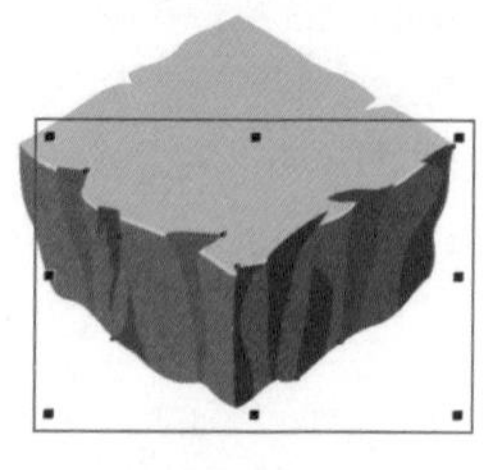

08 使用“钢笔工具” 绘制形状，填充更深的棕色并取消轮廓线，丰富暗部的层次，使用“选择工具” 选中绿色组合对象，单击属性栏中的“到图层前面”按钮 ，将其置于最前面。

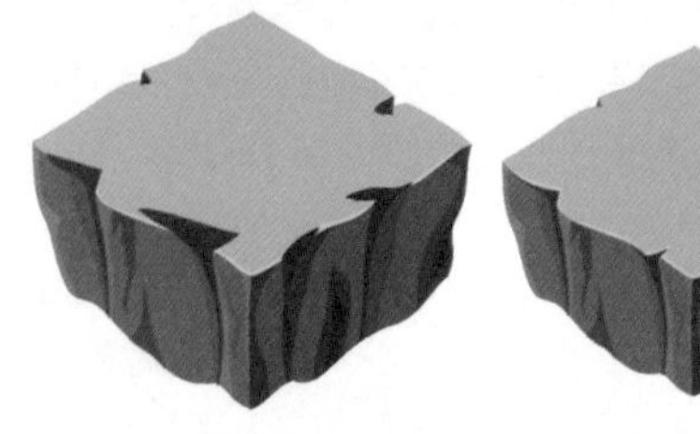

09 制作侧面凸出的山石，使用“钢笔工具” 绘制形状，填充棕色（左侧为较浅的棕色、右侧为较深的棕色，顶部为最浅的棕色），然后取消对象轮廓线。

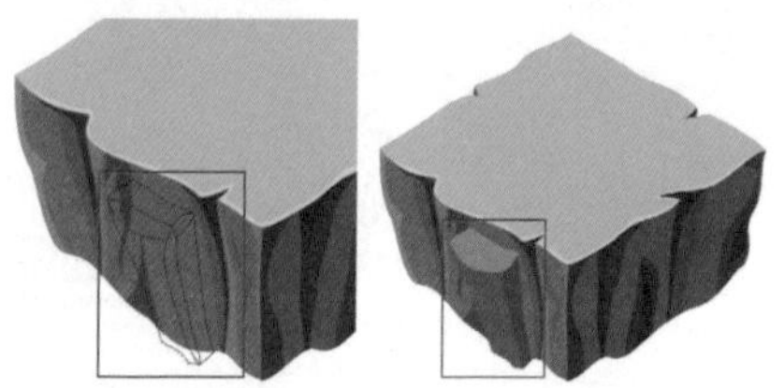

10 使用“钢笔工具” 绘制转折处的形状，填充较深的棕色（C:62；M:84；Y:100；K:53），然后右键单击对象，在弹出的快捷菜单中单击执行“顺序”→“置于此对象后”命令，当光标变为 ◆ 形状时，单击左侧的形状，调整对象顺序。

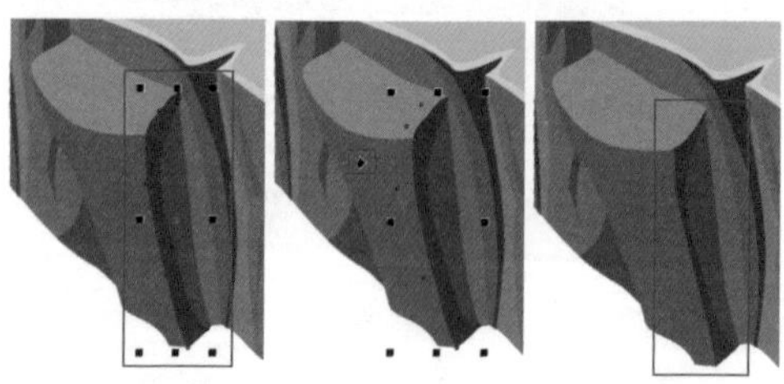

11 采用同样的方法，制作左侧较亮的转折部分，填充颜色为（C:47；M:76；Y:100；K:13），制作顶部的转折部分，填充颜色为（C:33；M:56；Y:87；K:0），一个凸出的山石制作完成。

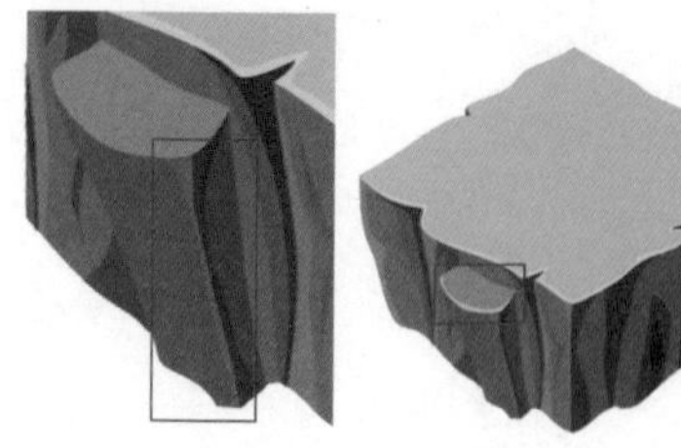

12 根据以上凸出山石的制作方法，制作其他的山石。接下来制作山顶的石块，使用“钢笔工具” 绘制形状，注意调整对象的顺序。

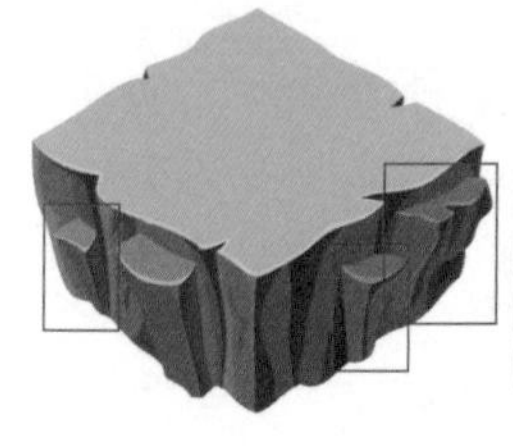
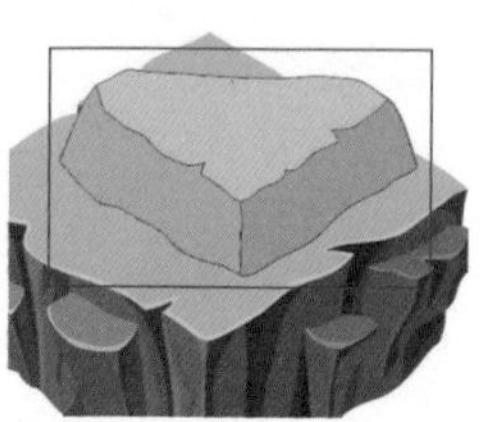

13 取消曲线对象的轮廓线，绘制暗部，填充颜色为（C:27；M:58；Y:100；K:0），单击工具箱中的“透明度工具”按钮 ，在属性栏中选择“标准”选项 标准 ，设置“透明度”为65%，打造透明度效果。

14 使用“选择工具” 选中顶部对象，单击属性栏中的“到图层前面”按钮 ，将其置于最前面，采用同样的方法制作右侧的暗部，填充颜色为（C:27；M:58；Y:100；K:0），“透明度”为40%。

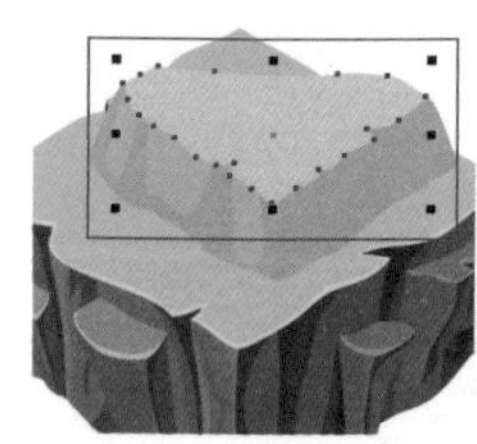

15 继续绘制暗部，增加层次感，填充颜色为(C:27；M:58；Y:100；K:0)，为左侧对象添加透明度效果，“透明度”为45%，再绘制最暗部，填充颜色为

（C:32；M:64；Y:100；K:0），为左侧对象添加透明度效果，“透明度”为45%，增强立体感。

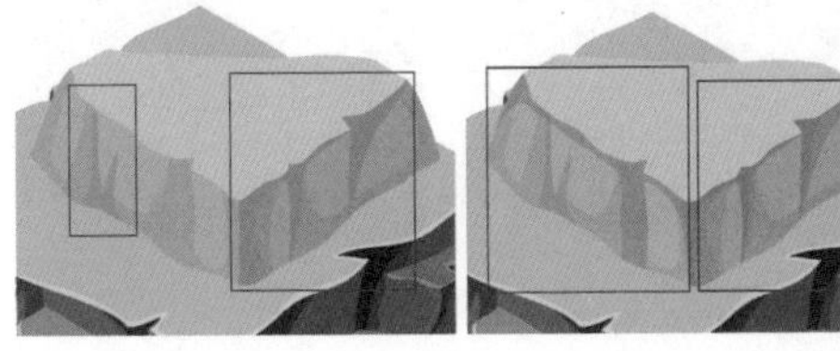

16 绘制顶部的转折部分，填充颜色为（C:0；M:18；Y:40；K:0），使用“椭圆形工具” 绘制不同大小的椭圆，填充颜色并取消轮廓线，然后打造透明度效果，一块石块制作完成。

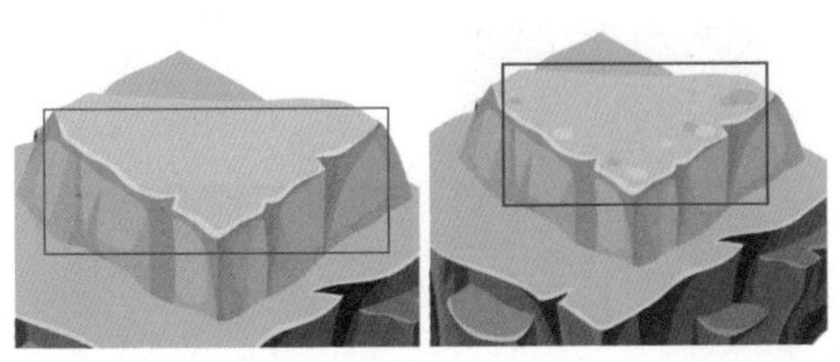

17 根据以上石块的制作方法，制作另一块石块。然后使用“钢笔工具” 绘制山石块下方的草地，填充草绿（C:84；M:2；Y:100；K:0）并取消轮廓线。

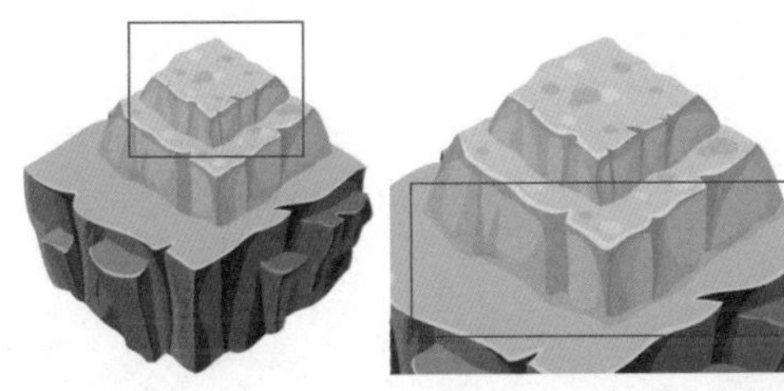

18 使用“钢笔工具” 绘制草地形状，填充较浅的绿色（C:84；M:2；Y:100；K:0）并取消轮廓线，单击鼠标右键，在弹出的快捷菜单中执行“顺序”→“向下一层”命令，将其置于草绿对象下方，在边缘处绘制形状，填充颜色为（C:34；M:0；Y:100；K:0），增强层次感。

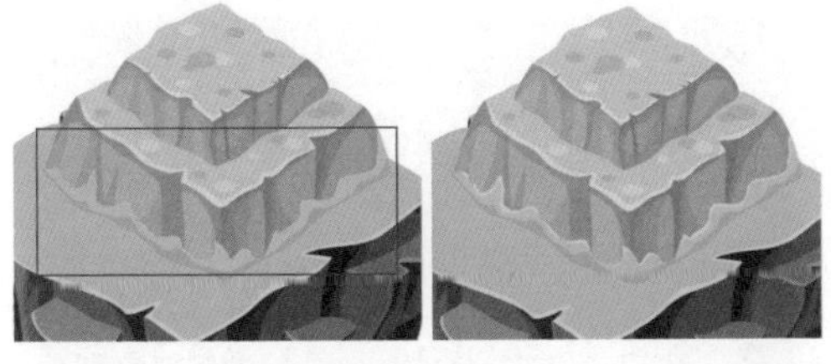

19 使用“钢笔工具” 绘制阴影形状，填充深绿（C:82；M:43；Y:100；K:6），鼠标右键单击对象，在弹出的快捷菜单中执行“顺序”→“置于此对象前”命令，当光标变为 ➧ 形状时，单击对象，调整对象顺序，再使用“透明度工具” 打造透明度效果，“透明度”为50%。

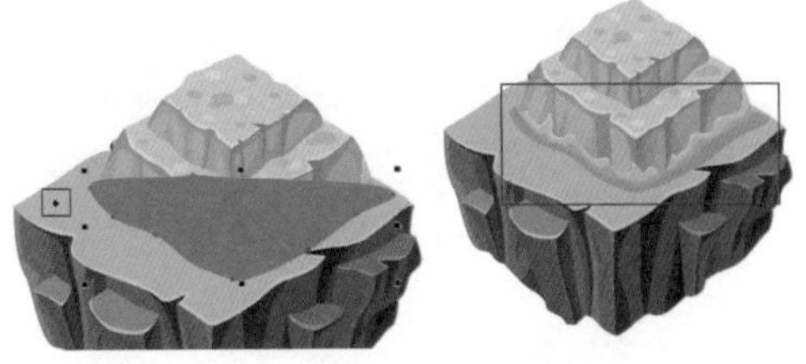

20 接下来绘制一棵树，使用“钢笔工具” 绘制树干，填充棕色（C:55；M:81；Y:100；K:34），再使用“钢笔工具” 绘制树叶形状，填充绿色（C:55；M:81；Y:100；K:34）。

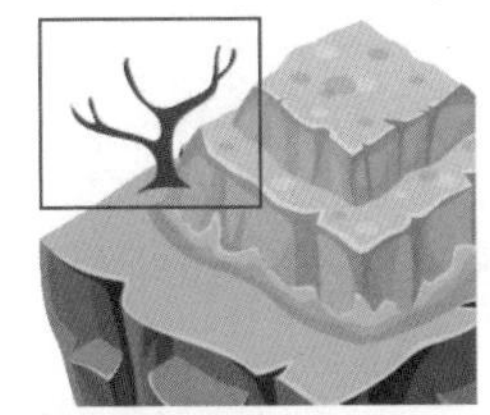

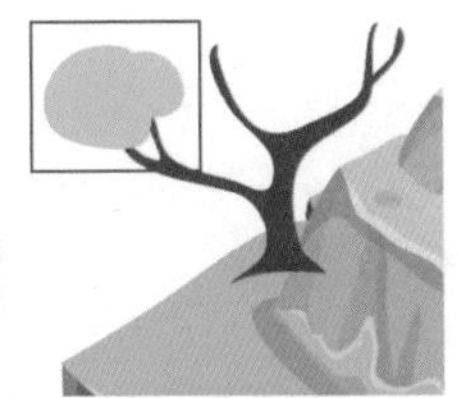

21 使用“选择工具” 选中该形状，按Ctrl+C组合键进行复制，按Ctrl+V组合键粘贴对象，更改填充颜色为较深的绿色（C:56；M:7；Y:100；K:0），然后使用“形状工具” 调整曲线形状，再复制一个对象，更改填充颜色为更深的绿色（C:84；M:2；Y:100；K:0），使用“形状工具” 调整形状。

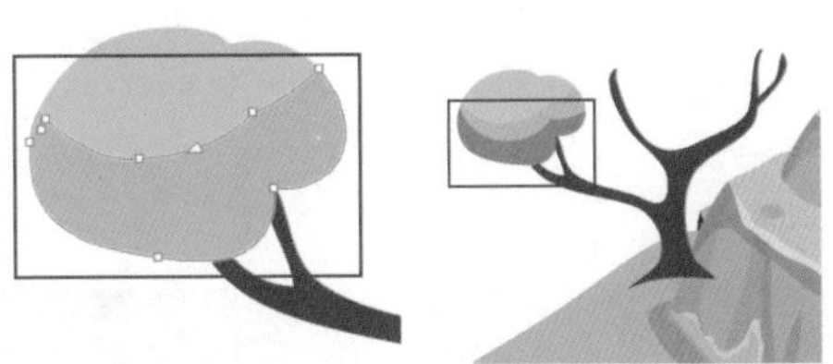

22 使用“选择工具” 选中树叶的形状，按Ctrl+G快捷键组合对象，然后复制对象，调整至合适的大小和位置，再选择需要镜像的对象，单击属性栏中的“水平镜像”按钮 ，镜像对象，采用同样的方法，添加树干和树叶，注意调整对象的顺序，完成树的绘制。

23 使用“选择工具” 选中整棵树，组合对象，然后将其置于大石块的后面，最后选择全部对象，并进行组合，完成一个漂浮的山的绘制。

24 接下来制作背景，使用“矩形工具” 绘制一个矩形，填充深绿色（C:87; M:74; Y:65; K:36），并取消轮廓线，然后使用“钢笔工具” 绘制河流的形状，填充绿色（C:62; M:0; Y:32; K:0），并取消轮廓线。

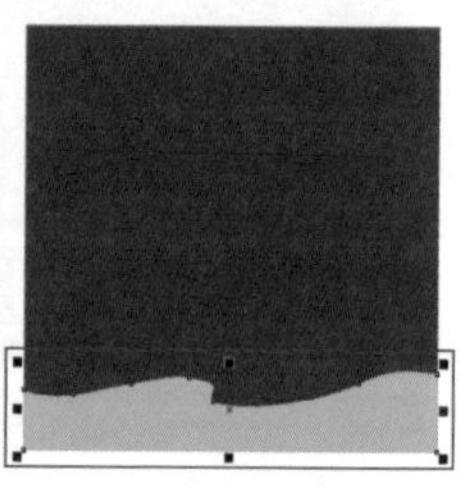

25 复制该形状，并更改填充颜色为黄色（C:5; M:8; Y:95; K:0），按住Shift键向上移动对象，然后右键单击该对象，在弹出的快捷菜单中执行“顺序”→“向下一层”命令，将其置于绿色对象的后面，接下来使用“形状工具” 调整曲线形状。

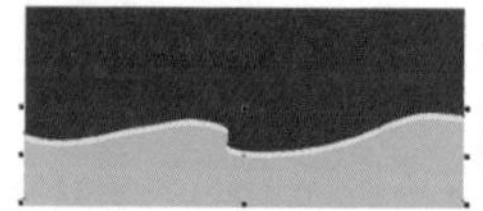
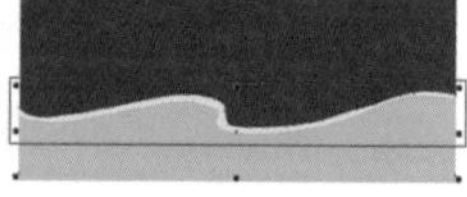

26 使用“钢笔工具” 绘制曲线形状，填充黄色（C:1; M:23; Y:96; K:0）并取消轮廓线，右键单击该对象，在弹出的快捷菜单中执行“顺序”→“置于此对象前”命令，当光标变为➡形状时，单击背景对象，即可将其置于背景对象的前面。

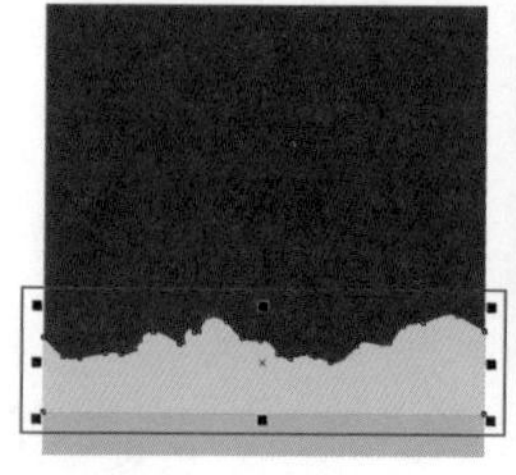

27 复制一个该形状对象，更改填充颜色为绿色（C:25; M:0; Y:8; K:9），然后使用“形状工具” 调整曲线形状，继续复制一个该对象，更改填充颜色为较深的绿色（C:42; M:7; Y:100; K:0），使用“形状工具” 调整曲线形状，制作山脉。

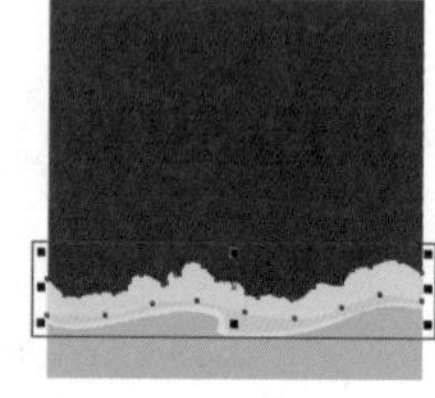
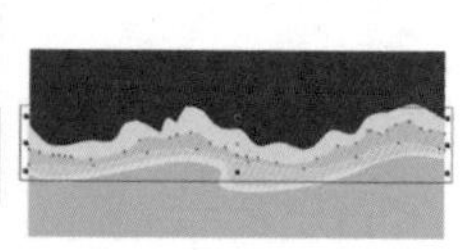

28 使用“钢笔工具” 绘制曲线形状，填充（C:71; M:0; Y:41; K:0）并取消轮廓线，制作深色的水花，继续使用“钢笔工具” 绘制曲线形状，填充（C:30，M:0，Y:9，K:0）并取消轮廓线，制作浅色的水花。

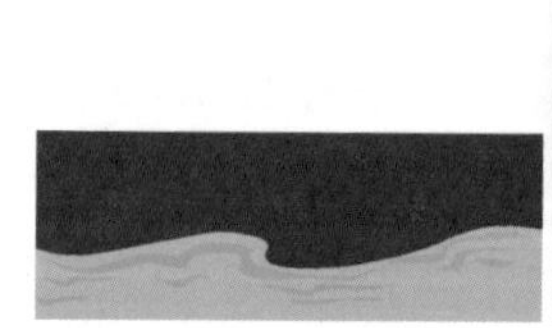
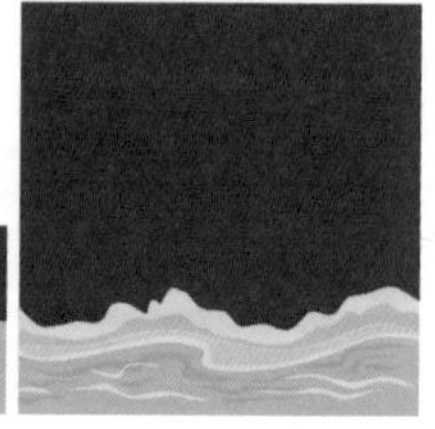

29 使用“钢笔工具” 绘制云朵的曲线形状，填充浅蓝色（C:12; M:0; Y:4; K:0）并取消轮廓线，复制一个云朵对象，更改填充颜色为较深一点的蓝色（C:39; M:0; Y:13; K:0），然后使用“形状工具” 调整曲线形状。

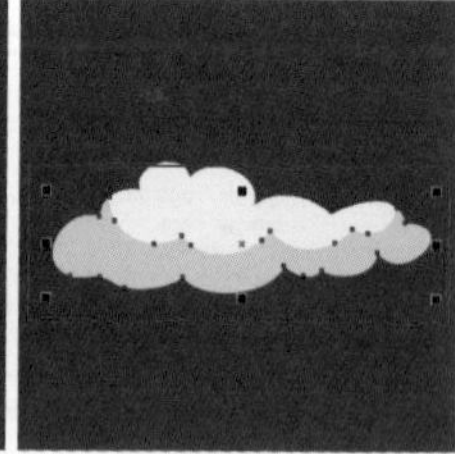

30 再复制一个该对象，更改填充颜色为更深一点的蓝色（C:55；M:0；Y:15；K:0），并调整曲线形状，制作云朵对象的层次，然后使用“钢笔工具”绘制曲线形状，将光标放在调色板中，使用鼠标左键单击“白”，填充白色，取消轮廓线，制作云朵的高光部分。

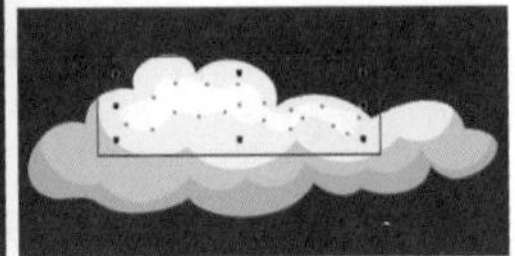

31 使用“选择工具”选中全部云朵对象，按Ctrl+G组合键组合对象，并调整到合适的位置及大小，然后复制一个对象，单击属性栏中的“水平镜像”按钮，镜像对象，并调整到合适的位置及大小。

32 采用相同的方法，制作不同形状的云朵，完成背景制作，然后使用“选择工具”选中漂浮的山对象，将其移动到背景上，再单击属性栏中的“到图层前面”按钮，将其置于最上方，调整至合适的位置和大小，完成UI场景制作。

13.5 DM单设计

DM单设计是指以市场和消费者为中心的观点来做设计相关决策的管理方法，也指优化设计相关的企业流程。它是一种长期而广泛的活动，会影响到商业活动所有层面。设计管理是管理、设计及各部门的界面间的桥梁，同样也在企业内部和外部诸如技术、设计、设计思考、管理和市场营销等不同平台的界面间作为联系。

13.5.1 案例分析

本实例制作的是一种水果优惠券宣传单，通过“矩形工具”绘制矩形，使用“造型”功能分割矩形对象，再导入一些水果素材，通过“置于图文框内部”功能制作水果拼图的背景，通过“矩形工具”“椭圆形工具”绘制形状并填充颜色，然后使用“文本工具”输入文本内容，完成DM单的制作。

13.5.2 具体操作

01 启动CorelDRAW X6软件，新建一个空白文档，使用“矩形工具”绘制一个矩形，按Ctrl+C组合键进行复制，按Ctrl+V组合键进行粘贴，然后调整宽度与高度。

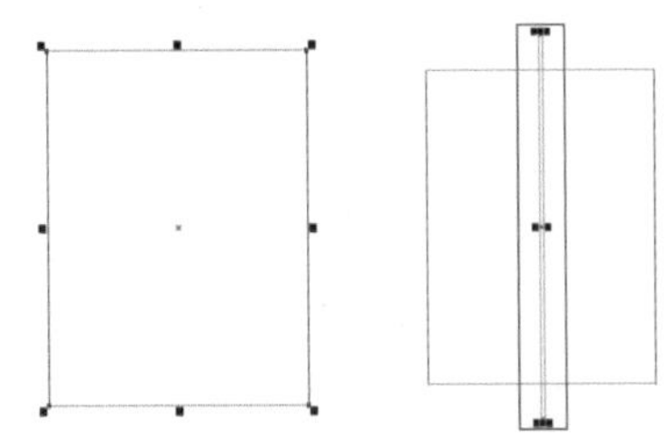

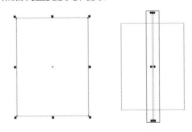

02 使用“选择工具”选中长条矩形对象，在菜单栏中执行“对象”→“变换”→“旋转”命令，打开“变换”泊坞窗，设置参数，然后单击“应用”按钮，旋转并复制对象。

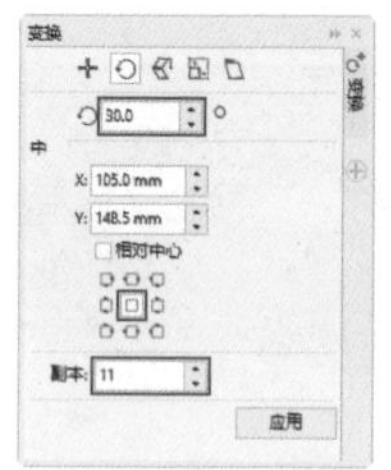
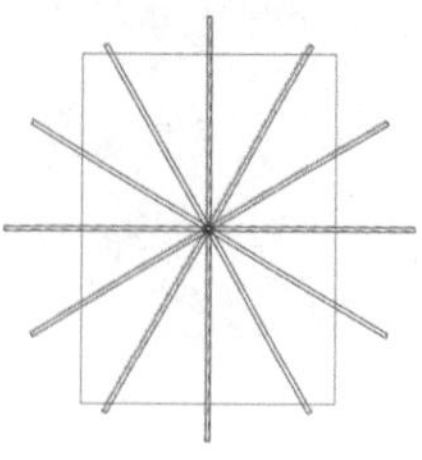

03 单击工具箱中的“智能填充工具”按钮，在属性栏中设置“填充选项”为“指定”，并在“填充色”的下拉列表中选择填充颜色（此处可以填充任意颜色），然后将光标移动到需要填充的区域，单击即可填充颜色并创建新对象。

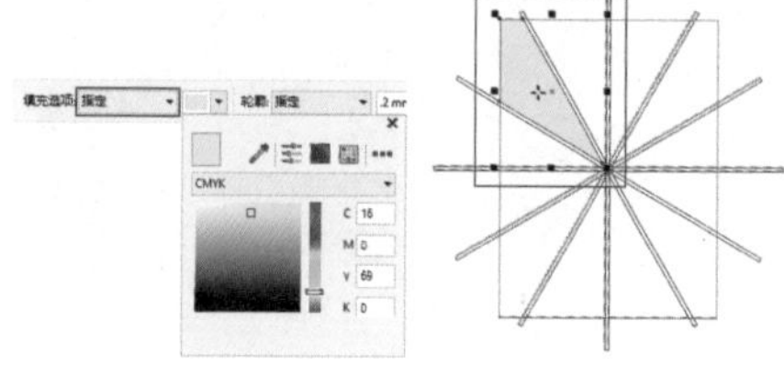

04 继续填充颜色，然后使用“选择工具”选中长条矩形对象，按 Delete 键将其删除。

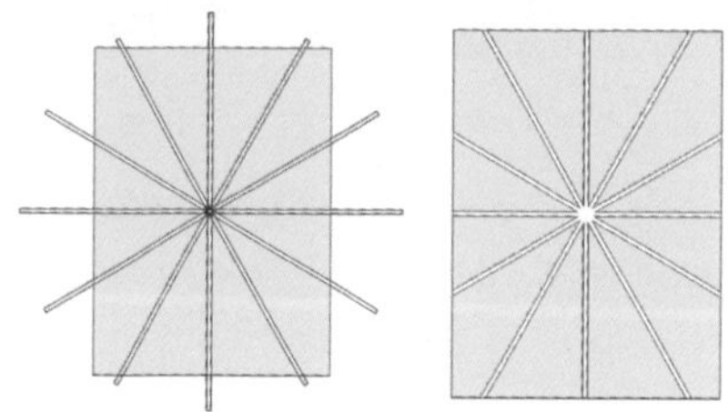

05 使用“选择工具”选中大矩形对象，将光标放在调色板中，使用鼠标左键单击“白”，为对象填充白色，再选择全部形状对象，将光标放在调色板中，右键单击按钮☒，取消轮廓线，

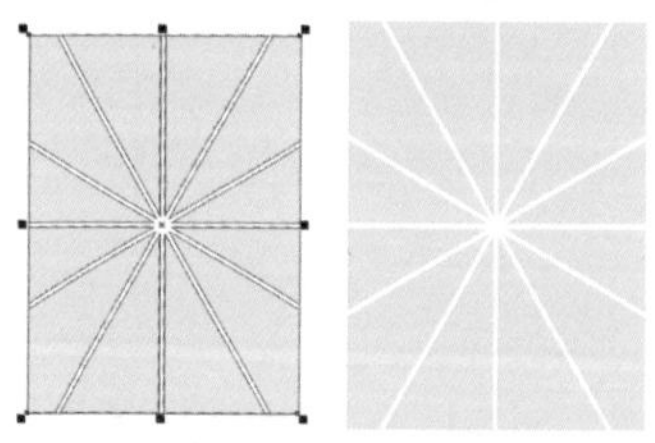

06 在菜单栏中执行“文件”→“导入”命令，导入文件“桃子.jpg”，右键单击对象，在弹出的快捷菜单中执行“PowerClip 内部”命令，当光标变为 ➧ 形状时，单击三角形对象。

07 将图像对象置于形状内部，然后单击底部的“编辑 PowerClip”按钮，进入编辑状态，调整图像大小。

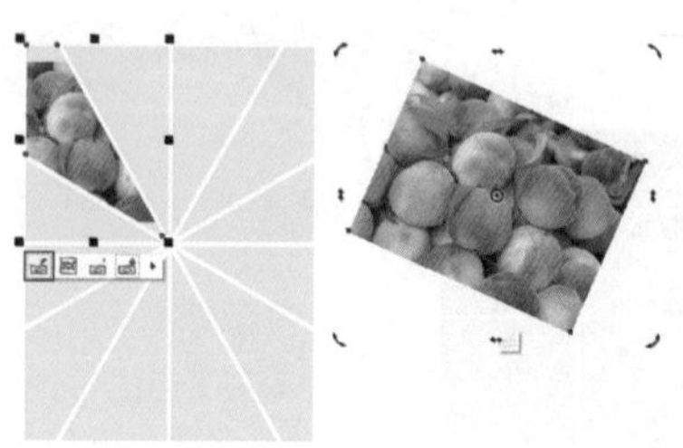

08 编辑完成后，单击底部的“停止编辑内容”按钮，完成编辑。采用同样的方法，导入其他水果的素材图像，然后分别置于图形对象中，并进行调整，即可完成背景制作。

09 使用“椭圆形工具”，按住 Ctrl 键绘制一个正圆，填充绿色（C:16；M:0；Y:69；K:0）并取消轮廓线，调整至合适的位置和大小，然后使用“文本工具”输入文本“缤纷”，在属性栏中设置字体为“黑体”，字号为 50pt。

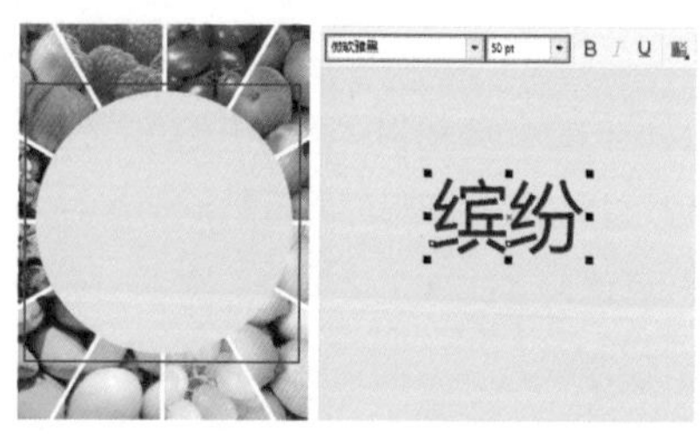

10 按 Ctrl+K 组合键拆分文本，使用“选择工具”选中“缤”文本对象，按 Ctrl+Q 组合键将其转换为曲线，然后使用“形状工具”调整形状，制作字体。

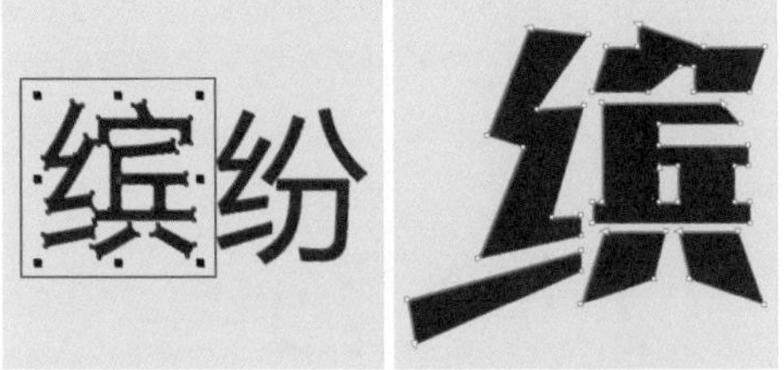

11 使用“选择工具” 选中“纷”文本对象，将其转换为曲线，使用“形状工具” 调整形状，制作字体，然后将字体移动到合适的位置。

12 使用“文本工具” 输入文本“水果趴”，在属性栏中设置“字体”为“黑体”“字号”为50pt，采用同样的方法，拆分文本后分别将文本转换为曲线，再进行编辑，制作文本，然后调整至合适的位置。

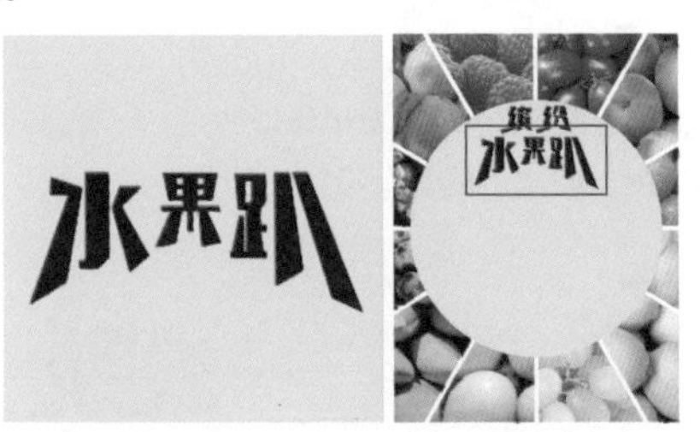

13 使用“文本工具” 输入文本，在属性栏中设置“字体”为“黑体”“字号”为24pt，单击“文本对齐”按钮 ，在下拉列表中选择“居中”，使文本居中对齐。

14 使用“文本工具” 输入文本，在属性栏中设置“字体”为“黑体”“字号”为48pt，单击“加粗”按钮 ，加粗文本，然后将光标放在调色板中，左键单击“白”，更改字体颜色为白色。

15 使用“矩形工具” 绘制一个矩形，单击工具箱中的“交互式填充工具”按钮 ，在属性栏中选择“线性”渐变按钮 ，为矩形对象填充玫红色（C:9; M:100; Y:64; K:0）到粉红色（C:0; M:90; Y:9; K:0）的渐变颜色，然后取消轮廓线。

16 使用“椭圆形工具” ，按住Ctrl键绘制一个正圆，填充黑色（C:0; M:0; Y:0; K:100）并取消轮廓线，在菜单栏中执行“编辑”→“步长和重复”命令，打开“步长和重复”泊坞窗，设置参数。

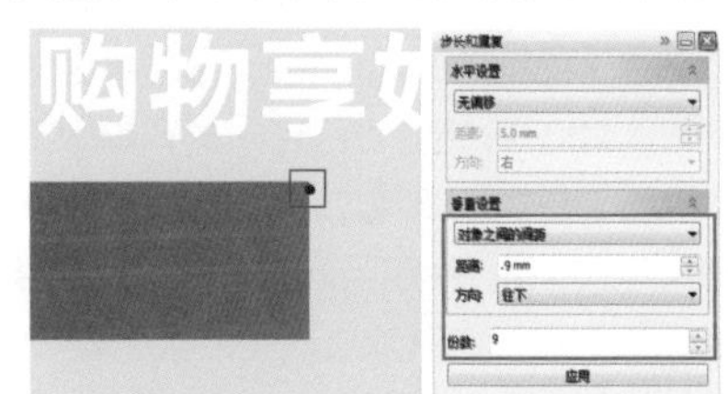

17 单击“应用”按钮，即可根据设置的参数以相同的间距复制对象，使用“选择工具” 选中全部圆形对象，按Ctrl+G快捷键组合对象，按住Shift键加选玫红色矩形对象，然后在属性栏中单击“修剪”按钮 ，即可修剪对象。

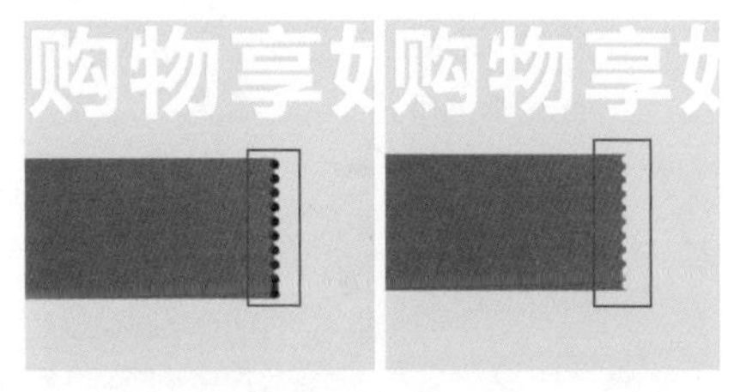

18 将小圆形组合对象移动到玫红色矩形的左侧边

缘上，然后同时选中玫红色矩形对象，在属性栏中单击“修剪”按钮，修剪对象，完成后按 Delete 键删除小圆形组合对象，使用“矩形工具”绘制一个矩形，填充淡黄色（C:8；M:5；Y:68；K:0）到中黄色（C:0；M:18；Y:95；K: 0）的渐变颜色，然后取消轮廓线。

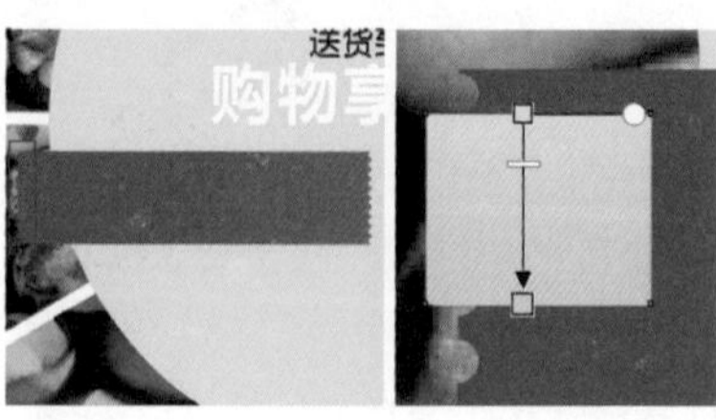

19 保持对象的选中状态，按 Ctrl+Q 组合键将其转换为曲线，使用“形状工具”调整形状，再绘制一个矩形，填充紫色（C:60；M:100；Y:11；K:0）到深紫色（C:95；M:100；Y:62；K:61）的渐变颜色，然后取消轮廓线。

20 使用“文本工具”输入文本，并设置字体、字号及颜色，使用“选择工具”选中全部优惠券对象，按 Ctrl+G 组合键组合对象，单击工具箱中的“阴影工具”按钮，将光标放在对象的中心单击并向下拖曳，释放鼠标后，即可打造阴影效果，再在属性栏中设置参数。

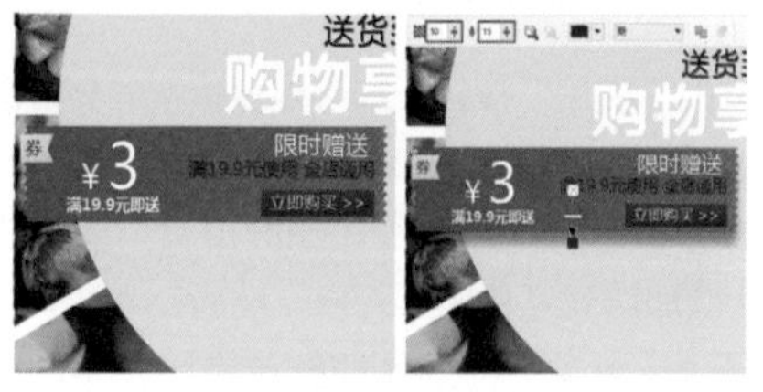

21 复制3个对象，调整到合适的位置，然后使用“文本工具”在文本上单击，修改文本。

22 使用“文本工具”修改其他文本，单击工具箱中的“标注形状工具”按钮，在属性栏中单击“完美形状”按钮，在下拉列表框中选择一种标注形状。

23 绘制形状，使用“交互式填充工具”填充玫红色（C:9；M:100；Y:64；K:0）到粉红色（C:0；M:90；Y:9；K:0）的渐变颜色，并取消轮廓线，再使用“文本工具”输入文本，并设置字体、字号及颜色。

24 使用“选择工具”选中 GO 文本对象，按 F12 快捷键打开“轮廓色”对话框，设置“颜色”为玫红色（C:9；M:100；Y:64；K:0），“轮廓宽度”为 1mm，单击“确定”按钮，应用轮廓效果。

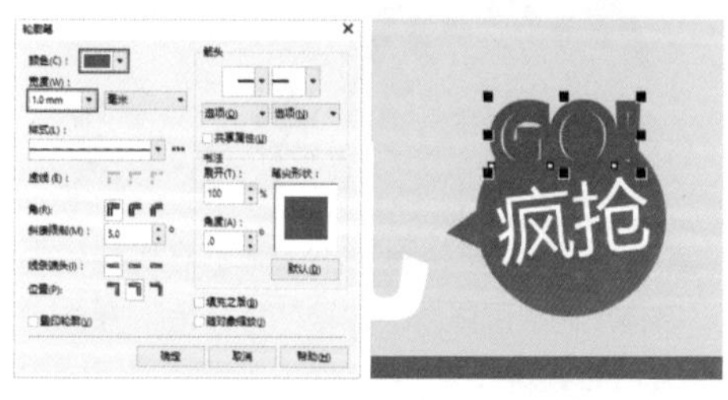

25 在菜单栏中执行“对象”→“将轮廓转换为对象”命令，或按 Ctrl+Shift+Q 组合键将轮廓转换为对象，再右键单击对象，在弹出的快捷菜单中执行“顺序”→“向下一层”命令，将其置于文本对象下方。

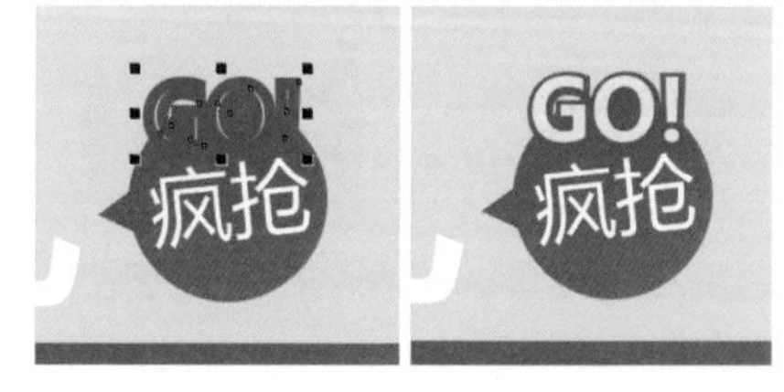

26 在菜单栏中执行“文件”→“打开”命令，打开文件“logo.cdr”，然后将其复制到该文档中，调整至合适的大小和位置，最后选择文本对象，按 Ctrl+Q 组合键将文本转换为曲线，完成 DM 单的制作。

13.6 海报设计

海报是以图形、文字、色彩等诸多视觉元素为表现手段，迅速直观地传递政策、商业、文化等各类信息的一种视觉传媒。

13.6.1 案例分析

本案例制作的是一张情人节海报，通过“矩形工具”绘制背景，并填充渐变颜色，使用“椭圆形工具”绘制圆形，打造透明度效果，制作背景上的光斑效果，然后使用“基本形状工具”绘制爱心形状，使用“刻刀工具”将爱心形状一分为二，分别填充渐变颜色，再打造阴影效果，使其产生立体感，复制多个爱心对象，丰富背景，然后使用“文本工具”创建文本，使用“矩形工具”“交互式填充工具”及“透明度工具”制作字体样式，完成海报的制作。

13.6.2 具体操作

01 启动 CorelDRAW X6 软件，新建一个空白文档，使用“矩形工具”绘制一个矩形，单击工具箱中的“交互式填充工具”按钮，在属性栏中选择“辐射”渐变按钮 辐射 ，为矩形对象填充红色到深红的渐变颜色，从左到右依次为（C:6；M:100；Y:100；K:0）、（C:29；M:100；Y:84；K:0）、（C:51；M:100；Y:100；K:37）、（C:73；M:95；Y:95；K:71）。

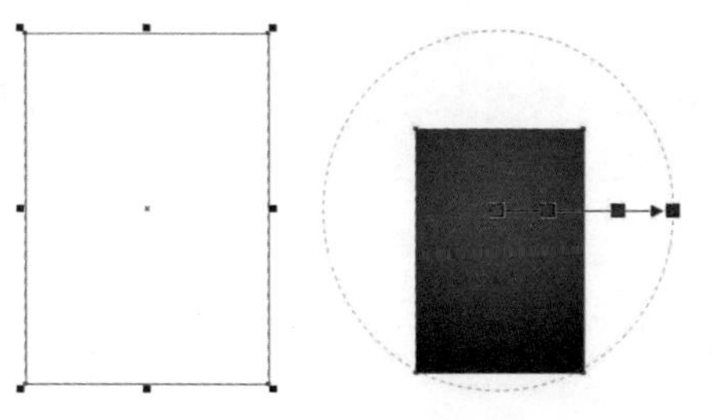

02 将光标放在调色板中，右键单击按钮☒，取消轮廓线，单击工具箱中的“椭圆形工具”按钮，按住 Ctrl 键绘制一个正圆，左键单击调色板中的“白”，为对象填充白色，再右键单击按钮☒，取消轮廓线，单击工具箱中的“透明度工具”按钮，在属性栏中选择“标准”选项 标准 ，设置“透明度”为 92%，打造透明度效果。

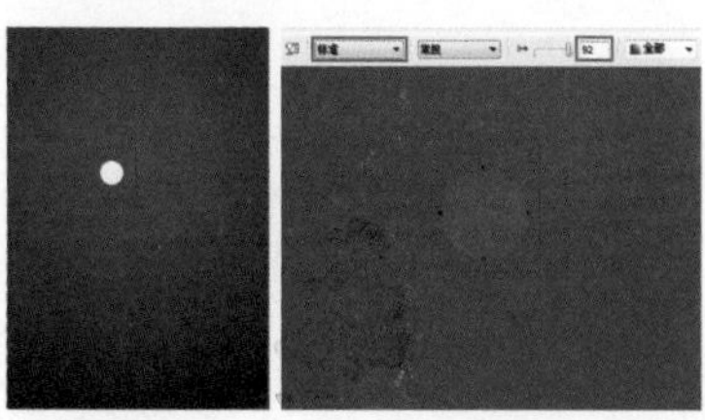

03 使用“选择工具”选中圆形对象，按 Ctrl+C 组合键进行复制，按 Ctrl+V 组合键进行粘贴，然后分别调整位置和大小，制作光斑效果，使用“选择工具”选中全部圆形对象，按 Ctrl+G 组合键组合对象，再复制一个组合对象，单击属性栏中的“垂直镜像”按钮，从上至下翻转对象。

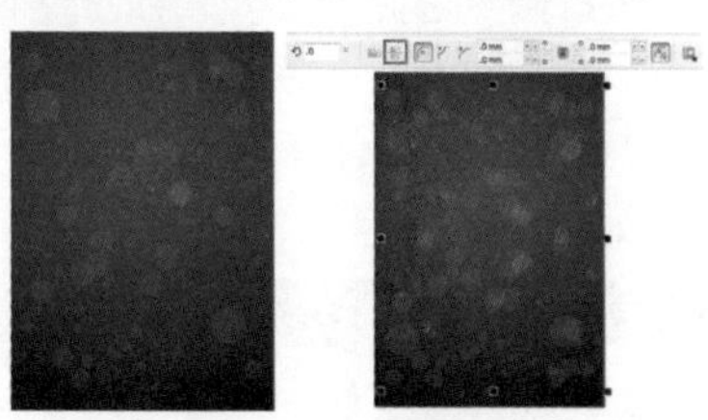

04 按 Ctrl+U 组合键取消组合对象，调整部分小圆形对象的位置，使光斑效果更加自然，调整完成后再次组合对象，单击工具箱中的“透明度工具”按钮，在属性栏中更改“透明度”为 97%，调整透明度效果。

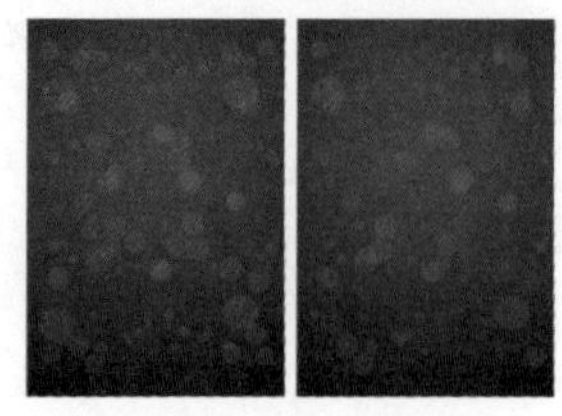

05 单击工具箱中的“基本形状工具”按钮，在属性栏中单击“完美形状”按钮，在下拉列表框中选择心形形状，然后绘制形状，并复制一个对象用于后面的制作。

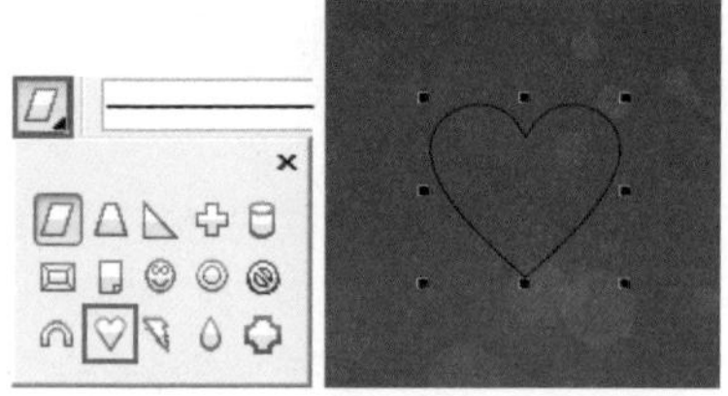

06 单击工具箱中的“刻刀工具”按钮，在属性栏中单击“2 点线模式”按钮，并单击“剪切时自动闭合”按钮，然后在中心位置绘制直线线段，即可分割对象（将心形对象一分为二）并自动闭合曲线。

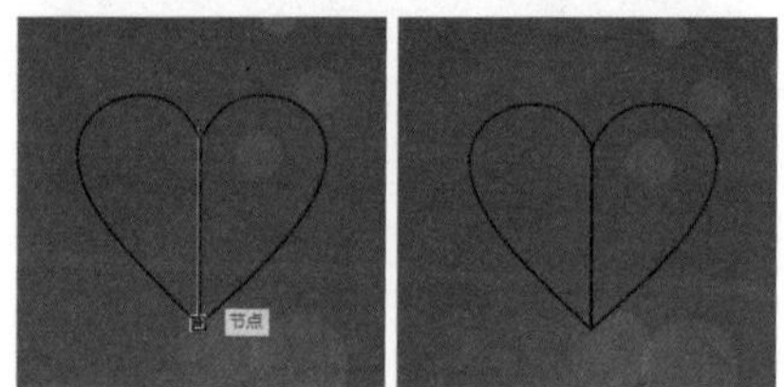

07 使用“选择工具”选中左半边心形对象，然后单击工具箱中的“交互式填充工具”按钮，在属性栏中选择“线性”渐变按钮 线性，填充白色（C:0; M:0; Y:0; K:0）到浅灰色（C:16; M:13; Y:13; K:0）的渐变颜色，并取消轮廓线，再选中右半边心形对象，填充白色（C:0; M:0; Y:0; K:0）到浅灰色（C:16; M:13; Y:13; K: 0）的渐变颜色。

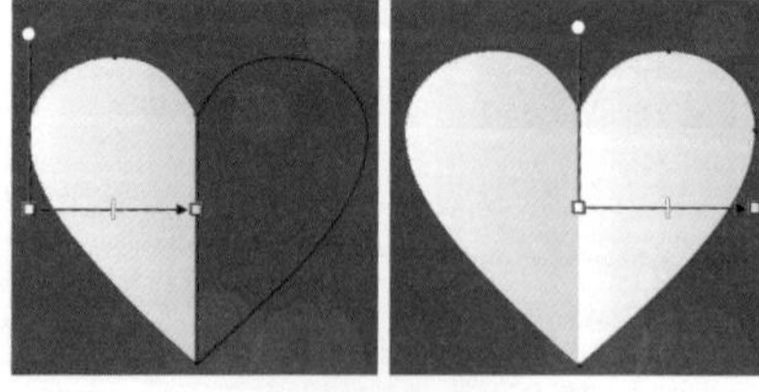

08 使用“选择工具”选中复制的心形对象，在属性栏中设置“轮廓宽度”为 0.75mm，在菜单栏中执行“对象”→“将轮廓转换为对象”命令，或按 Ctrl+Shift+Q 组合键将轮廓转换为对象，然后单击工具箱中的“交互式填充工具”按钮，在属性栏中选择“线性”渐变按钮 线性，填充白色（C:0; M:0; Y:0; K:0）到灰色（C:25; M:20; Y:18; K:0）的渐变颜色。

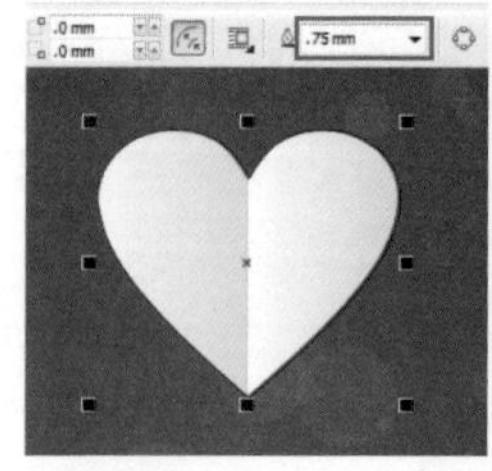
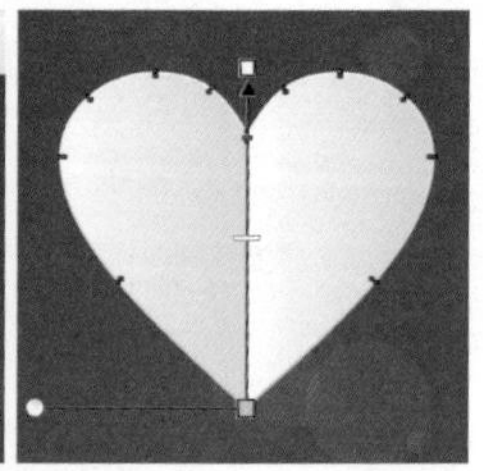

09 选中全部心形对象，按 Ctrl+G 组合键组合对象，单击工具箱中的“阴影工具”按钮，在对象中心单击并向右拖曳，打造阴影效果，在属性栏中设置“阴影的不透明度”为 35%，“阴影羽化”为 15，“阴影颜色”为深红色（C:62; M:100; Y:100; K:58）。

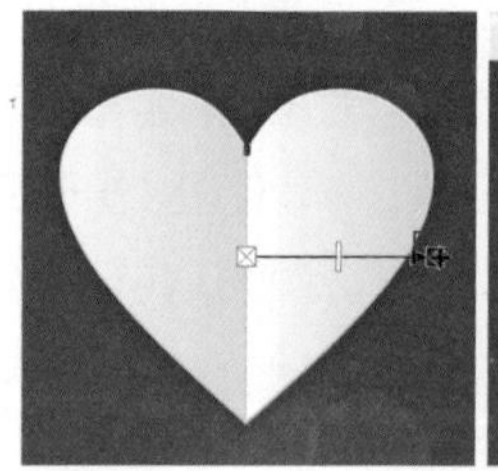
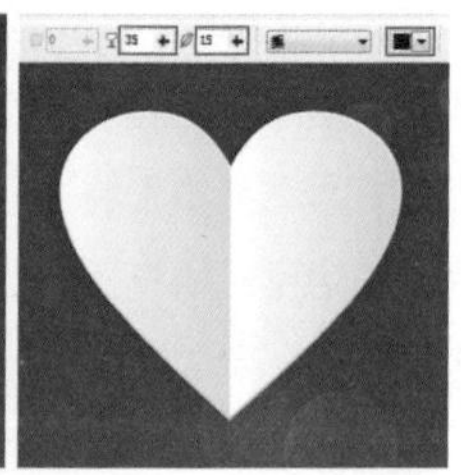

10 使用“矩形工具”绘制一个矩形，将光标放在调色板中，左键单击“10% 黑”，为对象填充灰色，取消轮廓线，然后右键单击矩形对象，在弹出的快捷菜单中执行“顺序”→“置于此对象后”命令，当光标变为 ➧ 形状时，在心形对象上单击，即可将其置于心形对象后面。

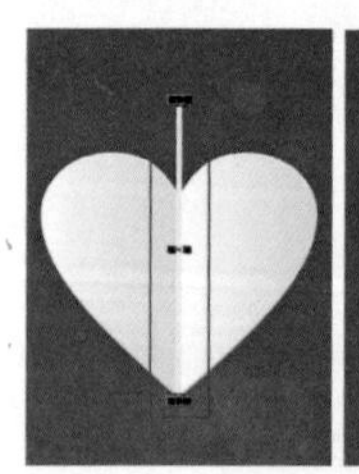
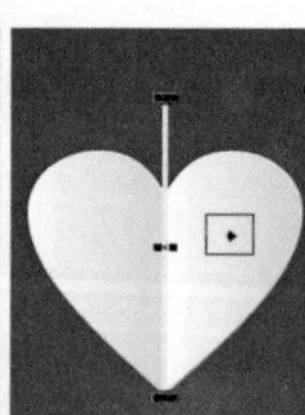
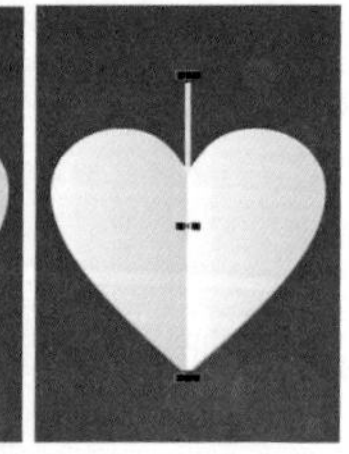

11 调整矩形对象的大小，单击工具箱中的“阴影工具”按钮，在对象中心单击并向右拖曳，打造阴影效果，并在属性栏中设置“阴影的不透明度”为

25%，“阴影羽化”为 75，“阴影颜色”为深红色（C:62；M:100；Y:100；K:58），然后使用“选择工具” 选中制作好的心形对象和矩形对象，按 Ctrl+G 快捷键组合对象，复制多个对象，分别调整至合适的大小和位置，并调整对象顺序。

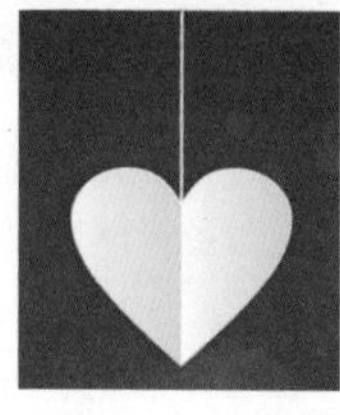

12 选中需要调整长度的矩形对象，按 Ctrl+U 组合键取消组合对象，即可选中矩形对象，调整长度，调整完成后，可以继续组合对象，采用同样的方法，继续调整其他组合对象中的矩形对象。

13 使用“选择工具” 选中任意对象，按 Ctrl+U 组合键取消组合对象，然后选中心形对象，按 Ctrl+K 组合键拆分阴影对象，再选中心形对象，按 Ctrl+U 组合键取消组合对象，选中左半边心形对象，单击工具箱中的“交互式填充工具”按钮 ，更改填充颜色为深红色（C: 29；M:100；Y:89；K:0）到红色（C: 0；M:98；Y:80；K:0）的渐变颜色，选中右半边心形对象，更改填充颜色为深红色（C: 29；M:100；Y:89；K:0）到红色（C: 0；M:98；Y:80；K:0）的渐变颜色（此步骤也可以根据前面的方法重新绘制心形对象）。

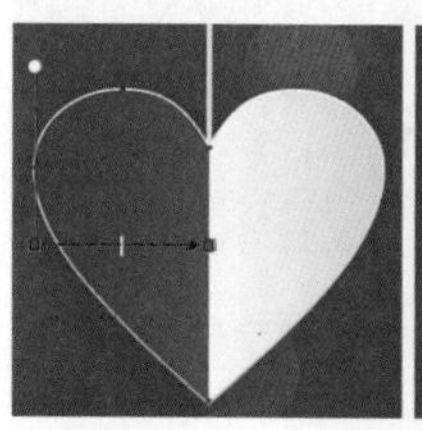
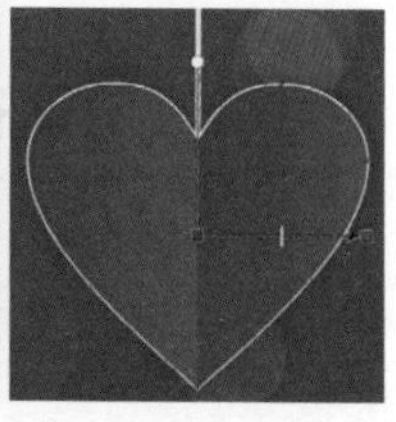

14 选中轮廓对象，更改填充颜色为红色（C: 0；M:89；Y:72；K:0）到深红色（C: 37；M:100；Y:100；K:5）的渐变颜色，选中矩形对象，更改填充颜色为红色（C: 0；M:100；Y:96；K:0）。

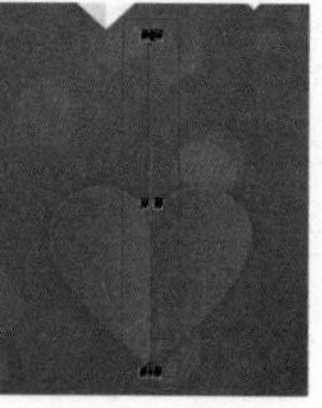

15 使用“选择工具” 选中红色心形对象、矩形对象及拆分的阴影对象，按 Ctrl+G 组合键组合对象，复制多个对象，并调整到合适的大小和位置，根据前面的方法，调整矩形对象的长度。

16 使用“选择工具” 选中除了背景对象之外的全部对象，单击鼠标右键，在弹出的快捷菜单中执行“PowerClip 内部”命令，当光标变为 ➧ 形状时，在背景对象上单击，即可将所选对象置于背景对象内部，并隐藏多余的部分。

17 接下来绘制蝴蝶结装饰，使用“钢笔工具” 绘制曲线形状，再复制一个对象，单击属性栏中的“水平镜像”按钮 ，从左至右翻转对象。

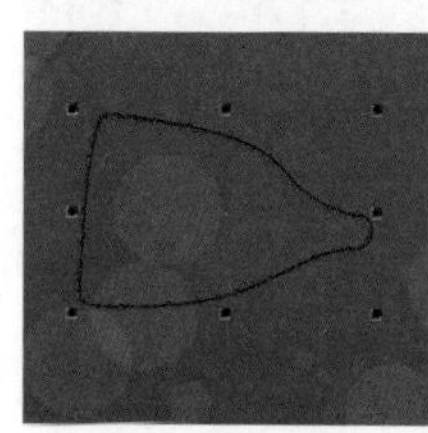
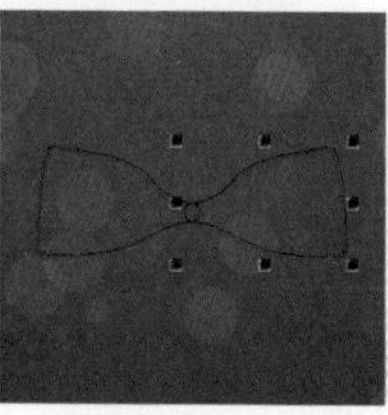

18 继续使用“钢笔工具” 绘制曲线形状，制作蝴蝶结轮廓，使用“选择工具” 选中左侧对象，使用“交互式填充工具” 填充渐变颜色，从上至下依次为（C: 37；M:100；Y:100；K:5）、（C: 0；M:96；Y:84；K:0） 和（C: 37；M:100；Y:100；K:5），并取消轮廓线。

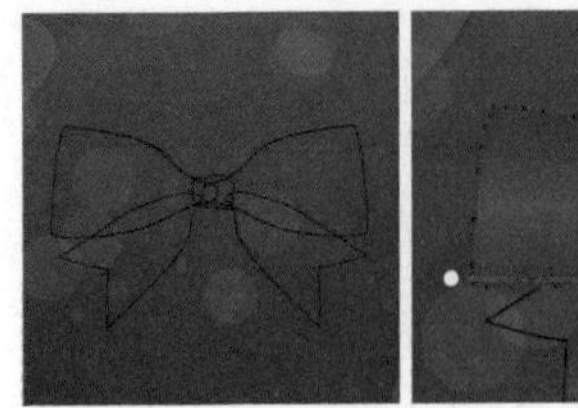

19 使用“交互式填充工具” 为其他形状填充渐变颜色，并调整渐变角度和范围，然后分别对对象进行网状填充，使用“选择工具” 选中左侧对象，单击工具箱中的“网状填充工具”按钮 ，显示网格节点，并在属性栏中设置“网格大小”的行数和列数。

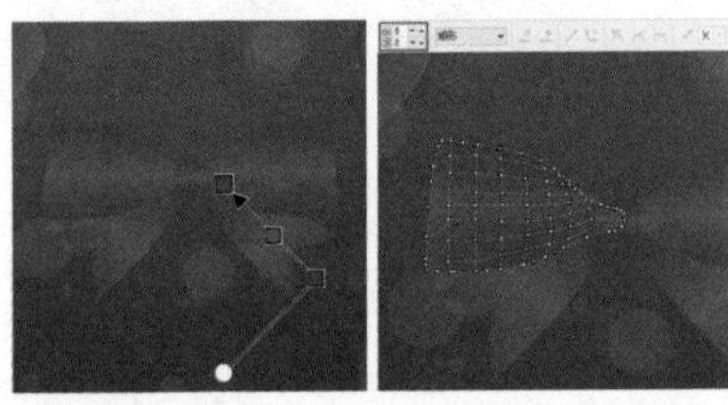

20 按住鼠标左键拖动节点，调整节点位置，单击选中节点，在属性栏中的“网状填充颜色”的下拉颜色框中设置节点颜色，即可更改所选节点颜色。

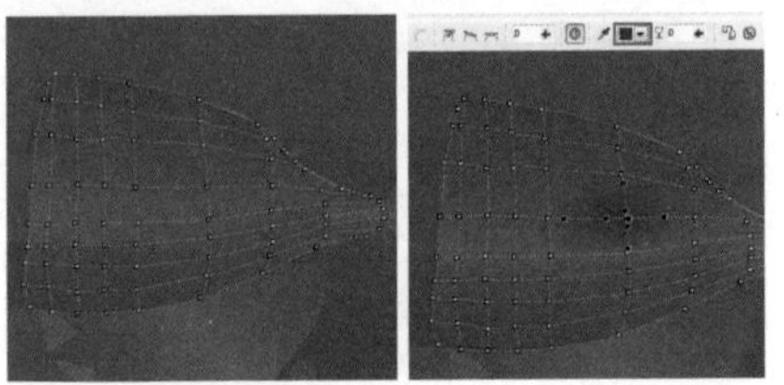

21 继续更改其他节点颜色，使其呈现立体效果。

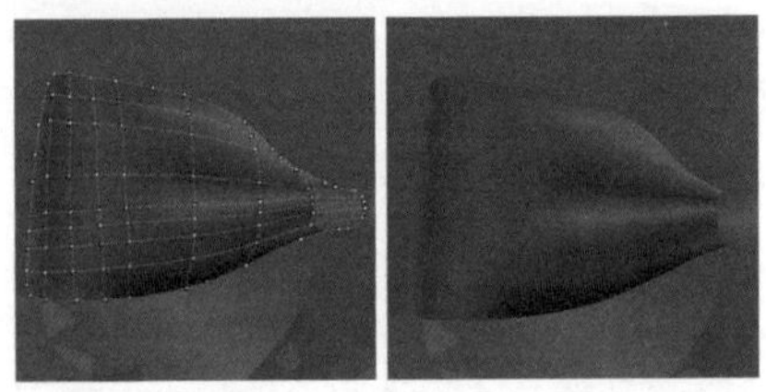

22 采用同样的方法，为其他形状进行网状填充，然后使用“选择工具” 选中蝴蝶结对象，按 Ctrl+G 组合键组合对象，调整到合适的大小和位置，单击工具箱中的“阴影工具”按钮 ，将光标放在对象中心，单击并向右拖曳，打造阴影效果，并在属性栏中设置“阴影的不透明度”为 50%，“阴影羽化”为 15，“阴影颜色”为深红色（C:62；M:100；Y:100；K:58）。

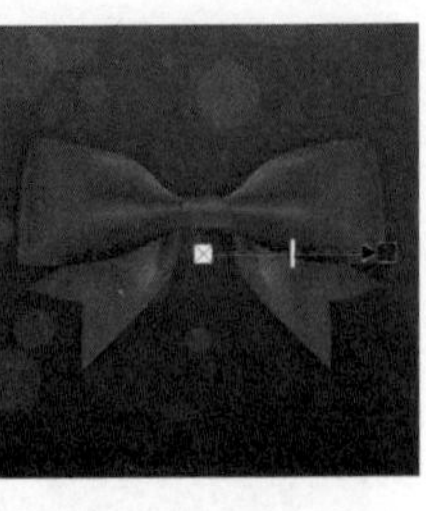

23 使用“矩形工具” 绘制一个矩形，使用“交互式填充工具” 填充渐变颜色，从左到右依次为（C:26；M:100；Y:100；K:0）、（C:44；M:100；Y:100；K:15）、（C:0；M:89；Y:35；K:0）、（C:15；M:100；Y:100；K:0）、（C:15；M:100；Y:100；K:0）、（C:0；M:88；Y:62；K:0）、（C:38；M:100；Y:100; K:4），并取消轮廓线，使用“阴影工具” 打造阴影效果，并在属性栏中设置“阴影的不透明度”为 35%，“阴影羽化”为 75，“阴影颜色”为深红色（C:62；M:100；Y:100；K:58），然后右键单击对象，在弹出的快捷键菜单中执行“顺序”→“向后一层”命令，将其置于蝴蝶结对象的后面。

24 单击工具箱中的“文本工具”按钮 ，输入文本，单击属性栏中的“文本对齐”按钮 ，在下拉列表中选择“居中”。

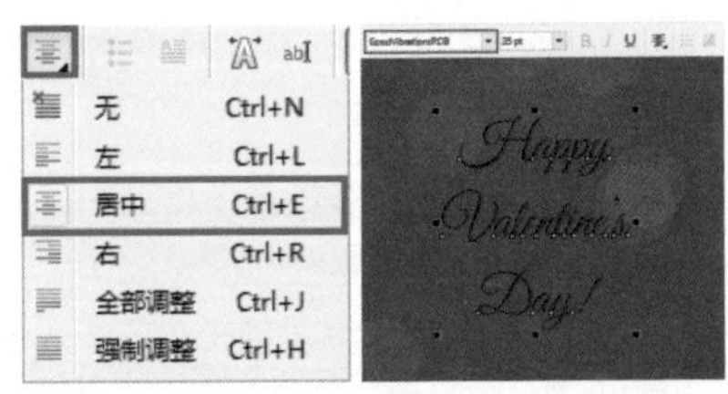

25 将光标放在调色板中，左键单击“白”，更改文本的填充颜色为白色，然后按 Ctrl+K 组合键拆分文本对象，分别调整对象大小和位置，使用“矩形工具” 绘制一个矩形，填充白色，然后按 Ctrl+Q 组合键将其转换为曲线，再使用“形状工具” 调整形状。

26 使用“钢笔工具” 绘制曲线形状，填充白色并取消轮廓线，继续使用“钢笔工具” 绘制曲线形状，填充白色并取消轮廓线，制作花纹。

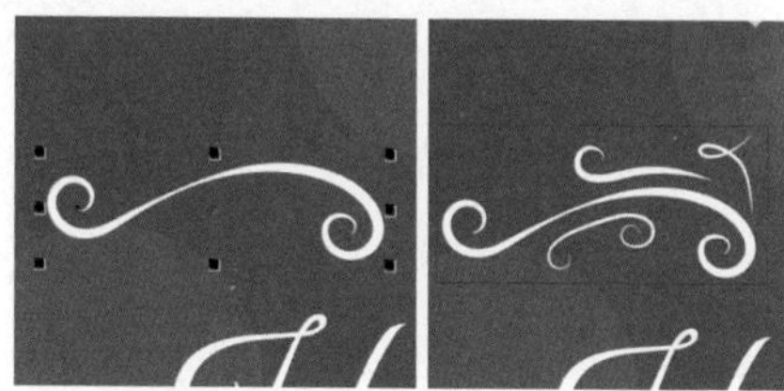

27 使用“选择工具” 选中全部曲线对象，按Ctrl+G组合键组合对象，在菜单栏中执行“对象”→“变换”→“翻转和镜像”命令，打开“变换”泊坞窗，单击“水平镜像”按钮 ，并设置参数，然后单击“应用”按钮，即可复制并镜像对象。

28 采用同样的方法，制作文本下方的花纹装饰，然后使用“选择工具” 选中文本和花纹对象，按Ctrl+G组合键组合对象，调整至合适的大小和位置，使用“阴影工具”按钮 ，将光标放在对象中心，单击并向右拖曳，打造阴影效果，并在属性栏中设置“阴影的不透明度”为50%，“阴影羽化”为15，“阴影颜色”为深红色（C:62；M:100；Y:100；K:58）。

29 使用“文本工具” 输入文本，在属性栏中设置字体为“黑体”，调整字体的大小，并更改文本的填充颜色为白色（C:0；M:0；Y:0；K:0），然后按Ctrl+K组合键拆分文本对象，使用“钢笔工具” 在文本对象上绘制曲线形状。

30 使用“交互式填充工具” 为形状对象填充玫红色（C:13；M:100；Y:58；K:0）到白色（C:0；M:0；Y:0；K:0）的渐变颜色并取消轮廓线，分别选中形状对象，单击工具箱中的“透明度工具”按钮 ，在属性栏中选择“线性”渐变 ，设置白色节点的“节点透明度”为100%，玫红色节点的“节点透明度”为50%，打造透明度效果。

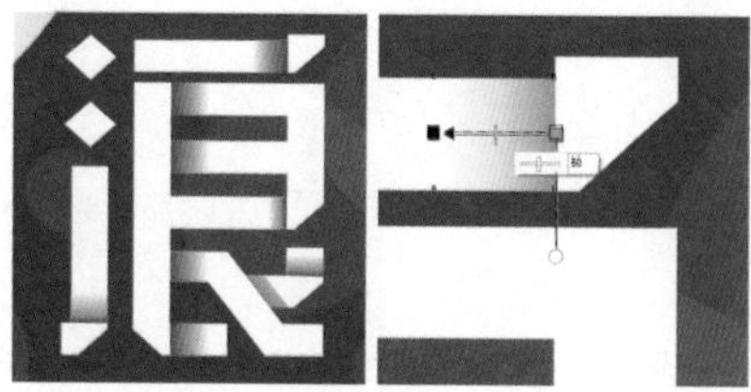

31 继续为其他形状对象打造透明度效果，使用“选择工具” 选中“浪”文本对象及该文本上的形状对象，按Ctrl+G组合键组合对象，使用“阴影工具”按钮 ，将光标放在对象中心，单击并向右拖曳，打造阴影效果，在属性栏中设置“阴影的不透明度”为50%，“阴影羽化”为15，“阴影颜色”为深红色（C:62；M:100；Y:100；K:58），再进行旋转。

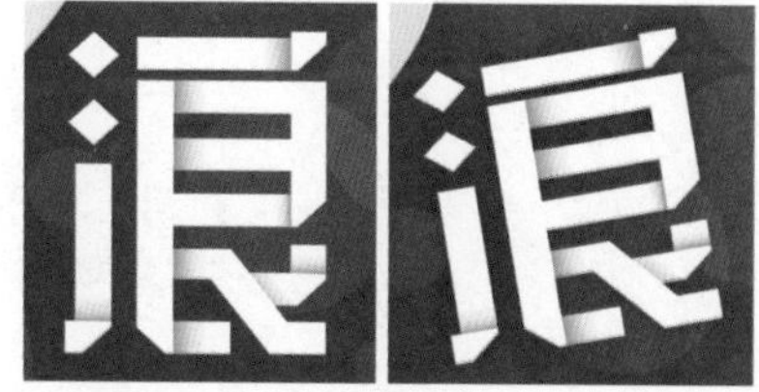

32 采用同样的方法，制作其他文本对象。

33 使用“文本工具”输入文本，在属性栏中设置字体为“方正细等线简体”，使用“矩形工具”绘制小竖线，填充白色（C:0；M:0；Y:0；K:0）并取消轮廓线，然后调整至合适的大小和位置，最后选择文本对象，按 Ctrl+Q 组合键将文本转换为曲线，完成制作。

13.7 包装设计

包装设计是为商品服务的，商品和消费者的需求是第一位的，包装则是从属的。因此，设计构思的创意应紧紧围绕内容，不仅要在艺术上表现出产品的个性特色及设计者或消费群体的个性特色，使包装新颖别致，感染力强，能吸引消费者，而且应尽可能地反映商品的内在品质及其在功能上的优越性。

13.7.1 案例分析

本实例制作的是口香糖包装盒，通过“矩形工具”“形状工具”绘制包装的外形，填充渐变颜色，再使用“贝塞尔工具”绘制形状，通过渐变透明度添加透明效果，然后导入LOGO、饼干、小麦等素材，输入文字内容，完成饼干包装的制作。再选择所有的对象，复制一个对象并转换为位图，垂直翻转对象，通过线性渐变透明度制作倒影，增强包装的立体感，完成口香糖包装盒的设计。

13.7.2 具体操作

01 启动 CorelDRAW X6 软件，新建一个空白文档，使用“椭圆形工具”，按住 Ctrl 键绘制一个正圆，在菜单栏中单击执行“效果”→“添加透视”命令，然后调整控制点，创建透视变形。

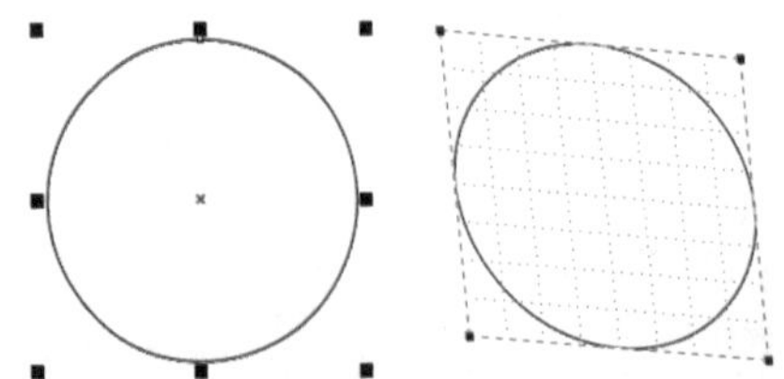

02 单击工具箱中的“交互式填充工具”按钮，填充渐变颜色，从左到右依次为（C:9；M:18；Y:94；K:0）、（C:19；M:24；Y:99；K:0）和（C:38；M:38；Y:100；K:0），将光标放在调色板中，右键单击按钮☒，取消轮廓线，制作包装盒的盒盖。

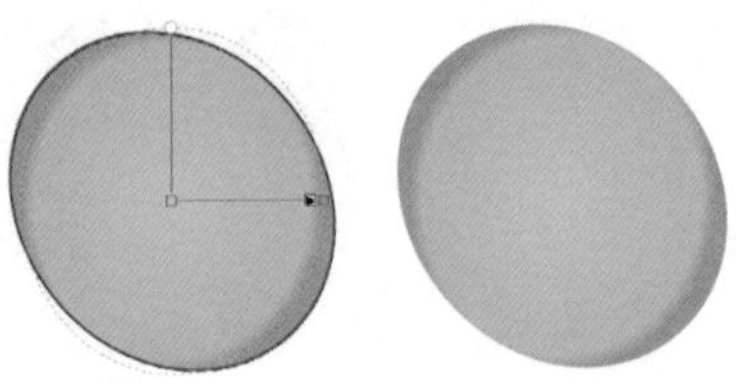

03 使用“椭圆形工具”绘制一个圆形，并创建透视变形，然后单击工具箱中的“交互式填充工具”按钮，在弹出的快捷菜单中单击“均匀填充”按钮，在“填充色”的下拉面板中设置填充色为黄色（C:9；M:18；Y:94；K:0），为对象填充颜色，并取消轮廓线。

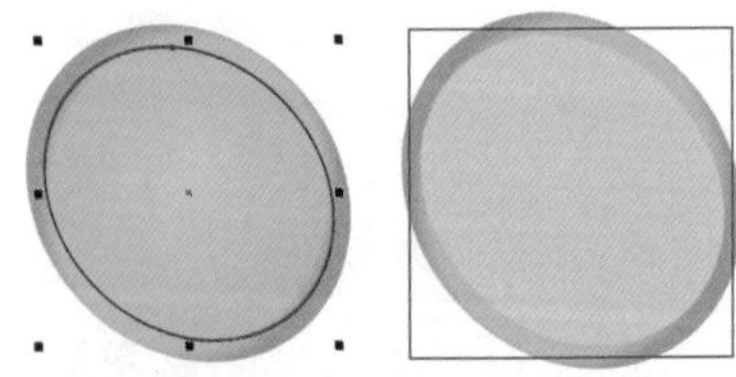

04 使用“选择工具”选中大的圆形对象，单击鼠标右键，在弹出的快捷菜单中执行“PowerClip内部”命令，当光标变为➧形状时，在小圆形对象上单击，将其置于小圆形对象内部。

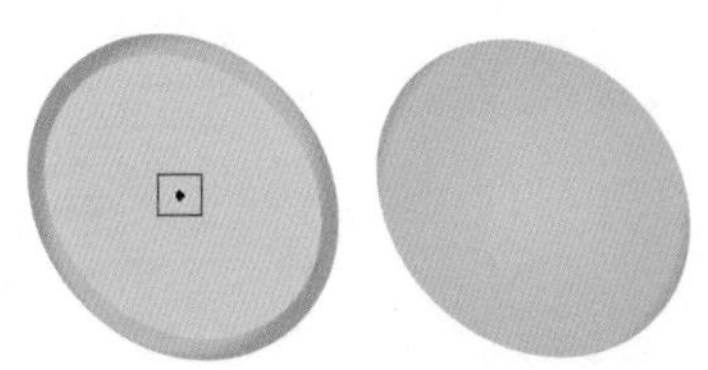

05 使用“钢笔工具” 绘制曲线形状，单击工具箱中的“交互式填充工具”按钮，在属性栏中选择“线性”渐变按钮，填充渐变颜色，从上到下依次为（C:20；M:27；Y:100；K:0）、（C:3；M:23；Y:93；K:0）、（C:4；M:24；Y:96；K:0）、（C:33；M:35；Y:100；K:0）和（C:73；M:74；Y:100；K:37），然后取消轮廓线，制作包装盒的侧面。

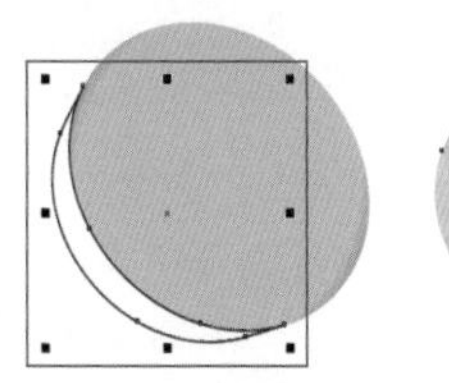
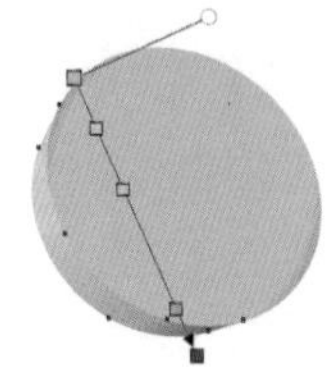

06 接下来制作盒盖边缘处的高光，使用“钢笔工具” 绘制曲线形状，将光标放在调色板中，左键单击“黑”，为对象填充黑色，并取消轮廓线，再绘制一个形状，使用“交互式填充工具” 填充黄棕色（C:65；M:65；Y:100；K:30）。

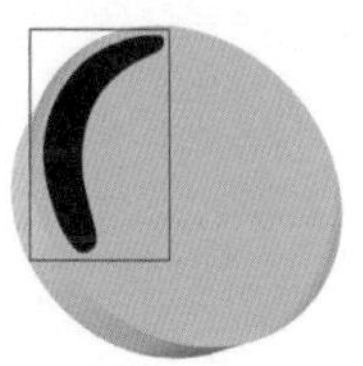
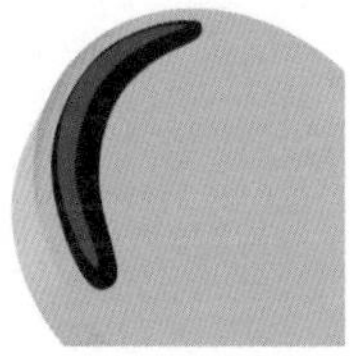

07 单击工具箱中的“调和工具”按钮，在两个形状对象之间打造调和效果，然后单击“透明度工具”按钮，在属性栏中选择“标准”选项，设置“透明度”为96%，设置“合并模式”为“屏幕”，打造透明度效果。

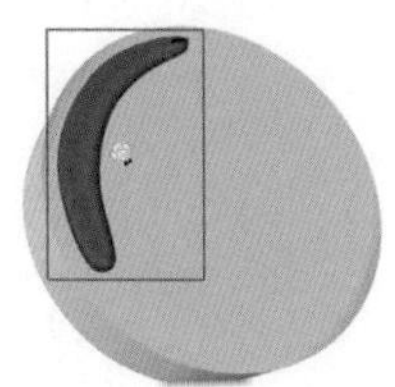
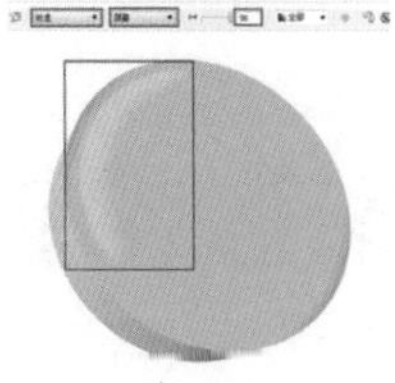

08 继续使用“钢笔工具” 绘制曲线形状，通过调色板分别填充黑色（C:0；M:0；Y:0；K:100）和白色（C:0；M:0；Y:0；K:0），并取消轮廓线，然后使用“调和工具” 在两个形状之间打造调和效果。

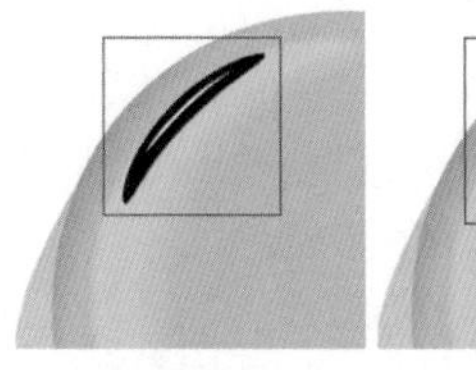
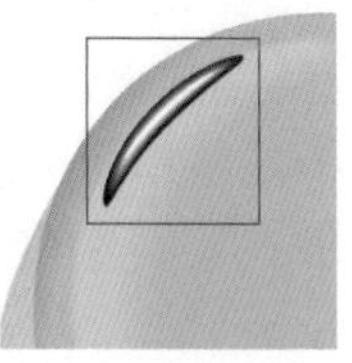

09 单击工具箱中的“透明度工具”按钮，在属性栏中选择“标准”选项，设置“透明度”为88%，设置“合并模式”为“屏幕”，打造透明度效果，制作高光。采用同样的方法，继续制作盒盖边缘处的高光，增强立体效果。

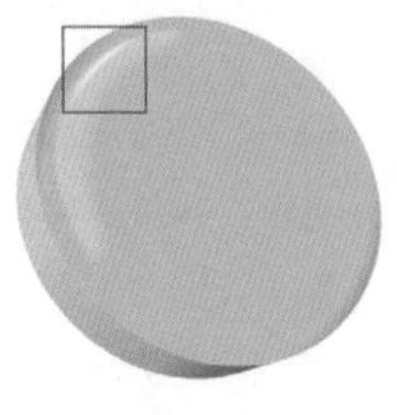

10 接下来制作盒盖的阴影，使用“钢笔工具” 绘制曲线形状，使用“交互式填充工具” 填充颜色，上面的形状颜色为黄绿灰色（C:55；M:45；Y:100；K:1），下面的形状颜色为白色（C:0；M:0；Y:0；K:0），然后取消轮廓线，使用“调和工具” 在两个形状之间打造调和效果。

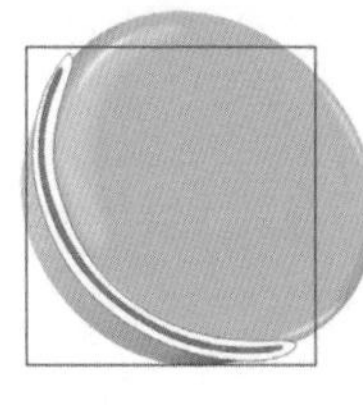

11 单击工具箱中的“透明度工具”按钮，在属性栏中选择“标准”选项，设置“透明度”为90%，设置“合并模式”为“乘”，打造透明度效果，然后右键单击调和对象，在弹出的快捷菜单中执行“PowerClip内部”命令，当光标变为 ➧ 形状时，单击侧面形状对象，将其置于侧面形状对象内部。

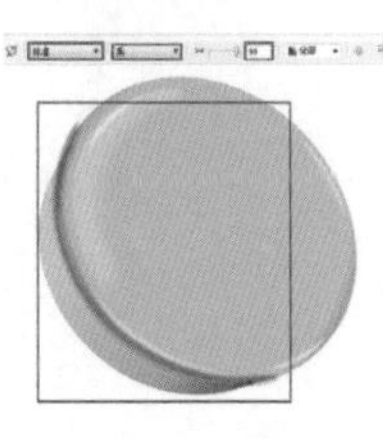

12 使用“钢笔工具” 在包装盒侧面边缘处绘制曲线形状，使用“交互式填充工具” 填充颜色，上面的形状颜色为黄灰色（C:15；M:16；Y:38；K:0），下面的形状颜色为白色（C:0；M:0；Y:0；K:0），然后取消轮廓线，使用“调和工具” 在两个形状之间打造调和效果。

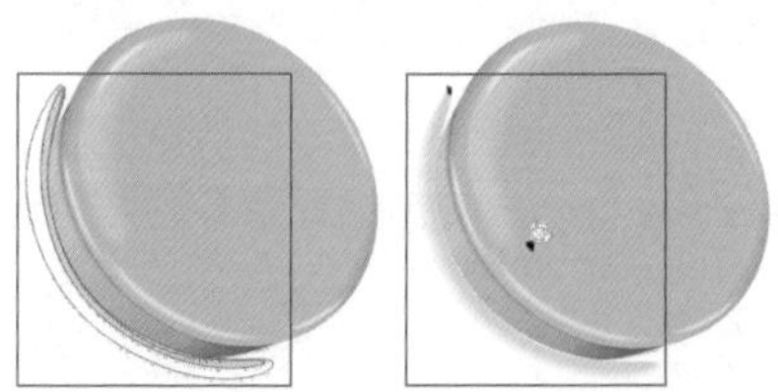

13 单击工具箱中的“透明度工具”按钮 ，在属性栏中选择“标准”选项 ，设置“透明度”为90%，设置“合并模式”为“乘”，打造透明度效果，然后右键单击调和对象，在弹出的快捷菜单中执行“PowerClip内部”命令，当光标变为 ➧ 形状时，单击侧面形状对象，将其置于侧面形状对象内部。

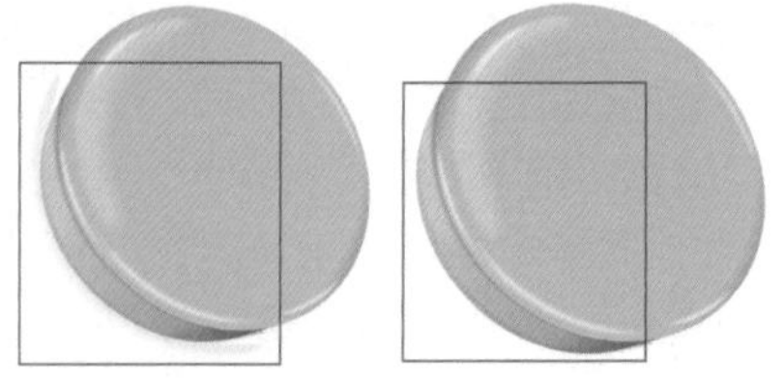

14 单击工具箱中的“文本工具”按钮 ，输入文本，在属性栏中设置“字体”为Cooper Black，“字号”为120pt，单击工具箱中的“形状工具”按钮 ，按住鼠标左键向左拖曳右下角的 按钮，缩小字符间距。

15 将光标放在调色板中，左键单击“白”，更改文本颜色，然后按Ctrl+Q组合键将其转换为曲线，复制一个文本对象，更改填充颜色为黑色（C:0；M:0；Y:0；K:100），按F12组合键打开“轮廓笔”对话框，设置“颜色”为黑色（C:0；M:0；Y:0；K:100），“宽度”为1mm。

16 单击“确定”按钮，应用轮廓效果，右键单击对象，在弹出的快捷菜单中执行“顺序”→“向下一层”命令，将其置于白色文本对象后面，再将对象向右移动至合适位置。

17 复制一个黑色文本对象，单击工具箱中的“交互式填充工具”按钮 ，更改填充颜色为蓝色（C:84；M:45；Y:3；K:0），单击鼠标右键，在弹出的快捷菜单中执行两次“顺序”→“向后一层”命令，将其置于黑色文本对象后面，按F12键打开“轮廓笔”对话框，设置“颜色”为蓝色（C:84；M:45；Y:3；K:0），“宽度”为3mm。

18 再复制一个文本对象，将光标放在调色板中，左键单击“黑”，更改填充颜色，右键单击“黑”，更改轮廓线颜色，右键单击对象，在弹出的快捷菜单中执行三次“顺序”→“向下一层”命令，将其置于蓝色文本对象后面，再将对象向左下方移动至合适位置。

19 使用“钢笔工具” 绘制曲线形状，再使用“交互式填充工具” 填充灰色（C:20；M:15；

Y:9；K:0），然后取消轮廓线。

20 使用“选择工具” 选中全部文本对象，按 Ctrl+G 组合键组合对象，调整至合适的位置和大小，然后在菜单栏中执行“效果”→“添加透视”命令，调整控制点，创建透视变形。

21 使用“椭圆形工具” 绘制一个正圆，填充白色（C:0；M:0；Y:0；K:0）并取消轮廓线，然后单击“透明度工具”按钮，在属性栏的“透明度类型”选项中选择“辐射”选项 辐射，打造透明度效果（中心“透明度”为 0，边缘“透明度”为 100%）。

22 右键单击对象，在弹出的快捷菜单中执行“顺序”→“向后一层”命令，将其置于文本对象的后面，使用“椭圆形工具” 绘制一个椭圆形，填充白色（C:0；M:0；Y:0；K:0）并取消轮廓线。

23 单击“透明度工具”按钮，在属性栏的“透明度类型”选项中选择“辐射”选项 辐射，打造透明度效果，然后在菜单栏中执行“对象”→“变换”→“旋转”命令，打开“变换”泊坞窗，设置参数。

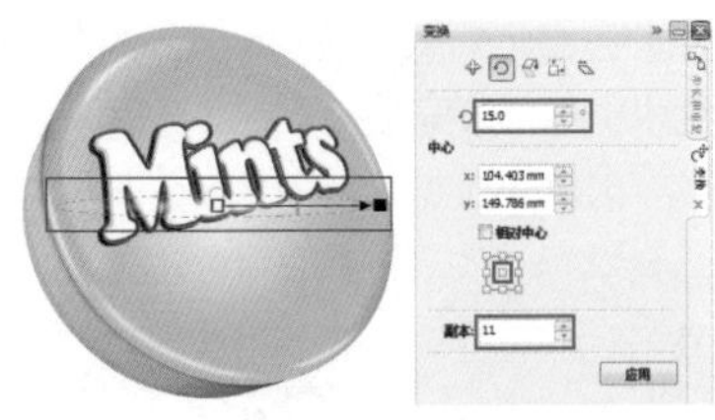

24 单击“应用”按钮，即可旋转并复制对象，制作光斑效果，使用“选择工具” 选中全部文本对象，按 Ctrl+G 组合键组合对象，右键单击对象，在弹出的快捷菜单中执行“顺序”→“向后一层”命令，将其置于文本对象的后面。

25 使用“文本工具” 字 输入文本，在属性栏中设置“字体”为 Arial，“字号”为 27pt，单击“粗体”按钮，加粗文本，单击工具箱中的“交互式填充工具”按钮，更改填充颜色为深红色（C:24；M:88；Y:100；K:0），使用“贝塞尔工具” 绘制一个弧形线段。

26 按住鼠标右键将文本对象拖曳到曲线对象上，释放鼠标后，在弹出的快捷菜单中执行“使文本适合路径”命令，即可创建路径文本，使文本沿曲线路径排列。

27 使用“选择工具” 选中路径文本对象，按 Ctrl+K 组合键拆分对象，将文本与曲线路径分离，然后选择曲线路径对象，按 Delete 键将其删除，在菜单栏中执行“效果”→“添加透视”命令，调整控制点，创建透视变形。

28 使用“钢笔工具” 沿着文本对象的轮廓绘制曲线形状，然后填充白色（C:0；M:0；Y:0；K:0）并取消轮廓线，右键单击对象，在弹出的快捷菜单中单击执行“顺序”→“向后一层”命令，将其置于文本对象的后面。

29 使用“钢笔工具” 绘制曲线形状，使用“交互式填充工具” 填充浅绿（C:45；M:0；Y:99；K:0）到深绿（C:69；M:35；Y:100；K:0）的渐变颜色，并取消轮廓线，继续使用“钢笔工具” 绘制曲线形状。

30 分别为对象填充浅绿和深绿的颜色，并取消轮廓线，使用“文本工具” 输入文本，在属性栏中设置“字体”为 Arial，“字号”为 52pt，单击“粗体”按钮 ，加粗文本，将光标放在调色板中，左键单击“白”，更改文本颜色。

31 在菜单栏中执行“效果”→“添加透视”命令，调整控制点，创建透视变形，按 F12 组合键打开“轮廓笔”对话框，设置“颜色”为墨绿色（C:68；M:39；Y:100；K:1），“宽度”为 1.5mm。

32 单击“确定”按钮，应用轮廓效果，然后按 Ctrl+Shift+Q 组合键将轮廓转换为对象，右键单击对象，在弹出的快捷菜单中执行“顺序”→“向后一层”命令，将其置于文本对象的后面。

33 使用“矩形工具” 绘制一个矩形，单击属性栏中的“圆角”按钮 ，设置“转角半径”为 6mm，单击工具箱中的“交互式填充工具”按钮 ，在属性栏中选择“正方形”渐变 正方形 ，填充渐变颜色，从左到右依次为白色（C:0；M:0；Y:0；K:0）、白色（C:0；M:0；Y:0；K:0）、浅蓝色（C:13；M:0；Y:0；K:0）、深蓝色（C:53；M:11；Y:4；K:0），并取消轮廓线。

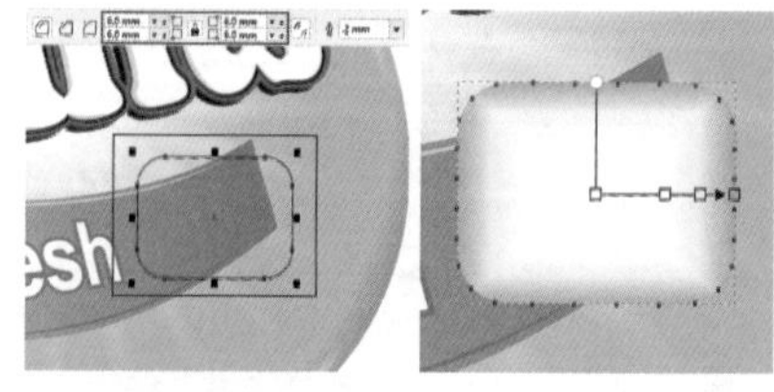

34 单击工具箱中的“网状填充工具”按钮 ，显示网格节点，在属性栏中设置“网格大小”的行数和列数，然后按住鼠标左键拖动节点，调整节点位置。

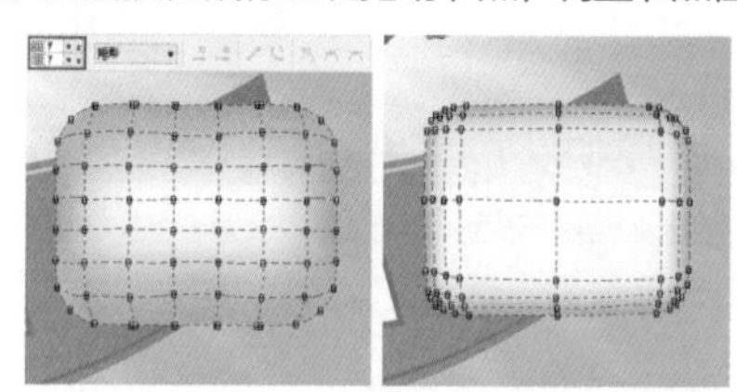

35 使用“选择工具” 选中该对象，再次单击，按住鼠标左键拖曳倾斜节点，调整对象倾斜角度，然后使用“钢笔工具” 绘制不同形状的曲线对象，填充蓝色（C:48；M:9；Y:2；K:0）并取消轮廓线。

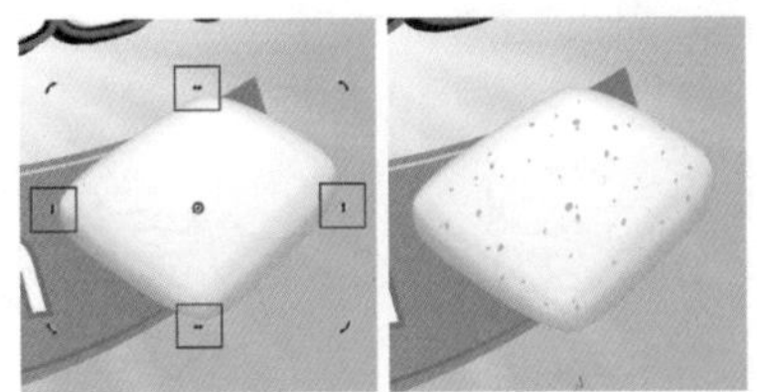

36 使用“钢笔工具” 绘制曲线形状制作口香糖对象上的高光，通过调色板分别填充黑色（C:0；M:0；Y:0；K:100）和白色（C:0；M:0；Y:0；K:0），并取消轮廓线，然后使用“调和工具” 在两个形状之间打造调和效果。

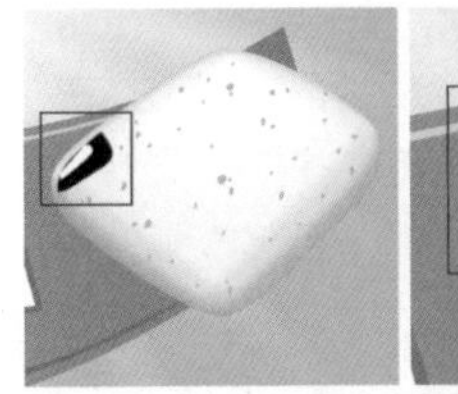
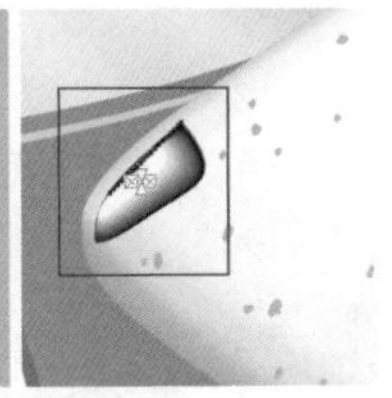

37 单击工具箱中的“透明度工具”按钮，在属性栏中选择“标准”选项，设置“透明度”为60%，设置“合并模式”为“屏幕”，打造透明度效果，采用同样的方法，制作另一个角的高光效果。

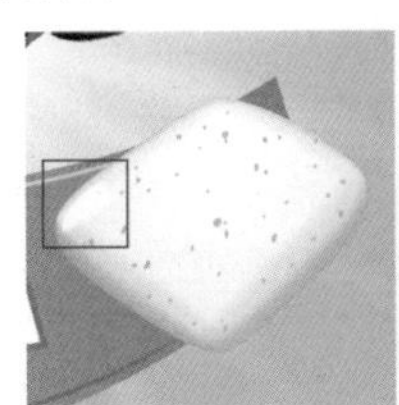
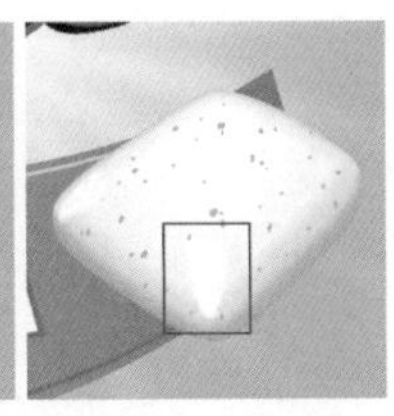

38 采用同样的方法，再制作一个口香糖对象，并调整至合适的位置，使用“钢笔工具” 绘制曲线形状，填充深蓝色（C:53；M:11；Y:4；K:0）并取消轮廓线。

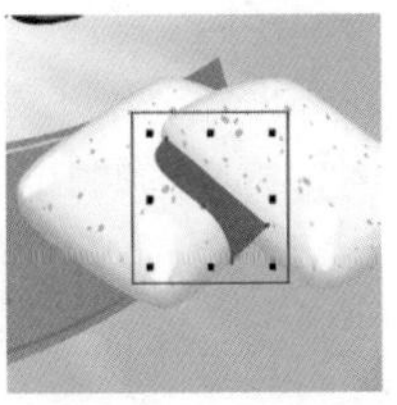

39 单击工具箱中的“透明度工具”按钮，在属性栏中选择“线性”选项，创建透明度效果，右键单击对象，在弹出的快捷菜单中执行“顺序”→“向后一层”命令，将其置于两个口香糖对象的中间，制作阴影效果。

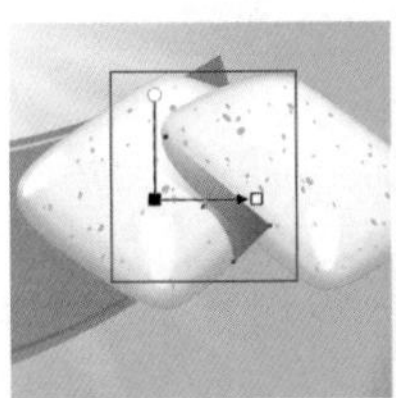

40 制作口香糖对象的阴影，使用“钢笔工具” 绘制曲线形状，填充白色（C:0；M:0；Y:0；K:0）并取消轮廓线，然后右键单击对象，在弹出的快捷菜单中执行“顺序”→“置于此对象后”命令，当光标变为 ➧ 形状时，单击左侧口香糖对象，将其置于口香糖对象后面，再复制一个对象，更改填充颜色为黑色（C:0；M:0；Y:0；K:100），并缩小对象，然后调整对象顺序。

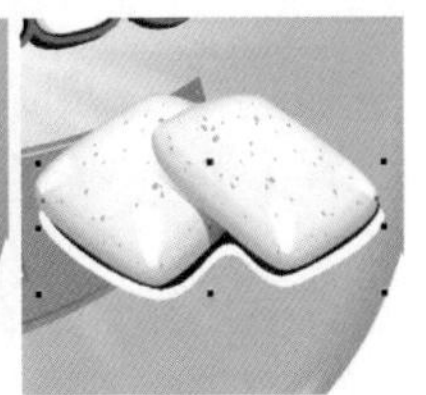

41 使用“调和工具” 在两个形状之间打造调和效果，再单击工具箱中的“透明度工具”按钮，在属性栏中选择“标准”选项，设置“透明度”为90%，设置“合并模式”为“乘”，打造透明度效果。

42，使用“钢笔工具” 绘制曲线形状制作叶子，用“交互式填充工具” 填充浅绿色（C:51；M:0；Y:100；K:0）到深绿色（C:75；M:18；Y:100；K:0）的渐变颜色，并取消轮廓线，单击工具箱中的“艺术笔工具”按钮，在属性栏中单击“预设”按钮，在“预设笔触”的下拉列表中选择一种笔触，然后绘制线条。

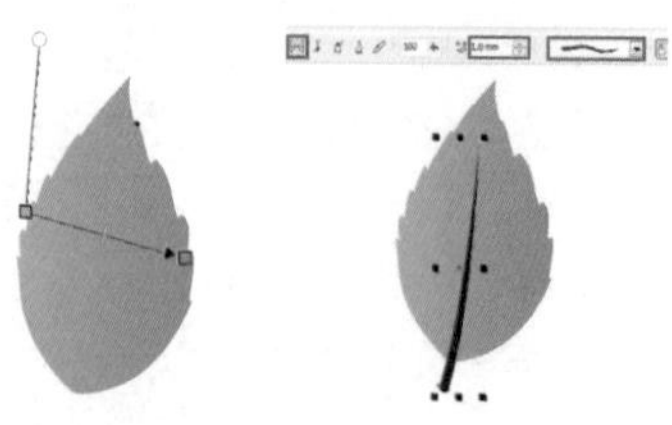

43 使用“贝塞尔工具”绘制线条，然后单击工具箱中的“智能填充工具”按钮，在属性栏中设置“填充选项”为“指定”，在“填充色”的下拉列表中选择填充颜色（此处可以填充任意颜色），设置“轮廓”为“无轮廓”，然后将光标移动到需要填充的区域，单击即可填充颜色并创建新对象。

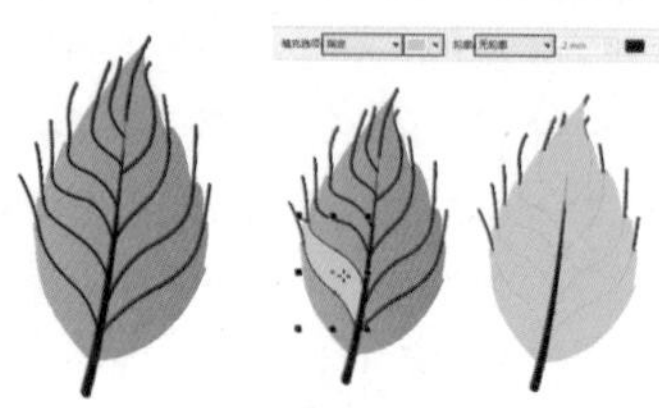

44 使用“选择工具”选中线条，按 Delete 键将不需要的线条对象删除，旋转形状对象，使用“交互式填充工具”填充浅绿色（C:51；M:0；Y:100；K:0）到深绿色（C:75；M:18；Y:100；K:0）的渐变颜色，然后分别为形状对象填充渐变色，并调整渐变角度。

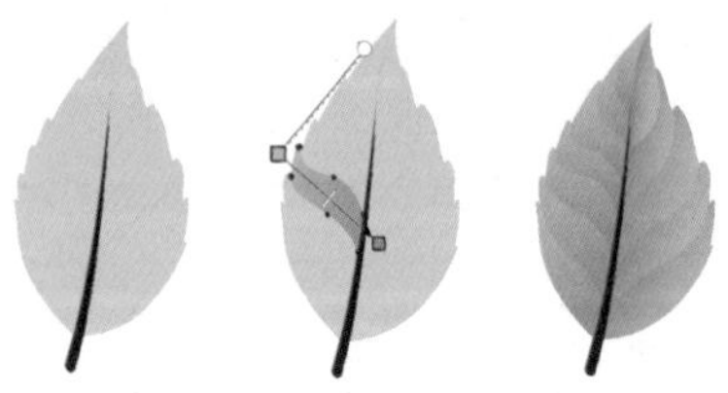

45 使用“选择工具”选中笔触线条，复制多个对象，并调整大小，制作叶脉，使用“交互式填充工具”为粗叶脉填充浅绿色（C:38；M:0；Y:84；K:0）到深绿色（C:53；M:2；Y:100；K:0）的渐变颜色，为其他小叶脉填充浅绿色（C:38；M:0；Y:84；K:0），并调整对象顺序，再选择最下方的叶子形状对象，调整大小，制作厚度。

46 使用“选择工具”选中全部叶子对象，按 Ctrl+G 快捷键组合对象，然后将其移动到口香糖对象上，并调整至合适的大小，调整顺序，将其置于口香糖对象后，单击工具箱中的“阴影工具”按钮，按住鼠标左键从中心向右拖曳，打造阴影效果。

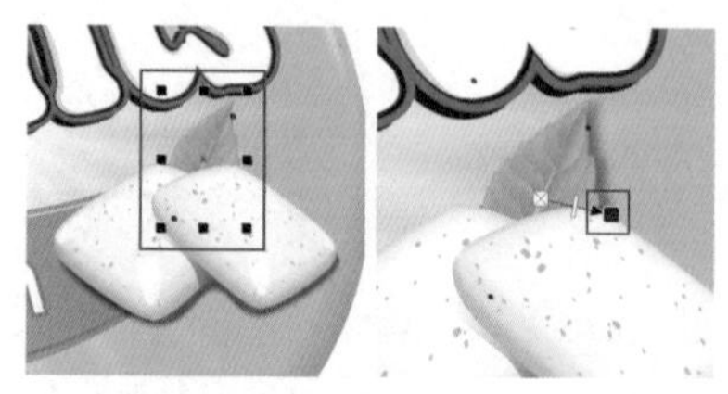

47 复制两个对象，调整位置，然后调整叶子对象的顺序，将它们置于口香糖对象后面，使用“文本工具”输入文本，在属性栏中设置“字体”为 Arial，“字号”为 30pt，单击“粗体”按钮，加粗文本，将光标放在调色板中，左键单击“白”色块，更改文本颜色，然后在菜单栏中执行“效果”→“添加透视”命令，调整控制点，创建透视变形。

48 用“钢笔工具”沿着文本对象的轮廓绘制曲线形状，然后填充蓝色（C:100；M:79；Y:33；K:0）并取消轮廓线，右键单击对象，在弹出的快捷菜单中执行“顺序”→“向后一层”命令，将其置于文本对象的后面，完成口香糖包装的制作。

49 使用“矩形工具”绘制一个矩形，填充白色（C:0；M:0；Y:0；K:0）到蓝色（C:51；M:0；Y:0；K:0）的渐变颜色，单击属性栏中的“到图层后面”按钮，将其置于最下方，使用“椭圆形工具”绘制两个椭圆形，为小椭圆对象填充蓝灰色（C:61；M:38；Y:31；K:0），为大椭圆形填充白色，并调整对象顺序。

50 使用“调和工具”在两个形状之间打造调和效果，在属性栏中更改“调和步长”为100，然后单击工具箱中的“透明度工具”按钮，在属性栏中选择“线性”选项，设置“透明度”为95%，设置“合并模式”为“乘”，打造透明度效果，即可制作口香糖包装的阴影效果，最后选择文本对象，按Ctrl+Q快捷键将文本转换为曲线，完成制作。

13.8 书籍装帧设计

书籍装帧的设计讲究构图和造型，首先，进行画册封面设计的构图。构图可以根据行业而设计，每个行业给人的感觉不同，有严肃的，有休闲的，有可爱的，有色彩斑斓的，等等。构图就是将文字、图形、色彩等进行合理安排的过程，其中文字占主导作用，图形、色彩的作用是衬托书名。

13.8.1 案例分析

本实例制作的是美容整形书籍的封面，设计前先确定封面尺寸，再使用“矩形工具”“贝塞尔工具”“手绘工具”绘制形状，使用“形状工具”编辑形状，导入晕染的位图素材，通过“调合曲线”命令调整颜色，通过“轮廓描摹”命令将位图转换为矢量图，通过“置于图文框内部”功能将其置于绘制的形状中，然后添加文字内容，完成书籍装帧的设计。

13.8.2 具体操作

01 启动CorelDRAW X6软件，新建一个空白文档，单击工具箱中的“矩形工具”按钮，绘制一个矩形，再在属性栏设置“宽度”为210mm、“高度”为210mm，更改矩形的大小，然后单击工具箱中的“交互式填充工具”按钮，在属性栏中选择“线性”渐变按钮，填充淡黄色（C:0；M:4；Y:8；K:0）到黄色（C:3；M:35；Y:53；K:0）的渐变颜色。

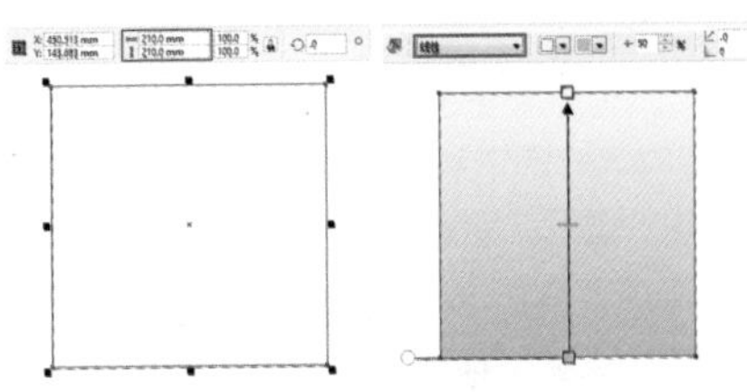

02 将光标放在调色板中，右键单击按钮☒，取消轮廓线，制作背景，单击工具箱中的“手绘工具”按钮，按住鼠标左键并拖动绘制人物轮廓。

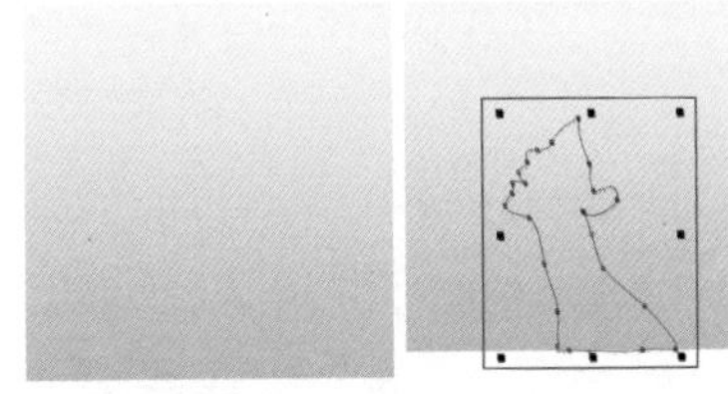

03 单击属性栏中的“形状工具”按钮，显示节点，然后编辑节点，调整曲线形状。

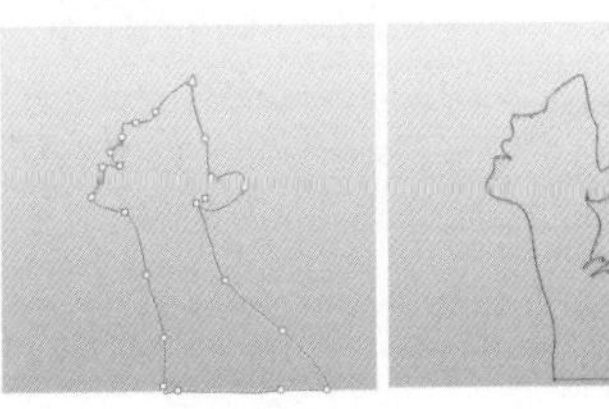

04 保持对象的选中状态，将光标放在调色板中，左键单击“白”，为对象填充白色，取消轮廓线，使用“选择工具”同时选中人物和背景对象，在菜单栏中执行“排列”→“对齐和分布”→“对齐与分布”命令，打开“对齐与分布”泊坞窗，单击“底端对齐”按钮。

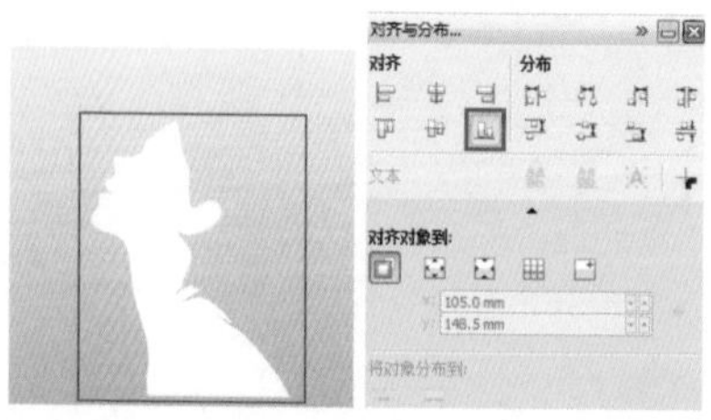

05 将人物对象与背景对象底端对齐，并调整至合适的位置，然后使用“贝塞尔工具”绘制眼睛的形状。

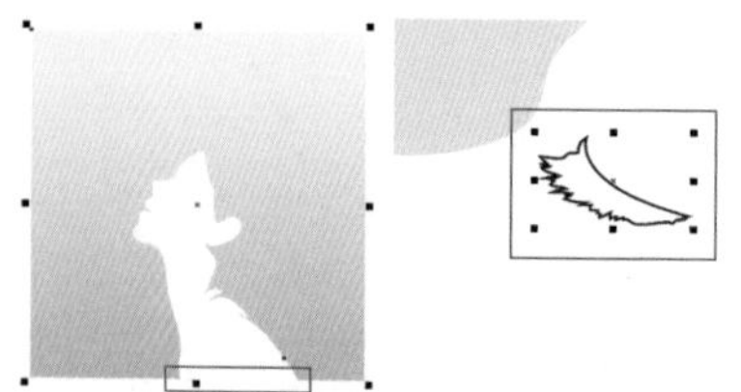

06 保持对象的选中状态，将光标放在调色板中，左键单击“黑”，为对象填充黑色，取消轮廓线，使用“选择工具”同时选中眼睛和人物对象，在属性栏中单击“移除前面对象”按钮，移除人物对象中的眼睛对象，制作镂空效果。

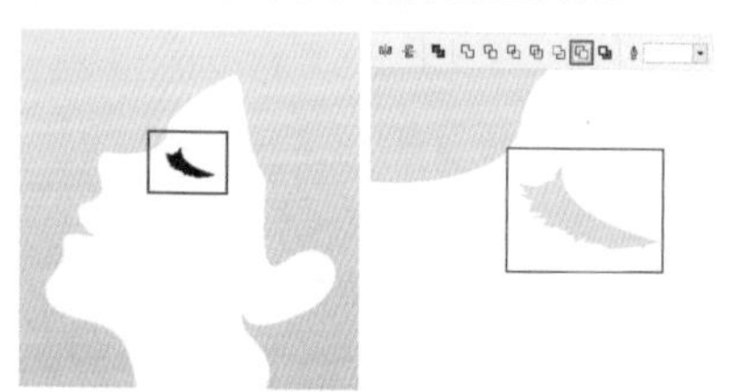

07 使用“贝塞尔工具”绘制眉毛的形状，填充黑色并取消轮廓线，使用“选择工具”同时选中眉毛和人物对象，在属性栏中单击“移除前面对象”按钮，移除人物对象中的眉毛对象。

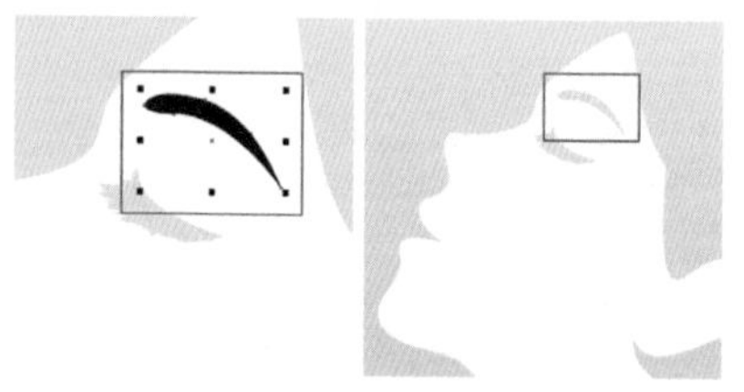

08 采用同样的方法，继续使用“贝塞尔工具”绘制耳蜗的形状，分别填充黑色并取消轮廓线。

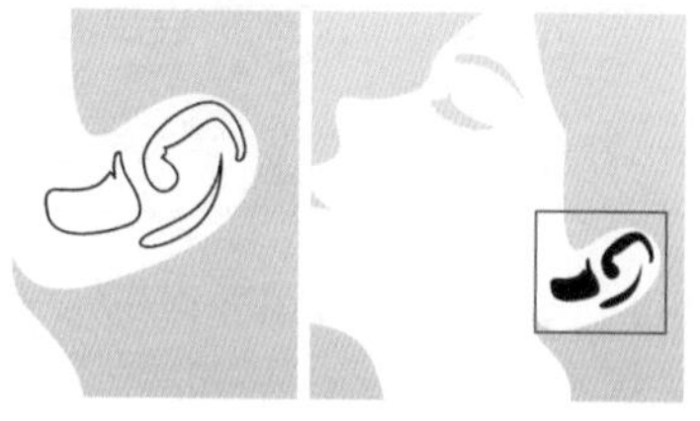

09 分别选中形状对象与人物对象，在属性栏中单击“移除前面对象”按钮，移除人物对象中的形状对象，然后制作头发，使用“矩形工具”绘制一个与背景大小一样的矩形。

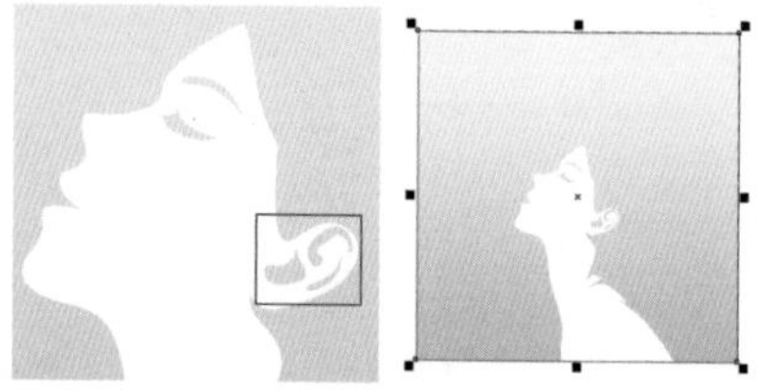

10 保持矩形对象的选中状态，按 Ctrl+Q 组合键将其转换为曲线，使用“形状工具”调整曲线形状。

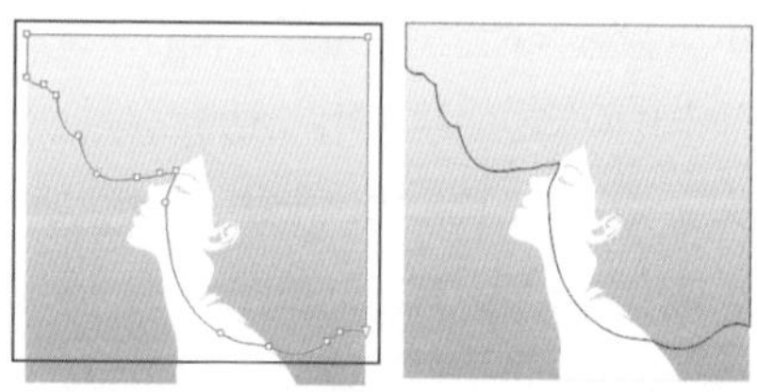

11 保持对象的选中状态，将光标放在调色板中，左键单击“橘红”（此处可以填充任意颜色），为对象填充橘色，取消轮廓线，使用“选择工具”选中白色人物对象，单击鼠标右键，在弹出的快捷菜单中单击执行“顺序”→“向前一层”命令，将其置于头发对象上方。

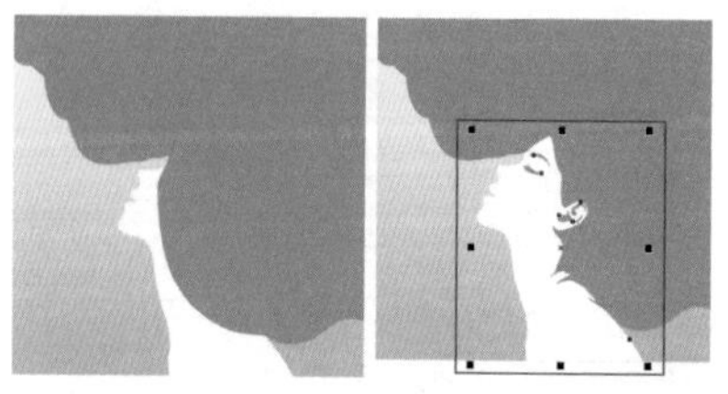

12 接下来制作发丝，使用“贝塞尔工具”绘制头发上的镂空形状，分别为形状填充黑色并取消轮廓线。

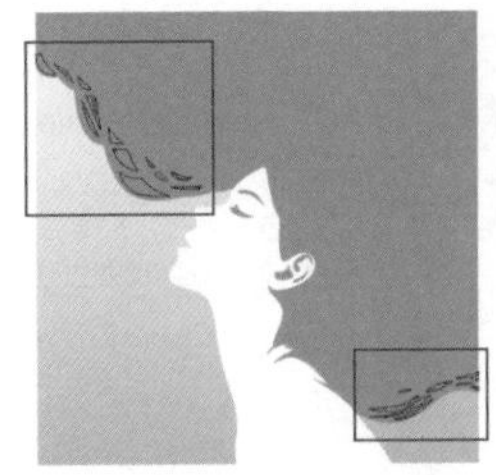

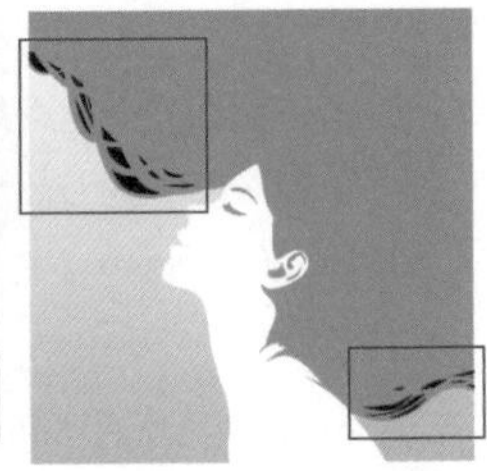

13 使用“选择工具”同时选中全部的形状对象，按 Ctrl+G 组合键组合对象，按住 Shift 键加选橘色头发对象，在属性栏中单击“移除前面对象”按钮，移除头发对象中的形状对象，制作发丝效果，然后在菜单栏中执行“文件”→“导入”命令，导入文件“素材.jpg”。

14 使用“选择工具”选中图像，在菜单栏中执行“效果”→“调整”→“调合曲线”命令，打开“调合曲线”对话框，调整曲线形状，将图像调亮，在预览框中预览效果，然后单击“确定”按钮，应用调整效果。

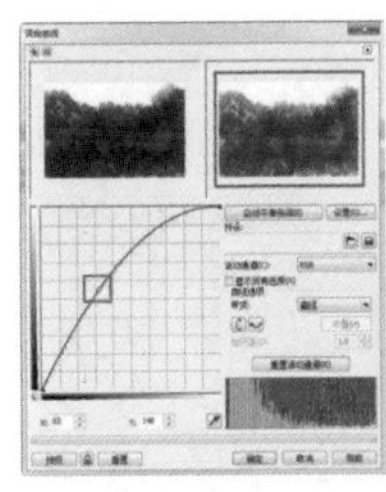

15 保持图像的选中状态，在菜单栏中执行“位图”→“轮廓描摹”→“高质量图像”命令，打开“PowerTEACE”对话框，调节“细节”“平滑”和“拐角平滑度”等参数，然后单击“确定”按钮，描摹位图，并将位图转换为矢量图。

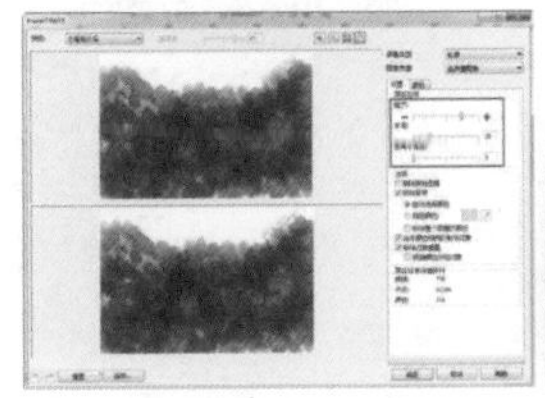

16 右键单击对象，在弹出的快捷菜单中执行“PowerClip 内部”命令，当光标变为 ➧ 形状时，在橙色对象上单击，将其置于橙色对象内部。

17 单击底部的“编辑 PowerClip”按钮，进入编辑状态，调整至合适的大小、位置及角度。

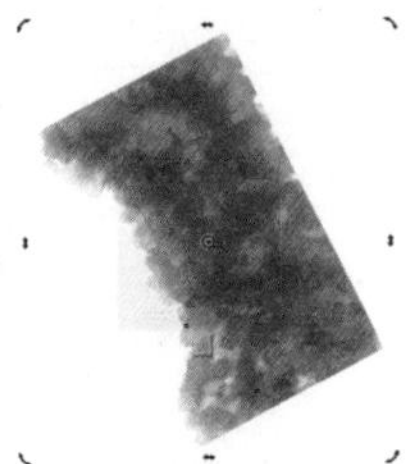

18 编辑完成后，单击底部的“停止编辑内容”按钮，完成编辑。

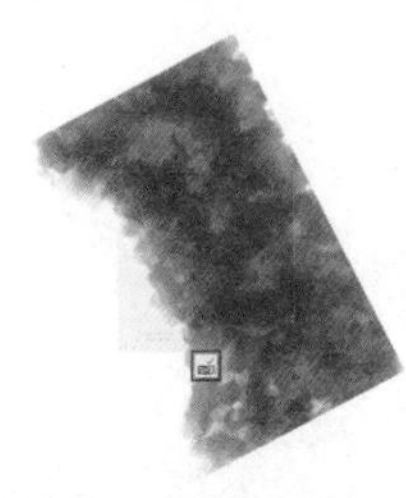

19 单击工具箱中的“文本工具”按钮，输入文本，在属性栏中设置“字体”为创艺简标宋，“字体大小”为 60pt，使用“矩形工具”绘制一个矩形，使用“选择工具”单击两次矩形对象，填充黑色并取消轮廓线。

20 调整倾斜按钮 ↔，制作倾斜效果，然后使用“选择工具”选中文本对象和矩形对象，将其移动到合适的位置，将光标放在调色板中，左键单击“白”，为对象填充白色。

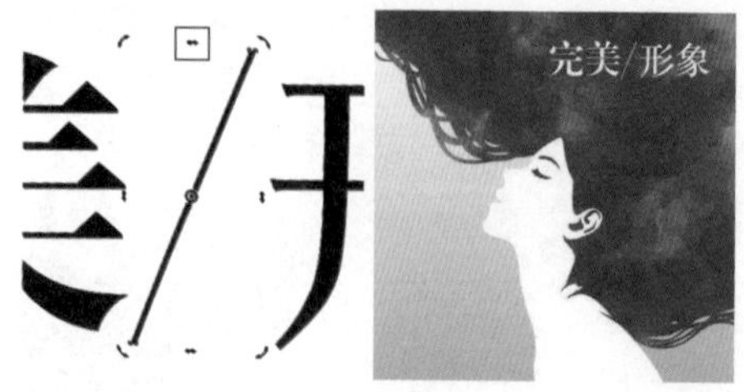

21 使用“矩形工具”绘制一个矩形，在属性栏中单击“圆角”按钮，设置“转角半径”为4mm，为矩形对象填充白色并取消轮廓线，并调整到合适的位置。

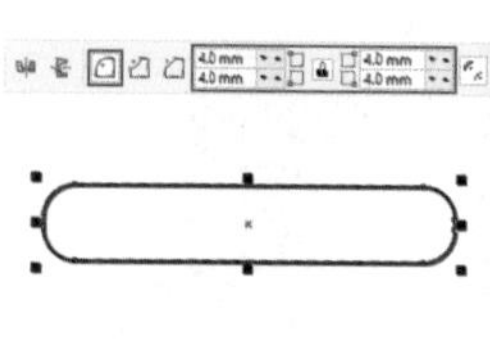

22 使用“文本工具”输入文本，设置文本的“字体”为“黑体”“字体大小”为15pt，然后单击工具箱中的“形状工具”按钮，拖动右下角的按钮，调整字符间距。

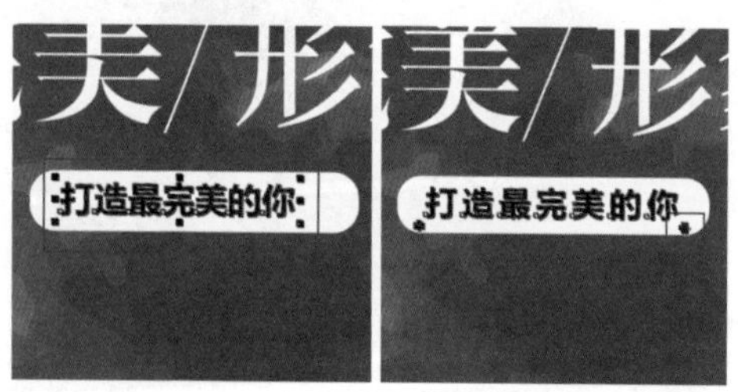

23 单击工具箱中的“交互式填充工具”按钮，在属性栏中选择“均匀填充”选项，在“填充色”的下拉面板中设置填充色为（C:22；M:83；Y:96；K:0），更改字体颜色为橘色，并调整到合适的位置，继续使用“文本工具”输入文本，在属性栏中设置“字体”为Amazone BT，“字体大小”为90pt。

beautiful

24 使用“形状工具”调整字符间距，保持文本对象的选中状态，按F12键打开“轮廓笔”对话框，设置“轮廓宽度”为0.5mm，“颜色”为（C:22；M:83；Y:96；K:0）。

beautiful

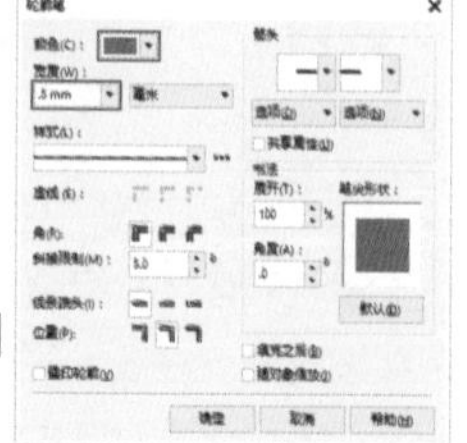

25 单击“应用”按钮，应用轮廓效果，使用“选择工具”选中文本对象，按Ctrl+Shift+Q组合键将轮廓转换为对象，选中原文本对象，按Delete键将其删除。

beautiful beautiful

26 将轮廓对象调整到合适的位置，将光标放在调色板中，左键单击“白”，为对象填充白色，继续使用“文本工具”输入文本，设置文本的“字体”为“黑体”“字体大小”为11pt，更改文本颜色为白色，调整至合适的位置。

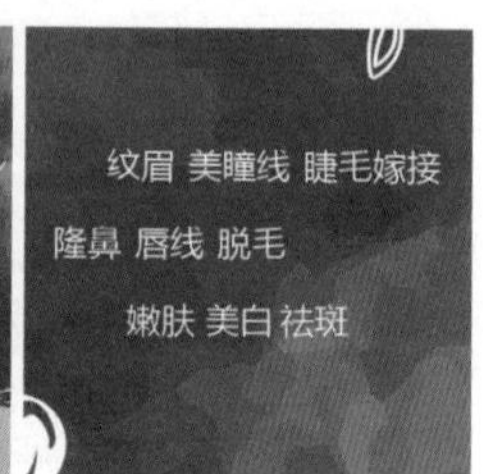

27 继续使用“文本工具”输入文本，在属性栏中设置“字体”为“黑体”“字体大小”为12pt，使用“交互式填充工具”更改文本颜色为（C:22；M:83；Y:96；K:0），将其调整到合适的位置。

美丽秘密 欢迎咨询

28 继续使用“文本工具” 输入文本，在属性栏中设置字体为“黑体”，字体大小为 12pt，并单击“粗体”按钮，加粗文本，再使用“交互式填充工具” 更改文本颜色为（C:22；M:83；Y:96；K:0），将其调整到合适的位置。

美丽纹绣整形院

29 使用“矩形工具” 绘制一个矩形，按 F12 键打开“轮廓笔”对话框，设置轮廓宽度为 0.7mm，颜色为（C:22；M:83；Y:96；K: 0），然后单击“确定”按钮，应用轮廓效果。

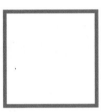

30 在属性栏中设置旋转角度为“45° ”，旋转矩形对象，保持矩形的选中状态，单击属性栏中的“裁剪工具”按钮，绘制裁剪区域。

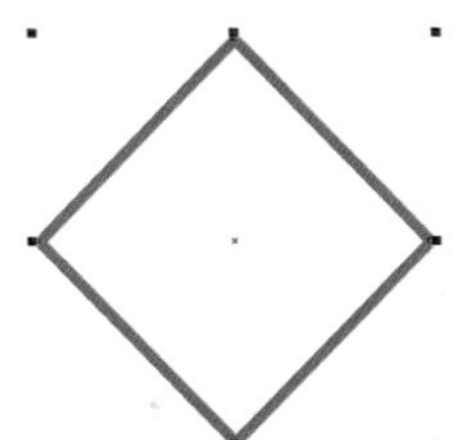

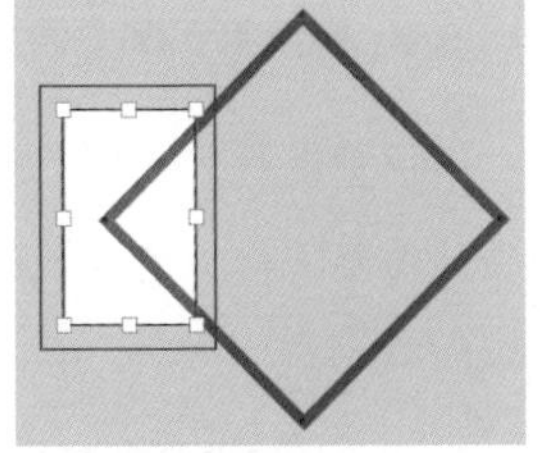

31 按 Enter 键确认裁剪，然后将其调整到合适的位置和大小。

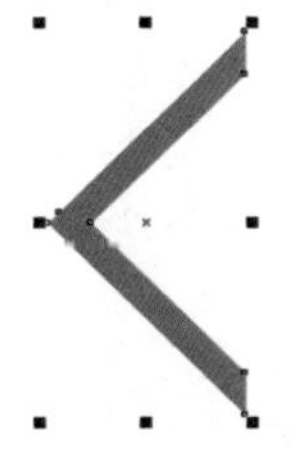

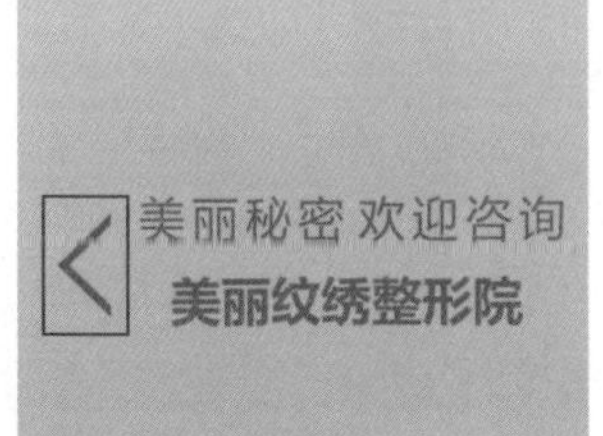

32 复制一个形状对象，单击属性栏中的“水平镜像”按钮，从左至右翻转对象，并移动位置，复制几个倾斜的矩形对象，分别调整合适的大小和位置，完成封面的制作。

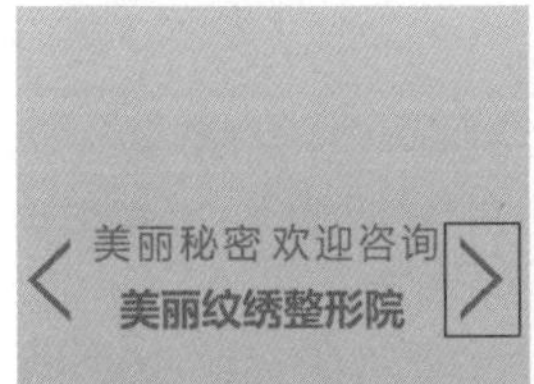

33 制作封底，使用“矩形工具” 绘制一个矩形，在属性栏设置宽度为 210mm，高度为 210mm，更改矩形的大小，然后使用“交互式填充工具” 为矩形填充（C:7；M:45；Y: 55；K:0）颜色，取消轮廓线，使用“文本工具” 输入文本，在属性栏中设置字体为“黑体”，字体大小为 14pt，使用“形状工具” 调整字符间距。

34 使用“交互式填充工具” 更改文本颜色为（C:22；M:83；Y:96；K:0），然后将其调整到合适位置，复制一个“美丽纹绣整形院”文本，在属性栏中更改字体大小为 17pt，调整至合适的位置。

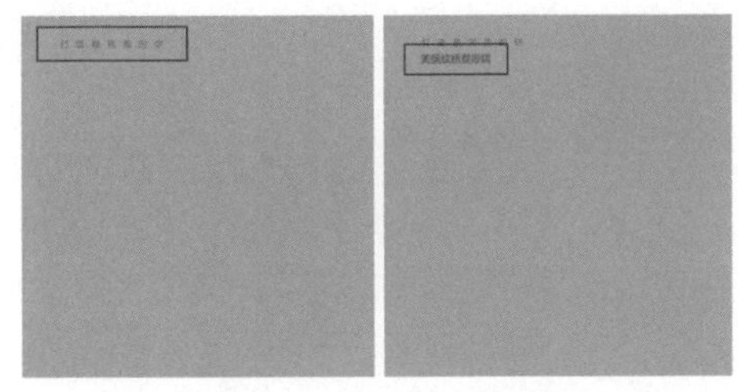

35 复制一个 beautiful 文本，更改填充颜色为（C:22；M:83；Y:96；K:0），然后将其调整到合适的大小和位置，完成封底的制作。

36 使用“选择工具” 选中全部封底对象，按Ctrl+G组合键组合对象，并调整位置，最后使用“选择工具” 选中所有的文本对象，按Ctrl+Q组合键将文本转换为曲线，完成制作。

13.9 知识拓展

CorelDRAW文件要在Photoshop中应用，需要输出成JPEG或PSD格式。PSD文件要在CorelDRAW中应用，只需要在CorelDRAW中直接输入PSD文件即可，同时还保留着PSD格式文件的图层结构，在CorelDRAW中打散后可以编辑。

13.10 拓展训练

本章为读者安排了两个拓展练习，以帮助大家巩固本章内容。

训练13-1 制作水果海报

难度：☆☆
素材文件：素材\第 13 章\习题 1\背景素材 .cdr、其他素材 .cdr
效果文件：素材\第 13 章\习题 1\水果海报 .cdr
在线视频：第 13 章\习题 1\水果海报 .mp4

根据本章所学的知识，运用钢笔工具、椭圆形工具、文本工具、矩形工具、调和工具、透明度工具制作水果海报。

训练13-2 制作美拍App标志

难度：☆☆
素材文件：无
效果文件：素材\第 13 章\习题 2\美拍 App 标志 .cdr
在线视频：第 13 章\习题 2\美拍 App 标志 .mp4

根据本章所学的知识，运用矩形工具、交互式填充工具、多边形工具、阴影工具制作美拍App标志。